3판

기체역학

FUNDAMENTALS OF GAS DYNAMICS

3rd Edition

3판

기체역학

Robert D. Zucker, Oscar Biblarz 지음
김윤제 옮김

WILEY 교문사

저자 소개

Dr. Robert D. Zucker는 미국 캘리포니아주 몬터레이에 있는 해군대학원의 항공공학 교수를 역임하였으며, American Society for Engineering Education의 정회원이자 AIAA의 회원이었다.

Dr. Oscar Biblarz는 미국 캘리포니아주 몬터레이에 있는 해군대학원의 명예교수로서 다양한 교육 및 연구 경험을 가지고 있다. 주요 연구 분야는 항공 우주 추진, 유체역학 및 가스 레이저 분야이며, AIAA의 회원이다.

역자 소개

김윤제
성균관대학교 기계공학부 교수

3판

기체역학

Fundamentals of Gas Dynamics, 3rd Edition

초판 발행 2023년 1월 30일

지은이 Robert D. Zucker, Oscar Biblarz
옮긴이 김윤제
펴낸이 류원식
펴낸곳 교문사

편집팀장 김경수 | **책임진행** 김성남 | **디자인** 신나리 | **본문편집** 홍익m&b

주소 10881, 경기도 파주시 문발로 116
대표전화 031-955-6111 | **팩스** 031-955-0955
홈페이지 www.gyomoon.com | **이메일** genie@gyomoon.com
등록번호 1968.10.28. 제406-2006-000035호

ISBN 978-89-363-2452-0 (93550)
정가 35,000원

잘못된 책은 바꿔 드립니다.

역자 서문

국내에 소개된 기체역학 관련 서적은 부족한 실정이다. 유체역학적 기본 이론과 압축성 유동의 전반적인 내용을 다룬 교재를 선정하려고 노력하던 중에 Dr. Robert D. Zucker와 Dr. Oscar Biblarz 교수가 저술한 책, 《Fundamentals of Gas Dynamics》를 접하게 되었다.

본 교재는 극초음속 이하의 기체 유동에 초점을 맞추었고, 기체역학을 이해하는 데 필요한 다양한 이론을 이해시키고 설명하기 위해 노력하였다. 특히 검사체적 분석으로부터 질량보존 및 에너지보존 등의 기초 이론들을 유도하며, 압축성 유동의 기초 이론뿐만 아니라 이상적인 압축성 유동인 등엔트로피 유동 등을 설명하고, 충격파 특성을 이해하기 위한 기초적인 지식을 정리하였다. 또한 이상적인 압축성 유동뿐 아니라 열전달과 마찰을 고려한 Fanno 유동과 Rayleigh 유동 등을 고찰해 봄으로써 실지 유동에 가까운 해석의 기초를 제공하였다. 끝으로 실제기체의 거동과 추진시스템을 간략히 소개하였다.

본 교재의 가장 큰 특징은 압축성 유동 관련 이론의 소개와 유도뿐 아니라 많은 참고자료를 제공한다는 것이다. 실용적인 엔지니어링 문제를 도입함으로써 기초부터 응용에 이르는 체계적인 학습 절차를 제공하며, 연습문제의 해를 구하는 데 필요한 방정식, 표 및 차트를 포함하여 접근성을 높이기 위해 노력하였다.

제6장부터 시작되는 충격파 및 Prandtl-Meyer 유동 이론의 일부 내용은 학부 과정에서 다루기에는 다소 어려울 수 있지만, 초반부 압축성 유동의 기초 이론을 체계적으로 학습한다면 충분히 습득 가능하다고 판단된다.

또 독자들의 이해를 돕기 위해 영문의 직역보다는 쉽게 풀어 설명하고자 하였고, 혼용되는 용어를 정립하고자 노력하였다. 그리고 아직까지 기술 선진국들의 영미공학단위계를 사용하는 현실을 반영하고자 SI 단위계를 병용하여 기체역학을 공부하는 학생들에게 글로벌 경쟁력을 배가시키고자 하였다.

본 교재가 학부 3, 4학년 수준의 학생들에게 항공우주산업 발전에 요구되는 기초지식을 함양하는 데 좋은 참고서적이 될 것이라 기대한다.

역자의 노력에도 불구하고, 영어를 번역하는 과정에서 의미 전달이 어려운 부분이 다소 존재하리라 생각한다. 모쪼록 기체역학을 처음 접하는 독자들에게 좋은 교재가 되었으면 하는 바람이다.

2023년 1월

김 윤 제

저자 서문

제2판의 독자 친화적이고 애플리케이션 지향적인 접근 방식을 의도적으로 유지하였다. 추가된 연습문제와 예제 외에도 (1) 충격파시험관, (2) 에어로스파이크 노즐, (3) 고에너지 가스 레이저 관련 내용을 새롭게 포함하였다. 차원 해석과 천음속 유동 개념을 간결하게 논의 제시하였다. 모든 응용 프로그램을 극초음속 범위 이하로 제한하여 일정한 공식과 일치하도록 하였는데, 이는 또한 연소기 영역 밖의 흐름에 대한 분자 해리 또는 화학 반응이 없음을 의미한다. 마지막으로, 몇 가지 주목할 만한 예외를 제외하고는, 모든 유동을 정상상태 1차원으로 간주하였다.

이번 제3판에서는 제2판의 부록을 모두 유지하였다. 종종 또는 어떤 장소에서는 적절한 전자 장치를 사용할 수 없을 수 있으므로 부록 G부터 J까지를 보존하였다. 비록 많은 학생들이 현재 컴퓨터에 정통하고 프로그래밍 가능한 전자계산기(핸드헬드, 노트북 또는 데스크톱)에 접근할 수 있지만, 강의실이나 문제의 해를 구하는 환경에서 모든 사람이 같은 유형의 계산기를 사용한다는 것은 매우 이례적이기 때문이다. 또한 그래프와 달리 표는 특정 유형의 문제에서 의미 있는 답변을 위한 충분한 유의미한 수치를 보여주며, (일부 경험이 있는) '큰 그림'을 제공하는 데 도움이 될 수 있다. 본문에 있는 모든 스케치와 그림(특히 T-s 선도)은 훌륭한 학습 도구이기 때문에 유지하였다.

또한 EE 및 SI 단위계 모두에 물리적 설명을 보충하였다. 전자는 여전히 미국에서 널리 사용되고 있기 때문이다. 대부분의 강사는 이러한 설명을 편안하게 사용하고 있으며, 산업계와 연구소의 많은 사용자들이 매개변수의 크기 및/또는 기존 장비의 특징적인 크기에 대한 직관적인 감지 수단을 개발하였다. 또한 중력 단위계는 유럽에서 가스 압력 측정에 사용되는 킬로그램-힘(kgf) 단위로 SI 시스템에 고정하였다(해당 g_c는 1.2절에 제시하였다). 제1장에서는 이전 1.3절을 모든 단위계의 배후에 있는 관련 기초 정보와 무차원 수량이 기체역학에서 그렇게 만

연한 이유에 대한 정보를 제공하는 새로운 단원으로 대체하였다. 반면 실제 문제는 하나 또는 다른 단위계를 다루어야 하지만, 이 책의 거의 모든 그래프와 표는 더 일반적이고 더 유용한 것으로 보이는 무차원 양과 관련이 있다. 이 책의 많은 예시는 많은 독자가 둘 중 하나를 선호하는 것처럼 보이기 때문에 두 개의 단위로 주어진 최종 답을 보여줄 것이다. 책 뒷부분에 실린 문제에 대한 해답은 SI 또는 EE 단위계로 나타내었다. 부록 K와 L은 EE단위계로 나타냈으나, SI단위계 자료(Keenan, J. H., Chao, J. and Kaye, J., *Gas Tables International Version*, 2nd Ed., Wiley, New York, 1983)를 사용할 수 있고 웹사이트에도 게시되어 있다.

제3판 작업에서 Garth Hobson 교수의 많은 제안에 도움을 받았고 이에 감사를 표한다. A. I. Biblarz는 이 책의 직접적인 동반 저자로 기체역학 계산 프로그램(Gasdynamics Calculator)을 개발하였다(https://www.oscarbiblarz.com/gascalculator 참조). 이 계산 프로그램은 웹 브라우저가 있는 모든 전자 장치에서 실행할 수 있다. 또한 부록 G에서 J까지 제시한 완전기체 자료를 재생할 수 있고, 수직충격파 수식이 내장된 부록 D 도표의 도움 없이 경사충격파를 계산할 수 있는 소프트웨어를 포함한다. 기체역학 계산 프로그램을 사용하면 외삽이나 보간 작업이 필요하지 않으며, 원하는 최종 답에 도달하는 데 필요한 추가 조작은 모든 표준 계산기를 사용하여 쉽게 수행할 수 있다. 이 계산 프로그램은 계산시간을 절약할 수 있는 보조 도구일 뿐만 아니라 부록에 표로 표시되지 않은 일부 함수를 출력하여 사용자가 (1.40으로 기본 설정하지 않고) 더 현실적인 γ 값을 갖는 많은 문제를 편리하게 해결할 수 있도록 해준다.

제3판은 Oscar Biblarz에 의해 준비되었다. 이전 판에서 소개된 이 책의 구성과 교육 목표는 그대로 유지하였다. 2011년에 돌아가신 Bob Zucker는 기체역학 같은 공학 과목의 논리를 교육 기술의 관련 측면과 함께 표현하는 것이 초보자뿐만 아니라 관심 있는 많은 학생들에게도 매력적일 것이라고 강하게 믿었는데, 시간은 그가 옳다는 것을 증명하였다.

Oscar Biblarz(Monterey, CA, USA)

제2판 서문

이 책은 기체역학의 기초를 배우고 싶어 하는 일반 학생들을 위한 것이다. 학부 수준을 목표로 하므로 최소한의 전제조건이 필요하다. 작문 스타일은 구어체 형식이며 학습 목표, 의미 있는 요약, 이해력 시험과 같은 교육 기술에 대한 아이디어를 통합하였다. 이러한 특징은 이 책을 기존의 강의 발표뿐만 아니라 독학에도 잘 맞게 한다. 학생의 배경에 따라 일반적인 1/4 또는 1학기 과정에 대한 충분한 자료가 포함되어 있다.

이 책의 접근 방식은 임의 유체의 비정상, 3차원 유동의 가장 일반적인 유효한 방정식을 사용하여 모든 기본 관계식을 엄격한 기반으로 개발하는 것이다. 그런 다음 이러한 관계식을 의미 있는 것으로 나타내도록 1차원 및 2차원 정상유동에 대한 공학적 문제로 단순화된다. 모든 기본적인 내부 및 외부 유동은 본문 전체에 걸쳐 상호 연결된 실제 응용 프로그램으로 다루어진다. 모든 분석 단계에서 만들어진 가정에 관심이 집중되며, *T*-*s* 선도의 유용성과 관련된 손실 조건의 중요성에 중점을 둔다.

예제와 연습문제는 영미공학단위계와 SI단위계로 모두 제공된다. 연습문제는 일상적인 문제부터 복합적인 문제까지 다양하며, 풀이에 필요한 모든 도표와 표는 부록에 포함되어 있다.

학생들에게 주어지는 목표는 기본 개념에 숙달하는 것뿐만 아니라 좋은 문제 해결 능력을 개발하는 것이다. 이 책을 완독한 후에는 더 발전된 주제에 대해 이용할 수 있는 많은 참고문헌을 찾을 수 있어야 한다.

Oscar Biblarz 교수가 Robert D. Zucker와 함께 이번 판의 공동 저자로 참여하였다. 저자들은 이 책으로 기체역학을 수년간 가르쳐왔으며, 함께 새 원고를 준비하고 교정을 보았다. 제2판에서는 (1) 원추형 충격파에 관한 자료, (2) 컴퓨터 계산이 어떻게 도움이 될 수 있는지를 보여주는 여러 단원, (3) 이러한 문제를 다루는 간단한 방법을 포함한 실제기체에 관한 내용을 전체 장에서 포함하도록 확장하였다. 이러한 주제는 초판의 본래 목적과 스타일을 유지하면서 완성도를 높였다.

미국 해군대학원 터보추진연구소의 Raymond P. Shreeve 교수와 Garth V. Hobson 교수의 도움에 감사드리며, 특히 추진 분야에서 많은 도움을 주신 점에 감사드린다. 또한 여러 해 동안 많은 학생이 이 자료를 준비하는 데 영감과 동기를 불어넣어 주었다는 것을 언급하고 싶다. 특히 초판 작업에 Ernest Lewis, Allen Roessig, Joseph Strada가 이바지한 공로를 인정해 주고 싶다. 아울러 Lockheed-Martin 항공, GE 항공기 엔진, Pratt & Whitney 항공, Boeing, 그리고 영국 국립물리연구소에서 이 책 여러 부분의 설명하는 사진들을 제공해 준 데 대해 감사드린다. 이 책의 의도적인 구어체 표기 형식이 더 효과적인 교육 도구라고 이해해 준 John Wiley & Sons도 인정받아야 한다고 생각한다.

Zucker 교수는 Newman Hall과 Ascher Shapiro에게 많은 빚을 졌는데, 그들의 책은 압축성 유동 영역에 대한 첫 소개를 제공하였다. 또한 개정판 작업에 함께 노력해 준 아내 Polly에게 감사한다.

Robert D. Zucker(Pebble Beach, CA)

Oscar Biblarz(Monterey, CA)

독자들에게

기체역학의 매혹적인 세계에 들어가기 위한 닿은 배경지식을 요구하지는 않는다. 하지만 여러분이 이미 대학 수준의 미적분학과 열역학 과정을 이수하였다고 가정할 것이다. 특히 다음과 같은 사항을 알고 있어야 한다.

1. 단순한 미분 및 적분 이론, 로그함수, 급수전개
2. 편도함수의 의미
3. 벡터와 벡터 내적(dot product)의 중요성
4. 자유도 작도와 해석
5. 구성 요소에 가해지는 힘 또는 다른 벡터를 구하는 방법
6. 뉴턴의 제2운동법칙과 힘과 질량 관련 단위
7. 유체(특히 완전기체)의 물성
8. 열역학 제0법칙, 제1법칙, 제2법칙

처음 여섯 가지 전제조건은 매우 구체적이라 할 수 있지만, 마지막 두 가지는 꽤 많은 영역을 다룬다. 사실 열역학 배경은 기체역학 연구에 매우 중요하기 때문에 검사 질량 분석에 필요한 개념에 대한 검토는 제1장에 포함되어 있다. 최근에 열역학 과정을 수료하였으면 1.4절의 대부분을 건너뛸 수 있지만, 장 끝에 있는 연습문제는 풀어보아야 한다. 만약 답을 쉽게 구할 수 있다면 훌륭하다고 할 수 있다. 문제가 있다면 해당 장의 자료를 다시 참조하도록 하자. 이 방정식의 대부분은 책의 나머지 부분에 사용될 것이다. 제1장의 연습문제 중 일부를 풀어봄으로써 더 많은 자신감을 얻게 될 것이다. 제3판에서는 1.3절을 새롭게 구성하였다. 이 부분은 왜 기체역학에서 무차원 양을 사용하는 것을 선호하고 읽기를 요구하는지에 대해 자주

언급되는 배경을 다룬다.

제2장과 제3장에서는 기본 법칙을 검사체적 분석에 필요한 형태로 변환한다. 유체역학에 대한 좋은 학습 결과를 얻었다면, 이 교재의 많은 부분이 친숙할 것이다. 밀도가 일정한 유체에 대한 단원은 해당 영역에 대한 일반적인 적용 가능성을 보여주고 이 영역에서 수행한 이전 작업과 연계하기 위해 포함하였다. 만약 유체역학을 공부하지 않았다 해도 걱정하지 말기 바란다. 이 영역에서 학생이 알아야 할 모든 자료가 포함되어 있다. 많은 열역학 및 유체역학 강좌에서 다루지 않는 몇 가지 특별한 주제를 포함했기 때문에, 관련 배경지식을 갖고 있더라도 이 장을 읽기 바란다. 기체역학의 바탕을 이루는 이러한 내용은 이후 장에서 자주 언급된다.

제4장에서는 압축성 유체의 특성을 다룬다. 그다음 장에서는 가변 단면적, 수직충격파 및 경사충격파, 초음속 팽창 및 압축, 덕트 마찰 및 열전달 등 다양한 기본 유동 현상을 하나씩 분석한다. 이러한 개념으로 다양한 실제 공학적 문제를 해결할 수 있는데, 문제 대부분은 교재 전반에서 다룬다. 이러한 예로는 초음속 노즐의 탈설계점 작동, 초음속 풍동장치, 폭발파(blast wave), 초음속 익형, 유량 측정 방법, 마찰 또는 열전달로 인한 초킹유동 등이 있다. 초음속 유동이 여러분의 직관을 따르지 않는 것처럼 보인다는 점에서 특별한 문제를 일으킨다는 것을 알게 될 것이다. 제11장에서는 분자 수준에서 일어나는 일과 순수하게 기체역학만을 기반으로 한 레이저를 다룬다. 고온에서 분자 구조가 실제기체 거동에 어떻게 영향을 미치는지 보고, 이러한 상황을 다루기 위한 간단한 기법을 배울 것이다.

항공기 추진시스템(공기 흡입구, 애프터버너 및 출구 노즐 포함)은 거의 모든 기본적인 기체의 동적 흐름을 흥미롭게 적용한 것을 나타낸다. 따라서 제12장에서 터보제트, 터보팬, 터보프롭 엔진을 포함한 일반적인 공기흡입(air-breathing) 추진시스템을 설명하고 분석한다. 로켓, 램제트, 펄스제트와 같은 다른 추진시스템도 포함된다.

많은 장에는 특정 계산에서 컴퓨터를 사용하는 방법을 보여주는 자료가 포함되어 있다. 목적은 다른 방법으로 작업할 수 있는 같은 방정식을 사용하여 소프트웨어가 해답을 얻기 위한 수단으로 어떻게 적용될 수 있는지를 나타내는 것이다. 컴퓨터 프로그램인 MAPLE은 우리의 선택이지만, MAPLE을 공부하지 않았더라도 걱정할 필요가 없다. 모든 기체역학 교재에는 컴퓨터 단원이 완전히 생략될 수 있도록 이러한 애플리케이션 앞의 단원에 제시되어 있다. World Wide Web에 접속하는 학생들을 위해 부록 D, G, H, I, J에서 적용한 모든 값을 재현할 수 있는 기체역학 계산 프로그램(Gasdynamics Calculator)을 개발하였다. 웹 브라우저에 접속하면 이 책에 나와 있는 보완적인 그림과 사진을 볼 수 있다.

이 책은 특별히 학생 여러분을 위해 쓰였다. 구어체 표기 방식이 편안하게 해주고 계속해서 읽을 수 있도록 동기부여가 되길 바란다. 이전 판에 대한 학생들의 논평은 이 목표가 달성되었음을 보여준다. 첫 번째 장을 학습하고 나면 나머지 장들도 유사한 형식을 따른다. 다음 제안은 학생 여러분의 공부 시간을 최적화하는 데 도움이 될 수 있다. 각 장을 시작할 때 서론을 읽기 바란다. 서론은 각 장의 모든 것에 대한 일반적인 개념을 제공한다. 다음 부분은(2장으로 시작) 일련의 학습목표가 포함되어 있다. 이것은 각 장을 성공적으로 마친 후에 무엇을 할 수 있어야 하는지 정확히 말해 준다. 일부 목표는 '선택사항'으로 표시되어 있는데, 이는 가장 어려운 주제를 다루고자 하는 학생들을 위한 것이기 때문이다. 처음에는 별 의미가 없을 것이기 때문에 학습목표를 스캔하기만 하면 된다. 하지만 그것은 찾아야 할 중요한 것들을 나타낼 것이다. 자료를 읽다 보면 수식을 유도 완료하고, 도표를 채우고, 선도를 그리는 등의 작업을 수행할 수도 있다. 계속 진행하기 전에 이러한 지침을 따르도록 정직하게 시도해야 한다. 여러분이 할 수 없는 일을 하도록 요청받지 않을 것이고, 적극적인 참여는 중요한 개념을 확고히 하고 여러분의 진전에 대한 피드백을 제공하는 데 도움이 될 것이다.

각 절을 완료하면서 이러한 목표에 대해 자세히 살펴보아야 한다. 여러분 스스로 그것들을 할 수 있는지 확인하고 답안을 작성하기 바란다. 이것은 나중에 공부할 때 도움이 될 것이다. 각 장의 중요 사항에 대한 요약을 직접 작성할 수 있다. 각 장에 주어진 요약과 얼마나 잘 부합하는지 확인해 보자. 대표적인 연습문제 그룹을 풀어본 후에는 각 장 마지막에 있는 이해력 시험을 통해 지식을 확인할 수 있다. 이는 부록의 표와 도표를 제외하고 항상 교과서의 도움 없이 풀 수 있어야 한다. 이해력 시험에 어려움이 있다면 돌아가서 해당 부분을 다시 공부해야 한다. 이전 장을 만족스럽게 완료하지 않고 다음 장으로 건너뛰지 않도록 하자.

모든 장이 같은 분량은 아니지만, 사실 대부분 장이 한꺼번에 다루기에는 약간 길다. 다음 페이지의 상관관계 표에 따라 '한 입 크기(bite-sized)'로 분류하는 것이 더 쉬울 수 있다. 다음 그룹으로 진행하기 전에 첫 번째 학습목표 및 각 절에서 몇 가지 문제를 풀어보자. 각 학습 세션에서 자료를 검토하는 데 시간을 할애하여야 한다. 배움은 재미있을 수 있지만, 지식은 공짜로 얻을 수 있는 것이 아니기 때문이다. 본 교재가 기체역학을 탐구하는 과제를 더 실행 가능하고 더 재미있게 만들 수 있기를 바란다.

각 절, 학습목표, 연습문제에 대한 상관관계 표

장	절	절 (선택)	학습목표	학습목표 (선택)	연습문제	연습문제 (선택)
1	1~3				Q: 1~8	Q: 1~9
						P: 1~6
	4				Q: 10~34	
	4				P: 1~5	
2	1~5		1~3, 5	4	1~3, 5~6	4
	6		7, 9	6, 8	7~15	
3	1~7		1~9		1~14	
	8		10~12		15~22	
4	1~6		1~10		1~17	
5	1~6		1~7		1~8	
	7~10	11	8~12		9~23	24
6	1~5		1~7		1~6	
	6~8	9	8~10		7~19	
7	1~3		1~2		1~5	
	4~8		3~9	5	6~17	
	9~10	11	10~12		18~21	22
8	1~5		1~6	5	1~6	
	6~9	10	7~9		7~19	
9	1~6		1~7	2, 5	1~12	
	7~8, 10	9, 11	8~9, 11	10	13~22	23
10	1~6		1~7	2, 6	1~8	
	7~9	10	8~9, 11	10	9~21	22
11[a]	1~5		1~7		1~10	
	6~8		8	9	11~16	
12[a]	1~3		1~4		1~5	
	4~7		5~11	8, 9, 11	6~15	
	8~9		12~15	14	16~25	

[a] 극히 드문 경우를 제외하고, 더 현실적인 해를 구하기 위해 제11장과 제12장의 문제는 부록 D 또는 부록 G에서 J까지의 자료를 이용하지 않아도 기체역학 계산 프로그램을 이용하여 작업하거나 재작업할 수 있다. 적절한 값을 확인하기 위해 지정된 기체와 온도에 관한 부록 A와 B, 부록 L, 또는 그림 11.2(또는 관련 참고문헌)를 사용한다.

차례

Chapter 1

정의와 기본 원리

1.1 서론

기체역학의 세계에 들어가기 전에 기초 열역학 과정과 함께 수학(미적분학)적으로 적당한 배경지식을 가지고 있다고 가정한다. 기초 유체역학을 접했다면 도움은 되지만, 절대적으로 필수적인 것은 아니다. 유체역학적 개념은 상대적으로 간단하며, 필요시 이용할 수 있다. 반면에 일부 열역학 개념은 더 추상적이며, 고정 시스템에서 적용되는 기본적인 열역학적 개념은 이미 이해하고 있다고 가정한다. 이러한 규칙을 유동 시스템에 적용하는 것은 매우 중요하기 때문에 제2장과 제3장에서 심도 있게 다룬다.

이 장은 형식적으로 위의 내용들을 복습하기 위함이 아니다. 오히려 기본적인 개념과 뒤에 나올 내용의 모음집으로 보면 된다. 배경 설명은 많이 생략했으며, 각 내용을 증명하지 않는다. 따라서 이러한 자료를 오랫동안 사용하지 않은 경우, 보충 학습을 위해 노트나 다른 서적을 참고하는 것이 필요할 수 있다. 적어도 이 장의 나머지 부분은 앞으로 마주치게 될 기초지식으로 구성되어 있다고 볼 수 있다.

이 장 끝에 해를 구하는 다양한 문제가 제시되어 있다. 이러한 질문 대부분을 만족스럽게 답할 수 있다고 느낄 때까지 더 이상의 진도를 나가려고 시도해서는 안 된다.

Fundamentals of Gas Dynamics, Third Edition. Robert D. Zucker and Oscar Biblarz.

Companion website: www.wiley.com/go/zucker/gas

1.2 단위와 표기

차원(dimension): 물리적 개체의 정성적 정의(시간, 길이, 힘 등)

단위(unit): 차원의 적절한 크기(s, ft, N 등)

미국에서 열-기체역학(특히, 추진 분야) 분야에서는 영미공학(EE)단위계를 사용한다. 반면에 전 세계 대부분은 미터법 또는 국제단위계(SI)를 이용하고 있다. 그러므로 표 1.1을 시작으로 두 가지 단위계를 모두 복습해야 한다.

변수

다음 식은 변수 x와 y 사이에 함수적인 관계가 있음을 나타낸다.

$$y = f(x) \tag{1.1}$$

또한 다음과 같은 의미를 내포한다.

x는 적절한 범위 내에서 값을 지정할 수 있는 **독립변수**다.

y는 x가 선택되면 값이 고정되는 **종속변수**다.

대부분의 경우 종속변수와 독립변수를 상호 교환하여 다음과 같이 표기할 수 있다.

$$x = f(y) \tag{1.2}$$

표 1.1 단위계

차원	기본 단위	
	English Engineering(EE)[a]	International System(SI)
시간(Time)	second (sec)	second (s)
길이(Length)	foot (ft)	meter (m)
힘(Force)	pound force (lbf)	newton (N)
질량(Mass)	pound mass (lbm)	kilogram (kg)
온도(Temperature)	Fahrenheit (°F)	Celsius (°C)
절대온도(Absolute Temperature)	Rankine (°R)	Kelvin (K)

[a]**주의**: 애매하기 때문에 절대 **파운드**로만 지칭해서는 안 되는데, **파운드 힘** 또는 **파운드 질량**이 될 수 있기 때문이다. 오직 지표면에서의 질량에 대해서만 명확하다. 왜냐하면 여기서 1파운드의 질량은 1파운드의 힘을 가하기 때문이다.

종종 변수는 하나 이상의 다른 변수에 종속되며, 다음과 같다.

$$P = f(x, y, z) \tag{1.3}$$

독립변수 x, y, z 값이 선택되면 종속변수 P 값이 고정됨을 의미한다.

최대값과 최소값

함수식 $y=f(x)$를 그리면 **최대** 또는 **최소** 점을 확인할 수 있다. 이 점들에서는 $dy/dx=0$이다. 만약 최대점이라면 d^2y/dx^2은 음수(−)다. 반면에 최소점이라면 d^2y/dx^2은 양수(+)다.

힘과 질량

모든 단위계에서 역학적인 힘(force)과 질량(mass)은 **Newton의 제2운동법칙**과 연관 지어 다음과 같이 표현할 수 있다.

$$\sum \mathbf{F} \propto \frac{d\left(\overrightarrow{\text{momentum}}\right)}{dt} \tag{1.4}$$

$K = 1/g_c$의 비례계수로 식을 표현하면 다음과 같다.

$$\sum \mathbf{F} = \frac{1}{g_c} \frac{d\left(\overrightarrow{\text{momentum}}\right)}{dt} \tag{1.5}$$

시간에 따른 관성질량 변화가 없는 경우 다음 식으로 표기된다.

$$\sum \mathbf{F} = \frac{m\mathbf{a}}{g_c} \tag{1.6}$$

여기서 $\sum \mathbf{F}$는 질량 m에 작용하는 벡터 힘의 합이며, $\mathbf{a}$는 질량의 가속도 벡터다.

영미공학단위계에서는 다음과 같이 정의할 수 있다.

1파운드의 힘은 1파운드의 질량에 32.174 ft/sec^{2}의 가속도를 준다.

이 정의로부터 다음을 얻는다.

$$1\ \text{lbf} = \frac{1\ \text{lbm}\cdot 32.174\ \text{ft/sec}^2}{g_c}$$

그리고

$$g_c = 32.174\frac{\text{lbm-ft}}{\text{lbf-sec}^2} \tag{1.7a}$$

g_c는 표준 중력이 아니다(단위 확인). 이는 사용되는 단위에 의존하는 비례계수다. 앞으로의 논의에서 영미공학단위계를 사용하는 경우 g_c 값은 32.2로 간주할 것이다.

정역학과 동역학같이 다른 공학 분야에서는 (미국통상단위계로 알려진)영국중력단위계가 사용된다. 이 단위계는 질량이 슬러그(slug)라는 것을 제외하고 영미공학단위계와 유사하다.

해당 단위계에서는 다음 정의를 따른다.

1파운드의 힘은 1슬러그 질량에 1 ft/sec^{2}의 가속도를 준다.

이 정의를 사용하면 다음을 얻는다.

$$1\ \text{lbf} = \frac{1\ \text{slug}\cdot 1\ \text{ft/sec}^2}{g_c} \tag{1.7b}$$

그리고

$$g_c = 1\frac{\text{slug-ft}}{\text{lbf-sec}^2}$$

g_c는 숫자 값 1을 의미하기 때문에, 대부분의 저자들은 영국중력단위계의 방정식에서 인자를 무시한다. 열역학적 접근방식과 일관되게 여기서는 해당 계를 사용하지 않는다. 공학 및 중력단위계 사이의 비교는 1 slug $\equiv$ 32.174 lbm으로 할 수 있다.

SI 단위계에서 다음과 같은 정의를 사용한다.

1 N 힘은 1 kg 질량이 1 m/sec^{2}의 가속도를 갖는 경우를 의미한다.

식 (1.6)은 다음과 같다.

$$1\,\text{N}=\frac{1\,\text{kg}\cdot 1\ \text{m/s}^2}{g_c}$$

그리고

$$g_c=1\frac{\text{kg}\cdot\text{m}}{\text{N s}^2} \tag{1.7c}$$

g_c는 숫자 1을 갖기 때문에(그리고 동적 질량 단위, 즉 kg을 사용하기 때문에), 대부분 저자들은 SI 단위계에서 해당 인자를 생략한다. 그러나 방정식에 g_c를 남겨둠으로써 오류를 범할 가능성을 최소화할 수 있도록 모든 단위계에 사용할 것이다. lbm/lbf 표기법과 유사하게, 중력 단위인 킬로그램-힘(kgf)은 미국 이외의 일부 국가에서 사용된다(1 kgf ≡ 9.807 N, 여기서 g_c = 9.807 kg · m/kgf · s^2).

밀도와 비체적

밀도(density)는 단위 체적당 질량이고, 기호 ρ로 나타낸다. lbm/ft^3, kg/m^3, 또는 slug/ft^{3}의 단위를 사용한다.

비체적(specific volume)은 단위 질량당 체적이고, 기호 v로 나타낸다. ft^3/lbm, m^3/kg, 또는 ft^3/slug의 단위를 사용한다.

$$\rho=\frac{1}{v} \tag{1.8}$$

비중량(specific weight)은 단위 체적당 중량(중력에 의한)이고, 기호로는 γ이다. 그러므로 식 (1.6)으로부터 다음 식을 얻는다.

$$\gamma=\rho\frac{g}{g_c}\ \text{lbf/ft}^3\ \text{또는}\ \text{N/m}^3 \tag{1.9}$$

질량, 밀도, 비체적은 국부 중력의 값에 의존하지 **않는다**. 중량과 비중량은 중력에 따라 다르다. 본 교재에서는 비중량을 언급하지 않는다. 밀도와 구별하기 위해 여기서만 언급된다. 그러므로 기호 γ는 다른 목적으로 사용될 수 있다[식 (1.39) 참조].

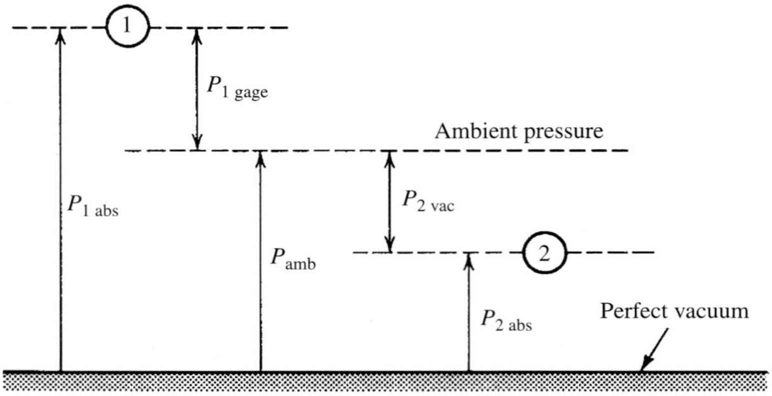

그림 1.1 절대압과 게이지압

압력

압력(pressure)은 단위 면적당 수직력이며, 기호로는 p이다. 단위는 lbf/ft^2 또는 N/m^2이다. 인치 제곱당 파운드 힘(psi; lbf/in^2), 메가 파스칼(MPa; 1×10^6 N/m^2), 바(bar; 1×10^5 N/m^2), 대기압(14.69 psi 또는 0.1013 MPa)과 같은 몇 가지 다른 단위가 존재한다. 또한 kPa(1×10^3 N/m^2)과 kgf/m^2(9.807 N/m^2)도 사용된다. 종종 절대압력(psfa, psia)을 강조하기 위해 'a'를 추가한다.

절대압(absolute pressure)은 완전 진공(perfect vacuum)을 기준으로 측정된다.

게이지압(gage pressure)은 주변 압력과 연관되어 측정된다.

$$p_{abs} = p_{amb} + p_{gage} \tag{1.10}$$

게이지압이 음(−)일 때(절대압이 주변보다 낮은 경우), (+)진공압력이라고 부른다.

$$p_{abs} = p_{amb} - p_{vac} \tag{1.11}$$

두 가지 종류의 압력 판별은 그림 1.1에 나타냈다. 사례 1은 식 (1.10)을, 사례 2는 식 (1.11)을 표현한 것이다. 주변 압력은 반드시 표준 대기압과 일치할 필요는 없다. 그러나 다른 정보를 사용할 수 없는 경우 주변이 14.69 psi 또는 0.1013 MPa이라고 가정한다. 대부분 방정식은 절대압을 사용해야 하며, 영미공학단위계를 사용할 때는 14.7의 값을 사용하고, SI 단위계에서는 0.1 MPa(1 bar)을 사용한다.

온도

화씨(또는 섭씨)는 온도 **차이**가 있는 경우에만 사용할 수 있다. 그러나 대부분의 방정식은

Rankine(또는 Kelvin) 단위의 절대온도를 사용한다.

$$°R = °F + 459.67 \tag{1.12a}$$

$$K = °C + 273.15 \tag{1.12b}$$

계산에서는 460과 273의 값을 사용할 것이다.

점도

다음과 같이 정의되는 **유체**(common fluids)를 다룰 것이다.

전단응력을 받을 때 지속적으로 변형되는 모든 물질

따라서 (고체의 경우와 마찬가지로)변형량은 중요하지 않지만, **변형률**(rate of deformation)은 개별 유체의 특성이며 **점도**(viscosity)로 표시된다.

$$\text{점도} = \frac{\text{전단응력}}{\text{각변형률}} \tag{1.13}$$

때로 **절대점성계수**(absolute viscosity)라 불리는 점도는 기호 μ로 표시되며 단위는 lbf-sec/ft^2 또는 N·s/m^{2}이다.

가장 일반적인 유체의 경우 점도는 유체의 함수이므로 유체의 상태에 따라 달라진다. 온도는 점도에 가장 큰 영향을 미치므로 대부분의 도표와 표에는 이 변수만 표시된다. 압력은 기체의 점도에 약간의 영향을 미치지만, 액체에는 미미한 영향을 미친다.

많은 공학적 계산은 (절대)점성계수와 밀도의 조합을 사용한다. **동점성계수**(kinematic viscosity)는 다음과 같이 정의된다.

$$\nu \equiv \frac{\mu g_c}{\rho} \tag{1.14}$$

동점성계수의 단위는 ft^2/sec 또는 m^2/s이다. 덕트 마찰로 인한 유동 손실을 다룰 때 제9장에서 점도에 대해 더 자세히 살펴본다.

상태방정식

이 교재 대부분에서 모든 유체는 일정한 밀도를 가지며, 모든 기체는 완전기체 상태방정식(equation of state)을 따르는 것으로 간주한다. 따라서 유체에 대해 다음과 같은 관계가 있다.

$$\rho = \text{일정} \tag{1.15}$$

완전기체 상태방정식은 기체운동론에서 파생되며 분자 부피와 분자 간 힘을 무시한다. 따라서 상대적으로 낮은 압력 및/또는 높은 온도에 해당하는 상대적으로 낮은 밀도 조건에서 정확하다. 기체역학에서 사용되는 **완전기체 방정식**(perfect gas equation)의 일반적인 형태는 다음과 같다.

$$p = \rho RT \tag{1.16}$$

여기서

$p \equiv$ 절대압(absolute pressure)	lbf/ft^2	또는	N/m^2
$\rho \equiv$ 밀도(density)	lbm/ft^3	또는	kg/m^3
$T \equiv$ 절대온도(absolute temperature)	°R	또는	K
$R \equiv$ 질량당 기체상수(individual gas constant)	ft-lbf/lbm-°R	또는	N·m/kg·K

영미공학단위계에서 질량당 기체상수는 1545를 기체 화학 성분의 분자 질량(MM)으로 나눔으로써 구할 수 있다. SI 단위계에서 R는 8314를 분자량으로 나누어 구한다. 더 정확한 숫자는 부록 A와 B에 나와 있다. (분자 질량은 lbm/lbmol 또는 kg/kgmol 단위로 동일한 수치를 갖는다.)

예제 1.1

공기의 (당량) 분자량은 28.97이다. 기체상수 R는 얼마인가?

$$R = \frac{1545}{28.97} = 53.3 \text{ ft-lbf/lbm-°R} \quad \text{또는} \quad R = \frac{8314}{28.97} = 287 \text{ N·m/kg·K}$$

예제 1.2

50 psia와 100°F 조건에서 공기 밀도를 계산하시오.

$$\rho = \frac{p}{RT} = \frac{(50)(144)}{(53.3)(460+100)} = 0.241\ \text{lbm/ft}^3\ \ (\text{또는 } 3.86\ \text{kg/m}^3)$$

해당 기체는 부록 A와 B에 주어져 있다. 븐 교재에서는 주로 영미공학(EE)단위계를 사용한다. 그러나 SI 단위계를 이용한 예제와 연습문제도 많이 수록되어 있다. 또한 몇 가지 도움이 될 만한 변환계수를 부록 A와 B에 수록했다. 두 단위계를 모두 활용하여 문제를 풀 수 있어야 한다.

제11장에서는 실제기체(real gases)에 대해 논의하고 어떻게 다루는지를 소개한다. 완전기체 상태방정식 단순화는 매우 유용할 뿐만 아니라, 일반기체인 경우에도 정확하다. 대부분의 기체역학 분야에서 저온은 저압으로, 고온은 고압으로 존재하기 때문이다. 제11장에서 완전기체 거동으로부터 편차가 고온과 고압에서 특히 중요하다는 것을 알게 될 것이다.

1.3 무차원 양을 사용하는 이유

이 절에서는 많은 엔지니어링 분야와 다른 기체역학 '방정식 포장'을 만드는 이유에 대한 세부사항을 강조하면서 교재의 나머지 부분을 살펴보도록 한다. 이를 위해 무차원 양의 몇 가지 특성을 도입한다.

1.2절에서는 단위와 차원에 대한 주제를 소개했지만, (특히 부록에서)모든 도표와 부록 G에서 J까지는 무차원 양으로 제공된다. (각도는 이미 무차원이다. 각도와 라디안의 차이는 무엇인가?) 그 한 가지 이유는, 적절하게 행해졌을 때 무차원 그룹은 더 일반적이고 따라서 그들의 차원 그룹보다 더 유용할 수 있기 때문이다. 예를 들어, Mach 수, 식 (4.11)을 예로 들면, 기체 속도 (V)를 매질의 음속(a)으로 나눈 비율로 정의한다[식 (4.5) 또는 (4.10)]. 일관된 집합이 사용될 때 단위가 빠지고 주어진 흐름 위치에서 매우 유용한 변수를 고안했는데, 이는 압축성 유동에서 연구하는 것의 대부분을 지배하는 변수다.

Mach 수는 세 개의 변수를 하나로 결합한다. 제4장에서 562 m/s 및 800°C에서 이동하는 헬륨이 100 m/s 및 20°C에서 공기와 동일한 Mach 수를 갖는다는 것을 계산할 수 있다. (EE단위계에서 동일한 수로 계산했다면 결과 Mach 수가 변경되었을까?) 제5장에서 Mach 수치가 노즐에서 지속적으로 증가하고 디퓨저에서 감소하는 방법과 그 이유를 자세히 배운다(그림 5.2와 5.3 참조).

1.2절에 명시된 바와 같이, SI(메트릭) 또는 EE 단위계를 사용한다. g_c를 특히 lbm과 kgf를

포함하는 단위계 사이의 비례 인자로 간주한다. 칼로리 단위에서 기계 단위로 변환하려면 식 (1.17)에서 또 다른 비례 인자 J가 필요하다[식 (1.40) 참조]. 측정은 어떤 물체나 과정을 물리적으로 모사하는 데 필요하고, 우리가 사용하는 모든 방정식은 차원적으로 동질적이어야 한다. 그러나 또한 물리법칙은 사용되는 측정 단위 집합으로부터 독립적이어야 한다. 문제의 상수 및 다른 변하지 않는 매개변수를 변수에 흡수함에 따라, 무차원 방정식은 원래 형태보다 더 간략해지고 더 보편화된다. (왜 그런지 알 수 있는가?) 즉, 정밀 조사 중인 문제에 맞게 매개변수 수가 줄어든 방정식이 만들어진다. 이러한 유용성은 표와 그래픽 디스플레이에도 적용된다.

무차원 값

무차원 양에는 무차원 매개변수와 무차원 변수가 모두 포함된다. 기체역학은 항상 세 종류의 양을 포함한다. π(3.14159)나 네이피어(Napierian) 로그 기저(2.71828)와 같은 보편 상수, Mach 수(M)나 Reynolds(Re) 수와 같은 무차원 수, 그리고 세 번째 종류는 정규 변수다. 예를 들어, 정규화된 1차원은 면적비(A/A^*) 또는 온도비(T/T_t)와 같은 엔트로피 변수다. 단위가 없을 뿐만 아니라, 많은 무차원 변수는 적절한 스케일링을 통해 의도적으로 1차 정규화된다. 이렇게 신중하게 정의된 무차원 값(entity)을 사용하면 물리적 영역을 보다 쉽게 구별하고 중요한 흐름 체제에 집중할 수 있다. **차원해석**은 그러한 개념을 다루는 학문의 이름이다. 이 학문은 제한된 실험 결과를 다른 조건으로 일반화하는 데에도 사용되며 종종 가장 간략한 그래픽 표현을 허용한다.

Prandtl 수(Pr) 및 Knudsen(누센) 수(Kn)와 같이 종종 열거된 다른 무차원 수와 함께 기체역학에서 가장 일반적으로 사용되는 무차원 수는 식 (4.11)에 도입된 Mach 수(M), 식 (1.39)에 도입된 비열비(γ), 식 (9.48)에 도입된 Reynolds 수(Re), 식 (3.60)과 (9.47)에 도입된 마찰계수 f, 제11장에 도입된 압축성계수 Z이다. 아래에서는 관련 세부 정보와 함께 이 목록에 대해 간략하게 설명한다.

1. Mach 수가 가장 중요하다. $0 < M \leq 0.3$은 비압축성 유동이다. 밀도가 실질적으로 일정하게 유지되기 때문이다. $0.3 < M < 1.0$은 아음속 압축성 유동, $M \approx 1.0$은 천음속, $1.0 < M \leq 5.0$은 초음속, $M > 5.0$은 극초음속인데, 이는 벽마찰과 강한 충격파로 인한 가열로 인해 다원자 기체(해리 포함) 물성이 변하기 때문이다.
2. 다음으로 중요한 γ는 '활성화된 분자 구조'를 반영하고 공기와 같은 기체의 온도에 따라 변한다. 범위는 $1.0 < \gamma \leq 1.67$ 또는 5/3로 제한된다(부록 A와 B, 제11장 참조). 이러

한 제한된 범위에도 불구하고, γ가 지수로 가장 자주 나타나기 때문에 그 변동은 중요하다.

3. Reynolds 수는 마찰, 항력, 유동박리와 같은 유동 점도의 영향을 반영한다. 내부 유동의 경우, 점성력은 내부 '점성 영역'에 비례한다[식 (3.63) 참조]. 외부 유동 및 발달된 내부 유동의 경우, 길이가 L인 기호 Re_L을 사용하고, 완전히 발달된 관유동에서는 지름이 D인 Re_D를 사용한다. $Re_D > 3 \times 10^3$인 난류 덕트 유동은 $Re_D < 3 \times 10^3$인 층류 유동보다 더 1차원 형상을 갖는다. 2.3절, 9.5절, 그림 2.1과 2.2를 참조한다.
4. 관내 점성유동에 대한 마찰계수(f)는 식 (3.60)과 제9장을 참조한다.
5. 압축성계수(Z)는 완전기체 법칙(제11장에서 소개)으로부터의 편차를 반영하며, 많은 관심 기체에 대해 $Z \approx 1.0$을 적용한다.
6. (**선택사항**) Prandtl 수(Pr)는 열 확산성에 대한 운동량의 비율이며(경계층 발달에서), 모든 완전기체는 Pr ≤ 1.0이다.
7. (**선택사항**) Knudsen 수$(\mathrm{Kn}) \approx \mathrm{M}/\mathrm{Re}^{1/2}$는 기체 입자가 서로 충돌하기 전에 이동한 평균 거리(또는 평균자유행로)를 인클로저 길이와 같은 유동장의 의미 있는 특성 길이로 나눈 값이다.

기체역학에서 오직 특정한 정규화된 변수만이 1차 크기(order)로 만들어진다. 등엔트로피 유동의 압력, 밀도 및 온도비(부록 G)는 정체조건(또는 가장 큰 값)을 참고하기 때문에 0과 1 사이에서 변한다. 단면적비는 $M = 1.0$인 경우 그림 5.14와 같이 목 또는 최소 단면적(A^*)을 참조하기 때문에 1보다 같거나 크다. 수직충격파의 물성(부록 H)은 항상 충격파 전반에 걸쳐 정규화된다. 그리고 Fanno 유동(부록 I)과 Rayleigh 유동(부록 J) 모두에 대해, 모든 비율은 엔트로피 변화 함수 $S_{\max}/R$[또는 $(s^* - s)/R$]이 0인 경향이 있는 각각의 엔트로피 변곡점에서 $M = 1.0$인 두 개의 개별 기준값(*)을 참조한다. Fanno 및 Rayleigh 유동 조건에 대해 기준값(*)이 다르다는 점에 유의해야 한다(자세한 내용은 제9장과 제10장 참조). 부록 G에서 J까지의 값을 생성하는 데 사용되는 모든 방정식은 **변수 비율**$= f(M, \gamma)$ 형식이어야 한다. 부록의 모든 도표는 일관되게 무차원적이다. 마찰계수는 Reynolds 수(부록 C)와 비교해서 표시된다. 경사충격파 도표 및 원추형 유동충격파 도표(부록 D 및 E)는 관련 각도, Mach 수 및 정압비를 나타내고 압축성계수 선도(부록 F)는 무차원 인자만 표시한다. 지금은 이 모든 것이 불필요하고 복잡해 보일 수 있지만, 각 기준값은 최대한의 유용성을 위해 의도적으로 선택되었으므로 안심하기 바란다.

차원해석(선택사항)

우리가 사용하는 모든 단위계는 필요한 모든 물리적 차원을 포함해야 하며 차원해석 분야는 이러한 부분 집합을 다룬다. 예를 들어, 식 (1.4)의 운동량 플럭스를 보면, 운동량을 나타내는 물리량은 관성질량과 그 속도의 곱이다. 속도는 (크기와 방향을 모두 갖는) 벡터이며 유동 방향의 길이 변화에 대한 시간 비율로 구성되며, 1차원 유동은 종종 직교좌표계에서 x 방향으로 나타낸다. 2.3절과 그림 8.13을 참조하자. 속도의 크기는 식별 가능한 기준 좌표계를 기반으로 할 필요가 있다. 보통 공간은 세 개의 독립된 길이를 가지고 있으므로 나머지 두 개는 유동 방향에 수직인 면적을 차지해야 하며, 대부분은 세 개의 **길이**(L_x, L_y, L_z)를 관성**질량**(m)과 **시간**(t)으로 다룬다. 열 문제의 경우, 절대**온도**(T)를 더해야 하는데, 왜냐하면 열은 제1법칙[식 (1.17)]과 같이 에너지의 한 형태이고 Joule 또는 ft-lbf(또는 Btus 또는 칼로리)의 단위를 가질 수 있지만, 순수한 일은 엔트로피가 없는 반면, 항상 엔트로피 함량을 가지고 있기 때문이다. 따라서 열전달은 항상 온도 차이, 독립적인 매개변수인 T와 관련이 있다[제2법칙, 식 (1.28) 참조]. 식 (1.4)에서 무차원화 작업에는 최소 세 개이지만 최대 6개(세 개의 L, m, t, T)의 차원 매개변수가 필요하다(원형 덕트 내의 마찰 유동과 같은 대칭 유동일 때는 오직 x와 r만 사용한다. 9.9절 참조). 따라서 차원해석은 단순히 '단위를 소거하는 것' 이상의 의미가 있다. 암묵적으로 관성질량, 중력질량, 분자질량을 하나로 동일시할 것이다.

이 책에 제시된 기체역학 외에도, 차원해석의 적용은 유사성(시험에서의 기하학적 유사성)과 모형화(풍동 실험에서의 작은 시료 사용)와 같은 실험 기법뿐만 아니라 근사 이론(복잡한 방정식 집합에 대한 대략적인 분석 솔루션 개발)을 포함했다. 차원해석에 대한 자세한 내용은 참고문헌 17, 19, 20뿐만 아니라 참고문헌 1과 2도 참조하자.

1.4 검사질량 분석의 열역학적 개념

이 절의 광범위한 내용에 대해 먼저 양해를 구한다. 그러나 열역학적 원리에 대한 올바른 이해는 기체역학 연구에서 필수적이다.

일반적 정의

- **미시적 접근**(microscopic approach): 통계적 기반에서 개별 분자, 그리고 분자들의 움직임과 거동을 다룬다. 원자 수준에서 물질의 구조와 거동에 대한 우리의 이해에 달려 있다.

이 접근법은 양자역학을 포함한다. 이 책에서는 11.3절의 미시적 접근만 이용한다.

- **거시적 접근**(macroscopic approach): 관찰 및 측정 가능한 물성(온도, 압력 등)을 통해 분자의 평균 거동을 직접 다룬다. 이 고전적인 접근은 물질의 분자 구조에 관한 특별한 가정을 포함하지 않으며, Kn < 0.01의 Knudsen 수를 통해 정의된 '연속체 가정'의 개념을 기반으로 한다. 거시적 접근은 이 책에서 내내 사용된다.
- **검사질량**(control mass): 분석하는 대상에 대한 질량의 고정된 양. 경계로 인해 주변과 분리되어 있다. 검사질량은 **폐쇄 시스템**(clcsed system)이라고도 한다. 물질이 경계를 넘지 않더라도 에너지는 시스템 유출입이 가능하다.
- **검사체적**(control volume): 분석하는 대상어 대한 공간(영역). 주변과 분리하는 경계를 **검사표면**(control surface)이라고 한다. 에너지뿐만 아니라 물질도 검사표면을 가로지를 수 있으므로, 검사체적을 **개방형 시스템**(open system)이라고도 한다. 검사체적에 대한 분석은 제2장과 제3장에서 소개한다.
- **물성**(properties): 시스템의 상태를 설명하는 특성. 시스템의 각 개별 상태에 대해 확실한 값을 갖는 모든 양(예: 압력, 온도, 색상, 엔트로피). 수치와 관련된 차원 또는 유사한 속성을 갖는다.
- **강성성질 물성**(intensive property): 시스템의 상태에만 의존하고 질량과는 무관하다(예: 온도, 압력, 비체적).
- **종량성질 물성**(extensive property): 시스템의 질량에 의존적이다(예: 내부 에너지, 체적).
- **물성의 유형**
  1. **관찰 가능한**(observable): 쉽게 측정되는 것(압력, 온도, 속도, 질량 등)
  2. **수학적인**(mathematical): 다른 물성과의 조합으로 정의되는 것(밀도, 비열, 엔탈피 등)
  3. **유도되는**(derived): 분석의 결과로서 도달하는 것
     a. **내부 에너지**(열역학 제1법칙으로부터)
     b. **엔트로피**(열역학 제2법칙으로부터)
- **상변화**(state change): 물성 변화 결과로 발생한다.
- **경로 또는 과정**(path or process): 하나의 상태(state)에서 다른 상태로의 경로를 정의하는 일련의 연속적인 상태를 나타낸다. 일부 특수 과정은 아래와 같다.

단열(adiabatic)	→	열전달 없음
등온(isothermal)	→	T = 일정
등압(isobaric)	→	p = 일정

등엔트로피(isentropic) → s = 일정

- **사이클**(cycle): 시스템을 원래의 상태로 되돌리는 일련의 과정이다.
- **점 함수**(point function): 물성을 말하는 또 다른 방식. 이것은 시스템의 상태에만 의존하고, 상태가 얻어지는 과정과는 무관하다.
- **경로 함수**(path function): 시스템 상태의 함수가 아니라 하나의 상태에서 다른 상태로 이동하는 경로에 의존하는 양이다. **열**(heat)과 **일**(work)은 오직 비율로만 나타내는 경로 함수다. 오직 과정 중에 시스템의 경계를 넘나드는 것을 관찰할 수 있다.

고전 열역학 법칙

0^2	물성값 간의 관계
0	열평형
1	에너지보존
2	에너지손실(비가역성)

0^2법칙(때때로 00**법칙**으로 불림)은 공식적인 열역학 법칙으로 언급되지 않는다. 그러나 해당 법칙이 없다면 전체적인 열역학 법칙은 무너질 것이다. 이는 물성값 간의 관계성, 즉 **상태방정식**의 존재를 가정한다. 해당 방정식은 매우 복잡하거나 정의되지 않을 수도 있지만, 관계성이 존재하는 한 계속하여 연구를 진행할 것이다. 상태방정식은 표나 그래픽 정보 형태로 주어질 수 있다.

단일 구성 요소 또는 순수 물질일 때, 시스템의 상태를 수정하는 데 세 가지 **독립적인** 물성만 필요하다. 신중하게 세 가지 물성을 선택해야 한다. 예를 들어, (액체가 증기와 함께 존재하는 경우와 같이) 물질이 두 가지 이상의 상으로 존재하는 경우 온도와 압력은 독립적이지 않다. 단위 질량을 다룰 때, 단지 두 개의 독립적인 물성만이 상태를 고정하는 데 필요하다. 그러므로 다음과 같은 관계로 알려진 두 개의 다른 독립적인 물성으로 속성(P)을 표현할 수 있다.

$$P = f(x, y)$$

만일 두 개의 시스템이 비단열 벽(열전달이 일어나는 벽)에 의해 분리되어 있다면, 각 시스템의 상태는 새로운 평형 상태가 혼합된 시스템에 도달할 때까지 변화할 것이다. 두 시스템은 서로 **열평형**(thermal equilibrium) 상태에 있다고 할 수 있으며, **온도**라고 하는 한 가지 공통점을 갖게 된다.

0법칙은 세 번째 시스템과 열평형 상태에 있는 두 시스템이 서로 열평형 상태에 있다는 것을 의미한다(따라서 같은 온도를 가짐). 무엇보다도 이를 통해 온도계와 표준화를 사용할 수 있다.

열역학 제1법칙

제1법칙은 에너지보존을 다루며, 다양한 등가 방식으로 표현할 수 있다. 열과 일은 **이동 중인 에너지**의 두 가지 다른 유형이며, 아래에서 모든 과도기가 소멸하기 전과 후에 이 법칙을 작성한다(결과적으로 열과 일은 모두 경로 함수로 취급되어야 한다). 제2장에서는 비율 관점으로 이 법칙을 다룬다.

열이 한 시스템에서 다른 시스템으로 전달되는 것은 이러한 효과가 두 시스템 사이의 온도 차이로 인해 발생하는 경우다. 열은 항상 높은 온도 시스템에서 낮은 온도 시스템으로 전달된다.

중력장에서 질량 증가로 전체 외부 영향이 감소하는 경우, **일**은 시스템으로부터 전달된다. 완전한 사이클을 실행하는 폐쇄 시스템에서는 다음 식으로 표기된다.

$$\sum Q = \sum W \tag{1.17}$$

여기서

Q = 시스템**으로** 열이 전달

W = 시스템**으로부터** 일이 전달

때때로 다른 규칙이 사용되지만, 본 교재에서는 위 규칙을 사용한다.

폐쇄 시스템에서 **과정**이 실행될 때는 다음 식으로 표기된다.

$$Q = W + \Delta E \tag{1.18}$$

여기서 E는 시스템의 전체에너지를 의미한다. 단일 질량 기준으로 식 (1.18)은 다음과 같이 표기된다.

$$q = w + \Delta e \tag{1.19}$$

전체에너지는 적어도 세 가지 형태로 나눌 수 있다.

$$e \equiv u + \frac{V^2}{2g_c} + \frac{g}{g_c}z \tag{1.20}$$

여기서

u = 시스템 내의 분자 운동으로 나타나는 고유 내부에너지

$\frac{V^2}{2g_c}$ = 전체 시스템의 운동으로 발생하는 운동에너지

$\frac{g}{g_c}z$ = 중력장에서 시스템의 위치에 의해 발생하는 포텐셜(위치)에너지

때때로 다른 유형의 에너지(예: 해리 에너지)를 포함할 필요가 있지만, 본 교재에서는 위에서 언급한 내용만으로 다룬다.

무한소 영역에서는 식 (1.19)를 다음과 같이 쓸 수 있다.

$$\delta q = \delta w + de \tag{1.21}$$

열과 일은 **경로 함수**(즉, 어떻게 시스템이 하나의 상태 점에서 다른 점으로 이동하는지에 대한 함수)이기 때문에, 극소량은 정확한 미분이 아니므로 δq와 δw로 표현된다. 내부에너지의 극미한 변화는 내부에너지가 점 함수 또는 물성이기 때문에 정확한 미분이다. 고정 시스템에서 식 (1.21)은 다음과 같다.

$$\delta q = \delta w + du \tag{1.22}$$

극소량의 변화를 위해 위치에너지는 무시한다는 것에 유의하자. 고정 시스템에서 체적이 변하는 동안 압력에 의한 가역 일(reversible work)은 다음과 같다.

$$\delta w = p\,dv \tag{1.23}$$

u와 pv 항 조합은 다양한 방정식(특히, 개방형 시스템)에 들어가며, **엔탈피**(h) 물성을 정의하는 데 편리하다.

$$h \equiv u + pv \tag{1.24}$$

엔탈피는 다른 물성값으로 나누어 표현할 수 있다. 이는 미분 형태로 자주 사용한다.

$$dh = du + d(pv) = du + pdv + vdp \tag{1.25}$$

다른 예시는 정압비열(c_p)과 정적비열(c_v)이다.

$$c_p \equiv \left(\frac{\partial h}{\partial T}\right)_p \tag{1.26}$$

$$c_v \equiv \left(\frac{\partial u}{\partial T}\right)_v \tag{1.27}$$

열역학 제2법칙

제2법칙은 여러 등가 형식으로 표현될 수 있다. 아마도 가장 고전적인 것은 Kelvin과 Planck가 사이클로 작동하는 엔진이 하나의 온도 source와 열 교환할 때 정미(순)일(net work) 출력을 생성해 내는 것은 불가능하다고 말한 것이다. 그 자체로는 심오한 진술로 보이지 않지만 이는 여러 가지 귀결로 이어지며, 결국 가장 중요한 물성값(엔트로피)의 확립으로 이어진다.

제2법칙은 또한 내부 유체 마찰, 유한한 온도 차이로 인한 열전달, 시스템과 주변과의 압력 평형 부족 등과 같은 비가역적 영향에 의해 에너지 품질의 저하를 인식한다. 실제 모든 과정은 어느 정도의 비가역성이 존재한다. 어떤 경우에는 이러한 영향이 매우 작아 이러한 효과가 없고 가역적인 이상적인 제한 조건을 떠올릴 수 있다. **가역 과정**(reversible process)은 열로 에너지가 저하되지 않고 시스템과 주변 환경 모두 원래의 상태로 돌아갈 수 있는 과정이다.

제2법칙을 적용함으로써 가역 과정에 대한 $\delta Q/T$ 적분은 경로와 무관함을 알 수 있다. 그러므로 이 적분은 **엔트로피**(S)라 부르는 **물성** 변화로 표현한다.

$$\Delta S \equiv \int \frac{\delta Q_R}{T} \tag{1.28}$$

해당 식에서 아래 첨자 R는 가역 과정에 적용됨을 의미한다. 미분 과정에 대한 단위 질량 기준으로 표현하면 다음과 같다.

$$ds \equiv \frac{\delta q_R}{T} \tag{1.29}$$

제9장에서 마찰이 항상 시스템의 엔트로피를 어떻게 증가시키는지, 제10장에서 (일과 달리)열전달이 항상 시스템의 엔트로피에 어떻게 기여하는지 보여준다. 이러한 기여는 시스템과 주

위 환경 사이 온도 기울기 방향에 따라 엔트로피 양을 추가하거나 뺄 수 있다. 의심할 여지 없이 많은 계산, 그림 등에 엔트로피를 사용했지만, 이 물성에 대한 느낌이 좋지 않을 수 있다. 제3장에서는 엔트로피 변화(내부적 기여와 외부적 기여로부터)를 두 부분으로 구분한다. 이 책의 나머지 부분에서 이러한 방식을 사용함으로써 이해하기 어려운 이러한 '작업과정(creature)'을 더 잘 이해하게 되기를 바란다.

물성 간 관계식

몇 가지 중요한 관계식은 제1법칙과 제2법칙의 조합으로 도출된다. 고정 시스템에서의 제1법칙을 고려하면 다음 식으로 표기된다.

$$\delta q = \delta w + du \tag{1.22}$$

만일 가역 과정이라면

$$\delta w = p dv \quad (1.23) \quad \text{그리고} \quad \delta q = T ds \qquad [\text{식 (1.29)로부터}]$$

해당 관계식을 제1법칙에 대입하면 다음을 얻는다.

$$T ds = du + p dv \tag{1.30}$$

엔탈피를 미분하면 다음을 얻는다.

$$dh = du + p dv + v dp \tag{1.25}$$

식 (1.30)과 (1.25)를 결합하면 다음과 같다.

$$T ds = dh - v dp \tag{1.31}$$

식 (1.30)과 (1.31)을 유도하기 위해 가역 과정으로 가정했지만, 결과는 **오직 물성만을 포함한** 방정식이며, 따라서 가역성 유무와 상관없이 **어떠한 최종 상태 간에 사용할 수 있는 유효한 관계식**이다. 이 책 전체에 걸쳐 사용되는 두 가지 중요한 방정식은 다음과 같다.

$$T\,ds = du + p\,dv \tag{1.30}$$

$$T\,ds = dh - v\,dp \tag{1.31}$$

만일 앞선 설명(물성만을 포함하기 때문에 항상 유효한 것으로 관계식을 끌어내는 과정)이 어렵다면 다음 설명이 도움이 될 것이다. 먼저, (다른 저자들이 한 것처럼)제1법칙을 다른 형태로 작성한다.

$$\delta q - \delta w = du \tag{1.22a}$$

내부에너지는 하나의 물성이므로, u의 변화는 과정의 최종 상태에 의존한다. 이제 **동일한 끝점들 사이에** 비가역 과정을 가역 과정으로 대체한다. 그러면 du는 가역 및 비가역 경우 모두에 대해 같게 유지되며, 결과는 다음과 같다.

$$(\delta q - \delta w)_{\text{rev}} = du = (\delta q - \delta w)_{\text{irrev}}$$

예를 들어, 비가역 압축 과정에 포함된 추가적인 일은 **방출된 열의 양만큼 동일하게** 보상되어야 한다(팽창 과정에도 같은 주장이 적용됨). 이러한 방식으로 비가역적인 영향은 식 (1.30)과 (1.31)에서 사라진 것처럼 보일 것이며, 특정 과정이 가역인지 비가역인지 알 수 없다.

완전기체

단일 구성 물질의 단위 질량에 대해 물성은 두 개의 다른 독립 물성의 함수로 표현될 수 있다. 그러나 완전기체 상태방정식을 따르는 물질의 경우 다음과 같다.

$$p = \rho RT \tag{1.16}$$

내부에너지와 엔탈피는 단지 온도의 함수일 뿐이다(예: 참고문헌 4의 173쪽 참조). 이러한 완전기체에 대해 단순화를 할 수 있게 해주므로 매우 중요한 결과다.

정적비열을 고려하면

$$c_v \equiv \left(\frac{\partial u}{\partial T}\right)_v \tag{1.27}$$

만약 단지 $u = f(T)$인 경우, c_v를 계산할 체적이 일정하게 유지되는지는 중요하지 않다. 따라서 편도함수는 상도함수가 된다.

$$c_v = \frac{du}{dt} \tag{1.32}$$

또는

$$du = c_v dT \tag{1.33}$$

유사하게, 정압비열에 대해 완전기체를 다음과 같이 쓸 수 있다.

$$dh = c_p dT \tag{1.34}$$

식 (1.33)과 (1.34)는 모든 과정에서 적용할 수 있다는 사실을 깨닫는 것이 중요하다(기체가 완전기체로 여겨지는 한). 만약 비열이 일정하게 유지되면(제한된 온도 범위에서 양호한 상태이면), 식 (1.33)과 (1.34)를 쉽게 적분할 수 있다.

$$\Delta u = c_v \Delta T \tag{1.35}$$

$$\Delta h = c_p \Delta T \tag{1.36}$$

기체역학에서는 내부에너지에 대한 임의의 기준을 도입하여 계산을 단순화한다. 절대온도 $T=0$일 때 $u=0$이면, 엔탈피 정의로부터 $T=0$일 때 $h=0$이다. 식 (1.35)와 (1.36)은 이제 다음과 같이 쓸 수 있다.

$$u = c_v T \tag{1.37}$$

$$h = c_p T \tag{1.38}$$

표준 온도와 압력에서 비열의 일반적인 값은 $c_p = 0.240$, $c_v = 0.171$ Btu/lbm-°R이다. 해당 숫자(동등한 SI 단위계 값도 포함하여)는 자주 사용하기 때문에 기억해 놓으면 좋다.

완전기체와 관련하여 자주 사용되는 관계식은 다음과 같다.

$$\gamma \equiv \frac{c_p}{c_v} \tag{1.39}$$

$$c_p - c_v = \frac{R}{J} \tag{1.40}$$

위 식의 변환계수는 다음과 같다.

$$J = 778 \text{ ft-lbf/Btu} \quad \text{또는} \quad 4186 \text{ J/kcal} \tag{1.41}$$

이는 비열이 Btu/lbm-°R 또는 kcal/kg-K 단위로 제공되기 때문이다. 이 J 계수는 향후 방정식에서 생략되며, 필요시 남겨두면 된다. 이러한 절차를 통해 모든 작업에서 단위를 확인하는 습관을 갖기 바란다. SI 단위계에서 비열과 R에 사용되는 단위는 무엇인가? (부록 B의 기체 물성 표를 확인하기 바란다.) 식 (1.40)에서 SI 단위계로 J계수가 필요한가?

엔트로피 변화

두 상태 사이의 엔트로피 변화는 가역 경로 또는 점을 연결하는 가역 경로의 조합을 따라 식 (1.29)를 적분함으로써 얻을 수 있으며, 완전기체에 대해 다음 결과를 얻을 수 있다.

$$\Delta s_{1-2} = c_p \ln \frac{v_2}{v_1} + c_v \ln \frac{p_2}{p_1} \tag{1.42}$$

$$\Delta s_{1-2} = c_p \ln \frac{T_2}{T_1} - R \ln \frac{p_2}{p_1} \tag{1.43}$$

$$\Delta s_{1-2} = c_v \ln \frac{T_2}{T_1} + R \ln \frac{v_2}{v_1} \tag{1.44}$$

해당 방정식에서 압력과 온도의 절대값을 사용해야 함을 상기하자. 체적은 전체 또는 비체적일 수 있지만, 두 체적은 반드시 같은 유형이어야 한다. c_p, c_v, R의 단위는 호환되어야 하므로 주의 깊게 살펴보자.

과정 선도

기체 영역의 많은 과정은 **폴리트로픽 과정**(polytropic process)으로 나타낼 수 있다. 관계식은 다음과 같다.

$$pv^n = \text{일정} = C_1 \tag{1.45}$$

여기서 n은 양수(+)인 폴리트로픽 지수(polytrcpic exponent)다. 만약 유체가 완전기체인 경우, 상태방정식을 식 (1.45)에 적용하여 다음과 같이 표현할 수 있다.

$$Tv^{n-1} = \text{일정} = C_2 \tag{1.46}$$

$$Tp^{(1-n)/n} = \text{일정} = C_3 \tag{1.47}$$

위 식에서 C_1, C_2, C_3는 서로 다른 상수임을 명심하자. n의 특정 값은 특정 과정을 나타낸다.

$$n = 0 \rightarrow p = \text{일정}$$

$$n = 1 \rightarrow T = \text{일정}$$

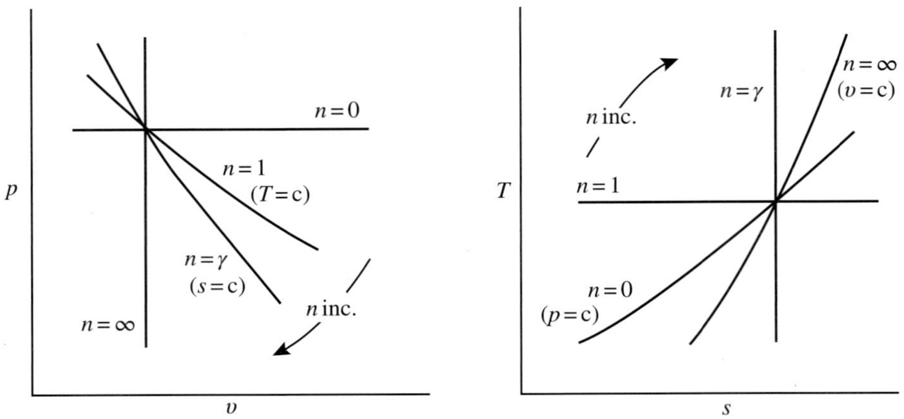

그림 1.2 완전기체에 대한 일반적인 폴리트로픽 과정

$$n = \gamma \rightarrow s = \text{일정}$$
$$n = \infty \rightarrow v = \text{일정}$$

그림 1.2와 같이 p–v, T–s 선도를 그릴 수 있는데, 선도를 충분히 이해하고 넘어가자. p–v 선도에서 어떻게 온도와 엔트로피가 변하는지, T–s 선도에서 어떻게 압력과 체적이 변하는지 알아야 한다. (p–v 선도에서 온도가 일정한 선들을 그릴 때 최고 온도는 어떤 것인가?)

열역학적 개념에 대한 자세한 내용은 참고문헌 3, 5, 7을 참고한다.

복습질문

이전 미적분학 및 열역학 과정에서 배웠던 개념을 기반으로 하는 문제로 이어진다. (이전 복습에서 모든 내용을 다루었지만)원하는 자료를 사용해서 최대한 정확하게 기술하기 바란다. 질문에 제대로 답변하고 메모를 참고하지 않고 적을 수 있을 때까지 제2장으로 건너뛰지 않도록 하자.

1.1 Newton의 제2법칙을 검사질량에 적용하여 기술하시오.

1.2 1파운드 질량에 1파운드 힘을 준 가속도 관점에서 1파운드 힘을 정의하시오. SI 단위계에서 N(뉴턴)에 대해 유사한 정의를 내리시오.

1.3 Newton의 제2법칙에서 g_c의 의미를 설명하시오. 영미공학(EE)단위계 및 SI 단위계에서 g_c의 크기와 단위는 무엇인가?

1.4 °F와 °R 사이의 관계에 대해 설명하시오. °C와 K 사이의 관계에 대해 설명하시오.

1.5 밀도와 비체적 간의 관계에 대해 설명하시오.

1.6 절대압과 게이지압에 대해 설명하시오.

1.7 고체와 비교되는 유체의 특징은 무엇인가? 이것이 점도와는 어떻게 관련이 있는가?

1.8 주어진 물리적 상황에서 왜 단위 수와 차원 수 사이에 차이가 있을 수 있는가? [단위 수가 차원 수보다 적거나 같다.]

1.9 (**선택사항**) 왜 초음속 노즐 목(throat) 하류 지점에서의 속도 대 목에서의 속도(음속과 동일함) 비율이 Mach 수는 아니지만 무차원인가?

1.10 유체의 거동 분석에서 미시적 접근과 거시적 접근 사이의 차이점에 대해 설명하시오.

1.11 문제 분석 방식에서 검사체적을 모사하고, 검사질량과 비교하시오. 이러한 시스템을 무엇이라고 부르는지 기술하시오.

1.12 물성(property)에 대해 기술하고, 적어도 세 개의 예시를 드시오.

1.13 물성은 강성성질과 종량성질로 분류할 수 있다. 각각 무엇을 의미하는지 기술하고, 예시를 나열하시오.

1.14 단일 성분 물질의 단위 질량을 다룰 때, 상태를 고정하기 위해 얼마나 많은 독립적인 물성이 필요한가?

1.15 상태방정식의 쓰임새에 관해 기술하시오. 여러분이 잘 알고 있는 것을 기술하시오.

1.16 점 함수와 경로 함수에 대해 정의하시오. 각각에 대한 예시를 기술하시오.

1.17 열역학적 과정(process)은 무엇인가? 사이클(cycle)은 무엇인가?

1.18 열역학 제0법칙은 온도와 어떤 연관이 있는지 기술하시오.

1.19 단일 과정으로 진행되는 폐쇄 시스템에 대한 열역학 제1법칙을 설명하시오.

1.20 열과 일에 관해 본 교재에서 사용된 기호 규칙은 무엇인가?

1.21 열역학 제2법칙의 형태에 관해 기술하시오.

1.22 열역학계에서 가역 과정을 정의하시오. 실제 과정을 완전히 가역적으로 할 수 있는지 기술하시오.

1.23 과정이 비가역적이 되도록 하는 요인은 무엇인지 기술하시오.

1.24 어떤 조건에서 등엔트로피 과정이 가역적인 단열 과정이 아닌가?

1.25 엔탈피와 엔트로피를 정의하는 방정식을 기술하시오.

1.26 (a) 엔트로피를 내부에너지와 연관시킨 미분식을 정의하시오.
(b) 엔트로피를 엔탈피와 연관시킨 미분식을 정의하시오.

1.27 비열 c_v와 c_p를 편미분 형태로 정의하시오. 이 식은 어떤 상태의 물질에서도 유효한가?

1.28 완전기체 상태방정식을 기술하시오. 방정식의 각 항에 대해 일관된 단위를 부여하시오.

1.29 완전기체에 대해 비내부에너지(specific internal energy)는 어느 상태 변수의 함수인지 기술하시오. 비엔탈피(specific enthalpy)는 어떤지도 기술하시오.

1.30 완전기체에 유효한 Δu와 Δh를 식으로 나타내시오. 모든 과정에 적용되는지 기술하시오.

1.31 완전기체에 대해 어떤 온도에서 $u=0$ 및 $h=0$을 임의로 지정하는지 기술하시오.

1.32 완전기체인 경우, 임의의 두 점 사이의 엔트로피 변화에 대한 표현식을 기술하시오.

1.33 등엔트로피 과정을 갖는 완전기체인 경우, 어떤 방정식이 압력-체적, 온도-체적, 온도-압력을 각각 연관 지어 설명하는지 기술하시오.

1.34 완전기체에 대한 일반적인 폴리트로픽 과정($pv^n=$일정)에 대해 기술하시오. 그림 RQ1.34와 같은 p-v와 T-s 선도에서 과정을 나타내는 선도상에 n 값을 표기하고, 어느 유체 물성이 일정하게 유지되는지 기술하시오.

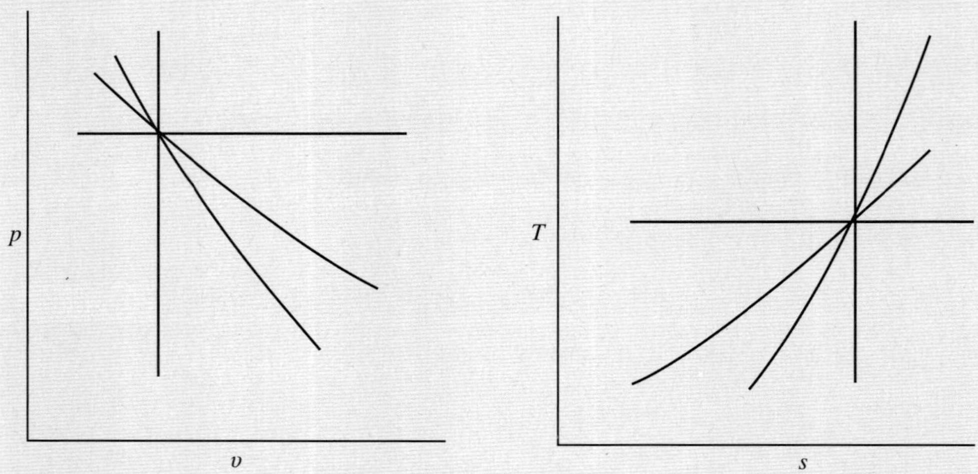

그림 RQ1.34

복습문제

열역학을 오랫동안 접하지 않았다면 다음 문제를 풀어보는 게 도움이 될 것이다.

1.1 부록 A에 있는 기체 물성 표에서 $c_p = c_v + R$ 관계식이 얼마나 잘 표현되어 있는가? 수소를 예로 들어 기술하시오.

1.2 비열 $c_v = 0.403$ Btu/lbm-°R, $c_p = 0.532$ Btu/lbm-°R인 완전기체는 폴리트로픽 지수 $n = 1.4$인 가역 폴리트로픽 과정을 갖는다. 명확한 이유를 제시하고 다음 질문에 답하시오.

(a) 과정 중에 열전달이 있는가?

(b) 해당 과정은 p–v 선도 또는 T–s 선도의 수평선 또는 수직선 중 어느 것에 더 가까운가?

1.3 질소 가스는 $v =$ 일정인 과정에서, (1) $T =$ 일정, (2) $p =$ 일정 과정을 거쳐 (1)과 동일한 끝점까지 70°F, 14.7 psia에서 원래 체적의 1/4까지 가역적으로 압축된다.

(a) 어느 압축이 가장 적은 일을 포함하는가? p–v 선도에 명확하게 표기하시오.

(b) 등온 압축 과정에서 열과 일 사이의 상호 교환되는 양을 계산하시오.

1.4 그림 RP1.4에서의 가역 사이클에 대해 dE, δQ, dH, δW, dS 적분 $[\oint d(\cdot)]$을 계산하시오.

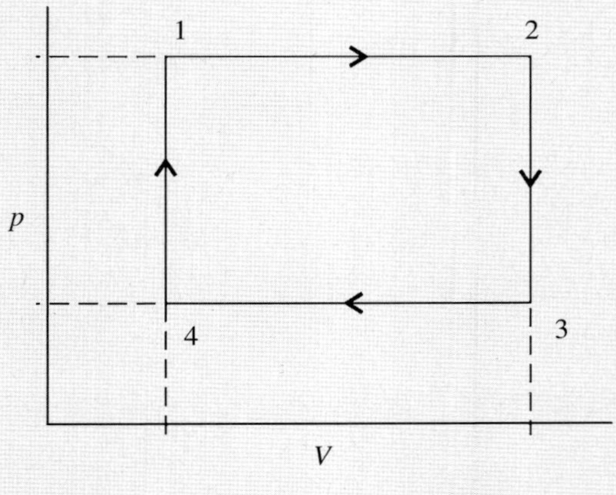

$p_1 = p_2 = 1.0 \times 10^6$ Pa

$p_3 = p_4 = 0.4 \times 10^6$ Pa

$V_1 = V_4 = 0.6\,\mathrm{m}^3$

$V_2 = V_3 = 1.0\,\mathrm{m}^3$

그림 RP1.4

1.5 완전기체(메탄)는 폴리트로픽 지수가 1.4인 가역, 폴리트로픽 과정을 갖는다.

(a) 제1법칙을 사용하여 단위 질량당 열전달에 대한 식을 온도차(ΔT) 함수로만 구하시오. 이 값은 숫자 값이어야 한다(SI 단위계로).

(b) 해당 열전달은 동일한 ΔT에서 엔탈피 변화 또는 내부에너지 변화와 같은가?

1.6 (**선택사항**) 완전기체의 압력은 밀도와 절대온도의 곱에 비례한다. 압력을 kgf/m^2, 온도(K), 밀도(kg/m^3)로 측정할 경우, 상수 R가 식 (1.16)에서 가져야 할 단위를 차원을 추론하여 구하시오.

Chapter 2

검사체적 분석-1부

2.1 서론

기체역학의 연구에서는 흐르는 **유체**에 관해 관심을 가진다. 유동 문제에 대한 해석은 열역학이나 유체역학 같은 초기 과정에서 사용했던 것과 같은 기본적인 원리를 기초로 한다.

1. 질량보존의 법칙
2. 에너지보존의 법칙
3. Newton의 제2운동법칙

특정 문제의 해를 구할 때 이 원리들을 적용할 경우, 유체의 물성도 알고 있어야 한다.

제1장에서 위에 나열된 개념을 **검사질량**(control mass)에 적용할 수 있는 형태로 복습했다. 그러나 검사질량의 관점으로는 유동 문제에 접근하는 것이 매우 어렵다. 그래서 첫째로 **검사체적**(control volume)을 분석하는 데 이용될 수 있는 기본적인 표현을 전개하는 것이 필요하다. 이 기법은 한정된 검사체적에 적용할 적분 방정식의 형태로 검사질량에 대한 기본 법칙을 변형시켜 전개해 나간다. 간소화는 정상상태 1차원 유동 같은 특별한 경우에 만들어질 수 있다. 또한 몇 개의 미분 관계식으로 구성된 미분 검사체적을 해석한다. 이 장에서는 질량과 에너지에 대해 다루고, 제3장에서는 운동량 개념을 다룬다.

Fundamentals of Gas Dynamics, Third Edition. Robert D. Zucker and Oscar Biblarz.

Companion website: www.wiley.com/go/zucker/gas

2.2 학습목표

이 장을 성공적으로 배우고 나면 다음 작업을 수행할 수 있다.

1. 기체역학 연구가 진행되는 기본 개념을 설명할 수 있다.
2. 1차원, 2차원, 3차원 유동에 관해 설명할 수 있다.
3. 정상유동을 정의할 수 있다.
4. (**선택사항**) 다차원 속도 성분으로부터 유량과 평균속도를 계산할 수 있다.
5. 종량적 물성의 **물질도함수**(material derivative)를 검사체적의 경계 안쪽과 바깥쪽의 물성과 관련시키는 데 사용된 방정식을 쓸 수 있다. 방정식 각 항의 의미를 설명할 수 있다.
6. (**선택사항**) 검사체적에 대한 연속방정식과 에너지방정식의 적분 형태로 얻어지는 검사질량에 대한 효과적인 기초 개념이나 방정식으로부터 시작할 수 있다.
7. 정상상태 1차원 유동 조건의 검사체적에 관한 적분 형태의 연속방정식과 에너지방정식을 간략화할 수 있다.
8. (**선택사항**) 연속방정식과 에너지방정식의 간략한 형태를 미분 검사체적에 적용할 수 있다.
9. 검사체적 해석에서 연속 개념과 에너지 개념을 적용할 수 있음을 설명할 수 있다.

2.3 유동 차원과 평균속도

주위를 움직이는 유체를 관찰할 때 여러 물성은 위치와 시간의 함수로 표현될 수 있다. 그러므로 일반적인 직교좌표계에서 다음과 같이 말할 수 있다.

$$V = f(x, y, z, t) \tag{2.1}$$

또는

$$p = g(x, y, z, t) \tag{2.2}$$

3차원 공간 좌표계와 시간이 필요한 경우, 이것을 **3차원 비정상 유동**이라 한다.

2차원 비정상 유동은 다음과 같이 표현된다.

$$V = f(x, y, t) \tag{2.3}$$

그리고 **1차원 비정상 유동**의 경우 다음과 같다.

$$V = f(x, t) \tag{2.4}$$

1차원 유동의 가정은 유동계에 적용되는 수직 방향 성분을 간략화하고, 하나의 좌표계는 항상 유동 방향으로 설정하는 경우다. 유동 덕트 방향이 변해도 되는 것처럼 **단일방향의 유동**(unidirectional flow)이 꼭 필요하지는 않다. 1차원 유동의 다른 관점은 교차점을 가로질러 모든 유체 물성이 모든 점(x 방향)에서 일정하게 주어지는 것을 말할 수 있다. 물성은 한 점에서 다른 한 점까지 (x의 변화에 따라)변할 수 있음을 기억해야 한다.

제1장에서 복습한 기본적인 개념은 물질의 질량에 관한 항으로 표현된다(즉, 검사질량 접근법). 검사질량 접근법을 사용할 때 엔탈피나 내부에너지 같은 질량에 대한 몇몇 물성을 관찰한다. 이러한 물성 변화율은 **물질미분**(material derivative)(때로는 **전체 미분** 또는 실질도함수)이라 불리며, $D(\cdot)/Dt$ 또는 $d(\cdot)/dt$로 표기한다. 이것은 **주위의 물체를 따라** 계산되므로 아래 두 가지 영향을 받는다.

첫째, 물성은 질량이 새로운 위치로 움직였기 때문에 변할 수 있다(예를 들어, 같은 시간에 Tucson에서의 온도가 Anchorage의 온도와 다르다). 이러한 조건의 물질도함수를 때때로 **대류 미분**(convective derivative)이라고 부른다.

둘째, 물성은 주어진 위치에서 시간에 따라 변할 수 있다(예를 들어, 같은 Monterey에서의 온도일지라도 아침부터 저녁까지 다양하다). 후자의 조건은 시간과 관련되어 **국소 미분**(local derivative) 또는 **편미분**(partial derivative)이라 불리며, $\partial(\cdot)/\partial t$로 표기한다. 예를 들어, 보통의 3차원 비정상 유동의 경우 압력의 물질도함수는 다음과 같다.

$$\frac{dp}{dt} = \underbrace{\frac{\partial p}{\partial x}\frac{dx}{dt} + \frac{\partial p}{\partial y}\frac{dy}{dt} + \frac{\partial p}{\partial z}\frac{dz}{dt}}_{\text{대류미분(Convective derivative)}} + \underbrace{\frac{\partial p}{\partial t}}_{\text{국소시간미분(Local time derivative)}} \tag{2.5}$$

모든 위치에서 유체 물성이 시간에 **무관**하다면, **정상유동**(steady flow)이라 한다. 따라서 정상유동에서 시간에 관련된 물성의 **편미분**은 0이다.

$$\frac{\partial(\cdot)}{\partial t} = 0 \quad \text{정상유동인 경우} \tag{2.6}$$

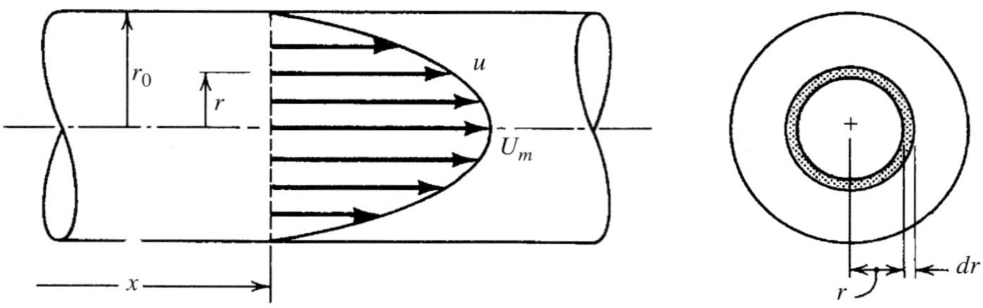

그림 2.1 층류 유동의 속도분포

다른 위치에서 다른 값을 가지는 물성이 없다는 것은 아니다. 그러므로 대류 항의 기여가 있으므로 물질도함수는 정상유동의 경우 0이 아니다.

다음으로 유동이 1차원이 아닌 경우 질량유량 계산의 문제를 살펴보자. 원형관에서 실제 유체의 유동을 고려할 때, 점성력이 두드러지는 저Reynolds 수 유동에서 유체는 인접한 층과의 열교환 없이 층을 이루어 흘러 나간다. 이것은 **층류 유동**(laminar flow)이라 하는데, 이 경우 속도 성분은 그림 2.1에 나타낸 것처럼 단면에서 회전 포물선이 되는 것으로 쉽게 정의할 수 있다(참고문헌 9의 185쪽 참조).

주어진 단면에서의 속도는 다음과 같이 쓸 수 있다.

$$u = U_m\left[1-\left(\frac{r}{r_0}\right)^2\right] \tag{2.7}$$

질량유량을 계산하기 위해서 적분하면 다음을 얻는다.

$$\dot{m} = \text{질량유량} = \int_A \rho u dA \tag{2.8}$$

여기서

$$dA = 2\pi r dr \tag{2.9}$$

가 일정하다고 가정하고, 정해진 위치에서 적분하면 다음과 같다.

$$\dot{m} = \rho\left(\pi r_0^2\right)\frac{U_m}{2} = \rho A\frac{U_m}{2} \tag{2.10}$$

다차원 유동 문제의 경우 질량유량은 다음과 같다.

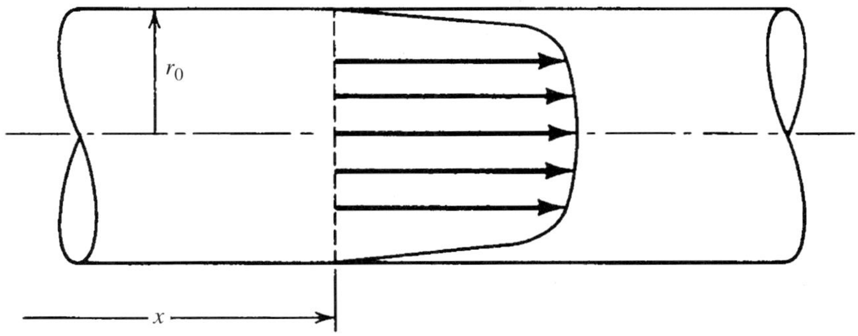

그림 2.2 난류에서의 속도분포

$$\dot{m} = \rho A V \tag{2.11}$$

위 식에서 속도 V는 평균속도이며, 이 경우 $U_m/2$이다. 적분하는 동안 질량이 일정하다면, V는 좀 더 정확한 표현으로 **면적 평균속도**(area-averaged velocity)라 한다. 그러나 보통 주어진 임의의 단면에서 밀도 변화가 작으므로 V는 합리적인 질량 평균속도다. 이 평균속도(V)로 층류 유동에 대한 운동에너지를 표현할 때[식 (1.20) 참조], '보정 계수' 2.0을 완전히 발달된 층류 관유동의 평균속도 제곱에 곱한다(연습문제 2.4 참조).

고Reynolds 수의 경우, 큰 관성력에 의해 인접층과의 혼합을 일으키는 모든 방향에 대해 불규칙한 속도 변화가 일어난다. 이 에너지 전달은 결과적으로 벽 근처의 분자 속도가 증가하는 반면 중앙 부근에서는 속도 감소를 유발한다. 이는 보통의 **난류 유동**인 그림 2.2에서처럼 상대적으로 일정한 속도분포를 보인다. 이 형태의 유동은 주어진 구간에서 입자들이 거의 1차원 유동에 가까운 비슷한 속도를 가진다. 공학적 관심을 두는 대부분의 관유동은 (상대적으로 짧은 유입 영역 이후)난류 영역에 있으므로, 1차원 유동 가정이 꽤 정확한 이유를 알 수 있다. 제9장과 부록 C의 데이터에서 $\text{Re} > 3 \times 10^3$일 때 난류인 것을 알 수 있다. 즉, 60°F에서 대기 중 공기의 경우, $VD > 8$ ft-in./sec(또는 0.071 m^2/s)이고, 따라서 $V > 8$ ft/sec(또는 2.8 m/s)일 때, 관 지름이 1 in.일 때 흐름이 난류 영역에 있다는 것을 의미한다.

유선과 유관

이 책에서 종종 다음을 언급할 것이다.

유선(streamline): 선 위에 있는 유동 입자의 속도 벡터에 어디서나 접하는 선

유관(streamtube): 인접한 유선으로 형성되는 유동 통로

이러한 정의로, 어떠한 유체입자도 유선을 가로지르지 않는다. 그러므로 유체는 물리적인 관을 통해 흐르는 것과 같이 유관을 통해 흐른다.

2.4 물질도함수와 검사체적 접근법

거의 모든 기체역학 문제 영역에서 고정된 공간이나 **검사체적**을 검사하는 것이 더 편리하다. 검사질량의 해석에 대한 기초 방정식은 제1장에서 다루었다. 이제는 검사체적에 적용할 때 이 방정식의 형태에 대해 알아보자. 각각의 경우 문제가 되는 항은 종량적 물성의 물질도함수다.

다음은 검사체적 접근법으로 변환한 **종량적 물성**의 물질도함수를 어떻게 단순화하는지 보여주고 있다. 이 결과는 많은 특별한 상황에 사용될 수 있는 귀중한 일반적인 관계식이 될 것이다.

$N \equiv$ 주어진 질량에 종량적 상태량의 총량

$\eta \equiv$ 단위 질량당 N의 양

따라서

$$N = \int \eta dm = \iiint \rho \eta d\tilde{v} = \int_v \rho \eta d\tilde{v} \tag{2.12}$$

여기서

$dm \equiv$ 질량요소의 증가 성분

$d\tilde{v} \equiv$ 체적요소의 증가 성분

표기의 단순성을 위해 $\int_v$와 같은 삼중 체적 적분으로 나타내고 있다.

물질도함수 dN/dt에서 무슨 일이 일어나는지 고려해 보자. 물질도함수는 질량이 주위로 움직일 때 계산된 물성의 (시간)변화율이라는 것으로 생각해 보자. 그림 2.3은 시간 t와 시간 $t + \Delta t$에서의 임의의 질량을 보여준다. 이러한 시스템은 모든 시간에서 같은 질량 입자로 구성되어 있다. Δt가 작다면, 영역 2로 나타낸 공유영역처럼 그림 2.4에 나타낸 두 개의 영역이 중

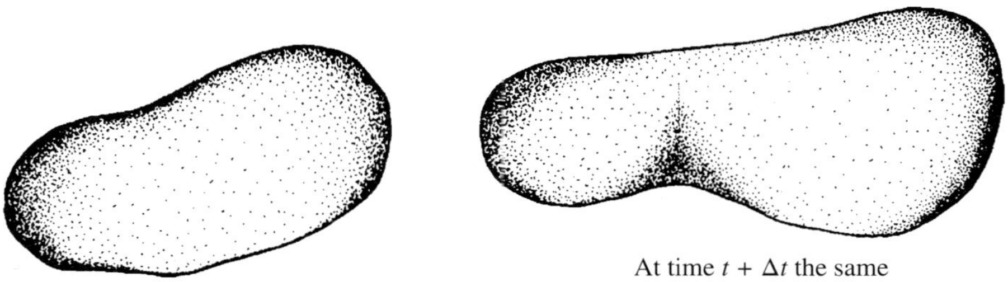

그림 2.3 검사질량

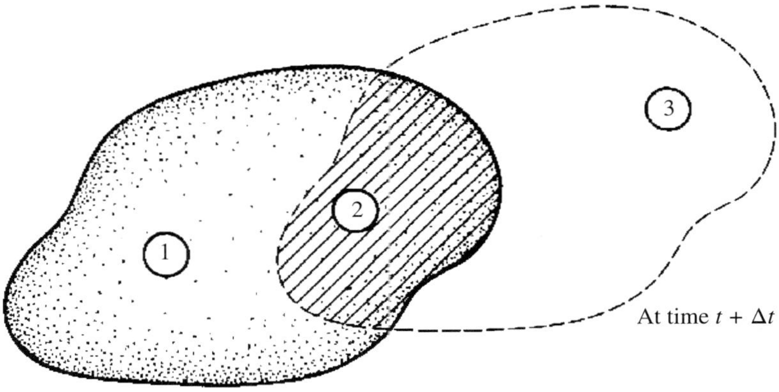

그림 2.4 미소시간 Δt에서의 검사질량

첩될 것이다. 시간 t에서 주어진 질량 입자는 영역 1과 영역 2를 차지한다. $t + \Delta t$에서 같은 질량 입자가 영역 2와 3을 채우고 있다. 질량의 원래 범위(영역 1과 2)를 **검사체적**이라 한다.

수학적인 정의로부터 물질도함수를 구성하면 다음과 같다.

$$\frac{dN}{dt} \equiv \lim_{\Delta t \to 0}\left[\frac{(N\text{의 최종값})_{t+\Delta t} - (N\text{의 초기값})_t}{\Delta t}\right] \tag{2.13}$$

여기서 N의 최종값은 시간 $t + \Delta t$에서 계산된 영역 2와 3의 N 값이고, N의 초기값은 시간 t에서 계산된 영역 1과 2의 N 값이다.

좀 더 명확하게 표현하면 다음과 같다.

$$\frac{dN}{dt} = \lim_{\Delta t \to 0}\left[\frac{(N_2 + N_3)_{t+\Delta t} - (N_1 + N_2)_t}{\Delta t}\right] \tag{2.14}$$

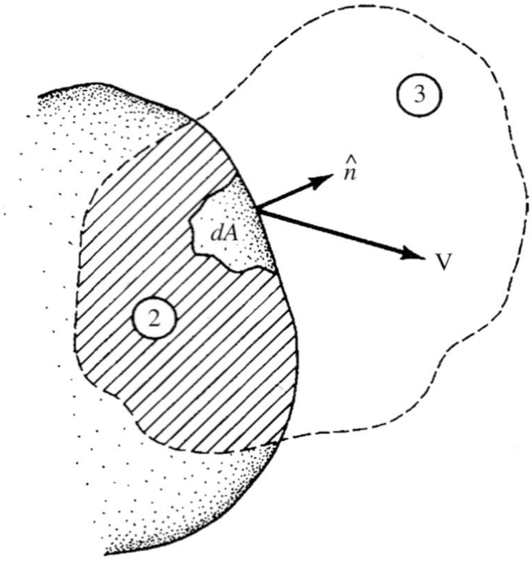

그림 2.5 검사체적으로부터의 유량

먼저, 다음 항을 고려하자.

$$\lim_{\Delta t \to 0} \frac{N_3(t+\Delta t)}{\Delta t}$$

분자항은 시간 $t+\Delta t$에서 **검사체적에서 빠져나가는 유체 영역**으로 정의되는 영역 3에서 N의 양을 나타낸다. $\hat{n}$을 검사체적 바깥쪽을 양(+)의 방향으로 하는 단위 방향 벡터라 한다. 또한 dA는 그림 2.5에 나타낸 것처럼 영역 2와 3을 나누는 면의 증분이라 한다.

$\mathbf{V}\cdot\hat{n} = \mathbf{V}$에 수직($\perp$)인 dA의 요소

$(\mathbf{V}\cdot\hat{n})dA =$ 체적증분유량

$\rho(\mathbf{V}\cdot\hat{n})dA =$ 질량증분유량

$\rho(\mathbf{V}\cdot\hat{n})dA\Delta t = \Delta t$시간 동안 dA를 통과하는 질량

$\eta\rho(\mathbf{V}\cdot\hat{n})dA\Delta t = \Delta t$시간 동안 dA를 통과하는 N의 양

그리고

$$\int_{S_{\text{out}}} \eta\rho(\mathbf{V}\cdot\hat{n})dA\Delta t \approx \text{영역 3에서의 } N\text{의 총량} \tag{2.15}$$

여기서 $\int_{S_{\text{out}}}$은 검사체적을 빠져나가는 유체 표면으로 이중 적분한 것이다. 문제 항은 다음 식

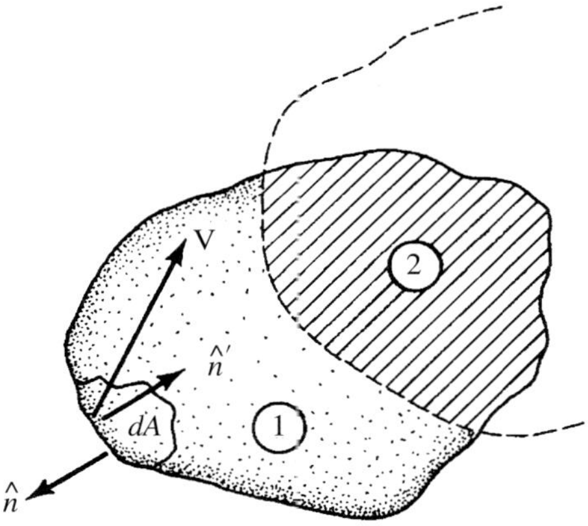

그림 2.6 검사체적 내로 유입되는 유동

으로 표기된다.

$$\lim_{\Delta t \to 0} \frac{N_3(t+\Delta t)}{\Delta t} = \int_{S_{\text{out}}} \eta\rho(\mathbf{V}\cdot\hat{n})dA \tag{2.16}$$

이 적분은 검사체적 바깥쪽으로 흐르는 N의 **유량** 혹은 **비율**이라 한다.

Δt를 상쇄하면, 극한을 취하는 것을 검토해야 한다. 실제로 식 (2.15)의 적분 표현은 거의 비슷하다. 이 적분에서 모든 물성은 검사표면 S, 시간 t에 대해 계산되기 때문이다. 따라서 식 (2.15)는 앞서 말했듯이 거의 비슷할 뿐만 아니라 Δt가 0에 가까워짐에 따라 **정확해진다**.

이제 다음 항을 고려해 보자.

$$\lim_{\Delta t \to 0} \frac{N_1(t)}{\Delta t}$$

영역 1은 어떻게 형성되는가? 이 영역은 원래의 질량 입자 움직임(시간 Δt 동안)에 의해 형성되었고, **다른 유체는 검사체적 내로 움직이고 있다**. 그러므로 다음 과정을 통해 N_1을 계산한다. 그림 2.6에서와 같이, 검사체적 **안쪽**을 양(+)의 방향으로 하는 단위 방향 벡터를 $\hat{n}'$이라 하자.

다음 수식에 적합한 말을 채워 넣어보자.

$$\mathbf{V}\cdot\hat{n}' =$$
$$(\mathbf{V}\cdot\hat{n}')dA =$$

$$\rho(\mathbf{V}\cdot\hat{n}')dA =$$
$$\rho(\mathbf{V}\cdot\hat{n}')dA\Delta t =$$
$$\eta\rho(\mathbf{V}\cdot\hat{n}')dA\Delta t =$$

이것은 다음 식처럼 분명하다.

$$\int_{S_{\text{in}}} \eta\rho(\mathbf{V}\cdot\hat{n}')dA\Delta t \approx \text{영역 1에서의 } N\text{의 총량} \tag{2.17}$$

또한

$$\lim_{\Delta t\to 0}\frac{N_1(t)}{\Delta t} = \int_{S_{in}} \eta\rho(\mathbf{V}\cdot\hat{n}')dA \tag{2.18}$$

여기서 $\int_{S_{\text{in}}}$ 는 검사체적 내로 들어가는 유체 면적에 걸쳐 행하는 이중적분이다. 이 항은 검사체적 내로 들어가는 N의 플럭스양을 나타낸다.

다음으로 식 (2.14)의 첫 번째 항과 마지막 항을 살펴보자.

$$\lim_{\Delta t\to 0}\left[\frac{N_2(t+\Delta t)-N_2(t)}{\Delta t}\right]$$

이 식은 정의에 의해 $\dfrac{\partial N_2}{\partial t}$로 표기된다.

적분 구간이 고정되었기 때문에 편미분 표기가 사용되었고, 시간은 변할 수 있는 유일한 독립변수임을 유의해야 한다. 또한 Δt가 0에 근접함에 따라, 영역 2는 검사체적이라고 불리는 질량의 원래 범위에 다가간다. 그러므로 다음 식으로 표기된다.

$$\lim_{\Delta t\to 0}\left[\frac{N_2(t+\Delta t)-N_2(t)}{\Delta t}\right] = \frac{\partial N_{\text{cv}}}{\partial t} = \frac{\partial}{\partial t}\int_{\text{cv}} \rho\eta d\tilde{v} \tag{2.19}$$

여기서 cv는 검사체적을 말한다.

식 (2.14)의 모든 항에 식 (2.16), (2.18), (2.19)를 대입한다.

$$\frac{dN}{dt} = \frac{\partial}{\partial t}\int_{\text{cv}} \rho\eta d\tilde{v} + \int_{S_{\text{out}}} \eta\rho(\mathbf{V}\cdot\hat{n})dA - \int_{S_{\text{in}}} \eta\rho(\mathbf{V}\cdot\hat{n}')dA \tag{2.20}$$

여기서 $\hat{n} = -\hat{n}'$이며, 마지막 두 항은 다음과 같이 하나의 항으로 쓸 수 있다.

$$\int_{S_{\text{out}}} \eta\rho(\mathbf{V}\cdot\hat{n})dA - \int_{S_{\text{in}}} \eta\rho(\mathbf{V}\cdot\hat{n}')dA$$
$$= \int_{S_{\text{out}}} \eta\rho(\mathbf{V}\cdot\hat{n})dA + \int_{S_{\text{in}}} \eta\rho(\mathbf{V}\cdot\hat{n})dA = \int_{\text{cs}} \eta\rho(\mathbf{V}\cdot\hat{n})dA \tag{2.21}$$

여기서 cs는 검사체적 주위의 검사표면 전체를 나타낸다.

이 항은 검사체적을 통해 유출되는 N의 순 유출률을 나타낸다(예: 유출 유량－유입 유량). 결과적으로 변환식은 다음과 같다.

$$\left(\frac{dN}{dt}\right)_{\text{물질미분}} = \frac{\partial}{\partial t}\underbrace{\int_{\text{cv}} \eta\rho d\tilde{v}}_{\text{삼중 적분}} + \underbrace{\int_{\text{cs}} \eta\rho(\mathbf{V}\cdot\hat{n})\, dA}_{\text{이중 적분}} \tag{2.22}$$

레이놀즈 수송 이론(Reynolds's transport theorem)으로 알려진 이 관계식은 다음과 같이 설명할 수 있다.

> 주위를 움직이는 주어진 질량의 물성 N에 대한 변화율은 검사체적 내 N의 변화율과 검사체적으로부터의 N의 정미유출(유출 유량－유입 유량)을 합한 것과 같다.

질량 종속적인(종량적) 물성임이 틀림없는 N이 어떠한 제한에도 놓이지 않았다는 데 유의할 필요가 있다. 그러므로 N은 스칼라 또는 벡터 양일 수 있다. 이러한 유용한 변환식의 적용 예는 다음 두 절과 제3장에서 다룬다.

2.5 질량보존

핵반응의 가능성을 배제한다면, 질량보존과 에너지보존을 개별적으로 설명할 수 있다. 그러므로 움직이는 질량의 주어진 양을 관찰하면, 정의로부터 질량은 일정하다 할 수 있다. 다른 방법으로 설명하면 물질도함수가 0이라고 할 수 있다.

$$\boxed{\frac{d(\text{mass})}{dt} = 0} \tag{2.23}$$

이것이 **검사질량에 대한 연속방정식**이다. 검사체적에 대한 어떠한 일치된 표현을 쓸 수 있을까? 2.4절에서 유도한 관계식과 일치하는 물질도함수를 변환시켜 찾아보자.

N이 전체 질량이라고 하면, η는 단위 질량당 질량 또는 1이다. 식 (2.22)에 대입하면 다음을 얻을 수 있다.

$$\frac{d(\text{mass})}{dt} = \frac{\partial}{\partial t}\int_{\text{cv}} \rho d\tilde{v} + \int_{\text{cs}} \rho(\mathbf{V}\cdot\hat{n})dA \tag{2.24}$$

그러나 식 (2.23)이 반드시 0이라는 것을 알고 있다. 그러므로 변환식은 다음과 같다.

$$\boxed{0 = \frac{\partial}{\partial t}\int_{\text{cv}} \rho d\tilde{v} + \int_{\text{cs}} \rho(\mathbf{V}\cdot\hat{n})dA} \tag{2.25}$$

위 식이 **검사체적에 대한 연속방정식**이다. 각각의 항이 무엇을 나타내는지 알아보자. 정상유동의 경우, 시간에 관련된 편미분이 0이며 연속방정식은 다음과 같다.

$$0 = \int_{\text{cs}} \rho(\mathbf{V}\cdot\hat{n})dA \tag{2.26}$$

이제 1차원 유동의 경우 남아 있는 적분값을 구해 보자. 그림 2.7은 검사표면을 통과하는 유체를 보여준다. 1차원 유동의 경우 횡단면 전부에 걸쳐 모든 유체 물성이 일정하게 되는 것을 상기하자. 그러므로 밀도와 속도는 적분 기호 안에서 바깥으로 빠져나올 수 있다. 횡단면이 항상 속도와 수직을 이루고 있다면, 적분은 계산하기가 매우 간단해진다.

$$\int \rho(\mathbf{V}\cdot\hat{n})dA = \rho\mathbf{V}\cdot\hat{n}\int dA = \rho VA$$

이 적분은 다음과 같이 검사표면 전체에 걸쳐 계산되어야 하며 다음 식으로 표현된다.

$$\int_{\text{cs}} \rho(\mathbf{V}\cdot\hat{n})dA = \sum \rho VA \tag{2.27}$$

이 합은 유체가 검사표면을 통과하는 모든 단면에 대해 수행되는데 유체가 검사체적에서 유출되는 경우는 양(+)의 값이며, 검사체적으로 유입되는 경우 음(−)의 값($\mathbf{V}\cdot\hat{n}$은 양의 값이다)이다. 정상상태 1차원 유동의 경우, 검사체적에 대한 연속방정식은 다음과 같다.

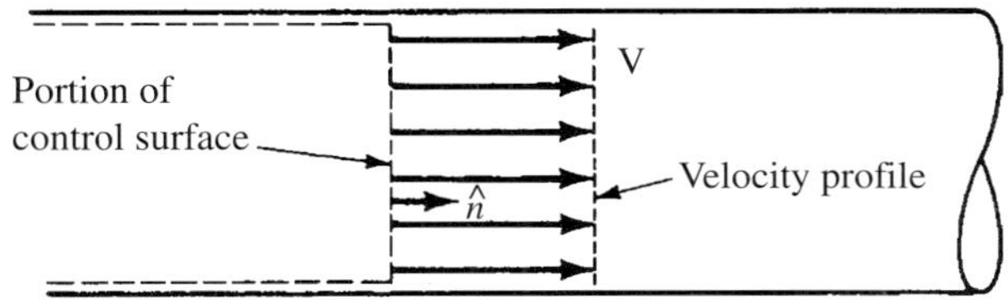

그림 2.7 1차원 속도분포 형상

$$\sum \rho AV = 0 \tag{2.28}$$

검사체적을 통해 유입되는 단 하나의 단면과 유출되는 단 하나의 단면만 있다면 연속방정식은 다음과 같다.

$$(\rho AV)_{\text{out}} - (\rho AV)_{\text{in}} = 0$$

또는

$$(\rho AV)_{\text{out}} = (\rho AV)_{\text{in}} \tag{2.29}$$

이것은 항상 다음과 같이 쓸 수 있다.

$$\boxed{\dot{m} = \rho AV = \text{일정}} \tag{2.30}$$

이 표현은 V가 면적 A와 수직을 이루고 있는 속도 성분임을 의미한다. 밀도 ρ는 lbm/ft^3, 면적 A는 ft^2, 속도 V는 ft/sec라면 질량유량($\dot{m}$)의 단위는 무엇인가? 각각은 SI 단위계에서는 무엇인가?

정상유동의 결과에 따라 검사체적으로 들어오는 질량유량은 검사체적을 빠져나가는 질량유량과 같다. **이러한 보존식이 필연적으로 사실일 필요는 없다.** 검사체적을 유출입하는 유량이 같다는 것을 알고 있으므로, 이것이 정상유동이라는 것을 의미하지 않는다.

예제 2.1

1096 ft/sec의 속도를 가지는 공기가 지름이 1 in.인 구간을 정상상태로 흐르고 있다. 온도는 40°F이며 압력은 50 psia이다. 유로가 지름 2 in.로 확장되고, 이 단면에서의 압력과 온도는 각각 2.82 psia, −240°F로 떨어졌다. 이 단면에서의 평균속도는 얼마인가?

주어진 식은 다음과 같다.

$$p=\rho RT, \quad A=\frac{\pi D^2}{4}$$

정상상태 1차원 유동의 경우 다음을 얻을 수 있다.

$$\rho_1 A_1 V_1=\rho_2 A_2 V_2$$

$$\left[\frac{p_1}{RT_1}\right]\left[\frac{\pi D_1^2}{4}\right]V_1=\left[\frac{p_2}{RT_2}\right]\left[\frac{\pi D_2^2}{4}\right]V_2$$

$$V_2=V_1\frac{D_1^2 p_1 T_2}{D_2^2 p_2 T_1}=(1096)\left(\frac{1}{2}\right)^2\left(\frac{50}{2.82}\right)\left(\frac{220}{500}\right)$$

$$V_2=2138\,\text{ft/sec} \quad (\text{또는 } 651.7\,\text{m/s})$$

연속방정식의 다른 형태로 식 (2.30)을 미분함으로써 얻을 수 있다. 정상상태 1차원 유동일 경우 이는 다음 식으로 표기된다.

$$d(\rho AV)=AVd\rho+\rho VdA+\rho AdV=0 \tag{2.31}$$

위 식을 ρAV로 나누면 다음과 같다.

$$\boxed{\frac{d\rho}{\rho}+\frac{dA}{A}+\frac{dV}{V}=0} \tag{2.32}$$

또한 이 표현은 식 (2.30)을 먼저 자연로그를 취하고 그 결과를 미분함으로써 얻을 수도 있다. 이를 **로그미분법**(logarithmic differentiation)이라 부른다.

연속방정식의 이러한 미분 형태는 수송관, 수로 또는 유관을 통해서 흐르는 유체에서 필연적으로 일어나는 변화를 설명하는 데 유용하다. 이것은 질량이 보존된다면, 밀도, 속도, 단면적의 변화는 반드시 다른 하나와 상쇄된다는 것을 나타낸다. 예를 들어, 단면적이 일정하다면($dA=0$), 속도 증가는 반드시 대응하는 밀도 감소를 수반하게 된다. 앞으로 여러 유도 과정에서 연속방정식의 이 형태를 사용할 것이다.

2.6 에너지보존

열역학 제1법칙은 에너지보존의 표현이다. 일련의 과정을 거치는 주어진 질량으로 구성된 시스템(계)의 경우, 다음 식으로 표현할 수 있다.

$$\boxed{Q = W + \Delta E} \tag{1.18}$$

여기서

Q = 시스템으로 들어온 열의 양

W = 시스템에 의해 행해진 일의 양

ΔE = 시스템 전체 에너지 변화량

이것은 또한 어느 한 시점에서 유효한 표현을 만들기 위해 비율 방식으로 쓰일 수도 있다.

$$\frac{\delta Q}{dt} = \frac{\delta W}{dt} + \frac{dE}{dt} \tag{2.33}$$

이 식의 의미를 명확히 이해할 수 있도록 위 식의 각 항을 조심스럽게 검토해 보자. $\delta Q/dt$와 $\delta W/dt$는 동시에 일어나는 시스템과 주위 사이에서 일어나는 열전달과 일전달을 나타낸다. 시스템 경계를 가로질러 에너지 전달률이 있다. 이 항은 물질도함수가 아니다. (열과 일은 시스템의 물성이 아님을 기억하자.) 반면에 에너지는 시스템의 물성이며 dE/dt는 물질도함수다.

검사체적에 적용할 수 있는 에너지방정식의 형태는 무엇인가? 이 질문에 답하기 위해서는 먼저 2.4절에서 유도한 관계식과 일치하는 식 (2.33)의 물질도함수를 변형시켜야 한다. N이 시스템의 전체 에너지 E라고 하면, η는 단위 질량당 에너지 e를 나타낸다.

$$e = u + \frac{V^2}{2g_c} + \frac{g}{g_c}z \tag{1.20}$$

식 (2.22)에 대입하면 다음을 얻는다.

$$\frac{dE}{dt} = \frac{\partial}{\partial t}\int_{\text{cv}} e\rho d\tilde{v} + \int_{\text{cs}} e\rho(\mathbf{V}\cdot\hat{n})dA \tag{2.34}$$

그리고 검사체적에 적용할 수 있는 변형된 식은 다음과 같다.

$$\boxed{\frac{\delta Q}{dt} = \frac{\delta W}{dt} + \frac{\partial}{\partial t}\int_{cv} e\rho d\tilde{v} + \int_{cs} e\rho(\mathbf{V}\cdot\hat{n})dA} \tag{2.35}$$

이 경우, $\delta Q/dt$와 $\delta W/dt$는 검사체적 주위 검사표면을 가로질러 일어나는 열전달과 일전달을 나타낸다. 각각의 항이 무엇을 의미하는지 고찰해 보자. [식 (2.22) 뒤에 나오는 내용 참조]

1차원 유동의 경우 식 (2.35)의 마지막 적분 항은 주어진 단면적 전체에 걸쳐 e, ρ, V가 일정하므로 계산이 간단하다. 속도 V가 면적 A에 수직이라고 가정하면 다음을 얻는다.

$$\int_{cs} e\rho(\mathbf{V}\cdot\hat{n})dA = \sum e\rho V \int dA = \sum e\rho VA = \sum \dot{m}e \tag{2.36}$$

이 합은 검사체적을 빠져나가는 양(+)의 유체와 검사체적으로 들어오는 음(−)의 유체를 갖는 검사표면 모든 단면에 걸쳐 행해진다.

식 (2.35)를 사용하는 데 (수직응력으로부터의)압력 힘 또는 (전단응력으로부터의)전단력에 의해서든 아니든, 일의 모든 형태를 포함해서 주의해야 한다. 검사표면은 다음을 제외하고 경계면에서 어떠한 유체운동도 존재하지 않도록 신중히 선택해야 한다.

a. 유체가 시스템으로 들어오거나 시스템에서 나가는 곳

b. 시스템 경계를 가로지르는 축 같은 기계적인 장치가 있는 곳

시스템 경계의 신중한 선택은 일양 계산을 단순하게 한다. 예를 들어, 실제기체의 경우 벽에서 운동이 없다는 것을 상기하자(그림 2.1과 2.2 참조). 그러므로 측면의 압력 힘과 전단력은 어떤 거리도 움직이지 않기 때문에 일이 없다.

기계적인 장치로 시스템 경계로 전달되는 일률은 $\delta W_s/dt$인데, 장치와 유체 사이의 전단응력으로써 행해진다(전단응력 또는 **축 일**의 경우 아래 첨자 s를 쓴다). 고려되는 다른 일의 양은 시스템에서 유체가 유출입하는 곳에 있다. 여기서 압력 일은 검사체적 안이나 바깥으로 유체를 밀어내는 일을 한다. 그림 2.8의 입구에서 음영 처리된 영역은 시간 dt 동안 검사체적으로 유입되는 유체를 나타낸다. 여기서 한 일은 다음과 같다.

$$\delta W' = \mathbf{F}\cdot d\mathbf{x} = pAdx = pAVdt \tag{2.37}$$

일률은 다음과 같다.

$$\frac{\delta W'}{dt} = pAV \tag{2.38}$$

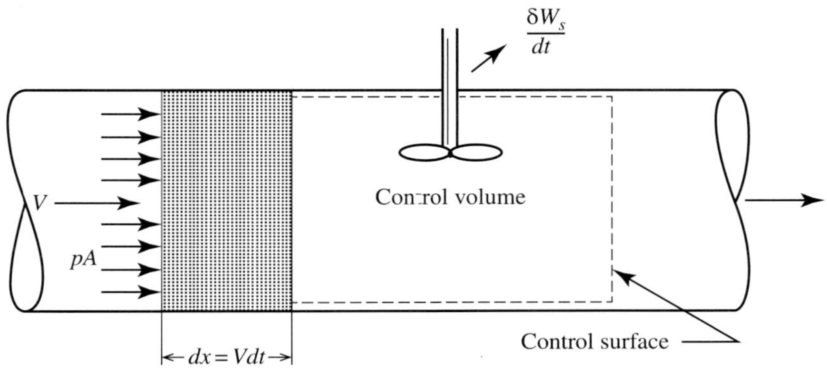

그림 2.8 일의 양 표식

이를 **유동일**(flow work) 또는 **변위일**(displacement work)이라 한다. 이것은 다음과 같이 더 의미 있는 형태로 표현될 수 있다.

$$\dot{m} = \rho AV \tag{2.11}$$

따라서 유동일률은 다음과 같다($1/\rho = v$).

$$pAV = p\frac{\dot{m}}{\rho} = \dot{m}pv \tag{2.39}$$

위 식은 검사체적 밖으로 유체를 밀어내기 위해 시스템에 의한 일(+)을 나타낸다. 또한 검사체적 안으로 유체를 밀어내기 위해 시스템에 행하는 일(−)을 나타낸다. 그러므로 일의 전체 합은 다음과 같다.

$$\frac{\delta W}{dt} = \frac{\delta W_s}{dt} + \sum \dot{m}pv$$

이제 1차원 유동에 적용할 수 있는 더 유용한 형태의 에너지방정식으로 고쳐 쓸 수 있다. 유동일이 어떻게 마지막 항에 포함되는지 알아보자.

$$\frac{\delta Q}{dt} = \frac{\delta W_s}{dt} + \frac{\partial}{\partial t}\int_{\text{cv}} e\rho d\tilde{v} + \sum \dot{m}(e + pv) \tag{2.40}$$

정상유동을 고려한다면, 시간과 관계된 국부 도함수를 포함하는 항은 0이다. 그러므로 1차원 정상유동의 경우 검사체적에 대한 에너지방정식은 다음과 같다.

$$\boxed{\frac{\delta Q}{dt}=\frac{\delta W_s}{dt}+\sum \dot{m}(e+pv)} \tag{2.41}$$

검사체적에서 유체의 출구와 입구가 각각 하나라면, (연속방정식으로부터)다음 식을 얻는다.

$$\dot{m}_{\text{in}}=\dot{m}_{\text{out}}=\dot{m} \tag{2.42}$$

식 (2.41)을 $\dot{m}$으로 나누면 다음과 같이 된다.

$$\frac{1}{\dot{m}}\frac{\delta Q}{dt}=\frac{1}{\dot{m}}\frac{\delta W_s}{dt}+(e+pv)_{\text{out}}-(e+pv)_{\text{in}} \tag{2.43}$$

다음과 같이 정의된다.

$$q\equiv\frac{1}{\dot{m}}\frac{\delta Q}{dt} \tag{2.44}$$

$$w_s\equiv\frac{1}{\dot{m}}\frac{\delta W_s}{dt} \tag{2.45}$$

여기서 q와 w_s는 유체유동의 단위 질량당 검사체적을 통과하는 열과 축 일의 양을 나타낸다. q와 w_s의 단위는 무엇인가?

에너지보존방정식을 이용하여 다음 식으로 나타낼 수 있다.

$$q=w_s+(e+pv)_{\text{out}}-(e+pv)_{\text{in}} \tag{2.46}$$

이것을 그림 2.9의 유한 검사체적에 직접 적용할 수 있고, 그 결과는 다음과 같다.

$$q=w_s+(e_2+p_2v_2)-(e_1+p_1v_1) \tag{2.47}$$

[식 (1.20)으로부터] e에 대해 상세한 치환은 다음과 같다.

$$u_1+p_1v_1+\frac{V_1^2}{2g_c}+\frac{g}{g_c}z_1+q=u_2+p_2v_2+\frac{V_2^2}{2g_c}+\frac{g}{g_c}z_2+w_s \tag{2.48}$$

엔탈피는 다음과 같이 정의된다.

$$h\equiv u+pv \tag{1.24}$$

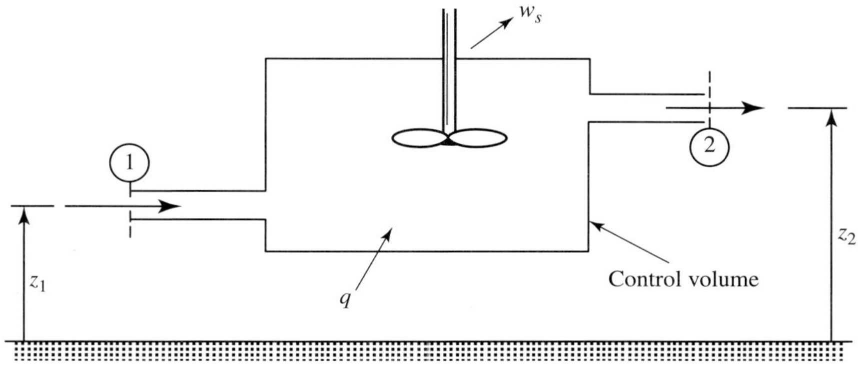

그림 2.9 에너지 분석을 위한 유한 검사체적

위 식은 다음과 같이 간략히 표기할 수도 있다.

$$\boxed{h_1 + \frac{V_1^2}{2g_c} + \frac{g}{g_c}z_1 + q = h_2 + \frac{V_2^2}{2g_c} + \frac{g}{g_c}z_2 + w_s} \tag{2.49}$$

이 식이 다양한 문제 해결에 사용될 수 있는 에너지방정식의 형태다. 식 (2.49) 전개에 사용된 가정을 열거할 수 있는가?

그림 2.9에 도시한 검사체적 내 유체 주위에 완벽하게 점선을 그리지 않았다. 단지 검사체적의 유출입구만 확인할 수 있다. 이러한 표기는 이 책 후반부에서 일반적으로 사용되므로 익숙해지도록 하자. 그러나 분석은 항상 검사체적 내 **유체에 대해** 행해진다는 것을 상기하자.

예제 2.2

증기는 이젝터(그림 E2.2)로 1300 Btu/lbm의 엔탈피와 거의 무시할 수 있는 0.1 lbm/sec 유량으로 들어간다. 물은 40 Btu/lbm의 엔탈피와 거의 무시할 수 있는 1.0 lbm/sec 유량으로 들어간다. 혼합기체는 이젝터에서 150 Btu/lbm의 엔탈피와 90 ft/sec의 속도로 나간다. 모든 위치에너지는 무시한다. 이때 열전달의 크기와 방향을 구하시오.

$$\dot{m}_1 = 0.1\,\text{lbm/sec} \quad V_1 \approx 0 \quad h_1 = 1300\,\text{Btu/lbm}$$
$$\dot{m}_2 = 1.0\,\text{lbm/sec} \quad V_2 \approx 0 \quad h_2 = 40\,\text{Btu/lbm}$$
$$V_3 = 90\,\text{ft/sec} \quad h_3 = 150\,\text{Btu/lbm}$$

개략도(스케치)의 중요성을 명심해야 한다. 검사체적을 설정하고 유체와 에너지가 유출

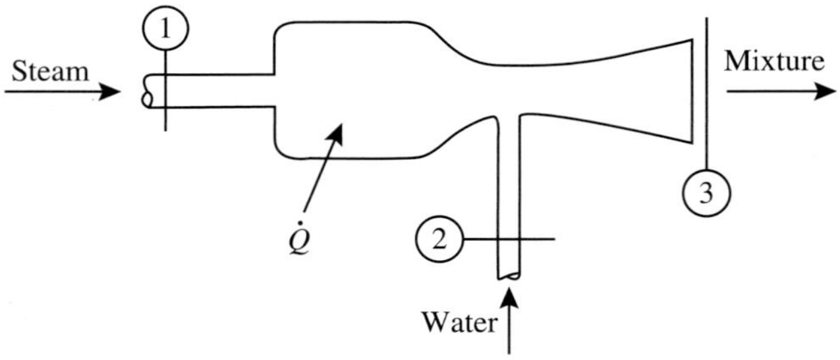

그림 E2.2

입하는 시스템 경계를 명확하게 나타내는 데 필요하다. 번호로써 위치를 확인하고 주어진 정보를 단위와 함께 기입하고, 논리에 맞는 가정을 해야 한다. 모든 문제에 대해 이 과정을 따르는 습관을 갖기 바란다.

연속방정식:

$$\dot{m}_3 = \dot{m}_1 + \dot{m}_2 = 0.1 + 1.0 = 1.1 \text{ lbm/sec}$$

에너지방정식:

$$\dot{m}_1\left(h_1 + \frac{V_1^2}{2g_c} + \frac{g}{g_c}z_1\right) + \dot{m}_2\left(h_2 + \frac{V_2^2}{2g_c} + \frac{g}{g_c}z_2\right) + \dot{Q} = \dot{m}_3\left(h_3 + \frac{V_3^2}{2g_c} + \frac{g}{g_c}z_3\right) + \dot{W}_s$$

$$\dot{m}_1 h_1 + \dot{m}_2 h_2 + \dot{Q} = \dot{m}_3\left(h_3 + \frac{V_3^2}{2g_c}\right)$$

$$(0.1)(1300) + (1.0)(40) + \dot{Q} = (1.1)\left[150 + \frac{90^2}{(2)(32.2)(778)}\right]$$

$$130 + 40 + \dot{Q} = (1.1)(150 + 0.162) = 165.2$$

$$\dot{Q} = 165.2 - 130 - 40 = -4.8 \text{ Btu/sec} \quad (\text{또는 } -5.064 \text{ kW})$$

음(−)의 기호는 열이 이젝터로부터 빠져나감을 의미한다.

예제 2.3

일정한 단면적을 갖는 수평관에 등온의 CO_2가 들어 있다(그림 E2.3). 절대압력이 14 bar인 단면에서 평균속도가 50 m/s인 것을 알고 있다. 하류에서 절대압력이 7 bar까지 강하할 때 열전달을 구하시오. 1차원 유동으로 가정한다.

$$p_1 = 14 \times 10^5 \text{ N/m}^2, \quad p_2 = 7 \times 10^5 \text{ N/m}^2, \quad w_{s(1-2)} = 0$$

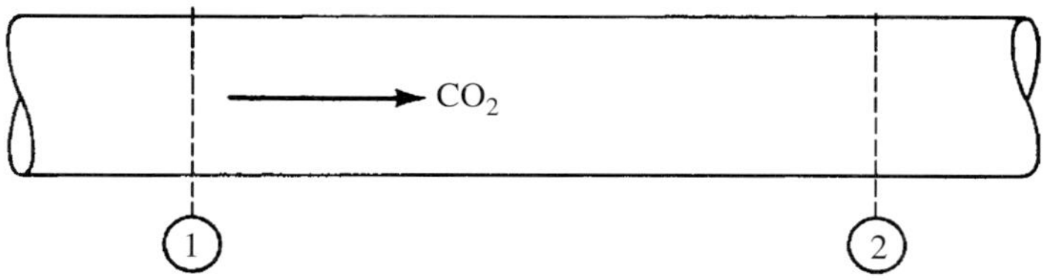

그림 E2.3

$$V_1 = 50\,\text{m/s}, \quad V_2 = ?, \quad q_{1-2} = ?$$
$$z_1 = z_2(\text{horizontal}), \quad A_1 = A_2(\text{given})$$

에너지방정식:

$$h_1 + \frac{V_1^2}{2g_c} + \frac{g}{g_c}z_1 + q = h_2 + \frac{V_2^2}{2g_c} + \frac{g}{g_c}z_2 + w_s$$

이상기체와 등온상태이기 때문에 식 (1.36)에 의해 $\Delta h = c_p\ \Delta T = 0$이다. 그리고

$$q_{1-2} = \frac{V_2^2 - V_1^2}{2g_c}$$

상태방정식:

$$\frac{p_1}{\rho_1 T_1} = \frac{p_2}{\rho_2 T_2} \rightarrow \frac{p_1}{p_2} = \frac{\rho_1}{\rho_2}$$

연속방정식:

$$\rho_1 A_1 V_1 = \rho_2 A_2 V_2$$

위 식을 이용하여 다음 식을 얻을 수 있다.

$$\frac{V_2}{V_1} = \frac{\rho_1}{\rho_2} = \frac{p_1}{p_2}$$

그리고

$$V_2 = \frac{p_1}{p_2}V_1 = \left(\frac{14 \times 10^5}{7 \times 10^5}\right)(50) = 100\,\text{m/s}$$

에너지방정식을 이용하면 다음을 얻는다.

$$q_{1-2} = \frac{V_2^2 - V_1^2}{2g_c} = \frac{100^2 - 50^2}{(2)(1)} = 3.750\,\text{kJ/kg} \quad (\text{또는 } 1.612\,\text{Btu/lbm})$$

[층류유동이면 위 각 V^2 항에 2.0을 곱해야 한다. 연습문제 2.4 참조]

예제 2.4

2200°R의 공기가 1.5 lbm/sec 유량으로 터빈으로 들어간다(그림 E2.4). 공기는 15의 압력비로 팽창되고 1090°R의 온도로 빠져나간다. 유출입 시의 속도는 거의 무시할 수 있고, 이때 열전달은 없다. 터빈 출력(마력, hp)을 계산하시오.

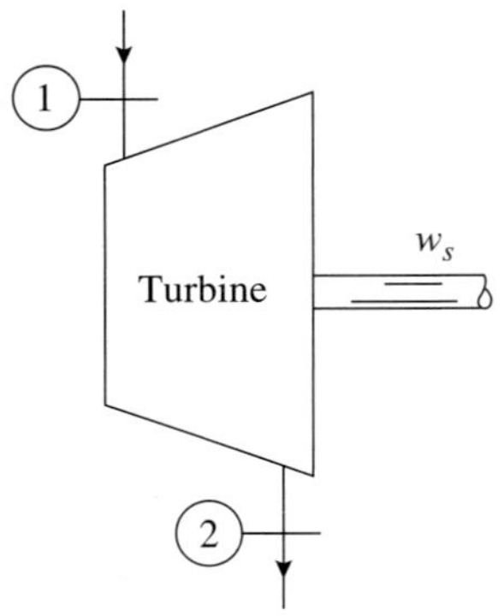

그림 E2.4

$$T_1 = 2200^\circ\text{R},\ T_2 = 1090^\circ\text{R},\ \dot{m} = 1.5\,\text{lbm/sec}$$
$$V_1 \approx 0,\quad V_2 \approx 0,\quad q = 0$$

에너지방정식:

$$h_1 + \frac{V_1^2}{2g_c} + \frac{g}{g_c}z_1 + q = h_2 + \frac{V_2^2}{2g_c} + \frac{g}{g_c}z_2 + w_s$$

$$w_s = h_1 - h_2 = c_p(T_1 - T_2)$$
$$= (0.24)(2200 - 1090) = 266\,\text{Btu/lbm} \quad (\text{또는 } 619\,\text{kJ/kg})$$

$$\text{hp} = \dot{m}w_s\left(\frac{778}{550}\right) = (1.5)(266)\left(\frac{778}{550}\right) = 564\,\text{hp}$$

미분형 에너지방정식

또한 그림 2.10에 도시한 바와 같이 미분 검사체적에 에너지방정식을 적용할 수 있다. 1차원 정상유동을 가정한다. 검사체적으로 들어가는 유체의 물성은 ρ, u, p, V 등이다. 유체는 $\rho + d\rho$, $u + du$처럼 약간의 변화된 물성을 가지고 검사체적을 나간다. 식 (2.46)을 미분 검사체적에 적용하면 다음과 같다.

$$\delta q = \delta w_s + \left[(p + dp)(v + dv) + (u + du) + \frac{(V + dV)^2}{2g_c} + \frac{g}{g_c}(z + dz)\right] - \left(pv + u + \frac{V^2}{2g_c} + \frac{g}{g_c}z\right) \tag{2.50}$$

식 (2.50)을 전개하고 유사 항을 소거하면 다음을 얻는다.

$$\delta q = \delta w_s + p\,dv + v\,dp + \underbrace{dp\,dv}_{\text{HOT}} + du + \frac{2V\,dV + \overbrace{(dV)^2}^{\text{HOT}}}{2g_c} + \frac{g}{g_c}dz \tag{2.51}$$

dx가 0에 접근할수록 고차항(HOT)을 무시할 수 있다.

$$2VdV = dV^2$$

그리고

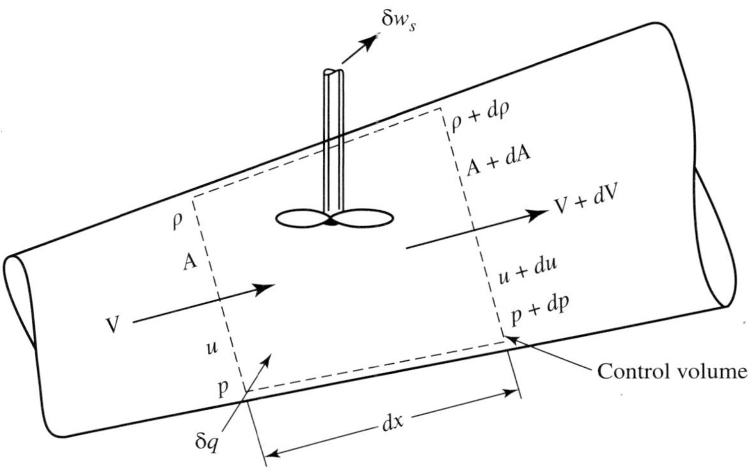

그림 2.10 무한소 검사체적에서의 에너지 분석

$$pdv + vdp = d(pv)$$

위 식을 이용하여 다음을 얻는다.

$$\delta q = \delta w_s + d(pv) + du + \frac{dV^2}{2g_c} + \frac{g}{g_c}dz \tag{2.52}$$

그리고

$$dh = du + d(pv)$$

위 식을 이용하여 다음 식으로 표기할 수 있다.

$$\boxed{\delta q = \delta w_s + dh + \frac{dV^2}{2g_c} + \frac{g}{g_c}dz} \tag{2.53}$$

유한 검사체적에 대해 식 (2.49)를 유도하기 위해 직접 적분할 수도 있지만, 미분형은 그 자체로 상당한 가치가 있다. 또한 미분 검사체적의 분석 기법은 많이 사용되는 중요한 내용이다.

2.7 요약

유체역학의 한 분류인 기체역학 연구에서 많은 분석이 검사체적에서 이루어진다. 종량적 물성의 물질도함수를 어떻게 검사체적에 적용될 수 있는지에 대한 동등 표현으로 변형시킬 수 있는지를 고찰했다. 게다가 질량보존과 에너지보존에 대해 기본 법칙을 어떻게 검사질량 분석법에서 적합한 검사체적 분석법으로 변형시킬 수 있는지를 보여주는 관계식[식 (2.22)]을 적용했다. 이 장에서의 거의 모든 분석은 정상상태 1차원 유동으로 가정했다. 이처럼 일반적인 방정식은 이러한 조건에 의해 간략화했다.

모순이 없고 체계화된 방법으로 각각의 문제에 접근하도록 주의해야 한다. 대표적인 문제에서 다음 단계를 밟아야 한다.

1. 유동 시스템과 검사체적의 개략도를 그린다.
2. 유체가 검사체적의 유출입하는 곳에 번호를 매긴다.
3. 에너지(Q와 W_s)가 검사표면을 가로지르는 곳을 기재한다.

4. 단위와 함께 알고 있는 모든 값을 기록한다.
5. 알려지지 않은 정보에 대해 논리적인 가정을 한다.
6. 기본 방정식의 체계적인 적용으로 미지 값을 구한다.

지금까지 사용한 **기본 개념**은 다음이 전부다.

상태방정식: $p = \rho RT$나 ρ= 일정과 같은 간단한 밀도 관계식
연속방정식: 질량보존법칙으로부터 유도
에너지방정식: 에너지보존법칙으로부터 유도

이 장에서 가장 빈번하게 사용되는 식을 전개하여 다음에 요약했다. 어떤 식은 정상상태 1차원 유동으로 제한되었고, 다른 식은 추가적인 가정이 필요하다. 어떤 조건이 사용되었는지 알아야 한다.

1. 단면을 지나는 질량유량

$$\dot{m} = \int_A \rho u dA \tag{2.8}$$

$u = dA$에 수직인 속도

2. 검사체적 분석 시 물질도함수의 변환

$$\frac{dN}{dt} = \frac{\partial}{\partial t}\int_{\text{cv}} \eta\rho d\tilde{v} + \int_{\text{cs}} \eta\rho(\mathbf{V}\cdot\hat{n})dA \tag{2.22}$$

1차원 유동이면 다음 식으로 표기된다.

$$\int_{\text{cs}} \eta\rho(\mathbf{V}\cdot\hat{n})dA = \sum \dot{m}\eta \tag{2.54}$$

정상상태이면 다음을 얻는다.

$$\frac{\partial(\cdot)}{\partial t} = 0 \tag{2.6}$$

3. 질량보존법칙 – 연속방정식(N=질량, $\eta=1$)

$$\frac{\partial}{\partial t}\int_{\mathrm{cv}} \rho d\tilde{v} + \int_{\mathrm{cs}} \rho(\mathbf{V}\cdot\hat{n})dA = 0 \tag{2.25}$$

정상상태 1차원 유동의 경우 다음 식으로 표현할 수 있다.

$$\dot{m} = \rho AV = \text{일정} \tag{2.30}$$

$$\frac{d\rho}{\rho} + \frac{dA}{A} + \frac{dV}{V} = 0 \tag{2.32}$$

4. 에너지보존법칙–에너지방정식($N=E$, $\eta = e = u + V^2/2g_c + (g/g_c)z$)

$$\frac{\delta Q}{dt} = \frac{\delta W}{dt} + \frac{\partial}{\partial t}\int_{\mathrm{cv}} e\rho d\tilde{v} + \int_{\mathrm{cs}} e\rho(\mathbf{V}\cdot\hat{n})dA \tag{2.35}$$

$$w = \text{축 일}(w_s) + \text{유동일}(pv)$$

정상상태 1차원 유동의 경우 다음 식으로 표현할 수 있다.

$$h_1 + \frac{V_1^2}{2g_c} + \frac{g}{g_c}z_1 + q = h_2 + \frac{V_2^2}{2g_c} + \frac{g}{g_c}z_2 + w_s \tag{2.49}$$

$$\delta q = \delta w_s + dh + \frac{dV^2}{2g_c} + \frac{g}{g_c}dz \tag{2.53}$$

연습문제

문제에서 설명이 때로는 관계없는 정보를 전달할 수도 있다. 반면에, 때로는 해답을 구하기 전에 논리적인 가정을 해야 하기도 한다. 특정 정보는 위치에너지 차이가 주어지지 않으면 무시할 만하다고 가정하는 것이 논리적이다. 기계가 없다면, $w_s = 0$ 등의 가정은 타당하다. 그렇지만 임의로 방정식에서 항을 제거하기 전에 그 문제의 중요한 요소를 제거하고 있을지도 모르니 주의하여 생각해야 한다. 원하는 값을 계산할 수 있는 길이 없다면 확인해 보기 바란다(기체 온도로부터 엔탈피를 구하는 것과 같은). 선택된 기체의 물성은 부록 A와 B에 제시되어 있다.

2.1 원형관에서 비압축성 3차원 유동이 있다. 어느 단면에서 속도분포가 중앙에서 최대속도 U_m을 가지고 벽에서 속도가 0인 반구형이다. 평균속도가 $\frac{2}{3}U_m$임을 보이시오.

2.2 밀도가 일정한 유체가 δ만큼 떨어진 두 평형 평판 사이를 흐른다(그림 P2.2). 속도분포를 그리고, 주어진 속도 u로부터 평균속도를 구하시오.

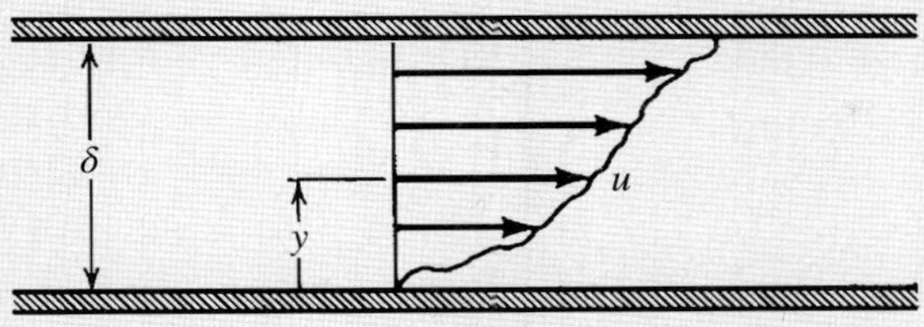

그림 P2.2

(a) $u = k_1 y$.

(b) $u = k_2 y^2$.

(c) $u = k_3(\delta y - y^2)$.

각각의 경우에 대한 해답을 최대속도 U_m으로 표현하시오.

2.3 비압축성 유체가 Y 방향으로 길이가 2, Z 방향으로 길이가 1의 단위를 갖는 사각 덕트에서 흐르고 있다. X 방향으로의 속도가 $u = 3y^2 + 5z$로 주어질 때 평균속도를 구하시오.

2.4 원형 덕트의 층류 유동은 1차원이 아니지만, 1차원 공식에서 식 (2.10)과 (2.11)의 등가 질량 평균속도 $V = U_m/2$를 여전히 사용할 수 있다. 이 속도는 $\int u dA \equiv (\pi r_0^2)V$를 푼 결과이다. 에너지방정식 (2.36)에서 그림 2.1의 표면에 걸쳐 적분 $\int \rho e(\mathbf{V}\cdot\hat{n})dA$를 마주한다. 여기서 e는 식 (1.20)에 주어진 운동에너지 함량을 갖는다. 즉, 이는 아래 그림과 같이 V가 U_m과 관련된 경우 $\int u^3 dA = 2.0(\pi r_0^2)V^3$을 계산하는 것과 같다. 층류 유동의 경우 식 (2.49)의 결과 운동에너지 항에 위에 언급된 것과 같은 계수 2.0을 곱해야 하는지 증명하시오. 밀도는 각 단면을 따라 일정하게 유지된다고 가정한다(그림 P2.4).

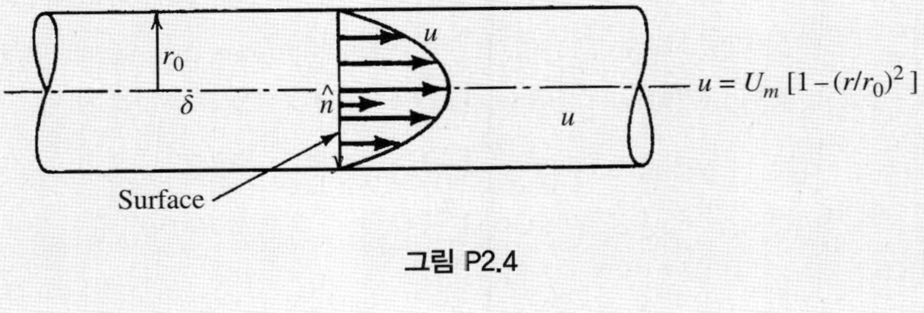

그림 P2.4

2.5 지름이 10 in.인 관에서 물의 평균속도가 1ㄴ ft/sec이다.

(a) 지름이 6 in.로 바뀐다면 평균속도는 얼마인가?

(b) 임의의 지름 항으로 평균속도를 구하시오.

2.6 일정한 단면적을 가지는 관에 질소가 흐른다. 단면 1에서의 조건은 $p_1 = 200$ psia, $T_1 = 90°F$,

$V_1 = 10$ ft/sec이다. 단면 2에서는 $p_2 = 45$ psia, $T_2 = 90°$F임을 알고 있다. 단면 2에서의 속도를 구하시오.

2.7 증기가 80,000 lbm/hr 유량으로 1600 Btu/lbm 엔탈피, 100 ft/sec 속도를 가지고 터빈으로 들어간다. 증기는 995 Btu/lbm 엔탈피, 150 ft/sec 속도를 가지고 터빈을 빠져나간다. 효율이 100%라고 가정하고 터빈 출력을 구하시오. 단, 열전달과 위치에너지 변화는 무시한다.

2.8 공기가 2.0 lbm/sec 유량으로 14.7 psia와 60°F에서 200 psia와 150°F로 압축되고 있다. 냉각수가 실린더 주변으로 25 lbm/min 유량으로 돌고 있다. 냉각수는 45°F로 들어와서 130°F로 나간다(물의 비열은 1.0 Btu/lbm-°F이다). 입구와 출구에서의 속도는 무시할 만하다고 가정하고, 공기가 압축되는 데 필요한 힘을 구하시오.

2.9 수소가 열전달 없이 정상유동에서 등엔트로피 과정으로 절대압력 15 bar, 340K에서 절대압력 3 bar로 팽창한다.

(a) 초기 속도가 무시할 만하다고 할 때, 최종 속도를 구하시오.

(b) 출구 관 크기가 지름 10 cm일 때, 유량을 구하시오.

2.10 지름이 4 in.인 단면에서, 메탄이 50 ft/sec 속도, 85 psia 압력으로 흐른다. 지름이 6 in.로 증가하는 하류 단면에서, 압력이 45 psia이다. 유체가 등온으로 흐른다고 가정하고, 두 위치 사이에서의 열전달을 구하시오.

2.11 이산화탄소가 수평관에서 절대압력 7 bar, 300K, 10 m/s의 속도로 흐른다. 하류에서 압력이 절대압력 3.5 bar이고, 온도는 280K이다. 두 위치 사이에서 유체 1.4×10^4 J/kg의 열을 잃는다.

(a) 하류에서의 속도를 구하시오.

(b) 두 위치 사이의 단면적비를 구하시오.

2.12 수소가 단열된 수평관을 통해 흐른다. 단면 1에서 엔탈피가 2,400 Btu/lbm이고, 밀도가 0.5 lbm/ft^3, 속도가 500 ft/sec이다. 하류에서는 h_2 = 2240 Btu/lbm, ρ_2 = 0.1 lbm/ft^{3}이다. 축 일이 없다고 가정할 때 하류(단면 2)에서의 (a) 속도와 (b) 면적비를 구하시오.

2.13 12 m/s, 절대압력 14 bar, 온도 800K인 질소가 0.05 m^2 단면적을 갖는 장치로 유입된다. 일 또는 열전달은 없다. 출구 단면적이 0.15 m^{2}일 때 출구 온도가 590K로 떨어졌다. (a) 출구 속도와 (b) 압력은 얼마인가?

2.14 8 Btu/lbm 엔탈피를 가진 차가운 물이 그림 P2.14에 도시한 것처럼 다른 연결부와 연결된 히터로 10 ft/sec 속도와 10 ft 위치에너지를 가지고 5 lbm/sec 유량으로 들어간다. 증기는 50 ft/sec 속도와 1350 Btu/lbm 엔탈피를 가지고 1 lbm/sec 유량으로 들어간다. 이 두 흐름은 히터에서 혼합되고, 온수는 168 Btu/lbm 엔탈피와 12 ft/sec 속도로 유출된다.

(a) 히터에서의 열손실을 구하시오.

(b) 운동에너지와 위치에너지 변화를 무시하면 얼마만큼의 % 오차가 수반되는가?

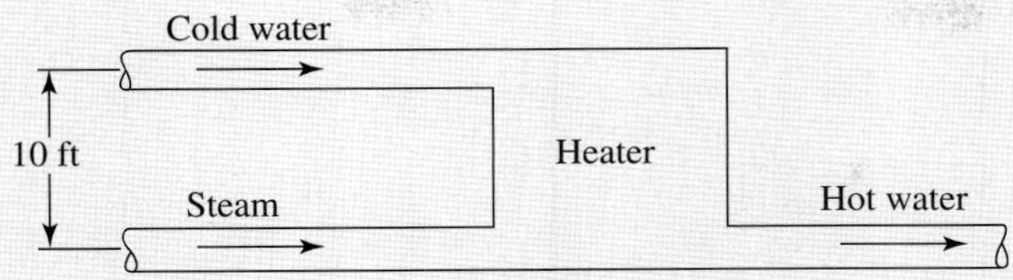

그림 P2.14

2.15 그림 P2.15에 도시한 검사체적은 정상상태 비압축성 유동이고, 모든 물성은 입구와 출구에서 변화가 없다. $u_1 = 1.256$ MJ/kg, $u_2 = 1.240$ MJ/kg, $\rho = 10$ kg/m^{3}에 대해, 열손실이 0.35 MJ/kg일 때 일을 구하시오.

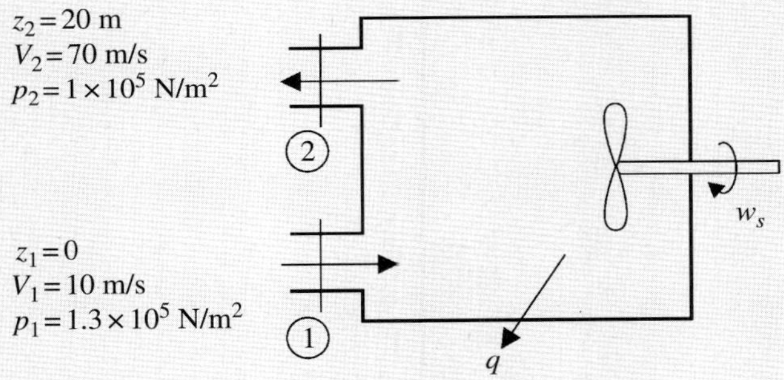

그림 P2.15

이해력 시험

이 장의 자료를 참조하지 않고 테스트를 완료할 수 있어야 한다.

2.1 기체역학을 공부하면서 요구되는 기본 개념(또는 방정식)을 기술하시오.

2.2 정상유동을 정의하시오. 1차원 유동의 의미가 무엇인지 설명하시오.

2.3 반지름 r_0의 덕트에 비압축성 유체가 흐른다. 특정 위치에서 속도분포는 $u = U_m[1 - (r/r_0)^2]$이고, 종량적 상태량의 분포는 $\beta = B_m[1 - (r/r_0)]$이다. 이 위치에서 적분 $\int \rho\beta(\mathbf{V}\cdot\hat{n})\,dA$를 계산하시오.

2.4 검사체적 경계 안쪽이나 경계면을 통과하는 상태량과 종량적 상태량의 물질도함수 관계를 이용하여 식을 유도하시오. 적분이 실제로 무엇을 의미하는지 설명하시오.

2.5 정상상태 1차원 유동일 때, 그림 CT2.5에 나타낸 검사체적에 대해 적분 $\int_{cs} \rho\beta(\mathbf{V}\cdot\hat{n})\,dA$를 간략화하시오. (**주의**: β와 ρ는 위치에 따라 변할 수 있다.)

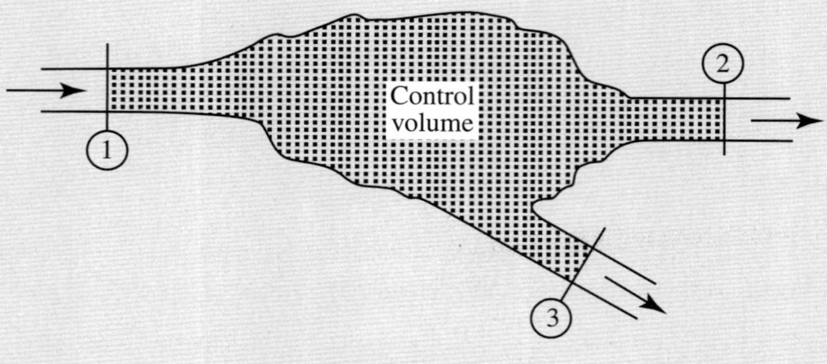

그림 CT2.5

2.6 그림 CT2.6에 나타낸 검사체적 분석에 사용하는 에너지방정식의 가장 간략한 형태를 기술하시오. 1차원 정상유동으로 가정한다.

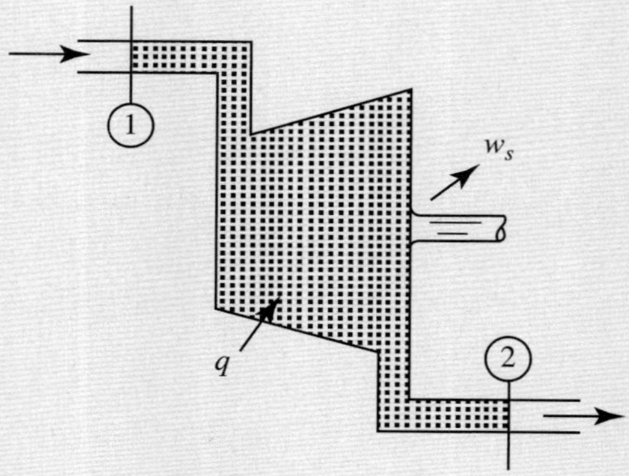

그림 CT2.6

2.7 연습문제 2.13의 해를 구하시오.

Chapter 3

검사체적 분석-2부

3.1 서론

이 장에서는 기체역학 연구에서 유용한 열역학적 특성 중 하나인 엔트로피에 대해 다룬다. 이해를 위해 엔트로피 변화를 두 가지 범주로 나누어 설명한 후 **정체** 과정을 소개한다. 기준 조건으로 **정체상태**를 다루며 이후 논의에서 사용된다. 이러한 아이디어는 에너지방정식을 다른 형태로 해석할 수 있어 흥미롭게 관찰할 수 있다.

그런 다음 밀도가 일정한 유체의 일부 결과를 다룬다. 이는 액체뿐만 아니라 특정 조건에서 사용될 수 있는 기체에 대한 근사치의 특별한 관계를 유도한다. 이 장 마지막에 검사체적을 분석하는 데 사용되는 Newton의 제2운동법칙을 변환하여 기본 방정식 세트를 완성한다. 이는 유한 체적요소와 미분 체적요소 모두에 대해 수행된다.

3.2 학습목표

이 장을 성공적으로 배우고 나면 다음 작업을 수행할 수 있다.

1. 엔트로피 변화가 두 가지 범주로 어떻게 나뉘는지 설명할 수 있다. 각 부분을 정의하고

Fundamentals of Gas Dynamics, Third Edition. Robert D. Zucker and Oscar Biblarz.

Companion website: www.wiley.com/go/zucker/gas

해석할 수 있다.

2. 등엔트로피 과정을 정의하고 가역, 단열, 등엔트로피 과정 사이의 관계를 설명할 수 있다.
3. (**선택사항**) 엔트로피 개념과 엔탈피 정의를 소개함으로써 경로 함수 열(δQ)이 에너지방정식에서 제거되어 **압력-에너지 방정식**이 생성될 수 있음을 보여줄 수 있다.

$$\frac{dp}{\rho} + \frac{dV^2}{2g_c} + \frac{g}{g_c}dz + Tds_i + \delta w_s = 0$$

4. (**선택사항**) 압력-에너지 방정식을 단순화하여 Bernoulli 방정식을 얻는다. Bernoulli 방정식에 적용되는 모든 가정 또는 제한 사항을 명시할 수 있다.
5. **정체상태의 개념**과 **정적 특성과 정체 특성** 간 차이를 설명할 수 있다.
6. 어떠한 유체에 대해서도 엔탈피를 유효한 방정식으로 정의할 수 있다.
7. 유동 시스템을 나타내는 h–s 선도를 그리고 임의 점에 대한 **정적 및 정체 점**을 표시할 수 있다.
8. (**선택사항**) 에너지방정식에 정체 개념을 도입하고 **정체압력-에너지** 방정식을 도출할 수 있다.

$$\frac{dp_t}{\rho_t} + ds_e(T_t - T) + T_t ds_i + \delta w_s = 0$$

9. 밀도가 일정한 유체유동과 관련된 문제에 연속성과 에너지의 개념을 적용하여 해결할 수 있다.
10. (**선택사항**) 검사질량에 대한 기본적인 조건 또는 방정식이 주어지면, 검사체적에 대한 운동량방정식의 적분 형태를 구할 수 있다.
11. 정상상태 1차원 유동의 검사체적에 대한 운동량방정식의 적분 형태를 단순화할 수 있다.
12. 검사체적의 분석에 운동량의 개념을 적용할 수 있다.

3.3 엔트로피 고찰

1.4절에서 엔트로피 변화는 가역적인 측면에서 일반적인 방법으로 정의되었다.

$$\Delta S \equiv \int \frac{\delta Q_R}{T} \tag{1.28}$$

δQ_R 항은 가상의 가역 과정(실제로 드문 일)과 관련이 있으며, 결과적으로 고려 중인 과정의 전체 엔트로피 변화를 나타내지 않을 수 있다. 실제 과정을 위해 실질적인 열전달을 가지고 작업하는 것이 더 적합할 수 있다. 이를 달성하기 위해서는 시스템의 엔트로피 변화를 두 가지 범주로 나누는 것이 필요하다. Hall(참고문헌 15)의 표기법을 따라 다음 식으로 나타낸다.

$$dS \equiv dS_e + dS_i \tag{3.1}$$

dS_e항은 실제 시스템과 주변(외부) 사이의 열전달에 의해 발생하는 엔트로피 변화의 일부를 나타낸다. 이는 다음 식을 이용하여 평가할 수 있다.

$$dS_e = \frac{\delta Q}{T} \tag{3.2}$$

열전달 방향에 따라 dS_e항은 양(+) 또는 음(−)의 값을 가진다. 시스템에서 열이 제거되면 δQ 항은 음수가 되기 때문에 dS_e항은 음수가 될 것이다. 하지만, 모든 단열 과정에서 $dS_e = 0$항은 명백히 0이다.

dS_i항은 **비가역** 효과로 인해 발생하는 엔트로피 변화의 일부를 나타낸다. 게다가 dS_i 효과는 시스템 내부의 온도 및 압력 구배 또는 시스템 내부의 경계를 따른 마찰과 같이 내부적 특성이다. 이 항은 과정의 경로에 의존하며 관측을 통해 **모든 비가역성에서 엔트로피가 발생**함을 알 수 있다. 따라서 $dS_i \geq 0$이라 할 수 있다. 하지만, 완전 가역 과정일 경우 명백히 $dS_i = 0$이다.

등엔트로피 과정은 일정한 엔트로피 중 하나다. $dS = 0$으로 표현한다.

$$dS = dS_e + dS_i \tag{3.1}$$

위 식은 가역 단열 과정이 등엔트로피 과정이라는 사실을 확인시켜 준다. 또한 역이 반드시 참이 아니라는 것을 보여준다. 등엔트로피 과정이 가역적이고 단열일 필요는 없다. 만약 등엔트로피 과정이라면 다음 식을 알 수 있다.

$$dS = 0 = dS_e + dS_i \tag{3.3}$$

만약 등엔트로피 과정이 비가역성을 포함하는 것으로 알려진 경우, 열전달 방향에 대해 무엇을 말할 수 있는가? dS_e와 dS_i는 특수한 수학적 양이며, 미분에 사용되는 일반적인 기호 이외의 기호가 필요할 수 있다. 그러나 이 책에서는 가장 많이 사용되는 식 (3.1)의 표기를 사용한다.

다음과 같이 식 (3.1)에 순환 적분을 취하여 잘 알려진 다른 관계를 확장할 수 있다.

$$\oint dS = \oint dS_e + \oint dS_i \tag{3.4}$$

순환 적분은 닫힌 경로에서만 하고 엔트로피(S)는 다음의 성질을 가진다.

$$\oint dS = 0 \tag{3.5}$$

비가역 과정에서는 항상 엔트로피를 생성한다고 알고 있으므로 다음 식을 얻는다.

$$\oint dS_i \geq 0 \tag{3.6}$$

위 식의 등호의 경우 가역 과정에서만 성립한다.

따라서 다음 식을 얻는다.

$$0 = \oint dS_e + (\geq 0) \tag{3.7}$$

다음 식으로 인해

$$dS_e = \frac{\delta Q}{T} \tag{3.2}$$

아래 식으로 표현한다.

$$\oint \frac{\delta Q}{T} \leq 0 \tag{3.8}$$

위 식을 ***Clausius* 부등식**이라고 한다.

식 (3.8)은 단위 질량에 대해 쓰일 수 있으며, 다음 식으로 표현한다.

$$ds = ds_e + ds_i \tag{3.9}$$

$$ds_e = \frac{\delta q}{T} \tag{3.10}$$

3.4 압력-에너지 방정식

이제 유용한 방정식을 만들 준비가 되었다. 다음의 열역학적 물성 관계로부터 시작한다.

$$Tds = dh - vdp \tag{1.31}$$

$ds = ds_e + ds_i$와 $v = 1/\rho$를 통해 다음을 얻는다.

$$Tds_e + Tds_i = dh - \frac{dp}{\rho}$$

또는 다음 식으로 표현한다.

$$dh = Tds_e + Tds_i + \frac{dp}{\rho} \tag{3.11}$$

2.6절의 에너지방정식을 상기하면 다음과 같다.

$$\delta q = \delta w_s + dh + \frac{dV^2}{2g_c} + \frac{g}{g_c}dz \tag{2.53}$$

식 (3.11)을 통해 얻은 dh 항에 대한 표현을 대입하면 다음 식을 얻는다.

$$\cancel{\delta q} = \delta w_s + \left(T\,\cancel{d}s_e + Tds_i + \frac{dp}{\rho}\right) + \frac{dV^2}{2g_c} + \frac{g}{g_c}dz \tag{3.12}$$

식 (3.10)을 통해 $\delta q = Tds_e$임을 알고, **압력-에너지 방정식**이라 불리는 에너지방정식을 통해서 다음 식을 얻는다.

$$\boxed{\frac{dp}{\rho} + \frac{dV^2}{2g_c} + \frac{g}{g_c}dz + \delta w_s + T\,ds_i = 0} \tag{3.13}$$

위 식에서 (δq) 항은 없으나 열전달이 수반되는 경우 적용할 수 있다.

식 (3.13)은 특별한 경우에 단순화가 가능하다. 예시로 경계($\delta w_s = 0$)를 넘는 축 일(shaft work)이 없고, 손실이 없으면($ds_i = 0$) 다음 식을 얻는다.

$$\frac{dp}{\rho} + \frac{dV^2}{2g_c} + \frac{g}{g_c}dz = 0 \tag{3.14}$$

***Euler* 방정식**이라 불리는 앞의 식은 압력과 밀도의 함수적 상관관계에 대해 아는 경우에만 적분할 수 있다.

예제 3.1

완전기체 등온유동에 대해 Euler 방정식을 적분하시오.

$$\int_1^2 \frac{dp}{\rho} + \int_1^2 \frac{dV^2}{2g_c} + \int_1^2 \frac{g}{g_c} dz = 0$$

등온유동에서 pv = 일정 또는 p/ρ = 일정이므로, 다음 두 개의 식을 얻는다.

$$\int_1^2 \frac{dp}{\rho} = c\int_1^2 \frac{dp}{p} = c\ln\frac{p_2}{p_1} = \frac{p}{\rho}\ln\frac{p_2}{p_1} = RT\ln\frac{p_2}{p_1}$$

$$RT\ln\frac{p_2}{p_1} + \frac{V_2^2 - V_1^2}{2g_c} + \frac{g}{g_c}(z_2 - z_1) = 0$$

비압축성 유체에 대한 특수한 경우는 3.7절에서 다룬다.

3.5 정체상태 개념

흐르고 있는 매질의 열역학적 상태와 그 물성(예: 온도, 압력)을 언급할 때, 이러한 물성이 실제로 무엇을 나타내며 어떻게 측정될 수 있는지에 대한 몇 가지 의문이 들 수 있다. **유체와 함께** 표류하는 작은 잠수함을 타고 있다고 상상해 보자. 온도계와 압력계가 있는 경우 일반적으로 **정적**이라는 단어는 생략되나 유체의 **정적**상태에 해당하는 온도와 압력이 표시된다. **정적 특성은 유체와 함께 이동하는 경우 측정되는 특성이다.**

정체상태의 개념을 도입하면 편리하다. 이것은 유체 속도가 0이고 전위가 0일 때의 열역학적 상태로 정의되는 기준상태다. 일관적인 상태를 유지하기 위해 **정체 과정**을 어떻게 수반해야 하는지 검증해야 한다. 정체상태는 다음 두 가지 상태에 도달해야 한다.

(1) 어떠한 에너지 교환도 없다($Q = W = 0$).

(2) 손실이 없다.

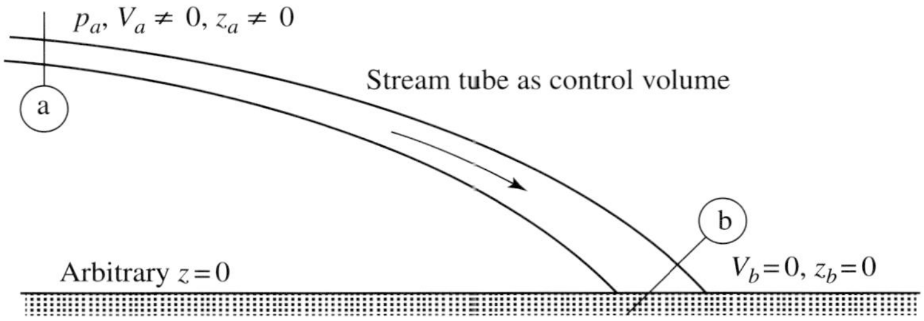

그림 3.1 정체 과정

(1)에 의해 $ds_e=0$, (2)에 의해 $ds_i=0$이다. 따라서 **정체 과정은 등엔트로피 상태이다**.

다음의 예시를 통해 실제 정체 과정이 수반되는 것을 상상할 수 있다. 그림 3.1에서 a로 표시된 정적 물성을 가진 유체를 고려한다. 위치 b에서 유체는 앞서 말한 제한으로 속도 및 전위가 0이 된다. 만약 정상상태 1차원 유동으로 모사된 검사체적에 에너지방정식을 적용하면 다음 식으로 표현된다.

$$h_a + \frac{V_a^2}{2g_c} + \frac{g}{g_c}z_a + \not{q} = h_b + \cancel{\frac{V_b^2}{2g_c}} + \cancel{\frac{g}{g_c}z_b} + \not{w}_s \tag{2.49}$$

단순화하면 다음과 같다.

$$h_a + \frac{V_a^2}{2g_c} + \frac{g}{g_c}z_a = h_b \tag{3.15}$$

조건 b는 **정적상태**(a)에 해당하는 **정체상태**를 나타낸다. 따라서 h_b를 상태 a에 해당하는 **정체엔탈피** 또는 **전체엔탈피**라 부르며 h_{ta}로 표기하고, 다음 식으로 표현한다.

$$h_{ta} = h_a + \frac{V_a^2}{2g_c} + \frac{g}{g_c}z_a \tag{3.16}$$

또는 모든 상황에 대해 일반적으로 다음 식으로 표현한다.

$$\boxed{h_t = h + \frac{V^2}{2g_c} + \frac{g}{g_c}z} \tag{3.17}$$

이는 항상 유효한 중요한 관계식이다. 기체를 다룰 때, 위치에너지 변화는 무시할 수 있으며 다음 식으로 표현된다.

$$h_t = h + \frac{V^2}{2g_c} \tag{3.18}$$

예제 3.2

500°R 질소가 1800 ft/sec로 흐르고 있다. 정적엔탈피와 정체엔탈피를 구하시오.

$$h = c_p T = (0.248)(500) = 124 \text{ Btu/lbm}$$

$$\frac{V^2}{2g_c} = \frac{(1800)^2}{(2)(32.2)(778)} = 64.7 \text{ Btu/lbm}$$

$$h_t = h + \frac{V^2}{2g_c} = 124 + 64.7 = 188.7 \text{ Btu/lbm} \quad (\text{또는 } 438.9 \text{ kJ/kg})$$

정체(또는 전체)엔탈피는 방정식을 더 단순한 형태로 만든다. 예시로, 1차원 정상유동 에너지방정식은 다음과 같이 표기된다.

$$h_1 + \frac{V_1^2}{2g_c} + \frac{g}{g_c}z_1 + q = h_2 + \frac{V_2^2}{2g_c} + \frac{g}{g_c}z_2 + w_s \tag{2.49}$$

위 식은 다음과 같이 표현된다.

$$\boxed{h_{t1} + q = h_{t2} + w_s} \tag{3.19}$$

$$\delta q = \delta w_s + dh + \frac{dV^2}{2g_c} + \frac{g}{g_c}dz \tag{2.53}$$

$$\boxed{\delta q = \delta w_s + dh_t} \tag{3.20}$$

식 (3.19)[또는 식 (3.20)]는 일이 없는 단열 정상상태 1차원 유동 시스템에서 정체엔탈피는 **손실과 관계없이** 일정하게 유지됨을 보여준다. 만약 유체가 완전기체인 경우, 다른 무엇을 말할 수 있는가?

정체상태는 유동 시스템에서 존재할 수도 있고 존재하지 않을 수도 있는 **기준**상태라는 점에 유의해야 한다. 또한 일반적으로 유동 시스템의 각 점 또는 위치에서 그림 3.2와 같이 정체상태가 다를 수 있다. (점 2부터 점 2_t까지의 과정과 마찬가지로)점 1부터 점 1_t까지의 가상 과정은 가역적이고 단열적이어야 하지만, 점 1과 점 2 사이 유동 시스템에 존재할 수 있는 실제 과정

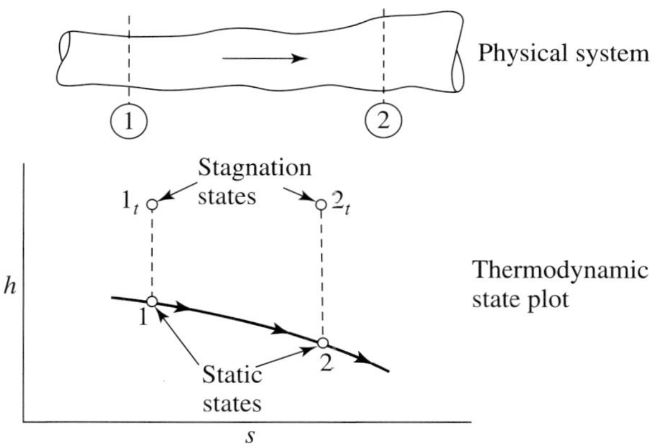

그림 3.2 정적상태 및 정체상태를 보여주는 h–s 선도

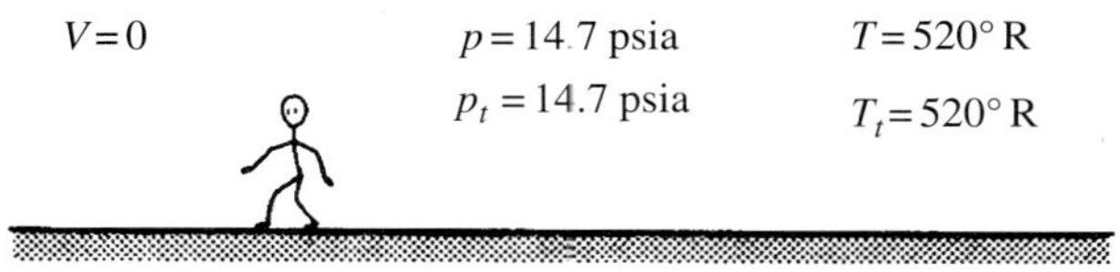

그림 3.3 지표권 기준 좌표계

을 제한하지 않는다.

또한 기준 좌표계가 변경되면 정적조건은 그대로 유지되지만 정체조건이 변경된다는 것을 깨달아야 한다. (정적 특성은 측정 장치가 유체와 함께 움직일 때 측정되는 특성으로 정의된다는 점을 기억하자.) 지구를 기준으로 한 정지된 공기를 고려한다(그림 3.3 참조). 이 경우 (기준 좌표계와 관련하여) 속도는 0이므로 정적조건 및 정체조건은 동일하다.

이제 동일한 공기 중을 600 ft/sec 속도로 비행하는 미사일(그림 3.4 참조)을 기준 좌표계로 변경해 본다. 관측자 시점에서 공기는 600 ft/sec 속도로 오는 것으로 관측된다. 공기의 정압과 온도는 각각 14.7 psi와 520°R에서 **변하지 않는다**. 그러나 이 경우 공기는 (이동 기준 좌표계와 관련하여) 속도를 가지므로 정체조건은 정적조건과 다르다. 정체상태는 속도를 정의하는 데 사용되는 기준 좌표계에 의존함을 기억해야 한다. (임의의 $z = 0$ 기준을 변경하는 것도 정체조건에 영향을 미치나, 우리는 이 상황을 고려하지 않는다.) 엔탈피가 아닌 정체 특성을 계산하는 방법은 곧 배울 것이다. 추가로, 그림 3.4에서 정체조건이 **실제로** 존재하는 곳이 있는가? 유체를 미사일의 어느 위치에 두었는가?

그림 3.4 미사일 기준 좌표계

3.6 정체압–에너지 방정식

그림 3.2에 표시된 물리적 시스템 두 위치를 관찰해 보자. 만약 두 위치 사이 거리를 0에 가깝게 두면, 그림 3.5와 같이 열역학적 상태를 차등적으로 분리한 무한소 검사체적을 다루게 된다. 또한 두 위치에 대한 정체상태가 표시된다.

점 1과 점 2 사이의 물성 관계를 다음 식으로 표현한다.

$$Tds = dh - vdp \tag{1.31}$$

정체상태가 실제로 존재하지 않아도, 적합한 열역학적 상태를 나타내므로 어떠한 유효한 물성 간의 관계식이나 방정식을 이 점에 적용할 수 있다. 따라서 상태 1_t와 2_t 사이에 식 (1.31)을 적용할 수도 있다.

$$T_t ds_t = dh_t - v_t dp_t \tag{3.21}$$

하지만 정체상태는 단열, 가역적으로 도달하기 때문에 다음 관계식을 이용한다.

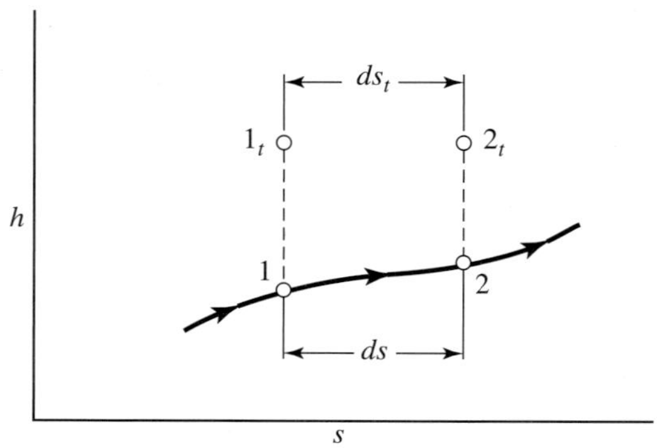

그림 3.5 정체상태와 연관된 무한소 떨어진 정적상태

$$ds_t = ds \tag{3.22}$$

그리고

$$ds = ds_e + ds_i \tag{3.9}$$

위 식을 통해 다음을 얻는다.

$$T_t(ds_e + ds_i) = dh_t - v_t dp_t \tag{3.23}$$

에너지방정식을 다음 식으로 표기할 수 있음을 상기하자.

$$\delta q = \delta w_s + dh_t \tag{3.20}$$

식 (3.23)에서 dh_t 항에 대한 표현을 식 (3.20)에 대입하면 다음 식으로 표기된다.

$$\delta q = \delta w_s + T_t(ds_e + ds_i) + v_t dp_t \tag{3.24}$$

다음 식을 상기하자.

$$\delta q = T\,ds_e \tag{3.10}$$

식 (3.10)을 식 (3.24)에 **대입**하고 $v_t = 1/\rho_t$[식 (1.8)로부터]을 이용하여, **정체압-에너지 방정식**을 유도할 수 있다.

$$\boxed{\frac{dp_t}{\rho_t} + ds_e(T_t - T) + T_t ds_i + \delta w_s = 0} \tag{3.25}$$

주어진 가정에서 어떤 일이 일어나는지 생각해 보자.

a. 축 일이 없는 경우 → $\delta w_s = 0$

b. 열전달이 없는 경우 → $ds_e = 0$

c. 손실이 없는 경우 → $ds_i = 0$

이 조건으로 식 (3.25)는 다음과 같이 표현된다.

$$\frac{dp_t}{\rho_t} = 0 \tag{3.26}$$

ρ_t는 무한대가 될 수 없으므로 다음을 얻는다.

$$dp_t = 0$$

또는

$$p_t = \text{일정} \tag{3.27}$$

일반적으로 전체 압력은 일정하지 않으며, 매우 특수한 조건에서만 식 (3.27)이 성립한다. 이 조건은 무엇인가?

많은 유동 시스템은 단열적이며 축 일을 포함하지 않는다. 이러한 시스템은 다음 식으로 표기된다.

$$\frac{dp_t}{\rho_t} + T_t ds_i = 0 \tag{3.28}$$

손실은 정체압 변화를 통해 명확하게 반영된다. 시스템에 손실이 있는 경우 정체압은 항상 증가하는가 또는 감소하는가? 이 중요한 사항은 나중에 다양한 유동 시스템을 통해 논의될 것이다.

3.7 일정 밀도 결과

액체 밀도는 거의 일정하지만, 제4장에서는 특정 환경에서 기체 밀도가 거의 변하지 않는 것을 다룰 것이다. 따라서 일정한 밀도의 특별한 경우에 대해 몇 가지 방정식이 취하는 형태를 다루는 것은 유용하다.

에너지 관계식

압력-에너지 방정식으로부터 시작한다.

$$\frac{dp}{\rho} + \frac{dV^2}{2g_c} + \frac{g}{g_c}dz + \delta w_s + T ds_i = 0 \tag{3.13}$$

만약 ρ = 일정이면, 식 (3.13)의 유동 시스템에서 점 1에서 점 2까지의 적분을 쉽게 할 수 있다.

$$\frac{p_2 - p_1}{\rho} + \frac{V_2^2 - V_1^2}{2g_c} + \frac{g}{g_c}(z_2 - z_1) + w_s + \int_1^2 T ds_i = 0$$

또는 다음 식으로 표현된다.

$$\frac{p_1}{\rho} + \frac{V_1^2}{2g_c} + \frac{g}{g_c} z_1 = \frac{p_2}{\rho} + \frac{V_2^2}{2g_c} + \frac{g}{g_c} z_2 + \int_1^2 T ds_i + w_s \tag{3.29}$$

식 (3.29)를 다른 형태의 에너지방정식[식 (2.48)]과 비교하고 다음 식을 살펴보자.

$$\int_1^2 T ds_i = u_2 - u_1 - q \tag{3.30}$$

이 결과가 타당한가? 결정을 위해 일정한 밀도의 유체유동에 대한 두 가지 극단적인 경우를 살펴보자. 첫째, 시스템이 완전히 단열상태라 가정한다. $T ds_i$ 항 적분은 항상 양(+)의 값이므로, 식 (3.30)의 손실(즉, 비가역적 효과)은 내부에너지 증가를 일으키며, 이는 온도 상승이 있음을 의미한다. 다음으로 등온 시스템에 대해 고려한다. 이 경우 손실은 어떻게 나타나는가?

일정한 밀도의 유체유동에 대해 앞서 언급한 두 가지 형태의 어떠한 조합으로 '손실'이 나타나야 한다. 어떠한 경우에서도 역학적 에너지는 덜 유용한 형태인 열에너지로 변환된다. 그러므로 일정한 밀도의 유체에 대해 일반적으로 단일 손실 항을 사용하고 대신 **수두손실**(head loss) 또는 **마찰손실**(friction loss)이라 불리는 h_ℓ나 h_f를 사용한다. 유체역학을 공부했다면 의심의 여지 없이 식 (3.29)를 다음 식과 같이 사용한 것이다.

$$\boxed{\frac{p_1}{\rho} + \frac{V_1^2}{2g_c} + \frac{g}{g_c} z_1 = \frac{p_2}{\rho} + \frac{V_2^2}{2g_c} + \frac{g}{g_c} z_2 + h_\ell + w_s} \tag{3.31}$$

식 (3.31)에 얼마나 많은 제한 그리고/또는 가정이 있는가?

예제 3.3

터빈이 300 ft-lbf/lbm의 물을 추출한다(그림 E3.3). 마찰손실은 $8V_p^2/2g_c$이며, V_p는 2 ft 지름 배관에서의 속도다. 터빈효율이 100%이며, 가용 양정(전위)이 350 ft인 경우 터빈 출력을 구하시오.

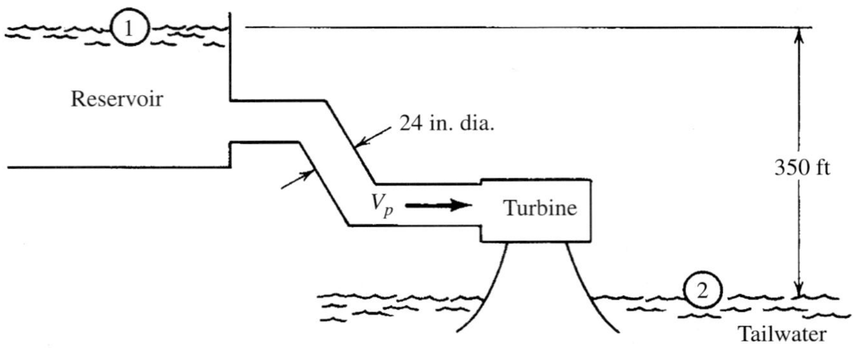

그림 E3.3

$$p_1 = p_{\text{atm}}, \quad p_2 = p_{\text{atm}}, \quad w_s = 300\,\text{ft-lbf/lbm}$$

$$V_1 \approx 0, \quad V_2 \approx 0, \quad h_\ell = 8\frac{V_p^2}{2g_c}$$

$$z_1 = 350\,\text{ft}, \quad z_2 = 0$$

에너지방정식을 쉽게 적용할 수 있도록 어떻게 범위를 나누었는지 주목하자.

에너지 방정식:

$$\frac{p_1}{\rho} + \frac{V_1^2}{2g_c} + \frac{g}{g_c}z_1 = \frac{p_2}{\rho} + \frac{V_2^2}{2g_c} + \frac{g}{g_c}z_2 + h_\ell + w_s$$

$$\left(\frac{32.2}{32.2}\right)(350) = \frac{8\,V_p^2}{2g_c} + 300$$

$$V_p^2 = \frac{2g_c(350-300)}{8} = 402.5$$

$$V_p = 20.1\,\text{ft/sec}$$

유량:

$$\dot{m} = \rho AV = 62.4(\pi)20.1 = 3940\ \text{lbm/sec}$$

일:

$$\text{hp} = \frac{\dot{m}w_s}{550} = \frac{(3940)(300)}{550} = 2150\ \text{hp}\ \ (\text{또는 } 1.603\ \text{MW})$$

나아가 축 일이 없고 손실이 발생하지 않는 것으로 일정 밀도 유동을 제한할 수 있다. 이 경우 식 (3.31)은 다음과 같이 단순화가 가능하다.

$$\frac{p_1}{\rho}+\frac{V_1^2}{2g_c}+\frac{g}{g_c}z_1=\frac{p_2}{\rho}+\frac{V_2^2}{2g_c}+\frac{g}{g_c}z_2$$

또는 다음 식으로 표현할 수 있다.

$$\boxed{\frac{p}{\rho}+\frac{V^2}{2g_c}+\frac{g}{g_c}z=\text{일정}} \tag{3.32}$$

위 식을 ***Bernoulli* 방정식**이라 부르며 밀도가 일정한 유체가 갖는 Euler 방정식[식 (3.14)]의 적분을 통해 직접 얻을 수 있다. Bernoulli 방정식을 얻기 위해 얼마나 많은 가정을 하였는가?

예제 3.4

6 in. 지름의 덕트에서 물이 15 ft/sec로 흐르고 있다. 가까운 거리에서 덕트 지름이 3 in.로 바뀐다. 두 구간 사이에 손실이 없다는 가정하에 압력 변화량을 구하시오.

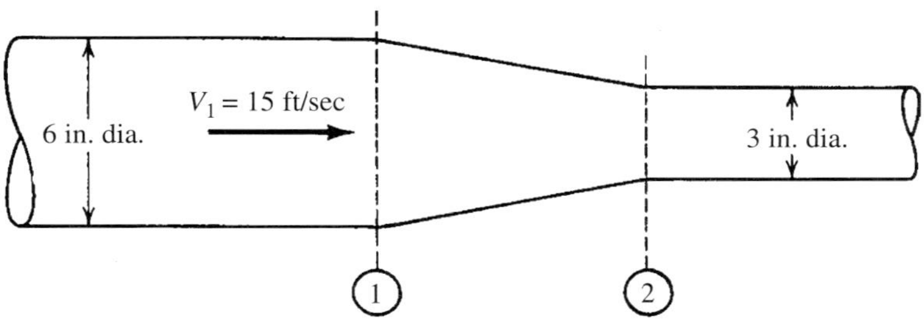

그림 E3.4

Bernoulli 방정식:

$$\frac{p_1}{\rho}+\frac{V_1^2}{2g_c}+\cancel{\frac{g}{g_c}z_1}=\frac{p_2}{\rho}+\frac{V_2^2}{2g_c}+\cancel{\frac{g}{g_c}z_2}$$

$$p_1-p_2=\frac{\rho}{2g_c}\left(V_2^2-V_1^2\right)$$

연속방정식:

$$\cancel{\rho_1}A_1V_1=\cancel{\rho_2}A_2V_2$$

$$V_2=V_1\frac{A_1}{A_2}=V_1\left(\frac{D_1}{D_2}\right)^2=(15)\left(\frac{6}{3}\right)^2=60\,\text{ft/sec}$$

따라서 다음을 얻는다.

$$p_1-p_2=\frac{62.4}{(2)(32.2)}(60^2-15^2)=3270\,\text{lbf/ft}^2=22.7\,\text{lbf/in}^2\quad(\text{또는 } 0.1565\,\text{MPa})$$

정체상태 관계식

다음 물성 관계식으로부터 시작한다.

$$Tds=du+p\,dv \tag{1.30}$$

ρ = 일정이고, $dv=0$인 경우 다음 식으로 표현한다.

$$Tds=du \tag{3.33}$$

$ds=0$인 경우 $du=0$이다. 또한 정의에 의해 다음 식을 얻는다.

$$c_v=\left(\frac{\partial u}{\partial T}\right)_v \tag{1.27}$$

그러나 밀도가 일정한 유체의 경우 모든 과정은 $\boldsymbol{v}$ = 일정인 과정이다. 따라서 이러한 유체에 대해 부분 표기법을 버리고 다음과 같이 식 (1.27)을 표현한다.

$$c_v=\frac{du}{dT}\quad\text{또는}\quad du=c_v dT \tag{3.34}$$

$du=0$, $dT=0$인 모든 과정에 대해 유의한다.

이제 엔트로피, 즉 $ds=0$인 정체 과정을 고려한다. 식 (3.33)으로부터 정체 과정 동안 내부 에너지 변화가 없다는 것을 알 수 있다.

$$u=u_t,\quad \rho=\text{일정} \tag{3.35}$$

식 (3.34)로부터 정체 과정 동안 온도는 변하지 않는다는 것을 알 수 있다.

$$T=T_t,\quad \rho=\text{일정} \tag{3.36}$$

위 내용을 요약하면, **밀도가 일정한 유체의 경우** 정체 과정이 등엔트로피뿐만 아니라 등온, 일정한 내부에너지 과정 중 하나라는 것을 알 수 있다. 계속해서 다른 흥미로운 관계를 발견해 보자.

$$h = u + pv \tag{1.24}$$

위 식으로부터 다음을 얻는다.

$$dh = du + v\,dp + p\,dv \tag{3.37}$$

정적상태와 정체상태 사이에서 식 (3.37)을 적분하여 다음 식을 유도할 수 있다.

$$h_t - h = (u_t - u) + v(p_t - p) \tag{3.38}$$

또한 다음 식을 알고 있다.

$$h_t = h + \frac{V^2}{2g_c} + \frac{g}{g_c}z \tag{3.17}$$

마지막 두 식을 조합하면 다음 식을 얻는다.

$$\left(h + \frac{V^2}{2g_c} + \frac{g}{g_c}z\right) - h = v(p_t - p)$$

위 식은 다음 식으로 정리할 수 있다.

$$\boxed{p_t = p + \frac{\rho V^2}{2g_c} + \rho\frac{g}{g_c}z} \qquad \rho = \text{일정} \tag{3.39}$$

이 식은 유체역학을 공부한 사람에게는 친숙할 수도 있다. 정압과 정체압 사이의 관계는 **밀도가 일정한 유체에 대해서만 성립**한다는 것을 알아야 한다. 4.5절에서 완전기체 방정식에 대해 학습한다.

예제 3.5

물이 20 m/s 속도와 4 bar의 절대압력으로 흐를 때 전체압력을 구하시오.

$$p_t = p + \frac{\rho V^2}{2g_c} + \rho\frac{g}{g_c}z$$

$$p_t = 4 \times 10^5 + \frac{(10^3)(20)^2}{(2)(1)} = 4 \times 10^5 + 2 \times 10^5$$

$$p_t = 6 \times 10^5\,\text{N/m}^2\,\text{abs.} \;\text{또는}\; 0.6\,\text{MPa} \;(\text{또는}\; 87.0\,\text{psi})$$

많은 문제에서 파이프나 덕트를 빠져나가는 유동을 접하게 될 것이다. 이러한 유형의 문제를 해결하려면 덕트 출구의 압력을 알아야 한다. 비압축성 유동은 **덕트 출구 압력이 주변 압력**(대기압일 수도 있고 아닐 수도 있음)**과 항상 정확히 일치하도록** 조정된다. 5.7절에서 기체에서는 이것이 아음속 조건에서만 해당한다는 것을 학습한다. 그러나 작동유체가 액체일 경우 음속은 유속보다 훨씬 높게 나타날 수 있으므로, 일반적으로 액체와 관련된 경우 '아음속 유동'으로 다룬다.

3.8 운동량방정식

만약 주어진 질량의 운동을 관찰한다면, Newton의 제2운동법칙을 통해 가해진 힘에 비례하여 선형운동량이 변한다는 것을 알 수 있는데, 이는 다음 식으로 표현된다.

$$\boxed{\sum \mathbf{F} = \frac{1}{g_c}\frac{d\left(\overrightarrow{\text{momentum}}\right)}{dt}} \tag{1.5}$$

토크와 각운동량에 관한 비슷한 표현을 사용할 수 있으나, 여기에서는 선형운동량에 국한한다. 식 (1.5)는 벡터 관계이며 그 자체로 취급하거나 방정식의 구성 요소들을 신중하게 고려해야 한다. 대부분의 유동에서 불균형한 힘이 존재하므로 분석 중인 시스템의 운동량은 일정하게 유지되지 않는다. 따라서 이것을 보존법칙으로 고려하는 것을 적절하게 피할 것이다.

다시 돌아가서 검사체적에 대해 어떠한 식을 사용할 수 있는가? 식 (1.5)의 우변은 전미분이며 2.4절에서 언급한 관계에 따라 변환되어야 한다. **N**이 시스템의 선형운동량이라면, **η**는 단위 질량당 운동량, 즉 **V**를 의미한다. 식 (2.22)에 대입하면 다음 식을 얻는다.

$$\frac{d\left(\overrightarrow{\text{momentum}}\right)}{dt} = \frac{\partial}{\partial t}\int_{\text{cv}} \mathbf{V}\rho\, d\tilde{v} + \int_{\text{cs}} \mathbf{V}\rho(\mathbf{V}\cdot\hat{n})\,dA \tag{3.40}$$

그리고 검사체적에 적용할 수 있는 변환된 식은 다음과 같다.

$$\boxed{\sum \mathbf{F} = \frac{1}{g_c}\frac{\partial}{\partial t}\int_{\text{cv}} \mathbf{V}\rho\, d\tilde{v} + \frac{1}{g_c}\int_{\text{cs}} \mathbf{V}\rho(\mathbf{V}\cdot\hat{n})dA} \tag{3.41}$$

위 식을 **운동량방정식**이라고 부른다. $\Sigma\mathbf{F}$는 **검사체적 내에서 유체에 가해지는** 모든 힘의 합을 의미한다. 다른 항들은 무엇을 의미하는가? [식 (2.22)에 대한 설명 참조]

실제 문제의 해결에서 일반적으로 운동량방정식의 구성 요소를 사용한다. 실제로 문제 해결에 필요한 요소는 한 가지인 경우가 많다. 이 식의 x성분은 다음과 같이 나타낸다.

$$\sum F_x = \frac{1}{g_c}\frac{\partial}{\partial t}\int_{\text{cv}} V_x\rho\, d\tilde{v} + \frac{1}{g_c}\int_{\text{cs}} V_x\rho(\mathbf{V}\cdot\hat{n})dA \tag{3.42}$$

마지막 항이 어떻게 쓰이는지 주목하자.

1차원 유동이 존재하는 경우, 주어진 단면적에서 ρ와 $\mathbf{V}$는 일정하므로 식 (3.41)의 적분 계산은 쉽게 할 수 있다. 속도에 수직인 단면적 A를 선택하여 다음 식을 구한다.

$$\int_{\text{cs}} \mathbf{V}\rho(\mathbf{V}\cdot\hat{n})dA = \sum \mathbf{V}\rho V\int dA = \sum \mathbf{V}\rho VA = \sum \dot{m}\mathbf{V} \tag{3.43}$$

합산은 유체가 검사체적을 통과하는 모든 부분에 대해 이루어지며 유체가 검사체적에서 나가는 경우 양수(+), 검사체적으로 들어오는 경우 음수(−)다. ($\hat{n}$이 어떻게 정의되었는지 상기하자.)

정상유동을 고려하면, 시간에 대한 도함수를 포함하는 항은 0이 된다. 따라서 정상상태 1차원 유동에 대해 검사체적에 대한 운동량방정식은 다음과 같다.

$$\sum \mathbf{F} = \frac{1}{g_c}\sum \dot{m}\mathbf{V} \tag{3.44}$$

유체가 유입되는 곳이 하나이고 유체가 검사체적에서 빠져나가는 부분도 하나일 경우, (연속방정식을 통해) 다음 식을 얻을 수 있다.

$$\dot{m}_{\text{in}} = \dot{m}_{\text{out}} = \dot{m} \tag{2.42}$$

운동량방정식은 다음과 같이 표현된다.

$$\boxed{\sum \mathbf{F} = \frac{\dot{m}}{g_c}(\mathbf{V}_{\text{out}} - \mathbf{V}_{\text{in}})} \tag{3.45}$$

이 식은 유한 검사체적에 대한 정상상태 운동량방정식의 형태다. [완전히 발달된 층류 관유동의 경우(그림 2.1 참조), 식 (3.45)에서 질량 평균속도를 사용할 때 보정 계수를 포함해야 한다. 즉, $(4/3)V$를 사용해야 한다(연습문제 3.23 참조).]

식 (3.45)에 어떤 가정이 들어갔는가? 이 방정식을 사용할 때는 다음을 확인해야 한다.

1. 검사체적을 확인한다.
2. 검사체적 **내부의 유체에** 작용하는 모든 힘을 포함한다.
3. 모든 항에 대한 부호를 신중하게 확인한다.

예제 3.6

공기가 정상상태 1차원 유동으로 12 in. 지름의 수평 덕트를 통해 흐르고 있다(그림 E3.6). 속도가 460 ft/sec인 부분에서의 압력은 50 psia이며 온도는 550°R이다. 하류 구간에서 속도는 880 ft/sec이며 압력은 23.9 psia이다. 두 지점 사이 벽에서의 전체 전단력을 구하시오. 흐름이 난류이고 따라서 1차원이라고 가정한다.

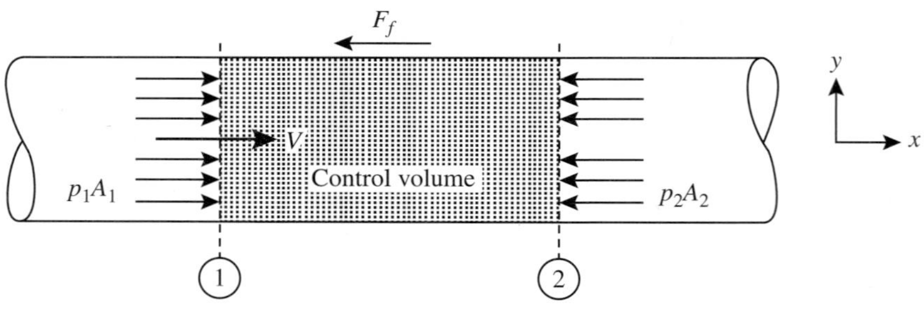

그림 E3.6

$$V_1 = 460\,\text{ft/sec},\quad V_2 = 880\,\text{ft/sec}$$
$$p_1 = 50\,\text{psia},\quad p_2 = 23.9\,\text{psia}$$
$$T_1 = 550°\text{R}$$

좌표계를 설정하고, 검사체적에 대한 힘을 표시한다. 기체에 대한 덕트의 마찰력을 F_f로 표시한다. 식 (3.45)를 이용하여 x성분을 다음과 같이 나타낸다.

$$F_x = \frac{\dot{m}}{g_c}(V_{\text{out}_x} - V_{\text{in}_x})$$

$$p_1A_1 - p_2A_2 - F_f = \frac{\dot{m}}{g_c}(V_2 - V_1) = \frac{\rho_1 A_1 V_1}{g_c}(V_2 - V_1)$$

음(−)의 방향으로 작용하는 힘은 반드시 마이너스 부호를 포함해야 한다. $A=A_1=A_2$로 위 식을 나누어 다음 식을 유도한다.

$$p_1-p_2-\frac{F_f}{A}=\frac{\rho_1 V_1}{g_c}(V_2-V_1)$$

$$\rho_1=\frac{p_1}{RT_1}=\frac{(50)(144)}{(53.3)(550)}=0.246\,\text{lbm/ft}^3$$

$$(50-23.9)(144)-\frac{F_f}{A}=\frac{(0.246)(460)}{32.2}(880-460)$$

$$3758-\frac{F_f}{A}=1476$$

$$F_f=(3758-1476)\pi(0.5)^2=1792\,\text{lbf}\ \ (\text{또는 } 7.971\ \text{kN})$$

예제 3.7

유량 0.05 m^3/s, 속도 40 m/s의 물이 흐르고 있다. 분사된 물은 베인에 부딪혀 120° 편향된다(그림 E3.7). 베인을 따라 발생하는 마찰은 무시하며 전체 시스템은 대기에 노출되어 있다. 위치에너지는 무시할 수 있다. 베인을 정지상태로 유지하는 데 필요한 힘을 구하시오.

$$p_1=p_2=p_{atm}\qquad h_\ell=0$$
$$z_1=z_2\qquad w_s=0$$

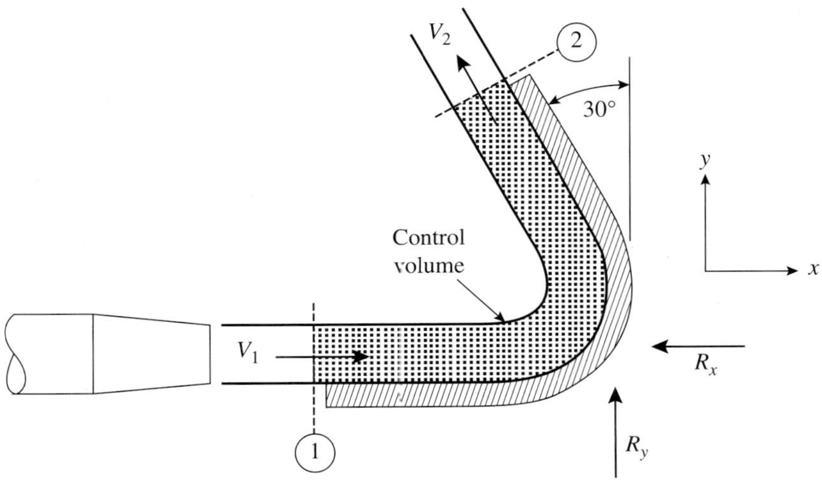

그림 E3.7

에너지방정식:

$$\frac{\not p_1}{\not\rho} + \frac{V_1^2}{2g_c} + \frac{\not g}{\not g_c} z_1 = \frac{\not p_2}{\not\rho} + \frac{V_2^2}{2g_c} + \frac{\not g}{\not g_c} z_2 + \not h_\ell + \not w_s$$

따라서 다음 관계를 얻는다.

$$V_1 = V_2$$

베인이 유체에 작용하는 힘을 R_x와 R_y로 나누어 표시하고 그림에 표시한다[잘못 표기하면 음수(−) 값을 얻는다].

***x* 방향 성분:**

$$\sum F_x = \frac{\dot m}{g_c}(V_{2x} - V_{1x})$$

$$-R_x = \frac{\dot m}{g_c}[(-V_2 \sin 30) - V_1] = \frac{\dot m V_1}{g_c}(-\sin 30 - 1)$$

$$-R_x = \frac{(10^3)(0.05)(40)}{1}(-0.5 - 1)$$

$$R_x = 3.0\,\text{kN} \quad (\text{또는} \;\; 674.4\,\text{lbf})$$

***y* 방향 성분:**

$$\sum F_y = \frac{\dot m}{g_c}(V_{2y} - V_{1y})$$

$$R_y = \frac{\dot m}{g_c}[(V_2 \cos 30) - 0]$$

$$R_y = \frac{(10^3)(0.05)(40)}{1}(0.866)$$

$$R_y = 1.732\,\text{kN} \quad (\text{또는} \;\; 389.4\,\text{lbf})$$

정답은 양수(+)이며 R_x와 R_y를 정확한 방향으로 설정한 것을 알 수 있다.

미분 형태의 운동량방정식

운동량방정식을 주의해서 활용하는 예시로서 그림 3.6의 미분 검사체적에 적용한다. 정상상태 1차원 유동에서 검사체적을 통과하는 유체의 물성은 ρ, V, p 등으로 나타낸다. 검사체적을 나가는 유체는 $\rho + d\rho$, $V + dV$ 등으로 약간 다른 물성으로 나타낸다. x좌표는 유체가 흐르는 방향을 양(+)으로, z좌표의 양(+)의 방향은 중력의 반대 방향이다. (여기서 x축과 z축이 반드시 직교하는 것은 아니다.)

이제 검사체적에 작용하는 모든 힘에 주목한다. 힘은 두 가지 유형으로 나눌 수 있다.

1. **표면력**(surface forces): 검사표면에 작용하고 유체에 간접적으로 작용한다. 수직 또는 접선 방향 응력 성분에서 비롯된다.
2. **체적력**(body forces): 검사체적 내의 유체에 직접 작용한다. 중력과 전자기력을 예시로 들 수 있다. 여기서는 중력에 국한한다.

따라서 다음을 얻는다.

$F_1 \equiv$ 상류압력에 의한 힘
$F_2 \equiv$ 하류압력에 의한 힘
$F_3 \equiv$ 벽압력에 의한 힘
$F_4 \equiv$ 벽 마찰력
$F_5 \equiv$ 중력

벽에 작용하는 힘 F_3와 F_4는 대부분의 유한 검사체적에서 분리하는 것이 어렵기 때문에

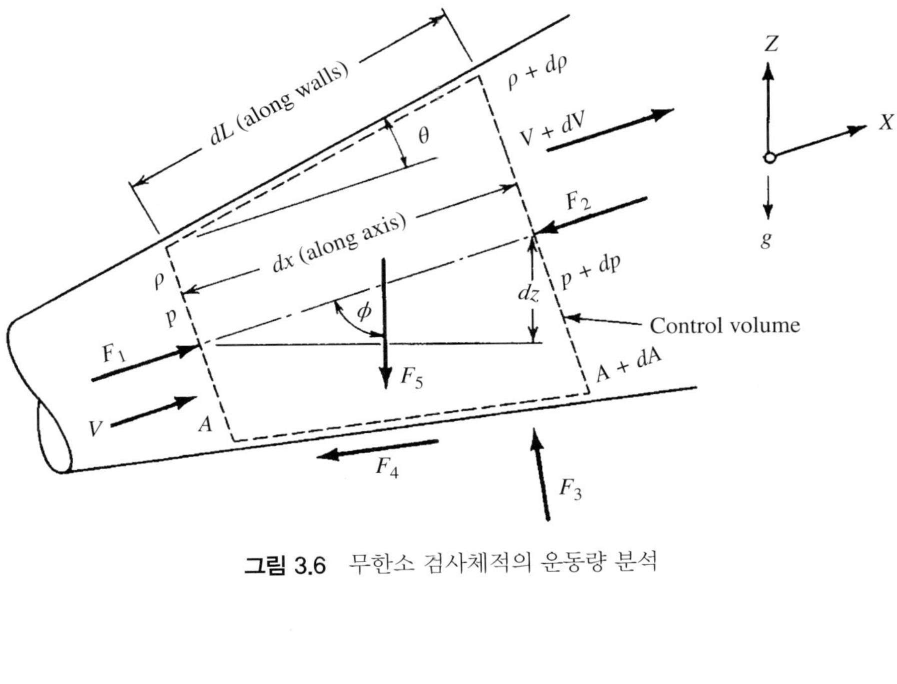

그림 3.6 무한소 검사체적의 운동량 분석

봉입력(enclosure force)이라 불리는 하나의 힘으로 합쳐진다. 이러한 문제 해결에 중요한 것은 전체 봉입력이다. 그러나 미분 검사체적을 다룰 때 봉입력의 각 부분을 분리하는 것이 더 유익할 것이다.

정상상태 1차원 유동에 대한 운동량방정식의 x성분은 다음과 같다.

$$\sum F_x = \frac{\dot{m}}{g_c}(V_{\text{out}_x} - V_{\text{in}_x}) \tag{3.46}$$

이제 x성분의 각 힘에 대해 양(+)의 방향인지 음(−)의 방향인지 결정한다.

$$\begin{aligned} F_{1x} &= F_1 = (\text{압력})(\text{면적}) \\ F_{1x} &= pA \\ F_{2x} &= -F_2 = -(\text{압력})(\text{면적}) \end{aligned} \tag{3.47}$$

$$F_{2x} = -(p+dp)(A+dA) = -(pA + p\,dA + A\,dp + \underbrace{dp\,dA}_{\text{HOT}}) \tag{3.48}$$

고차항을 무시하면 다음 식으로 표현된다.

$$F_{2x} = -(pA + p\,dA + A\,dp) \tag{3.49}$$

벽압력은 평균압력으로 구할 수 있다.

$$F_{3x} = F_3 \sin\theta = [(\text{평균압력})(\text{벽면적})] \sin\theta$$

dA = (벽면적) sin θ이므로 다음과 같이 표현된다.

$$F_{3x} = \left(p + \frac{dp}{2}\right) dA \tag{3.50}$$

유체역학의 기초원리를 이용하여 같은 결과를 얻을 수 있으며, 이는 투영된 면적에서 압력분포를 고려하여 압력의 힘 성분을 계산할 수 있음을 보여준다. 고차항을 무시하면 다음 식을 얻는다.

$$F_{3x} = p\,dA \tag{3.51}$$

벽 마찰력을 계산하기 위해 다음을 정의한다.

$$\tau_w \equiv \text{벽에서의 평균 전단응력}$$
$$P \equiv \text{평균 접수길이}$$
$$F_{4x} = -F_4 \cos\theta = -[(\text{평균 전단응력})(\text{벽면적})]\cos\theta \tag{3.52}$$
$$F_{4x} = \tau_w (P dL) \cos\theta$$

$dx = dL \cos\theta$이므로 다음과 같이 표현된다.

$$F_{4x} = -\tau_w P dx \tag{3.53}$$

체적력은 다음 식으로 표현한다.

$$F_{5x} = -F_5 \cos\phi = -\left[(\text{체적})(\text{평균밀도})\frac{g}{g_c}\right]\cos\phi$$
$$F_{5x} = -\left[\left(A + \frac{dA}{2}\right)dx\right]\left(\rho + \frac{d\rho}{2}\right)\frac{g}{g_c}\cos\phi \tag{3.54}$$

$dx \cos\phi = dz$이므로 다음과 같이 표현된다.

$$F_{5x} = -\left(A + \frac{dA}{2}\right)\left(\rho + \frac{d\rho}{2}\right)\frac{g}{g_c}dz \tag{3.55}$$

위 식을 전개한 후 고차항을 제거하면 다음과 같다.

$$F_{5x} = -A\rho\frac{g}{g_c}dz \tag{3.56}$$

위에서 언급한 힘에 대한 식을 종합하면 다음 식을 얻을 수 있다.

$$\sum F_x = F_{1x} + F_{2x} + F_{3x} + F_{4x} + F_{5x}$$
$$\sum F_x = \cancel{pA} - \left(\cancel{pA} + p\,\cancel{dA} + A dp\right) + p\,\cancel{dA} - \tau_w P dx - A\rho\frac{g}{g_c}dz \tag{3.57}$$
$$\sum F_x = -A dp - \tau_w P dx - A\rho\frac{g}{g_x}dz$$

이제 식 (3.46)의 우측 항으로 가서 그림 3.6을 보면 다음 식으로 나타낼 수 있음을 알 수 있다.

$$\frac{\dot{m}}{g_c}(V_{\text{out}_x} - V_{\text{in}_x}) = \frac{\dot{m}}{g_c}[(V+dV)-V] = \frac{\dot{m}}{g_c}dV \tag{3.58}$$

식 (3.57)과 (3.58)을 합쳐 미분 검사체적에서의 x성분에 대한 운동량방정식을 구할 수 있다.

$$\sum F_x = \frac{\dot{m}}{g_c}(V_{\text{out}_x} - V_{\text{in}_x}) \tag{3.46}$$

$$-Adp - \tau_w P dx - A\rho\frac{g}{g_c}dz = \frac{\dot{m}}{g_c}dV = \frac{\rho AVdV}{g_c} \tag{3.59}$$

식 (3.59)는 **마찰계수**(friction factor)와 **등가지름**(equivalent diameter)을 통해 더 유용한 형태로 만들 수 있다.

마찰계수(f)는 다음 식과 같이 벽에서의 전단응력(τ_w)과 동압(dynamic pressure)으로 표현할 수 있다(자세한 내용은 9.9절 Fanno 유동 참조).

$$f \equiv \frac{4\tau_w}{\rho V^2/2g_c} \tag{3.60}$$

위 식은 ***Darcy-Weisbach* 마찰계수**다. 일부 저자들은 4라는 수를 빠트려 1/4 크기인 ***Fanning* 마찰계수**를 사용하므로 주의해야 한다.

유체는 직사각형 덕트와 같은 비원형 단면을 통해 흐르는 경우가 많다. 이러한 문제를 해결하기 위해 **등가지름**(equivalent diameter)이 고안되었으며 다음 식을 통해 계산한다.

$$D_e \equiv \frac{4A}{P} \tag{3.61}$$

여기서

$A \equiv$ 단면적
$P \equiv$ 접수길이

여기서 부차적 손실은 무시된다. 식 (3.61)을 유체가 완전히 차 있는 원형 덕트에 적용하면 등가지름은 실제 지름의 값과 같음을 알 수 있다.

마찰계수와 등가지름에 대한 정의를 이용하여 식 (3.59)에 적용하면 다음과 같이 표현된다.

$$\frac{dp}{\rho} + f\frac{V^2}{2g_c}\frac{dx}{D_e} + \frac{g}{g_c}dz + \frac{VdV}{g_c} = 0 \tag{3.62}$$

위 식은 무한소 검사체적에서 정상상태 1차원 유동의 유용한 형태의 운동량방정식이다. 마지막 항은 다음과 같이 더 친숙한 형태로 나타낼 수 있다.

$$\boxed{\frac{dp}{\rho}+f\frac{V^2}{2g_c}\frac{dx}{D_e}+\frac{g}{g_c}dz+\frac{dV^2}{2g_c}=0} \tag{3.63}$$

위 식은 제9장에서 마찰이 있는 덕트 유동을 논의할 때 사용한다.

이때 식 (3.63)을 식 (3.13)과 비교하는 것이 도움이 될 수 있다. 식 (3.13)은 에너지방정식에서, 식 (3.63)은 운동량방정식에서 유도되었다. 이러한 특성 비교는 마찰이 내부적 비가역성의 근원임을 보여주기 때문에 식 (3.1)의 엔트로피 분할 개념을 강화할 수 있다.

$$Tds_i=f\frac{V^2}{2g_c}\frac{dx}{D_e} \tag{3.64}$$

3.9 요약

엔트로피 변화를 열전달과 비가역적인 영향 두 부분으로 나누어 살펴보았다. 그런 다음 기준 정체상태의 개념을 도입했다. 이 두 아이디어는 에너지방정식을 **압력-에너지 방정식**이라 불리는 형태로 쓸 수 있게 했다. 적절한 가정하에 이러한 방정식에서 몇 가지 결론을 도출했다.

Newton의 제2운동법칙을 검사체적 분석에 적합한 형태로 변환했다. 운동량방정식을 사용할 때는 주의해야 한다. 제2장의 요약에 제시된 단계 외에 다음 단계에 유의해야 한다.

1. 검사체적에 대한 좌표계를 설정한다.
2. 검사체적 내부의 유체에 작용하는 모든 힘을 표시한다.
3. **F**, **V**와 같은 벡터의 부호를 주의한다.

이 장에서 언급한 자주 사용되는 식은 아래에 요약했다. 대부분 정상상태 1차원 유동에 국한되며, 추가적인 가정을 수반했다. 각각 어떤 조건에서 사용할 수 있는지 결정할 수 있어야 한다.

1. 엔트로피 분할

$$ds=ds_e+ds_i=\frac{\delta q}{T}+ds_i \qquad (3.9),\ (3.10)$$

ds_e는 양(+) 혹은 음(−)의 값을 가진다(δq의 방향성에 의존한다). ds_i는 항상 양의 값을 가진다(내부 비가역성을 나타낸다).

2. 압력-에너지 방정식

$$\frac{dp}{\rho}+\frac{dV^2}{2g_c}+\frac{g}{g_c}dz+\delta w_s+Tds_i=0 \tag{3.13}$$

3. 정체(기준 좌표계에 의존)

$$h_t=h+\frac{V^2}{2g_c}+\frac{g}{g_c}z \text{ (기체인 경우 } z\text{는 무시)}$$
$$s_t=s \tag{3.17}$$

4. 에너지방정식

$$h_{t1}+q=h_{t2}+w_s \tag{3.19}$$

$$\delta q=\delta w_s+dh_t \tag{3.20}$$

$q=w_s=0$인 경우, $h_t=$ 일정

5. 정체압-에너지 방정식

$$\frac{dp_t}{\rho_t}+ds_e(T_t-T)+T_t ds_i+\delta w_s=0 \tag{3.25}$$

$q=w_s=0$ 이고, 손실$=0$ 인 경우, $p_t=$ 일정

6. 밀도가 일정한 유체

$$\frac{p_1}{\rho}+\frac{V_1^2}{2g_c}+\frac{g}{g_c}z_1=\frac{p_2}{\rho}+\frac{V_2^2}{2g_c}+\frac{g}{g_c}z_2+h_\ell+w_s \tag{3.31}$$

$$u=u_t, \qquad T=T_t \qquad (3.35), (3.36)$$

$$p_t=p+\frac{\rho V^2}{2g_c}+\rho\frac{g}{g_c}z \tag{3.39}$$

7. 제2운동법칙-운동량방정식 $\begin{cases}\mathbf{N}=\overrightarrow{momentum}\\ \boldsymbol{\eta}=\mathbf{V}\end{cases}$

$$\sum \mathbf{F} = \frac{\partial}{\partial t}\int_{\text{cv}} \frac{\rho \mathbf{V}}{g_c} d\tilde{v} + \int_{\text{cs}} \frac{\rho \mathbf{V}}{g_c}(\mathbf{V}\cdot\hat{n})dA \tag{3.41}$$

정상상태 1차원 유동인 경우:

$$\sum \mathbf{F} = \frac{\dot{m}}{g_c}(\mathbf{V}_{\text{out}} - \mathbf{V}_{\text{in}}) \tag{3.45}$$

$$\frac{dp}{\rho} + f\frac{V^2}{2g_c}\frac{dx}{D_e} + \frac{g}{g_c}dz + \frac{dV^2}{2g_c} = 0 \tag{3.63}$$

유체역학에 대한 추가 정보는 참고문헌 10~12를 참조하자.

연습문제

물의 밀도는 $\rho = 62.4$ lbm/ft^3 또는 1000 kg/m^3, 비열은 1 Btu/lbm-°R 또는 4.187 kJ/kg-K을 사용한다.

3.1 외부 일이 없는 압력-에너지 방정식 (3.13)과 운동량방정식의 미분형태 (3.63)을 비교하시오. 결과가 타당한가?

3.2 마찰이 없고 단열된 수평 덕트에서 완전기체의 1차원 정상유동을 고려한다. 압력-에너지 방정식으로부터 다음을 유도하시오.

$$\frac{V^2}{2g_c} + \frac{\gamma}{(\gamma-1)}\frac{p}{\rho} = \text{일정}$$

3.3 서로 다른 단면적을 갖는 두 점에서의 압력 측정으로부터 관로에서의 유량을 결정한다. 에너지 전달은 없으며($q = w_s = 0$) 위치에너지 차이는 무시한다. 정상상태 마찰이 없는 1차원 유동의 유량은 다음과 같이 나타낼 수 있음을 증명하시오.

$$\dot{m} = A_1 A_2 \left[\frac{2\rho g_c (p_1 - p_2)}{A_1^2 - A_2^2}\right]^{1/2}$$

3.4 저속의 풍동에서 압력 탭은 정체압과 정압의 차이를 0.5 psi로 나타낸다. 공기밀도가 0.0765 lbm/ft^{3}로 일정하게 유지될 때 시험 구간의 공기 속도를 계산하시오.

3.5 물이 단면이 변화하는 덕트를 통해 흐르고 있다. 두 지점의 정체압 차이는 4.5×10^5 N/m^{2}다.
(a) 물의 온도가 일정하다면 덕트에 전달되는 열의 양은 얼마인가?

(b) 시스템이 단열상태일 때, 덕트를 통해 흐르는 물의 온도 변화를 계산하시오.

3.6 아래 조건은 단열된 수평 덕트를 통해 흐르는 정상상태의 메탄가스에 대한 정보다.

입구 정체엔탈피 = 634 Btu/lbm
출구 정적엔탈피 = 532 Btu/lbm
출구 정적온도 = 540°F
출구 정압력 = 50 psia

(a) 출구속도를 구하시오.

(b) 출구에서의 정체온도는 얼마인가?

(c) 출구에서의 정체압을 구하시오.

3.7 어떤 조건에서 (마찰이 있는)실제유체가 단열 유동이 가능하고, 입구 및 출구 정체압이 같은가? (**힌트:** 정체압-에너지 방정식)

3.8 비압축성 유체의 정체압-에너지 방정식 (3.25)를 단순화하시오. 비압축성 유체에 사용 가능한 다른 에너지방정식과 비교하시오[예: 식 (3.29)].

3.9 그림 P3.9에서 비압축성 유체(ρ = 55 lbm/ft^3)가 15 ft/sec 속도로 관을 통해 유출된다.

(a) 유동 손실을 구하시오.

(b) 면적이 일정한 관에서 모든 손실이 발생할 때 관 출구에서의 압력을 구하시오.

그림 P3.9

3.10 그림 P3.10에 모사된 유동에서 유동 손실이 $h_\ell = 15V_p^2/2g_c$인 30 m/s 제트 속도(V_j)를 유도하기 위해 어떤 값이 필요한가?

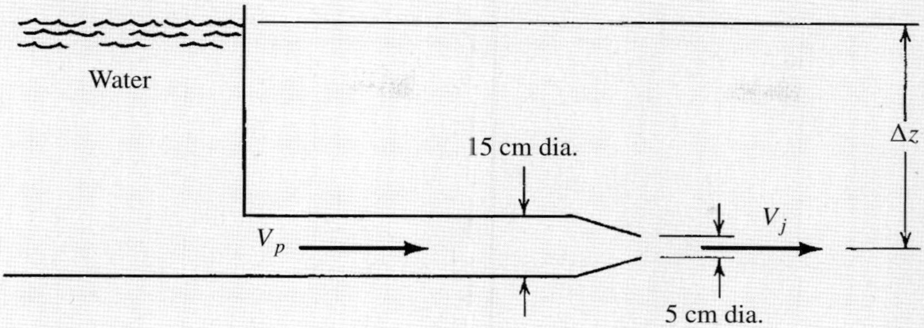

그림 P3.10

3.11 다음 조건을 따라 물이 2 ft 지름의 덕트를 통해 흐른다: $p_1 = 55$ psia, $V_1 = 20$ ft/sec. 12 ft 떨어진 다른 지점에서의 지름은 1 ft이며 $p_2 = 40$ psia이다.

(a) 두 지점 사이의 마찰손실을 구하시오.

(b) 유동방향을 구하시오.

3.12 그림 P3.12에서 유동 손실이 $h_\ell = 6V^2/2g_c$일 때 50 kg/s의 유량을 얻기 위한 관 지름을 구하시오.

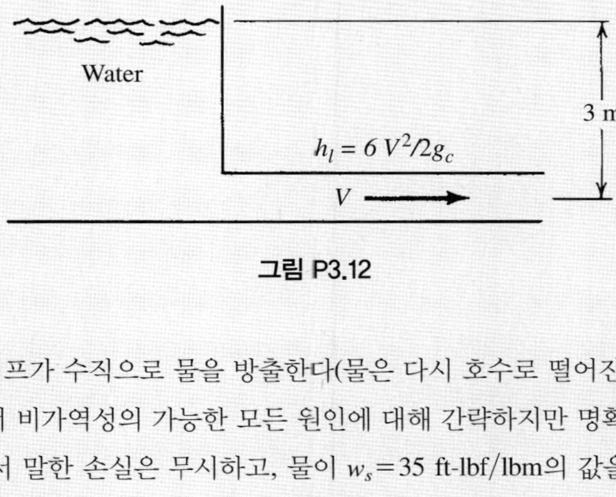

그림 P3.12

3.13 호수 표면의 펌프가 수직으로 물을 방출한다(물은 다시 호수로 떨어진다).

(a) 이 상황에서 비가역성의 가능한 모든 원인에 대해 간략하지만 명확하게 서술하시오.

(b) 앞의 (a)에서 말한 손실은 무시하고, 물이 $w_s = 35$ ft-lbf/lbm의 값을 얻기 위한 최대 높이를 구하시오.

3.14 그림 P3.14에 있는 두 가지 펌프 장치 중 어느 것이 더 적합한가(즉, 펌프 일이 덜 요구되는 경우는 어느 쪽인가)? A에서 엘보우 손실은 무시한다.

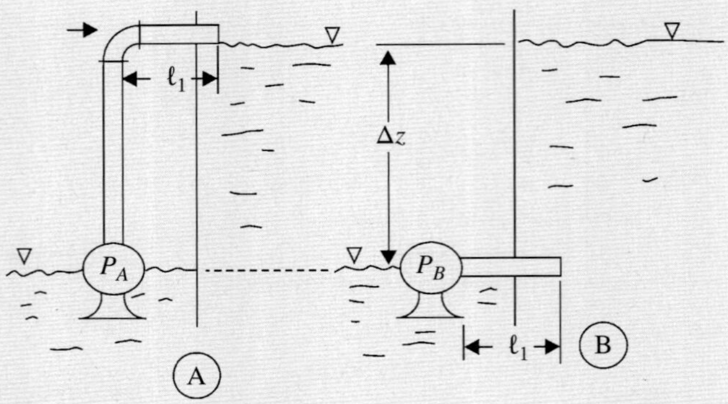

그림 P3.14

3.15 주어진 질량에 대해 다음과 같이 가해진 힘의 모멘트를 각운동량으로 나타낼 수 있다.

$$\sum \mathbf{M} = \frac{1}{g_c}\frac{d\left(\overrightarrow{\text{angular momentum}}\right)}{dt}$$

(a) 단위 질량당 각운동량을 구하시오.

(b) 위 식은 검사체적을 분석하기 위해 어떤 형태를 취하는가?

3.16 비압축성 유체가 지름 10 in. 관을 통해 흐른다. 한 지점의 압력은 150 psia이고, 1000 ft 하류 지점에서의 압력은 100 psia로 강하했다.

(a) 관이 유체에 가한 마찰력의 총합을 구하시오.

(b) 벽에서의 평균 전단응력을 구하시오.

3.17 메탄가스가 단면이 일정한 지름 15 cm 관을 통해 흐른다. 지점 1에서 $p_1 = 6$ bar abs., $T_1 = 66$ ℃, $V_1 = 30$ m/s이며, 지점 2에서 $T_2 = 38$℃, $V_2 = 110$ m/s이다.

(a) 지점 2에서의 압력을 구하시오.

(b) 벽에서의 전체 마찰력을 구하시오.

(c) 열전달량은 얼마인가?

3.18 해수($\rho = 64$ lbm/ft^3)는 그림 P3.18에 있는 리듀서를 통해 $p_1 = 50$ psig로 흐른다. 두 단면 사이의 유동 손실은 $h_\ell = 5.0$ ft-lbf/lbm이다.

(a) V_2와 p_2를 구하시오.

(b) 리듀서가 단면 1과 2 사이 해수에 가하는 힘을 구하시오.

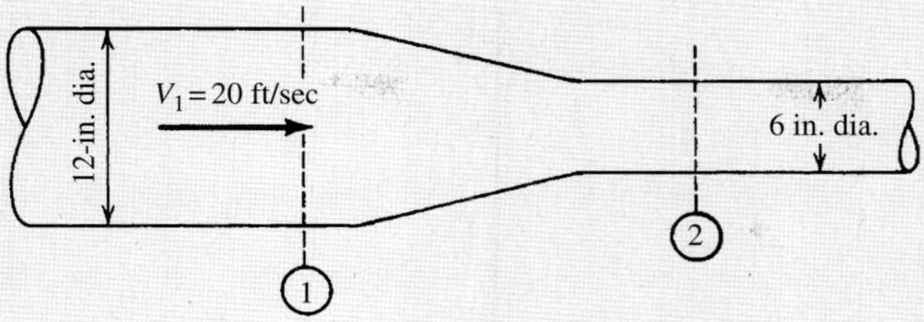

그림 P3.18

3.19 (a) 그림 P3.19에 있는 수조를 통해 모든 손실을 무시할 때 출구 속도를 구하시오.

(b) 열린 부분의 지름이 4 in.일 때 유량을 구하시오.

(c) 바닥을 따라 수조를 미는 힘을 계산하시오.

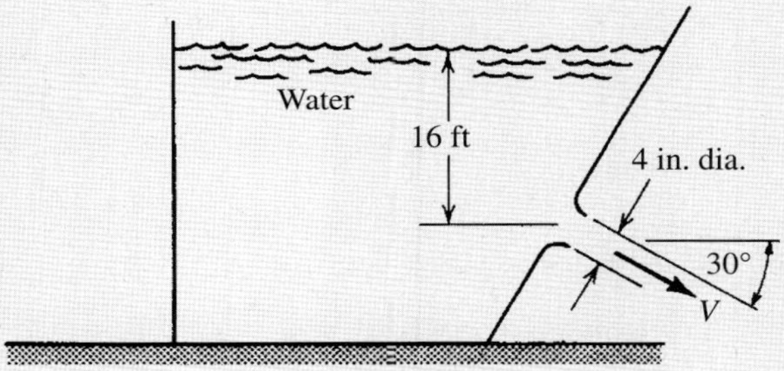

그림 P3.19

3.20 물이 단면적 0.05 m^2를 갖는 관에서 5 m/s 속도로 분출된다. 물은 지면에서 2 m 지점의 1 m 두께의 콘크리트 블록을 친다(그림 P3.20). 블록을 치고 물은 땅으로 떨어진다. 블록이 넘어지지 않기 위한 블록의 최소 무게는 얼마인가?

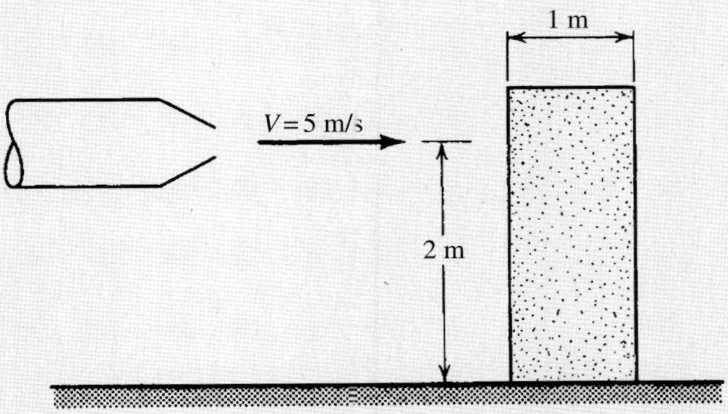

그림 P3.20

3.21 그림 P3.21과 같이 공기가 흐르도록 공기 흡입구를 열어 경주용 차를 제동한다. 공기밀도는 14.7 psia, 온도는 60°F로 거의 일정하게 유지된다고 가정한다. 공기가 표시된 방향과 지정된 조건으로 들어오며 누출이 없다고 가정한다. 공기 흡입구를 열었을 때 자동차의 항력에 변화가 없다고 가정한다. 300 mph로 주행할 때 2000 lbf의 제동력을 얻으려면 흡기부에서 어느 정도의 면적이 필요한가?

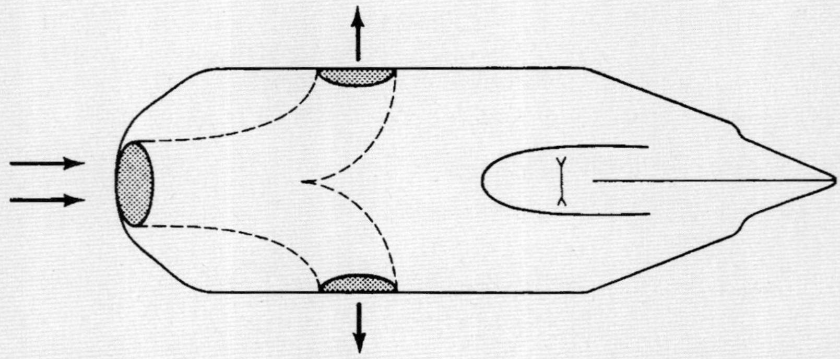

그림 P3.21

3.22 유체가 분사되어 베인에 부딪혀 θ의 각도로 편향된다(그림 P3.22). x성분의 힘이 최대가 되는 각도는 얼마인가? (단, 작동유체, 면적 및 속도는 고정한다.) 비압축성 유체이며 베인은 마찰이 없다고 가정한다. 일반적인 형태로 설정한 후 미분하여 최대값을 구하시오.

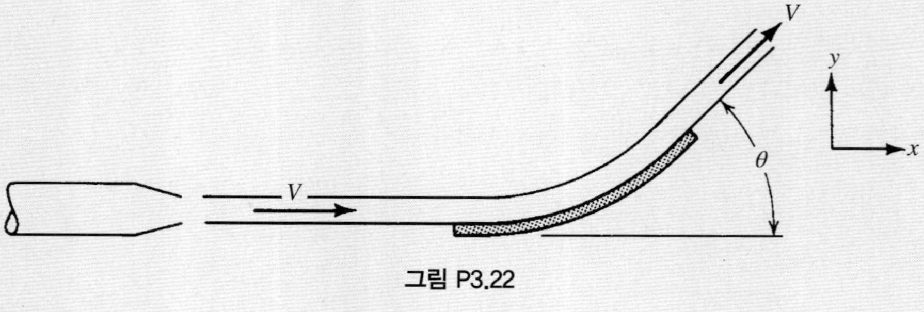

그림 P3.22

3.23 원형 덕트의 층류 유동은 1차원이 아니지만 1차원 공식의 식 (2.10)과 (2.11)로부터 등가 질량 평균속도 $V = U_m/2$를 사용할 수 있다. 이 속도는 $\int u dA \equiv \left(\pi r_0^2\right) V$에 의한 결과다. 이제 운동량방정식 (3.41)에서 그림 2.1의 면적분 $\int \rho \mathbf{V}(\mathbf{V} \cdot \hat{n}) dA$를 마주한다. 여기서 $\mathbf{V}$는 Newton의 제2운동법칙으로부터 도출된다. 이것은 앞서 표시된 대로 $\mathbf{V}$가 U_m에 의존하는 경우 $\int u^2 dA = (4/3)\left(\pi r_0^2\right) V^2$을 계산하는 것과 동일하다. 층류 유동의 경우 식 (3.45)의 결과 운동량 항에 본문에서 언급한 바와 같이 계수 4/3를 곱해야 하는지 기술하시오. 단, 밀도 ρ는 그림

2.1의 단면을 따라 일정하게 유지된다고 가정한다.

이해력 시험

이 장의 자료를 참조하지 않고 테스트를 완료할 수 있어야 한다.

3.1 엔트로피 변화는 두 가지로 나눌 수 있다. 이러한 구분이 가능하다면 방정식 형태로 정의하시오. 각 부분의 기호에 관해 설명하시오.

3.2 미분 형태의 에너지방정식에서 압력-에너지 방정식을 유도하시오.

3.3 (a) 정체 과정을 정의하고, 모든 조건을 서술하시오.

(b) 모든 물질에 대해 유효한 정체엔탈피에 대한 일반적인 방정식을 서술하시오.

(c) 어떤 조건하에서 다음 방정식을 사용할 수 있는가?

$$\frac{p_t}{\rho} = \frac{p}{\rho} + \frac{V^2}{2g_c} + \frac{g}{g_c}z$$

3.4 사람 A(정지상태) 또는 사람 B(달리는 상태)를 기준 좌표계로 설정할 수 있다(그림 CT3.4). 다음 설명 중 맞는 것을 고르시오.

(a) A와 B에 대해 정체압은 같다.

(b) A와 B에 대해 정압은 같다.

(c) (a)와 (b) 어느 것도 옳지 않다.

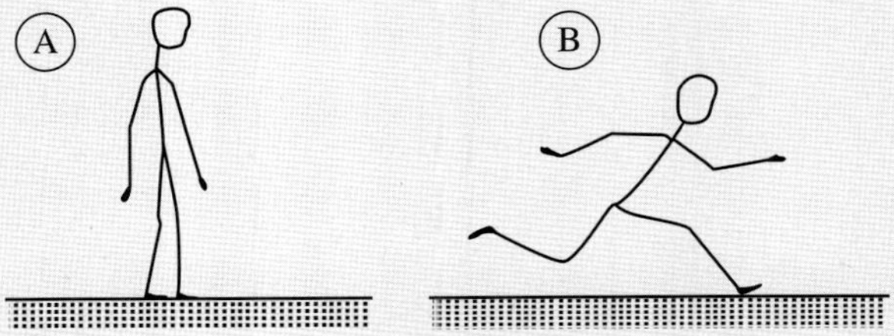

그림 CT3.4

3.5 검사체적에서 한 곳으로 들어와서 한 곳으로 나가는 정상상태 1차원 유동이 있다.

(a) 어떤 조건에서 정체엔탈피가 일정하게 유지되는가? (이러한 조건에서 p_t는 변하는가?)

(b) (a)에서 언급한 조건이 존재한다면, 정체압이 일정하다고 하기 위해서는 어떠한 가정이 추가되어야 하는가?

3.6 운동량방정식은 특정 조건에서 검사체적을 분석할 때 다음과 같은 형식으로 사용된다.

$$\sum \mathbf{F} = \frac{\dot{m}}{g_c}(\mathbf{V}_r - \mathbf{V}_s)$$

(a) 어느 지점(r 또는 s)이 유체가 검사체적으로 들어오는 부분을 나타내는가?

(b) 이러한 형태의 방정식을 사용하기 위해 반드시 필요한 조건은 무엇인가?

3.7 연습문제 3.18의 해를 구하시오.

Chapter 4

압축성 유동 소개

4.1 서론

앞 장에서 유체유동 분석에 필요한 기본 관계식을 유도했다. 밀도가 일정한 유체의 경우 이 중 일부가 유도되는 특별한 형태를 보았다. 이제 주된 관심사는 압축성 유체와 기체다. 음속보다 더 빠르게 움직이는 유체를 다루는 것이 드물지 않다는 것을 알게 될 것이다. 게다가 이런 상황에서 유체의 움직임은 음속보다 느리게 이동할 때와는 상당히 다름을 알 수 있다. 따라서 임의의 매질을 통한 음속 관계식을 찾는 것부터 시작한다. 이러한 관계식은 완전기체의 경우에 대해 단순화한다. 그런 다음 아음속 및 초음속 유동을 조사하여 거동 특성이 다른 이유에 대한 통찰력을 얻게 된다.

Mach 수는 핵심 매개변수로 도입되며 완전기체의 경우 기본 방정식과 많은 보완 관계를 이 새로운 매개변수로 표현하는 것이 매우 간단하다는 것을 발견하게 된다. 이 장은 *h-s* 선도와 *T-s* 선도의 중요성과 유동 문제의 시각화에 대한 논의로 마무리된다.

4.2 학습목표

이 장을 성공적으로 배우고 나면 다음 작업을 수행할 수 있다.

Fundamentals of Gas Dynamics, Third Edition. Robert D. Zucker and Oscar Biblarz.

Companion website: www.wiley.com/go/zucker/gas

1. 소리가 모든 매질(고체, 액체, 기체)을 통해 전파되는 방법을 설명할 수 있다.
2. **음속**을 정의하고, **충격파**와 **음파**의 기본적인 차이점을 설명할 수 있다.
3. (**선택사항**) 정상상태 1차원 유동에 대한 연속방정식 및 운동량방정식으로 시작하여 검사체적 분석을 이용한 임의 매질에서의 무한소 압력 교란 속도에 대한 일반식을 도출할 수 있다.
4. 다음에 대한 관계를 설명할 수 있다.
   a. 임의 매질에서의 음속
   b. 완전기체에서의 음속
   c. Mach 수
5. **교란영역**(zone of action), **비교란영역**(zone of silence), **Mach 콘**(Mach cone), **Mach 각**(Mach angle)에 대해 설명함으로써 움직이는 물체로부터의 신호파의 전파에 대해 논의하고, 이러한 측면에서 아음속 유동과 초음속 유동을 비교할 수 있다.
6. 엔탈피(h), Mach 수(M), 비열비(γ)의 관점에서 완전기체의 정체엔탈피(h_t)에 대한 방정식을 구할 수 있다.
7. 완전기체의 정체온도(T_t)에 대한 방정식을 온도(T), Mach 수(M), 비열비(γ)로 표현할 수 있다.
8. 완전기체의 정체압력(p_t)에 대한 방정식을 압력(p), Mach 수(M), 비열비(γ)로 표현할 수 있다.
9. (**선택사항**) 다음과 같은 완전기체에 대한 Mach 수 측면에서 간단한 관계를 확장하여 유도 기술을 입증할 수 있다.

$$p_t = p\left(1+\frac{\gamma-1}{2}M^2\right)^{\gamma/(\gamma-1)}$$

10. 일반적인 문제에서 위의 개념을 활용할 수 있는 능력을 검증할 수 있다.

4.3 음속 및 Mach 수

이제 교란이 탄성 매질을 통과하는 방법을 고찰한다. 주어진 지점에서 교란은 주변 분자로 전달되는 압축된 분자의 영역을 생성하며, 그렇게 함으로써 **이동파**(traveling wave)를 생성한다. 파동은 다양한 **강도**(strengths)로 나타나며, 이는 교란의 진폭으로 측정된다. 이러한 교란이 매질을 통해 전파되는 속도를 **파속**(wave speed)이라고 한다. 이 속도는 매질의 종류와 열역학적 상태에 따라 달라질 뿐만 아니라 파동의 세기 함수이기도 하다. 파동이 **강할수록 더 빨리** 움직인다.

압력과 밀도의 비교적 큰 변화를 수반하는 **큰 진폭**(large amplitude)의 파동을 다룰 때, 이러한 파동을 **충격파**(shock waves)라고 부른다. 이것은 제6장에서 자세히 다룰 것이다. 반면에, 만약 **매우 작은 진폭**(very small amplitude)의 파동을 관찰한다면, 그 파동 속도는 단지 매질과 매질 상태의 특성이다. 음파가 이 범주에 속하기 때문에 이 파동은 매우 중요하다. 게다가 매질에서 물체의 존재는 특징적인 **음속**(sonic speed)으로 전파되는 아주 작은 압력파를 내보내거나 재감지함으로써만 느낄 수 있다.

어떻게 극한으로 작은 압력파를 형성할 수 있는지 가설을 세운 다음, 파동 속도를 결정하기 위해 기본 개념을 적용해 보자. 그림 4.1과 같이 유체로 채워지고 한쪽 끝에 피스톤이 있는 긴 일정 단면적을 갖는 배관을 고려해 보자. 처음에 유체는 정지해 있고, 어느 순간 피스톤에는 좌측으로 증분 속도 dV가 주어진다.

어느 순간 피스톤 바로 옆에 있는 유체입자는 피스톤의 속도를 획득할 때 매우 소량 압축된다. 피스톤(그리고 이러한 압축된 입자)이 계속 움직이면서 다음 유체입자 그룹이 압축되고 **파동전선**(wave front)이 유체를 통해 크기 a의 **음속**으로 전파되는 것이 관찰된다. 파동전선과 피스톤 사이의 모든 입자는 좌측으로 속도 dV로 이동하며 ρ에서 $\rho + d\rho$로 압축되고 압력이 p에서 $p + dp$로 증가한다.

다음으로 이것이 분석하기 어려운 상황이라는 것을 인식한다. 왜냐하면 **불안정한** 유동이기 때문이다. [배관 내 지정된 지점을 관찰하면 시간에 따라 특성이 변경된다(예: 파동전선이 통과함

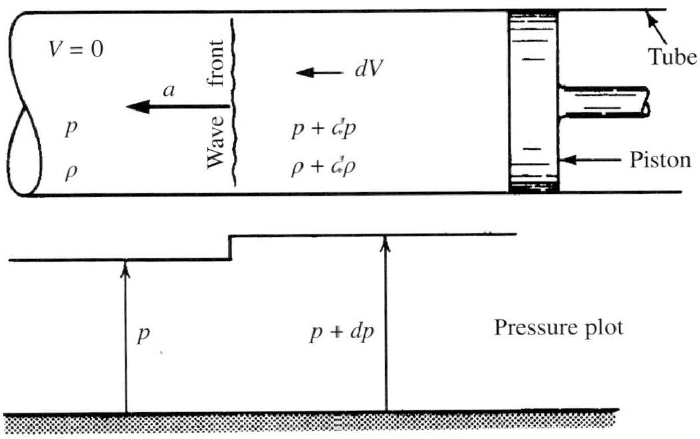

그림 4.1 무한소 압력 펄스 발생

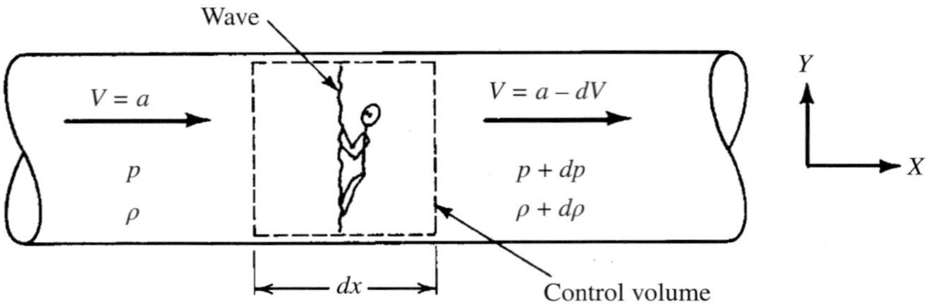

그림 4.2 그림 4.1과 연관된 정상유동

에 따라 압력이 p에서 $p+dp$로 변화).] 이러한 어려움은 전체 유동 영역에 크기 a의 오른쪽에 일정한 속도를 중첩함으로써 쉽게 해결할 수 있다. **이 절차에서는 고정파로 나타나는 파동전선에 대한 기준 좌표계를 변경한다.** 이 결과를 얻기 위한 다른 방법은 파동전선에 뛰어드는 것이다. 그림 4.2는 현재 가지고 있는 문제를 보여준다. **기준 좌표계를 이러한 방식으로 변경해도 유체의 실제(정적) 열역학적 특성이 변경되지 않는다.** 파면이 극도로 얇으므로 최소 두께의 검사체적을 사용할 수 있다.

연속방정식

정상상태 1차원 유동일 경우 다음 식을 갖는다.

$$\dot{m} = \rho A V = \text{일정} \tag{2.30}$$

그러나 $A=$일정이므로 다음을 얻는다.

$$\rho V = \text{일정} \tag{4.1}$$

이것을 문제에 적용하면

$$\rho a = (\rho + d\rho)(a - dV)$$

위 식을 전개하면 다음을 얻는다.

$$\rho a = \rho a - \rho dV + a\,d\rho - \underbrace{d\rho dV}_{\text{HOT}}$$

여기서 고차항을 무시하고 dV로 정리하면 다음을 얻는다.

$$dV = \frac{ad\rho}{\rho} \tag{4.2}$$

운동량방정식

검사체적은 최소 두께를 가지기 때문에 벽을 따라 발생하는 전단응력을 무시할 수 있다. 운동량방정식의 x성분을 적어야 하며, 만약 오른쪽에 있다면 힘과 속도를 양(+)으로 잡아야 한다. 정상상태 1차원 유동일 경우 다음과 같이 쓸 수 있다.

$$\sum F_x = \frac{\dot{m}}{g_c}(V_{\text{out}_x} - V_{\text{in}_x}) \tag{3.46}$$

$$\not{p}A - \left(\not{p} + dp\right)A = \frac{\rho A a}{g_c}\left[\left(\not{a} - dV\right) - \not{a}\right]$$

$$Adp = \frac{\rho A a}{g_c} dV$$

dV로 식을 정리하면 다음을 얻는다.

$$dV = \frac{g_c dp}{\rho a} \tag{4.3}$$

이제 식 (4.2)와 (4.3)을 결합하여 dV를 제거하면, 다음을 얻는다.

$$a^2 = g_c \frac{dp}{d\rho} \tag{4.4}$$

그러나 $dp/d\rho$ 도함수는 고유하지 않다. 그것은 전적으로 과정의 본질에 달려 있다. 따라서 $dp/d\rho$ 도함수는 적절한 아래 첨자를 가진 부분적인 파생 식으로 작성되어야 한다. 그런데 무슨 첨자인가? 어떤 종류의 과정을 다루고 있는가?

아주 작은 교란을 분석하고 있음을 상기하자. 이 경우 파동이 유체를 통과할 때 발생하는 손실과 열전달은 무시할 수 있다고 가정할 수 있다. 따라서 이 과정은 가역적이고 단열적이며, 이는 그것이 등엔트로피적이라는 것을 의미한다. (왜 그럴까?) 충격파를 공부한 후에 매우 약한 충격파(즉, 작은 파동)가 등엔트로피 과정 한계에 근접한다는 것을 증명할 것이다. 따라서 식 (4.4)는 다음과 같이 적절하게 표기되어야 한다.

$$\boxed{a^2 = g_c \left(\frac{\partial p}{\partial \rho}\right)_s} \tag{4.5}$$

이는 탄성률 E_v의 **체적탄성계수**를 도입함으로써 '일반적인 대안적 형태'로 표현될 수 있다. 이것은 압력 굴절의 결과로 발생하는 부피 또는 밀도 변화 사이의 관계이며, 다음과 같이 정의된다.

$$E_v \equiv -v\left(\frac{\partial p}{\partial v}\right)_s \equiv \rho\left(\frac{\partial p}{\partial \rho}\right)_s \tag{4.6}$$

그러므로 다음을 얻는다.

$$\boxed{a^2 = g_c \left(\frac{E_v}{\rho}\right)} \tag{4.7}$$

식 (4.5)와 (4.7)은 매질을 통한 음속의 일반적인 등가 관계다. 체적탄성계수는 일반적으로 기체의 값을 초과하는 액체 및 고체와 관련하여 사용된다. 표 4.1은 매질 온도와 압력에 따른 정확한 값인 이 계수의 전형적인 값을 제공한다. 고체의 경우 하중 유형에 따라 다르다. 체적탄성계수의 역수를 **압축성**이라고 한다. 정말로 압축할 수 없는 유체의 음속은 얼마일까? [**힌트:** $(\partial p/\partial \rho)_s$의 값은 얼마인가?]

식 (4.5)는 일반적으로 기체에 대해 사용되며, 이는 완전기체 법칙을 따르는 기체의 경우 크게 단순화할 수 있다. 등엔트로피 과정의 경우, 다음 식을 이용할 수 있다.

$$pv^\gamma = \text{일정} \quad \text{또는} \quad p = \rho^\gamma \text{const} \tag{4.8}$$

그러므로 다음 식을 얻는다.

$$\left(\frac{\partial p}{\partial \rho}\right)_s = \gamma \rho^{\gamma-1} \text{const}$$

그러나 식 (4.8)로부터 상수 $= p/\rho^\gamma$이므로 다음 식으로 나타낼 수 있다.

$$\left(\frac{\partial p}{\partial \rho}\right)_s = \gamma \rho^{\gamma-1} \frac{p}{\rho^\gamma} = \gamma \frac{p}{\rho} = \gamma RT$$

표 4.1 일반 매질의 체적탄성계수

매질(Medium)	체적탄성계수(Bulk Modulus) (psi)
오일(Oil)	185,000 ~ 270,000
물(Water)	300,000 ~ 400,000
수은(Mercury)	approx. 4,000,000
강(Steel)	approx. 30,000,000

그리고 식 (4.5)로부터 다음과 같이 나타낼 수 있다.

$$\boxed{a^2 = \gamma g_c RT} \tag{4.9}$$

$$\boxed{a = \sqrt{\gamma g_c RT}} \tag{4.10}$$

완전기체의 경우 음속은 개별 기체와 온도의 함수일 뿐이다.

예제 4.1

70°F에서 음속을 계산하시오.

$$a^2 = \gamma g_c RT = (1.4)(32.2)(53.3)(460+70)$$

$$a = 1128\,\text{ft/sec} \quad (\text{또는 } 343.8\,\text{m/s})$$

예제 4.2

이산화탄소 매질을 통과하는 음속은 275 m/s이다. 온도는 몇 도인가? (단위: Rankine)

$$a^2 = \gamma g_c RT$$

$$(275)^2 = (1.29)(1)(189)(T)$$

$$T = 310.2\,\text{K},\ \ 558.4°\text{R}$$

일반적으로 음속은 유체의 특성이며 유체의 상태에 따라 다양하다는 것을 항상 염두에 두어야 한다. 오직 완전기체라고 여겨지는 기체에 대해서만 음속은 온도의 함수다.

Mach 수

***Mach* 수**를 다음과 같이 정의한다.

$$\boxed{M \equiv \frac{V}{a}} \tag{4.11}$$

여기서

$$V \equiv \text{매질의 속도}$$
$$a \equiv \text{매질을 통과하는 음속}$$

V와 a는 모두 실제로 같은 지점에 존재하는 조건에 대해 **국소적으로** 계산된다는 것을 깨닫는 것이 중요하다. 만약 한 지점의 속도가 다른 지점의 속도의 두 배라면, Mach 수가 두 배가 되었다고 말할 수 없다. 음속에 대해 더 많은 정보를 찾아야 하는데, 아마도 그것 또한 바뀌었을 것이다. (유체가 완전기체라면 어떤 성질에 관심이 있을 것인가?)

제1장에서 기술했듯이, 만약 음속이 국소 음속보다 작다면, M은 1보다 작고, 흐름은 **아음속**(subsonic)이라고 불린다. 만약 속도가 음속의 국소 속도보다 크다면, M은 1보다 크고, 흐름은 **초음속**(supersonic)이라고 불린다. 1.3절에서 Mach 수 계산에 필요한 정보를 제공했다(처음에 사용한 단위와 상관없이 $M = 0.291$로 나타남). 곧 Mach 수가 압축성 유동 분석에서 가장 중요한 매개변수라는 것을 알게 될 것이다.

4.4 파동의 전파

유체 내에 정지해 있는 한 점의 교란을 살펴보자. **무한소**(infinitesimal) 압력 펄스는 지속적으로 방출되고 있으며, 따라서 구형 파동전선 형태의 음속으로 매질을 통과한다. 문제를 단순화하기 위해 매초 방출되는 펄스만을 추적할 것이다. 3초가 지나면 그림 4.3과 같은 그림이 나타난다. 파동전선이 동심원이라는 점에 유의하자.

이제 교란이 더 이상 정지하지 않는 유사한 문제를 생각해 보자. $a/2$와 같이 음속보다 낮은 속도로 움직이고 있다고 가정하자. 그림 4.4는 그러한 3초 후 상황을 보여준다. 파동전선은 더 이상 동심원이 아니다. 게다가 $t = 0$에서 방출된 파동은 항상 교란 앞에 있다. **따라서 상류에 있는 모든 사람, 물체 또는 유체입자는 파동전선이 지나가는 것을 느낄 것이고 교란이 오고 있다는 것을 알게 될 것이다.**

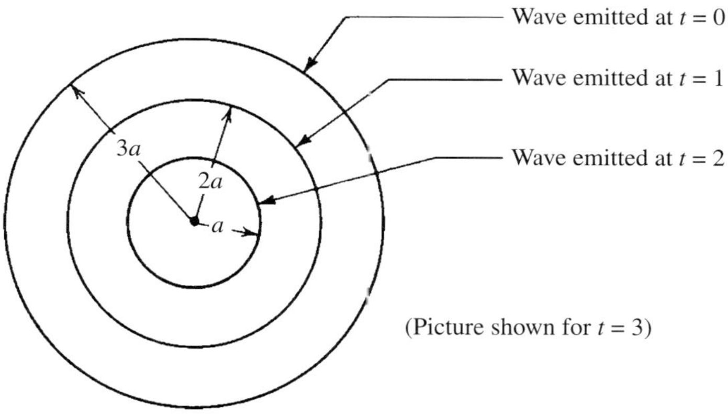

그림 4.3 정지된 교란으로부터의 파동전선

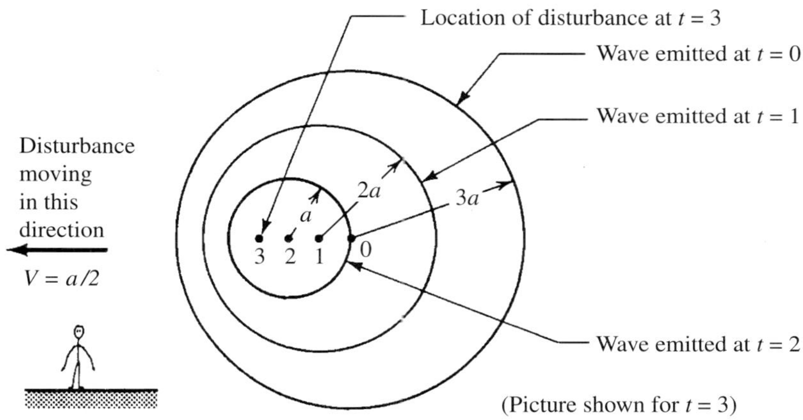

그림 4.4 아음속 교란으로부터의 파동전선

다음으로, 교란이 정확히 음속으로 움직이도록 가정한다. 그림 4.5는 이 경우를 보여주며 모든 파동전선이 왼쪽에서 합쳐지고 교란과 함께 움직인다는 것을 알 수 있다. 오랜 시간이 흐른 후 이 파동전선은 점선으로 표시된 평면에 근접하게 된다. 이 경우 파동전선이 교란과 동시에 도달하기 때문에 상류 영역에서는 교란에 대한 주의를 받을 수 없다.

고려해야 할 유일한 경우는 음속보다 더 빠른 속도로 움직이는 파동이다. 그림 4.6은 Mach 수 $M = 2.0$(음속의 두 배)에서 이동하는 점 파동을 보여준다. 파선이 합쳐져 원추 모양을 이루며, 점 파동은 원추의 정점에 있다. 이것은 **Mach 콘**이라고 불린다. Mach 콘 안의 영역은 파동의 존재를 느끼기 때문에 **교란영역**이라고 불린다. 외부 영역은 **비교란영역**이라고 불리는데 **이 영역 전체가 이 파동을 알지 못하기 때문이다**. Mach 콘의 표면을 **Mach 파**(Mach wave)라고 부르기도 한다. 정점에서의 반각을 **Mach 각**이라고 부르며 기호는 μ이다. 이는 다음과

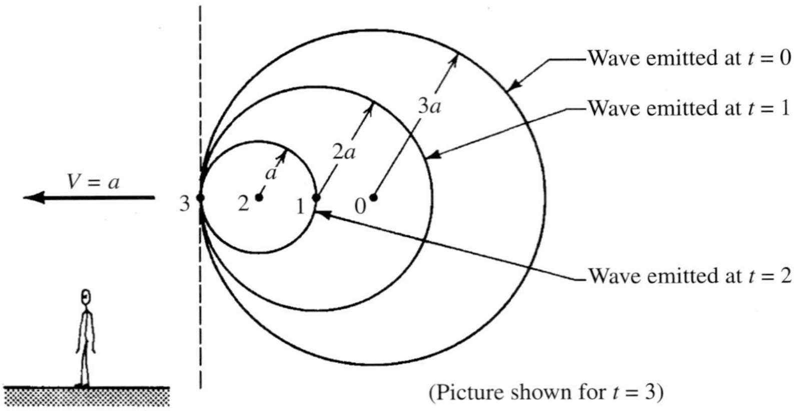

그림 4.5 음속 교란으로부터의 파동전선

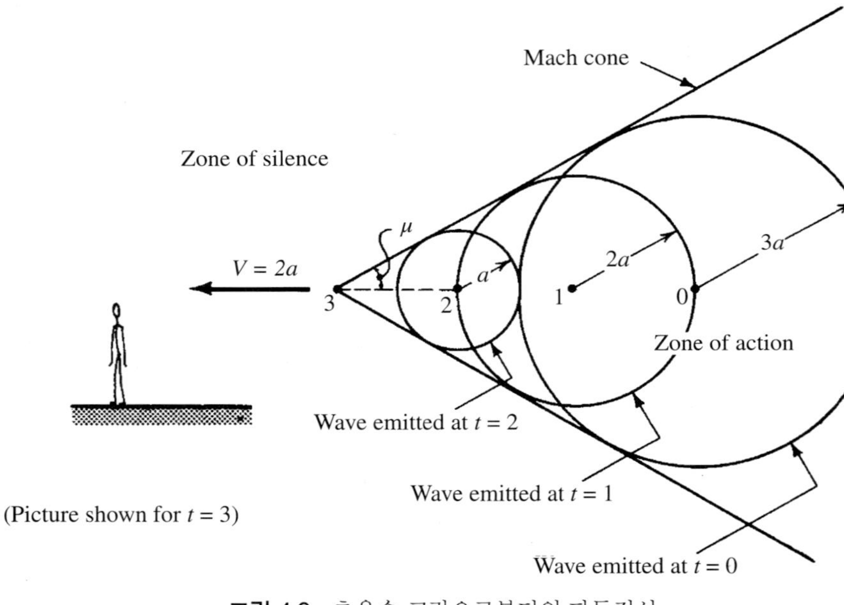

그림 4.6 초음속 교란으로부터의 파동전선

같다는 것을 쉽게 알 수 있을 것이다.

$$\boxed{\sin\mu = \frac{a}{V} = \frac{1}{M}} \tag{4.12}$$

이 절에서 아음속과 초음속 사이의 가장 중요한 차이점 중 하나를 발견했다. 아음속 유동에서는 유체가 물체의 존재를 '감지'하고 물체의 흐름을 부드럽게 조절할 수 있다. 초음속 유동에서는 이것이 불가능하므로 유량 조절은 충격파나 팽창파의 형태로 다소 갑작스럽게 일어난다. 이것을 제6장부터 제8장까지 아주 상세하게 다룬다.

4.5 Mach 수를 이용한 완전기체방정식

4.4절에서 초음속 유동과 아음속 유동이 완전히 다른 특성을 갖는다는 것을 보았다. 이는 기본 방정식에서 Mach 수를 변수로 사용하는 것이 적절할 것임을 시사한다. 이 경우 간단한 상태방정식과 음속에 관한 분명한 식이 있으므로 완전기체의 유동에 대해 간단하게 수행할 수 있다. 몇 가지 중요한 관계식은 다음과 같다.

연속방정식

하나의 입구와 출구를 가진 정상상태 1차원 유동에서 다음 식을 얻는다.

$$\dot{m} = \rho AV = \text{일정} \tag{2.30}$$

완전기체 상태방정식으로부터 다음을 얻는다.

$$\rho = \frac{p}{RT} \tag{1.16}$$

Mach 수의 정의로부터 다음을 얻는다.

$$V = Ma \tag{4.11}$$

완전기체에서 음속의 식을 상기해 보면 다음과 같다.

$$a = \sqrt{\gamma g_c RT} \tag{4.10}$$

식 (1.16), (4.11), (4.10)을 식 (2.30)에 대입하면 다음 식을 얻는다.

$$\rho AV = \frac{p}{RT} AM \sqrt{\gamma g_c RT} = pAM \sqrt{\frac{\gamma g_c}{RT}}$$

따라서 완전기체의 정상상태 1차원 유동에 대한 연속방정식은 다음과 같다.

$$\boxed{\dot{m} = pAM\sqrt{\frac{\gamma g_c}{RT}} = \text{일정}} \tag{4.13}$$

정체상태 관계식

기체에 대한 위치에너지 항을 제거하면 다음 식을 얻는다.

$$h_t = h + \frac{V^2}{2g_c} \tag{3.18}$$

아래 식

$$V^2 = M^2 a^2 \qquad \text{[식 (4.11)로부터]}$$

그리고 아래 식으로

$$a^2 = \gamma g_c RT \tag{4.9}$$

다음을 얻는다.

$$h_t = h + \frac{M^2 \gamma g_c RT}{2g_c} = h + \frac{M^2 \gamma RT}{2} \tag{4.14}$$

식 (1.39)와 (1.40)을 통해 정압비열을 다음과 같이 γ와 R로 표현할 수 있다.

$$c_p = \frac{\gamma R}{\gamma - 1} \tag{4.15}$$

식 (4.15)와 (4.14)를 합쳐 다음 식을 얻는다.

$$h_t = h + M^2 \frac{\gamma - 1}{2} c_p T \tag{4.16}$$

기체에서 다음과 같이 표현할 수 있다.

$$h = c_p T \tag{1.38}$$

따라서 다음과 같이 표현할 수 있다.

$$h_t = h + M^2 \frac{\gamma - 1}{2} h$$

또는 다음과 같이 표현된다.

$$\boxed{h_t = h\left(1 + \frac{\gamma - 1}{2} M^2\right)} \tag{4.17}$$

$h = c_p T$와 $h_t = c_p T_t$를 통해 다음 식으로 표현할 수 있다.

$$\boxed{T_t = T\left(1 + \frac{\gamma - 1}{2} M^2\right)} \tag{4.18}$$

식 (4.17)과 (4.18)은 자주 쓰이는 식이므로 기억해 두자.

정체 과정은 등엔트로피 과정이다. γ는 식 (1.47)에서 지수로 사용할 수 있다. 등엔트로피 상태인 임의의 두 점에서 다음 관계를 얻는다.

$$\frac{p_2}{p_1} = \left(\frac{T_2}{T_1}\right)^{\gamma/(\gamma - 1)} \tag{4.19}$$

위치 1을 정적조건, 위치 2를 정체조건이라 하고, 식 (4.19)와 (4.18)을 통해 다음 식을 얻는다.

$$\frac{p_t}{p} = \left(\frac{T_t}{T}\right)^{\gamma/(\gamma - 1)} = \left(1 + \frac{\gamma - 1}{2} M^2\right)^{\gamma/(\gamma - 1)} \tag{4.20}$$

또는 아래와 같이 표현할 수 있다.

$$\boxed{p_t = p\left(1 + \frac{\gamma - 1}{2} M^2\right)^{\gamma/(\gamma - 1)}} \tag{4.21}$$

전체 압력에 관한 위 식은 중요하다. 알아두자!

예제 4.3

공기가 속도 800 ft/sec, 압력 30 psia, 온도 600°R로 흐르고 있다. 정체압력을 구하시오.

$$a = (\gamma g_c R T)^{1/2} = [(1.4)(32.2)(53.3)(600)]^{1/2} = 1201 \text{ ft/sec}$$

$$M = \frac{V}{a} = \frac{800}{1201} = 0.666$$

$$p_t = p\left(1 + \frac{\gamma-1}{2}M^2\right)^{\gamma/\gamma-1} = 30\left[1 + \left(\frac{1.4-1}{2}\right)(0.666)^2\right]^{1.4/(1.4-1)}$$

$$p_t = (30)(1+0.0887)^{3.5} = (30)(1.346) = 40.4\,\text{psia} \quad (\text{또는}\ \ 0.279\,\text{MPa})$$

예제 4.4

정적온도 25°C, 정체온도 250°C의 수소가 있다. Mach 수를 구하시오.

$$T_t = T\left(1 + \frac{\gamma-1}{2}M^2\right)$$

$$(250+273) = (25+273)\left(1 + \frac{1.41-1}{2}M^2\right)$$

$$523 = (298)\left(1 + 0.205M^2\right)$$

$$M^2 = 3.683, \quad M = 1.92$$

정체압 – 에너지 방정식

정상상태 1차원 유동에서 다음 식을 얻는다.

$$\frac{dp_t}{\rho_t} + ds_e(T_t - T) + T_t ds_i + \delta w_s = 0 \tag{3.25}$$

완전기체에 대해 다음 식으로 표현한다.

$$p_t = \rho_t R T_t \tag{4.22}$$

정체밀도를 대체하고 식 (3.25)를 다음과 같이 쓴다.

$$\boxed{\frac{dp_t}{p_t} + \frac{ds_e}{R}\left(1 - \frac{T}{T_t}\right) + \frac{ds_i}{R} + \frac{\delta w_s}{RT_t} = 0} \tag{4.23}$$

많은 문제는 단열상태이며 축 일을 포함하지 않는다. 이 경우 ds_e와 δw_s는 0이다.

$$\frac{dp_t}{p_t} + \frac{ds_i}{R} = 0 \tag{4.24}$$

이 식을 유동 시스템의 두 지점에 대해 적분하면 다음 식으로 표현된다.

$$\ln \frac{p_{t2}}{p_{t1}} + \frac{s_{i2} - s_{i1}}{R} = 0 \tag{4.25}$$

$ds_e = 0$, $ds_i = ds$이므로 엔트로피에 아래 첨자 i를 쓸 필요가 없다. 따라서 다음 식으로 표현된다.

$$\ln \frac{p_{t2}}{p_{t1}} = -\frac{s_2 - s_1}{R} \tag{4.26}$$

지수를 취하면 다음 식으로 표현된다.

$$\frac{p_{t2}}{p_{t1}} = e^{-(s_2 - s_1)/R} \tag{4.27}$$

또는 다음과 같이 표현된다.

$$\boxed{\frac{p_{t2}}{p_{t1}} = e^{-\Delta s/R}} \tag{4.28}$$

위 식을 사용할 때 단위에 주의해야 한다. 전체 압력은 반드시 절대압력이며, $\Delta s/R$는 무차원 수다. 일이 없는 단열유동의 경우 Δs는 항상 양(+)의 값을 가진다. (왜 그럴까?) 따라서 p_{t2}는 항상 p_{t1}보다 작을 것이다. 손실이 없는 몇 가지 경우에 대해서만 정체압은 유동을 따라서 일정할 것이다.

이는 앞서 모든 유체에 대해 $p_t =$ 일정이고 유동 손실이 없는 단열, 일이 없는 시스템에 대한 정체압-에너지 방정식으로부터 학습한 지식을 상기시킨다. 따라서 정체압은 유동 손실을 반영하는 중요한 변수로 간주한다. 하지만 식 (4.28)의 특정 관계는 이상기체에만 적용되며, 심지어 특정 유동 조건에서만 적용된다. (이러한 조건은 무엇인가?)

위 내용을 요약하면 다음과 같다. 정상상태 1차원 유동에서 다음 식을 얻는다.

$$\delta q = \delta w_s + dh_t \tag{3.20}$$

식 (3.20)은 유동 손실이 있더라도 유효하다.

$$\delta q = \delta w_s = 0 \text{ 이면}, \quad h_t = \text{일정}$$

위 조건 외에도 손실이 없더라도, 즉 다음과 같은 경우에도 유효하다.

$$\delta q = \delta w_s = ds_i = 0 \text{ 이면}, \quad p_t = \text{일정}$$

예제 4.5

면적이 일정하고, 단열인 수평 덕트 내부에 산소가 흐른다. 위치 1에서의 조건은 $p_1 = 50$ psia, $T_1 = 600°R$, $V_1 = 2860$ ft/sec이다. 하류에서의 온도 $T_2 = 1048°R$이다.

a. M_1과 T_{t1}을 구하시오.

b. V_2와 p_2를 구하시오.

c. 두 지점 사이의 엔트로피 변화는 얼마인가?

$$a_1 = (\gamma g_c R T_1)^{1/2} = [(1.4)(32.2)(48.3)(600)]^{1/2} = 1143 \text{ ft/sec}$$

a. $M_1 = \dfrac{V_1}{a_1} = \dfrac{2860}{1143} = 2.50$

$$T_{t1} = T_1\left(1 + \frac{\gamma - 1}{2}M_1^2\right) = (600)\left[1 + \frac{1.4 - 1}{2}(2.5)^2\right] = 1350°\text{R} \quad (\text{또는} \quad 749.3\,\text{K})$$

b. 에너지방정식:

$$h_{t1} + \cancel{q} = h_{t2} + \cancel{w_s}$$

$$h_{t1} = h_{t2}$$

완전기체이므로 다음과 같다.

$$T_{t1} = T_{t2}$$

$$T_{t2} = T_2\left(1 + \frac{\gamma - 1}{2}M_2^2\right)$$

$$1350 = (1048)\left(1 + \frac{1.4 - 1}{2}M_2^2\right), \qquad M_2 = 1.20$$

$$V_2 = M_2 a_2 = (1.20)[(1.4)(32.2)(48.3)(1048)]^{1/2} = 1813 \text{ ft/sec} \quad (\text{또는} \quad 552.6\,\text{m/s})$$

연속방정식:

$$\dot{m} = \rho_1 A_1 V_1 = \rho_2 A_2 V_2$$

$A_1 = A_2$이고 $\rho = \frac{p}{RT}$이므로 다음 식을 얻는다.

$$\frac{p_1 V_1}{T_1} = \frac{p_2 V_2}{T_2}$$

$$p_2 = \frac{V_1}{V_2}\frac{T_2}{T_1} p_1 = \left(\frac{2860}{1813}\right)\left(\frac{1048}{600}\right)(50) = 137.8\,\text{psia} \quad (\text{또는 } 0.950\,\text{MPa})$$

c. 엔트로피 변화량을 얻기 위해서 p_{t1}과 p_{t2}가 필요하다.

$$p_{t1} = p_1\left(1 + \frac{\gamma - 1}{2} M_1^2\right)^{\gamma/(\gamma-1)} = (50)\left[1 + \frac{1.4-1}{2}(2.5)^2\right]^{1.4/(14-1)} = 854\,\text{psia}$$

유사하게

$$p_{t2} = 334\,\text{psia}$$

$$e^{-\Delta s/R} = \frac{p_{t2}}{p_{t1}} = \frac{334}{854} = 0.391$$

$$\frac{\Delta s}{R} = \ln\frac{1}{0.391} = 0.939$$

$$\Delta s = \frac{(0.939)(48.3)}{(778)} = 0.0583\,\text{Btu/lbm-°R} \quad (\text{또는 } 244.1\,\text{J/kg})$$

4.6 *h*-*s* 선도와 *T*-*s* 선도

모든 문제는 물리 시스템의 간단한 모사와 열역학적 상태 선도를 통해 접근한다. 손실은 엔트로피 변화에 영향을 미치기 때문에(ds_i를 통해), 일반적으로 *T-s* 선도나 *h-s* 선도를 사용한다. 완전기체의 경우 엔트로피는 온도만의 함수이며 *T-s* 선도와 *h-s* 선도는 범위를 제외하고 같다.

정상상태 1차원 유동의 완전기체에 대해 고려해 보자. 열전달과 외부 일은 없다고 가정한다. 에너지방정식으로부터 다음을 얻는다.

$$h_{t1} + \cancel{q} = h_{t2} + \cancel{w_s} \tag{3.19}$$

정체엔탈피는 일정하고, 완전기체이므로 전치 온도 또한 일정하다. 이는 그림 4.7의 수평 실선으로 표시된다. 시스템의 두 특정 지점을 1과 2로 표시했다. 두 지점 사이에서 발생하는 실제 과정은 *T-s* 선도에 표시된다.

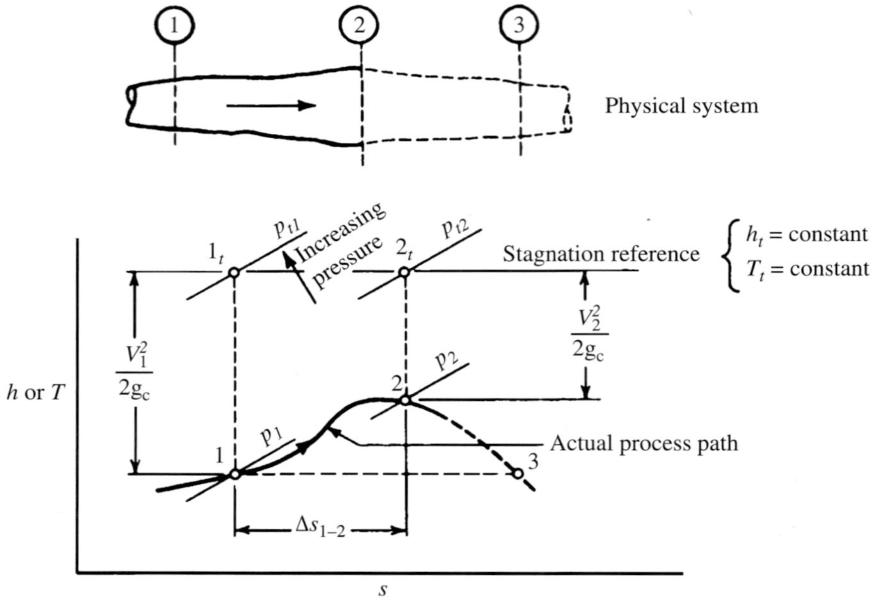

그림 4.7 기준 정체상태

정체조건은 시스템에 실제로 존재하지 않지만, 참조용으로 선도에 표시된다. 정적 지점과 정체 지점의 거리는 그 위치(중력은 무시되었기 때문에)에 존재하는 속도를 나타낸다. Δs_{1-2}가 존재하면 $p_{t2} < p_{t1}$과 정체압과 유동 손실의 관계가 확인됨을 알 수 있다.

세 번째 지점이 첫 번째 지점과 같은 엔탈피(온도)에 있다고 가정하는 것은 흥미롭다. 이 지점들의 다른 공통점은 무엇인가? 음속은 어떠한가? (기체가 온도만의 함수인 것을 기억하자.) 점 1과 점 3의 Mach 수(바로 알 수 없지만)는 같다. 이제 이 선도의 어딘가에 동일한 Mach 수를 가진 점들의 위치를 나타내는 수평선이 있다고 상상한다. 이 선과 정체선 사이는 아음속계의 모든 지점을 나타낸다. 이 선의 아래는 초음속계의 모든 지점을 나타낸다. 이러한 결론은 특정 가정에 기초한다. 이것은 무엇인가?

4.7 요약

일반적으로, 압력파는 매질, 열역학적 상태, 파동의 세기에 따라 달라지는 속도로 전파된다. 그러나 무한소 교란은 매질과 그 상태에 의해 결정되는 속도로 이동한다. 음파는 후자의 범위에 속한다. 파동의 전파와 음속에 대한 논의를 통해 아음속과 초음속 유동에 대한 차이를 도출했다. 아음속의 경우, 물체를 '인식'하고 물체 주위를 부드럽게 흐른다. 이는 초음속 유동에서는 불가능하며, 적절한 배경이 갖추어진 후에 논의될 것이다.

이 책 후반부에 서술되는 부분을 읽고 특정 유동 상황을 분석하면, 유체가 초음속 시스템에서 아음속 유동과는 다르게 거동한다는 것이 분명해질 것이다. 따라서 Mach 수가 중요한 매개변수가 되는 것은 놀랍지 않다. 문제 시각화의 핵심인 T-s 선도의 중요성을 간과해서는 안 된다.

이 장에서 자주 사용되는 식 가운데 일부를 아래에 서술했다. 대부분은 유체의 정상상태 1차원 유동으로 국한되나, 나머지는 완전기체에만 적용된다. 각각을 어떤 조건에서 사용할 수 있는지 판단할 수 있어야 한다.

1. 음속(무한소 압력 펄스의 전파 속도)

$$a^2 = g_c\left(\frac{\partial p}{\partial \rho}\right)_s = g_c\frac{E_v}{\rho} \qquad (4.5),\ (4.7)$$

$$M = \frac{V}{a} \quad (\text{동일위치에서의 } V\text{와 } a) \qquad (4.11)$$

$$\sin\mu = \frac{1}{M} \qquad (4.12)$$

2. 완전기체에 관한 특별 관계식

$$a^2 = \gamma g_c RT \qquad (4.9)$$

$$h_t = h\left(1 + \frac{\gamma-1}{2}M^2\right) \qquad (4.17)$$

$$T_t = T\left(1 + \frac{\gamma-1}{2}M^2\right) \qquad (4.18)$$

$$p_t = p\left(1 + \frac{\gamma-1}{2}M^2\right)^{\gamma/(\gamma-1)} \qquad (4.21)$$

$$\frac{dp_t}{p_t} + \frac{ds_e}{R}\left(1 - \frac{T}{T_t}\right) + \frac{ds_i}{R} + \frac{\delta w_s}{RT_t} = 0 \qquad (4.23)$$

$$\frac{p_{t2}}{p_{t1}} = e^{-\Delta s/R} \quad \text{fcr} \quad Q = W = 0 \qquad (4.28)$$

기체역학에 관한 자세한 내용은 참고문헌 13과 14를 참조하기 바란다.

연습문제

4.1 공기, 물, 철의 음속을 계산하고 비교하시오. 단, 상온과 대기압으로 가정한다. 철의 경우 표 4.1과 $\rho = 0.284$ lbm/in^{3}를 이용하시오. 이 고체, 액체, 기체 속도의 상대적인 크기가 의미하는 것은 무엇인가?

4.2 일산화탄소, 수증기, 헬륨이 표준공기(288 K, 1 atm)의 음속과 같아지는 온도를 계산하시오.

4.3 완전기체에 유효한 정체압 관계식은 다음과 같다.

$$p_t = p\left(1 + \frac{\gamma - 1}{2}M^2\right)^{\gamma/(\gamma-1)}$$

이항 급수에서 우변을 전개하고 (0이 아닌) 작은 Mach 수에 관한 결과를 평가하시오. 결과가 다음 식으로 표현될 수 있는지 보이시오.

$$p_t = p + \frac{\rho V^2}{2g_c} + \text{HOT}$$

Mach 수가 충분히 작을 때, 고차항은 무시할 수 있다(연습문제 4.4 참조).

4.4 기류 측정을 통해 정압과 정체압이 각각 30 psig와 32 psig임을 보여준다. (게이지 압력임을 주의하자.) $p_{\text{amb}} = 14.7$ psia이고 온도가 120°F일 때 다음 해를 구하시오.
(a) 식 (4.21)을 통해 유속을 구하시오.
(b) 공기가 비압축성이라 가정할 때 식 (3.39)를 이용하여 속도를 계산하시오.
(c) (a)와 (b)를 정압과 정체압이 30 psig와 80 psig인 경우에 대해 계산하시오.
(d) 기체를 밀도가 일정한 유체로 취급하면 어떤 결론에 도달할 수 있는가?

4.5 $\gamma = 1.2$인 완전기체인 경우, 온도비 $T/T_t = 0.909$가 되는 Mach 수는 얼마인가? 이 유동에 대해 p/p_t 값을 구하시오.

4.6 335 K, 1.4×10^5 N/m^{2}의 압력을 가진 이산화탄소가 200 m/s 속도로 흐르고 있다.
(a) 음속과 Mach 수를 계산하시오.
(b) 정체밀도를 구하시오.

4.7 아르곤 온도는 100°F, 압력은 42 psia이며, 속도는 2264 ft/sec이다. Mach 수와 정체압을 구하시오.

4.8 헬륨이 50°C 온도, 2.0 bar abs. 압력, 5.3 bar abs. 전체 압력으로 덕트에 흐르고 있다. 덕트 내부에서의 속도를 계산하시오.

4.9 비행기가 압력 1124 psfa, 온도 0°F인 고도 16,500 ft에서 600 mph로 비행하고 있다. 비행기

앞부분의 온도와 압력은 얼마인가?

4.10 정체엔탈피가 4.5×10^5 J/kg이고, $M=1.35$인 공기가 흐르고 있다. 정체압은 3.8×10^5 N/m^{2}이다. 정적조건을 결정하시오(압력, 온도, 속도).

4.11 큰 챔버에 p_1, T_1, h_1 등의 조건을 갖는 완전기체가 들어 있다. 기체는 챔버로부터 흐른다 ($q = w_s = 0$). 속도가 다음 값보다 클 수 없음을 보이시오.

$$V_{max} = a_1\left(\frac{2}{\gamma-1}\right)^{1/2}$$

속도가 최고일 때 Mach 수는 얼마인가?

4.12 공기가 축 일 없이 단열된 덕트를 따라 계속 흐르고 있다. 한 지점의 전체 압력은 50 psia, 다른 지점의 전체 압력은 67.3 psia이다. 유체가 흐르는 방향을 정하고, 두 지점 사이의 엔트로피 변화를 구하시오.

4.13 메탄가스가 일이 없는 단열시스템에서 흐르고 있으며, 위치에너지 변화는 무시한다. 한 지점에서 $p_1=14$ bar abs., $T_1=500$ K, $V_1=125$ m/s이고, 하류에서 $M_2=0.8$이다.
(a) T_2와 V_2를 구하시오.
(b) 마찰손실이 없을 때 p_2를 구하시오.
(c) 면적비 A_2/A_1을 구하시오.

4.14 공기가 면적이 일정하고 단열된 통로를 따라서 흐른다. 유입 지점에서 $T_1=520°R$, $p_1=50$ psia, $M_1=0.45$이다. 하류 지점에서의 Mach 수는 같다.
(a) T_2와 p_2를 구하시오.
(b) 두 지점에서 엔트로피 변화를 구하시오.
(c) 덕트 지름이 1 ft일 때 벽 마찰력을 구하시오.

4.15 이산화탄소가 일이 없는 수평 단열시스템을 따라 흐른다. 위치 1에서 온도와 압력은 7 atm, 600 K이다. 하류 지점에서 $p_2=4$ atm, $T_2=550$ K이며, $M_2=0.90$이다.
(a) 상류 지점(위치 1)에서의 속도를 구하시오.
(b) 엔트로피 변화량을 구하시오.
(c) 면적비 A_2/A_1을 구하시오.

4.16 $T_{t1}=1000°R$, $p_{t1}=100$ psia, $M_1=0.2$의 산소가 단면적 $A_1=1$ ft^{2}인 장치로 들어온다. 기체가 장치를 통과하며 손실, 일, 열전달은 없으며 14.7 psia로 팽창한다.
(a) ρ_1, V_1, $\dot{m}$을 구하시오.
(b) M_2, T_2, V_2, ρ_2, A_2를 구하시오.
(c) 유체가 장치에 가하는 힘을 구하시오.

4.17 축 일이 없는 완전기체가 정상상태, 1차원, 일정 면적, 수평이며 등온상태로 흐르고 있다(그림 P4.17). 덕트의 단면적은 A이며 둘레는 P이다. τ_w는 벽에서의 전단응력이다.

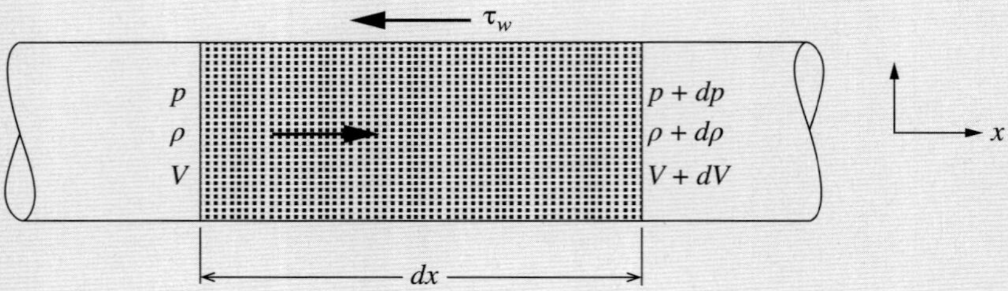

그림 P4.17

(a) 운동량 개념[식 (3.45)]을 통해 다음을 증명하시오.

$$-dp - f\frac{dx}{D_e}\frac{\rho V^2}{2g_c} = \frac{\rho V dV}{g_c}$$

(b) 연속방정식과 상태방정식을 통해 다음을 증명하시오.

$$\frac{d\rho}{\rho} = \frac{dp}{p} = -\frac{dV}{V}$$

(c) (a)와 (b)를 통해 다음을 증명하시오.

$$\frac{d\rho}{\rho} = \left[\frac{\gamma M^2}{2(\gamma M^2 - 1)}\right]\frac{fdx}{D_e}$$

이해력 시험

이 장의 자료를 참조하지 않고 테스트를 완료할 수 있어야 한다.

4.1 (a) Mach 수와 Mach 각을 정의하시오.

(b) 임의 유체에서 음속을 나타내는 식은 무엇인가?

(c) 완전기체에서 음속을 계산하는 관계식은 무엇인가?

4.2 열전달이 있는 완전기체가 정상상태 1차원 유동을 하고 있다. T–s 선도(그림 CT4.2)는 두 지점의 정적 및 정체 점을 보여준다. $A = B$이다.

(a) 열이 시스템으로 들어오는가 아니면 나가는가?

(b) $M_2 > M_1$, $M_2 = M_1$, $M_2 < M_1$ 가운데 무엇이 옳은가?

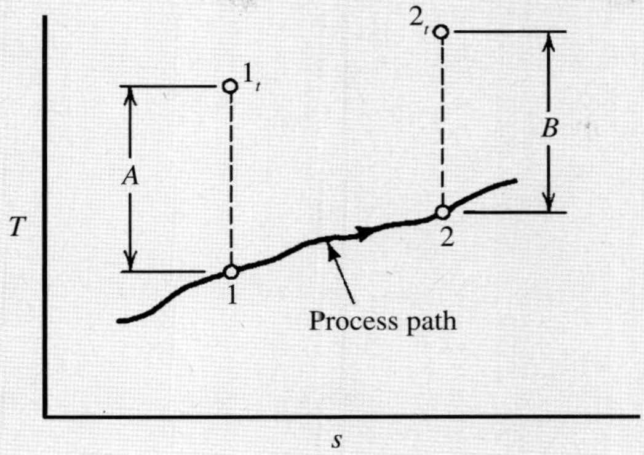

그림 CT4.2

4.3 다음 서술에 대해 참/거짓을 판별하시오.

(a) 기준 좌표계(또는 기존 흐름에 대한 속도의 중첩)를 변경해도 정적엔탈피는 변하지 않는다.

(b) 충격파는 매질을 통해 음속으로 이동한다.

(c) 일반적으로, 유동 손실은 정체엔탈피의 감소로 나타난다.

(d) 정체 과정은 등엔트로피의 일종이다.

(e) Mach 콘은 아음속 유동에서는 나타나지 않는다.

4.4 유동 시스템에서 정체온도를 일정하게 유지하기 위한 조건을 나열하시오.

4.5 완전기체의 정상상태 유동에서 연속방정식은 다음과 같이 쓰인다.

$$\dot{m} = f(p, M, T, \gamma, A, R, g_c) = \text{일정}$$

정확한 함수를 정의하시오.

4.6 연습문제 4.14의 해를 구하시오.

Chapter 5

가변 단면적을 갖는 단열유동

5.1 서론

단면적 변화, 마찰 및 열전달은 유동 시스템의 물성에 영향을 미치는 가장 중요한 요인이다. 몇몇 상황이 둘 또는 그 이상의 요인으로 동시에 영향을 미친다고 할지라도, 대부분의 공학적 문제에서는 **이런 요인 중 한 가지만 특정 장치에 지배적인 영향을 준다**. 따라서 학문적인 관심은 위에서 언급한 각각 분리된 영향을 연구하게 된다. 이런 방식으로 통제 요인만 고려하여 허용 가능한 공학적 정확도 범위 내에서 단순해를 유도할 수 있다.

이 장에서는 (단열) 열전달 및 축 일이 없다는 가정하에 가변 단면적을 갖는 유동의 일반적인 문제를 학습한다. 먼저 손실이 없는 임의 유체유동을 고려하고, 그런 특성들이 단면적 변화에 따라 어떤 영향을 받는지 결정한다. 그런 다음 완전기체의 경우를 고려하고 유동 손실이 있거나 없는 문제를 해결하는 데 도움이 되는 간단한 작동방정식을 유도한다. 후자의 경우(등엔트로피 유동)는 책의 나머지를 통하여 사용되는 표를 구성하는 데 도움이 된다. 이 장은 노즐(nozzle)과 디퓨저(diffuser) 성능을 표현할 수 있는 다양한 방법에 대해 간단히 논의하며 끝맺는다.

Fundamentals of Gas Dynamics, Third Edition. Robert D. Zucker and Oscar Biblarz.

Companion website: www.wiley.com/go/zucker/gas

5.2 학습목표

이 장을 성공적으로 배우고 나면 다음 작업을 수행할 수 있다.

1. **(선택사항)** 밀도, 압력, 속도의 미분 변화를 Mach 수에 연관시키고, 손실 없이 가변 단면적 통로를 통과하는 정상상태 1차원 유동에 대한 단면적의 미소 변화를 연관시키기 위해 연속방정식과 에너지방정식을 단순화할 수 있다.
2. Mach 수가 0에서 초음속 값의 범위까지 있을 때 정상상태, 1차원, 등엔트로피 유동에서 압력, 밀도, 속도, 단면적이 어떻게 변하는지 도식적으로 해석할 수 있다.
3. 노즐과 디퓨저 기능을 비교할 수 있다. 아음속과 초음속 유동에 대해 작동하는 물리적 장치를 도식화할 수 있다.
4. **(선택사항)** Mach 수(M), 비열비(γ), 엔트로피 변화(Δs)의 함수로서, 일이 없는 단열유동에서의 두 점 사이 물성값 비율의 관계를 완전기체에 대한 작동방정식으로 유도할 수 있다.
5. 기준조건(*)을 정의하고, 관련된 물성값을 설명할 수 있다(예: A^*, p^*, T^*, ρ^*). 모든 기준상태(*)의 공통된 특징이 무엇인지 설명할 수 있다.
6. (유동 내의 두 점 사이에서)손실(Δs_i)을 정체압력(p_t) 또는 기준면적(A^*)으로 표현할 수 있다. 어떠한 조건에서 이것이 사실인지 설명할 수 있다.
7. 일이 없는 단열유동에서 두 점 사이의 과정에 대한 정체압력(p_t)과 기준면적(A^*) 사이의 관계를 설명하고 해석할 수 있다.
8. 축소 노즐이 어떻게 다양한 수용기(receiver) 압력에서 작동하는지 설명할 수 있다. 같은 개념으로 축소-확대 노즐의 **등엔트로피** 성능을 설명할 수 있다.
9. 초음속 노즐 작동의 **첫 번째**와 **세 번째 임계** 상태가 무엇을 의미하는지 설명할 수 있다. 축소-확대 노즐의 면적비가 주어지면, 첫 번째와 세 번째 임계점에서 작동을 발생시키는 압력을 구할 수 있다.
10. 선도의 도움으로 노즐 효율과 디퓨저 성능에 대해 적절한 정의를 내릴 수 있다.
11. **초킹**유동 경로가 무엇을 의미하는지 서술할 수 있다.
12. 단열 및 등엔트로피 유동 관계식과 등엔트로피 표를 활용하여 일반적인 유동 문제를 해결하는 능력을 보일 수 있다.

5.3 손실이 없는 일반 유체유동

먼저 임의 유체의 일반적인 거동을 고려한다. 단면적 변화의 영향을 보기 위해 다음 사항을 가정한다.

1차원 정상유동	
단열	$\delta q = 0$ 또는 $ds_e = 0$
축 일 없음	$\delta w_s = 0$
위치에너지 무시	$dz = 0$
손실 무시	$ds_i = 0$

우리의 목적은 단면적 변화와 Mach 수에 따른 유체특성의 변화를 나타내는 관계식을 얻는 것이다. 이런 방법으로 아음속과 초음속 거동 간의 중요한 차이점을 쉽게 구별할 수 있다. 에너지방정식으로부터 시작해 보자.

$$\delta q = \delta w_s + dh + \frac{dV^2}{2g_c} + \frac{g}{g_c}dz \tag{2.53}$$

그러나 여기서 다음 조건을 사용한다.

$$\delta q = \delta w_s = 0$$

$$dz = 0$$

따라서 결과는 다음과 같다.

$$0 = dh + \frac{dV^2}{2g_c} \tag{5.1}$$

또는

$$dh = -\frac{VdV}{g_c} \tag{5.2}$$

물성에 대한 관계식은 다음과 같다.

$$Tds = dh - \frac{dp}{\rho} \tag{1.31}$$

유동 상태를 단열($ds_e = 0$), 손실이 없다($ds_i = 0$)고 가정했으므로, 이는 등엔트로피($ds = 0$) 유동이다. 그러므로 식 (1.31)은 다음과 같이 표현할 수 있다.

$$dh = \frac{dp}{\rho} \tag{5.3}$$

식 (5.2)와 (5.3)을 동등하다고 보면 다음 식을 얻는다.

$$-\frac{VdV}{g_c} = \frac{dp}{\rho}$$

또는

$$dV = -\frac{g_c dp}{\rho V} \tag{5.4}$$

위 식을 이용하여 식 (2.32)를 연속방정식의 미분 형태로 표시하면 다음과 같다.

$$\frac{d\rho}{\rho} + \frac{dA}{A} - \frac{g_c dp}{\rho V^2} = 0 \tag{5.5}$$

이 식을 dp/ρ에 대하여 풀면 다음과 같다.

$$\frac{dp}{\rho} = \frac{V^2}{g_c}\left(\frac{d\rho}{\rho} + \frac{dA}{A}\right) \tag{5.6}$$

음속의 정의는 다음과 같다.

$$a^2 = g_c \left(\frac{\partial p}{\partial \rho}\right)_s \tag{4.5}$$

유동이 등엔트로피이므로 아래 첨자를 소거하고, 편도함수를 상도함수로 바꿔주면 다음을 얻는다.

$$a^2 = g_c \frac{dp}{d\rho} \tag{5.7}$$

위 식을 정리하면 다음과 같이 나타낼 수 있다.

$$dp = \frac{a^2}{g_c} d\rho \tag{5.8}$$

dp에 대한 식을 식 (5.6)에 대입하면 다음을 얻는다.

$$\frac{d\rho}{\rho} = \frac{V^2}{a^2}\left(\frac{d\rho}{\rho} + \frac{dA}{A}\right) \tag{5.9}$$

Mach 수의 정의는 다음과 같다.

$$M^2 = \frac{V^2}{a^2} \tag{4.11}$$

그리고 밀도와 단면적 변화의 관계식을 얻기 위해 $d\rho/\rho$ 항을 연립하면 다음과 같다.

$$\frac{d\rho}{\rho} = \left(\frac{M^2}{1-M^2}\right)\frac{dA}{A} \tag{5.10}$$

식 (5.10)을 연속방정식 (2.32)의 미분 형태로 치환하면, 다음과 같은 속도와 단면적 변화의 관계식을 얻을 수 있다.

$$\frac{dV}{V} = -\left(\frac{1}{1-M^2}\right)\frac{dA}{A} \tag{5.11}$$

이제 식 (5.4)를 V로 나누면 다음 식을 얻는다.

$$\frac{dV}{V} = -\frac{g_c dp}{\rho V^2} \tag{5.12}$$

식 (5.11)과 (5.12)가 같다면 다음과 같은 압력과 단면적 변화의 관계식을 얻을 수 있다.

$$dp = \frac{\rho V^2}{g_c}\left(\frac{1}{1-M^2}\right)\frac{dA}{A} \tag{5.13}$$

편의를 위해, 분석하는 데 도움이 될 수 있는 세 개의 중요한 관계식을 아래에 정리했다.

$$\boxed{dp = \frac{\rho V^2}{g_c}\left(\frac{1}{1-M^2}\right)\frac{dA}{A}} \tag{5.13}$$

$$\boxed{\frac{d\rho}{\rho}=\left(\frac{M^2}{1-M^2}\right)\frac{dA}{A}} \tag{5.10}$$

$$\boxed{\frac{dV}{V}=-\left(\frac{1}{1-M^2}\right)\frac{dA}{A}} \tag{5.11}$$

가변 단면적의 덕트를 통해 흐르는 유체에 어떤 일이 일어날지 고려해 보자. 단순화를 위해 **압력은 항상 감소한다고 가정**한다. 그러면 dp는 음(−)의 값을 갖는다. 식 (5.13)에서 $M<1$이면 dA는 반드시 음의 값이 된다. 이것은 면적이 감소한다는 것을 의미한다. 이에 반하여 $M>1$이면 dA는 반드시 양(+)의 값이 되고, 이것은 면적이 증가하는 것을 의미한다.

이제 압력이 감소한다는 가정을 가지고 계속해 보자. 단면적 변화를 알면, 식 (5.10)을 생각해 볼 수 있다. 다음의 빈칸을 **증가** 혹은 **감소**로 채워보자. $M<1$(그리고 dA는 ______)이면, $d\rho$는 반드시 ______ 하고, $M>1$(그리고 dA는 ______)이면, $d\rho$는 반드시 ______ 한다.

$M<1$(그리고 dA는 ______)이면, dV는 반드시 ______ 한다. 이것은 속도가 ______ 한다는 것을 의미한다. 반면에 $M>1$(그리고 dA는 ______)이면, dV는 반드시 ______ 하고, 속도는 ______ 한다는 것을 (5.11)을 보면 알 수 있다.

압력이 감소할 경우, 다음과 같은 다양한 경우로 요약할 수 있다.

		아음속($M<1$)	초음속($M>1$)
면적	A	감소	증가
밀도	ρ	감소	감소
속도	V	증가	증가

압력이 증가할 때 유사한 도표를 간단하게 만들 수 있다. 그러나 아마도 더욱 사용하기 쉽게 표현하기 위해서는 그림 5.1에 도시한 등가 그래프 형식으로 하는 것이 좋다. 다음 결과로 dA/A 항을 제거하기 위해 식 (5.10)과 (5.11)을 합치면, 이 적절한 곡선 형태는 쉽게 가시화될 수 있다.

$$\frac{d\rho}{\rho}=-M^2\frac{dV}{V} \tag{5.14}$$

이 방정식으로부터 낮은 Mach 수에서 밀도 변화는 아주 작았지만 높은 Mach 수에서 밀도 변화는 매우 급속히 일어난다는 것을 알 수 있다(결국 V는 매우 커지게 되고, ρ는 매우 작아짐에 따라 작은 밀도 변화가 발생한다). 다시 말하자면, 밀도 변화는 작은 아음속 영역에서는 거의 일정

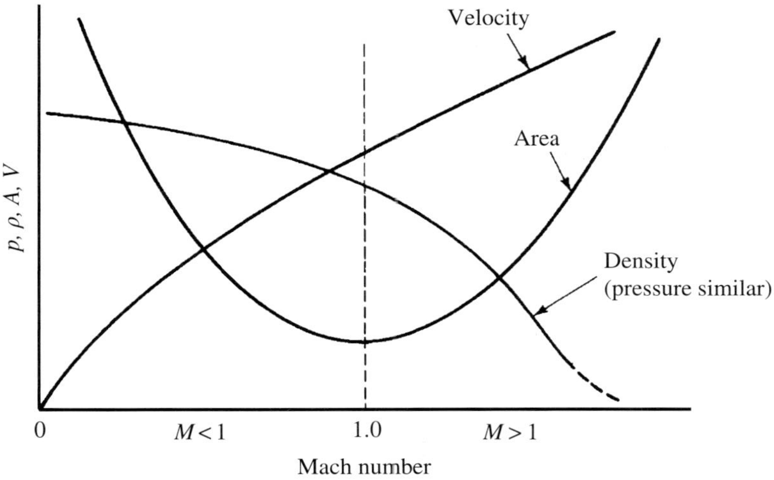

그림 5.1 단면적 변화에 따른 물성 변화

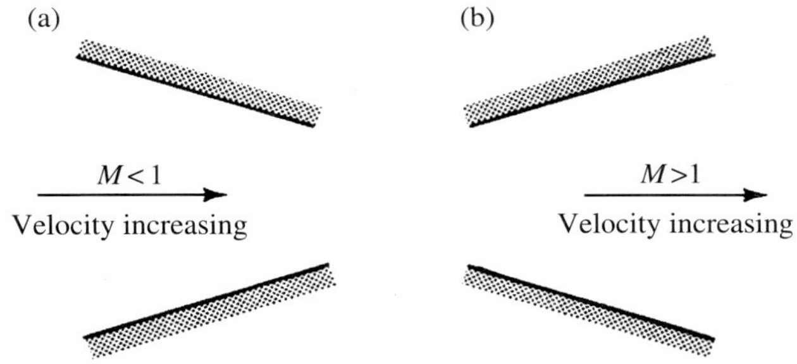

그림 5.2 노즐 구성도

하고($d\rho \approx 0$), 속도 변화가 단면적 변화를 보상한다[연속방정식 (2.32)의 미분 형태를 참조하자]. Mach 수가 1일 경우, 밀도 변화와 속도 변화가 서로 보상하게 되는 상태가 되고, 따라서 단면적 변화는 0이 된다($dA = 0$). 초음속 영역에서 움직일 경우, 밀도는 매우 빠르게 감소하고 이에 따르는 속도 변화는 유동을 수용할 수 없으므로 단면적은 증가해야 한다. 이제 아음속과 초음속 유동에 정확히 반대되는 유동의 거동을 다른 관점으로 인식한다. 다음으로 노즐과 디퓨저와 같은 장치의 작동을 고려해 보자.

노즐은 엔탈피(또는 비압축성 유체에서의 압력에너지)를 운동에너지로 변환하는 장치다. 그림 5.1에서 속도 증가는 Mach 수에 따라 단면적의 증가 또는 감소를 동반한다는 것을 알 수 있다. 그림 5.2는 노즐의 아음속 그리고 초음속 유동 영역을 보여준다.

디퓨저는 운동에너지를 엔탈피(또는 비압축성 유체에서의 압력에너지)로 변환하는 장치다. 그림 5.3은 디퓨저의 아음속 그리고 초음속 유동 영역을 보여준다. 따라서 유동 방향과 영역에

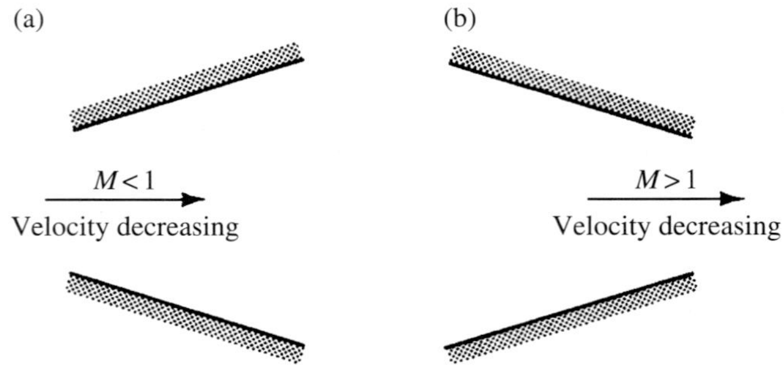

그림 5.3 디퓨저 구성도

따라 같은 형상이라 할지라도 노즐 또는 디퓨저로 작동된다는 것을 알 수 있다.

장치는 모양이 아니라 **기능으로** 노즐 또는 디퓨저로 나뉜다. 그림 5.1과 5.2의 고려사항에서 재미있는 결과를 얻을 수 있다. 고압 공급 장치에 축소 구역(그림 5.2a 참조)을 부착하면 어떤 압력 차이든 관계없이 Mach 수 $M=1$보다 큰 유량에 도달할 수 없다. 반면에 축소-확대 장치(그림 5.2a와 b의 조합)를 만들 때 적절한 압력차가 존재하면 유체가 초음속 유동으로 가속하는 것을 볼 수 있다. 이러한 경우의 구체적인 예를 이 장 후반부에서 다룬다.

그림 5.1과 그림 5.2로 돌아가 보면, $M \approx 1.0$에서 아음속 유동에서 초음속 유동으로의 변화하는 영역을 **천음속 영역**이라 한다. 이 영역 내에서 **유동 특성**은 수학적으로 '타원형'에서 '쌍곡선형'으로 변화해야 한다. 이 천음속 경계 내에서 실제 유동은 간단하게 설명될 수 없다. 즉, 다차원적 설명을 고려해야 한다. 앞서 언급했듯이, 타원형 유동(비압축성 영역 포함)에서 유동은 장애물을 예상할 수 있는 반면, 초음속 유동은 충격파를 형성해야 하고 다른 쌍곡선형 유동의 제약을 따르는 파면 때문에 예상할 수 없다. 다행히 초음속 노즐의 최소 단면적이나 목과 같은 **내부 천음속 유동**의 경우 이러한 바람직하지 않은 현상은 비교적 제한적이며 일반적으로 무시할 수 있다. 그러나 **외부 유동**의 경우 천음속 영역은 유동박리 및 난류로 인해 항상 더 복잡한 경향을 보인다. **경계층** 영향이 거의 없기 때문에 기본적인 기체역학에서 특정 익형 구성을 논의할 수 있는 순수 초음속 영역을 제외하고(평판, 쐐기형 물체 등과 같은 초음속 익형에 관한 8.7절 참조) **내부 유동**을 따로 학습하는 이유다.

5.4 손실이 있는 완전기체유동

이제 유동 시스템 내에서의 단면적 변화의 일반적 효과를 이해했으므로 완전기체에 대한 구

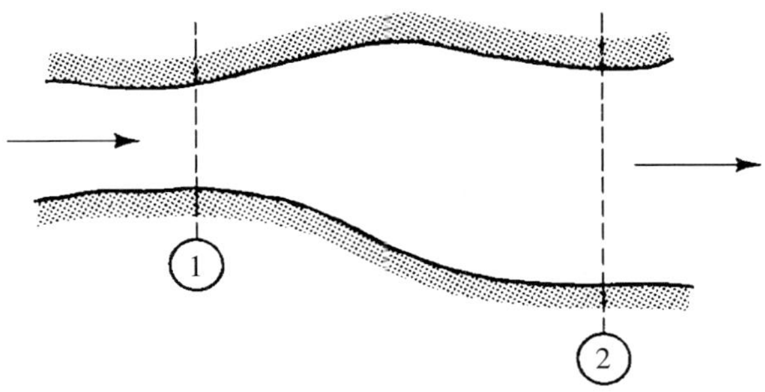

그림 5.4 단면적 변화 유동 시스템

체적인 작동방정식을 유도할 것이다. **작동방정식**이라는 용어는 Mach 수, 비열비, Δs_i와 같은 손실 지표 항으로 쓰이는 유동 시스템 임의의 점에서 물성 사이의 관계를 나타내기 위해 이 책 전반에서 사용될 것이다. 그림 5.4에 표시된 시스템의 예는 다음과 같다.

$$\frac{p_2}{p_1} = f(M_1, M_2, \gamma, \Delta s_i) \tag{5.15}$$

상태방정식, 연속방정식, 에너지방정식의 기본 개념에 다음 가정을 적용하는 것으로 시작한다.

1차원 정상유동
단열
축 일 없음
완전기체
위치에너지 변화 무시

상태방정식

완전기체 상태방정식은 다음과 같다.

$$p = \rho RT \tag{1.16}$$

연속방정식

$$\dot{m} = \rho A V = \text{일정} \tag{2.30}$$

$$\rho_1 A_1 V_1 = \rho_2 A_2 V_2 \tag{5.16}$$

우선 면적비를 구해 보자.

$$\frac{A_2}{A_1} = \frac{\rho_1 V_1}{\rho_2 V_2} \tag{5.17}$$

상태방정식 (1.16)과 Mach 수 정의 식 (4.11)로부터 각각 밀도와 속도를 치환하면 다음과 같다.

$$\frac{A_2}{A_1} = \left(\frac{p_1}{RT_1}\right)\left(\frac{RT_2}{p_2}\right)\frac{M_1 a_1}{M_2 a_2} = \frac{p_1 T_2 M_1 a_1}{p_2 T_1 M_2 a_2} \tag{5.18}$$

완전기체의 음속을 표현하면 다음과 같다.

$$a = \sqrt{\gamma g_c R T} \tag{4.10}$$

그리고 식 (5.18)은 다음과 같은 형태로 만들 수 있다.

$$\frac{A_2}{A_1} = \frac{p_1 M_1}{p_2 M_2}\left(\frac{T_2}{T_1}\right)^{1/2} \tag{5.19}$$

지금 M_1, M_2, γ와 Δs에 관해 압력과 온도 비율을 표현하는 방법을 찾아야 한다.

에너지방정식

다음 식으로 시작하자.

$$h_{t1} + q = h_{t2} + w_s \tag{3.19}$$

단열이고 일이 없으므로 다음과 같이 표현된다.

$$h_{t1} = h_{t2} \tag{5.20}$$

그러나 엔탈피는 온도만의 함수이고, 완전기체에 대하여 우리가 알고 있는 것을 생각해 보면 다음 식으로 표현할 수 있다.

$$T_{t1} = T_{t2} \tag{5.21}$$

완전기체에 대해 정적온도와 정체온도 사이의 일반적인 관계를 유도했던 제4장에서의 식을 상기하자.

$$T_t = T\left(1 + \frac{\gamma - 1}{2} M^2\right) \tag{4.18}$$

따라서 식 (5.21)은 다음과 같이 쓸 수 있다.

$$T_1\left(1 + \frac{\gamma - 1}{2} M_1^2\right) = T_2\left(1 + \frac{\gamma - 1}{2} M_2^2\right) \tag{5.22}$$

$$\frac{T_2}{T_1} = \frac{1 + [(\gamma - 1)/2]\, M_1^2}{1 + [(\gamma - 1)/2]\, M_2^2} \tag{5.23}$$

이는 식 (5.19)에 대한 요구된 비율이다. 비열비(γ)에 아래 첨자를 표기하지 않는 것에 주의하자. 이것은 $\gamma_1 = \gamma_2$라고 가정하고 있다는 것을 의미한다. 비열 c_p와 c_v가 온도에 따라 변하는 것으로 알려져서 이는 의문의 여지가 있다. 제11장에서는 실제기체의 거동을 탐구하고, 비열이 왜 변화하고 이런 **비율**(γ)이 큰 온도 범위 이상을 제외하고는 상당한 변화를 보이지 않는지를 배운다. 그러므로 상수 γ의 가정은 극초음속 유동을 제외하고 일반적으로 만족할 수 있는 공학적 정확성을 제공한다.

이번에는 제4장에서 완전기체에 대해 정압과 정체압력 사이의 일반적인 관계를 유도했던 다음 식을 상기해 보자.

$$p_t = p\left(1 + \frac{\gamma - 1}{2} M^2\right)^{\gamma/(\gamma - 1)} \tag{4.21}$$

게다가 정체압-에너지 방정식은 일이 없는 단열유동에서의 완전기체일 경우 쉽게 적분된다.

$$\frac{p_{t2}}{p_{t1}} = e^{-\Delta s/R} \tag{4.28}$$

식 (4.28)에 식 (4.21)을 대입하면 다음을 구할 수 있다.

$$\frac{p_{t2}}{p_{t1}} = \frac{p_2}{p_1}\left(\frac{1 + [(\gamma - 1)/2]\, M_2^2}{1 + [(\gamma - 1)/2]\, M_1^2}\right)^{\gamma/(\gamma - 1)} = e^{-\Delta s/R} \tag{5.24}$$

압력비를 구하기 위해 위 식을 정리하자.

$$\frac{p_1}{p_2} = \left(\frac{1+[(\gamma-1)/2]\,M_2^2}{1+[(\gamma-1)/2]\,M_1^2}\right)^{\gamma/(\gamma-1)} e^{+\Delta s/R} \tag{5.25}$$

이제 원래의 목표를 달성하기 위한 적절한 정보를 갖게 되었다. 식 (5.19)에 식 (5.23)과 (5.25)를 대입하면 다음 식을 얻는다.

$$\frac{A_2}{A_1} = \left[\left(\frac{1+[(\gamma-1)/2]\,M_2^2}{1+[(\gamma-1)/2]\,M_1^2}\right)^{\gamma/(\gamma-1)} e^{\Delta s/R}\right] \times \frac{M_1}{M_2}\left(\frac{1+[(\gamma-1)/2]\,M_1^2}{1+[(\gamma-1)/2]\,M_1^2}\right)^{1/2} \tag{5.26}$$

위 식은 다음과 같이 단순화할 수 있다.

$$\boxed{\frac{A_2}{A_1} = \frac{M_1}{M_2}\left(\frac{1+[(\gamma-1)/2]\,M_2^2}{1+[(\gamma-1)/2]\,M_1^2}\right)^{(\gamma+1)/2(\gamma-1)} e^{\Delta s/R}} \tag{5.27}$$

위 식을 얻기 위해 다른 몇 개의 작동방정식을 도출했고, 이 식들은 편리성을 도모하기 위해 아래에 정리했다.

$$T_{t1} = T_{t2} \tag{5.21}$$

$$\frac{p_{t2}}{p_{t1}} = e^{-\Delta s/R} \tag{4.28}$$

$$\frac{T_2}{T_1} = \frac{1+[(\gamma-1)/2]\,M_1^2}{1+[(\gamma-1)/2]\,M_2^2} \tag{5.23}$$

$$\frac{p_2}{p_1} = \left(\frac{1+[(\gamma-1)/2]\,M_1^2}{1+[(\gamma-1)/2]\,M_2^2}\right)^{\gamma/(\gamma-1)} e^{-\Delta s/R} \tag{5.25}$$

식 (1.16), (5.23), (5.25)로부터 다음과 같이 표현할 수 있다.

$$\frac{\rho_2}{\rho_1} = \left(\frac{1+[(\gamma-1)/2]\,M_1^2}{1+[(\gamma-1)/2]\,M_2^2}\right)^{1/(\gamma-1)} e^{-\Delta s/R} \tag{5.28}$$

예제 5.1

마찰이 없는 단열 덕트 내에 공기가 흐르고 있다. 한 지점에서 Mach 수는 1.5이고, 하류에서는 2.8까지 증가한다. 면적비를 구하시오.

마찰이 없는 단열시스템에서 $\Delta s = 0$이다. 이 값을 식 (5.27)에 대입하면 쉽게 답을 구할 수 있다.

$$\frac{A_2}{A_1} = \frac{1.5}{2.8}\left(\frac{1+[(1.4-1)/2](2.3)^2}{1+[(1.4-1)/2](1.5)^2}\right)^{(1.4+1)/2(1.4-1)}(1) = 2.98$$

Mach 수를 알고 있으므로 이 문제는 매우 간단하다. 반대의 경우(A_1, A_2, M_1을 주고 M_2를 구하는 문제)는 계산이 간단하지 않다. 새로운 개념을 구한 후에 5.6절에서 다시 복습할 것이다.

5.5 기준값 개념

3.5절에서 정체 기준상태의 개념을 도입했는데, 정의의 특성상 등엔트로피 과정을 포함하는 것으로 판명했다. 5.4절에서 명시된 작동방정식을 좀 더 공부하기 전에, 또 다른 기준조건을 소개하는 것이 편리하다. 왜냐하면 다른 물성값 사이에서 정체상태는 단면적 변화를 다룰 때 적합한 기준이 아니기 때문이다. (왜 그런가?) 뒤 첨자(*)를 통해 새로운 기준상태를 표시하고, 이것을 '유체가 **몇몇 특정한 과정**에 의해 Mach 수가 1에 도달한다면 열역학적 상태이며' *로 정의한다. 볼드체로 표시된 문구는 중요하다. 왜냐하면 어떤 주어진 출발점에서부터 Mach 수가 1.0에 도달할 수 있는 많은 과정이 있고 이런 과정은 각각 다른 열역학적 상태에 도달하게 하기 때문이다. 항상 다른 유동 현상을 분석하고, 다른 형태의 과정을 고려하게 된다. 따라서 다른 기준상태(*)를 다루게 될 것이다(9.5절과 10.5절 참조).

여기서 (등엔트로피 과정에 의한)가역 단열조건의 기준상태(*)를 고려해 보자. 유동 시스템의 모든 점은 고유의 기준상태(*)를 가지고 있다. 마찬가지로 고유의 기준 정체상태도 가지고 있다. 예를 들어, 일이나 열전달이 없는 완전기체 유동을 포함하는 시스템을 고려해 보자. 그림 5.5는 이런 유동 시스템의 표시된 두 점에서의 T–s 선도를 보여준다. 각 점의 윗부분은 기준 정체상태를 보여주고 있다. 그리고 각 점과 연관된 등엔트로피 기준상태(*)를 추가한다. 전체 시스템에 대한 정체선뿐만 아니라 이 시스템의 모든 기준점(*)이 수평선 위에 놓이게 될 것이다 (4.6절에서의 논의 참조). 그림 5.5에 모사된 시스템에서 유동은 아음속인가 아니면 초음속인가?

이제 매우 중요한 관계식을 전개해 보자. 시스템에 존재하지 않을 기준상태(*)를 명심하자. 그러나 적절한 단면적 변화로 존재할 수 있다. 그리고 그것은 먼저 전개한 어떤 방정식[식 (5.23), (5.25), (5.27) 등]으로 사용되는 적절한 단면 기준 위치를 나타낸다. 더 명확히 고찰하기 위해 다음 식을 생각해 보자.

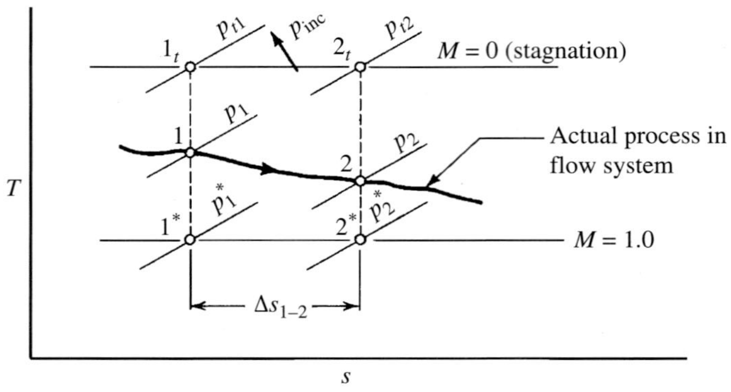

그림 5.5 등엔트로피 기준상태(*)

$$\frac{A_2}{A_1}=\frac{M_1}{M_2}\left(\frac{1+[(\gamma-1)/2]\,M_2^2}{1+[(\gamma-1)/2]\,M_1^2}\right)^{(\gamma+1)/2(\gamma-1)} e^{\Delta s/R} \tag{5.27}$$

이 방정식에서 점 1과 점 2는 시스템에서 존재할 수 있는 다른 두 점으로 표현된다(이와 같은 가정을 가지고 방정식을 전개했다). 이제 점 1^*과 점 2^*에 식 (5.27)을 적용해 보자.

$$A_1 \Rightarrow A_1^*,\quad M_1 \Rightarrow M_1^* \equiv 1$$
$$A_2 \Rightarrow A_2^*,\quad M_2 \Rightarrow M_2^* \equiv 1$$

그러면 다음 식과 같다.

$$\frac{A_2^*}{A_1^*}=\frac{1}{1}\left(\frac{1+[(\gamma-1)/2]1^2}{1+[(\gamma-1)/2]1^2}\right)^{(\gamma+1)/2(\gamma-1)} e^{\Delta s/R}$$

$$\boxed{\frac{A_2^*}{A_1^*}=e^{\Delta s/R}} \tag{5.29}$$

더 진행하기 전에, 이 관계식이 적당한지 검증하는 것이 좋다. 먼저 $\Delta s = 0$일 때 손실이 없는 경우를 생각해 보자. 그러면 식 (5.29)에서 $A_1^* = A_2^*$이다. $\Delta s_{1-2} = 0$의 경우에 대해 그림 5.5를 살펴보자. 이런 조건하에서 선도는 등엔트로피선까지 내려가고, 여기서 1_t와 2_t는 일치하고, 1*과 2*는 같은 점이 된다. 이런 조건에서 A_1^*과 A_2^*는 분명히 같다.

다음은, Δ_{S1-2}가 0이 아닌 일반적일 때를 생각해 보자. 유동 시스템 내에 이런 점이 존재한다고 가정하면, 점은 같은 양의 유체가 흘러야 하고, 다음과 같다.

$$\dot{m} = \rho_1^* A_1^* V_1^* = \rho_2^* A_2^* V_2^* \tag{5.30}$$

이런 상태점은 같은 수평선 위에 있으므로 다음과 같다는 4.6절의 내용을 상기하자.

$$V_1^* = V_2^* \tag{5.31}$$

유사하게, $T_1^* = T_2^*$이고, 그림 5.5로부터 $p_1^* > p_2^*$이다. 따라서 상태방정식을 사용하여 쉽게 다음과 같은 결론을 내릴 수 있다.

$$\rho_2^* < \rho_1^* \tag{5.32}$$

식 (5.30)에 식 (5.31)과 (5.32)를 대입하면, $\Delta s_{1-2} > 0$의 경우에는 다음과 같다.

$$A_2^* > A_1^* \tag{5.33}$$

이것은 식 (5.29)와 일치한다.

전에 식 (5.29)와 같은 가정을 포함하는 정체압력 사이의 관계식을 유도했다.

$$\boxed{\frac{p_{t2}}{p_{t1}} = e^{-\Delta s/R}} \tag{4.28}$$

확실하게 하기 위해 그림 5.5를 살펴보자. 또한 이 방정식은 $\Delta s = 0$의 특별한 경우와 $\Delta s > 0$의 일반적인 경우에 대한 적당한 답을 제시하기 위해 나타낸다.

이제 식 (5.29)와 식 (4.28)을 곱하면 다음을 얻는다.

$$\frac{A_2^*}{A_1^*}\frac{p_{t2}}{p_{t2}} = \left(e^{\Delta s/R}\right)\left(e^{-\Delta s/R}\right) = 1.0 \tag{5.34}$$

또는

$$\boxed{p_{t1} A_1^* = p_{t2} A_2^*} \tag{5.35}$$

이것은 단열유동에서 문제를 풀기 위한 해법으로 자주 등장하는 매우 중요한 관계식이다. 단열유동이 적용되는 식 (5.35)와 조건을 이해하자.

5.6 등엔트로피 유동 표

5.4절에서 일과 열전달이 없고, 위치 변화를 무시하는 조건에서 완전기체의 정상상태, 1차원 유동에 관하여 고려해 보았다. 위에서 보인 유도된 작동방정식 대부분이 손실 항(Δs_i)을 포함하지 않고 있다는 것을 보여준다. 이런 방정식에서 손실 항을 고려하기 위해서는 $e^{\Delta s/R}$과 같은 간단한 곱셈인자를 취해 주면 된다. 이것은 손실에 대한 적당한 보정을 통한 이상적인 실행 성능 표준이 필요할 때 등엔트로피 과정을 자연스럽게 사용하도록 한다. 다수의 경우에서 몇몇 실제 과정이 매우 효율적이기 때문에 과정 자체가 거의 등엔트로피 과정에 근접하고 보정이 필요 없다는 것을 알 수 있다.

등엔트로피 과정에 관해 식 (5.27)을 단순화하면 다음과 같다.

$$\frac{A_2}{A_1}=\frac{M_1}{M_2}\left(\frac{1+[(\gamma-1)/2]\,M_2^2}{1+[(\gamma-1)/2]\,M_1^2}\right)^{(\gamma+1)/2(\gamma-1)} \tag{5.36}$$

위 식에서 Mach 수를 알고 있다면 단면적비에 대해 풀기가 용이하다(예제 5.1 참조). 더 많은 예제를 고려해 보자. 물리적인 상태는 결정된 값이고(A_1과 A_2는 알고 있다), 유체는 알려져 있고(γ를 알 수 있다), 한 위치에서의 Mach 수를 알고 있다(M_1). 이 문제는 다른 위치에서의 Mach 수(M_2)를 구하는 것이다. 비록 이 문제는 풀 수는 있지만, 컴퓨터의 도움 없이는 많은 과정을 거치게 된다.

기준상태(*) 도입으로 해는 간단해진다. 점 2를 유동 시스템의 임의점이라 하고, 이것의 등엔트로피 점을 점 1이라고 하자.

$$A_2 \Rightarrow A,\quad M_2 \Rightarrow M \ (\text{임의 값})$$
$$A_1 \Rightarrow A^*,\ M_1 \Rightarrow 1$$

그러면 식 (5.36)은 다음과 같다.

$$\frac{A}{A^*}=\frac{1}{M}\left(\frac{1+[(\gamma-1)/2]M^2}{(\gamma+1)/2}\right)^{(\gamma+1)/2(\gamma-1)}=f(M,\gamma) \tag{5.37}$$

$A/A^* = f(M, \gamma)$를 알 수 있고, 각각의 γ에서 A/A^*에 대한 M 값이 주어지는 표를 쉽게 만들 수 있다. 문제는 다음과 같이 해결될 수 있다.

주어진 값: γ, A_1, A_2, M_1와 등엔트로피 유동

구하는 값: M_2

알고 있는 수식 $A_2/A_2{}^*$의 비를 계산함으로써 해에 근접해 간다.

$$\frac{A_2}{A_2^*} = \frac{A_2}{A_1}\frac{A_1}{A_1^*}\frac{A_1^*}{A_2^*} \tag{5.38}$$

- $\frac{A_2}{A_1}$: 주어진 값
- $\frac{A_1}{A_1^*}$: M_1 함수: 등엔트로피 유동 표 조회
- $\frac{A_1^*}{A_2^*}$: 식 (5.29)를 이용하여 구하게 되며 등엔트로피 유동일 경우 1.0이다.

따라서 A_2/A_2^*를 계산할 수 있고, 이 값을 등엔트로피 유동 표에 대입함으로써 M_2를 구할 수 있다. **여기서 주의하자!** A_2/A_2^* 값은 표의 두 지점에서 찾을 수 있다. 이 때문에 식 (5.36)의 해를 구할 수 있다. 또는 일반적으로 M_2의 2차 방정식 (5.27)을 구할 수 있다. 하나의 값은 아음속 영역이고, 다른 하나의 값은 초음속 영역이다. 5.3절에서 유도된 개념과 함께 시스템의 물리적 형상을 고려할 때, 어떤 답이 올바른지 결정하는 데 어려움을 겪어서는 안 된다.

손실과 관련된 정보가 있다면 **손실이 있는** 일반적인 문제는 같은 방법으로 해결될 수 있다는 것을 숙지하자. 이것은 A_1^*/A_2^*, p_{t2}/p_{t1} 형태로 혹은 Δs_{1-2}의 형태로 주어질 수도 있다. 이 세 가지 모두 손실을 표현하는 동등한 방법으로 나타난다[식 (4.28)과 (5.29)를 통해].

문제의 해를 간단히 하는 방법은 γ 함수나 하나의 Mach 수로 물성 비율의 표를 만드는 것이라 할 수 있다. 이는 5.4절에서 유도된 방정식을 취하고 기준상태, (등엔트로피 과정에 의해 도달된)기준조건(*)이나 (등엔트로피 과정에 의해 도달된)기준 정체조건을 소개하는 것으로 얻을 수 있다. 식 (5.23)을 가지고 계속하자.

$$\frac{T_2}{T_1} = \frac{1+[(\gamma-1)/2]\,M_1^2}{1+[(\gamma-1)/2]\,M_2^2} \tag{5.23}$$

점 2를 시스템의 임의점이라 하고, 그것의 정체점을 점 1이라고 하자. 그러면

$$T_2 \Rightarrow T,\ \ M_2 \Rightarrow M \quad \text{(임의 값)}$$

$$T_1 \Rightarrow T_t,\ M_1 \Rightarrow 0$$

식 (5.23)은 다음으로 표현된다.

$$\frac{T}{T_t} = \frac{1}{1+[(\gamma-1)/2]M^2} = f(M,\gamma) \tag{5.39}$$

식 (5.25)는 비슷한 방법으로 다루어질 수 있다. 이런 경우 점 1을 임의점으로 놓고, 이것의 정체점이 점 2가 된다. 그러면

$$p_1 \Rightarrow p,\ M_1 \Rightarrow M \quad (\text{임의 값})$$
$$p_2 \Rightarrow p_t,\ M_2 \Rightarrow 0$$

그리고 정체 과정이 등엔트로피라는 것을 고려하면, 식 (5.25)는 다음과 같다.

$$\frac{p}{p_t} = \left(\frac{1}{1+[(\gamma-1)/2]M^2}\right)^{\gamma/(\gamma-1)} = f(M,\gamma) \tag{5.40}$$

식 (5.39)와 (5.40)은 놀라운 것은 아니다. 왜냐하면 전에 다른 방법으로 유도한 적이 있기 때문이다[식 (4.18)과 (4.21) 참조]. 식 (5.40)의 표는 단면적비처럼 같은 방법으로 문제를 푸는 데 사용된다. 예를 들어, 다음을 가정해 보자.

주어진 값: γ, p_1, p_2, M_2와 Δs_{1-2}
구하는 값: M_1

이 문제를 풀기 위해 알고 있는 비율 항을 사용하여 p_1/p_{t1}을 구한다.

$$\frac{p_1}{p_{t1}} = \frac{p_1}{p_2}\,\frac{p_2}{p_{t2}}\,\frac{p_{t2}}{p_{t1}} \tag{5.41}$$

- $\frac{p_1}{p_2}$: 주어진 값
- $\frac{p_2}{p_{t2}}$: M_2 함수: 등엔트로피 유동 표 조회
- $\frac{p_{t2}}{p_{t1}}$: 식 (4.28)을 이용하여 Δs_{1-2} 함수로 구하게 됨

p_1/p_{t1}의 값을 계산한 후, 등엔트로피 유동 표에 대입하고 M_1을 구한다. 단면 1에서 2로의 유동이 등엔트로피가 아닐지라도, **정의에 의해** p_1/p_{t1}와 p_2/p_{t2} 함수는 **등엔트로피적이다**. 따라서 등엔트로피 유동 표는 문제를 해결하는 데 이용될 수 있다. 두 점 **사이의** 연결은 p_{t2}/p_{t1}을 통해 만들어진다. 그런데 이는 적용 가능한 엔트로피 변화를 포함한다.

Mach 수와 γ 함수로 다른 등엔트로피 관계식을 계속해서 유도할 수 있다. 식 (5.28)에 이전의 방법을 **적용**하면 다음과 같다.

$$\frac{\rho}{\rho_t} = \left(\frac{1}{1+[(\gamma-1)/2]M^2}\right)^{1/(\gamma-1)} \tag{5.42}$$

또 다른 흥미로운 관계식은 식 (5.40)과 (5.37)의 곱이다.

$$\frac{p}{p_t}\frac{A}{A^*}=f(M,\gamma) \tag{5.43}$$

M과 γ의 특이함수가 식 (5.43)에 어떻게 나타나는지 결정하자. 정의에 따라 A/A^*와 p/p_t가 등엔트로피적이기 때문에 이들의 곱이 등엔트로피 유동 표에 나와 있다는 것은 놀라운 일이 아니다. 그러나 이것이 **알려진 손실이 있는** 유동 시스템 내에서 두 지점의 연결을 제공하는 함수인가?

다음 식을 생각해 보자.

$$\frac{p_{t2}}{p_{t1}}=e^{-\Delta s/R} \tag{4.28}$$

$$\frac{A_2^*}{A_1^*}=e^{\Delta s/R} \tag{5.29}$$

따라서 손실을 포함할 때 p_t 변화에 의한 A^*에서의 변화는 정확히 보상된다. 이것은 모든 **일이 없는 단열**시스템 내 완전기체의 정상상태, 1차원 유동에 대해 사실이다. 앞에서 언급했듯이 식 (5.43)이 특정 유형의 문제를 해결하는 유일한 직접적 수단으로 제공된다는 것을 후에 알게 될 것이다.

이러한 등엔트로피 유동 매개변수는 식 (5.37), (5.39), (5.40) 등에서 계산되었으며 부록 G의 표로 작성되었다. 확실하게 하려면 특정 Mach 수에 상반되는 수 중 일부를 확인하고 싶을 수 있다. 사실 연습문제 5.24에 언급되었듯이, (부록 G에 포함된 유일한 수인) 1.4와는 다른 γ 값을 기체역학 계산 프로그램(Gasdynamics Calculator)으로 구할 수 있다. 5.10절에서 표 사용에 대한 대안을 제안한다. 다음 예제를 풀어가면서 등엔트로피 유동 표에서 값을 찾는 방법을 알고 있는지 확인하자.

예제 5.2

예제 5.1에서 구한 계산값을 다시 상기해 보자. $M_1=1.5$이고 $M_2=2.8$이다.

$$\frac{A_2}{A_1}=\frac{A_2}{A_2^*}\frac{A_2^*}{A_1^*}\frac{A_1^*}{A_1}=(3.5001)(1)\left(\frac{1}{1.1762}\right)=2.98$$

다음 정보(그리고 그림 E5.3)는 예제 5.3에서 5.5까지 공통이다. 정상상태이고, 공기($\gamma=1.4$)의 1차원 유동이며, 완전기체로 취급할 수 있다. $Q=W_s=0$이고, 위치 변화는 무시한다. 또한 $A_1=2.0\text{ ft}^2$이고 $A_2=5.0\text{ ft}^2$이다.

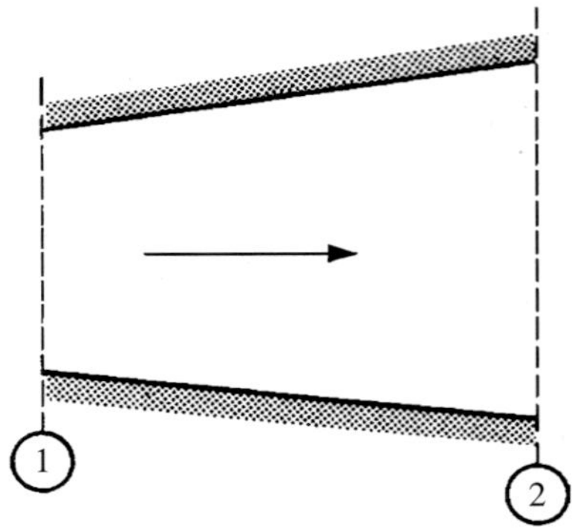

그림 E5.3

예제 5.3

$M_1 = 1.0$, $\Delta s_{1-2} = 0$으로 주어질 때, 가능한 M_2 값을 구하시오. 그림 E5.3의 단면 2에서의 조건을 결정하기 위해 다음 비율이 세워진다.

$$\frac{A_2}{A_2^*} = \frac{A_2}{A_1}\frac{A_1}{A_1^*}\frac{A_1^*}{A_2^*} = \left(\frac{5}{2}\right)(1.000)\,(1) = 2.5$$

- $\frac{A_1^*}{A_2^*}$: 등엔트로피이므로 1.0
- $\frac{A_1}{A_1^*}$: $M = 1.0$의 등엔트로피 유동 표로부터
- $\frac{A_2}{A_1}$: 주어진 물리적 형상으로부터

등엔트로피 유동 표에서 $A/A^* = 2.5$를 찾으면 $M_2 = 0.24$ 또는 2.44이다. 추가적인 정보 없이 Mach 수가 존재한다고 말할 수 없다.

예제 5.4

주어진 $M_1 = 0.5$, $p_1 = 4$ bar, $\Delta s_{1-2} = 0$을 통해 M_2와 p_2를 구하시오.

$$\frac{A_2}{A_2^*} = \frac{A_2}{A_1}\frac{A_1}{A_1^*}\frac{A_1^*}{A_2^*} = \left(\frac{5}{2}\right)(1.3398)(1) = 3.35$$

따라서 $M_2 \approx 0.175$. (왜 2.75가 아닐까?)

$$p_2 = \frac{p_2}{p_{t2}}\frac{p_{t2}}{p_{t1}}\frac{p_{t1}}{p_1}p_1 = (0.9788)(1)\left(\frac{1}{0.8430}\right)(4) = 4.64 \text{ bar}$$

예제 5.5

주어진 값: $M_1 = 1.5$, $T_1 = 70°\text{F}$, $\Delta s_{1-2} = 0$

구하는 값: M_2와 T_2

(A_2/A_2^*를 계산하고 부록 G를 이용하면 $M_2 \approx 2.62$이다.)

M_2를 알고 있으므로 T_2를 구할 수 있다.

$$T_2 = \frac{T_2}{T_{t2}}\frac{T_{t2}}{T_{t1}}\frac{T_{t1}}{T_1}T_1 = (0.4214)(1)\left(\frac{1}{0.6897}\right)(530) = 324°\text{R}$$

왜 $T_{t1} = T_{t2}$인가? (단면 1과 2 사이 에너지방정식을 기술해 보자.)

예제 5.6

다음과 같은 초기조건을 갖는 단열된 장치에 산소가 흐르고 있다($p_1 = 20$ psia, $T_1 = 600°\text{R}$, $V_1 = 2960$ ft/sec). 짧은 거리를 두고, 단면적은 6 ft^{2}에서 2.5 ft^{2}으로 축소된다(그림 E5.6). 정상상태, 1차원 유동 그리고 완전기체라고 가정하자(기체 물성값은 부록 A의 표 참조).

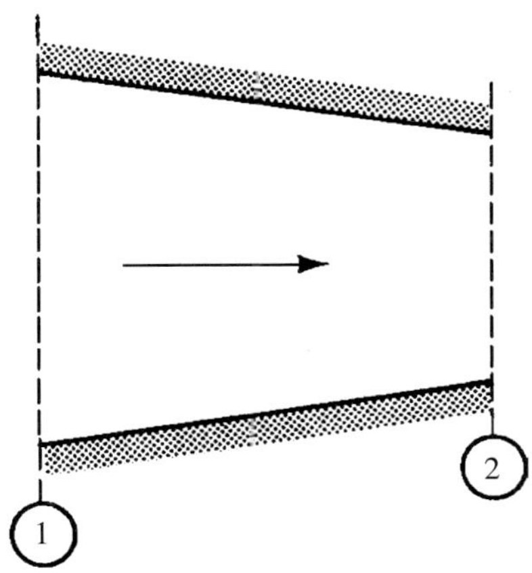

그림 E5.6

(a) M_1, p_{t1}, T_{t1}, h_{t1}을 구하시오.

(b) 손실이 $\Delta s_{1-2} = 0.005$ Btu/lbm-°R만큼 있다. M_2, p_2, T_2를 구하시오.

(a) 먼저, 단면 1에서의 조건을 구하시오.

$$a_1 = (\gamma g_c RT_1)^{1/2} = [(1.4)(32.2)(48.3)(600)]^{1/2} = 1143\,\text{ft/sec}$$

$$M_1 = \frac{V_1}{a_1} = \frac{2960}{1143} = 2.59$$

$$p_{t1} = \frac{p_{t1}}{p_1} p_1 = \left(\frac{1}{0.0509}\right)(20) = 393\,\text{psia} \ (\text{또는 } 2.71\,\text{MPa})$$

$$T_{t1} = \frac{T_{t1}}{T_1} T_1 = \left(\frac{1}{0.4271}\right)(600) = 1405^\circ\text{R} \ (\text{또는 } 781\,\text{K})$$

$$h_{t1} = c_p T_{t1} = (0.218)\ (1405) = 306\,\text{Btu/lbm} \ (\text{또는 } 0.712\,\text{MJ/kg})$$

(b) $q = w_s = 0$, $T_{t1} = T_{t2}$인 완전기체이고, 식 (5.29)에 대입하면

$$\frac{A_1^*}{A_2^*} = e^{-\Delta s/R} = e^{-(0.005)(778)/48.3} = 0.9226$$

따라서

$$\frac{A_2}{A_2^*} = \frac{A_2}{A_1}\frac{A_1}{A_1^*}\frac{A_1^*}{A_2^*} = \left(\frac{2.5}{6}\right)(2.8688)(0.9226) = 1.1028$$

등엔트로피 유동 표로부터 $M_2 \approx$ ____이다. 유동에 손실이 있을 때, 등엔트로피 유동 표의 사용은 이 경우 왜 타당한가? p_2와 T_2를 계산하자.

$$p_2 = \qquad (p_2 \approx 117\,\text{psia} \ \text{또는} \ 0.806\,\text{MPa})$$

$$T_2 = \qquad (T_2 \approx 1019^\circ\text{R} \ \text{또는} \ 566\,\text{K})$$

단면 2에서 속도를 구할 수 있을까?

5.7 노즐 작동

이제부터 노즐 작동에 관해 논의할 것이다. 그리고 등엔트로피 유동 표의 사용에 대한 더 많은 경험을 얻을 것이다. 노즐의 두 가지 형태(축소 노즐과 축소-확대 노즐)에 관해 논의해 보자.

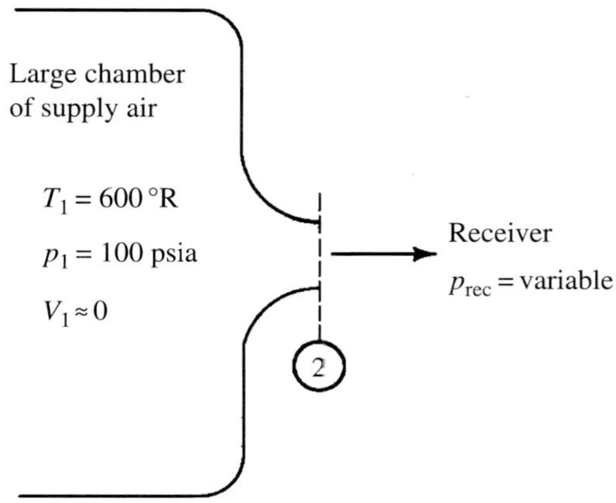

그림 5.6 축소 노즐

그림 5.6에 나타난 물리적 상태를 예로 들어보자. 정체조건이 우세한 대형 탱크에 100 psia, 600°R의 공기 공급원이 포함되어 있다. 탱크에 연결된 축소 노즐은 압력을 조절할 수 있는 초대형 수용기(receiver)로 배출된다. 마찰 효과는 매우 짧은 수렴 구간에서 매우 작기 때문에 무시할 수 있다.

수용기 압력이 100 psia(또는 100% p_1)가 되면, 더 이상 유동은 없다. 수용기 압력이 100 psia보다 낮아지면, 공기는 공급 탱크로부터 흐르게 된다. 공급 탱크가 노즐 출구 영역에 비해 큰 횡단면적을 가지고 있으므로 탱크 내부의 속도는 무시된다. 따라서 $T_1 \approx T_{t1}$이고, $p_1 \approx p_{t1}$이다. 축 일은 없고, 어떠한 열전달도 없다고 가정한다. 단면 2가 노즐의 출구다.

에너지방정식

$$h_{t1} + \cancel{q} = h_{t2} + \cancel{w_s}$$
$$h_{t1} = h_{t2} \tag{3.19}$$

그리고 이것을 완전기체로 취급할 수 있으므로 다음 식으로 표현할 수 있다.

$$T_{t1} = T_{t2}$$

수용기 압력이 유동을 제어한다고 인식하는 것이 중요하다. 노즐 출구에서의 압력과 수용기 압력이 같을 때까지 노즐을 통과하는 속도는 증가할 것이고, 압력은 감소할 것이다. 노즐 출구가 수용기 압력을 '감지'**할 수 있는 한** 이는 항상 사실이다. 수용기로부터 압력 펄스가 노즐 내부에서 '감지'될 수 없는 상태를 생각할 수 있는가? (4.4절을 상기하자.)

다음을 가정해 보자.

$$p_{rec} = 80.2\,\text{psia} \quad (\text{또는 } 80.2\%\ p_1)$$

따라서 다음과 같다.

$$p_2 = p_{rec} = 80.2\,\text{psia}$$

그리고

$$\frac{p_2}{p_{t2}} = \frac{p_2}{p_{t1}}\frac{p_{t1}}{p_{t2}} = \left(\frac{80.2}{100}\right)(1) = 0.802$$

마찰을 무시하기 때문에 식 (4.28)에 의해 $p_{t1} = p_{t2}$이다.

$p/p_t = 0.802$와 일치하는 값을 등엔트로피 유동 표로부터 찾으면 다음을 구할 수 있다.

$$M_2 = 0.57, \qquad \frac{T_2}{T_{t2}} = 0.939$$

따라서 다음을 얻는다.

$$T_2 = \left(\frac{T_2}{T_{t2}}\right)T_{t2} = (0.939)(600) = 563^{\circ}\text{R}$$

$$a_2^2 = (1.4)(32.2)(53.3)(563)$$

$$a_2 = 1163\,\text{ft/sec}$$

그리고

$$V_2 = M_2 a_2 = (0.57)(1163) = 663\,\text{ft/sec}$$

그림 5.7은 등엔트로피 팽창으로 T–s 선도에서 이 과정을 보여준다. 수용기 압력이 훨씬 낮아졌다면, 공기는 이 낮은 압력까지 팽창하고, Mach 수와 속도는 증가한다. 수용기 압력이 52.83 psia(또는 52.83% p_1)까지 낮아진다고 가정해 보면 다음과 같다.

$$\frac{p_2}{p_{t2}} = 0.5283$$

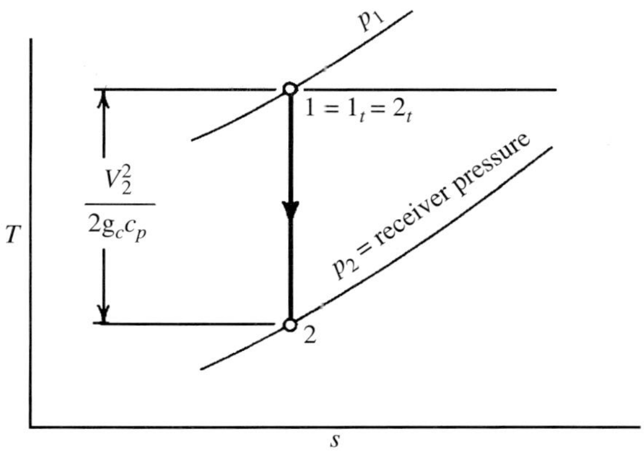

그림 5.7 축소 노즐의 *T-s* 선도

따라서 다음과 같다.

$$M_2 = 1.00 \text{의 속도인} \quad V_2 = 1096\,\text{ft/sec}$$

노즐에서 나오는 공기 속도는 음속이다. **임계압력**(52.83 psia) 아래로 수용기 압력을 떨어뜨린다면, 노즐은 이러한 조건에서 조절되는 방법은 없다. 왜 안 될까? 노즐 출구 압력이 수용기 압력과 함께 계속 떨어진다고 가정하자. 이것은 $p_2/p_{t2} < 0.5283$을 의미한다. 이는 초음속에 해당한다. 유동이 초음속으로 되려면, 면적은 최소에 도달한 다음 증가해야 한다는 것을 알고 있다(5.3절 참조). 따라서 **축소** 노즐에 대해 유동은 노즐 출구속도가 음속이 될 때까지 수용기 압력에 영향을 받고, **그 이후의 수용기 압력의 추가 감소는 노즐 내부의 유동조건에 아무런 영향을 미치지 않게** 된다. 이런 조건하에서 노즐은 **초크**(choked)되었다고 말하며, 노즐 출구 압력은 **임계압력**으로 유지된다. 수용기 압력으로의 팽창은 노즐 **외부**에서 발생한다. 이러한 값은 $\gamma = 1.4$일 때만 해당된다.

이 예제를 복습하는 데 52.83 psia의 수용기 압력에 대한 마법 같은 일은 일어나지 않는다는 것을 알아야 한다. 이 중요한 항목은 출구 면에서 전체 압력에 대한 정압비이다. 손실이 없는 경우 입구 압력에 대한 수용기 압력의 비이다. 출구에서는 음속이고, 공기에 대해 비율은 0.5283이다.

위의 해석은 공급탱크 안에 일정하게 유지되고 있는 조건을 가정한다. 예를 들어, 공급 압력이나 온도가 변화하거나 노즐(출구)의 크기가 변화하면 초크된 유량은 변화할 수 있다는 것을 알아야 한다. 이런 상태에 대해 대안적인 관점을 갖는 것이 중요하다. 등엔트로피 유동에 대한 다음 방정식을 유도하기 위해 연습문제 5.9를 풀어보자.

$$\frac{\dot{m}}{A} = M\left(1+\frac{\gamma-1}{2}M^2\right)^{-(\gamma+1)/2(\gamma-1)}\left(\frac{\gamma g_c}{R}\right)^{1/2}\frac{p_t}{\sqrt{T_t}} \tag{5.44a}$$

출구에 이 방정식을 적용하고 초크된 유동을 고려하면, $M=1.0$, $A=A^*$이다.

$$\left(\frac{\dot{m}}{A}\right)_{\max} = \frac{\dot{m}}{A^*} = \left[\frac{\gamma g_c}{R}\left(\frac{1}{\gamma+1}\right)^{(\gamma+1)/(\gamma-1)}\right]^{1/2}\frac{p_t}{\sqrt{T_t}} \tag{5.44b}$$

주어진 기체에 대한 식은 다음과 같다.

$$\frac{\dot{m}}{A^*} = \text{constant}\,\frac{p_t}{\sqrt{T_t}} \tag{5.44c}$$

이제 네 가지 별개의 가능성을 주목하자.

1. T_t, p_t, A^*가 고정된 경우 ⇒ $\dot{m}_{\max}$는 일정
2. p_t만 증가하는 경우 ⇒ $\dot{m}_{\max}$는 증가
3. T_t만 증가하는 경우 ⇒ $\dot{m}_{\max}$는 감소
4. A^*만 증가하는 경우 ⇒ $\dot{m}_{\max}$는 증가

그림 5.8은 또 다른 방법으로 이러한 가능성을 나타낸다. γ의 의존성을 명확히 보여주는 **무차원** 방정식 (5.44b)는 다음과 같이 쓸 수 있다.

$$\frac{\dot{m}\sqrt{RT_t/g_c}}{A^*p_t} = \left[\gamma\left(\frac{1}{\gamma+1}\right)^{(\gamma+1)/(\gamma-1)}\right]^{1/2} = 0.0856, \qquad \gamma = 1.40\text{일 때} \tag{5.44d}$$

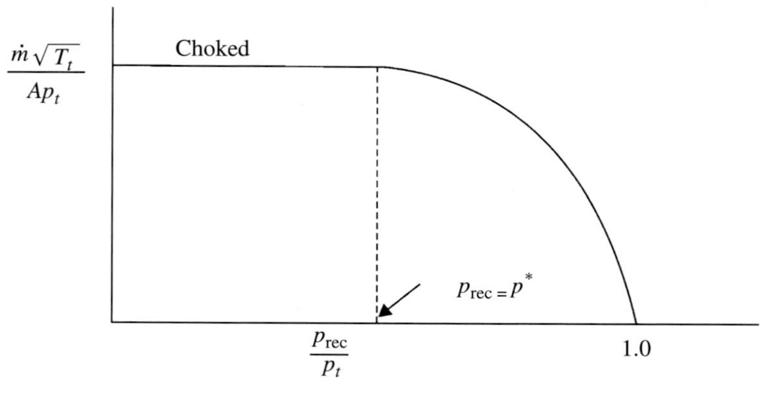

그림 5.8 다양한 배압에서 축소 노즐의 작동

여기서 우변항은 $\gamma=1.2$일 때 0.0143부터 $\gamma=1.67$일 때 0.183까지만 변할 수 있다.

축소-확대 노즐

그림 5.9와 5.10에 나타낸 축소-확대 노즐(때때로 ***DeLaval* 노즐**이라고 불린다)이 있는 같은 챔버의 공급 상황을 살펴보자. 단면 2가 노즐 **목**(throat, 최소면적부)이고, 단면 3을 출구 면이라고 하자. 이러한 유형의 노즐을 구별하는 물리적 특성은 **단면적비**이며, 이는 목 단면적에 대한 출구 단면적의 비율을 의미한다. $A_3/A_2=2.494$라고 가정하자. 축소-확대 노즐을 만드는 목표가 초음속 유동을 얻는 것임을 명심하자. 첫째, 이런 노즐에 대한 **설계 작동 조건**을 살펴보자. 노즐이 원하는 대로 운용되는 것이라면, 단면 1에서 2까지는 아음속, 단면 2에서는 음속, 단면 2에서 3까지는 초음속 유동이 된다는 것을 알고 있다(5.3절 참조).

출구에 존재하는 기체의 동적 조건을 정량화하기 위해 A_3/A_3^* 비를 구한다.

$$\frac{A_3}{A_3^*}=\frac{A_3}{A_2}\frac{A_2}{A_2^*}\frac{A_2^*}{A_3^*}=(2.494)(1)(1)=2.494$$

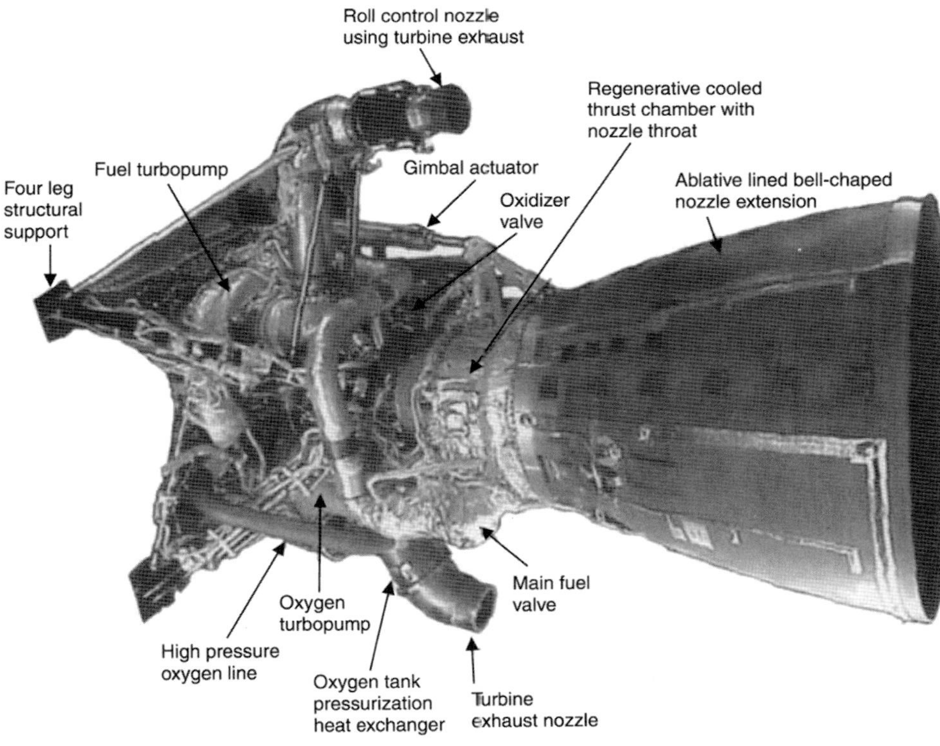

그림 5.9 전형적인 축소-확대 노즐(Courtesy of Aerojet Rocketdyne)

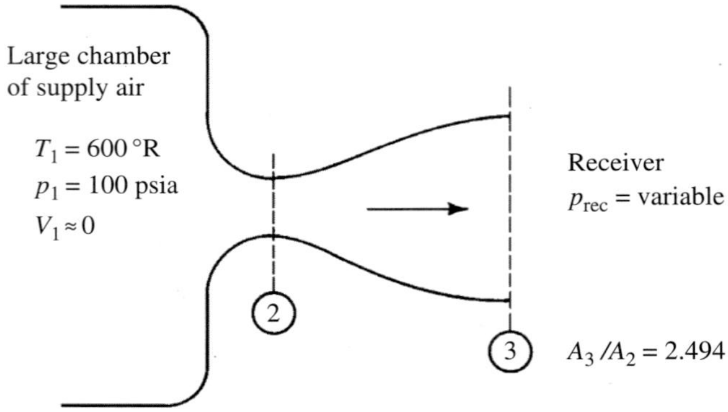

그림 5.10 축소-확대 노즐 개략도

식 (5.29)에 의해 $M_2 = 1.0$이고 $A_2^* = A_3^*$이기 때문에 $A_2 = A_2^*$이다. 때문에 등엔트로피 작동으로 가정한다. 등엔트로피 유동 표의 **초음속** 단면에서 $A/A^* = 2.494$를 찾아보면, 다음을 구할 수 있다.

$$M_3 = 2.44, \quad \frac{p_3}{p_{t3}} = 0.0643, \quad \frac{T_3}{T_{t3}} = 0.4565$$

따라서

$$p_3 = \frac{p_3}{p_{t3}}\frac{p_{t3}}{p_{t1}}p_{t1} = (0.0643)(1)(100) = 6.43\,\text{psia}$$

그리고 이 **설계 조건**에서 노즐을 작동시키기 위해, 수용기 압력은 6.43 psia이어야 한다. 이 경우 노즐을 통한 압력 변화는 그림 5.11의 곡선 'a'로 표시된다. 이 방법은 종종 **세 번째 임계조건**(third critical)으로 간주한다. 온도비 T_3/T_{t3}로부터 전에 제시했던 방법을 사용하여 쉽게 T_3, a_3, V_3를 계산할 수 있다.

또한 등엔트로피 유동 표의 아음속 부분에서 $A/A^* = 2.494$를 찾을 수 있다(이 두 가지 답은 2차 방정식의 해법에서 얻을 수 있다는 것을 상기하자).

$$M_3 = 0.24, \quad \frac{p_3}{p_{t3}} = 0.9607, \quad \frac{T_3}{T_{t3}} = 0.9886$$

따라서

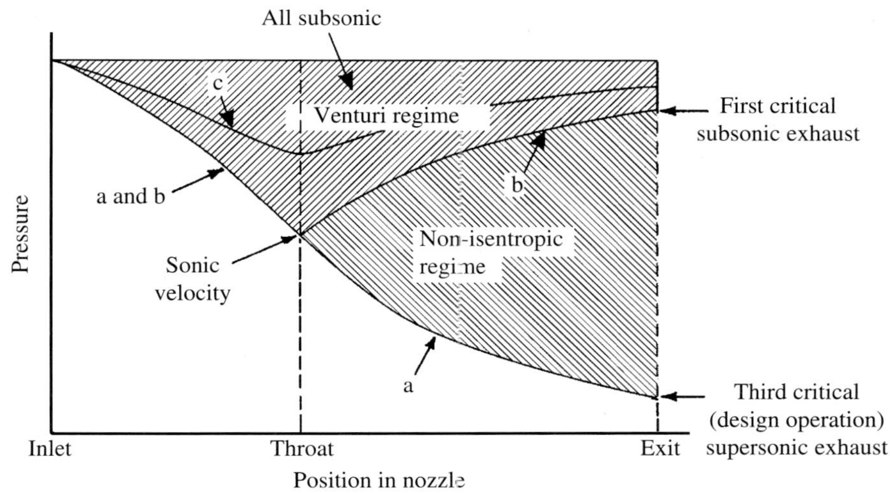

그림 5.11 축소-확대 노즐을 통한 압력 변화

$$p_3 = \frac{p_3}{p_{t3}}\frac{p_{t3}}{p_{t1}}p_{t1} = (0.9607)(1)(100) = 96.07\,\text{psia}$$

그리고 이런 조건에서 작동하기 위해 수용기 압력은 반드시 96.07 psia이어야 한다. 이 수용기 압력에서 유동은 단면 1부터 2까지는 아음속, 단면 2에서는 음속, 단면 2에서 3까지는 초음속이다. 장치는 이런 설계 조건에 전혀 근접하지 않고, **벤츄리 튜브**로서 작동하고 있다. 즉, 축소면은 노즐로서 작동되고, 확대면은 디퓨저로 작동된다. 이 경우 노즐을 통한 압력 변화는 그림 5.11의 곡선 'b'로 표시된다. 이 방법의 운용은 자주 **첫 번째 임계조건**(first critical)이라 불린다.

첫 번째와 세 번째 임계점에서, 입구에서 노즐 목까지의 유동 변화는 같다. 일단 수용기 압력이 96.07 psia까지 내려가면, Mach 수($M = 1.0$)는 노즐 목에 존재하고, 그림 5.8과 같이 장치는 **초크**되었다고 말한다. 식 (5.44b)에 의해 **수용기 압력을 더 낮추어도 유량은 변하지 않는다**. 다시 말하지만, 작동 모드를 결정하는 것은 수용기 압력 자체가 아니라 유입구 압력에 상대적인 수용기 압력이다.

예제 5.7

단면적비가 3.0인 축소-확대 노즐이 압력이 1 bar인 수용기로 분사된다. 노즐은 큰 챔버에서 나온 22°C 공기로 공급된다. 노즐이 설계 조건(세 번째 임계점)에서 작동하려면 챔버의 공기 압력은 어느 정도여야 하는가? 출구 속도는 얼마인가?

그림 5.10으로부터, $A_3/A_2 = 3.0$이다.

$$\frac{A_3}{A_3^*} = \frac{A_3}{A_2}\frac{A_2}{A_2^*}\frac{A_2^*}{A_3^*} = (3.0)(1)(1) = 3.0$$

등엔트로피 유동 표로부터 다음을 얻는다.

$$M_3 = 2.64, \quad \frac{p_3}{p_{t3}} = 0.0471, \quad \frac{T_3}{T_{t3}} = 0.4177$$

$$p_1 = p_{t1} = \frac{p_{t1}}{p_{t3}}\frac{p_{t3}}{p_3}p_3 = (1)\left(\frac{1}{0.0471}\right)(1 \times 10^5) = 21.2 \times 10^5 \text{ N/m}^2 \text{ (또는 307.5 psia)}$$

$$T_3 = \frac{T_3}{T_{t3}}\frac{T_{t3}}{T_{t1}}T_{t1} = (0.4177)(1)(22 + 273) = 123.2 \text{ K}$$

$$V_3 = M_3 a_3 = (2.64)[(1.4)(1)(287)(123.2)]^{1/2} = 587 \text{ m/s (또는 1926 ft/sec)}$$

지금까지 단 두 가지 특정한 작동 조건에 대해 논의했다. 그리고 다른 수용기 압력 조건에서 일어나는 것을 질문할지도 모른다. 첫 번째와 세 번째 임계점이 다음 모든 기준을 만족시키는 유일한 작동 조건이라고 할 수 있다.

1. 노즐 목에서 Mach 수는 $M = 1.0$이다.
2. 노즐의 모든 부분에서 등엔트로피 유동이다.
3. 노즐 출구 압력과 수용기 압력은 같다.

수용기 압력이 첫 번째 임계조건 이상일 때, 노즐은 벤츄리처럼 작동되고 노즐 목에서는 음속에 도달할 수 없다. 이 작동 방법의 예는 그림 5.11에서 곡선 'c'로 표시된다. 노즐은 더 이상 초크되지 않고, 유량은 최대값보다 작게 된다. 출구 조건은 축소 노즐을 위해 그전에 보인 과정에 의해 결정된다. 그리고 원한다면 노즐 목 내 물성값을 구할 수 있다.

첫 번째와 세 번째 임계점 사이의 작동은 등엔트로피 상태가 아니다. 노즐 확대부나 출구 뒤에서 이런 조건에 충격파가 발생하리라는 것을 후에 배울 것이다. 수용기 압력이 세 번째 임계점 이하라면, 노즐은 비록 그것이 설계 조건 **내에** 있다고 할지라도 팽창파가 노즐 **밖에서** 발생하는 것처럼 내부적으로 작동하게 된다. 이러한 작동 방법은 적절한 배경이 유도되면 그때 다시 논의할 것이다.

5.8 노즐 성능

등엔트로피 작동 조건이 상대적으로 쉽게 결정된다는 것을 알았다. 마찰손실은 여러 가지 다른 방법의 하나에 의해 고려될 수 있다. 비록 이것이 평소에는 사용할 수 없을지라도, 엔트로피 변화의 직접적인 정보는 주어질 수 있다. 때때로 등가의 정보는 정체압력비 양식으로 제공된다. 그러나 보통 노즐 성능은 **효율 매개변수**에 의해 나타나며, 다음과 같이 정의된다.

$$\boxed{\eta_n \equiv \frac{\text{Actual change in kinetic energy}}{\text{Ideal change in kinetic energy}}}$$

또는

$$\eta_n \equiv \frac{\Delta \mathrm{KE}_{\text{actual}}}{\Delta \mathrm{KE}_{\text{ideal}}} \tag{5.45}$$

대부분의 노즐에서는 (유체유동의 단위 질량당)열전달을 무시할 수 있기 때문에 다음 식으로 나타낼 수 있다.

$$h_{t1} + \cancel{q} = h_{t2} + \cancel{w_s} \tag{3.19}$$

$$h_{t1} = h_{t2} \tag{5.46}$$

따라서

$$h_1 + \frac{V_1^2}{2g_c} = h_2 + \frac{V_2^2}{2g_c} \tag{5.47a}$$

$$h_1 - h_2 = \frac{V_2^2 - V_1^2}{2g_c} \tag{5.47b}$$

그러므로 일반적인 노즐 효율은 다음과 같이 표현된다.

$$\boxed{\eta_n \equiv \frac{\Delta h_{\text{actual}}}{\Delta h_{\text{ideal}}}} \tag{5.48}$$

그림 5.12를 참고하면, 다음과 같이 표현할 수 있다.

$$\eta_n = \frac{h_1 - h_2}{h_1 - h_{2s}} \tag{5.49}$$

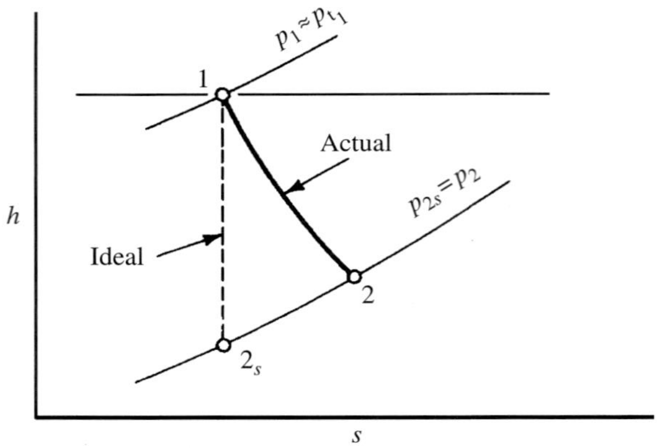

그림 5.12 손실이 있는 노즐의 h-s 선도

(입구 속도에 비해) 노즐 출구 속도가 매우 크기 때문에 일반적으로 거의 오차 없이 입구 속도는 무시할 수 있다. 그림 5.12로부터 이런 경우를 유추할 수 있다. 또한 **이상적인** 과정은 실제로 사용 가능한 수용기 압력으로 발생한다는 가정에 유의하자. 노즐이 고정된(입구 및 출구) 작동 압력을 받고 그 목적이 운동에너지를 생성하는 것이기 때문에 이러한 노즐 효율의 정의와 그 적용은 매우 합리적으로 보인다. 문제는 손실이 있을 때 출구 상태를 결정하기 위해 η_n을 얼마나 잘 그리고 얼마나 빨리 사용할 수 있느냐는 것이다.

예제 5.8

800°R, 80 psia에서 공기는 96%의 효율을 갖는 축소 노즐에 공급된다. 수용기 압력은 50 psia이다. 실제적인 노즐 출구 온도는 얼마인가?

$p_{rec}/p_{inlet} = 50/80 = 0.625 > 0.528$이므로 노즐은 초크되지 않는다. 유동은 출구에서 아음속이 되고, $p_2 = p_{rec}$이다(그림 5.12 참조).

$$\frac{p_{2s}}{p_{t2s}} = \frac{p_{2s}}{p_{t1}}\frac{p_{t1}}{p_{t2s}} = \left(\frac{50}{80}\right)(1) = 0.625$$

표로부터

$$M_2 \approx 0.85, \qquad \frac{T_{2s}}{T_{t2s}} = 0.8737$$

$$T_{2s} = \frac{T_{2s}}{T_{t2s}}\frac{T_{t2s}}{T_{t1}}T_{t1} = (0.8737)(1)(800) = 699^\circ\text{R}$$

$$\eta_n = \frac{T_1 - T_2}{T_1 - T_{2s}}, \quad 0.96 = \frac{800 - T_2}{800 - 699}$$

$$T_2 = 703^{\circ}\text{R} \ (\text{또는} \ 390.5\,\text{K})$$

실제적인 출구 속도를 구할 수 있는가?

노즐 성능 표현의 또 다른 방법은 다음과 같은 **속도계수**(velocity coefficient)를 사용하는 것이다.

$$C_v \equiv \frac{\text{Actual outlet velocity}}{\text{Ideal outlet velocity}} \tag{5.50}$$

간혹 **배출계수**(discharge coefficient)가 사용되고 다음과 같이 정의된다.

$$C_d \equiv \frac{\text{Actual mass flow rate}}{\text{Ideal mass flow rate}} \tag{5.51}$$

[압축성 유동에서 C_d는 1차원이 아니기 때문에 1.0보다 다소 크다.]

5.9 디퓨저 성능

노즐 효율의 공통적인 사용으로 많은 엔지니어가 이 매개변수를 잘 이해할 수 있지만, 디퓨저에 보편적으로 사용되는 단일 매개변수는 없다. 디퓨저 성능을 나타내기 위해 거의 12가지 기준이 제안되었다(참고문헌 25의 Vol. 1, 392쪽 참조). 몇몇 기준은 매우 보편적이나 불행하게도 때로 다르게 정의되거나 다른 이름으로 불린다. 다음 논의는 그림 5.13에 도시한 *h–s* 선도에 관한 것이다.

항공우주산업의 추진 분야에서는 대부분 **전체압력 회복계수**를 디퓨저 성능을 측정하는 데 사용한다. 그림 5.13과 관련해서 다음과 같이 정의된다.

$$\boxed{\eta_r \equiv \frac{p_{t2}}{p_{t1}}} \tag{5.52}$$

이 함수는 면적비 A_1^*/A_2^*나 엔트로피 변화 Δs_{1-2}와 직접적으로 관계가 있다. 그런데 등가 손실

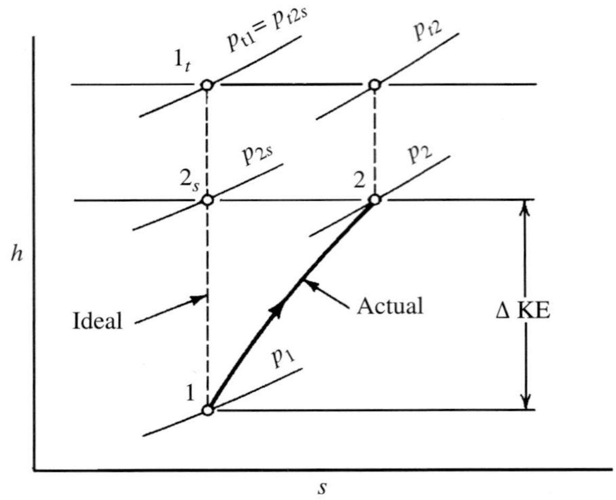

그림 5.13 손실이 있는 디퓨저의 *h*-*s* 선도

지표를 전에 소개한 적이 있다. 제12장의 추진 응용문제에서는 자유 유동 조건보다는 디퓨저 입구 조건을 일반적으로 더 사용한다.

노즐과 유사하게 디퓨저 효율을 정의하는 경우, 디퓨저 기능은 운동에너지를 압력에너지로 변환하는 것이다. 따라서 같은 운동에너지 변화를 나타내는 같은 두 엔탈피 수준 사이에 이상적이고 현실적인 과정을 비교하는 것이 논리적이다. 그러므로 **디퓨저 효율**의 적당한 정의는 다음과 같다.

$$\boxed{\eta_d \equiv \frac{\text{Actual pressure rise}}{\text{Ideal pressure rise}}} \tag{5.53}$$

또는 그림 5.13으로부터 다음과 같이 표현된다.

$$\eta_d \equiv \frac{p_2 - p_1}{p_{2s} - p_1} \tag{5.54}$$

기준이 의미하는 바에 대한 정확한 정의를 얻지 못한 상태에서 디퓨저 성능을 수치적으로 받아들이는 데는 극도로 주의해야 한다.

예제 5.9

정상유동, 650°R, 30 psia 공기가 Mach 수 0.8로 디퓨저로 흡입된다. 전체압력 회복계수 η_r $= 0.95$다. 단면에서의 $M = 0.15$일 경우, 출구에서의 정압과 정적온도를 구하시오.

그림 5.13을 참고하면

$$p_2 = \frac{p_2}{p_{t2}}\frac{p_{t2}}{p_{t1}}\frac{p_{t1}}{p_1}p_1 = (0.9844)(0.95)\left(\frac{1}{0.6560}\right)(30) = 42.8\,\text{psia} \quad (\text{또는 } 0.295\,\text{MPa})$$

$$T_2 = \frac{T_2}{T_{t2}}\frac{T_{t2}}{T_{t1}}\frac{T_{t1}}{T_1}T_1 = (0.9955)(1)\left(\frac{1}{08865}\right)(650) = 730^\circ\text{R} \quad (\text{또는 } 405.5\,\text{K})$$

5.10 $\gamma \neq 1.4$인 유동

이 절에서는 다음 몇몇 장처럼, Mach 수의 함수로서 하나 또는 그 이상의 중요한 매개변수 비율의 그래프 정보를 소개한다. 이것은 전체적인 추세를 보여주기 위한 다양한 비열비($\gamma = 1.13$, 1.4, 1.67)다. 또한 특정 Mach 수 범위 내에서 상온 및 상압($\gamma = 1.4$)의 공기에 대한 부록 G의 표는 범위의 중간을 나타내는 γ의 다른 값에 대해 충족하는 것으로 판명되었다.

그림 5.14는 p/p_t, T/T_t, A/A^*에서 $0.2 \le M \le 5$에 대한 곡선을 보여준다. 실제로 압축성 유동은 $M \ge 0.3$에서 잘 나타난다. 이 범위에서는 유동을 일정한 밀도로 취급할 수 있다(3.7절과 연습문제 4.3 참조). 게다가 극초음속 범위에 국한되려고 일부러 선택했다. 그런데 그것은 일반적으로 $M \ge 5$에서 고려된다. 그러나 제시된 간격은 압축성 유동에서 발생하는 많은 상황을 나타낸다. 그림 5.14의 곡선은 이러한 중요한 추세를 명확하게 보여준다.

a. 그림 5.14a로 알 수 있듯이, p/p_t가 γ 변화에 가장 덜 민감하다. $M \approx 2.5$ 이하에서 압력비는 부록 G에 있는 표에 의해 γ가 잘 표현된다.

b. 그림 5.14b는 γ 변화에 대해 압력비보다 T/T_t가 더 민감하다는 것을 보여준다. 그러나 $M \approx 0.8$ 이하에서 상대적으로 민감하지 않다는 것을 보여준다. 그래서 이 범위에서 부록 G의 값은 약간의 오차를 가지고 γ에 대해 사용된다.

c. 그림 5.14c에 나타낸 것처럼 동일하게 A/A^*에 대해서도 말할 수 있다. 그런데 $M \approx 1.5$ 이하에서 γ 변화는 상대적으로 민감하지 않다.

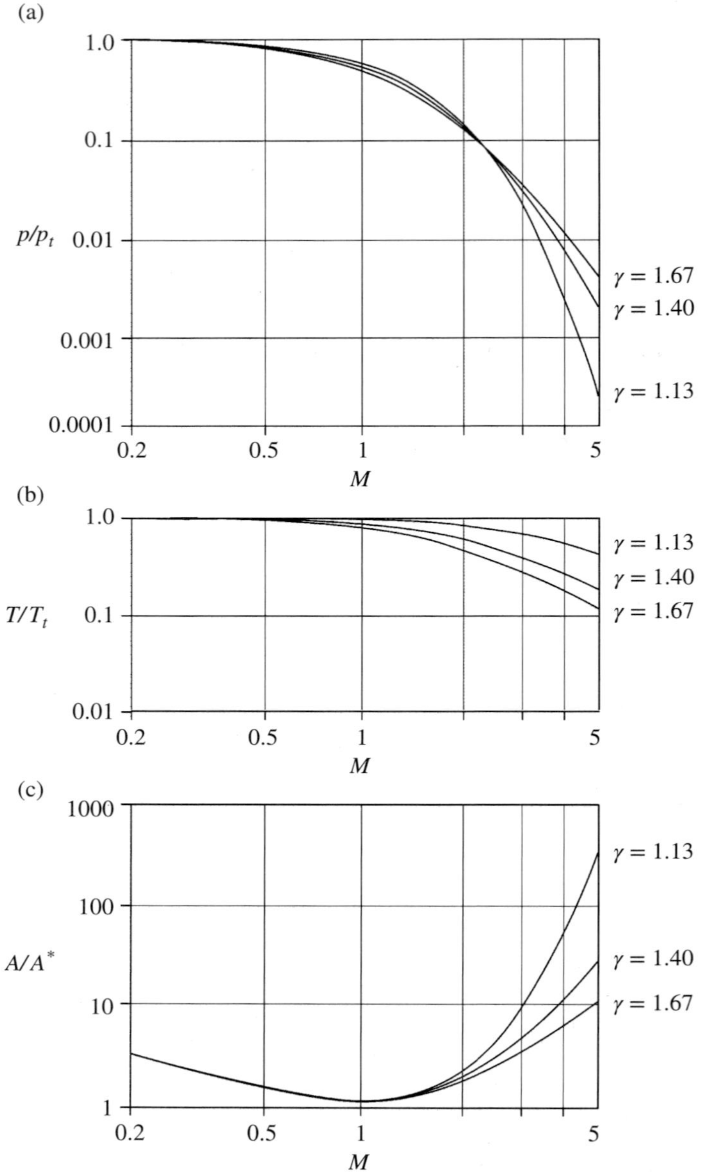

그림 5.14 다양한 γ 값에 대한 (a) 정체압력비 대 Mach 수, (b) 정체온도비 대 Mach 수, (c) 면적비(A/A^*) 대 Mach 수

요약하면, 부록 G에 있는 표는 거의 Mach 수 범위가 알려진 1.13과 1.67 사이에 있는 γ의 어떤 값에 대해서도 추정하여(±5% 이내) 사용된다. 엄밀하게 말하면, 이 곡선은 γ 변화가 **그 유동 안에서 무시될 수 있는** 경우에만 사용된다. 그러나 변화의 크기가 다른 경우에 어떻게 기대되는지를 암시한다. γ 변화를 **유동 내에서 무시하지 못하는** 경우는 제11장에서 다룬다.

5.11 표에 없는 경우

기체역학에서 표는 매우 유용하지만 다음과 같은 한계가 있다.

1. 추세나 '큰 그림'을 보여주지 못한다.
2. 거의 항상 내삽법이 사용된다.
3. γ 값에 대해 단지 하나 또는 고작 몇 개만 보여준다.
4. 꼭 필요한 정확도를 갖춘 것은 아니다.

더욱이 현대 디지털 컴퓨터는 특히 높은 정확도의 결과 및/또는 그래프 출력 또는 공유 및 보고가 필요한 경우 문제 해결에 상당한 진전을 이루었다. 간단히 말해서, 컴퓨터는 어려운(그리고 쉬운) 수치 계산을 하도록 프로그래밍될 수 있다. 이 책의 전 판에서는 의도적으로 (일부 상업적으로 이용 가능한) 기체역학 소프트웨어를 텍스트 자료에 통합하는 것을 피했고, 컴퓨터 작업을 개별 계산의 보조로 제시하는 것을 선호했다. 한 가지 이유는 독자가 기체역학의 놀라운 세계에 대해 배우는 데 더 많은 시간을 할애하길 바라기 때문이다. 프로그래밍을 어떻게 다루느냐가 아니다. 또 다른 이유는 컴퓨터와 패키지화된 소프트웨어 모두 너무 빨리 진화하기 때문에 많은 경우에서 특정 소프트웨어를 사용하기 위해 주의를 기울여야 하는 것으로 많은 시간을 낭비하기 때문이다. 그러나 이제 웹 브라우저가 있는 모든 최신 전자 장치에서 실행되는 제3판과 함께 기체역학 계산 프로그램(Gasdynamics Calculator)을 사용할 수 있다. 계산 프로그램의 표기법은 이 책의 표기법과 동일하며, 부록 G, H, I, J에 표시된 것보다 더 많은 기능을 표시한다. 또한 부록 D의 그래프를 보완하는 것 이상의 경사충격파에 대한 수치적 결과를 제공한다.

(**선택사항**) 그러나 기본 사항을 숙지한 후에는 컴퓨터 소프트웨어를 사용하여 특정 답을 얻을 수 있는 방법에 대해 논의하는 것이 적절하다고 생각한다(그리고 프로그래밍이 가능한 휴대용 계산기를 포함할 수 있다). 이 책에서는 어떻게 컴퓨터 유틸리티인 MAPLE을 이용하여 기체역학 문제를 해결하는 데 도움이 될 것인가를 논의한다. MAPLE은 기호, 수치, 그래픽 작업을 하는 것에 대한 유용한 컴퓨터 환경이다. 이것은 Waterloo Maple, Inc.의 제품이고, MAPLE은 2022년에 저작권 보호를 받는 가장 최신 버전이다. MAPLE은 미국에서 많은 학부생에게 공학 프로그램으로 널리 사용되고 있다. 다른 소프트웨어 또한 공과대학 교육과정에서 인기다. 특히 MATLAB은 MAPLE이 취급하는 것과 동등한 일을 할 수 있다. MATLAB의 진정한 장점은 선형방정식을 조절하고 표를 만들 수 있다는 것이다. 이런 장점에도 불구하고

MAPLE을 선택했다. 왜냐하면 MAPLE은 방정식을 기호적으로 조절할 수 있고, 우수한 그래픽 기능 때문이다. 저자들의 견해로는 이러한 장점이 MAPLE을 선호하게 된 이유다.

(선택사항) MAPLE이 어떻게 사용될 수 있는가를 제시하고 몇 가지 예를 보여주고자 한다. 경험이 있는 프로그래머는 이런 연습으로 더 발전할 수 있다. 이 절은 선택사항이다. 왜냐하면 기체역학 배움에 더 집중하고, 컴퓨터를 이용한 해법 개발에 나머지 시간을 소비하지 않기를 바라기 때문이다. 5.6절의 예제에 초점을 맞추었는데, 그 기술은 일반적으로 적용하기 위해 반드시 이해해야 한다.

예제 5.10

예제 5.6(a)에서 공식이나 p_{t1}과 T_{t1}의 표를 사용하여 계산할 수 있었다. 그러나 (b)의 A_2/A_2^*가 주어질 때 M_2를 직접 계산하는 것은 더 어렵다. 왜냐하면 M에 관해 명백히 풀 수 없는 식 (5.37)을 포함하기 때문이다.

$$\frac{A}{A^*}=\frac{1}{M}\left(\frac{1+[(\gamma-1)/2]M^2}{(\gamma+1)/2}\right)^{(\gamma+1)/2(\gamma-1)}=f(M,\gamma) \tag{5.37}$$

M_2가 주어진다면, A_2/A_2^*를 계산하는 것은 간단하다.

그러나 A_2/A_2^*가 주어지고, M_2를 구하고자 한다.

이것이 문제인데, MAPLE은 이럴 때 유용하게 사용된다. 왜냐하면 이런 형태의 문제를 쉽게 풀 수 있게 솔버(solver)가 내장되어 있기 때문이다.

처음으로, 몇 개의 기호를 정의하자.

$g \equiv \gamma$, 매개변수(비열비)

$X \equiv$ 독립변수(이 경우 M_2)

$Y \equiv$ 종속변수(이 경우 A_2/A_2^*)

아음속 유동과 초음속 유동을 구분하기 위해 지수 'm'을 소개할 필요가 있다.

$$m \equiv \begin{cases} 1\text{: 아음속 유동에 대한 값} \\ 10\text{: 초음속 유동에 대한 값} \end{cases}$$

정확한 MAPLE 워크시트의 사본을 아래에 소개한다.

```
[>g: =1.4:Y:=1.1028:m: =10:
[>fsolve(Y=(((1+(g-1)*(X^2)/2)/((g+1)/2)))^((g+1)/(2*(g-1)))/
     X, X, 1..m);
                              1.377333281              .
```

이것은 원하는 답이다.

여기서 MAPLE 해법의 세부사항을 논의해 보자. 이것을 잘 알고 있다면 다음 절로 넘어가도 좋다. 출력된 수치는 세미콜론으로 끝나는 "fsolve( )"로 실행 가능한 문장에서 요청했던 수치이기 때문에 *X*라고 가정해야 한다. 이것은 세미콜론으로 끝난다. 콜론으로 종료된 문도 실행되지만, 반환은 요청되지 않는다.

예제 5.11

이 문제를 계속해 보자. 이것은 MAPLE이 내삽법을 사용하지 않는 방법을 보여주는 좋은 기회다. 같은 워크시트에 있다면, MAPLE은 ***Y***와 ***X***의 값을 기억한다. 정체온도에 대한 정적비를 구하고, 이것은 기호 **Z**로 주어진다. 이 비율은 다음 식에 주어진다.

$$\frac{T}{T_t} = \frac{1}{1+[(\gamma-1)/2]M^2} = f(M,\gamma) \tag{5.39}$$

다음은 컴퓨터에서 사용하는 정확한 입력문과 프로그램이다.

```
[>X:=1.3773:
    [>Z:=1/(1+(g-1)*(X^2)/2);
                              Z:=.7249575776
```

이제 보통의 방법으로 정적온도를 구할 수 있다.

$$T_2 = \frac{T_2}{T_{t2}}\frac{T_{t2}}{T_{t1}}T_{t1} = (0.725)(1)(1405) = 1019^\circ\text{R}$$

정압(p_2)은 이런 비슷한 과정에 의하여 구할 수 있다.

5.12 요약

일반적인 단열 가변 단면적 구성을 분석한 결과 유동이 아음속인지 초음속인지에 따라 특성이 근본적으로 다르다는 것을 알아냈다. 완전기체의 경우, 유동 분석을 위한 간단한 작동방정식의 유도가 가능하다. 그리고 기준상태(*) 개념을 도입했다. 기준값(*)과 정체 기준상태의 조합은 등엔트로피 유동 표 작성으로 이어졌고, 이것은 문제 해를 구하는 데 많은 도움이 되었다. 등엔트로피 유동으로부터 편차는 적절한 손실계수나 효율 기준에 의해 다루어진다.

유용한 많은 방정식을 유도했으나 대부분 기억할 필요가 없는 형태다. 식 (5.10), (5.11), (5.13)은 가변 단면적 유동의 일반적인 분석에 사용된다. 그리고 이것은 5.3절 중간 부분에 요약되어 있다. 완전기체에 적용되는 작동방정식은 5.4절 끝부분에 식 (4.28), (5.21), (5.23), (5.25), (5.27), (5.28)로 요약되어 있다. 등엔트로피 유동 표를 위한 기초로 사용된 방정식은 (5.37), (5.39), (5.40), (5.42), (5.43)이고, 5.6절에 요약되어 있다.

다음은 가장 자주 사용되는 방정식을 정리한 것이다. 이 식들이 각각 사용되는 조건을 잘 알아야 한다. 이전의 요약에서 나열된 방정식, 특히 제4장을 복습하도록 하자.

1. $Q = W_s = 0$일 경우, 완전기체의 정상상태, 1차원 유동

$$\frac{p_{t2}}{p_{t1}} = e^{-\Delta s/R} \tag{4.28}$$

$$\frac{A_2^*}{A_1^*} = e^{\Delta s/R} \tag{5.29}$$

$$p_{t1}A_1^* = p_{t2}A_2^* \tag{5.35}$$

2. 노즐 성능

(동일 압력에서)노즐 효율:

$$\eta_n \equiv \frac{\Delta\ \mathrm{KE_{actual}}}{\Delta\ \mathrm{KE_{ideal}}} = \frac{h_1 - h_2}{h_1 - h_{2s}} \qquad (5.45),\ (5.49)$$

3. 디퓨저 성능

전체압력 회복계수:

$$\eta_r \equiv \frac{p_{t2}}{p_{t1}} \tag{5.52}$$

또는 (동일 엔탈피에서) 디퓨저 효율:

$$\eta_d \equiv \frac{\text{Actual pressure rise}}{\text{Ideal pressure rise}} = \frac{p_2 - p_1}{p_{2s} - p_1} \tag{5.53), (5.54}$$

연습문제

5.1 다음 정보는 문제 (a), (b)에 공통으로 적용된다. 질소 유동이 통과하는 확대면은 $A_1 = 1.5\ \text{ft}^2$이고 $A_2 = 4.5\ \text{ft}^2$이다. 정상상태이고, 1차원 유동, $Q = W_s = 0$, 위치 변화는 무시, 손실은 없다고 가정한다.

(a) $M_1 = 0.7$이고 $p_1 = 70$ psia일 때, M_2와 p_2를 구하시오.

(b) $M_1 = 1.7$이고 $T_1 = 95°\text{F}$일 때, M_2와 T_2를 구하시오.

5.2 공기가 단면적 $A_1 = 0.50\ \text{m}^2$인 축소면에 유입된다. 하류 단면적 $A_2 = 0.25\ \text{m}^2$, $M_2 = 1.0$, $\Delta s_{1-2} = 0$이고, $p_2 > p_1$이다. 초기 Mach 수(M_1)와 온도비(T_2/T_1)를 구하시오.

5.3 다음과 같은 초기조건을 갖는 단열 장치에 산소가 흐르고 있다. $p_1 = 30$ psia, $T_1 = 750°\text{R}$, $V_1 = 639$ ft/sec. 단면적 변화는 $A_1 = 6\ \text{ft}^2$에서 $A_2 = 5\ \text{ft}^2$이다.

(a) M_1, p_{t1}, T_{t1}을 구하시오.

(b) 이 장치는 노즐인가 디퓨저인가?

(c) 손실이 없을 때, M_2, p_2, T_2를 구하시오.

5.4 공기가 $T_1 = 250$ K, $p_1 = 3$ bar abs., $p_{t1} = 3.4$ bar abs., 그리고 단면적 $A_1 = 0.40\ \text{m}^2$에 흐르고 있다. $A_2 = 0.30\ \text{m}^2$인 점에서 유동은 등엔트로피다. 단면 2에서의 온도를 구하시오.

5.5 단열시스템을 통과하는 정상상태의 공기유동에 대해 알려진 정보는 다음과 같다.

단면 1: $T_1 = 556°\text{R}$, $p_1 = 28.0$ psia

단면 2: $T_2 = 70°\text{F}$, $T_{t2} = 109°\text{F}$, $p_2 = 18.0$ psia

(a) M_2, V_2, p_{t2}를 구하시오.

(b) M_1, V_1, p_{t1}을 구하시오.

(c) 단면적비 A_2/A_1을 계산하시오.

(d) T–s 선도와 함께 시스템의 물리적 도표를 스케치하시오.

5.6 일이 없는 단열시스템 내에 있는 완전기체 유동을 가정하자. 정체조건의 음속(a_t)과 Mach 수가 1인 음속(a^*)의 비를 다음 식으로 나타낼 수 있음을 보이시오.

$$\frac{a^*}{a_t} = \left(\frac{2}{\gamma+1}\right)^{1/2}$$

5.7 일산화탄소가 단열시스템을 통해 흐르고 있다. $M_1 = 4.0$이고 $p_{t1} = 45$ psia이다. 하류점에서 $M_2 = 1.8$이고 $p_2 = 7.0$ psia이다.

(a) 이 시스템에서 손실이 있는가? 만약 있다면, Δs를 구하시오.

(b) 단면적비 A_2/A_1을 구하시오.

5.8 두 개의 벤츄리 미터가 지름 30 cm의 단열된 덕트 내부에 설치되어 있다(그림 P5.8). 음속 유동은 각 노즐 목마다 존재한다(즉, $M_1 = M_4 = 1.0$). 각 벤츄리에서는 등엔트로피이지만, 덕트 연결부는 마찰이 있고, 단면 2와 단면 3 사이에서는 손실이 발생한다. $p_1 = 3$ bar abs.이고, $p_4 = 2.5$ bar abs.이다. 만약에 단면 1의 지름이 15 cm이고, 작동유체가 공기일 때 다음을 구하시오.

(a) 덕트 연결부의 Δs

(b) 단면 4의 지름

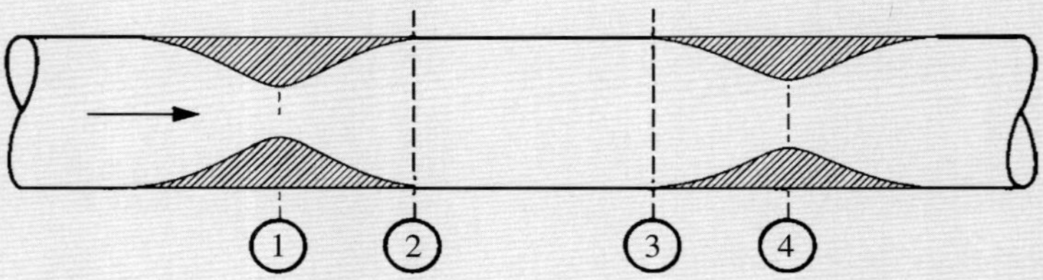

그림 P5.8

5.9 식 (2.30)의 질량유량 관계식으로부터 다음 식을 유도하시오[식 (5.44a)].

$$\frac{\dot{m}}{A} = M\left(1 + [(\gamma-1)/2]M^2\right)^{-(\gamma+1)/2(\gamma-1)} \left(\frac{\gamma g_c}{R}\right)^{1/2} \frac{p_t}{\sqrt{T_t}}$$

5.10 큰 챔버의 측면에 부드러운 3 in. 지름의 구멍이 뚫려 있다. 챔버는 500°R, 150 psia의 공기로 채워져 있다. 마찰이 없는 유동이라고 가정한다.

(a) 주위 압력이 15.0 psia라면, 챔버의 초기 질량유량을 구하시오.

(b) 주위 압력이 0까지 낮아진다면 유량은 어떻게 되는가?

(c) 챔버 압력이 300 psia까지 증가한다면 유량은 어떻게 되는가?

5.11 450K, 1.5×10^5 N/m^2 조건에서 큰 챔버가 질소로 채워져 있다. 출구면적이 30 cm^{2}인 축소 노즐을 통해 질소가 챔버에서 배출된다. 주위 압력은 1×10^5 N/m^{2}이고 손실은 없다.

(a) 노즐 출구에서 질소의 속도는 얼마인가?

(b) 질량유량은 얼마인가?

(c) 주위 압력까지 낮아지면 얻을 수 있는 최대 유량은 얼마인가?

5.12 효율이 96%인 축소 노즐이 있다. 150 psia, 750°R 공기는 무시할 수 있는 속도로 주입된다. 수용기 압력은 100 psia이다. 실제 출구온드, Mach 수, 속도는 얼마인가?

5.13 큰 챔버에 80 psia, 600°R 공기가 채워져 있다. 공기는 면적비 3.0인 축소-확대 노즐을 통해 주입된다.

(a) 첫 번째 임계점에서 노즐이 작동하기 의한 수용기 압력은 얼마인가?

(b) 세 번째 임계점에서의 수용기 압력은 얼마인가?

(c) 세 번째 임계점에서 작동된다면, 노즐 출구면에서 공기밀도와 속도는 얼마인가?

5.14 공기가 20 bar abs., 40°C에서 축소-확대 노즐에 주입된다. 노즐 끝단 압력은 2.0 bar abs.이다. 마찰이 없는 단열과정이라고 가정하고, 노즐 목의 면적은 20 cm^2이다.

(a) 노즐 출구 단면적은 얼마인가?

(b) 질량유량을 kg/s로 구하시오.

5.15 축소-확대 노즐이 Mach 수 2.25인 출구에서 작동하기 위해 설계되었다. 노즐은 15.0 psia, 600°R인 공기 챔버에서 공급받아 14.7 psia인 실내로 배출한다. 손실은 무시할 수 있다고 가정하고, 노즐 목에서의 속도를 계산하시오.

5.16 축소-확대 노즐(그림 P5.16)은 정압이 15 psia인 수용기로 공기를 배출한다. 1 ft^2의 덕트는 100 psia, 800°R의 공기를 노즐에 공급하고, 속도는 Mach 수로 $M_1 = 0.3$이다. 출구 면적은 노즐 출구의 압력이 수용기 압력과 정확히 일치하게 되어 있다. 정상상태, 1차원 유동, 완전기체라고 가정하고, 노즐은 단열상태이고 손실은 없다.

(a) 유량을 구하시오.

(b) 노즐 목 단면적을 구하시오.

(c) 출구 단면적을 구하시오.

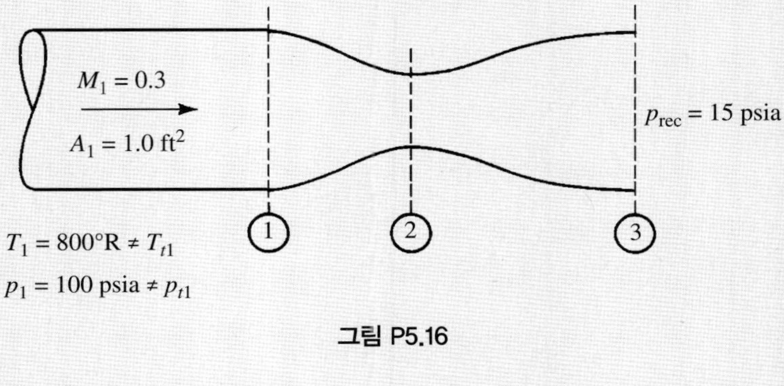

그림 P5.16

5.17 단열시스템에서 공기가 10 kg/s로 흐르고 있다. 한 단면에서 압력은 2.0×10^5 N/m²이다. 온도는 650°C이고, 면적은 50 cm²이다. 하류면에서 $M_2 = 1.2$이다.

(a) 시스템의 일반적 형태를 스케치하시오.

(b) 유동 마찰이 없을 경우, A_2를 구하시오.

(c) 두 단면 사이에 42 J/kg-K의 엔트로피 변화가 있을 때, A_2를 구하시오.

5.18 일산화탄소가 100 psia, 540°F에서 단열적으로 확장된다. 축소-확대 노즐을 통과하는 속도는 무시할 수 있고, 압력은 20 psia이다.

(a) 이상적인 출구 Mach 수는 얼마인가?

(b) 실제 출구 Mach 수가 $M = 1.6$이라면, 노즐의 효율은 얼마인가?

(c) 유동에 대한 엔트로피 변화는 얼마인가?

(d) 이상적인 과정과 실제 과정에서의 T–s 선도를 그리고, 관련 온도, 압력 등을 표기하시오.

5.19 공기가 $T_1 = 22$°C, $p_1 = 10$ bar abs., $V_1 \approx 0$의 상태로 축소-확대 노즐에 흡입된다. 출구 Mach 수는 2.0이고, 출구 단면적은 0.25 m²이고, 노즐 효율은 0.95다.

(a) 출구에서의 실제 값은 얼마인가?

(b) 출구에서 이상적인 Mach 수는 얼마인가?

(c) 모든 손실은 노즐 확대부에서 발생한다고 가정하고, 노즐 목 단면적을 구하시오.

(d) 질량유량은 얼마인가?

5.20 디퓨저에 500°R, 18 psia, 750 ft/sec의 속도를 갖는 공기가 흡입된다. 디퓨저 효율은 90%[식 (5.54)에서 정의]이고, 150 ft/sec의 속도로 공기가 배출된다.

(a) 배출 공기의 압력은 얼마인가?

(b) 식 (5.52)에서 주어진 전체압력 회복계수는 얼마인가?

(c) 디퓨저의 면적비는 얼마인가?

5.21 (**선택사항**) 축 일이 없는 수평계를 통과하는 정상상태, 1차원 유동의 완전기체를 고려해 보자. 마찰손실은 없고, 단면적 변화와 열전달 영향은 유동이 일정한 온도를 갖게 한다.

(a) 압력-에너지 방정식을 이용하여 다음을 유도하시오.

$$\frac{p_2}{p_1} = e^{(\gamma/2)\left(M_1^2 - M_2^2\right)}$$

$$\frac{p_{t2}}{p_{t1}} = e^{(\gamma/2)\left(M_1^2 - M_2^2\right)} \left(\frac{1 + [(\gamma-1)/2]\, M_2^2}{1 + [(\gamma-1)/2]\, M_1^2}\right)^{\gamma/(\gamma-1)}$$

(b) 연속방정식을 이용하여 다음을 증명하시오.

$$\frac{A_1}{A_2} = \frac{M_2}{M_1} e^{(\gamma/2)\left(M_1^2 - M_2^2\right)}$$

(c) M_1은 임의의 Mach 수이고, $M_2 = 1.0$이다. A/A^*에 대한 수식을 유도하시오. 최소 단면적 지점에서 $M = 1/\sqrt{\gamma}$임을 증명하시오.

5.22 열전달이 없거나 축 일이 없는 수평계를 통과하는 정상상태, 1차원 유동의 완전기체를 고려한다. 마찰손실이 있고, 단면적 변화는 유동이 일정한 Mach 수를 갖게 한다.

(a) 4.6절의 논의를 상기해 보고, 이 유동에서 일정한 값을 유지하는 물성값은 무엇인가?

(b) 연속방정식 및 운동량방정식 개념을 적용하여 다음 식을 유도하시오.

$$D_2 - D_1 = \frac{fM^2\gamma}{4}(x_2 - x_1)$$

단, 원형 덕트이고 일정한 마찰계수를 갖는다고 가정한다.

5.23 작동되는 초음속 노즐은 출구에서 Mach 수가 2.8인 공기를 전달한다고 가정한다. 입구 조건은 180 psia, 1000°R, 그리고 0에 근접한 Mach 수를 갖는다.

(a) 면적비 A_3/A_2와 단위 노즐 목 면적당 질량유량을 구하시오.

(b) 수용기 압력과 온도는 얼마인가?

(c) 노즐의 전체 확대 부분이 갑자기 분리된다면, 새로운 출구에서의 Mach 수와 $\dot{m}/A$는 얼마인가?

5.24 (**선택사항**) 컴퓨터 프로그램을 작성하고, $\gamma \neq 1.4$에 대한 등엔트로피 유동 매개변수 표를 만드시오(유용한 값으로 $\gamma = 1.2$, 1.3, 1.67을 고려한다). 다음 표제를 사용하시오: M, p/p_t, T/T_t, ρ/ρ_t, A/A^*(**힌트**: MATLAB을 사용할 것).

이해력 시험

이 장의 자료를 참조하지 않고 테스트를 완료할 수 있어야 한다.

5.1 기준조건(*)을 정의하시오.

5.2 단열, 일이 없는 유동, 손실은 세 가지 다른 매개변수에 의해 표현될 수 있다. 이러한 매개변수를 나타내고, 서로 어떤 관계가 있는지 서술하시오.

5.3 T–s 선도(그림 CT5.3)에서 점 1은 정체조건을 나타낸다. 1에서 등엔트로피 과정으로, 유동이 1*에서 Mach 수, $M = 1.0$이 되었다. 점 2는 같은 유동 시스템 내의 다른 정체조건으로 표현된다. 유체는 완전기체라고 가정하고, 등겐트로피 2*의 위치를 정하고 T_2^*가 T_1^* 보다 더 큰지, 같은지 아니면 작은지 증명하시오.

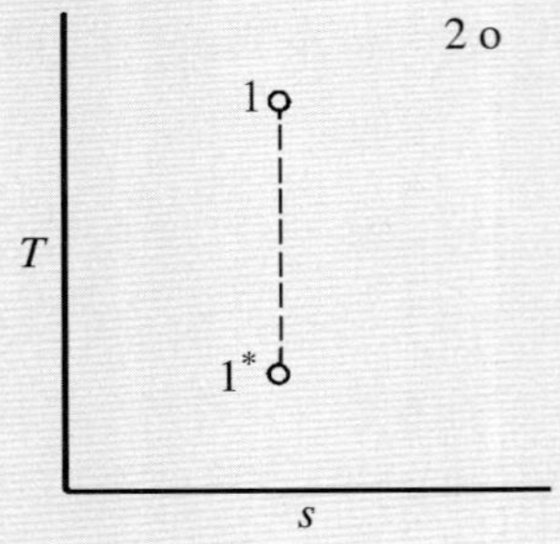

그림 CT5.3

5.4 큰 챔버로부터 초음속 노즐로 작동유체가 공급되고, 출구 Mach 수는 $M=3.0$이다(그림 CT5.4). 0에서 3.0까지 Mach 수가 증가함에 따라 노즐을 통하는 물성값은 어떻게 변하는지 곡선으로 보이게 스케치하시오.

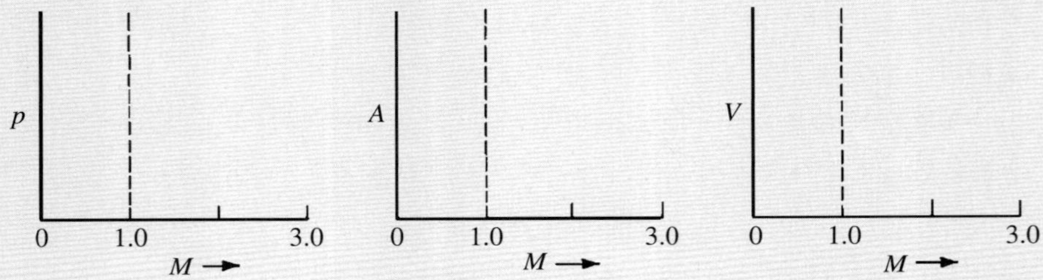

그림 CT5.4

5.5 노즐 효율에 대한 정의를 엔탈피를 이용하여 적당히 정의하시오. 상태점을 확인하기 위해 h–s 선도를 그리시오.

5.6 공기가 단면적비 1.50을 갖는 축소-확대 노즐을 통해 손실 없이 정상적으로 흐르고 있다. 공급 챔버 내의 조건은 $\boldsymbol{T}=500°\text{R}$, $\boldsymbol{p}=150$ psia이다.

(a) 유동을 초킹시키기 위해 압력은 수용기보다 낮아야 하는가?

(b) 노즐이 초킹될 경우, 노즐 목에서의 밀도와 속도를 구하시오.

(c) (a)에서 구한 압력이 수용기 압력일 때, 노즐 확대 부분이 제거될 경우 출구 Mach 수는 얼마인가?

5.7 일이 없는 단열시스템에서 정상상태, 1차원 유동의 완전기체가 갖는 두 지점의 온도 사이에서 일 관계식을 유도하시오.

$$\frac{T_2}{T_1}=f(M_1,M_2,\gamma)$$

5.8 연습문제 5.20의 해를 구하시오.

Chapter 6

고정 수직충격파

6.1 서론

지금까지 연속 유동, 즉 상태 변화가 지속해서 발생하고 과정을 쉽게 식별하고 도식적으로 처리할 수 있는 유동 시스템만을 고려했다. 4.3절에서 다룬 **무한소**(infinitesimal) 압력 교란은 음파라고 불리며, 이는 매질과 열역학적 상태에 의해 결정되는 특징적인 속도로 이동한다는 내용을 상기하자. 제6장과 제7장에서는 자주 접하는 몇 가지 **유한한**(finite) 압력 교란에 주목한다. 유한한 압력 교란은 유체 물성의 큰 변화를 동반하지만, 이러한 교란의 두께는 매우 작다. 일반적인 두께는 몇 개의 평균자유분자행로와 같고 거시적으로는 유동의 **불연속성**(discontinuities)으로 나타나며 **충격파**(shock waves)라고 불린다.

복잡한 상호작용으로 인해 충격파 내의 변화에 대한 미시적 분석은 이 책의 범위를 벗어난다. 따라서 불연속성의 각 면에 존재하는 특성만 다룬다. 먼저 유동 방향에 수직인 정지 파동인 **고정 수직충격파**(standing normal shock)를 고려한다. 이 현상이 초음속유동이 존재할 때만 발견되는 이유와 실제로 압축 과정의 한 형태라는 것을 발견할 것이다. 기체역학의 기본 개념을 적용하여 임의 유체의 충격파를 분석하고 완전기체에 대한 작동방정식을 학습한다. 이 절차는 표 형식의 정보를 수집하여 문제 해법을 단순화한다. 이 장은 초음속 노즐의 확대부에서 발견되는 충격파에 대한 논의로 마무리된다.

Fundamentals of Gas Dynamics, Third Edition. Robert D. Zucker and Oscar Biblarz.

Companion website: www.wiley.com/go/zucker/gas

6.2 학습목표

이 장을 성공적으로 배우고 나면 다음 작업을 수행할 수 있다.

1. 정상상태의 충격파를 분석하는 데 사용된 가정을 나열할 수 있다.
2. 정상상태, 1차원 유동에 대한 연속방정식, 에너지방정식 및 운동량방정식과 검사체적 분석을 이용하여 임의 유체에 대한 수직충격파의 각 측면 특성 간의 관계를 도출할 수 있다.
3. (**선택사항**) 임의 유체에 대한 기본 충격파 방정식으로 시작하여 Mach 수(M)와 비열비(γ)의 함수로서 고정 수직충격파의 각 측면에 대한 완전기체 관련 특성 비율에 대한 작동방정식을 유도할 수 있다.
4. (**선택사항**) 완전기체에 대한 작동방정식이 주어지면 고정 수직충격파 전후의 Mach 수 사이에 고유한 관계가 존재해야 함을 서술할 수 있다.
5. (**선택사항**) 충격파 이전의 Mach 수로만 충격파에 대한 속성 비율을 제공하는 수직충격파 표를 어떻게 활용할 수 있는지 설명할 수 있다.
6. 정압 및 정체압력, 정적온도 및 정체온도, 속도와 같은 관련 기능을 나타내는 T–s 선도에 수직충격파 **과정**을 그릴 수 있으며, 충격파 전과 후로 앞서 설명한 각 기능을 표시할 수 있다.
7. **팽창 충격파**가 존재할 수 없는 이유를 설명할 수 있다.
8. 초음속 노즐 작동의 **두 번째 임계값**을 설명할 수 있다. 축소-확대 노즐의 단면적 비율이 주어지면 두 번째 임계점에서 작동을 일으키는 작동 압력 비율을 결정할 수 있다.
9. 축소-확대 노즐이 첫 번째 임계점과 두 번째 임계점 사이에서 어떻게 작동하는지 설명할 수 있다.
10. 표와 방정식을 사용하여 일반적인 고정 수직충격파 문제를 해결할 수 있다.

6.3 충격파 분석: 일반유체

그림 6.1은 가변 단면적 영역에서의 고정된 수직충격파를 보여준다. 먼저 충격파 영역과 충격파 각 측면에 있는 무한소 유체를 포함하는 검사체적을 설정한다. 이러한 방식으로 충격파 전반에 걸쳐 발생하는 물성값 변화만 다룬다. 충격파 두께가 너무 얇아서(약 10^{-6} m) 앞에서 설

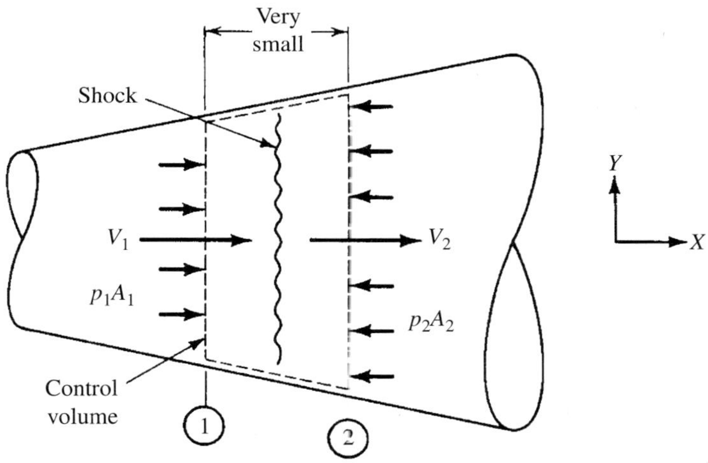

그림 6.1 충격파 분석을 위한 검사체적

명한 방식으로 선택한 검사체적이 x 방향으로 매우 얇다는 것을 인식하는 것이 중요하다. 이를 통해 분석하는 데 오류를 발생시키지 않고 다음과 같은 단순화를 수행할 수 있다.

1. 충격파 전후 유동 단면적은 같다고 볼 수 있다.
2. 벽과의 접촉면이 거의 없어 마찰 효과를 생략할 수 있다.

다음 가정하에서 연속방정식, 에너지방정식, 운동량방정식의 기본 개념을 적용하는 것으로 시작한다.

1차원 정상유동	
단열	$\delta q = 0$ 또는 $ds_e = 0$
축 일 없음	$\delta w_s = 0$
위치에너지 무시	$dz = 0$
단면적 일정	$A_1 = A_2$
벽면 전단력 무시	

연속방정식

$$\dot{m} = \rho A V \tag{2.30}$$

$$\rho_1 A_1 V_1 = \rho_2 A_2 V_2 \tag{6.1}$$

그러나 단면적은 일정해서 다음 식으로 나타낼 수 있다.

$$\boxed{\rho_1 V_1 = \rho_2 V_2} \tag{6.2}$$

에너지방정식

다음 식으로부터 시작한다.

$$h_{t1} + q = h_{t2} + w_s \tag{3.19}$$

단열상태이며, 일이 없으므로 다음 식으로 나타낼 수 있다.

$$h_{t1} = h_{t2} \tag{6.3}$$

또는

$$\boxed{h_1 + \frac{V_1^2}{2g_c} = h_2 + \frac{V_2^2}{2g_c}} \tag{6.4}$$

운동량방정식

정상상태 1차원 유동에 대한 운동량방정식의 x성분은 다음과 같다.

$$\sum F_x = \frac{\dot{m}}{g_c}\left(V_{\mathrm{out}_x} - V_{\mathrm{in}_x}\right) \tag{3.46}$$

그림 6.1에 적용하면 다음과 같다.

$$\sum F_x = \frac{\dot{m}}{g_c}\left(V_{2x} - V_{1x}\right) \tag{6.5}$$

그림 6.1에서 힘의 합이 다음과 같음을 알 수 있다.

$$\sum F_x = p_1 A_1 - p_2 A_2 = (p_1 - p_2) A \tag{6.6}$$

따라서 유동 방향의 운동량방정식은 다음과 같다.

$$(p_1-p_2)A=\frac{\dot{m}}{g_c}(V_2-V_1)=\frac{\rho AV}{g_c}(V_2-V_1) \tag{6.7}$$

$\dot{m}$을 ρAV로 쓰면 양변의 단면적을 소거할 수 있다. 이제 남은 ρV는 $\rho_1 V_1$ 또는 $\rho_2 V_2$[식 (6.2) 참조]로 쓸 수 있으며, 식 (6.7)은 다음과 같다.

$$p_1-p_2=\frac{\rho_2 V_2^2-\rho_1 V_1^2}{g_c} \tag{6.8}$$

또는

$$\boxed{p_1+\frac{\rho_1 V_1^2}{g_c}=p_2+\frac{\rho_2 V_2^2}{g_c}} \tag{6.9}$$

일반적인 임의 유체에 대한 **세 가지** 지배 방정식: (6.2), (6.4), (6.9)를 다루었다. 일반적인 문제는 다음과 같다. 충격파 이전의 작동유체와 조건을 알고 충격파 이후에 존재할 조건을 예측하는 것이다. 미지의 매개변수가 **네 개**(ρ_2, p_2, h_2, V_2)이기 때문에 문제의 해를 구하기 위한 추가 정보가 필요하다. 빠진 정보는 관련된 작동유체의 물성 관계식 형태로 주어진다. 일반 유체(완전기체가 아님)의 경우 이는 최신 디지털 컴퓨터가 잘 처리할 수 있는 반복 유형의 해로 이어진다.

6.4 완전기체의 유동방정식

6.3절에서 일반적인 수직충격파 문제가 네 개의 미지수를 가지고 있음을 확인하였으며, 이는 세 가지 지배 방정식(연속, 에너지, 운동량방정식 개념)과 물성 관계식의 추가 정보를 사용하여 구할 수 있다. 완전기체의 경우 이러한 추가 정보는 상태방정식과 일정한 비열을 갖는다는 가정 조건 형태로 제공된다. 이제 Mach 수와 비열비를 이용한 작동방정식을 유도한다.

연속방정식

6.3절에서 다룬 연속방정식으로부터 시작한다.

$$\rho_1 V_1=\rho_2 V_2 \tag{6.2}$$

완전기체 상태방정식의 밀도로 대체한다.

$$p = \rho RT \tag{1.16}$$

그리고 식 (4.10)과 (4.11)의 속도는 다음과 같다.

$$V = Ma = M\sqrt{\gamma g_c RT} \tag{6.10}$$

연속방정식은 이제 다음과 같이 쓸 수 있음을 보여준다.

$$\frac{p_1 M_1}{\sqrt{T_1}} = \frac{p_2 M_2}{\sqrt{T_2}} \tag{6.11}$$

에너지방정식

6.3절에서 다음 관계식을 유도했다.

$$h_{t1} = h_{t2} \tag{6.3}$$

그러나 완전기체로 제한되기 때문에 엔탈피는 온도만의 함수이므로 다음 식으로 표현할 수 있다.

$$T_{t1} = T_{t2} \tag{6.12}$$

제4장에서 다룬 비열이 일정한 완전기체를 상기할 때 다음 식을 이용할 수 있다.

$$T_t = T\left(1 + \frac{\gamma - 1}{2}M^2\right) \tag{4.18}$$

따라서 고정된 수직충격파에 대한 에너지방정식은 다음과 같다.

$$T_1\left(1 + \frac{\gamma - 1}{2}M_1^2\right) = T_2\left(1 + \frac{\gamma - 1}{2}M_2^2\right) \tag{6.13}$$

운동량방정식

유동 방향의 운동량방정식은 다음과 같다.

$$p_1 + \frac{\rho_1 V_1^2}{g_c} = p_2 + \frac{\rho_2 V_2^2}{g_c} \tag{6.9}$$

상태방정식 (1.16)의 밀도와 식 (6.10)의 속도를 대체하면 다음 식을 얻는다.

$$p_1 + \left(\frac{p_1}{RT_1}\right)\left(\frac{M_1^2 \gamma g_c R T_1}{g_c}\right) = p_2 + \left(\frac{p_2}{RT_2}\right)\left(\frac{M_2^2 \gamma g_c R T_2}{g_c}\right) \tag{6.14}$$

그리고 운동량방정식은 다음과 같다.

$$p_1\left(1+\gamma M_1^2\right) = p_2\left(1+\gamma M_2^2\right) \tag{6.15}$$

고정 수직충격파에 대한 지배 방정식은 이제 완전기체에 대해 단순화되었으며 편의를 위해 다음과 같이 요약할 수 있다.

$$\frac{p_1 M_1}{\sqrt{T_1}} = \frac{p_2 M_2}{\sqrt{T_2}} \tag{6.11}$$

$$T_1\left(1+\frac{\gamma-1}{2}M_1^2\right) = T_2\left(1+\frac{\gamma-1}{2}M_2^2\right) \tag{6.13}$$

$$p_1\left(1+\gamma M_1^2\right) = p_2\left(1+\gamma M_2^2\right) \tag{6.15}$$

이 방정식에는 7개의 변수가 포함된다.

$$\gamma,\ p_1,\ M_1,\ T_1,\ p_2,\ M_2,\ T_2$$

기체가 식별되면 γ를 알 수 있으며, 충격파 이전의 주어진 상태에서 p_1, M_1, T_1이 정해진다. 따라서 식 (6.11), (6.13), (6.15)는 충격파 후 미지수인 p_2, M_2, T_2를 구하는 데 충분하다.

접하게 될 모든 충격파 문제에 대한 해결책의 세부사항을 고심하기보다는 지금 당장 완전히 해결해 보자. 위 방정식을 결합하고 주어진 정보의 관점에서 M_2에 대한 표현을 유도한다. 먼저 식 (6.11)을 다음과 같이 다시 표기한다.

$$\frac{p_1 M_1}{p_2 M_2} = \sqrt{\frac{T_1}{T_2}} \tag{6.16}$$

그리고 식 (6.13)은 다음과 같다.

$$\sqrt{\frac{T_1}{T_2}} = \left(\frac{1+[(\gamma-1)/2]\,M_2^2}{1+[(\gamma-1)/2]\,M_1^2}\right)^{1/2} \tag{6.17}$$

또한 식 (6.15)는 다음과 같다.

$$\frac{p_1}{p_2} = \frac{1+\gamma M_2^2}{1+\gamma M_1^2} \tag{6.18}$$

그런 다음 식 (6.17)과 (6.18)을 식 (6.16)에 대입한다.

$$\left(\frac{1+\gamma M_2^2}{1+\gamma M_1^2}\right)\frac{M_1}{M_2} = \left(\frac{1+[(\gamma-1)/2]\,M_2^2}{1+[(\gamma-1)/2]\,M_1^2}\right)^{1/2} \tag{6.19}$$

이 시점에서 M_2는 M_1 및 γ만의 함수다. 이에 대해 자명해는 $M_1 = M_2$이며, 이는 충격파가 없는 변질된 사례를 나타낸다. 자명한 해를 구하기 위해 식 (6.19)를 제곱한 후 교차 곱하고 그 결과를 M_2^2의 2차 방정식 형태로 정렬한다.

$$A\left(M_2^2\right)^2 + BM_2^2 + C = 0 \tag{6.20}$$

여기서 A, B, C는 M_1과 γ의 함수다. 상당한 동기가 있는 경우에만 이 2차 방정식의 해가 다음과 같다는 것을 보여주는 데 필요한 지루한 대수학을 수행해야 한다(또는 컴퓨터 프로그램을 사용하려면 6.9절 참조).

$$\boxed{M_2^2 = \frac{M_1^2 + 2/(\gamma-1)}{[2\gamma/(\gamma-1)]\,M_1^2 - 1}} \tag{6.21}$$

일반적인 충격파 문제의 경우 충격파 후 Mach 수는 식 (6.21)을 사용하여 계산되며 T_2와 p_2는 식 (6.13)과 (6.15)를 이용하여 쉽게 구할 수 있다. 그림을 완성하기 위해 전체 압력 p_{t1}과 p_{t2}는 일반적인 방식으로 계산할 수 있다. M_1은 초음속이므로 M_2는 항상 아음속이 될 것이며 일반적인 문제는 그림 6.2의 T–s 선도에 나와 있다.

끝점 1과 2(충격파 전후)는 잘 정의된 상태이지만 충격파 내에서 발생하는 변화는 일반적인 열역학적 의미에서 평형 과정을 따르지 않는다. 이러한 이유로 충격파 **과정**은 일반적으로 점선 또는 구불구불한(wiggly) 선으로 표시된다. 점 1과 2가 T–s 선도에 위치하면 충격파 과정에 엔트로피 변화(증가)가 관련되어 있음을 즉시 알 수 있다. 이에 대해서는 다음 절에서 더 자세히 설명한다.

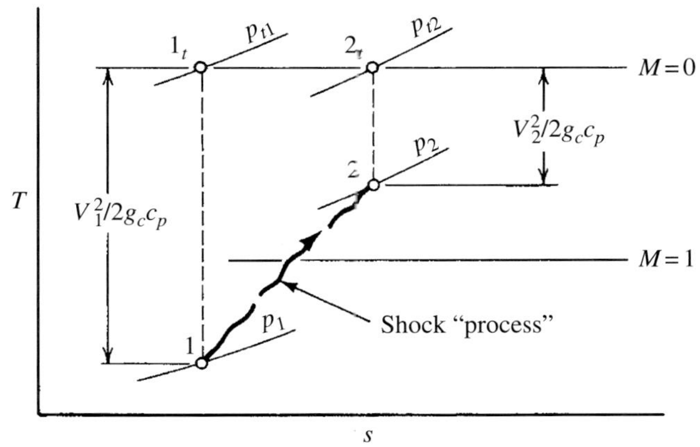

그림 6.2 전형적인 수직충격파의 T-s 선도

예제 6.1

헬륨이 Mach 수 1.80으로 흐르고 수직충격파가 발생한다. 충격파 전후의 압력비를 구하시오.

식 (6.21)을 사용하여 충격파 후 Mach 수를 구하고 식 (6.15)를 사용하여 압력비를 구할 수 있다.

$$M_2^2 = \frac{M_1^2 + 2/(\gamma - 1)}{[2\gamma/(\gamma-1)]\, M_1^2 - 1} = \frac{(1.8)^2 + 2/(1.67-1)}{[(2\times 1.67)/(1.67-1)](1.8)^2 - 1} = 0.411$$

$$M_2 = 0.641$$

$$\frac{p_2}{p_1} = \frac{1+\gamma M_1^2}{1+\gamma M_2^2} = \frac{1+(1.67)(1.8)^2}{1+(1.67)(0.411)} = 3.80$$

6.5 수직충격파 표

수직충격파에 들어가는 특정 조건 세트를 가진 주어진 유체에 대해 충격파 후에 발생할 수 있는 조건이 하나뿐이라는 것을 발견했다. 완전기체로 처리할 수 없는 작동유체일 때 반복해를 얻을 수 있는 반면, 완전기체의 경우 명시적인 해를 얻을 수 있다. 후자의 경우 식 (6.21)을 이용하여 주어진 입구 Mach 수 M_1에 대해 출구 Mach 수 M_2를 산출하고 이전의 모든 방정식에서 M_2를 제거할 수 있으므로 추가로 더 단순화할 수 있다.

예를 들어, 식 (6.13)을 온도비로 풀 수 있다.

$$\frac{T_2}{T_1} = \frac{1 + [(\gamma - 1)/2]\, M_1^2}{1 + [(\gamma - 1)/2]\, M_2^2} \tag{6.22}$$

식 (6.21)을 사용하여 M_2를 제거하면 결과는 다음과 같다.

$$\frac{T_2}{T_1} = \frac{\{1 + [(\gamma - 1)/2]\, M_1^2\}\{[2\gamma/(\gamma - 1)]\, M_1^2 - 1\}}{\left[(\gamma + 1)^2/2(\gamma - 1)\right] M_1^2} \tag{6.23}$$

유사하게, 식 (6.15)는 압력비로 풀 수 있다.

$$\frac{p_2}{p_1} = \frac{1 + \gamma M_1^2}{1 + \gamma M_2^2} \tag{6.24}$$

식 (6.21)을 사용하여 M_2를 제거하면 다음 식을 얻는다.

$$\frac{p_2}{p_1} = \frac{2\gamma}{\gamma + 1} M_1^2 - \frac{\gamma - 1}{\gamma + 1} \tag{6.25}$$

매우 끈기가 있다면(그리고 대수적인 해를 구하거나 컴퓨터를 이용하고 싶다면) 식 (6.23)과 (6.25)의 전개를 수행할 수 있다. 또한 이를 결합하여 밀도비를 구할 수 있다.

$$\frac{\rho_2}{\rho_1} = \frac{(\gamma + 1)\, M_1^2}{(\gamma - 1)\, M_1^2 + 2} \tag{6.26}$$

각각 M_1 및 γ 함수로 다른 비율을 구할 수 있다. 예를 들어, 다음 식에 의해

$$p_t = p\left(1 + \frac{\gamma - 1}{2} M^2\right)^{\gamma/(\gamma - 1)} \tag{4.21}$$

다음과 같이 쓸 수 있다.

$$\frac{p_{t2}}{p_{t1}} = \frac{p_2}{p_1}\left(\frac{1 + [(\gamma - 1)/2]\, M_2^2}{1 + [(\gamma - 1)/2]\, M_1^2}\right)^{\gamma/(\gamma - 1)} \tag{6.27}$$

압력비 p_2/p_1은 다음과 같은 결과로 식 (6.25)에 의해 소거될 수 있다.

$$\frac{p_{t2}}{p_{t1}} = \left(\frac{[(\gamma + 1)/2]\, M_1^2}{1 + [(\gamma - 1)/2]\, M_1^2}\right)^{\gamma/(\gamma - 1)} \left[\frac{2\gamma}{\gamma + 1} M_1^2 - \frac{\gamma - 1}{\gamma + 1}\right]^{1/(1 - \gamma)} \tag{6.28}$$

식 (6.28)은 정체압 비율이 식 (4.28)을 통해 엔트로피 변화와 관련되기 때문에 매우 중요하다.

$$\frac{p_{t2}}{p_{t1}} = e^{-\Delta s/R} \tag{4.28}$$

사실 식 (4.28)과 (6.28)을 결합하여 M_1과 γ 함수로 Δs에 대한 명시적 관계를 얻을 수 있다.

주어진 유체(γ 값이 주어지면)에 대해 식 (6.23), (6.25), (6.26), (6.28)은 입력 Mach 수의 함수로만 물성비를 표현할 수 있다. 이는 특정 γ에 대해 M_1보다는 M_2, T_2/T_1, p_2/p_1, ρ_2/ρ_1, p_{t2}/p_{t1} 등의 값을 제공하는 표를 쉽게 구성할 수 있음을 의미한다. 이러한 수직충격파 매개변수 표는 부록 H에 나와 있다. 이 표는 다음 예제에서처럼 문제 해결에 큰 도움이 된다.

예제 6.2

유체는 공기이며 완전기체로 취급될 수 있다. 충격파 전의 조건이 $M_1 = 2.0$, $p_1 = 20$ psia, $T_1 = 500$ °R인 경우, 충격파 후의 조건과 충격파 전후의 엔트로피 변화를 구하시오.

먼저 등엔트로피 표를 사용하여 p_{t1}을 계산한다.

$$p_{t1} = \frac{p_{t1}}{p_1} p_1 = \left(\frac{1}{0.1278}\right)(20) = 156.5 \text{ psia}$$

$M_1 = 2.0$일 때 수직충격파 표에서 다음을 찾는다.

$$M_2 = 0.57735, \quad \frac{p_2}{p_1} = 4.5000, \quad \frac{T_2}{T_1} = 1.6875, \quad \frac{p_{t2}}{p_{t1}} = 0.72087$$

따라서

$$p_2 = \frac{p_2}{p_1} p_1 = (4.5)(20) = 90 \text{ psia} \quad (\text{또는 } 0.620\,\text{MPa})$$

$$T_2 = \frac{T_2}{T_1} T_1 = (1.6875)(500) = 844°\text{R} \quad (\text{또는 } 469\,\text{K})$$

$$p_{t2} = \frac{p_{t2}}{p_{t1}} p_{t1} = (0.72087)(156.5) = 112.8\,\text{psia} \quad (\text{또는 } 0.777\,\text{MPa})$$

또는 등엔트로피 표를 사용하여 p_{t2}를 계산할 수 있다.

$$p_{t2} = \frac{p_{t2}}{p_2} p_2 = \left(\frac{1}{0.7978}\right)(90) = 112.8 \text{ psia}$$

엔트로피 변화를 계산하기 위해 식 (4.28)을 사용한다.

$$\frac{p_{t2}}{p_{t1}} = 0.72087 = e^{-\Delta s/R}$$

$$\frac{\Delta s}{R} = 0.3273$$

$$\Delta s = \frac{(0.3273)(53.3)}{778} = 0.0224 \text{ Btu/lbm-°R} \quad (\text{또는 } 93.79 \text{ J/kg-K})$$

지배 방정식에 관한 한 예제 6.2의 문제는 완전히 역전될 수 있다는 점은 흥미롭다. 문제를 $M_1 = 0.577$, $p_1 = 90$ psia, $T_1 = 844$ °R로 변경하고 그 결과 $M_2 = 2.0$, $p_2 = 20$ psia, $T_2 = 500$°R로 변경하면, 연속방정식 (6.11), 에너지방정식 (6.13), 운동량방정식 (6.15)의 기본 관계를 완전히 만족시킴을 알 수 있다. 그러나 후자의 경우 엔트로피 변화가 **음수**(−)가 될 수 있다. 이 경우 단열상태이며 일이 없는 시스템에 대한 열역학 제2법칙을 분명히 위반하게 됨을 알 수 있다.

예제 6.2 및 그에 수반되는 논의는 충격파 현상이 단방향 과정(즉, 비가역)임을 명확히 보여준다. 이것은 항상 압축 충격파이며, 수직충격파의 경우 유동은 항상 충격파 전에는 초음속이고 충격파 후에는 아음속이다. 표에서 M_1이 증가할수록 압력, 온도 및 밀도비가 증가하여 더 강한 충격파(또는 압축)가 나타남을 알 수 있다. 또한 M_1이 증가할수록 p_{t2}/p_{t1}이 감소하므로 엔트로피 변화가 증가한다. 따라서 **충격파 강도가 증가할수록 손실도 증가한다.**

예제 6.3

공기는 온도와 압력이 각각 300 K와 2 bar abs.이다. 868 m/s의 속도로 흐르고 있으며 수직충격파가 발생한다. 충격파 전후의 밀도를 구하시오.

$$\rho_1 = \frac{p_1}{RT_1} = \frac{2 \times 10^5}{(287)(300)} = 2.32 \text{ kg/m}^3$$

$$a_1 = (\gamma g_c R T_1)^{1/2} = [(1.4)(1)(287)(300)]^{1/2} = 347 \text{ m/s}$$

$$M_1 = \frac{V_1}{a_1} = \frac{868}{347} = 2.50$$

충격파 표로부터 다음을 얻을 수 있다.

$$\frac{\rho_2}{\rho_1} = \frac{p_2 T_1}{p_1 T_2} = (7.125)\left(\frac{1}{2.1375}\right) = 3.333$$

$$\rho_2 = 3.3333\rho_1 = (3.3333)(2.32) = 7.73\,\text{kg/m}^3 \quad (\text{또는 } 0.483\,\text{lbm/ft}^3)$$

예제 6.4

산소는 그림 E6.4에 표시된 축소 구역으로 유입되고 출구에서 수직충격파가 발생한다. 입구 Mach 수는 2.8이고 단면적비는 $A_1/A_2 = 1.7$이다. 전체 정적온도비 T_3/T_1을 구하시오. 단, 모든 마찰손실은 무시한다.

$$\frac{A_2}{A_2^*} = \frac{A_2}{A_1}\frac{A_1}{A_1^*}\frac{A_1^*}{A_2^*} = \left(\frac{1}{1.7}\right)(3.5001)(1) = 2.06$$

따라서 $M_2 \approx 2.23$이며, 충격파 표로부터 다음을 얻을 수 있다.

$$M_3 = 0.5431, \qquad \frac{T_3}{T_2} = 1.8835$$

$$\frac{T_3}{T_1} = \frac{T_3}{T_2}\frac{T_2}{T_{t2}}\frac{T_{t2}}{T_{t1}}\frac{T_{t1}}{T_1} = (1.8835)(0.5014)(1)\frac{1}{0.3894} = 2.43$$

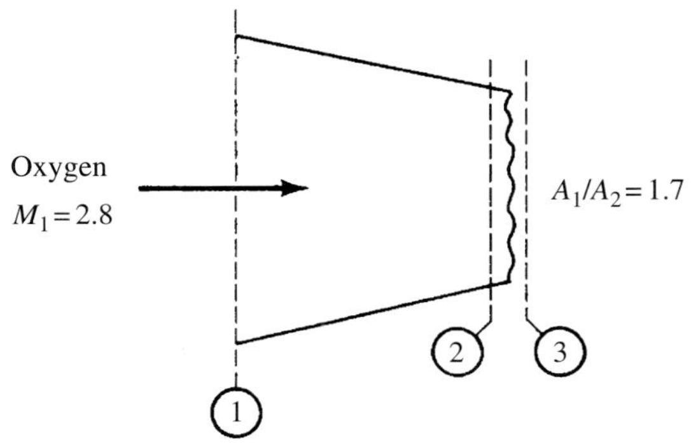

그림 E6.4

또한 여기에서 제7장에서 사용하기 위해 고정 수직충격파에서 속도 변화에 대한 관계를 유도할 수 있다. 다음 기본 연속방정식으로부터 시작한다.

$$\rho_1 V_1 = \rho_2 V_2 \tag{6.2}$$

식 (6.26)으로부터의 밀도 관계식을 이용한다.

$$\frac{V_2}{V_1} = \frac{\rho_1}{\rho_2} = \frac{(\gamma - 1) M_1^2 + 2}{(\gamma + 1) M_1^2} \tag{6.29}$$

그리고 양변에서 1을 빼면 다음 식으로 표현할 수 있다.

$$\frac{V_2 - V_1}{V_1} = \frac{(\gamma - 1) M_1^2 + 2 - (\gamma + 1) M_1^2}{(\gamma + 1) M_1^2} \tag{6.30}$$

$$\frac{V_2 - V_1}{M_1 a_1} = \frac{2\left(1 - M_1^2\right)}{(\gamma + 1) M_1^2} \tag{6.31}$$

$$\boxed{\frac{V_1 - V_2}{a_1} = \left(\frac{2}{(\gamma + 1)}\right)\left(\frac{M_1^2 - 1}{M_1}\right)} \tag{6.32}$$

이는 단순히 M_1과 γ 함수인 또 다른 변수이므로 $\Delta V/a_1$로서 수직충격파 표에 추가되었다. 특정 유형의 문제를 해결하기 위한 유용성은 제7장에서 명백해질 것이다.

6.6 노즐에서의 충격파

5.7절에서 축소-확대 노즐의 등엔트로피 작동에 대해 논의했다. 이 유형의 노즐은 특정 **단면적 비율**, 즉 노즐 목 단면적에 대한 출구 단면적비에 의해 물리적으로 구별된다는 것을 상기하자. 또한 유량 조건은 **작동 압력비**, 즉 흡입구 정체압과 수용기 압력비에 의해 결정된다. 두 가지 중요한 임계 압력비를 확인했다. 첫 번째 임계점을 초과하는 압력비에 대해 노즐은 막히지 않고 아음속 유동으로 흐른다(일반적인 벤츄리 작동). 첫 번째 임계점은 축소 구역과 확대 구역 모두에서 아음속이지만 목에서 Mach 수 1.0으로 초킹유동을 나타낸다. 세 번째 임계점은 축소 구역의 아음속 유동과 확대 구역의 초음속 유동으로 설계조건에서의 작동을 나타낸다. 이는 또한 목에서 Mach 수 1.0의 초킹유동을 나타낸다. 첫 번째와 세 번째 임계점은 다음과 같은 특성을 가진다. (1) 전체에 걸친 엔트로피 유동, (2) 목에서 Mach 수 1, (3) 수용기 압력과 같은 출구 압력을 갖는 유일한 작동 구역이다.

아음속 유동이 출구에 있을 때 출구 압력이 수용기 압력과 같아야 한다는 것을 상기하자. 첫 번째 임계점의 압력비보다 약간 낮은 압력비를 부과하는 것은 **등엔트로피**(isentropic) 유동이 출구에서 압력 평형의 경계조건을 충족하는 방법이 없다는 어려움을 야기한다. 그러나 노즐 내에서 발생하는 **비등엔트로피**(non-isentropic) 유동 조정을 방지할 수 있는 것은 없다. 내부

조정은 항상 엔트로피 변화를 포함하는 것으로 알려진 고정 수직충격파 형태를 취한다.

압력비가 첫 번째 임계점 아래로 내려가면서 수직충격파는 목 바로 하류에 형성된다. 충격파 후 유동이 아음속이고 단면적이 증가하기 때문에 **노즐**의 나머지 부분은 이제 디퓨저 역할을 한다. 충격파는 충격파 전, 충격파 전후 및 충격파 하류에서 발생하는 압력 변화가 **출구 압력과 정확히 일치하는** 압력을 생성하는 위치에 존재하게 된다. 즉, **작동 압력비가 노즐 위치와 충격파 강도를 결정한다**. 이 작동 형태의 예는 그림 6.3에 나와 있다. 압력비가 더 낮아질수록 충격파는 출구 쪽으로 계속 이동한다. 충격파가 출구면에 위치할 때, 이 상태를 **두 번째 임계점**이라고 한다.

유체 점성으로 인해 항상 존재하는 경계층 영향을 무시해 왔다. 이러한 효과는 때때로 **람다 충격파**(lambda shocks)로 알려진 것을 유발한다. 실제 유동은 우리가 설명하는 이상화한 것보다 약간 더 복잡한 경우가 많다는 것을 이해하는 것이 중요하다.

작동 압력비가 두 번째 임계점과 세 번째 임계점 사이에 있을 경우 노즐 **외부**에서 압축이

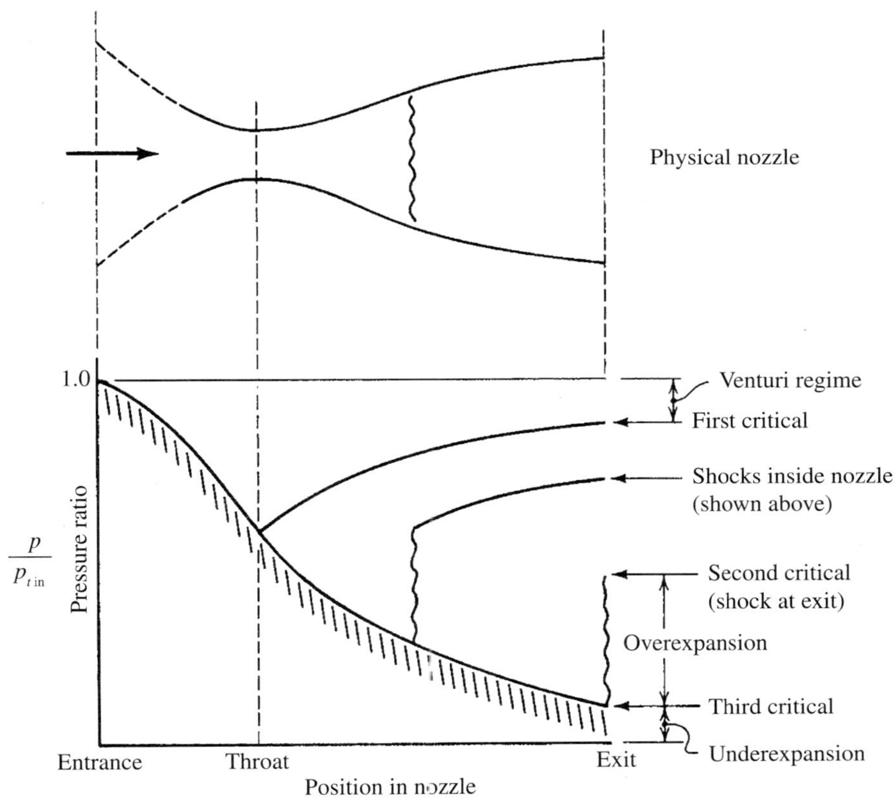

그림 6.3 DeLaval 노즐의 작동 모드

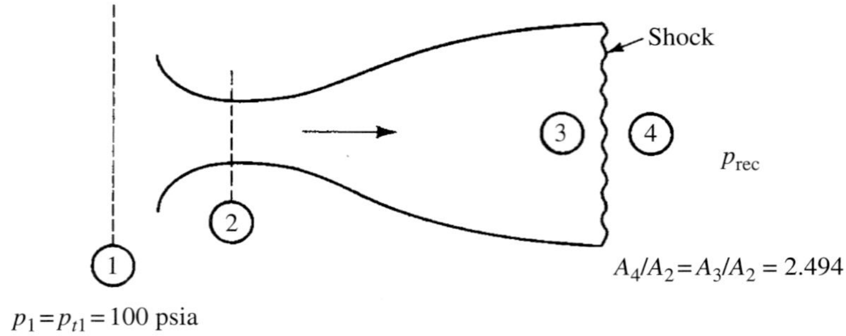

그림 6.4 두 번째 임계점에서의 작동

발생한다. 이를 **과대팽창**(overexpansion)(즉, 유동이 노즐 내에서 너무 멀리 팽창한 경우)이라고 한다. 수용기 압력이 세 번째 임계점보다 낮으면 노즐 **외부**에서 팽창이 발생한다. 이 상태를 **과소팽창**(underexpansion)이라고 한다. 적절한 배경을 다룬 후 제7장과 제8장에서 이러한 조건을 학습한다.

지금은 첫 번째 임계점과 두 번째 임계점 사이의 작동 영역을 다루고 있다. 5.7절에서 사용한 것과 같은 노즐 및 흡입구 조건으로 한다. 노즐은 2.494의 단면적비를 가지며, 대형 탱크로부터 100 psia와 600°R 공기가 공급된다. 따라서 유입 조건은 본질적으로 정체상태다. 이러한 고정 입구 조건의 경우, 이전에 96.07 psia(작동 압력비 0.9607)의 수용기 압력이 첫 번째 임계점을 식별하고 6.426 psia(작동 압력비 0.06426)가 세 번째 임계점에 존재한다는 것을 발견했다.

두 번째 임계점에서 작동하려면 얼마의 수용기 압력이 필요한가? 그림 6.4는 이러한 조건을 보여주며, 충격파까지 전체 노즐이 설계조건 또는 세 번째 임계조건에서 작동하고 있음을 인식해야 한다.

$A/A^* = 2.494$일 때 등엔트로피 유동 표에서 다음을 얻는다.

$$M_3 = 2.44 \text{ 와 } \quad \frac{p_3}{p_{t3}} = 0.06426$$

$M_3 = 2.44$일 때 수직충격파 표에서 다음을 얻는다.

$$M_4 = 0.5189 \text{ 와 } \quad \frac{p_4}{p_3} = 6.7792$$

그리고 작동 압력 비율은 다음과 같다.

$$\frac{p_{rec}}{p_{t1}} = \frac{p_4}{p_{t1}} = \frac{p_4}{p_3}\frac{p_3}{p_{t3}}\frac{p_{t3}}{p_{t1}} = (6.7792)(0.06426)(1) = 0.436$$

또한 $p_1 = p_{t1} = 100$ psia일 때,

$$p_4 = p_{rec} = 43.6 \text{ psia}$$

따라서 단면적비가 2.494인 축소-확대 노즐의 경우 0.9607과 0.436 사이의 작동 압력비는 노즐의 확대 부분 어딘가에 수직충격파를 유발한다.

작동 압력 비율이 0.60이라고 가정하자. 질문은 다음과 같다. 충격파는 어디에서 발생하는가? 이 상황은 그림 6.5와 같다. 이용할 수 있는 두 가지 정보만을 활용하고 이 정보로부터 해결책을 구해야 하는데, 다음을 알고 있다.

$$\frac{A_5}{A_2} = 2.494 \text{ 와} \qquad \frac{p_5}{p_{t1}} = 0.60$$

또한 모든 손실이 충격파에서 발생한다고 가정할 수 있으며 $M_2 = 1.0$을 알고 있다. 또한 유동을 T–s 선도로 시각화하는 것이 도움이 될 수 있으며, 이는 그림 6.6에 나와 있다. 충격파까지는 손실이 없으므로 다음을 알 수 있다.

$$A_2 = A_1^*$$

따라서 다음과 같다.

$$\frac{A_5}{A_2}\frac{p_5}{p_{t1}} = \frac{A_5}{A_1^*}\frac{p_5}{p_{t1}} \tag{6.33}$$

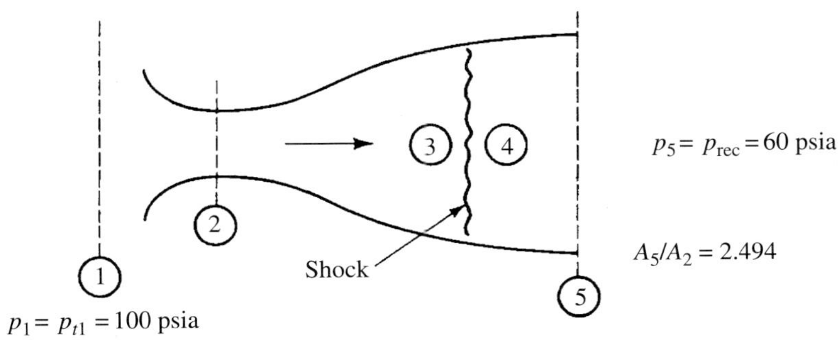

그림 6.5 확대부에 수직충격파가 있는 DeLaval 노즐

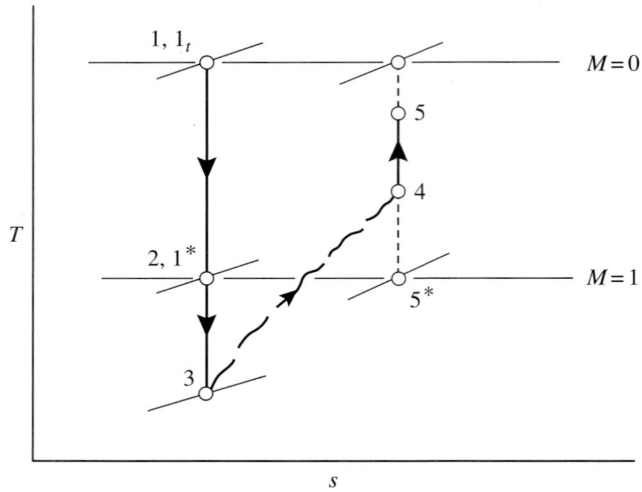

그림 6.6 수직충격파가 있는 DeLaval 노즐의 T–s 선도(물리적 상황은 그림 6.5 참조)

또한 식 (5.35)를 통해 완전기체이고 단열이며, 일이 없는 유동의 경우도 알 수 있다.

$$A_1^* p_{t1} = A_5^* p_{t5} \tag{6.34}$$

따라서 다음과 같다.

$$\frac{A_5}{A_1^*}\frac{p_5}{p_{t1}} = \frac{A_5}{A_5^*}\frac{p_5}{p_{t5}}$$

요약하면 다음과 같다.

$$\frac{A_5}{A_2}\frac{p_5}{p_{t1}} = \frac{A_5}{A_1^*}\frac{p_5}{p_{t1}} = \frac{A_5\,p_5}{A_5^*\,p_{t5}}$$

known

$$(2.494)\,(0.6) = 1.4964 \tag{6.35}$$

주어진 정보를 모든 유사한 위치 아래 첨자가 있는 식으로 표기했다. 5.6절 식 (5.43)에서 pA/p_tA^* 비가 M과 γ의 단순한 함수이므로 등엔트로피 유동 표에 나열된다는 것을 보여주었다. 표에서 확인하면 출구 Mach 수가 $M_5 \approx 0.38$임을 알 수 있다.

충격파의 위치를 알기 위해서는 다음 압력비를 구해야 한다.

$$\frac{p_{t5}}{p_{t1}} = \frac{p_{t5}}{p_5}\frac{p_5}{p_{t1}} = \left(\frac{1}{0.9052}\right)(0.6) = 0.664$$

($\frac{p_{t5}}{p_5}$: $M = 0.38$일 때 등엔트로피 유동 표로부터, $\frac{p_5}{p_{t1}}$: 주어진 값)

모든 손실이 충격파에 걸쳐 발생한다고 가정하기 때문에 다음과 같다.

$$p_{t5} = p_{t4} \text{ 와 } \quad p_{t1} = p_{t3}$$

따라서 다음과 같다.

$$\frac{p_{t4}}{p_{t3}} = \frac{p_{t5}}{p_{t1}} = 0.664$$

충격파 전후의 전체압력비를 알면 수직충격파 표에서 $M_3 \approx 2.12$를 확인할 수 있고, 등엔트로피 유동 표에서 Mach 수가 약 $A_3/A_3^* = A_3/A_2 = 1.869$의 단면적 비율로 발생한다는 것을 알 수 있다.

축소-확대 노즐(단면적비가 주어진 경우)과 첫 번째 임계점과 두 번째 임계점 사이의 작동 압력비가 주어진다면, 확대 구역에서 수직충격파의 위치와 강도를 결정하는 것은 간단한 문제다.

예제 6.5

축소-확대 노즐의 단면적비는 3.50이다. 설계 외 조건에서 출구 Mach 수는 0.3으로 관측된다. 이 상황을 발생시키기 위한 작동 압력비는 얼마인가?

M_3 = 0.3의 경우 그림 6.5의 구역 번호 방식을 사용하여 다음과 같이 계산한다.

$$\frac{p_5 A_5}{p_{t5} A_5^*} = 1.9119$$

$$\frac{p_5}{p_{t1}} = \frac{p_5 A_5}{p_{t5} A_5^*}\left(\frac{p_{t5} A_5^*}{p_{t1} A_1^*}\right)\frac{A_1^* A_2}{A_2 A_5} = (1.9119)(1)(1)\left(\frac{1}{3.50}\right) = 0.546$$

이제 충격파 위치와 Mach 수를 구할 수 있는가?

예제 6.6

공기가 전체 단면적비가 1.76인 축소-확대 노즐로 유입된다. 수직충격파는 목 단면적의 1.19배인 구역에서 발생한다. 모든 마찰손실을 무시하고 작동 압력 비율을 구하시오. 그림 6.5에 표시된 번호 방식을 사용한다.

$A_3/A_2 = 1.19$에 대한 등엔트로피 유동 표로부터 $M_3 = 1.52$.

충격파 표로부터 $M_4 = 0.6941$, $p_{t4}/p_{t3} = 0.9233$.

$$\frac{A_5}{A_5^*} = \frac{A_5}{A_2}\frac{A_2}{A_4}\frac{A_4}{A_4^*}\frac{A_4^*}{A_5^*} = (1.76)\left(\frac{1}{1.19}\right)(1.0988)(1) = 1.625$$

따라서 $M_5 \approx 0.389$.

$$\frac{p_5}{p_{t1}} = \frac{p_5}{p_{t5}}\frac{p_{t5}}{p_{t4}}\frac{p_{t4}}{p_{t3}}\frac{p_{t3}}{p_{t1}} = (0.9007)(1)(0.9233)(1) = 0.832$$

6.7 초음속 풍동장치

초음속 유동의 시험 영역을 구성하려면 축소-확대 노즐이 필요하다. 경제적으로 작동시키기 위해 노즐 시험 영역을 지나 축소-확대 영역이 있어야 한다. 이 구성은 유동 분석에서 몇 가지 흥미로운 문제를 제시한다. 이러한 풍동을 작동시키는 것은 두 번째 임계점 이상의 압력비에서 노즐이 작동되는 또 다른 예다. 그림 6.7은 작동 시 발생하는 **역압력구배**(unfavorable) 작동조건을 갖는 일반적인 터널을 보여준다. 이 상황에 대한 간단한 분석이 필요하다.

배기 장치가 시동이 되면 압력이 감소하고 터널을 통과하는 유동이 생성된다. 초기 유동은 전체적으로 아음속이지만, 출력 세팅이 증가하면 배기 장치는 압력을 더욱 강하시키고 노즐 목(구역 2)이 초킹될 때까지 유량을 증가시킨다. 이 시점에서 노즐은 첫 번째 임계 상태에서 작동된다. 출력이 더욱 증가하면 목 바로 하류에서 수직충격파가 발생하며, 터널 압력이 지속해서 감소하면 노즐 확대부를 따라 충격파가 빠르게 이동하여 시험 영역을 지나 디퓨저로 전달된다. 그림 6.8은 **순압력구배**(favorable) **조건**이라고 불리는 일반적인 주행 조건을 보여준다.

시험 영역에 있는 충격파를 보여주는 그림 6.7로 돌아가 보자. 이 경우 유동 시스템 전체에서 Mach 수 변화가 표시된다. 이는 충격파가 가능한 최대 Mach 수에서 발생하므로 손실이

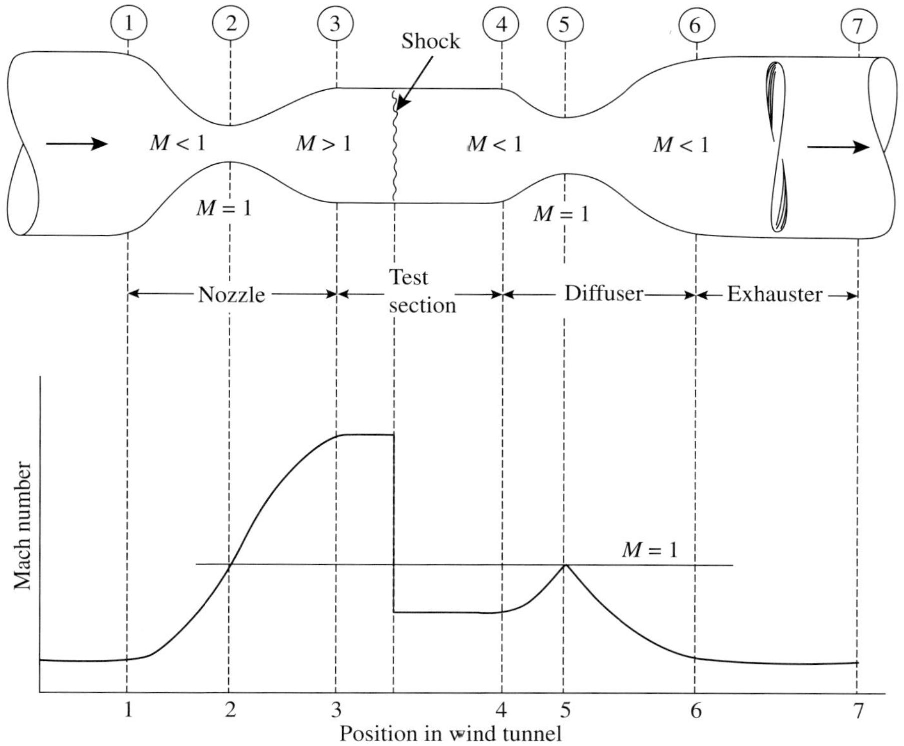

그림 6.7 시동 시 Mach 수 변화가 수반되는 초음속 풍동

가장 크기 때문에 **역압력구배 조건**이라고 한다. 또한 디퓨저 목(단면 5)의 크기가 이 조건에 맞아야 한다는 점을 지적할 수 있다. 이를 어떻게 검증할 수 있는지 살펴보자.

관계식 $p_t A* =$ 일정을 상기하면, 다음 식으로 표기할 수 있다.

$$p_{t2}A_2^* = p_{t5}A_5^*$$

그러나 Mach 수 1이 (초기 기동 시)단면 2와 단면 5에 모두 존재하기 때문에 다음과 같다.

$$A_2 = A_2^*, \qquad A_5 = A_5^*$$

따라서 최종적으로 다음과 같다.

$$p_{t2}A_2 = p_{t5}A_5 \tag{6.36}$$

충격파 손실(기타 마찰손실 포함)로 인해 $p_{t5} < p_{t2}$이므로 A_5가 A_2보다 커야 한다. 시험 영역에서의 설계 Mach 수를 알면 이 불리한 조건에서 충격파 강도가 수정되고 A_5는 식 (6.36)을 이

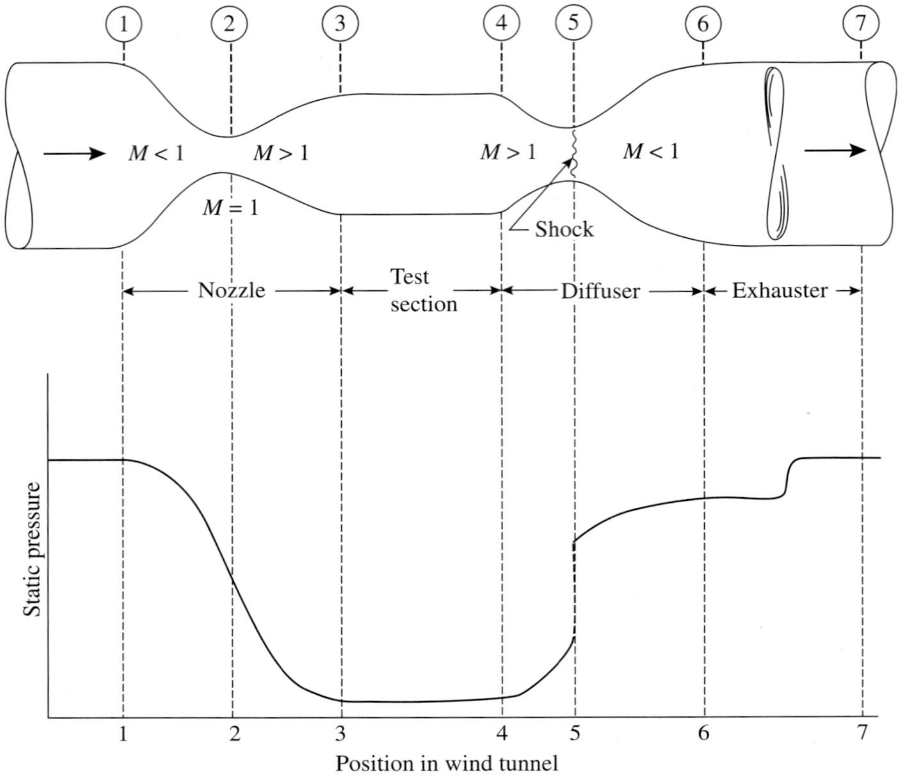

그림 6.8 압력 변화가 수반되는 작동상태의 초음속 풍동

용하여 쉽게 구할 수 있다. 이것은 디퓨저 목의 **최소** 단면적을 나타낸다. 이보다 더 작게 만들면 풍동을 작동시킬 수 없다(즉, 시험 영역에 충격파를 생성시키거나 통과시킬 수 없다). 만약 A_5가 너무 작게 만들어지면, 유동이 목에서 먼저 막혀 단면 2에 음속 상태를 도달시킬 수 없게 된다.

일단 충격파가 확산부 목으로 전달되면, $A_5 > A_2$라는 것을 알기 때문에 초음속 풍동 단면 5에서 음속으로 절대 구동될 수 없다는 것을 알 수 있다. 따라서 디퓨저로 작동하려면 그림 6.8과 같이 한 시점에서 충격파가 발생해야 한다. 또한 이 구동 조건에서 초음속 풍동 내 압력 변화를 고찰했다.

작동 중 손실을 최소화하려면 디퓨저 내 충격파가 가능한 최소 Mach 수(작은 목)에서 발생해야 한다. 그러나 풍동을 구동시키기 위해 큰 디퓨저 목이 필요하다는 것을 알 수 있었다. 이러한 딜레마에 대한 해결책은 가변 단면적 목으로 디퓨저를 구성하는 것이다. 초기 구동 후 A_5는 충격파 강도와 구동력이 감소함에 따라 함께 감소할 수 있다. 그러나 설치에 필요한 동력은 항상 역압력구배 시동 조건에 기초하여 계산되어야 한다.

초음속 풍동은 주로 항공 분야에 사용되지만, 그 작동은 가변 단면적 유동, 수직충격파 및 관련 유동 손실의 많은 중요한 개념을 확고히 하는 역할을 한다. 마찬가지로 중요한 것은 그것이 우리의 주의를 일부 실용적인 설계 응용에 집중하도록 한다는 사실이다.

6.8 $\gamma \neq 1.4$인 유동

제5장에서 기술한 바와 같이, γ 변화가 가져오는 영향을 논의한다. 그림 6.9와 6.10은 충격파로 진입하는 $1 \le M \le 5$에서 T_2/T_1과 p_2/p_1에 대한 Mach 수 곡선을 나타낸다. 이는 다양한 비열값에 대해 수행된다($\gamma = 1.13$, 1.4, 1.67).

1. 그림 6.9는 수직충격파 전후의 T_2/T_1을 나타낸다. 그림에서 볼 수 있듯이 온도비는 γ에 매우 민감함을 알 수 있다.
2. 반면에 그림 6.10에서 보듯이, 수직충격파 전후의 압력비는 상대적으로 γ에 덜 민감하다. $M \approx 1.5$ 이하에서는 γ에 대해 부록 H에 표로 표시한 압력비를 거의 오차 없이 사용할 수 있다.

엄밀히 말하면, 이러한 곡선은 γ 변화를 **무시할 수 있는 유동**의 경우만을 나타낸다. 그러

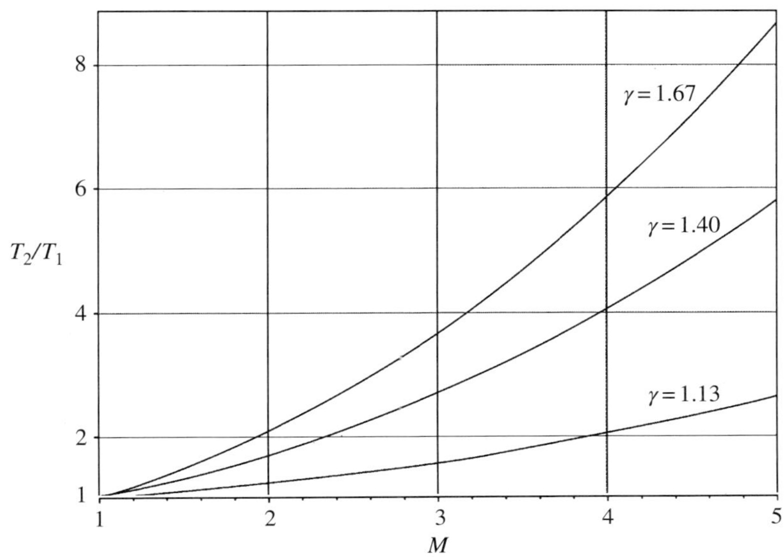

그림 6.9 다양한 γ 값에 대한 충격파 전후의 온도비 대 Mach 수

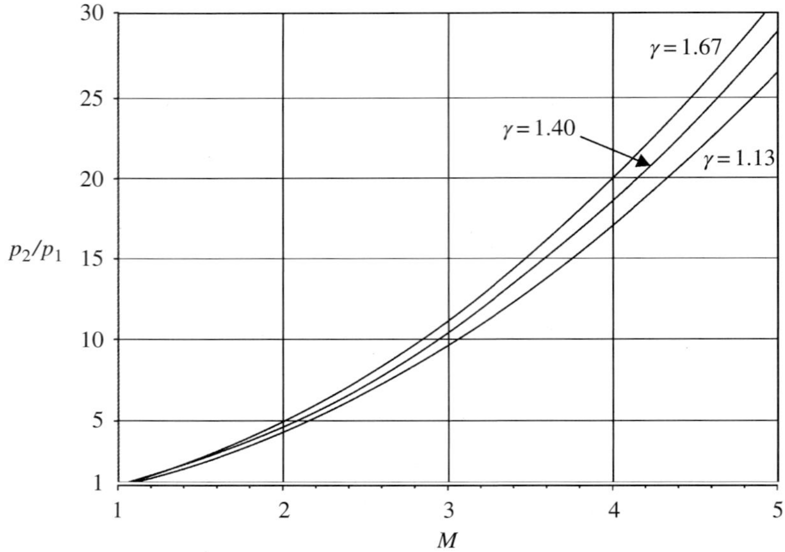

그림 6.10 다양한 γ 값에 대한 충격파 전후의 압력비 대 Mach 수

나 이러한 곡선은 다른 경우에서 예상되는 변화의 크기에 대한 힌트를 제공한다. 유동 내에서 γ 변화를 무시할 수 없는 경우는 제11장에서 다룬다.

부록 H에 표시된 모든 값을 재현하는 것 외에도 기체역학 계산 프로그램(Gasdynamics Calculator)은 $1.0 < \gamma \leq 1.67$ 범위에서 관련된 충격파 매개변수에 대한 값을 생성한다.

6.9 (선택사항) 도표에 없는 경우

제5장에서 보았듯이, MAPLE과 같은 컴퓨터 프로그램을 사용하여 많은 보간 작업 없이 비열비(γ) 및/또는 임의의 Mach 수 비율에 대한 정확한 답을 얻을 수 있다. 예를 들어, 식 (6.21), (6.23), (6.25), (6.26), (6.28)의 왼쪽 항을 주어진 M_1과 γ를 이용하여 높은 정밀도로 쉽게 계산할 수 있다(또는 나머지 두 변수가 주어지면 세 변수 중 하나는 계산할 수 있다).

예제 6.7

충격파 전후 밀도비를 계산하는 예제 6.3으로 돌아가 보자. 식 (6.26)을 이용하여 이를 계산할 수 있다.

$$\frac{\rho_2}{\rho_1} = \frac{(\gamma+1)\, M_1^2}{(\gamma-1)\, M_1^2 + 2} \tag{6.26}$$

여기서

$g \equiv \gamma$, 매개변수(비열비)

$X \equiv$ 독립변수(이 경우 M_1)

$Y \equiv$ 종속변수(이 경우 ρ_2/ρ_1)

컴퓨터에서 사용하는 정확한 입력문과 프로그램은 다음과 같다.

```
[ > g :=1.4:  X:= 2.5:
[ >Y:=((g+1)*X^2)/((g-1)*X^2+2);
                              Y:=3.333333333
```

이는 원하는 해답이다.

MAPLE의 독특한 기능은 (엄밀히 수치 해를 구하는 경우와는 다르게) 방정식을 기호적으로 푸는 능력이다. 이것은 다소 복잡한 대수적인 수식 증명을 재현할 때 유용하다.

예제 6.8

식 (6.19)에서 M_2를 구한다고 가정하자.

$$\left(\frac{1+\gamma M_2^2}{1+\gamma M_1^2}\right)\frac{M_1}{M_2} = \left(\frac{1+[(\gamma-1)/2]\, M_2^2}{1+[(\gamma-1)/2]\, M_1^2}\right)^{1/2} \tag{6.19}$$

여기서

$g \equiv \gamma$, 매개변수(비열비)

$X \equiv$ 독립변수(이 경우 M_1^2)

$Y \equiv$ 종속변수(이 경우 M_2^2)

컴퓨터에서 사용하는 정확한 입력문과 프로그램은 다음과 같다.

```
>solve ((((1+g*Y)^2)/((1 + g*X)^2))*(X/Y) = (2 +
(g-1)*Y)/(2 + (g-1)*X), Y);
```

$$X, \frac{2+Xg-X}{-g+1+2Xg}.$$

이는 원하는 해답이다.

위 Y(또는 M_2^2)의 두 근은 2차 방정식의 해를 구하는 것이기 때문이다. 약간의 조작을 통해 식 (6.21)처럼 보이는 두 번째 또는 특별한 근을 구할 수 있다. 일부 수치로 대체하여 수직충격파 표와 결과를 비교하면 확인이 쉽다.

위에 표시된 계산 유형을 더 정교한 프로그램에 통합하여 대부분의 기체역학 계산 프로그램(Gasdynamics Calculator)에서 행해진 것처럼 대부분 상황을 처리할 수 있다.

6.10 요약

유동에 수직인 유형의 고정 불연속성을 고찰했다. 이것은 유한한 압력 교란이며 **고정 수직충격파**(standing normal shock waves)라고 불린다. 충격파 발생 전의 상태를 알 수 있는 경우, 충격파 후에 정확한 일련의 조건이 존재해야 한다. 완전기체의 경우 명시적인 해법을 얻을 수 있으며, 이는 다양한 비열비에 대한 표를 만드는 데 활용된다.

충격파는 초음속 유동에서만 발생하며, 수직충격파 이후 유동은 항상 아음속이다. 충격파는 압축 과정의 일종으로, 상대적으로 큰 손실이 발생하기 때문에 다소 비효율적이다. (무엇이 손실되었을까?) 충격파는 초음속 유동에서 부과된 압력 조건을 충족하기 위한 유동 조정 수단으로서 작용한다.

제5장에서처럼 이 장에서 다룬 식 대부분은 암기할 필요가 없다. 그러나 수직충격파 전후 모든 작동유체에 적용되는 근본적인 관계식, 즉 식 (6.2), (6.4), (6.9)에 친숙해야 한다. 기본적으로 이러한 식은 충격파의 종점에는 세 가지 공통점이 있다고 말한다.

1. 단위 면적당 같은 질량 유동
2. 같은 정체엔탈피
3. 같은 $p+\rho V^2/g_c$ 값

완전기체에 적용되는 작동 방정식 (6.11), (6.13), (6.15)는 6.4절에 요약되어 있다. 6.5절에서 식 (6.32)를 유도했고, 특정 유형의 문제를 해결하는 데 매우 유용하게 사용될 수 있다. 또한 부록 H에 수록된 다양한 비율에 익숙해야 한다. 어떤 종류의 정보를 사용해야 하는지 아는 것만으로도 문제 해결 방법을 설정하는 데 매우 유용하다.

연습문제

달리 명시되지 않은 한 다음 유동 시스템에는 마찰이 없다고 가정한다. 따라서 충격파에 의해 발생하는 손실만 고려한다.

6.1 고정 수직충격파는 Mach 수 1.8로 흐르는 공기 중에서 발생한다.

(a) 충격파 전후의 압력, 온도 및 밀도 비율은 얼마인가?

(b) 공기가 충격파를 통과할 때 엔트로피 변화를 계산하시오.

(c) $M = 2.8$과 3.8에서의 유동에 대해 (b)를 반복하시오. 어떤 경향을 볼 수 있는가?

6.2 충격파 전의 전체 압력과 정압의 차이는 75 psi이다. 충격파 전 이 시점에 존재할 수 있는 최대 정압은 얼마인가? 작동유체는 산소다. (**힌트:** $M = 1.0$의 제한 사례에 대한 충격파 전 정압 및 전체 압력을 찾는 것부터 시작한다.)

6.3 임의의 완전기체에서 충격파 전의 Mach 수는 무한값이다.

(a) 충격파 후 Mach 수에 대한 일반식을 유도하시오. $\gamma = 1.4$에 대한 이 식의 값은 얼마인가?

(b) 비율 p_2/p_1, T_2/T_1, ρ_2/ρ_1, p_{t2}/p_{t1}에 대한 일반식을 유도하시오. 이 값이 $\gamma = 1.4$에 대해 부록 H에 수록된 값과 일치하는가?

6.4 그림 P6.4에 표시된 시스템의 각 목에 음속이 존재한다. 공기의 엔트로피 변화는 0.062 Btu/lbm-°R이다. 덕트에 미세한 마찰이 있을 때, 단면적비 A_3/A_1와 A_2/A_1을 구하시오.

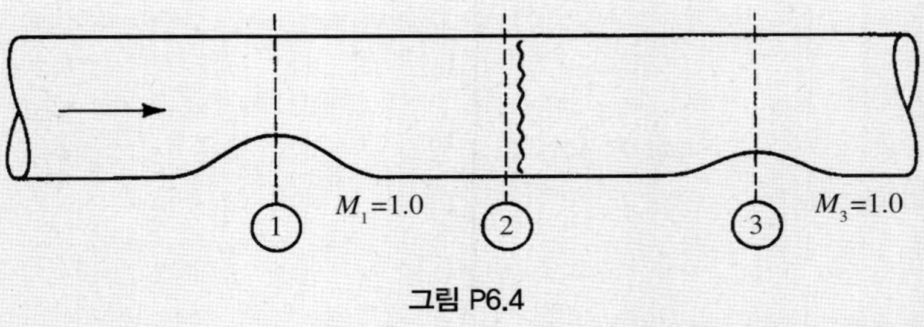

그림 P6.4

6.5 그림 P6.5에 표시된 시스템의 공기유동이 충격파 후 Mach 수가 $M_3 = 0.52$다. p_1 및 p_2를 고려

할 때, 이러한 압력 중 하나는 다른 압력의 두 배다.

(a) 단면 1에서의 Mach 수를 구하시오.

(b) 단면적비 A_1/A_2는 얼마인가?

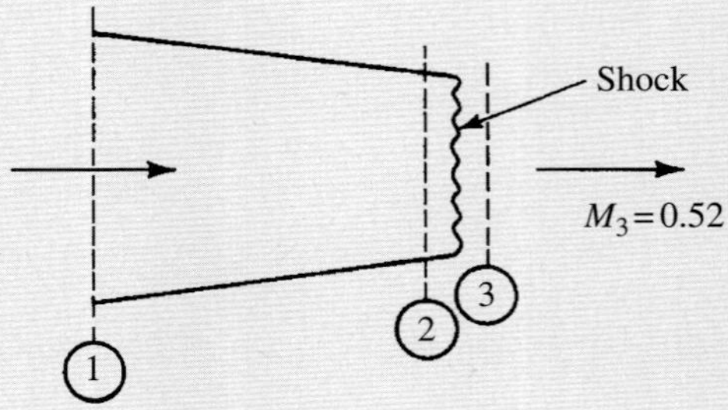

그림 P6.5

6.6 그림 P6.6에 표시된 시스템 입구에 충격파가 발생한다. 자유 유동의 Mach 수는 $M_1 = 2.90$, 작동유체는 질소, $A_2 = 0.25\ \text{m}^2$, $A_3 = 0.20\ \text{m}^2$이다. 출구 Mach 수와 온도비 T_3/T_1을 구하시오.

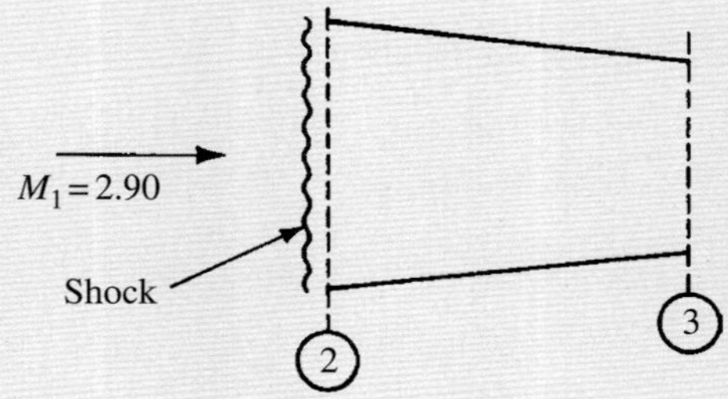

그림 P6.6

6.7 축소-확대 노즐은 공기를 사용하여 Mach 수 2.5를 생성하도록 설계되었다.

(a) 이 노즐이 첫 번째, 두 번째, 세 번째 임계점에서 작동하는 압력 비율(p_{rec}/p_t 입구)은 얼마인가?

(b) 입구 정체압이 150 psia일 때 이러한 임계점에서의 작동을 나타내는 수용기 압력은 얼마인가?

(c) 수용기 압력이 15 psia로 고정되었다고 가정할 때, 임계점에서 작동하려면 얼마의 입구 압력이 필요한가?

6.8 공기가 $20 \times 10^5\ \text{N/m}^2$, 40°C에서 축소-확대 노즐로 유입된다. 수용기 압력은 $2 \times 10^5\ \text{N/m}^2$이고 노즐 목 단면적은 10 cm^{2}이다.

(a) 위의 설계조건(즉, 세 번째 임계점에서 작동하기 위해)에 대해 출구 단면적은 얼마여야

하는가?

(b) 노즐 단면적이 (a)에서 결정된 값으로 고정되고 입구 압력이 20×10^5 N/m^{2}로 유지될 때 출구에서 충격파가 발생하도록 하는 수용기 압력은 얼마인가?

(c) 수용기 압력이 얼마일 때 목에서 충격파가 발생하는가?

6.9 그림 P6.9에서 $M_1 = 3.0$이며 $A_1 = 2.0$ ft^{2}이다. 작동유체가 일산화탄소이고 1.8 ft^{2}의 단면적에서 충격파가 발생할 때 단면 4에서 가능한 최소 단면적은 얼마인가?

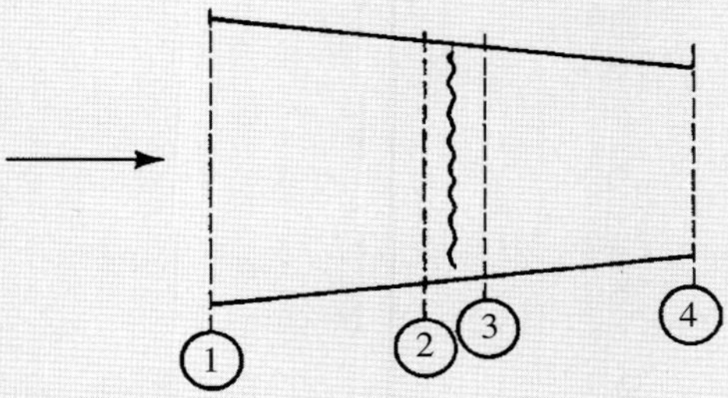

그림 P6.9

6.10 축소-확대 노즐의 단면적비는 7.8이지만 설계 압력비로는 작동하지 않는다. 그 결과, 목의 두 배 정도 되는 확대 부분에서 수직충격파가 발생한다. 작동유체는 산소다.

(a) 출구에서 Mach 수와 작동 압력비를 구하시오.

(b) 미세한 마찰이 있을 때 노즐을 통한 엔트로피 변화는 얼마인가?

6.11 초음속 노즐의 확대부는 원추형 골격을 갖는다. 질소로 세 번째 임계점에서 작동할 때 출구 Mach 수는 2.6이다. 그림 P6.11과 같이 수직충격파 위치를 찾을 수 있는 작동 압력비를 구하시오.

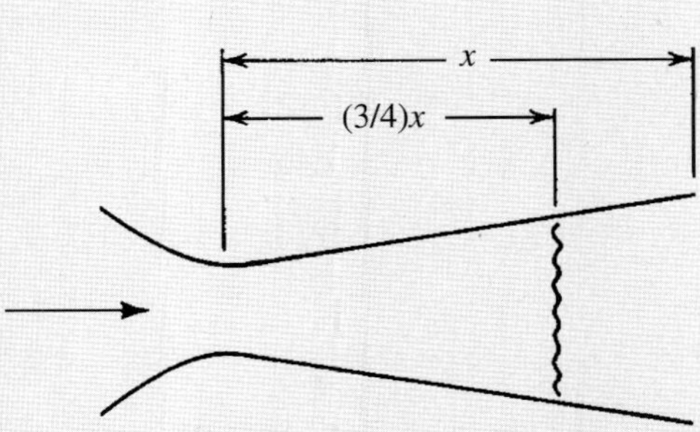

그림 P6.11

6.12 축소-확대 노즐은 100 psia와 600°R의 탱크로부터 공기를 공급받는다. 확대부에 위치한 평면 충격파 직전의 압력은 28.0 psia이다. 출구 Mach 수는 0.5이고 유량은 10 lbm/sec이다. 다

음을 구하시오.

(a) 목 단면적

(b) 충격파가 발생하는 영역

(c) 위에서 설명한 방식으로 노즐을 작동시키는 데 필요한 출구 압력

(d) 출구 단면적

(e) 설계 Mach 수

6.13 공기는 Mach 수가 $M_1=2.0$인 장치에 들어가고 $M_2=0.25$로 나온다. 출구 단면적과 입구 단면적의 비율은 $A_2/A_1=3.0$이다.

(a) 정압비 p_2/p_1을 구하시오.

(b) 정체압 비율 p_{t2}/p_{t1}을 구하시오.

6.14 산소는 $p_t=95.5$ psia로 단면적 3.0 ft^2의 확대부로 유입된다. 출구 단면적은 4.5 ft^2, Mach 수는 0.43, 정압은 75.3 psia이다. 입구에서의 Mach 수를 구하시오.

6.15 축소-확대 노즐의 단면적비는 3.0이다. 흡입구에서의 정체압력은 8.0 bar이고 수용기 압력은 3.5 bar이다. $\gamma=1.4$라고 가정한다.

(a) 노즐에 대한 임계 작동 압력 비율을 계산하고, 충격파가 확대부 내에 있음을 보이시오.

(b) 출구에서의 Mach 수를 구하시오.

(c) 충격파 위치(단면적)와 충격파 전의 Mach 수를 구하시오.

6.16 질소가 Mach 수 3.0에서 작동하도록 설계된 축소-확대 노즐을 통해 흐른다. 작동 압력비가 0.5인 경우

(a) 출구 Mach 수를 구하시오.

(b) 노즐의 엔트로피 변화는 얼마인가?

(c) 충격파 위치의 단면적비를 구하시오.

(d) 충격파를 출구로 옮기려면 얼마의 작동 압력 비율 값이 필요한가?

6.17 p_1과 T_1에 있는 저장조에서 공기를 공급하는 축소-확대 노즐을 고려한다. 출구 단면적이 $A_e=4A_2$인데, 여기서 A_2는 목의 단면적이다. 배압 p_{rec}는 초기 $p_{rec}=p_1$에서 꾸준히 감소한다.

(a) 이 노즐이 첫 번째, 두 번째, 세 번째 임계점에서 작동하도록 하는 수용기 압력을 (p_1을 이용하여) 구하시오.

(b) 다음과 같은 배압에서 노즐이 어떻게 작동하는지 설명하시오.

(i) $p_{rec}=p_1$, (ii) $p_{rec}=0.990p_1$, (iii) $p_{rec}=0.53p_1$, (iv) $p_{rec}=0.03p_1$

6.18 초음속 풍동의 초기 기동 조건에 해당하는 상세한 T-s 선도를 그리시오(그림 6.7). 선도에 다양한 영역(예: 1, 2, 3 등)을 표시하시오. 시스템에서 열전달 및 마찰손실이 없다고 가정할 수 있다.

6.19 그림 6.7과 6.8에 표시된 풍동을 고려한다. 대기 공기는 각각 14.7 psia와 80°F 압력과 온도로 시스템에 유입되며 단면 1에서 무시해도 될 정도의 속도를 가진다. 시험 영역은 단면적이 1 ft^{2}이고 Mach 수 2.5에서 작동한다. 디퓨저가 속도를 약 0으로 감소시키고 최종 배기가스는 무시할 수 있는 속도로 대기에 도달한다고 가정할 수 있다. 시스템은 완전히 단열되어 있으며 마찰손실은 무시한다고 할 때 다음을 구하시오.

(a) 노즐 목 단면적

(b) 질량유량

(c) 디퓨저의 가능한 최소 목 단면적

(d) 시동 시 배기 장치로 유입되는 전체 압력(그림 6.7)

(e) 작동 시 배기 장치로 유입되는 전체 압력(그림 6.8)

(f) 배기 장치에 필요한 마력(등엔트로피 압축 기준)

6.20. 기체역학 계산 프로그램(Gasdynamics Calculator) 및 부록 A나 B의 γ 값을 사용하여 헬륨, 수증기, 이산화탄소에 대해 연습문제 6.1(a)와 (b)의 해를 구하시오.

이해력 시험

이 장의 자료를 참조하지 않고 테스트를 완료할 수 있어야 한다.

6.1 정상상태 1차원 유동에 적합한 형태의 연속방정식, 에너지방정식, 운동량방정식을 고려하여 임의 유체에서의 고정 수직충격파를 분석하시오. 그런 다음 완전기체의 경우에 대해 결과를 단순화하시오.

6.2 다음 빈칸을 **증가**, **감소**, **일정**으로 채우시오. 고정 수직충격파 전후의

(a) 온도는 ___________________

(b) 정체압은 ___________________

(c) 속도는 ___________________

(d) 밀도는 ___________________

6.3 단면적비가 3.0인 축소-확대 노즐을 고려하여 완전기체($\gamma = 1.4$)로 작동한다고 가정한다. 첫 번째, 두 번째, 세 번째 임계점에서 작동을 유발하는 작동 압력 비율을 구하시오.

6.4 완전기체에서의 정지 수직충격파를 설명할 수 있는 T-s 선도를 그리시오. 정압 및 정체 압력, 정적온도, 정체온도 및 속도(충격파 전후 모두)를 표시하시오.

6.5 질소가 마찰이 있는 단열 가변 단면적 시스템 내를 흐른다. 단면적비는 $A_2/A_1 = 2.0$이고 정압

비는 $p_2/p_1 = 0.20$이다. 단면 2에서 Mach 수는 $M_2 = 3.0$이다.

(a) 단면 1에서의 Mach 수는 얼마인가?

(b) 작동유체가 1에서 2로 흐르는가 아니면 2에서 1로 흐르는가?

6.6 큰 챔버에는 100 psia와 600°R 공기가 있다. 단면적비가 2.50인 축소-확대 노즐이 챔버에 연결되며 수용기 압력은 60 psia이다.

(a) 출구 Mach 수 및 속도를 구하시오.

(b) 충격파 전후의 엔트로피 변화 Δs 값을 구하시오.

(c) 노즐 통과 유동에 대한 T-s 선도를 그리시오.

Chapter 7

움직이는 충격파와 경사충격파

7.1 서론

4.3절에서 정지파를 구했고 정상상태 유동방정식을 이용하여 해석하기 위해 균일속도를 움직이는 음파에 합했다. 정지파와 움직이는 수직충격파와의 비교를 위해 이 장에서는 정확히 같은 기법을 사용한다. 속도 중첩은 유체의 정적 열역학 상태에 영향을 미치지 않지만, **정체**(stagnation) 조건을 변화시킨다는 것을 상기하자(3.5절 참조).

정지 수직충격파에 **접선** 속도를 중첩하면, 파동 전선이 근접하는 유체에 대해 90° 이상의 각을 가지는 **경사충격파**(oblique shock)를 형성한다. 완전기체의 경사충격파 사례를 자세히 분석할 것이고, 예상한 대로 이러한 결과를 가지고 문제 해결에 큰 도움을 주는 표와 도표를 만들 수 있다. 경사충격파가 발생하는 수많은 영역에 대해 알아보고 더불어 충격파 발생을 제어하는 경계조건을 고찰한다. 이 장에는 원추형 충격파와 그 해법에 대한 자료가 포함되어 있으며, **충격파시험관**(shock tube)을 소개한다.

7.2 학습목표

이 장을 성공적으로 배우고 나면 다음 작업을 수행할 수 있다.

Fundamentals of Gas Dynamics, Third Edition. Robert D. Zucker and Oscar Biblarz.

Companion website: www.wiley.com/go/zucker/gas

1. 균일속도를 다른 유동장에 중첩했을 때, 변화하는 물성값과 변하지 않는 물성값을 정의할 수 있다.
2. **정지** 수직충격파를 전개한 관계식을 이용하여 **움직이는** 수직충격파를 분석하는 방법을 기술할 수 있다.
3. 수직충격파와 또 다른 유동장을 중첩하여 어떻게 경사충격파를 기술할 수 있는지 서술할 수 있다.
4. 경사충격파를 스케치할 수 있고, **충격파 각**(shock angle)과 **편향각**(deflection angle)을 기술할 수 있다.
5. (**선택사항**) 이상기체에서 경사충격파를 해석할 수 있고, 충격파 각, 편향각, 유입 Mach 수 사이의 관계식을 유도할 수 있다.
6. 다양한 편향각에 대한 입구 Mach 수 및 충격파 각과 같은 선도를 이용하여 경사충격파에 대한 일반적인 해석 결과를 기술할 수 있다.
7. 약한 충격파와 강한 충격파를 구별할 수 있고, 각각 언제 결과를 얻을 수 있는지 알 수 있다.
8. 분리 충격파가 형성되는 조건을 기술할 수 있다.
9. 초음속 노즐 출구에서 경사충격파가 형성되는 작동조건이 무엇인지 설명할 수 있다.
10. 원추형 충격파(3차원)와 쐐기형 충격파(2차원)가 정량적으로 다른 이유를 설명할 수 있다.
11. **충격파시험관**의 기능과 작동 방식을 설명할 수 있다.
12. 적합한 방정식과 표 또는 도표를 이용하여 움직이는 수직충격파 또는 경사충격파(평면 또는 원추형)가 포함된 전형적인 문제를 해결할 수 있음을 보여줄 수 있다.

7.3 수직방향 속도 중첩: 움직이는 수직충격파

그림 7.1에 나타낸 것과 같이 정지 유체로 들어오는 움직이는 평면 충격파를 고려한다. 이러한 파동은 충격파시험관을 따라 하류로 이동하는 것이거나 멀리 떨어진 야외의 기폭 장치로부터 비롯된 것일 수도 있다. 후자의 경우에 충격파는 구형 파동 전선의 형태로 기폭 지점에서부터 밖으로 전달된다. 그러나 곡률 반지름이 매우 빠르게 커져서 거의 오차가 없는 평면파 전선으로 취급될 수 있다. 일반적인 문제는 본래의 조건과 충격파 속도를 안다고 가정하여 충격파 전선이 통과 후에 존재하는 조건을 결정하는 것일 수 있다.

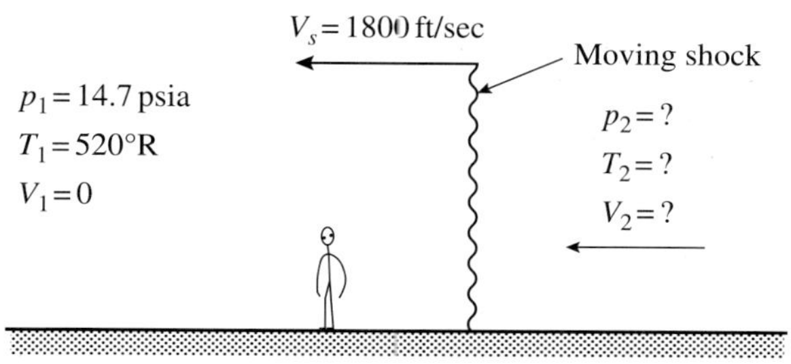

그림 7.1 지표면을 좌표계로 갖는 움직이는 수직충격파

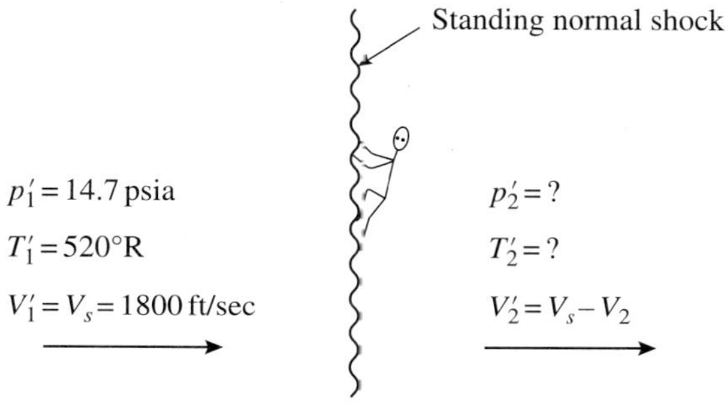

그림 7.2 움직이는 수직충격파의 정지 수직충격파로의 전환

그림 7.1은 표준 해수면 대기에서 지상에 있는 사람이 속력 V_s로 왼쪽으로 움직이는 수직충격파를 보고 있는 것을 나타낸다. 이것은 **비정상상태**(unsteady)이고, 제6장에서 다룬 해석 기법을 적응시키는 방법을 찾아야 한다. 이를 위해, 우측으로 향하는 속력 V_s를 전체 유동장에 중첩한다. 같은 효과를 얻기 위한 다른 방법은 그림 7.2와 같이 충격파에 올라타서 승차하는 것이다.

두 방법 모두 충격파에 대한 **기준 좌표계를 바꾸는 것**이기 때문에 정지 수직충격파로 보인다.

예제 7.1

충격파가 14.7 psia, 520°R, 1800 ft/sec로 공기 중에서 움직이고 있다. 제6장에서 전개한 방법으로 그림 7.2에 나타낸 문제의 해를 구하시오.

$$a_1' = \sqrt{\gamma g_c R T_1'} = \sqrt{(1.4)(32.2)(53.3)(520)} = 1118 \text{ ft/sec}$$

$$M_1' = \frac{V_1'}{a_1'} = \frac{1800}{1118} = 1.61$$

수직충격파 표로부터 다음을 알 수 있다.

$$M_2' = 0.6655, \quad \frac{p_2'}{p_1'} = 2.8575, \quad \frac{T_2'}{T_1'} = 1.3949$$

따라서

$$p_2' = \frac{p_2'}{p_1'} p_1' = (2.8575)(14.7) = 42.0 \text{ psia} = p_2$$

$$T_2' = \frac{T_2'}{T_1'} T_1' = (1.3949)(520) = 725°\text{R} = T_2$$

$$a_2' = \sqrt{\gamma g_c R T_2'} = \sqrt{(1.4)(32.2)(53.3)(725)} = 1320 \text{ ft/sec} = a_2$$

$$V_2' = M_2' a_2' = (0.6655)(1320) = 878 \text{ ft/sec}$$

$$V_2 = V_s - V_2' = 1800 - 878 = 922 \text{ ft/sec} \quad (\text{또는} \ \ 281 \text{ m/s})$$

따라서 충격파가 지나간 후(그림 7.1 참조)에 압력과 온도는 각각 42 psia와 725°R이 되고, 공기는 왼쪽으로 922 ft/sec의 속도를 얻는다. 각각의 경우에 정체압력을 계산하고 비교하는 것이 흥미로울 것이다. 좌표계가 변경되기 때문에 완전히 다르다는 점을 유의해야 한다.

그림 7.1에서:

$$p_{t1} = p_1 = 14.7 \text{ psia}$$

$$M_2 = \frac{V_2}{a_2} = \frac{922}{1320} = 0.698$$

$$p_{t2} = \frac{p_{t2}}{p_2} p_2 = \left(\frac{1}{0.7222}\right)(42) = 58.2 \text{ psia} \quad (\text{또는} \ \ 0.401 \text{ MPa})$$

그림 7.2에서:

$$p_{t1}' = \frac{p_{t1}'}{p_1} p_1' = \left(\frac{1}{0.2318}\right)(14.7) = 63.4 \text{ psia}$$

$$p_{t2}' = \frac{p_{t2}'}{p_2'} p_2' = \left(\frac{1}{0.7430}\right)(42) = 56.5 \text{ psia} \quad (\text{또는} \ \ 0.389 \text{ MPa})$$

정상상태에서는 예측한 대로 $p_{t2}' < p_{t1}'$이다. 그러나 정체압력의 감소는 비정상상태인 경우 발생하지 않는다는 것을 유의해야 한다. 비정상유동과 정상유동인 경우 충격파 각 면에서의 정체온도를 계산할 수 있다. $T_{t2} = T_{t1}$를 예상할 수 있는가? T_{t1}'과 T_{t2}'와는 어떠한가?

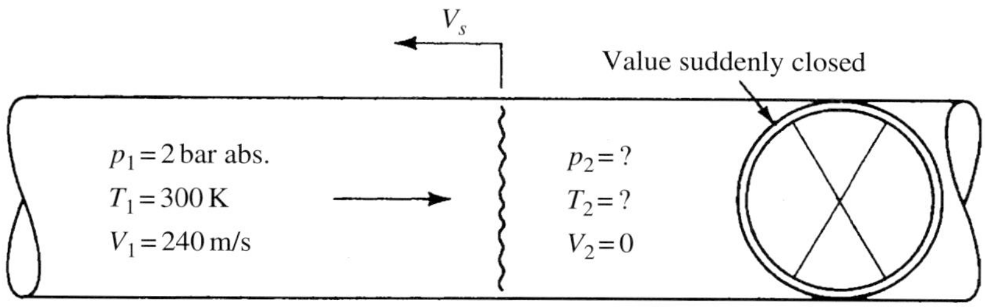

그림 7.3 덕트에서의 움직이는 수직충격파

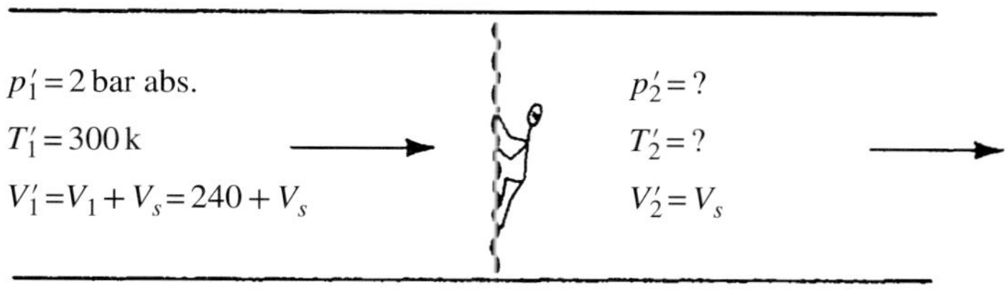

그림 7.4 움직이는 수직충격파의 정지 수직충격파로의 전환

다른 유형의 움직이는 충격파를 그림 7.3에 나타냈다. 여기서 공기가 주어진 조건에서 덕트를 통해 흐르며 밸브가 갑자기 닫힌다. 이때 작동유체는 빠르게 정지되기 때문에 압축된다. 그 결과 충격파가 그림과 같이 덕트를 통해 다시 전파된다. 이 경우 문제는 충격파 통과 후 존재하는 조건을 결정하는 것뿐만 아니라 충격파의 속도를 예측하는 것이다.

이것은 충격파 **반사**(reflection)로 볼 수 있는데, **충격파시험관** 끝에서 발생하는 것과 유사하다. 해석 절차는 이전과 완전히 같다. 충격파에 탑승하고 새로운 좌표계로 그림 7.4에 표시된 정지 수직충격파 문제다(단지 V_s 속도를 전체 유동장에 중첩한 것뿐이다). 그러나 이 문제의 해법은 충격파 속도를 알 수 없으므로 예제 7.1과 같이 간단하지 않다. V_s와 V_1'를 알 수 없으므로 M_1'를 계산할 수 없다. 이 문제를 시행착오 문제로 접근할 수 있지만, 직접적인 해법으로 이 문제를 해결할 수 있다. 제6장[식 (6.32)]에서 전개된 수직충격파 전후의 속도차에 대한 관계식을 상기하자. 그림 7.4에 적용하면 다음과 같다.

$$\frac{V_1' - V_2'}{a_1'} = \left(\frac{2}{\gamma + 1}\right)\left(\frac{M_1'^2 - 1}{M_1'}\right) \tag{7.1}$$

예제 7.2

그림 7.4에서 주어진 정보를 가지고 V_s를 구하시오.

$$a_1' = (\gamma g_c R T_1')^{1/2} = [(1.4)(1)(287)(300)]^{1/2} = 347\,\text{m/s}$$

$$\frac{V_1' - V_2'}{a_1'} = \frac{240}{347} = 0.6916$$

수직충격파 표(부록 H)로부터 다음을 알 수 있다.

$$M_1' \approx 1.5, \quad M_2' = 0.7011, \quad T_2'/T_1' = 1.3202, \quad p_2'/p_1' = 2.4583.$$

$$p_2' = (2.4583)(2) = 4.92 \text{ bar abs.} = p_2$$

$$T_2' = (1.3202)(300) = 396 \text{ K} = T_2$$

$$a_2' = \sqrt{(1.4)(1)(287)(396)} = 399 \text{ m/s}$$

$$V_2' = M_2' a_2' = (0.7011)(399) = 280 \text{ m/s (또는 } 918.68\,\text{ft/sec}) = V_s$$

이와 같은 형태의 문제 해법에서 얻을 수 있는 정적온도와 압력은 원래 문제에 대해 원하는 답이지만, 정지충격파 문제에 대한 속도와 Mach 수는 본래의 움직이는 충격파 문제와 같지 않다는 것을 명심해야 한다.

7.4 접선방향 속도 중첩: 경사충격파

그림 7.5에 표시된 정지 수직충격파를 고려하자. 이러한 속도가 충격파 전선에 수직이라는 사실을 강조하기 위해 V_{1n}과 V_{2n}이라고 명명하자. 유체가 충격파를 통과할 때 속도가 감소하므로 $V_{1n} > V_{2n}$이라는 것을 상기하자. 이러한 유형의 충격파에서 V_{1n}은 항상 초음속이고, V_{2n}은 항상 아음속이다.

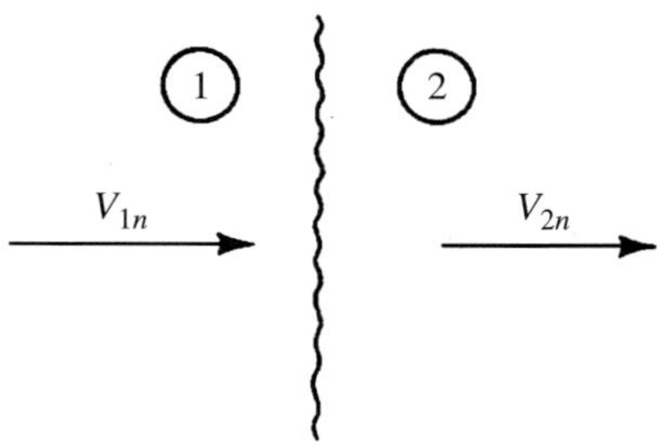

그림 7.5 정지 수직충격파

이제 V_{1n}과 V_{2n}에 **수직**인, 크기 V_t의 속도를 전체 유동장에 중첩하자. 이것은 V_t의 속력으로 충격파 전선을 **따라** 달리는 것과 같다. 결과 그림은 그림 7.6과 같다. 이전과 마찬가지로 속도 중첩이 유체의 **정적** 상태에 영향을 미치지 않는다는 것을 알아야 한다. 무엇이 바뀌는가?

약간 다른 방법으로 이 그림을 보자. 만약 (구성 요소보다는)전체 속도에 관심이 있다면 그림 7.7에 표시된 유동을 볼 수 있으며, 다음과 같은 몇 가지 사항을 알 수 있다.

1. 충격파는 근접하는 유체에 더 이상 수직이 아니다. 따라서 **경사충격파**라고 한다.
2. 하류에서의 유동 방향은 원래 방향과 다르게 굴절되었다.
3. V_1은 초음속임이 틀림없다.
4. V_2는 초음속일 수도 있다(V_t가 충분히 클 경우).

충격파 각(shock angle) θ를 근접하는 유체(V_1)와 충격파 전면 사이의 예각으로 정의한다. **편**

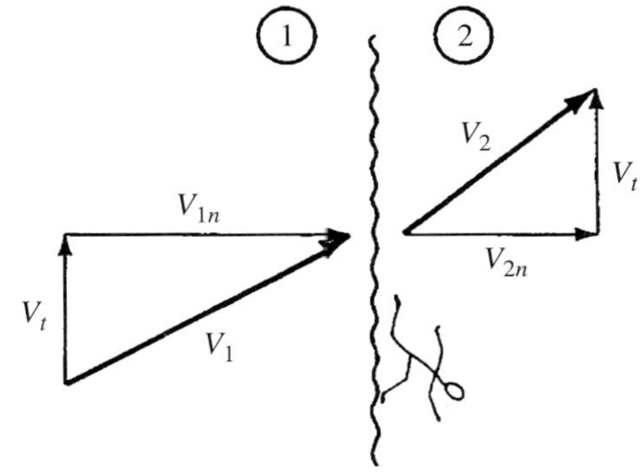

그림 7.6 정지 수직충격파와 접선방향 속도

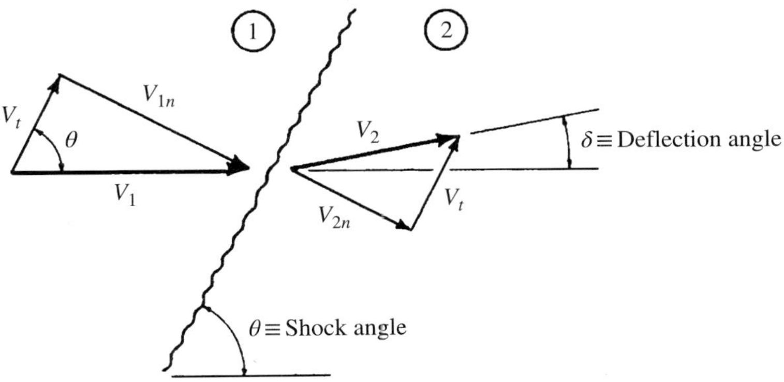

그림 7.7 다양한 각도 정의와 경사충격파

향각(deflection angle) δ는 유속벡터가 수평 접근에서 위쪽으로 편향된 각도다.

이러한 방식으로 경사충격파를 수직충격파와 접선 속도의 조합으로 보면 적합한 조건만 주어진다면 이상기체에 대한 경사충격파 문제를 해결하는 데 수직충격파 방정식과 표를 사용할 수 있다.

$$V_{1n} = V_1 \sin\theta \tag{7.2}$$

음속이 단지 온도의 함수이므로 다음 식을 얻는다.

$$a_{1n} = a_1 \tag{7.3}$$

식 (7.2)를 식 (7.3)으로 나누면 다음과 같다.

$$\frac{V_{1n}}{a_{1n}} = \frac{V_1 \sin\theta}{a_1} \tag{7.4}$$

또는

$$\boxed{M_{1n} = M_1 \sin\theta} \tag{7.5}$$

그러므로 근접하는 Mach 수(M_1)와 충격파 각(θ)을 알면, **수직 Mach 수**(M_{1n})를 이용하여 수직충격파 표를 활용할 수 있다. 이러한 절차는 원래 수직충격파 그림에서 V_t의 중첩 때문에 변경되지 않기 때문에 충격파 전후의 **정적**온도 및 압력 변화를 구하는 데 사용될 수 있다.

이제 주어진 Mach 수에 대해 존재할 수 있는 충격파 각의 가능한 범위를 조사해 보자. 충격파가 존재하기 위해서는 다음 조건이 요구된다.

$$M_{1n} \geq 1 \tag{7.6}$$

그러므로 다음 식으로 표기할 수 있다.

$$M_1 \sin\theta \geq 1 \tag{7.7}$$

최소 θ는 $M_1 \sin\theta = 1$일 때 발생한다. 즉,

$$\theta_{\min} = \sin^{-1}\frac{1}{M_1} \tag{7.8}$$

이것은 식 (4.12)에서 Mach 각 μ에 대해 전개된 식과 같다는 것을 상기하자. 그러므로 **Mach**

각은 가능한 최소 충격파 각이다. 이 경우 $M_{1n}=1.0$이므로 충격파는 존재하지 않고 이는 제한 조건이라는 것을 유념하자. 이러한 이유로, 이들은 충격파라기보다는 **Mach 파**(Mach waves) 또는 **Mach 선**(Mach lines)이라고 불린다. θ가 달성할 수 있는 **최대**값은 분명히 90°이다. 이것은 또 다른 제한 조건이며 우리에게 익숙한 수직충격파를 의미한다.

충격파 각 θ가 90°에서 Mach 각(μ)까지 감소하면 M_{1n}은 M_1에서 1로 감소한다. 충격파 강도는 수직 Mach 수에 의존하기 때문에, 수직충격파보다 약하거나 같은 강도의 충격파를 발생시키는 방법을 안다. 두 번째와 세 번째 임계점 사이에 작동 압력비가 있는 축소-확대 노즐의 경우에 이러한 정보가 적용될 가능성이 있을까? 7.8절에서 다시 고찰해 보자.

다음 예제는 경사충격파와 수직충격파 사이의 상관관계를 더 잘 이해하는 데 도움을 줄 것이다.

예제 7.3

그림 E7.3a에 표시된 정보를 사용하여 충격파 후 조건을 계산하시오.

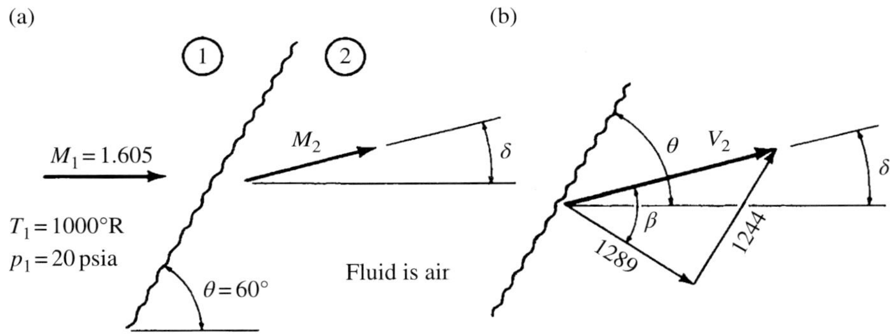

그림 E7.3

$$
\begin{aligned}
a_1 &= (\gamma g_c R T_1)^{1/2} &&= [(1.4)(32.2)(53.3)(1000)]^{1/2} &&= 1550\ \text{ft/sec}\\
V_1 &= M_1 a_1 &&= (1.605)(1550) &&= 2488\ \text{ft/sec}\\
M_{1n} &= M_1 \sin\theta &&= 1.605 \sin 60° &&= 1.39\\
V_{1n} &= M_{1n} a_1 &&= (1.39)(1550) &&= 2155\ \text{ft/sec}\\
V_t &= V_1 \cos\theta &&= 2488 \cos 60° &&= 1244\ \text{ft/sec}
\end{aligned}
$$

$M_{1n}=1.39$일 때 수직충격파 표의 정보를 이용하여 $M_{2n}=0.7440$, $T_2/T_1=1.2483$, $p_2/p_1=2.0875$, $p_{t2}/p_{t1}=0.9607$을 알 수 있다. 수직충격파이든 경사충격파이든 정적온도와 압력은 같다는 것을 상기하자.

$$p_2 = \frac{p_2}{p_1} p_1 = (2.0875)(20) = 41.7 \text{ psia}$$

$$T_2 = \frac{T_2}{T_1} T_1 = (1.2483)(1000) = 1248°\text{R}$$

$$a_2 = (\gamma g_c R T_2)^{1/2} = [(1.4)(32.2)(53.3)(1248)]^{1/2} = 1732 \text{ ft/sec}$$

$$V_{2n} = M_{2n} a_2 = (0.7440)(1732) = 1289 \text{ ft/sec}$$

$$V_2 = V_{1t} = V_t = 1244 \text{ ft/sec}$$

$$V_2 = \left[(V_{2n})^2 + (V_{2t})^2\right]^{1/2} = \left[(1289)^2 + (1244)^2\right]^{1/2} = 1791 \text{ ft/sec}$$

$$M_2 = \frac{V_2}{a_2} = \frac{1791}{1732} = 1.034$$

수직성분(normal component)이 충격파 후 아음속이지만, 이 경우에 충격파 후 속도는 초음속이다.

편향각을 계산하자(그림 E7.3b).

$$\tan\beta = \frac{1244}{1289} = 0.9651, \ \beta = 44°$$

$$90 - \theta = \beta - \delta$$

그러므로 다음을 얻는다.

$$\delta = \theta - 90 + \beta = 60 - 90 + 44 = 14°$$

일단 δ가 알려지면, 식 (7.5)를 이용한 M_2에 대한 대안적인 계산은 다음과 같다.

$$\boxed{M_2 = \frac{M_{2n}}{\sin(\theta - \delta)}} \tag{7.5a}$$

$$M_2 = \frac{0.7440}{\sin(60 - 14)} = 1.034$$

예제 7.4

예제 7.3의 조건에 대해 정체압력과 온도를 계산하시오.

$$p_{t1} = \frac{p_{t1}}{p_1} p_1 = \left(\frac{1}{0.2335}\right)(20) = 85.7 \text{ psia} \quad (\text{또는 } 0.591 \text{ MPa})$$

$$p_{t2} = \frac{p_{t2}}{p_2} p_2 = \left(\frac{1}{0.5075}\right)(41.7) = 82.2 \text{ psia} \quad (\text{또는 } 0.567\,\text{MPa})$$

만약 수직충격파 문제를 보고 **수직** Mach 수를 기반으로 정체압력을 계산했다면 다음을 얻을 수 있다.

$$p_{t1n} = \left(\frac{p_{t1}}{p_1}\right)_n p_1 = \left(\frac{1}{0.3187}\right)(20) = 62.8 \text{ psia}$$

$$p_{t2n} = \left(\frac{p_{t2}}{p_2}\right)_n p_2 = \left(\frac{1}{0.6925}\right)(41.7) = 60.2 \text{ psia}$$

이제 정체온도를 계산한다면 실제 경사충격파 문제의 경우 $T_t = 1515°\text{R}$, 수직충격파 문제의 경우 $T_t = 1386°\text{R}$임을 알 수 있다. 이러한 모든 정압 및 정체압력, 온도가 그림 E7.4의 T–s 선도에 나타나 있다. 이는 수직충격파 문제 위에 접선 속도를 해당 정체 기준의 변화와 중첩하는 효과를 명확히 보여준다. 정체압력 **비율**은 경사충격파 문제에서 계산하든 수직충격파 문제에서 계산하든 같다는 것이 흥미롭다.

$$\frac{p_{t2}}{p_1} = \frac{82.2}{85.7} = 0.959, \quad \frac{p_{t2n}}{p_{t1n}} = \frac{60.2}{62.8} = 0.959$$

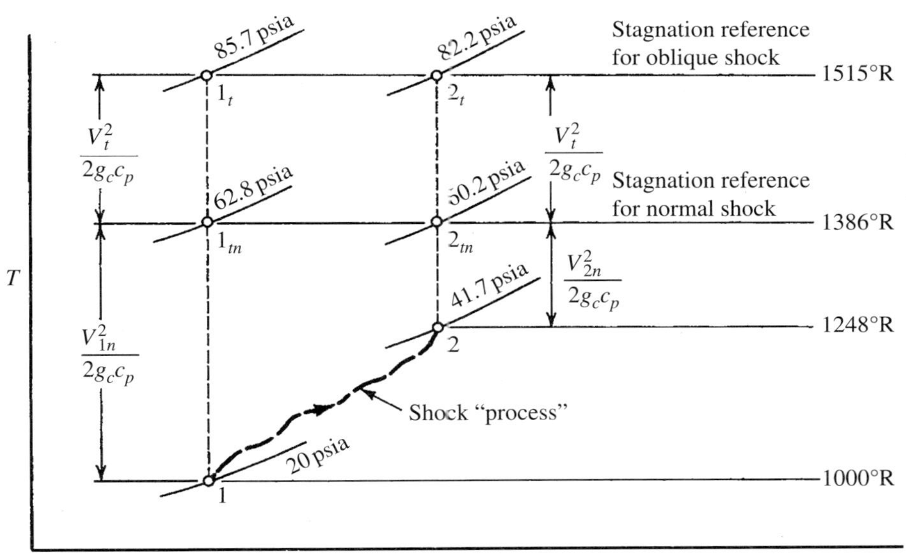

그림 E7.4 수직충격파가 포함된 경사충격파의 T–s 선도

우연의 일치인가? 아니다! 정체압력 비율이 충격파 전후의 손실 척도라는 것을 기억하자.

접선방향 속도를 수직충격파 위에 겹쳐도 실제 충격파 과정에 영향을 미치지 않으므로 손실은 같게 유지된다. 따라서 수직충격파 문제로 인한 정체압력을 사용할 수 없지만 정체압력 비율(표에 나와 있음)을 사용할 수 있다. 주의해야 한다! 이러한 결론은 7.3절에서 논의한 움직이는 수직충격파에는 적용되지 않는다.

7.5 경사충격파 분석: 완전기체

7.4절에서 경사충격파를 어떻게 수직충격파와 접선방향 속도의 조합으로 볼 수 있는지 살펴보았다. 초기조건과 **충격파 각**을 알면, 수직충격파 표를 주의 깊게 적용하여 문제를 해결할 수 있다. 그러나 종종 충격파 각이 알려지지 않아 문제에 대한 새로운 접근법을 모색해야 한다. 충격파 각의 성분과 각도로 인한 경사충격파를 그림 7.8에 다시 표시했다.

우리의 목표는 편향각(δ), 충격파 각(θ)과 Mach 수의 관계를 설명하는 것이다. 충격파의 단위 영역에 연속방정식을 적용하는 것으로 시작한다.

$$\rho_1 V_{1n} = \rho_2 V_{2n} \tag{7.9}$$

또는

$$\frac{\rho_2}{\rho_1} = \frac{V_{1n}}{V_{2n}} \tag{7.10}$$

그림 7.8로부터 다음 관계식을 알 수 있다.

$$V_{1n} = V_t \tan\theta, \quad V_{2n} = V_t \tan(\theta - \delta) \tag{7.11}$$

그러므로 식 (7.10)과 (7.11)에서 다음을 얻는다.

$$\frac{\rho_2}{\rho_1} = \frac{V_{1n}}{V_{2n}} = \frac{V_t \tan\theta}{V_t \tan(\theta - \delta)} = \frac{\tan\theta}{\tan(\theta - \delta)} \tag{7.12}$$

제6장에서 도출한 수직충격파 관계식으로부터 충격파 전후의 물성값 비율이 근접하는 (수직) Mach 수 함수로 전개되었다. 특히 밀도비는 식 (6.26)에서 다음과 같이 주어졌다.

$$\frac{\rho_2}{\rho_1} = \frac{(\gamma + 1) M_{1n}^2}{(\gamma - 1) M_{1n}^2 + 2} \tag{6.26}$$

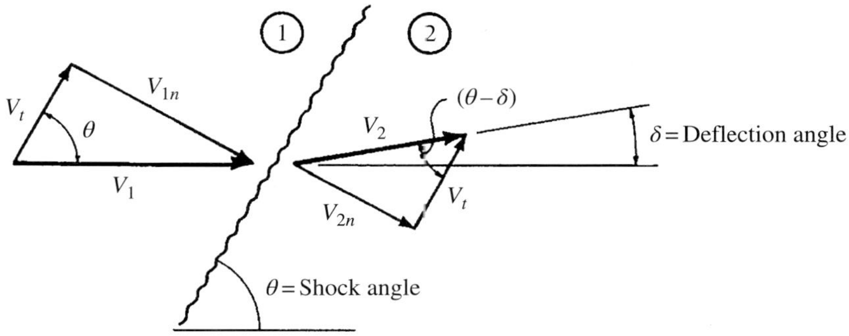

그림 7.8 경사충격파

Mach 수에 아래 첨자를 추가하여 충격파에 수직임을 표시했다. 식 (7.12)와 (6.26)을 이용하여 다음 식을 유도했다.

$$\frac{\tan\theta}{\tan(\theta-\delta)}=\frac{(\gamma+1)\,M_{1n}^2}{(\gamma-1)\,M_{1n}^2+2} \tag{7.13}$$

그러나 다음 식을 이용한다.

$$M_{1n}=M_1\sin\theta \tag{7.5}$$

따라서 다음 식을 얻는다.

$$\frac{\tan\theta}{\tan(\theta-\delta)}=\frac{(\gamma-1)\,M_1^2\sin^2\theta}{(\gamma-1)\,M_1^2\sin^2\theta+2} \tag{7.14}$$

그리고 충격파 각, 편향각, 유입 Mach 수 사이의 관계를 도출하는 데 성공했다. 불행하게도, 식 (7.14)는 M, δ, γ의 명시적 함수로서 θ를 구할 수 없지만, 다음과 같은 명시적 해를 얻을 수 있다.

$$\delta=f(M,\theta,\gamma)$$

여기서

$$\boxed{\tan\delta=2(\cot\theta)\left(\frac{M_1^2\sin^2\theta-1}{M_1^2(\gamma+\cos 2\theta)+2}\right)} \tag{7.15}$$

주어진 Mach 수에 동반되는 θ의 극한값에 대한 식 (7.15)를 조사하는 것은 흥미로운 일이다.

$\theta = \theta_{max} = \pi/2$의 경우, 식 (7.15)는 $\tan \delta = 0$ 또는 $\delta = 0$을 계산하며, 이는 수직충격파에 유효하다.

$\theta = \theta_{min} = \sin^{-1}(1/M_1)$의 경우, 식 (7.15)는 다시 $\tan \delta = 0$ 또는 $\delta = 0$을 계산하는데, 이는 Mach 파의 제한적인 상황에 해당하거나 충격파가 없는 것을 나타낸다. 따라서 경사충격파에 대해 전개된 관계식은 특별한 경우로서 가능한 가장 강한 충격파(수직충격파)와 가장 약한 충격파(Mach 파)뿐만 아니라 다른 모든 중간 강도의 충격파를 포함한다. 주어진 $\delta = 0°$ 편향각에 대해 주어진 Mach 수에는 두 가지 가능한 충격파 각이 있다는 점에 유의해야 한다. 다음 절에서 이것이 모든 편향각에서 유효함을 알 수 있다.

7.6 경사충격파 표와 도표

식 (7.14)와 (7.15)는 충격파 각과 편향각, Mach 수 사이의 관계를 나타낸다. 이 관계식을 얻기 위한 동기는 충격파 각(θ)이 주어지지 않는 문제를 해결하기 위한 것이지만, 명시적인 해법 $\theta = f(M, \delta\ \gamma)$가 가능하지 않다는 것을 알 수 있었다. 다음으로 최상의 방법은 식 (7.14) 또는 (7.15)를 도표화하는 것이다. 이것은 여러 가지 방식으로 수행할 수 있지만, 그림 7.9에 나타낸 것처럼 다양한 편향각(δ)에 대해 Mach 수(M_1)를 입력하는 것과 충격파 각(θ) 도표를 보는 것이 가장 효과적이라고 할 수 있다.

주어진 Mach 수에 대해 모든 충격파를 도식적으로 나타낼 수 있다. 예를 들어, 임의의 Mach 수의 점선 수직선은 도표 상단에서 가장 강력한 충격파인 수직충격파로 시작한다 ($\theta = 90°$, $\delta = 0°$). 아래로 이동함에 따라 충격파 각은 계속해서 $\theta_{min} = \mu$(Mach 각)까지 감소하는데, 이는 충격파 강도가 지속해서 감소함을 의미한다. 왜 그럴까? 이 선을 따라 내려가면 **수직 Mach 수**(normal Mach number)는 어떻게 되는가?

충격파 각이 감소함에 따라 $\delta = 0°$에서 $\delta = \delta_{max}$로 편향각이 증가하다가 0으로 감소한다는 점이 흥미롭다. 따라서 주어진 Mach 수와 편향각에 대해 두 가지 충격파 발생이 가능하다 ($\delta < \delta_{max}$라고 가정). 두 지점을 A, B라 하면, A는 더 큰 충격파 각과 관련이 있으므로 더 높은 수직 Mach 수를 가진다. 이것은 결과적으로 더 높은 압력비로 더 강한 충격파를 의미한다. 다른 한쪽(B)은 충격파 각이 낮으므로 충격파 전체에 걸쳐 낮은 압력 상승을 가지는 약한 충격파다.

모든 **강한 충격파**(δ_{max}점 위)는 충격파를 통과한 후 **아음속 유동**을 발생시킨다. 일반적으

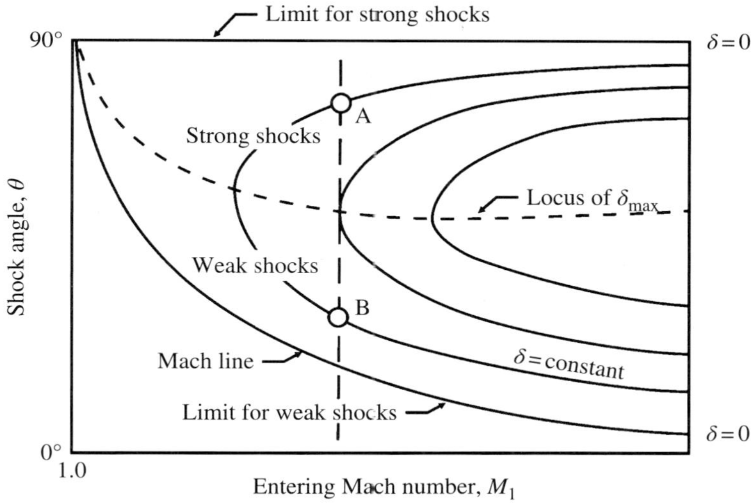

그림 7.9 경사충격파 관계식 θ, M_1, δ의 개략도(상세한 작업 도표는 부록 D 참조)

로 M_2가 아음속인 δ_{max} 바로 아래에 작은 영역이 존재하지만, 일반적으로 **약한 충격파**(δ_{max}점 아래) 영역에서는 충격파 후에 **초음속 유동**을 발생시킨다. 이는 부록의 그림 AD.1의 **상세작업 도표**에 명확히 나타나 있다. 실질적으로 약한 충격파 해는 부과되는 경계조건에 전적으로 의존하지만, 더 자주 발생한다. 이 점은 경사충격파의 몇 가지 적용과 함께 다음 두 절의 주제다. 많은 문제에서 충격파 각(θ)에 대한 명확한 지식은 필요하지 않다. 부록 D에서는 도움이 될 수 있는 두 가지 추가적인 도표를 찾을 수 있다. 이 중 첫 번째는 경사충격파 M_2 이후의 Mach 수를 M_1과 δ 함수로 나타낸다(그림 AD.2). 두 번째는 충격파 전후의 정압비(p_2/p_1)를 M_1과 δ의 함수로 나타낸다(그림 AD.3). Keenan과 Kaye(참고문헌 31)의 것과 같은 상세한 경사충격파 표를 사용할 수도 있다. 또 다른 가능성은 7.11절에서 논의될 부분으로 표준 컴퓨터 프로그램인 기체역학 계산 프로그램(Gasdynamics Calculator)에는 경사충격파 단원이 있다. 식 (7.15)를 사용하면 더 높은 정확도를 얻을 수 있으며, 이는 일부 문제에서 필수적이다.

예제 7.5

공기 중 경사충격파는 550 K와 2 bar abs.에서 Mach 수=2.2 유동이 14°로 편향된다. 충격파 후의 조건은 무엇인가? 약한 해가 우세하다고 가정한다.

부록 D에서 $M_1=2.2$와 $\delta=14°$로 $\theta=40°$와 83°라는 것을 알 수 있다. 약한 해가 존재한다는 것을 알고 있으므로 $\theta=40°$를 선택한다.

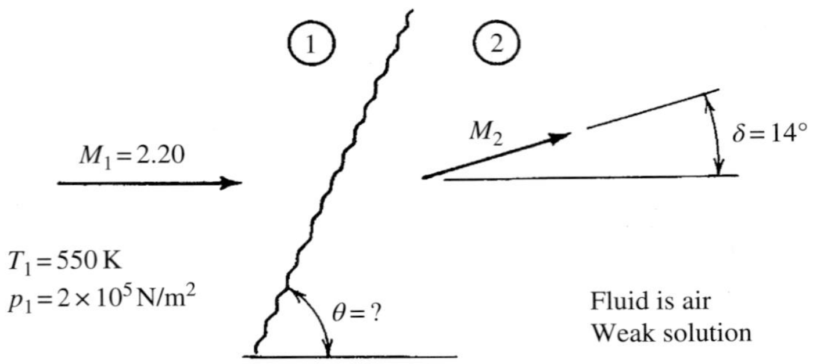

그림 E7.5

$$M_{1n} = M_1 \sin\theta = 2.2 \sin 40° = 1.414$$

수직충격파 표에서 $M_{1n} = 1.414$를 입력하고 보간 작업을 하면 다음을 얻는다.

$$M_{2n} = 0.7339,\ \frac{T_2}{T_1} = 1.2638,\ \frac{p_2}{p_1} = 2.1660$$

$$T_2 = \frac{T_2}{T_2} T_2 = (1.2638)(550) = 695\ \mathrm{K}\ \ (\text{또는}\ \ 1251°\mathrm{R})$$

$$p_2 = \frac{p_2}{p_1} p_1 = (2.166)\left(2 \times 10^5\right) = 4.33 \times 10^5\ \mathrm{N/m^2}\ \ (\text{또는}\ \ 62.82\,\mathrm{psia})$$

$$M_2 = \frac{M_{2n}}{\sin(\theta - \delta)} = \frac{0.7339}{\sin(40 - 14)} = 1.674$$

부록 D의 다른 도표를 이용하여 M_2와 p_2를 구할 수 있다. 이로부터의 $M_{2n} \approx 0.75$ 값은 다음과 같이 구해진다.

$$p_2 = \frac{p_2}{p_1} p_1 \approx (2)\left(2 \times 10^5\right) = 4 \times 10^5\ \mathrm{N/m^2}\ \ (\text{또는}\ \ 58.0\,\mathrm{psia})$$

7.7 유동 방향의 경계조건

경사충격파의 특징 중 하나는 유동 방향이 바뀐다는 것이다. 사실 이것은 초음속 유동 방향을 변환하는 **두 가지 방법 중 하나**다(다른 방법은 제8장에서 논의한다). 그림 7.10과 같이 쐐기형 물체 주위 초음속 유동을 고려하자. 예를 들어, 이것은 초음속 익형의 선단(leading edge)을 나타낼 수 있다. 이 경우 유동은 **벽을 따라 유동 접선의 경계조건을 충족**하기 위해 방향을 바꾸도록 강요되며, 이는 오직 경사충격파 메커니즘을 통해서만 수행될 수 있다. 7.6절의 예제가 이

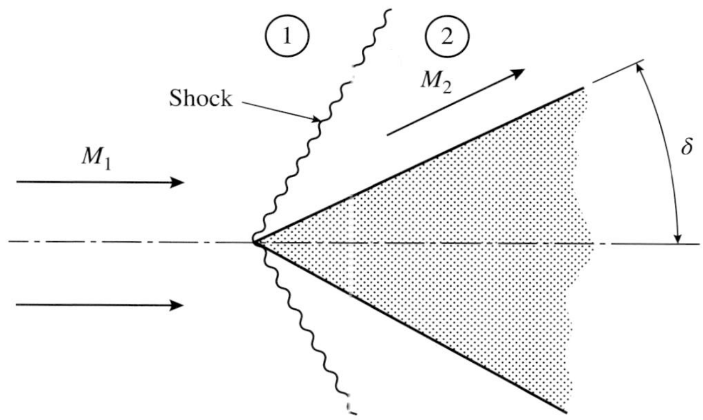

그림 7.10 쐐기형 물체 주위 초음속 유동

와 같은 상황이었다($M=2.2$의 유동이 14°로 편향된다는 것을 상기하자). 주어진 Mach 수와 편향각에 대해 두 가지 가능한 충격파 각이 있을 수 있다. 그러므로 **강한** 충격파 해법과 **약한** 충격파 해법 중 어느 것이 나올지 자연스럽게 의문이 생긴다. 주위 압력을 고려해야 하는 점이 있다. 강한 충격파는 큰 충격파 각에서 발생하고 압력 변화가 크다는 점을 기억하자. 이러한 해가 발생하려면 필요한 압력 차이를 유지할 수 있는 물리적 상황이 존재해야 한다. 그러한 경우는 **내부** 유동 상황에서 존재할 수 있다. 그러나 익형 주변과 같은 **외부** 유동 상황에서는 강한 충격파로 인해 요구되는 더 큰 압력 차이를 지원할 수 있는 수단이 없다. 따라서 외부 유동 문제(물체 주위의 유동)에서 언제나 약한 충격파 해법을 찾는다.

그림 7.9를 돌아보면, 주어진 Mach 수와 관련된 최대 편향각(δ_{max})이 있음을 알 수 있다. 유동이 이보다 큰 각을 통해서는 전향되지 않는다는 것을 의미하는가? 그림 7.10과 같이 물체에 **부착된** 단순한 경사충격파로 제한한다면 이는 사실이다. 하지만 만약 δ_{max}보다 더 큰 반각으로 쐐기를 만든다면 어떻게 될까? 아니면 뭉뚝한 물체를 지나도록 하는 것은 어떨까? 그 결과 발생하는 유동 패턴은 그림 7.11과 같다.

물체에서 **떨어진 충격파**(detached shock)는 곡면 파동 전선을 가진다. 이러한 파동 뒤에는 초기 Mach 수 M_1과 관련된 모든 가능한 충격과 해가 있다. 중심에는 수직충격파가 존재하며, 아음속 유동이 생성된다. 아음속 유동은 요구되는 큰 편향각에 적응하는 데 어려움이 없다. 파동 전선이 곡선을 그리면서 충격파 각이 지속해서 감소하여 충격파 강도가 감소하게 된다. 결국 충격파 전선 이후 초음속 유동이 존재하는 점에 도달하게 된다. 그림 7.10과 7.11은 물체 주위의 유동을 나타내지만, 그림 7.12에 표시된 벽을 따라 흐르는 내부 유동 또는 **모서리 유동**(corner flow)과 같은 패턴이 발생한다. δ_{max}의 중요성은 충격파가 굴절되는 모서리에 **부착**될

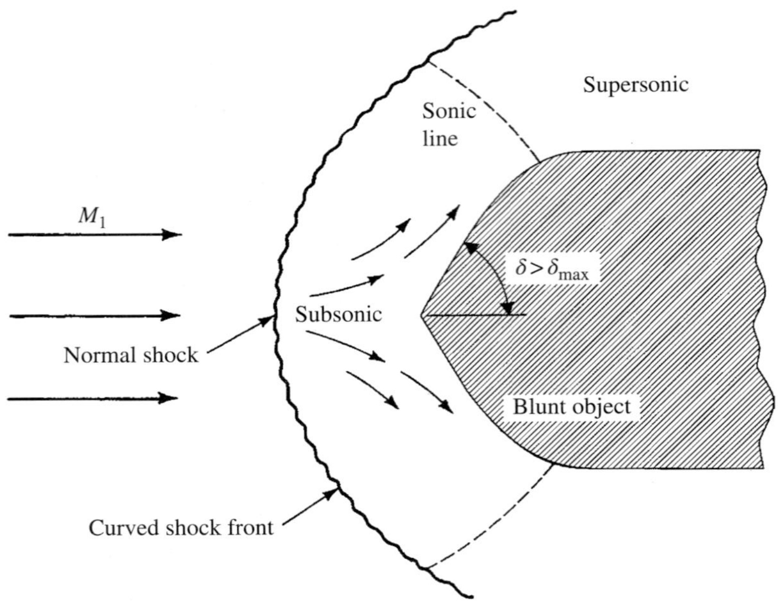

그림 7.11 $\delta > \delta_{max}$로 인한 물체에서 떨어진 충격파

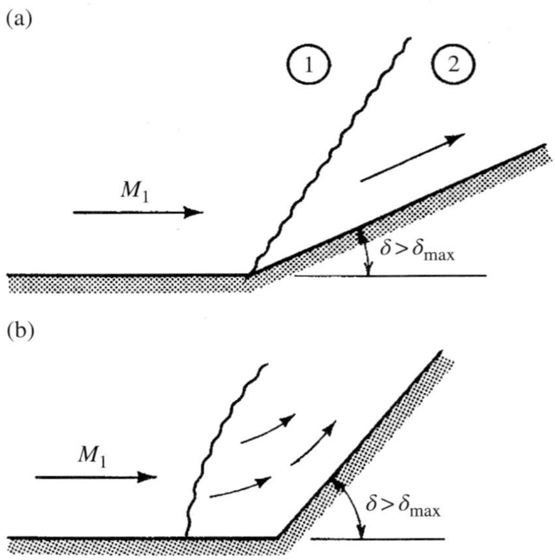

그림 7.12 모서리에서의 초음속 유동

수 있는 최대 편향각임을 보여준다.

초음속 풍동에 피토관이 설치되었을 때 물체에서 떨어진 충격파와 관련된 실제 상황이 발생한다(그림 7.13 참조). 피토관은 수직충격파 전선 후의 전체압력을 반영한다. 풍동 측면의 추

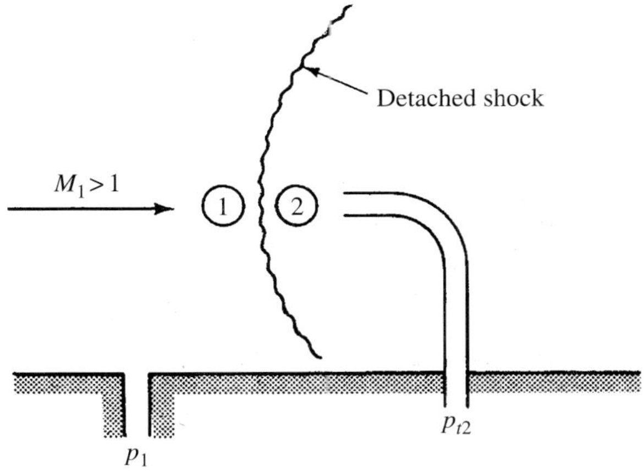

그림 7.13 초음속 피토관 설치

가 탭은 충격파 전에 정압을 상승시킬 수 있다. 다음 압력비를 고려하자.

$$\frac{p_{t2}}{p_1} = \frac{p_{t2}}{p_{t1}} \frac{p_{t1}}{p_1}$$

p_{t2}/p_{t1}는 충격파 전후의 전체압력비이며 M_1만의 함수다[식 (6.28) 참조]. 또한 p_{t2}/p_1도 M_1만의 함수다[식 (5.40) 참조]. 그러므로 압력비 p_{t2}/p_1는 초기 Mach 수(그리고 γ)만의 함수이며 충격파 표의 매개변수로 찾을 수 있다(부록 H).

예제 7.6

초음속 피토관은 전체압력이 30 psig이고 정압은 0임을 나타낸다. 공기 온도가 450°R일 때 자유 유동 속도를 구하시오.

$$\frac{p_{t2}}{p_1} = \frac{30 + 14.7}{0 + 14.7} = \frac{44.7}{14.7} = 3.041$$

충격파 표에서 $M_1 = 1.398$임을 알 수 있다.

$$a_1 = [(1.4)(32.2)(53.3)(450)]^{1/2} = 1040 \text{ ft/sec}$$
$$V_1 = M_1 a_1 = (1.398)(1040) = 1454 \text{ ft/sec} \quad (\text{또는 } 443.2 \text{ m/s})$$

지금까지 유동 편향으로 야기되는 경사충격파에 대하여 논했다. 또 다른 사례는 초음속 항공

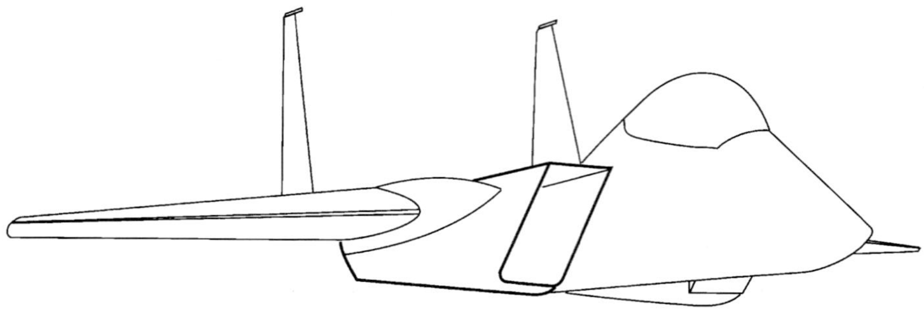

그림 7.14 직방형 엔진 흡입구 개략도 [비슷한 이미지는 웹에서 "aircraft engine inlets rectangular images"를 검색하면 찾을 수 있다.]

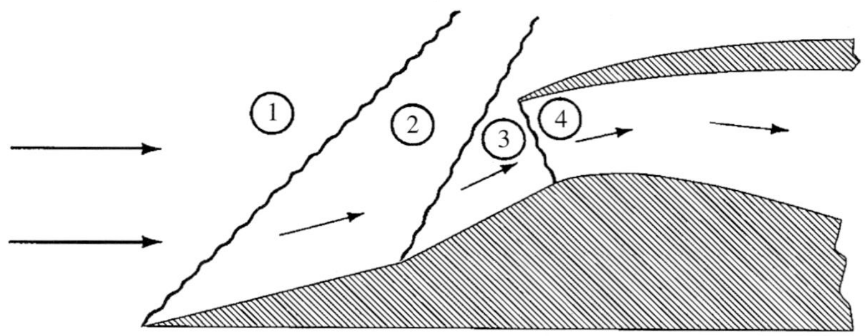

그림 7.15 초음속 항공기 흡입구에서의 다중 충격파

기의 엔진 입구에서 발견된다. 그림 7.14는 이 상황의 좋은 예로 항공기의 개략도를 보여준다. 항공기와 미사일 속도가 증가함에 따라 일반적으로 그림 7.15와 같이 동반되는 충격파 시스템에서 두 가지 방향 변화를 볼 수 있다. 표시된 일련의 충격파에서 발생하는 손실은 동일한 초기 Mach 수에서 단일 수직충격파에서 발생하는 손실보다 작다. 원형 단면을 갖는 입구에 이러한 결과를 적용할 때는 주의를 기울여야 한다. 이러한 원추형 **스파이크**(spike)는 **원추형 충격파** 전선을 형성하게 하는 유동 편향을 위한 것이다. 이러한 유형의 충격파는 분석되었으며 7.9절에서 다룬다. 추진시스템을 위한 초음속 디퓨저 설계는 제12장에서 자세히 논의된다.

흡입구에서의 다중 충격파 및 초음속 익형과 같은 문제에서 일반적으로 충격파 각 자체에 관심이 없지만, 경사충격파 하류에서 발생하는 Mach 수와 압력에 관심이 있다. 전술한 바와 같이 원추형 유동이 아닌 경우, 부록 D의 도표는 이러한 정확한 변수를 M_1과 편향각(δ) 함수로 나타낸다. 정체압력 비율은 적합한 관계식을 사용하여 추론할 수 있다. 또는 기체역학 계산 프로그램(Gasdynamics Calculator)을 사용할 수 있다.

7.8 압력 평형 경계조건

이제 기존의 압력 조건이 경사충격파를 형성하는 경우를 생각해 보자. 축소-확대 노즐을 상기해 보자. 두 번째 임계점에서 작동하면 출구 권에서 수직충격파가 발생한다. 충격파를 통해 발생하는 압력 상승은 정확히 노즐 내에 존재하는 저압에서 시스템에 가해진 더 높은 수용기 압력까지 상승하는 데 필요한 압력 상승이다. **기존의 작동 압력비는 충격파가 이 특정 단면에 위치하도록 하는 원인**임을 다시 강조한다(이러한 세부 정보를 잊어버렸다면 6.6절을 복습하자).

다음 질문을 제기한다. 작동 압력비가 두 번째와 세 번째 임계점 사이에 있으면 어떻게 될까? 수직충격파는 필요한 압력 상승을 충족하기에 너무 강하다. 필요한 것은 수직충격파보다 약한 압축 과정이며, 경사충격파는 정확히 그 일을 위한 메커니즘이다. **어떠한 압력 상승이 요구되더라도** 충격파는 압력 변화가 필요 없는 수직충격파에서 세 번째 임계 상태까지 원하는 압력 상승을 생성하는 각에서 형성될 수 있다. 그림 7.16은 2차원 노즐 립(lip)에서 발생하는 전형적인 약한 경사충격파를 보여준다. 대칭을 고려할 때 상반부가 같아야 하므로 절반의 그림만 보여주었다. 이것은 또한 중앙 유선형에 대해 견고한 경계인 것처럼 생각하는 대안적인 관점을 허용한다.

영역 1에서의 유동은 중심선과 평행하며 노즐의 설계조건(즉, 유동은 초음속이고 $p_1 < p_{rec}$이다)에 있다. 약한 경사충격파 A는 발생하는 압력 상승이 $p_2 = p_{rec}$의 경계조건을 충족하기에 충분할 정도로 적절한 각에서 형성된다. 제트 유동과 주변 사이에는 물리적 경계와는 반대로 자유로운 경계가 있다. 이제 유동도 수직상태로쿠터 벗어나므로 영역 2에 표시된 방향이 있다는 것을 유념하자.

이는 영역 2의 유동이 중심선을 넘을 수 없으므로 문제를 일으킨다. 파동 A가 중심선과 만나는 곳에서 무언가가 일어나야 하고, 이 무언가가 유동을 중심선과 평행하게 회전변환시켜

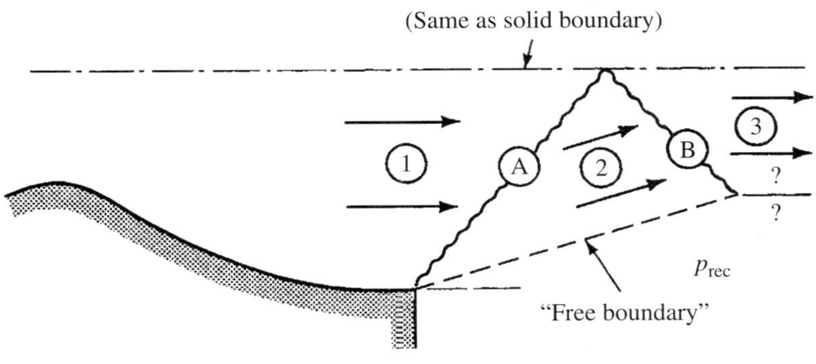

그림 7.16 두 번째와 세 번째 임계점 사이에서 작동되는 초음속 노즐

야 한다. 여기서 또 다른 경사충격파 B를 형성하게 하는 것은 유동 방향의 경계조건이며, 이는 유동 방향을 변화시킬 뿐만 아니라 압력을 더욱 증가시킨다. $p_2 = p_{rec}$ 및 $p_3 > p_2$, $p_3 > p_{rec}$ 및 압력 평형은 영역 3과 수용기 사이에 존재하지 않는다.

분명히, 파동 B가 자유 경계와 교차하는 지점에서 방출되는 어떤 종류의 팽창이 필요하다. **팽창 충격파**는 단지 문제일 뿐이지만, 그러한 현상은 존재할 수 없다는 것을 알고 있다. 왜 그런지 기억할 수 있는가? 두 번째와 세 번째 임계점 사이에서 작동하는 초음속 노즐에 관한 이야기를 완성하기 전에 다른 현상을 연구해야 할 것이고, 이를 제8장에서 다룬다.

예제 7.7

면적비가 5.9인 축소-확대 노즐(그림 E7.7)에 100 psia의 정체압력으로 챔버에서 공급되는 공기가 흐른다. 배기는 14.7 psia의 대기압이다. 이 노즐이 두 번째와 세 번째 임계점 사이에서 작동함을 보이고 첫 번째 충격파 후의 조건을 결정하시오.

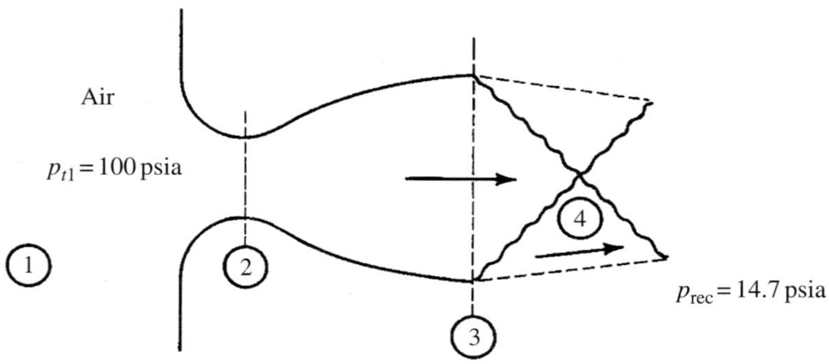

그림 E7.7

세 번째 임계점:

$$\frac{A_3}{A_3^*} = \frac{A_3}{A_2}\frac{A_2}{A_2^*}\frac{A_2^*}{A_3^*} = (5.9)(1)(1) = 5.9$$

$$M_3 = 3.35, \qquad \frac{p_3}{p_{t3}} = 0.01625$$

$$\frac{p_3}{p_{t1}} = \frac{p_3}{p_{t3}}\frac{p_{t3}}{p_{t1}} = (0.01625)(1) = 0.01625$$

두 번째 임계점: 수직충격파에서

$$M_3 = 3.35, \qquad \frac{p_4}{p_3} = 12.9263$$

$$\frac{p_4}{p_{t1}} = \frac{p_4}{p_3}\frac{p_3}{p_{t1}} = (12.9263)(0.01625) = 0.2100$$

작동 압력비(14.7/100=0.147)가 두 번째 임계점과 세 번째 임계점 사이에 있으므로 그림과 같은 경사충격파가 형성되어야 한다. 이러한 조건에서 노즐은 내부적으로 세 번째 임계점에 있는 것처럼 작동한다는 것을 상기하자. 따라서 경사충격파에서 요구되는 압력비는 다음과 같다.

$$\frac{p_4}{p_3} = \frac{p_{rec}}{p_3} = \frac{14.7}{1.625} = 9.046$$

수직충격파 표에서 압력비는 M_{3n}=2.81과 M_{4n}=0.4875가 필요하다.

$$\sin\theta = \frac{M_{3n}}{M_3} = \frac{2.81}{3.35} = 0.8388,\ \theta = 57°$$

경사충격파 도표에서 $\delta = 34°$ 그리고 다음 결과를 얻는다.

$$M_4 = \frac{M_{4n}}{\sin(\theta - \delta)} = \frac{0.4875}{\sin(57 - 34)} = 1.25$$

그러므로 수용기 압력과 일치시키기 위해 경사충격파는 57°에서 발생한다. 유동은 34°로 편향되고, Mach 수가 1.25로 여전히 초음속이다.

7.9 원추형 충격파

수많은 설계 문제에서 실질적인 중요성 때문에 원추형 충격파의 주제를 여기에 포함한다. 예를 들어, 많은 초음속 항공기는 공기 흡입구에 원추형 **스파이크**가 있는 디퓨저를 가지고 있다. 그림 7.17은 YF-12 항공기를 보여주며, 이러한 사례의 좋은 예다. 이러한 유형의 입구 외에도 미사일과 초음속 항공기 동체의 전신은 대부분 원추형이다. 이러한 유동에 대한 자세한 분석은 이 책의 범위를 벗어나지만, 결과는 평면(쐐기 생성) 경사충격파와 관련된 유동과 매우 유사하다. 받음각이 0인 원추형 유동을 고찰한다. 축대칭(3차원) 유동의 연속방정식을 만족시키기 위해서는 유선은 더 이상 원추면에 평행하지 않고 곡선이어야 한다. 원추형 충격파 후, 원추면에 접근할 때 정압이 증가하는데, 이러한 증가는 등엔트로피적이다. **원추형 충격파는**

그림 7.17 원추형 흡입구 형상을 갖는 YF-12 항공기(Lockheed Martin 사진)

약한 충격파이며, 쐐기형 유동의 강한 경사충격파에 대응되는 것은 없다. 접근하는 Mach 수가 회전변환하기에 원추각이 너무 크면 유동은 2차원 경사충격파와 유사한 방식으로 분리된다(그림 7.11 참조). 이 두 가지 유형의 충격파 사이에 분리된 유동 한계치의 비교는 그림 7.18에 나타냈다. 원추형은 유동에 대해 막힘이 적기 때문에 더 높은 유동 편향각을 유지할 수 있다. 따라서 같은 Mach 수에서 2차원 경사충격파와 비교하여 약한 압축파 및 유동 교란도 생성된다. 유동변수(M, T, p 등)는 주어진 선(ray)을 따라 일정하다.

그림 7.19는 받음각이 0°인 대칭형 원추에서 원추형 충격파의 관련 형상을 보여준다. 이 절에서 아래 첨자 c는 원추형 해석을 의미하며, **아래 첨자 s는 원추면에서의 변수 값**을 의미한다. (원추면으로부터 멀리 떨어진 원추형 유동의 세부사항에 관심이 있다면 참고문헌 32 또는 33을 참조하자.) 그림 7.19의 대응부는 그림 7.20 또는 그림 AE.1이고 이것은 다양한 원추반각 δ_c에 대해 접근하는 Mach 수 M_1 함수로 충격파 각 θ_c를 나타낸다. 약한 충격파 해법만 표시되어 있음을 유의하자. 부록 E에서는 원추면 하류 조건을 제공하는 추가적인 도표를 찾을 수 있다(그림 AE.2와 AE.3). 원추형 충격파의 **표면** Mach 수와 **표면** 정압만을 서술하고 있음을 주목하자. 왜냐하면 이러한 변수는 원추 내부 유동에서 같지 않기 때문이다.

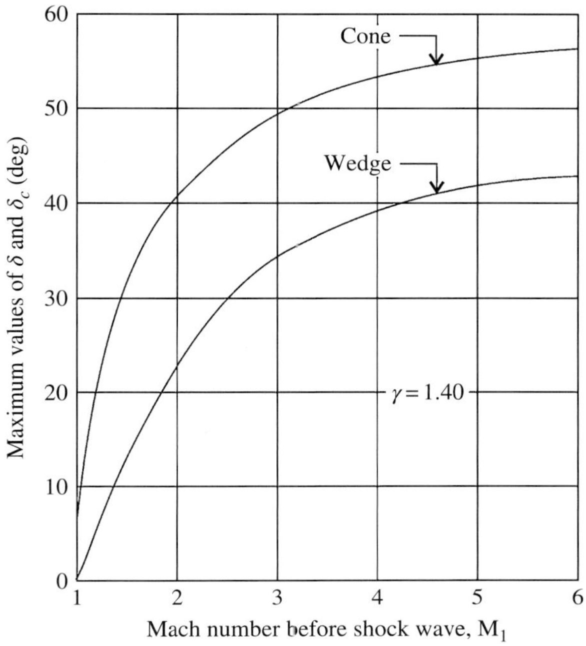

그림 7.18 부착충격파에서의 경사충격파 및 원추형 충격파의 유동 한계 비교(참고문헌 20)

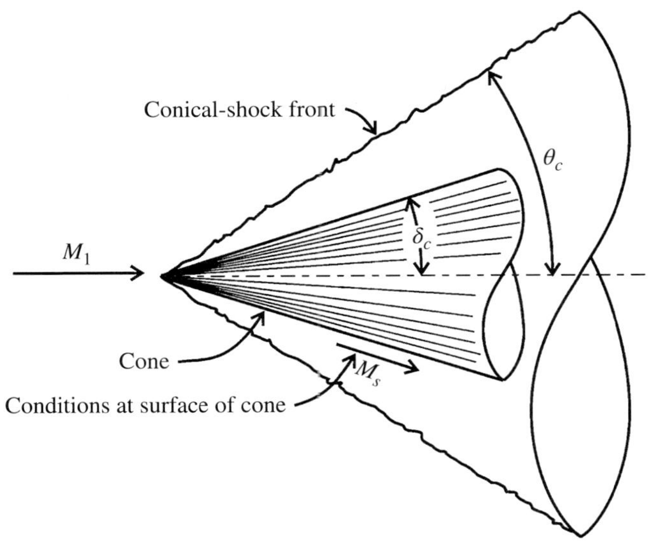

그림 7.19 원추형 충격파와 다양한 각도 정의

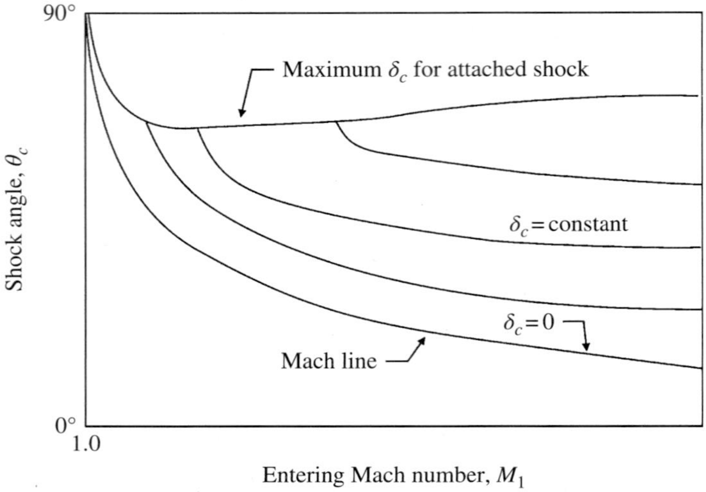

그림 7.20 원추형 충격파 관계식 θ_c, M_1, δ_c의 개략도(상세한 작업 도표는 부록 E 참조)

예제 7.8

공기는 $M_1 = 3.0$, $p_1 = 0.404$ psia에서 27° 원추형 디퓨저에 접근한다. 원추형 충격파 각과 표면압력을 구하시오.

부록 E의 도표에서 $M_1 = 3.0$과 $\delta_c = 13.5°$를 이용하여 $\theta_c \approx 25°$를 구할 수 있다. 또한 부록에서 $p_c/p_1 \approx 1.9$를 알 수 있다.

$$p_c = (p_1)/(p_c/p_1) = (1.9)(0.404) = 0.768 \text{ psia} \quad (\text{또는 } 5.29\,\text{kPa})$$

쐐기 유동과 달리 원추형 충격파를 통과한 후 대부분의 유동은 받음각이 0°에서도 국소적으로 1차원이 아니다. 부록 E의 도표에서는 원추 표면의 조건만 계산할 수 있으므로 쐐기 유동에 대해 할 수 있는 것처럼 엔진 흡입구 성능에 대해 어떤 결론도 내릴 수 없다(연습문제 7.13과 7.19 참조). 실질적인 상황에서 실제 항공기 입구 엔진을 설계할 때는 정체압력 회복을 최대화하는 것과 모든 받음각에서 항력을 최소화하는 것 사이에서 행한다.

7.10 충격파시험관

이제 중요한 응용 프로그램을 간략하게 살펴봄으로써 움직이는 수직충격파 주제로 돌아간다.

충격파시험관은 일시적인 충격파 현상을 분석하기 위한 일반적인 도구이며, 적절한 계측기를 장착할 경우, 비교적 짧은 시간 동안 재료 샘플을 고온 압력 환경에 노출하는 실험뿐만 아니라 특정 기체를 균일한 고온 환경에 노출하는 실험에 사용된다. 7.3절에서 수직 속도를 중첩하는 주제에 대해 논의했는데, 이는 일정한 속도로 움직이는 수직충격파에 대한 일부 분석이 가능하지만, 과도파(transient wave) 현상 대부분의 다른 측면은 이 책의 범위를 벗어난다. 그러나 제6장의 식 (6.23)과 (6.25)는 정지상태 또는 일정한 속도로 움직이는 충격파에서 온도와 압력 사이의 정적 관계를 내재적 형태로 나타낸다. 그들 사이의 M_1을 소거함으로써 다음 식을 얻는다.

$$\frac{T_2}{T_1}=\left(\frac{1+\left(\dfrac{\gamma-1}{\gamma+1}\right)\dfrac{p_2}{p_1}}{1+\left(\dfrac{\gamma-1}{\gamma+1}\right)\dfrac{p_1}{p_2}}\right) \tag{7.16}$$

그리고 M_1을 소거함으로써 식 (6.25)와 (6.26)을 사용하여 충격파를 가로지르는 밀도를 압력비에 연결했을 때 Rankine–Hugoniot 관계식을 얻을 수 있다(유도해 보자).

정지상태의 수직충격파가 $M_1>1.0$인 상류 영역 (1)의 조건과 $M_2<1.0$인 영역 (2)의 조건과 관련되지만(그림 6.1 참조), 충격파시험관 설명에서는 영역 (4) **구동부**(driver) **기체**에서 영역 (1) **종동부**(driven) **기체**(각각 충격파 시작 전의 원래 상태)로 가는 중간 영역을 삽입해야 한다. 충격파 작용 결과는 압력차 $p_4 \gg p_1$로 인한다[영역 (3)과 (2)는 아래 식 (7.17)에서 설명한다]. p_4와 p_1에 관련된 방정식은 구동부와 종동부의 기체 조성이 다를 수 있기 때문에, 초기 충격파 Mach 수 M_s와 두 개의 γ 값으로 여기에 표시된다(이 식을 유용하게 유도한 것은 참고문헌 18에서 확인할 수 있다). 다음 관계식을 이용한다.

$$\frac{p_4}{p_1}=\left(\frac{p_4}{p_3}\right)\left(\frac{p_3}{p_2}\right)\left(\frac{p_2}{p_1}\right) \quad \text{여기서 } p_3=p_2,\ V_3=V_2 \text{ 그리고 } T_2>T_1\approx T_4>T_3$$

여기서 $\dfrac{p_4}{p_3}$는 등엔트로피 팽창 관계식 (5.40), $\dfrac{p_2}{p_1}$는 충격파 식 (6.25), 연속방정식 (6.11)을 이용하여 다음 식을 얻는다.

$$\frac{p_4}{p_1}=\left(\frac{2\gamma_1}{\gamma_1+1}M_S^2-\frac{\gamma_1-1}{\gamma_1+1}\right)\left[1-\frac{\gamma_4-1}{\gamma_1+1}\left(\frac{a_1}{a_4}\right)\frac{(M_S^2-1)}{M_S}\right]^{-\frac{2\gamma_4}{\gamma_4-1}} \tag{7.17}$$

충격파시험관은 일반적으로 고압 및 고온 가스를 포함하도록 길고 무거운 벽으로 만들어지기 때문에 수평으로 장착된다. 초기 압력차가 클수록 그리고 초기 충격파가 더 잘 이동할

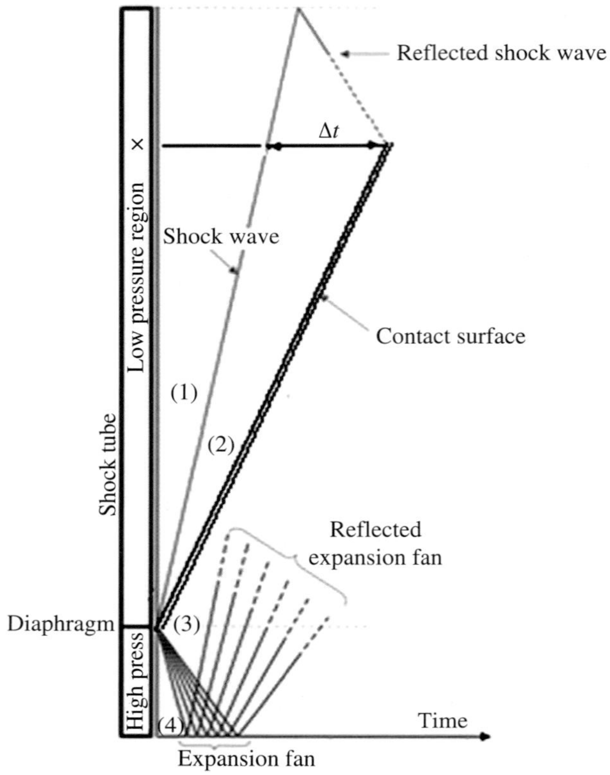

그림 7.21 우측으로 증가하는 시간을 나타내는 충격파시험관 선도. 장치는 유한한 스팬을 강조하기 위해 수직으로 표시되어 있다. 위치(X)는 균일한 고온 및 압력 조건에서 가장 긴 시간 증가(Δt)를 갖는 충격파시험관 시험 표본 위치를 나타낸다. 대부분의 실험에서 처음 몇 개의 파동 상호작용만이 관심 대상이다. [충격파시험관 이미지는 웹에서 "shock tube images"를 검색하면 찾을 수 있다.]

수 있는 경로가 길수록 좋다. (동일 기체를 포함하거나 포함하지 않더라도)고압 영역과 저압 영역을 분리하기 위해서는 물리적 칸막이 또는 격막이 필요하며, 실험을 시작하기 위해서는 이 격막이 빠르게 뚫리거나 파열되어야 한다. 그림 7.21에 충격파시험관을 가로축과 마찬가지로 시간함수로 세로축에 그림으로 표시했으며, 첫 번째 파동 집합만 나타냈다. 온도와 함께 사용되는 기체의 종류는 식 (4.5) 또는 (4.10)에 따라 국소 음속 'a'를 조절한다. 그림 7.21의 초기 시간파 디스플레이 세트를 보면, 영역 (1)은 원래 조건에서 **종동부 기체**를 포함하고 있다. 영역 (2)에서 **종동부 기체**는 충격파에 의해 압축 및 가열된다. 영역 (3)은 원래 온도에서의 변형된 고압 구동 기체를 나타낸다. 그림과 같이 **접촉면**(contact surface)은 물리적으로 구동부와 종동부 기체를 분리한다. 마지막으로, 하단부에서 **구동부 기체**는 원래의 고압 영역 (4)로부터 엔트로피적으로 팽창한다. 시간이 증가함에 따라 등엔트로피 팽창은 하단으로부터 또 다른 팽창선(expansion fan)을 반사하는 반면 충격파는 그림 7.21과 같이 상단으로부터 또 다른 충격파를 반사한다.

충격파시험관 실험은 매우 짧은 기간이기 때문에 고압 및 고온에서 시험되는 기체 또는 물질의 거동을 조사하기 위해 가장 긴 샘플 노출 시간 위치를 찾는 것이 편리하다. 시험 물체가 그림 7.21에 표시된 위치(X)에 있을 때, 최대 시간 간격[일반적으로 밀리초(ms), 그러나 적절한 작은 샘플과 적절한 계측기로 측정하기에 충분하다] 동안 균일한 조건을 갖는다(연습문제 7.22 참조). 충격파시험관은 극초음속 유동에서 관심 있는 높은 엔탈피 조건에서 기체를 시험하기 위한 실용적인 수단을 제공하는 풍동으로 사용될 수 있다.

아래에서는 고압 기체를 저압 영역에서 분리하는 격막이 파열된 직후 그림 7.21의 서로 다른 번호 영역에 대해 자세히 설명한다.

1. 영역 (1)은 유한 압력 펄스에 의해 통과되어 충격파시험관의 종동부 끝단(driven-end section)을 향해 수직충격파로 전파된다. 이 영역의 충격파 속도 V_s(또는 V_1')는 식 (7.17)의 M_S를 사용하여 7.3절과 같이 분석할 수 있다.
2. 반사 충격파 경계 영역 (2)(충격파시험관 종동부 끝단에서 돌아오는 초기 압력 펄스)는 7.3절의 그림 7.3과 7.4와 같이 분석할 수 있다.
3. 접촉면은 영역 (2)와 (3)을 분리한다. 파동이 아닌 충격파 뒤에 따라오는 계면으로 충격파에 의해 압축된 **종동부 기체**와 팽창 때문에 냉각되는 **구동부 기체**를 분리한다. 여기서 확산은 상대적으로 매우 느리기 때문에, 기체는 이 표면을 가로질러 눈에 띄게 섞이지 않는다(그리고 조성이 다를 경우, 구동부 기체와 종동부 기체는 서로 다른 상태로 남아 있다). 이 접촉면 뒤에서 압력은 그대로 유지되지만, 온도는 떨어진다.
4. 팽창선이 영역 (3)과 (4)를 분리한다. 그것은 고압 영역의 끝을 향해 전파되는 감압 영역이다. 시간이 지남에 따라, 이 팽창선은 많은 복잡한 파동 상호작용을 생성하면서 구동부 끝에서 반사된다.

7.11 (선택사항) 표에 없는 경우

제5장에서 설명한 바와 같이 MAPLE과 같은 컴퓨터 프로그램을 사용하면 많은 보간법을 배제하고 모든 비열비 γ 및/또는 Mach 수에 대한 정확한 답을 얻을 수 있다. 2차원(쐐기형) 경사충격파로 돌아가자. 수직충격파에서 비열비 변화가 없으므로 이 장에서는 그러한 곡선을 제

시하지 않는다. 그러나 경사충격파 문제에서 한 가지 독특한 어려움은 비열비(γ)가 상당히 정확해야 한다는 것이며, 종종 도표(부록 D의 도표)가 이를 허용할 만큼 정확하지 않다는 것이다. 따라서 종종 식 (7.15)(또는 그 등가식)를 직접적인 방법으로 풀도록 동기부여된다. MAPLE 프로그램은 아래에서 실제로 식 (7.14)와 함께 작동하며, 여기서 θ는 암시적으로 나타난다. 이 프로그램은 유입 Mach 수(M_1), 쐐기 반각(δ)과 비열비(γ)를 필요로 한다. M_1과 δ 모든 값에 대해 일반적으로 θ 값이 두 개이기 때문에 컴퓨터가 약한 충격파 해법이나 강한 충격파 해법을 찾게 하도록 지수(m)를 도입해야 한다. 또한 이러한 영역은 m 또는 θ의 고유 값에 의해 분할되지 않으므로 주의해야 한다. 더욱이 해결책이 존재하지 않는 특정 δ와 M의 조합도 있다(즉, 그림 7.11에서와 같이 충격파가 분리되어야 하는 경우). $M = 1.75$ 이상의 약한 충격파 해는 $m \leq 1.13$(65° 등가 라디안 값, 부록 D 도표 참조)으로, 강한 충격파 해는 $m > 1.13$으로 구한다. 약한 충격파 영역이 더 우세해지기 때문에 낮은 Mach 수에서는 이 값을 다시 조정해야 한다. MAPLE은 라디안 각으로 계산됨을 유의한다.

예제 7.9

$M_1 = 2.0$, 편향각 10°인 공기 중 2차원 경사충격파의 경우 가능한 두 충격파 각을 도(°) 단위로 계산하시오.

식 (7.14)로 시작하면,

$$\frac{\tan\theta}{\tan(\theta-\delta)} = \frac{(\gamma+1)\,M_1^2\sin^2\theta}{(\gamma-1)\,M_1^2\sin^2\theta+2} \tag{7.14}$$

여기서

$g \equiv \gamma$, 매개변수(비열비)

$d \equiv \delta$, 매개변수(편향각, 라디안)

$X \equiv$ 독립변수(이 경우 M_1)

$Y \equiv$ 종속변수(이 경우 θ)

다음은 컴퓨터에서 사용하는 정확한 입력문 및 프로그램이다.

먼저, 약한 충격파 해는

```
[> g := 1.4 :  x : = 2.0 :   m  : = 1.0 :
[> del  : = 10*Pi/180 :
[> fsolve ((tan(Y))/(tan(Y-del)) = ((g + 1)* (X* sin(Y))^2)/
   ((g-1)* ((X* sin(Y))^2) + 2), Y, 0..m);
                        .6861575526
 > evalf (0.68615526* 180 / Pi);
                        39.31380048
```

다음, 강한 충격파 해는

```
[> m := 1.5 :
[> fsolve ((tan(Y))/(tan(Y-del)) = ((g + 1)* (X* sin(Y))^2)/
   ((g-1)* ((X* sin(Y))^2) + 2), Y, 0..m);
                        1.460541987
[> evalf (1.46084* 180 / Pi);
                             83.69996652
```

MAPLE은 항상 라디안을 사용하기 때문에 약한 충격파 및 강한 충격파 해답을 도(°)로 바꿔야 한다. 이것은 M_1, γ, δ의 명시적 함수로서 θ를 알지 못한 채, 도 단위(즉, $\theta = 39.3°$ 또는 83.7°)의 Y를 산출한다.

기체역학 계산 프로그램(Gasdynamics Calculator)은 식 (7.15)를 원하는 정확도로 풀도록 프로그래밍되어 있으며, 다른 γ 값에 대해서도 예제 7.9를 풀 수 있다.

7.12 요약

전체 유동장에서 속도의 중첩(파동전선에 수직)에 의해 정지 수직충격파가 움직이는 수직충격파로 어떻게 만들어지는가를 살펴보았다. 이와 유사하게, 충격파 전선에 대한 접선 속도의 중첩이 수직충격파를 경사충격파로 전향시킨다. 속도 중첩은 유체유동의 정적조건을 변경하지 않으므로 **수직 Mach 수**를 다룰 경우, 수직충격파 표를 사용하여 경사충격파 문제를 해결할 수 있다. 그러나 시행착오법을 피하고자 경사충격파 표와 도표를 이용할 수 있다. 다음은 경사충격파에서 변수들 사이의 중요한 관계식이다.

$$\tan\delta = 2(\cot\theta)\left(\frac{M_1^2\sin^2\theta - 1}{M_1^2(\gamma + \cos 2\theta) + 2}\right) \tag{7.15}$$

또 다른 유용한 식은 다음과 같다.

$$M_2 = \frac{M_{2n}}{\sin(\theta - \delta)} \tag{7.5a}$$

경사충격파의 중요한 특성을 요약해 보자.

1. 유동은 언제나 수직방향에서 회전변환한다.
2. 주어진 M_1과 δ 값에 대해 θ의 두 값이 발생할 수 있다.
   - **a.** 큰 압력비를 사용할 수 있는 경우(또는 필요한 경우), 더 큰 θ에서 강한 충격파가 발생하며 M_2는 아음속이 될 것이다.
   - **b.** 작은 압력비를 사용할 수 있는 경우(또는 필요한 경우), 더 낮은 θ에서 약한 충격파가 발생하며 M_2는 초음속이 될 것이다(δ_{max} 근처의 작은 영역은 제외).
3. 주어진 Mach 수에 대해 최대값 δ가 존재한다. 만약 δ가 물리적으로 δ_{max}보다 크면, 물체에서 떨어진 충격파가 형성된다.

경사충격파는 다음 두 가지 이유로 인해 발생한다는 점을 인식하는 것이 중요하다.

1. 방향 전환을 유발하는 물리적 경계조건을 충족하기 위해 또는
2. 압력 평형의 자유 경계조건을 충족하기 위해

이를 표현하는 다른 방법은 유동이 물리적 벽이든 **자유 경계**(free boundary)이든 어떤 경계와 접해야 한다고 말하는 것이다. 자유 경계라면 압력 평형도 유동 경계에 걸쳐 존재해야 한다.

원추형 충격파(3차원)는 경사충격파(2차원)와 본질적으로 유사하지만, 해법은 더욱 복잡하다. 일반적인 실험 도구이기 때문에 충격파시험관을 다루었다.

연습문제

7.1 수직충격파가 1800 ft/sec의 속도로 정지 공기(14.7 psia와 520°R)로 이동한다.

(a) 충격파 통과 후 온도, 압력, 속도를 구하시오.

(b) 공기에 의한 엔트로피 변화는?

7.2 어떤 원자폭탄 폭발파의 속도는 지면에 대해 약 46,000 m/s로 결정되었다. 300 K, 1 bar에서 정지된 공기 중으로 이동한다고 가정한다. 폭발파가 지나간 후 정적온도 및 정체온도, 압력은 얼마인가? [**힌트**: 부록 H에 극초음속 Mach 수 범위가 포함되지 않으므로, 관계식 또는 기체역학 계산 프로그램(Gasdynamics Calculator)을 이용해야 한다.]

7.3 공기는 덕트로 흘러 들어가고, 밸브는 빠르게 닫힌다. 수직충격파는 1010 ft/sec의 속도로 덕트를 통해 다시 전파되는 것으로 관찰된다. 공기가 정지된 후 상대적인 온도와 압력은 각각 600°R 및 30 psia이다. 밸브가 닫히기 전 공기의 원래 속도, 온도 및 압력을 구하시오.

7.4 100°F 및 20 psia인 산소가 덕트 내를 450 ft/sec로 흐르고 있다. 밸브가 빠르게 닫힐 때 덕트를 통해 이동하는 수직충격파가 발생한다.

(a) 이동 충격파의 속도를 구하시오.

(b) 정지할 때 산소의 압력과 온도를 구하시오.

7.5 폐쇄된 관에는 20°C의 질소가 있는데 압력은 1×10^4 N/m^{2}이다(그림 P7.5). 충격파는 380 m/s의 속도로 관을 통하여 이동한다.

(a) 충격파가 주어진 점을 통과한 직후의 상태를 계산하시오. (단지 정지상태의 기체로 이동하는 수직충격파이기 때문에 이것이 관 안에 있다는 사실을 어려워할 필요는 없다.)

(b) 충격파가 끝 벽에 부딪히면 다시 반사된다. 반사된 충격파와 벽 사이 기체 온도와 압력을 구하시오. 반사된 충격파가 얼마의 속도로 이동하는가? (이것은 마치 덕트 내 밸브가 갑자기 닫히는 것과 같다.)

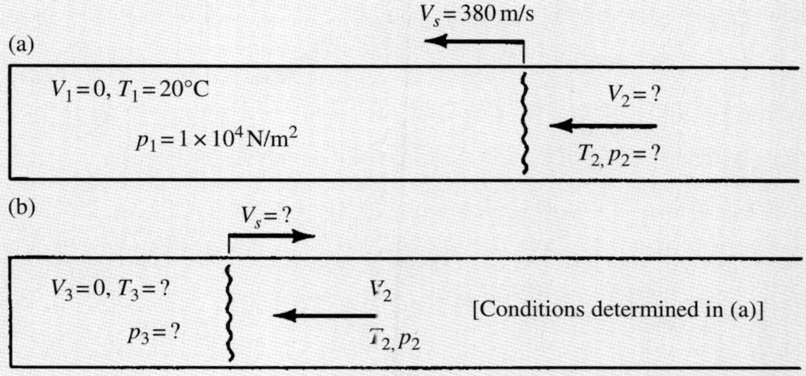

그림 P7.5

7.6 경사충격파는 $\theta = 30°$ 각도에서 공기 중에 형성된다. 충격파를 통과하기 전에 공기는 60°F 및 10 psia를 가지며 $M = 2.6$으로 이동한다.

(a) 충격파 전후의 수직 속도 성분과 접선 속도 성분을 구하시오.

(b) 충격파 이후의 온도와 압력을 구하시오.

(c) 편향각을 구하시오.

7.7 충격파 이전 조건은 $T_1 = 40°C$, $p_1 = 1.2$ bar, $M_1 = 3.0$이다. 접근 중인 공기 유동에 대해 45°에서 경사충격파가 관찰된다.

(a) 충격파 후 Mach 수와 유동 방향을 구하시오.

(b) 충격파 후 온도와 압력을 구하시오.

(c) 이것은 약한 충격파인가? 강한 충격파인가?

7.8 800°R 및 15 psia 공기가 $M = 1.8$에서 15° 정도 편향되어 이동한다. 방향 변화는 경사충격파를 동반한다.

(a) 가능한 충격파 각을 구하시오

(b) 각각의 충격파 각에서 충격파 이후의 압력과 온도를 계산하시오.

7.9 어떤 기체($\gamma = 1.4$)의 초음속 유동은 24°($\delta = 24°$)의 반각으로 쐐기형 물체에 접근한다.

(a) 어떤 Mach 수에서 충격파를 분리 직전까지 몰고 갈 수 있는가?

(b) 이는 최소값인가, 최대값인가?

7.10 전체 각이 28°인 간단한 쐐기형 물체를 사용하여 초음속 유동 전체의 Mach 수를 측정한다. 풍동에 삽입하고 유동과 정렬할 때 자유 유동의 50° 각도에서 경사충격파가 관찰된다(그림 7.10과 유사).

(a) 풍동에서의 Mach 수는?

(b) 이 쐐기는 어느 범위의 Mach 수에서 유용한가? (**힌트**: 물체에서 떨어진 충격파가 발생하더라도 가치가 있는가?)

7.11 피토관은 그림 7.13과 같은 방식으로 풍동에 설치된다. 풍동의 공기 온도는 500°R이고 정압 탭(p_1)은 14.5 psia의 압력을 나타낸다.

(a) 정체 프로브(p_{t2})가 65 psia를 나타낼 때 풍동 내 공기 속도를 구하시오.

(b) $p_{t2} = 26$ psia라고 가정하자. 이런 조건에서 풍동 내 유속을 구하시오.

7.12 축소-확대 노즐은 $\gamma = 1.4$일 때 출구 Mach 수가 3.0이 되도록 설계된다. 두 번째 임계점에서 작동될 때, 충격파 각은 90°이고 편향각은 0°이다. 충격파 이전의 노즐 출구면의 압력을 p_{exit}라고 한다. 수용기 압력이 낮아지면 θ와 δ는 모두 변한다. 두 번째와 세 번째 임계점 사이의 범위에서

(a) θ 대 p_{rec}/p_{exit}를 그리시오.

(b) δ 대 p_{rec}/p_{exit}를 그리시오.

7.13 그림 P7.13은 제트 항공기의 공기 흡입구다. 항공기는 50,000 ft 상공에서 날고 있는데, 압력은 243 psfa, 온도는 392°R, 비행 속력은 $M_0 = 2.5$라고 가정한다.

(a) 비행기가 수직충격파를 통과한 직후의 공기 상태(온도, 압력, 엔트로피의 변화)를 구하시오.

(b) 공기 흡입구에서의 상세한 T-s 선도를 그리시오. 자유 유동에서 선도를 시작하고 압축기의 아음속 디퓨저 입구에서 종료한다.

(c) 단일 15° 쐐기를 7°나 8°의 이중 쐐기로 교체하는 경우(그림 7.15 참조), 디퓨저로 들어간 후의 공기 상태를 구하시오.

(d) (a)와 (c)의 손실을 비교하시오.

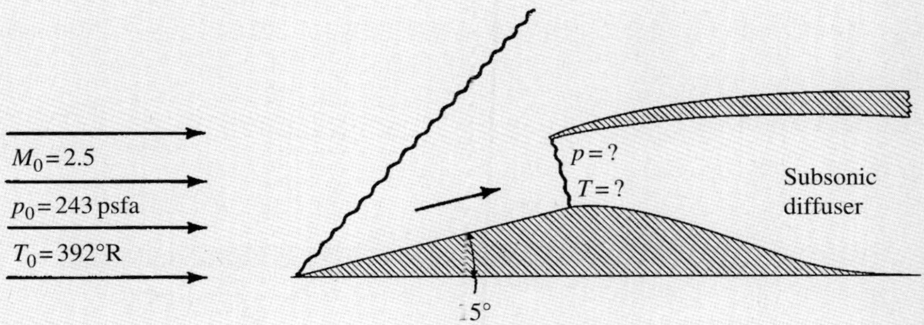

그림 P7.13

7.14 축소-확대 노즐은 그림 7.16과 같이 두 번째와 세 번째 임계점 사이에서 작동한다. $M_1 = 2.5$, $T_1 = 150$ K, $p_1 = 0.7$ bar, 수용기 압력은 1 bar, 작동유체는 질소다.

(a) 영역 2에서의 Mach 수, 온도, 편향각을 계산하시오.

(b) 충격파 B를 통과할 때 유동 편향각은?

(c) 영역 3의 조건을 결정하시오.

7.15 그림 P7.15에 나타난 현재 상황의 경우, $M_1 = 1.8$, $T_1 = 600$°R, $p_1 = 15$ psia, $\gamma = 1.4$이다.

(a) 초음속이라고 가정할 때 영역 2의 조건을 구하시오

(b) 파선을 따라 무엇이 발생하는가?

(c) 영역 3의 조건을 결정하시오.

(d) $p_{t2} = 71$ psia일 때 T_2, p_2, M_2를 구하시오.

(e) 영역 2의 유동이 아음속일 때 문제가 어떻게 변할까?

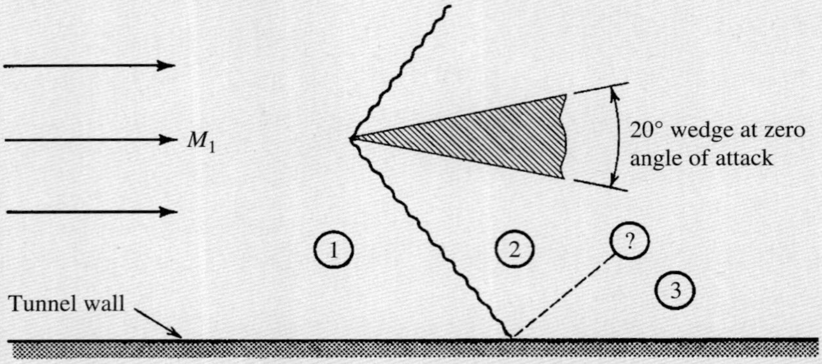

그림 P7.15

7.16 일산화탄소가 그림 P7.16에 표시된 덕트 내를 이동하고 있다. 15° 회전변환된 첫 번째 충격파는 40°에서 형성되는 것으로 관측된다. 유동은 영역 1과 2에서는 초음속, 영역 3에서는 아음속이다.

(a) M_3와 β를 구하시오.

(b) 압력비 p_3/p_1와 p_{t3}/p_{t1}을 구하시오.

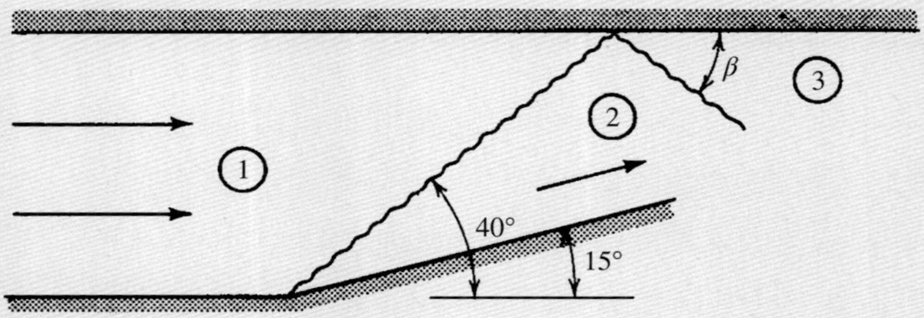

그림 P7.16

7.17 균일한 공기 유동의 Mach 수는 3.3이다. 덕트의 바닥이 25° 각도로 위로 구부러져 있다. 충격파가 상부 벽과 만나는 지점에서 경계는 그림 P7.17과 같이 위쪽으로 5° 구부러져 있다. 시스템 전체에서 유동이 초음속이라고 가정할 때, M_3, p_3/p_1, T_3/T_1, β를 구하시오.

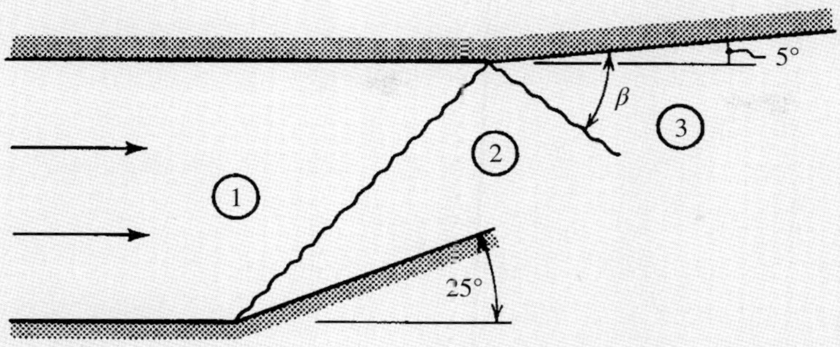

그림 P7.17

7.18 둥근 돌출부를 갖는 발사체가 –15℃ 온도와 1.8×10^4 N/m^2 압력으로 공기를 통과한다. 발사체 돌출부에 가해지는 정체압력이 2.1×10^5 N/m^{2}으로 측정되었다.

(a) 발사체의 이동 속도(m/s)는?

(b) 발사체 돌출부에서의 온도는?

(c) 돌출부 모양이 원추형이라고 할 때 충격파가 부착된 상태로 유지될 수 있는 최대 원추각은 얼마인가?

7.19 동일한 반각의 원추형 충격파에 대해 연습문제 7.13(a)를 풀고 결과를 비교하시오(원추 표면에서만 유효하다).

7.20 동일한 초기조건, T_4/T_1($T_1 = T_4 = 300$ K)와 $p_4/p_1 = 1000$을 갖고, 구동부와 종동부에서 동일 기체를 사용하는 충격파시험관에서 어떤 기체(**아르곤 또는 공기**)가 더 높은 T_2 온도를 발생시키는가? 동일 조건에서 이 서로 다른 두 기체에 해당하는 충격파 Mach 수는 같은가? 사용된 아래 첨자는 그림 7.21을 참조한다.

7.21 (a) 충격파 Mach 수 $M_S = 4.0$으로 발생하는 충격파시험관 작동에 필요한 압력비(p_4/p_1)를 구하시오. 20℃ 공기는 다이어프램 양쪽에서 매개체로 사용된다. 충격파시험관에 적용되는 아래 첨자는 그림 7.21을 참조한다.

(b) 그림 7.1~7.4를 참조하여 위에서 계산한 압력비로 초기 충격 속도(V_1' 또는 V_S), 접촉 표면 속도(V_2 또는 V_C), 반사 충격 속도(V_2' 또는 V_R)를 구하시오. (**힌트:** 7.10절 끝에 나열된 네 개 항목의 개념을 적용하여 필요한 속도를 계산한다.)

7.22 (**선택사항**) 그림 7.21은 주목할 만한 충격파시험관 영역을 나타내며, 여기서 영역 (2)는 샘플 시험에 가장 관심이 많다. 충격파시험관 실험은 특별한 시험 물체 위치와 고속 계측이 필요하다. 그림 7.21의 (**x**) 위치에서 시험 물체는 최대 Δt 동안 고온에 노출된다. 접촉면과 튜브의 닫힌 끝에서 반사되는 충격파의 첫 번째 교차점에서 발견된다. 연습문제 7.21에 주어진 동일 조건(및 결과 파동 속도)을 사용하여, 시험 물체가 다이어프램으로부터 하류의 거리 L_1에 위치할 때, 시험 시간 $\Delta t = 1.0$ ms 동안 저압 영역의 총길이를 계산하시오.

이해력 시험

이 장의 자료를 참조하지 않고 테스트를 완료할 수 있어야 한다.

7.1 속도 중첩으로 그림 CT7.1에 표시한 움직이는 충격파는 고정된 충격파 문제로 변환될 수 있음을 보여준다. 아래의 진술 중 옳은 것을 선택하시오.

(a) $p_1 = p_1'$ $p_1 < p_1'$ $p_1 > p_1'$ $p_1' = p_2'$

(b) $T_{t1}' > T_{t2}'$ $T_{t1}' = T_{t2}'$ $T_{t1}' < T_{t2}'$ $T_{t1}' = T_{t1}'$

(c) $\rho_1 > \rho_2$ $\rho_1 = \rho_1$ $\rho_1' < \rho_2$ $\rho_1' > \rho_2'$

(d) $u_2' > u_1'$ $u_2' = u_1'$ $u_2' < u_1'$ $u_2' = u_2$ ($u \equiv$ 내부에너지)

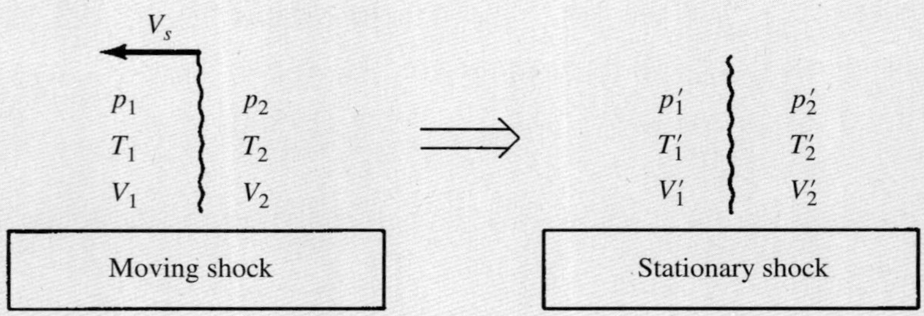

그림 CT7.1

7.2 표시된 항목을 선택하여 빈칸을 채우시오.

(a) 폭발파는 약 1118 ft/sec(보다 작은, 와 같은, 보다 큰) 속력으로 표준공기(14.7 psia, 60°F)를 통과한다.

(b) 경사충격파가 파동 전면에 수직이거나 접하는 구성 요소로 분해되는 경우

(i) 유동이 파를 통과할 때 수직 Mach 수는 (증가, 감소, 일정하게 유지)한다.

(ii) 유동이 파를 통과할 때 접선 Mach 수는 (증가, 감소, 일정하게 유지)한다. (**주의!** 이것은 속도가 아니라 Mach 수를 다루는 것이다.)

7.3 경사충격파를 일으키는 조건을 기술하시오.

7.4 충격파 각과 편향각 그림을 그려 경사충격파 분석의 일반적인 결과를 설명하시오.

7.5 그림 CT7.5에 표시된 물체 돌출부를 지나는 유동 패턴을 그리시오. 그림은 2차원 쐐기를 모사한다.

그림 CT7.5

7.6 수직충격파가 520°R 및 14.7 psia에서 2500 ft/sec 속도로 정지된 공기 속으로 이동한다. 파동이 지나간 직후 어떤 속도가 존재하는가?

7.7 450°R 및 5 psia 산소가 $M = 2.0$으로 이동하며 그림 CT7.7과 같은 덕트에 있다. 수용기 상태는 600°R 및 14.1 psia이다.

(a) 첫 번째 충격파는 어느 각도에서 발생하는가? 유동은 얼마만큼 편향되는가?

(b) 영역 2에서의 온도, 압력, Mach 수는 얼마인가?

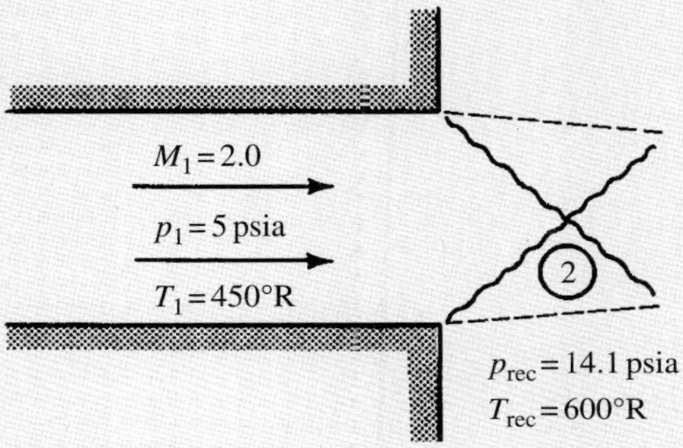

그림 CT7.7

7.8 경사충격파는 1차원으로 간주할 수 있는가? 원추형 충격파는 어떤가?

Chapter 8

Prandtl-Meyer 유동

8.1 서론

이 장은 초음속 유동의 약한 충격파에 대한 검토로 시작한다. 매우 약한 경사충격파의 경우 압력 변화가 편향각의 **1승** 곱과 관련이 있지만, 엔트로피 변화는 편향각의 **3승** 곱과 관련이 있음을 보여준다. 이를 통해 ***Prandtl-Meyer* 유동**으로 알려진 상황에서 완만한 회전변환이 등엔트로피적으로 어떻게 달성될 수 있는지 설명할 수 있다. 이러한 유동은 가역적이기 때문에 상황에 따라 팽창 또는 압축될 수 있다.

완전기체의 경우 Prandtl-Meyer 유동에 대한 상세한 분석이 이루어지며, 평소와 같이 문제해결에 도움이 되는 표 형식의 항목을 개발한다. Prandtl-Meyer 유동을 포함한 전형적인 유동장에 대해 설명한다. 특히 축소-확대 노즐의 전체적인 성능을 깊이 있게 설명한다. 초음속 익형 주위 유동에 대한 논의를 포함하고 에어로스파이크(aerospike) 노즐을 소개한다.

8.2 학습목표

이 장을 성공적으로 배우고 나면 다음 작업을 수행할 수 있다.

Fundamentals of Gas Dynamics, Third Edition. Robert D. Zucker and Oscar Biblarz.

Companion website: www.wiley.com/go/zucker/gas

1. 약한 경사충격파에 대한 편향각에 따라 엔트로피와 압력 변화가 어떻게 변하는지 알 수 있다.
2. 초음속 유동에서 (유한 압력비로) 유한한 회전변환에 어떻게 등엔트로피적으로 도달할 수 있는지 설명할 수 있다.
3. 매끄럽고 오목한 모서리와 매끄럽고 볼록한 모서리를 초음속으로 지나감으로써 발생하는 것을 설명하고 그릴 수 있다.
4. Prandtl-Meyer 유동(팽창 및 압축 모두)을 T-s 선도에 표시할 수 있다.
5. (**선택사항**) Prandtl-Meyer 유동에 대한 Mach 수(M)와 유동 회전변환각(ν)의 미분 관계식을 유도할 수 있다.
6. Prandtl-Meyer 함수에 대한 식 (8.48)이 주어지면 어떻게 Prandtl-Meyer 유동에 대한 표 형식의 항목을 작성할 수 있는지 보여줄 수 있다. 회전변환각(ν)의 중요성을 설명할 수 있다.
7. 지배 경계조건을 설명하고 충격파와 Prandtl-Meyer 파가 물리적 경계와 자유 경계 모두에서 반사될 때의 결과를 설명할 수 있다.
8. 받음각 변화로 인한 둥근 날개 및/또는 쐐기 모양 날개 주위 유동이 만들어내는 파형을 그릴 수 있고, 각 영역의 유동 특성을 서술할 수 있다.
9. 적절한 방정식과 표를 사용하여 전형적인 Prandtl-Meyer 유동 문제를 해결하는 능력을 입증할 수 있다.

8.3 등엔트로피 회전변환 유동에 대한 논쟁

수직충격파에 대한 압력 변화

먼저 **수직충격파**의 몇 가지 특수성을 조사해 보자. 이 절을 통해 매질이 완전기체라 가정하고, 이를 통해 몇 가지 정확한 관계식을 유도할 수 있다. 식 (6.25)를 상기하는 것으로 시작한다.

$$\frac{p_2}{p_1} = \frac{2\gamma}{\gamma+1}M_1^2 - \frac{\gamma-1}{\gamma+1} \tag{6.25}$$

양변에서 1을 빼면 다음을 얻는다.

$$\frac{p_2}{p_1} - 1 = \frac{2\gamma}{\gamma+1}M_1^2 - \frac{2\gamma}{\gamma+1} \tag{8.1}$$

좌변은 수직충격파에서의 압력차를 초기 압력으로 나눈 것임을 알 수 있다. 공통분모에 우변을 표현하면 다음과 같다.

$$\boxed{\frac{p_2-p_1}{p_1}=\frac{2\gamma}{\gamma+1}\left(M_1^2-1\right)} \tag{8.2}$$

위 식을 통해 **수직충격파로 인한** 압력 상승이 $\left(M_1^2-1\right)$에 정비례함을 알 수 있다. 나중에 아주 작은 Mach 수에서 약한 충격파에 적용하면 이 사실을 깨닫게 된다.

수직충격파에 대한 엔트로피 변화

완전기체를 가진 모든 과정의 엔트로피 변화는 식 (1.42)에 의해 비체적과 압력으로 표현될 수 있다. 비체적의 비율을 밀도비로 바꾸고 식 (1.39)와 (1.40)에서 γ를 도입하는 것은 간단한 문제다.

$$\frac{s_2-s_1}{R}=\frac{\gamma}{\gamma-1}\ln\left(\frac{\rho_1}{\rho_2}\right)+\frac{1}{\gamma-1}\ln\left(\frac{p_2}{p_1}\right) \tag{8.3}$$

순전히 M_1, γ, R의 관점에서 수직충격파에 걸친 엔트로피 변화를 구해야 하므로 식 (5.25)와 (5.28)을 사용할 것이다. 이러한 방정식은 충격파에서의 압력비와 밀도비를 Mach 수와 γ 함수뿐만 아니라 엔트로피 상승(Δs)의 함수로 표현한다. 원하는 결과를 얻기 위해 식 (5.25)와 (5.28)을 다음과 같이 변형한다.

식 (5.25)의 양변에 로그를 취하면 다음을 얻는다.

$$\ln\left(\frac{p_2}{p_1}\right)=\frac{\gamma}{\gamma-1}\ln\left[\frac{1+[(\gamma-1)/2]\,M_1^2}{1+[(\gamma-1)/2]\,M_2^2}\right]-\frac{\Delta s}{R} \tag{8.4}$$

식 (5.28)로부터 다음을 얻는다.

$$\gamma\ln\left(\frac{\rho_1}{\rho_2}\right)=-\frac{\gamma}{\gamma-1}\ln\left[\frac{1-[(\gamma-1)/2]\,M_1^2}{1+[(\gamma-1)/2]\,M_2^2}\right]+\gamma\frac{\Delta s}{R} \tag{8.5}$$

이제 식 (8.4)에서 식 (8.5)를 빼서 괄호로 묶은 항을 제거한 후 재배열하면 다음과 같이 정리할 수 있다.

$$\frac{s_2 - s_1}{R} = \ln\left[\left(\frac{p_2}{p_1}\right)^{1/(\gamma-1)}\left(\frac{\rho_2}{\rho_1}\right)^{-\gamma/(\gamma-1)}\right] \tag{8.6}$$

이제 (조금 변형된 형태의) 식 (8.2)를 압력비에 대입할 수 있고, 이와 마찬가지로 식 (6.26)을 밀도비에 대입할 수 있는데, 그 결과는 다음과 같다.

$$\frac{s_2 - s_1}{R} = \ln\left\{\left[1 + \frac{2\gamma}{\gamma+1}\left(M_1^2 - 1\right)\right]^{1/(\gamma-1)}\left[\frac{(\gamma+1)\,M_1^2}{(\gamma-1)\,M_1^2 + 2}\right]^{-\gamma/(\gamma-1)}\right\} \tag{8.7}$$

식을 단순화하기 위해 다음과 같이 치환한다.

$$m \equiv M_1^2 - 1 \tag{8.8}$$

M_1^2도 마찬가지로 치환한다.

$$M_1^2 = m + 1 \tag{8.9}$$

식 (8.8)과 (8.9)를 식 (8.7)에 대입하면 다음을 얻는다.

$$\frac{s_2 - s_1}{R} = \ln\left\{\left(1 + \frac{2\gamma m}{\gamma+1}\right)^{1/(\gamma-1)}(1+m)^{-\gamma/(\gamma-1)}\left[1 + \frac{(\gamma-1)m}{\gamma+1}\right]^{\gamma/(\gamma-1)}\right\} \tag{8.10}$$

식 (8.10)의 각 항은 $(1+x)$의 형식이므로 확장 전개할 수 있다.

$$\ln(1+x) = x - \frac{x^2}{2} + \frac{x^3}{3} - \frac{x^4}{4} + \cdots \tag{8.11}$$

식 (8.11)에 따라 각 괄호를 확장 전개하기 위해 식 (8.10)을 적절한 형태로 넣는다. **3승** 항까지 포함한 모든 항을 유지하도록 주의해야 한다. 실수하지 않을 경우 m과 m^2을 포함하는 모든 항이 소거되고 식 (8.12)로 정리됨을 알 수 있다.

$$\frac{s_2 - s_1}{R} = \frac{2\gamma m^3}{3(\gamma+1)^2} + m\text{의 고차항} \tag{8.12}$$

또는 **수직충격파를 가로질러** 엔트로피가 상승하는 것은 분자 $\left(M_1^2 - 1\right)$의 **3승**에 고차항(HOT)을 더한 값에 비례한다고 할 수 있다.

$$\boxed{\frac{s_2 - s_1}{R} = \frac{2\gamma\left(M_1^2 - 1\right)^3}{3(\gamma+1)^2} + \text{HOT}} \tag{8.13}$$

$M_1 \rightarrow 1$ 또는 $m \rightarrow 0$인 **약한** 충격파를 고려하려면, 적합하게 고차항을 무시할 수 있다.

약한 경사충격파에서 압력 및 엔트로피 변화 대 편향각

이 절의 앞부분에서 학습한 내용은 수직충격파에 관한 내용이지만 경사충격파의 **수직성분**에도 똑같이 적용된다.

$$M_{1n} = M_1 \sin\theta \tag{7.5}$$

식 (8.2)를 다음과 같이 다시 쓸 수 있다.

$$\frac{p_2 - p_1}{p_1} = \frac{2\gamma}{\gamma+1}\left(M_1^2 \sin^2\theta - 1\right) \tag{8.14}$$

식 (8.13)은 다음 식으로 표기된다.

$$\frac{s_2 - s_1}{R} = \frac{2\gamma\left(M_1^2 \sin^2\theta - 1\right)^3}{3(\gamma+1)^2} + \text{HOT} \tag{8.15}$$

매우 약한 경사충격파의 경우에 $\left(M_1^2 \sin^2\theta - 1\right)$을 편향각과 관련지을 것이다.

1. δ는 매우 작으므로 $\tan\delta \approx \delta$로 표기할 수 있다.
2. θ는 Mach 각 μ에 근접한다.

따라서 식 (7.15)로부터 다음을 얻는다.

$$\delta \approx 2(\cot\mu)\left(\frac{M_1^2 \sin^2\theta - 1}{M_1^2(\gamma + \cos 2\mu) + 2}\right) \tag{8.16}$$

이제 주어진 M_1에 대해 μ_1이 알려져 있고, 식 (8.16)은 다음 식으로 표기할 수 있다.

$$\delta \approx \text{const}\left(M_1^2 \sin^2\theta - 1\right) \tag{8.17}$$

식 (8.17)은 **매우 작은** 편향각과 관련된 **매우 약한** 경사충격파에만 유효하다는 것을 상기하자. 이것은 다음 절에서 배운다. 식 (8.17)을 식 (8.14)와 고차항이 생략된 식 (8.15)에 대입하면 다음 식을 얻을 수 있다.

$$\frac{p_2-p_1}{p_1}\approx\frac{2\gamma}{\gamma+1}(\text{const})\delta \tag{8.18}$$

$$\frac{s_2-s_1}{R}\approx\frac{2\gamma}{3(\gamma+1)^2}[(\text{const})\delta]^3 \tag{8.19}$$

이제 이 결과를 해석하기 위해 잠시 멈추자. 식 (8.20)과 (8.21)은 임의의 초기조건에서 매우 약한 경사충격파의 경우라고 말한다.

$$\boxed{\Delta p\propto\delta} \tag{8.20}$$

$$\boxed{\Delta s\propto\delta^3} \tag{8.21}$$

위 식은 기억해야 할 중요한 결과들이다.

무한소 충격파로 인한 등엔트로피 회전변환

주목할 만한 현상을 보여주기 위한 토대를 마련했다. 그림 8.1은 각각 δ의 n개의 동일한 부분으로 분할된 유한 회전변환을 보여준다. 총회전변환각은 δ_{total} 또는 δ_T로 다음과 같이 표현된다.

$$\delta_T=n\delta \tag{8.22}$$

각 회전변환 부분에서 Mach 수, 압력, 온도, 엔트로피 등의 적절한 변화로 충격파를 형성한다. n 부분을 증가시키면 δ는 매우 작아지며, 이는 각 충격파가 매우 약한 경사충격파로 변하며 이 절의 초기 결과가 적용된다. 따라서 각 부분에 대해 다음과 같이 정리할 수 있다.

$$\Delta p'\propto\delta \tag{8.23}$$

$$\Delta s'\propto\delta^3 \tag{8.24}$$

여기서 $\Delta p'$와 $\Delta s'$는 각 분할 요소에 대한 압력 및 엔트로피 변화다. 이제 전체 회전변환은 다음 식으로 표기할 수 있다.

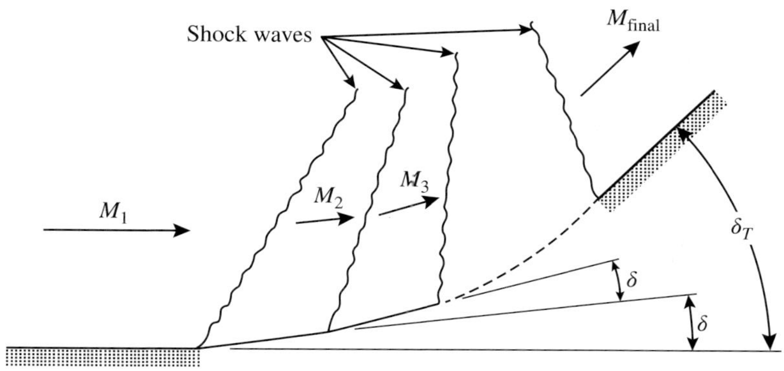

그림 8.1 여러 작은 회전변환으로 구성된 유한한 회전변환

$$\text{Total } \Delta p = \sum \Delta p' \propto n\delta \tag{8.25}$$

$$\text{Total } \Delta s = \sum \Delta s' \propto n\delta^3 \tag{8.26}$$

그러나 식 (8.22)에서 $\delta = \delta_T/n$으로 표현할 수 있다.

이제 극한($n \to \infty$)을 취하면 다음을 얻는다.

$$\text{Total } \Delta p \propto \lim_{n\to\infty} n\left(\frac{\delta_T}{n}\right) \propto \delta_T \tag{8.27}$$

$$\text{Total } \Delta s \propto \lim_{n\to\infty} n\left(\frac{\delta_T}{n}\right)^3 \to 0 \tag{8.28}$$

$n \to \infty$를 취함으로써 다음과 같은 결론에 도달할 수 있다.

1. 벽은 각도 δ_T를 통해 부드럽게 회전변환한다.
2. 충격파는 Mach 파에 근접한다.
3. Mach 수는 계속 변한다.
4. 유한한 압력 변화가 있다.
5. 엔트로피 변화는 없다.

최종 결과는 그림 8.2와 같다. 회전변환이 진행됨에 따라 Mach 수는 감소하므로 Mach 파가 계속 증가하는 각도에 있음을 유의해야 한다[또한 μ_2는 증가하는 기준선(baseline)에서 측정된다]. 따라서 벽에서 짧은 거리를 형성하는 Mach 선의 포락선(envelope)을 관찰해야 한다. Mach

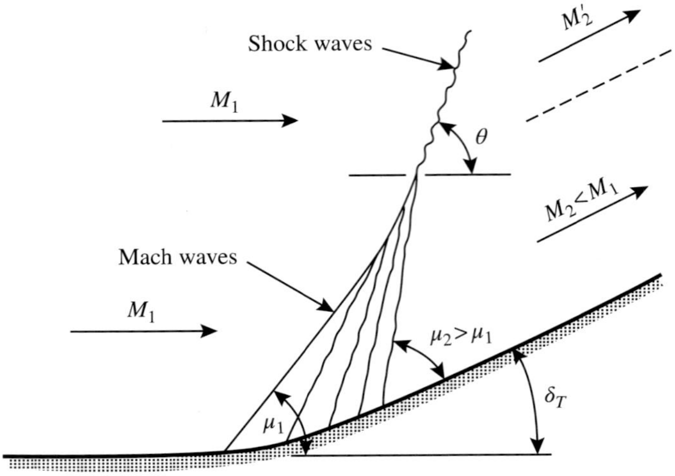

그림 8.2 완만한 회전변환. 벽 근처 등엔트로피 압축

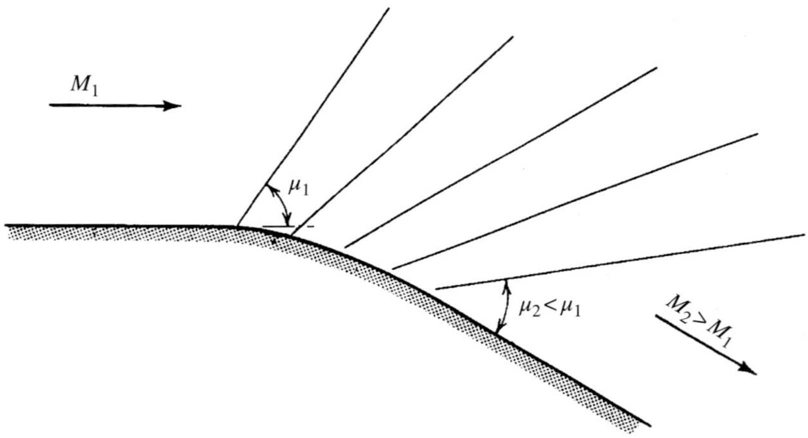

그림 8.3 완만한 회전변환 구간. 등엔트로피 팽창

파는 초기 Mach 수와 전체 편향각 δ_T에 해당하는 적절한 각도(θ)로 기울어진 경사충격파를 형성한다.

벽면 근처 유동은 매우 흥미로운 영역이다. 여기에 무한히 많은 무한소 압축파가 있다. **엔트로피 변화 없이** Mach 수를 감소시키고 압력을 증가시켰다. 단열 유동($ds_e = 0$)을 다루기 때문에 등엔트로피 과정($ds = 0$)은 손실이 없음을 나타낸다($ds_i = 0$). (즉, **가역적 과정이다.**) 역과정(무한대의 무한소 팽창파)은 그림 8.3과 같다. 여기서 이전에 논의했던 것과 다른 방향으로 순조롭게 방향을 틀었다. 이 경우 회전변환이 진행됨에 따라 Mach 수가 증가한다. 따라서 Mach 각은 감소하고 Mach 파는 절대 교차하지 않는다. 모서리가 날카롭다면 모든 **팽창파**(expansion

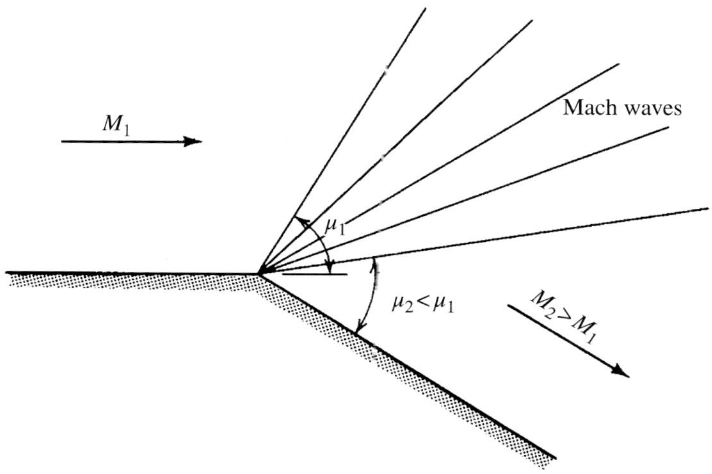

그림 8.4 날카로운 모서리 주위 등엔트로피 팽창

waves)는 그림 8.4와 같이 모서리에서 발산된다. 이것을 **중앙 팽창선**(centered expansion fan)이라고 한다. 그림 8.3과 8.4는 벽이 같은 각도로 회전변환하는 경우 동일한 전체 결과를 나타낸다.

위의 모든 등엔트로피 유동을 **Prandtl-Meyer 유동**이라고 한다. 매끄럽고 오목한 벽(그림 8.2)에서 Prandtl-Meyer 압축파를 가진다. 경계층과 다른 실제 가스 효과가 벽 근처의 등엔트로피 영역을 간섭하기 때문에 이러한 유형의 유동은 그다지 중요하지 않다. 완만하고 볼록한 벽(그림 8.3) 또는 날카롭고 볼록한 회전변환(그림 8.4)에서 Prandtl-Meyer 팽창파를 갖는다. 이러한 팽창은 이 장 뒷부분에 제시된 예가 보여주듯이 초음속 분야에 널리 퍼져 있다. 덧붙여서, 이제 초음속 유동의 방향을 변경할 수 있는 두 번째 방법을 발견했다. 첫 번째 방법이 무엇이었는지 상기해 보자.

8.4 Prandtl-Meyer 유동 분석

유동이 Prandtl-Meyer 압축 또는 팽창을 통해 등엔트로피임을 입증했다. 최종 Mach 수를 알면 등엔트로피 방정식과 표를 사용하여 주어진 초기조건 세트에 대한 최종 열역학적 상태를 계산할 수 있다. 따라서 이 절의 목표는 Mach 수 변화를 Prandtl-Meyer 유동 회전변환각과 연관시키는 것이다. 그림 8.5는 무한소 각 $d\nu$로 유동을 회전변형시켜 발생하는 단일 Mach 파를 보여준다. 팽창파에 해당하는 ν는 표시된 방향으로 측정하는 것이 더 편리하다. 파동 전선에

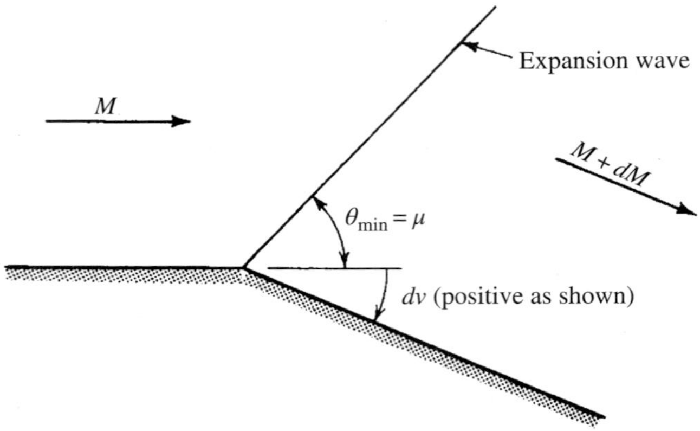

그림 8.5 무한소 Prandtl-Meyer 팽창

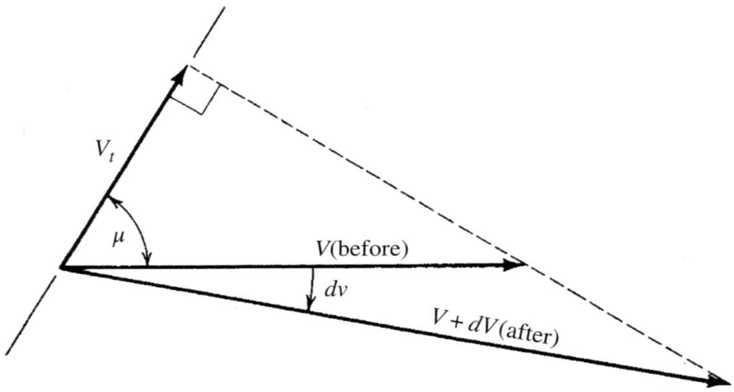

그림 8.6 무한소 Prandtl-Meyer 팽창파 속도

걸친 압력 차이는 운동량 변화를 유발하며 파동 전선에 **수직**인 속도 변화를 유발한다. 접선 속도 성분을 변화시킬 수 있는 메커니즘은 없다. 이러한 점에서 경사충격파 현상과 유사하다. 속도 관계에 대한 자세한 내용은 그림 8.6에 나와 있다.

그림 8.6에서 V는 팽창파 이전의 속도 크기를 나타내며 $V+dV$는 파동 이후의 크기를 나타낸다. 두 경우 모두 접선 속도 성분은 V_t이다. 속도 삼각형으로부터 다음을 얻을 수 있다.

$$V_t = V\cos\mu \tag{8.29}$$

그리고

$$V_t = (V + dV)\cos(\mu + d\nu) \tag{8.30}$$

양변을 같게 하면 다음을 얻는다.

$$V\cos\mu = (V+dV)(\cos\mu + d\nu) \tag{8.31}$$

$\cos(\mu + d\nu)$를 전개하면 다음 식으로 표기된다.

$$V\cos\mu = (V+dV)(\cos\mu\cos d\nu - \sin\mu\sin d\nu) \tag{8.32}$$

그러나 $d\nu$는 매우 작은 각이기 때문에 다음과 같이 나타낼 수 있다.

$$\cos d\nu \approx 1, \quad \sin d\nu \approx d\nu$$

그리고 식 (8.32)는 다음 식으로 나타낼 수 있다

$$V\cos\mu = (V+dV)(\cos\mu - d\nu\sin\mu) \tag{8.33}$$

우변의 각 항을 전개하면 다음 식을 얻는다.

$$\cancel{V\cos\mu} = \cancel{V\cos\mu} - V\,d\nu\sin\mu + dV\cos\mu - \underbrace{\cancel{dV}\,d\nu\sin\mu}_{\text{HOT}} \tag{8.34}$$

동일한 항을 제거하고 고차항을 무시하면 다음을 얻는다.

$$d\nu = \frac{\cos\mu}{\sin\mu}\frac{dV}{V}$$

또는

$$d\nu = \cot\mu\frac{dV}{V} \tag{8.35}$$

μ의 코탄젠트(cotangent)는 Mach 수로 쉽게 구할 수 있다. $\sin\mu = 1/M$임을 알고 있으므로 그림 8.7에 표시된 삼각형에서 다음을 얻을 수 있다.

$$\cot\mu = \sqrt{M^2-1} \tag{8.36}$$

식 (8.36)을 식 (8.35)에 대입하면 다음을 얻는다.

$$\boxed{d\nu = \sqrt{M^2-1}\frac{dV}{V}} \tag{8.37}$$

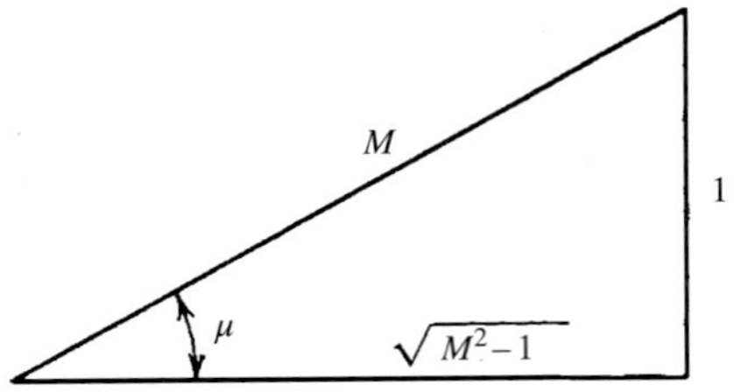

그림 8.7

우리의 학습목표는 Mach 수(M)와 회전변환각($d\nu$) 사이의 관계를 얻는 것임을 기억하자. 따라서 dV/V를 Mach 수 함수로 표현하는 방법을 찾아야 한다. 명시적인 결과를 얻기 위해 유체가 완전기체라고 가정한다. 식 (4.10)과 (4.11)로부터 다음과 같음을 알 수 있다.

$$V = Ma = M\sqrt{\gamma g_c RT} \tag{8.38}$$

따라서

$$dV = dM\sqrt{\gamma g_c RT} + \frac{M}{2}\sqrt{\frac{\gamma g_c R}{T}}dT \tag{8.39}$$

다음 식을 얻을 수 있다.

$$\frac{dV}{V} = \frac{dM}{M} + \frac{dT}{2T} \tag{8.40}$$

다음 식을 이용하여

$$T_t = T\left(1 + \frac{\gamma - 1}{2}M^2\right) \tag{4.18}$$

미분 방정식을 얻을 수 있다.

$$dT_t = dT\left(1 + \frac{\gamma - 1}{2}M^2\right) + T(\gamma - 1)MdM \tag{8.41}$$

그러나 유체가 팽창파를 통과하면서 유체로부터 전달되는 열이나 축(shaft) 일이 없으므로 정체엔탈피(h_t)는 일정하게 유지된다. 완전기체의 경우 전체온도가 고정 상태를 유지한다는 것을 의미한다. 따라서 다음 식으로 표기된다.

$$T_t = \text{일정} \quad \text{또는} \quad dT_t = 0 \tag{8.42}$$

식 (8.41)과 (8.42)로부터 다음을 구할 수 있다.

$$\frac{dT}{T} = -\frac{(\gamma-1)MdM}{1+[(\gamma-1)/2]M^2} \tag{8.43}$$

dT/T에 관한 결과를 식 (8.40)에 대입하면 다음을 얻는다.

$$\frac{dV}{V} = \frac{dM}{M} - \frac{(\gamma-1)MdM}{2(1+[(\gamma-1)/2]M^2)} \tag{8.44}$$

다음과 같이 정리할 수 있다.

$$\frac{dV}{V} = \frac{1}{1+[(\gamma-1)/2]M^2}\frac{dM}{M} \tag{8.45}$$

이제 식 (8.45)를 (8.37)에 대입하여 다음 결과를 얻을 수 있다.

$$\boxed{d\nu = \frac{(M^2-1)^{1/2}}{1+[(\gamma-1)/2]M^2}\frac{dM}{M}} \tag{8.46}$$

$d\nu = f(M,\gamma)$이기 때문에, 위 식은 중요한 관계식이다.

주어진 유체의 경우, γ는 고정되고 식 (8.46)은 다음과 같이 적분할 수 있다.

$$\nu + \text{const} = \left(\frac{\gamma+1}{\gamma-1}\right)^{1/2} \tan^{-1}\left[\frac{\gamma-1}{\gamma+1}(M^2-1)\right]^{1/2} - \tan^{-1}(M^2-1)^{1/2} \tag{8.47}$$

$M=1$일 때 $\nu=0$으로 설정하면 상수는 0이 되고, 다음을 얻는다.

$$\boxed{\nu = \left(\frac{\gamma+1}{\gamma-1}\right)^{1/2} \tan^{-1}\left[\frac{\gamma-1}{\gamma+1}(M^2-1)\right]^{1/2} - \tan^{-1}(M^2-1)^{1/2}} \tag{8.48}$$

위에서 설명한 방법으로 상수를 0으로 설정하면, 각도 ν에 특별한 의미로 해석할 수 있다. **이 각도는 M=1.0인 유동 방향에서 측정되며, 유동이** (등엔트로피 과정에 의해) **회전변환하여 표시된 Mach 수에 도달한 각도다.** 식 (8.48)을 ***Prandtl-Meyer*** **함수**라고 한다.

8.5 Prandtl-Meyer 함수

식 (8.48)은 Prandtl-Meyer 팽창 또는 압축과 관련된 모든 문제를 푸는 기초다. Mach 수와 γ를 알면 회전변환각은 비교적 쉽게 풀 수 있다. 그러나 일반적인 문제에서는 회전변환각이 미리 정해져 있을 수 있으며 Mach 수에 대한 명시적인 해결책은 없다. 다행히, Prandtl-Meyer 함수는 미리 계산하고 표로 만들 수 있으므로 어떤 것도 필요하지 않다. 이러한 유형은 등엔트로피 유동이므로 함수(ν)는 **등엔트로피 유동 표**의 열(column)로 포함되어 있음을 상기하자. 다음 예제는 이러한 유형의 문제가 얼마나 빨리 해결될 수 있는지 보여준다.

예제 8.1

그림 E8.1의 벽은 날카로운 모서리와 함께 28°의 각도로 회전변환한다. 처음에 $M=1$에 있는 유체는 벽을 따라 움직여야 하며, 그렇게 함으로써 모서리에서 Prandtl-Meyer 팽창이 실행된다. ν는 유동의 회전변환각(M_1인 유동 방향으로부터의 각도)을 나타낸다는 것을 유념하자. M_1은 1이므로 ν_2는 28°이다.

등엔트로피 유동 표(부록 G)에서 Prandtl-Meyer 함수가 $M_2 \approx 2.06$에 해당함을 알 수 있다.

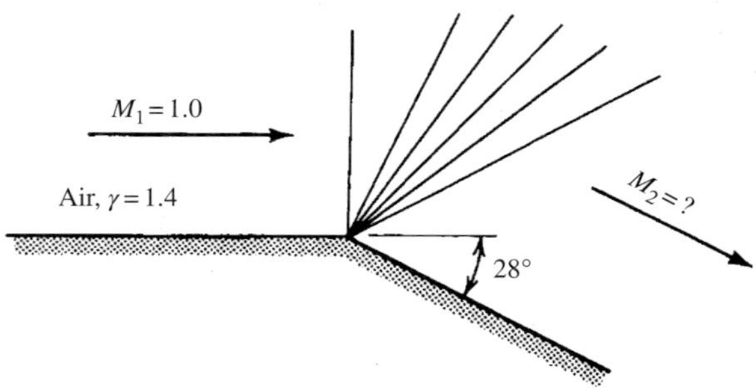

그림 E8.1 $M=1.0$으로부터의 Prandtl-Meyer 팽창

예제 8.2

12°의 회전변환각을 통해 팽창하는 Mach 수 2.06에서의 유동을 고려해 보자. 그림 E8.2가 이러한 상황을 나타낼 때 최종 Mach 수 M_2를 구하시오.

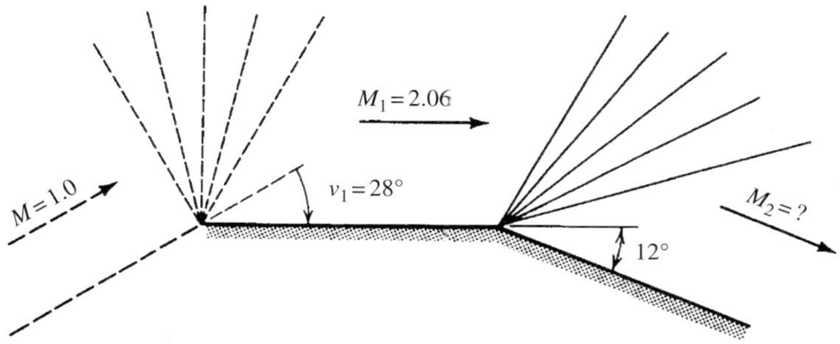

그림 E8.2 M≠1.0일 때 Prandtl-Meyer 팽창

$M_1 = 2.06$인 유동이 어떻게 존재했든 간에, 28°의 모서리를 중심으로 $M = 1.0$의 유동을 팽창함으로써 얻을 수 있었다는 것을 알 수 있다. 이는 그림에서 점선으로 표시된다. 영역 2의 유동은 $M = 1.0$의 유동을 취하여 28° + 12°로 회전변환함으로써 얻을 수 있음을 쉽게 알 수 있다. 또는

$$\nu_2 = 28° + 12° = 40°$$

등엔트로피 유동 표에서 위 식이 $M_2 \approx 2.54$에서의 유동에 해당한다는 것을 알 수 있다.

위 예제에서 일반적인 Prandtl-Meyer 유동의 규칙을 알 수 있다.

$$\boxed{\nu_2 = \nu_1 + \Delta\nu} \tag{8.49}$$

여기서 $\Delta\nu$는 회전변환각이다.

그림 E8.1과 E8.2에 나타낸 바와 같이 팽창의 경우에는 $\Delta\nu$가 양수(+)이므로, Prandtl-Meyer 함수와 Mach 수가 모두 증가한다는 점에 유의하자. 최종 Mach 수를 구하면 등엔트로피 유동이므로 모든 물성(properties)을 쉽게 구할 수 있다.

반대 방향으로 회전변환할 경우 $\Delta\nu$는 음수(−)가 되며, 이는 Prandtl-Meyer 압축으로 이어진다. 이 경우, Prandtl-Meyer 함수와 Mach 수는 모두 감소한다. 이와 관련된 예를 보자.

예제 8.3

$M_1 = 2.40$, $T_1 = 325$ K, $p_1 = 1.5$ bar의 공기는 그림 E8.3과 같이 20°의 완만하고 오목한 회전변환에 근접한다. 앞에서 벽과 가까운 영역이 어떻게 등엔트로피 압축이 될지 논의했다. 회전변환 후 발생하는 유동에서 그 물성을 찾는다.

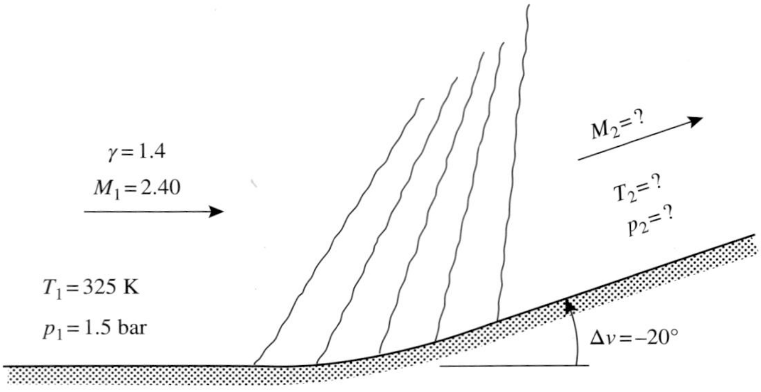

그림 E8.3 Prandtl-Meyer 압축

표에서 $\nu_1 = 36.7465°$이고, $\Delta\nu$가 음수(−)임을 알고 있다.

$$\nu_2 = \nu_1 + \Delta\nu = 36.7465° + (-20°) = 16.7465°$$

다시, 표에서 이것이 Mach 수에 대응한다는 것을 알 수 있다.

$$M_2 = 1.664$$

유동은 단열이고 축 일이 없으며 완전기체이기 때문에 정체온도가 일정하다는 것을 알 수 있다($T_{t1} = T_{t2}$). 또한 손실이 없으므로 정체압은 일정하게 유지된다($p_{t1} = p_{t2}$). 적절한 방정식으로 이러한 가설을 검증할 수 있다.

이 예제를 계속 풀어나가기 위해 일반적인 방법으로 온도와 압력을 계산한다.

$$p_2 = \frac{p_2}{p_{t2}}\frac{p_{t2}}{p_{t1}}\frac{p_{t1}}{p_1}p_1 = (0.2139)(1)\left(\frac{1}{0.0684}\right)(1.5\times10^5) = 4.69\times10^5\ \text{N/m}^2\quad (\text{또는 } 68.0\ \text{psia})$$

$$T_2 = \frac{T_2}{T_{t2}}\frac{T_{t2}}{T_{t1}}\frac{T_{t1}}{T_1}T_1 = (0.6436)(1)\left(\frac{1}{0.4647}\right)(325) = 450\ \text{K}\quad (\text{또는 } 810°\text{R})$$

벽면에서 멀어질 때 Mach 파가 합쳐져서 경사충격파를 생성할 것을 알고 있다. 어느 각도에서 충격이 가해지면 유동이 20°만큼 편향될 것인지, 충격 후 온도와 압력은 어떻게 될 것인지 생각해 보자. 이러한 경사충격파 문제를 풀면 $\theta = 44°$, $M_{1n} = 1.667$, $p_2' = 4.61\times10^5$ N/m², $T_2' = 466$ K 값을 얻어야 한다. 압력 평형이 **자유 경계면**을 가로질러 존재하지 않기 때문에 압축파가 충격파로 중첩되는 영역에서 또 다른 파동이 생성되어야 한다. 이 문제에 대한 추가적인 논의는 이 책의 범위를 벗어나지만, 관심 있는 독자는 Shapiro(참고문헌 19)의 제16장을 참조하기를 바란다. 또한 존재하는 모든 점성 경계층은 위의 모든 계산에 영향을 미칠 것이다.

8.6 과대팽창 노즐과 과소팽창 노즐

축소-확대 노즐의 분석을 완료할 수 있는 지식을 얻게 되었다. 앞서 아음속(벤츄리) 영역과 설계 운영(5.7절) 모두에서 등엔트로피 작동에 대해 논의했다. 확대부에서 수직충격파 상태의 비등엔트로피 작동도 다루었다(6.6절). 7.8절에서 압력 비율이 두 번째 임계점 이하일 때 경사충격파가 발생하는 것은 확인했으나 그림으로 완성하기에는 역부족이었다.

그림 8.8은 **과대팽창** 노즐을 보여준다. 노즐은 두 번째와 세 번째 임계점 사이 어딘가에서 작동한다. 제7장의 요약에서 반드시 충족되어야 하는 경계조건에는 다음 두 가지 유형이 있다는 것을 보았다. 하나는 방향에 관한 것이고, 다른 하나는 압력 평형에 관한 것이다.

1. 대칭적인 측면에서 중심 유선형이라는 것을 안다. 이 경계에 닿는 유체는 유선에 접하는 속도를 가져야 한다. 이러한 관점에서 물리적 경계와 같다고 할 수 있다.
2. 제트 유동이 노즐을 벗어나면 외부 표면이 주변 유체와 접촉한다. 이 경계는 **자유**롭거나 구속되지 않은 경계이므로 압력 평형은 이 표면을 가로질러 존재해야 한다.

영역마다 따라다니며, 적절한 경계조건을 일치시킴으로써 반드시 존재해야 하는 유동 패턴을 결정할 수 있다.

노즐은 두 번째 임계점과 세 번째 임계점 사이의 압력비로 작동하므로, 유동이 주위 압력

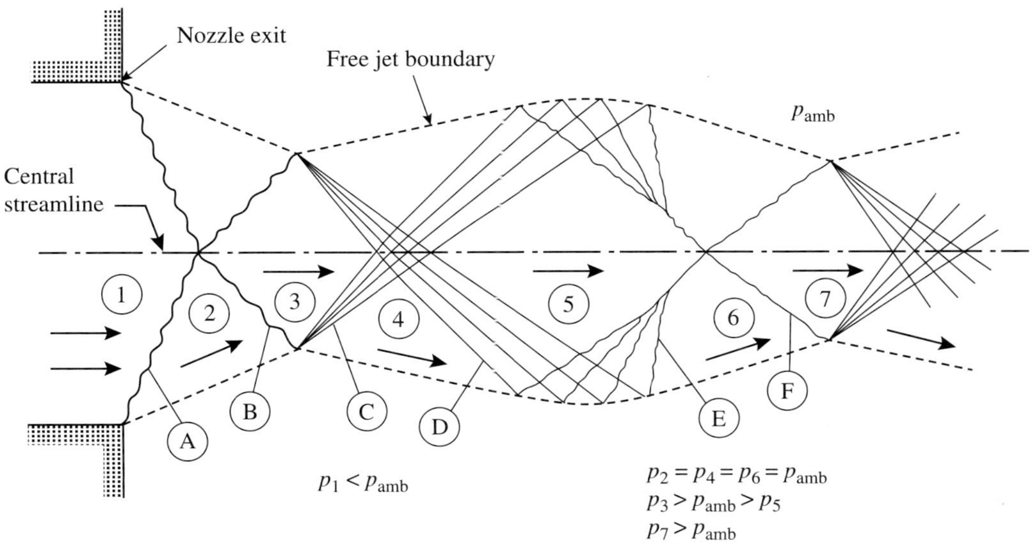

그림 8.8 약한 경사충격파에 대한 과대팽창 노즐

으로 끝나기 위해서는 출구에서 압축 과정이 필요한 것은 분명하다. 그러나 출구에서 수직충격파가 발생하면 강한 압축을 생성한다. 필요한 것은 수직충격파보다 약한 충격과정이며, 경사충격파는 이 정도인 것으로 나타났다. 따라서 출구에서 $p_2 = p_{amb}$이 되도록 적절한 각도에서 경사충격파 A를 관찰한다.

그 전에 두 번째와 세 번째 임계점 사이의 유동을 두 개로 구분해야 한다. 경사충격파가 강한 경우(그림 7.9 참조), 결과 유동은 아음속 상태가 되며 영역 2에서 더 이상의 파동이 불가능하거나 필요하지 않다. 영역 2의 압력은 수용기 압력과 일치하며 아음속 유동은 중심선 문제를 피하려고 파동 없이 회전변환할 수 있다. 반면에 경사충격파가 약하면 초음속 유동이 (약해지긴 하지만) 우세하게 되며, 아래와 같이 유동을 회전변환하기 위해서는 추가적인 파동이 필요하다. 강한 충격파와 약한 충격파 사이의 정확한 경계면은 가깝지만, 부록 D에 표시한 경사충격파의 최소 M_1을 나타내는 선과 같지는 않다. 오히려 $M_2 = 1.0$으로 표시되는 선이라고 할 수 있다.

경사충격파를 가로지르는 유동은 항상 법선에서 충격파선 쪽으로 편향되어 있으므로 영역 2의 유동이 더 이상 중심선과 평행하지 않다. 파동 전선 B는 유동을 원래 축 방향으로 다시 편향시켜야 한다. 이것은 또 다른 경사충격파에 의해 가능하다. (Prandtl-Meyer 팽창은 유동을 잘못된 방향으로 회전변환한다.) 이를 보는 또 다른 방법은 노즐 상부 립(lip)과 하부 립에서 발생하는 경사충격파가 중심선에서 만날 때 **서로를 통과**하는 것이다. 만약 이러한 원리를 받아들인다면 파동이 서로 이동하는 과정에서 약간 변형되거나 휘어진다는 것을 깨달아야 한다.

이제 $p_2 = p_{amb}$이므로 경사충격파 B를 통한 유동의 통과는 $p_3 > p_{amb}$을 만들고 영역 3은 주변과 접촉하는 자유표면을 가질 수 없다. 따라서 파동 형성은 파동 B가 자유 경계와 만나는 지점에서 발생해야 하며, 압력은 파동을 가로질러 감소해야 한다. 이제 파동 C가 $p_4 = p_{amb}$가 되도록 Prandtl-Meyer 팽창이어야 한다는 것을 알게 되었다.

그러나 팽창선(expansion fan)인 C를 통과하는 유동은 중심선에서 멀어지게 되고, 영역 4의 유동은 더 이상 중심선과 평행하지 않게 된다. 따라서 Prandtl-Meyer 팽창선의 각 파동이 중심선과 만날 때, 다시 축과 평행하게 회전변환하기 위해 방출되어야 한다. 파동 D가 압축된다면 유동은 어느 방향으로 변환할 것인지 생각해 보자. 유동 방향의 경계조건을 충족하기 위해서는 파동 D가 또 다른 Prandtl-Meyer 팽창파여야 한다는 것을 알 수 있다. 따라서 영역 5의 압력은 주변보다 작다.

이제 영역 5에서 6까지 도달하고 자유 경계로 부가되는 경계조건을 충족하려면 E가 반드시 Prandtl-Meyer 압축파로 구성되어야 한다고 추론할 수 있는지 생각해 보자. 이와 관련된 압력에 따라 일반적으로 그림과 같이 경사충격파로 변한다. 그다음 F는 또 다른 경사충격파

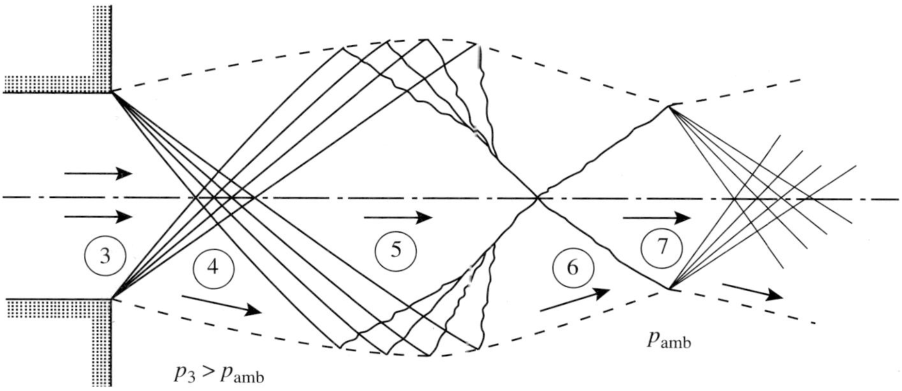

그림 8.9 과소팽창 노즐

로 영역 6의 유동을 돌려 벽의 방향과 일치시킨다. 이제 p_7은 p_{amb}와 같거나, 더 크거나, 더 작은가? 영역 7의 조건이 영역 3의 조건과 유사하므로 주기가 반복된다는 점을 인식해야 한다.

이제 **과소팽창**(underexpanded) 노즐을 살펴보자. 즉, 작동 압력비가 세 번째 임계점 또는 설계조건보다 낮다는 것을 뜻한다. 그림 8.9는 이러한 상황을 보여준다. 이 노즐에서 나오는 유동은 주위보다 큰 압력을 가지며 유동은 축과 평행하다. 생각해 보면 이 상태가 과대팽창 노즐의 영역 3과 정확히 같다는 것을 알 수 있다(그림 8.8 참조). 따라서 이 시점부터 유동 패턴은 같다. 그림 8.8과 8.9는 이상적인 형태를 나타낸다. 설명된 일반적인 파동은 슐리렌(Schlieren) 사진과 같은 특수 유동 가시화 기술을 통해 확인할 수 있다. 결국 자유 경계에 걸쳐 존재하는 큰 속도 차이는 파동 패턴을 다소 빠르게 소멸시키는 난류 전단층을 발생시킨다. 이는 다양한 압력비로 작동하는 축소-확대 노즐의 실제 슐리렌 사진을 보여주는 그림 8.10에서 확인할 수 있다.

예제 8.4

Mach 수 2.5, 압력 10 psia의 노즐에 질소가 흐른다. 주위 압력이 5 psia일 때, Mach 수는 얼마이며, 첫 번째 Prandtl–Meyer 팽창선을 통과한 유동은 어떤 각도로 회전변환하는가?

그림 8.9로부터, $M_3 = 2.5$, $p_3 = 10$ psia, $p_4 = p_{amb} = 5$ psia를 알고 있다.

$$\frac{p_4}{p_{t4}} = \frac{p_4}{p_3}\frac{p_3}{p_{t3}}\frac{p_{t3}}{p_{t4}} = \left(\frac{5}{10}\right)(0.0585)(1) = 0.0293$$

따라서 다음을 얻는다.

$$M_4 = 2.952$$
$$\Delta\nu = \nu_4 - \nu_3 = 48.8226 - 39.1236 \approx 9.7°$$

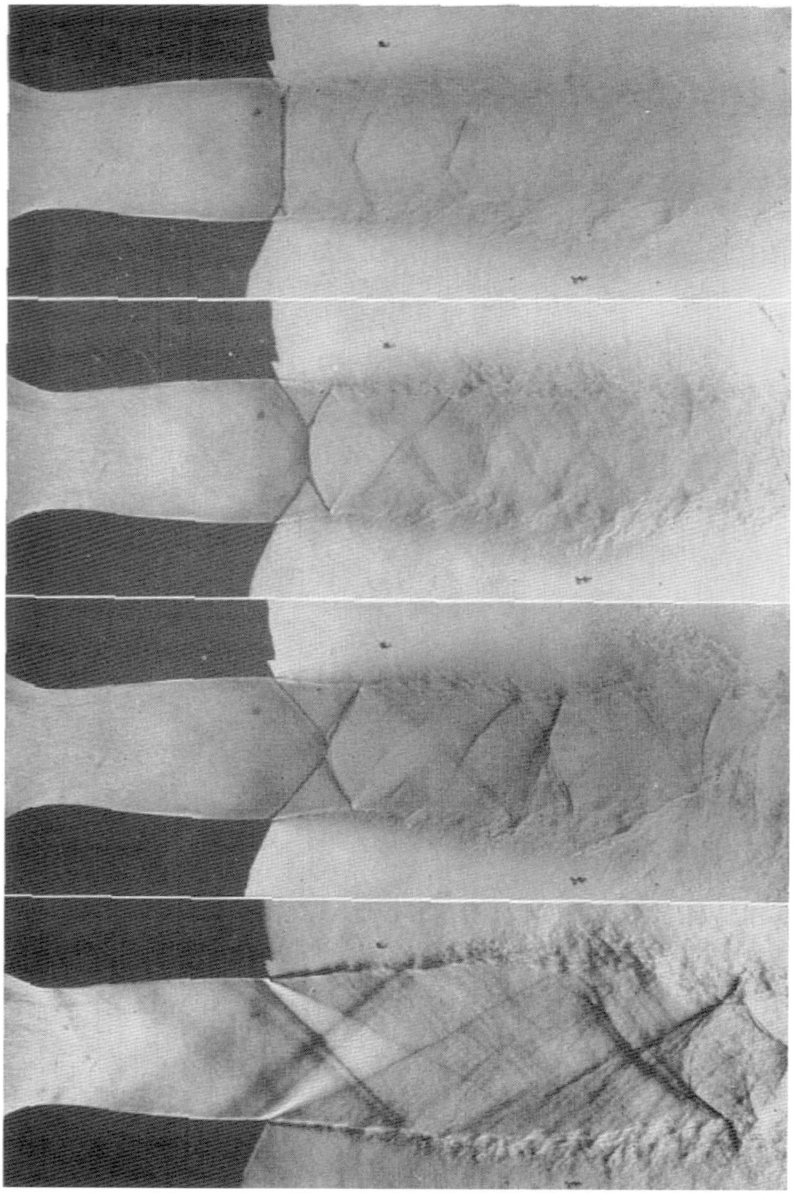

그림 8.10 노즐 성능: 다양한 배압에서 축소-확대 노즐 유동(p_e=출구 직전의 압력) (© Crown Copyright 2001. Reproduced by permission of the Controller of HMSO) [유사한 이미지는 웹에서 "supersonic nozzle over under expansion images"를 검색하면 찾을 수 있다.]

파동의 반사

위의 논의를 통해 탈설계점에서 작동할 때 노즐 제트의 세부사항에 대해 배웠을 뿐만 아니라 **파동 반사**(wave reflection)도 살펴보았다. 하지만 '파동 반사'라고 직접적인 단어를 언급하지는 않았다. 파동을 자유 경계선 밖으로 **튕기거나 반사되는** 것으로 생각할 수 있다. 마찬가지로, 중심 유선이 고체 경계면으로 시각화되었다면, 파동을 그 경계에서 다시 반사되는 것으로 생각할 수 있었다. 돌이켜보면, 파동 반사에 대한 몇 가지 일반적인 결론을 도출할 수 있다.

1. 물리적 또는 유사 물리적 경계(경계조건이 유동 방향에 관계되는 경우)로부터의 반사는 **같은 계열**이다. 즉, 충격파는 충격파로, 압축파는 압축파로, 팽창파는 팽창파로 반사된다.
2. 자유 경계(압력 균형이 존재하는 경우)로부터의 반사는 **반대 계열**이다(즉, 압축파는 팽창파로, 팽창파는 압축파로 반사된다).

주의: 파동을 반사로 볼 때는 주의해야 한다. 때때로 특성이 변경될 뿐만 아니라(위의 경우 2) 반사각은 입사각과 완전히 같지 않다. 또한 파동의 **강도**도 약간씩 변한다. 이것은 고체 경계면에서 **반사되는** 경사충격파의 경우를 고려함으로써 명확하게 나타낼 수 있다.

예제 8.5

Mach 수 2.2의 공기가 35°로 경사충격파를 통과한다. 충격파는 그림 E8.5와 같이 물리적 경계에 부딪힌다. 반사각을 구하고 두 충격파의 강도를 비교하시오.

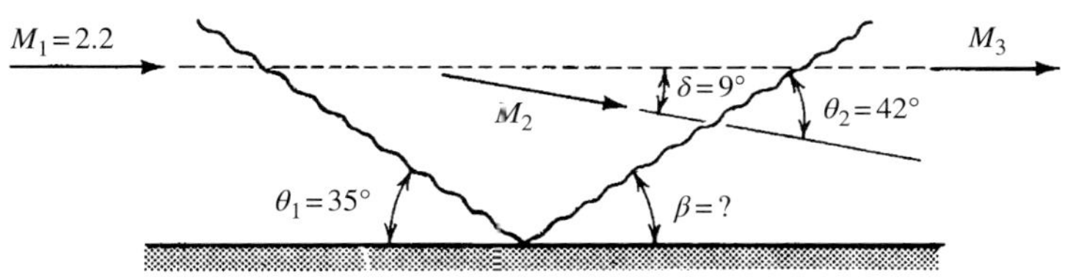

그림 E8.5

$M_1 = 2.2$와 $\theta_1 = 35°$의 충격파 표에서 $\delta_1 = 9°$임을 알 수 있다.

$$M_{1n} = 2.2 \sin 35° = 1.262 \quad \text{그리고} \quad M_{2n} = 0.806$$

$$M_2 = \frac{M_{2n}}{\sin(\theta - \delta)} = \frac{0.806}{\sin(35-9)} = 1.839$$

반사 충격파는 벽과 평행한 상태의 유동으로 되돌아와야 한다. 따라서 $M_2 = 1.839$와 $\delta_2 = 9°$의 표에서 $\theta_2 = 42°$를 확인할 수 있다.

$$\beta = 42° - 9° = 33°$$

$$M_{2n} = 1.839 \sin 42° = 1.230$$

입사각(35°)은 **반사각**(33°)과 같지 않음을 유의해야 한다. 또한 파동의 강도를 나타내는 수직 Mach 수가 1.262에서 1.230으로 낮아졌음을 확인할 수 있다.

8.7 초음속 익형

아음속용으로 설계된 익형은 앞부분이 둥글게 되어 있어 유동이 박리되는 것을 방지할 수 있다. **초음속** 환경에서 이런 종류의 익형을 사용할 경우, 선단(leading edge) 앞에 분리된 충격파가 발생할 수 있다(7.7절 참조). 결과적으로 모든 초음속 익형 모양은 날카로운 선단 모서리를 가지고 있다. 또한 우수한 공기역학적 특성을 확보하기 위해 초음속 익형은 매우 얇게 만들어진다. 날카로운 선단을 가진 얇은 익형의 명확한 제한 사례는 그림 8.11에 표시된 평판 익형이다. 구조적인 측면에서는 실용적이지 않지만, 흥미로운 연구를 제공하고 모든 초음속 익형의 전형적인 특징을 가지고 있다.

익형을 기준 좌표계로 사용하면 안정적인 유동의 그림을 얻을 수 있다. 받음각(α)에서 작

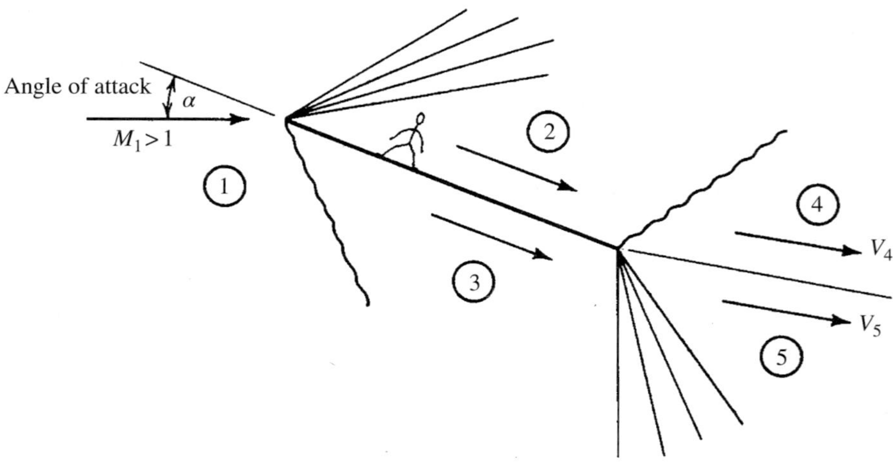

그림 8.11 평판 익형

동할 때 유동은 포일 표면을 통과하도록 방향을 변경해야 한다. 상단 표면을 통과하려면 선단에서 받음각 α를 통해 Prandtl–Meyer 팽창유동이 필요하다는 것을 인지하는 데 어려움이 없을 것이다. 따라서 영역 2의 압력은 대기압보다 낮다. 하부 표면을 따라 통과하려면 필요한 편향각 α에 대해 약한 경사충격파가 필요하다(강한 해가 발생할 수 없는 이유는 무엇인가? 7.7절 참조). 영역 3의 압력은 대기압보다 크며, 익형에 작용하는 압력차는 양력을 발생시킨다(예제 8.6 참조).

이제 후연(trailing edge)에서 어떤 일이 발생하는지 고려해 보자. 영역 4와 영역 5 사이에는 압력 평형이 있어야 한다. 따라서 상부 표면에서 압축이 발생해야 하며 하부 표면에서 팽창이 필요하다. 해당 파동 패턴은 도표에 나타나 있는데, 영역 2에서 영역 4로의 경사충격파와 영역 3에서 영역 5로의 Prandtl–Meyer 팽창파가 형성된다. 영역 4와 영역 5의 유동이 영역 1의 유동과 반드시 평행할 필요는 없으며, 압력 p_4와 p_5가 반드시 대기압일 필요도 없다. **충족되어야 하는 경계조건은 유동 접선 및 압력 평형**, 또는 V_4는 V_5와 평행하고 $p_4 = p_5$이다. 최종 유동 방향도 최종 압력도 모르기 때문에 후연에서 해를 구하기 위해서는 시행착오법을 사용하여야 한다.

압력 분포는 그림 8.12에 제시했다. **압력 중심**이 중간 또는 중앙점에 있음을 쉽게 알 수 있다. 받음각이 바뀌면 상하부 면에 걸친 압력 값은 바뀌지만, 압력 중심은 여전히 중앙점에 있을 것이다. **공기역학적 중심**(aerodynamic center)이라는 용어에 익숙한 항공공학과 학생들은 이 중요한 지점이 중앙점에 있다고 판단하는 데 어려움이 없을 것이다. 이것은 모든 **초음속** 익형의 경우 매우 얇고 일반적으로 작은 받음각에서 작동하기 때문이다. [익형 단면의 공기역학적 중심은 피칭 모멘트가 받음각과 무관한 점으로 정의된다. 아음속 익형의 경우 이는 익현 길이(chord)의

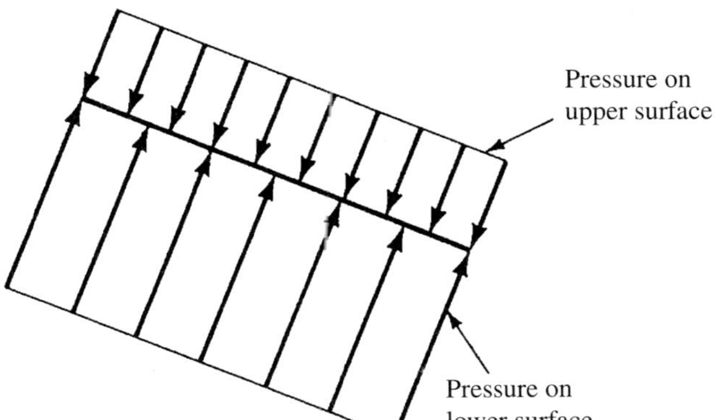

그림 8.12 평판 익형에 대한 압력 분포

약 1/4 지점 또는 전연에서 후연으로 향하는 익현 길이의 25%에 해당한다.]

예제 8.6

$M=1.8$로 비행할 때 2 m 익현 길이와 5° 받음각을 가진 평판 익형의 단위 스팬(span) 길이당 양력을 계산하시오. 외기 압력은 0.4 bar이고, 영역 식별을 위해 그림 8.11을 사용한다.

상부 위의 유동은 Prandtl-Meyer 팽창파에 의해 5° 회전변환한다.

$$\nu_2=\nu_1+\Delta\nu=20.7251+5=25.7251^\circ$$

위 결과로부터 다음을 얻는다.

$$M_2=1.976\,,\quad \frac{p_2}{p_{t2}}=0.1327$$

바닥 밑의 유동은 경사충격파로 5° 회전변환한다. $M=1.8$과 $\delta=5°$의 표에서 θ 값 38.5°를 찾을 수 있다. (부록 D의 관련 그림을 사용하여 얻을 수 있는 값과 비교하자.)

$$M_{1n}=1.8\ \sin 38.5^\circ=1.20\,,\quad \frac{p_3}{p_1}=1.2968$$

부록 D에서 찾은 $p_3/p_1=$______이다.

양력은 자유 유동에 수직인 구성 요소로 정의된다. 따라서 단위 스팬당 양력은 다음과 같다.

$$L=(p_3-p_2)(\text{chord})(\cos\alpha)=(0.5187-0.3051)\left(10^5\right)\cdot 2(\cos 5^\circ)$$

$$L=4.26\times 10^4\ \text{N/(단위 스팬)}\quad (\text{또는 }9576\ \text{lbf/단위스팬})$$

초음속 익형의 보다 실용적인 설계는 그림 8.13에 나와 있다. 여기서 파동 형성은 받음각이 선단에서 쐐기의 절반 각도보다 작거나 큰지에 따라 달라진다. 두 경우 모두 후연까지의 모든 표면에 간단한 해가 존재한다. 시행착오 해는 영역 6번과 7번에 관심이 있는 경우에만 필요하다. 다행히 이들 영역은 익형 위의 압력 분포에 아무런 영향을 미치지 않기 때문에 학문적인 관심사일 뿐이다. 중앙에 일정 두께의 단면을 갖는 수정된 이중 쐐기형(double-wedge) 익형은 실제로 자주 발견된다.

널리 사용되는 또 다른 초음속 익형 모양은 **양면이 볼록한** 형태로 그림 8.14에 나타냈다.

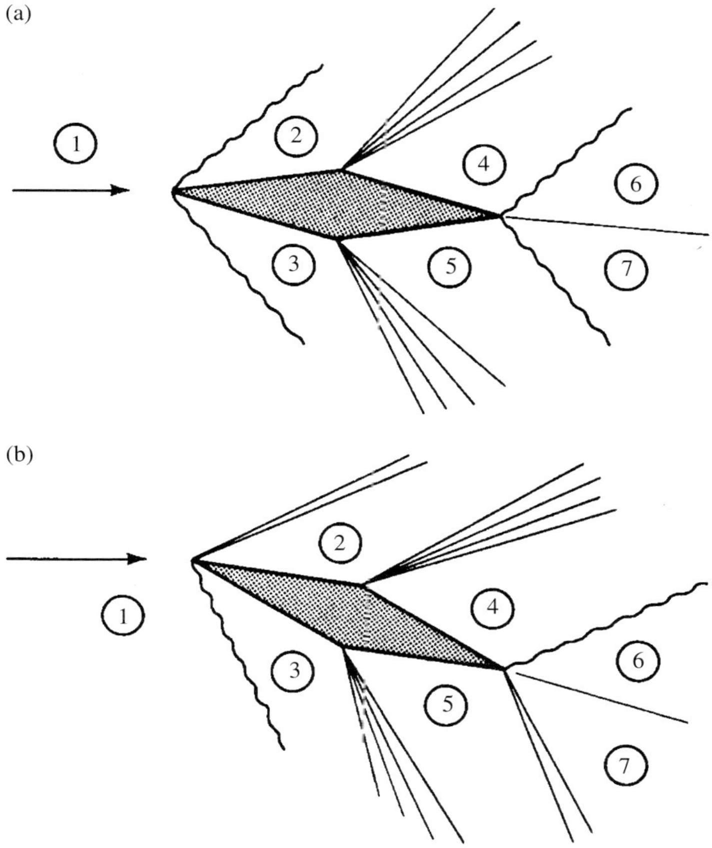

그림 8.13 이중 쐐기형 익형. (a) 낮은 받음각 (b) 높은 받음각

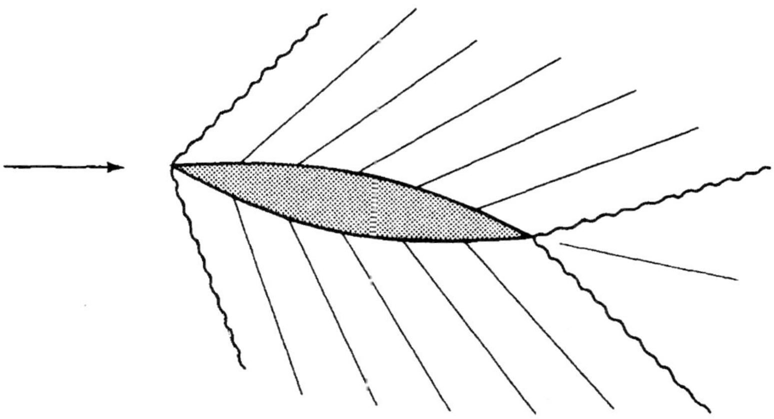

그림 8.14 낮은 받음각을 갖는 양쪽으로 볼록한 익형

이것은 일반적으로 원형 또는 포물선 호로 구성된다. 파동 형성은 이중 쐐기형 익형에서의 파동 형상과 유사한데, 그 이유는 선단 및 후연에서 발견되는 파동 유형이 받음각에 의존하기 때문이다. 또한 양면이 볼록한 경우, 팽창파는 상하면 전체에 걸쳐 퍼져 있다.

예제 8.7

초음속 익형은 10°의 등각과 8 ft 익현 길이를 가진 이등변삼각형으로 설계되어야 한다고 제안되었다. 5° 받음각에서 작동할 때 공기 유동은 그림 E8.7과 같이 나타난다. $M=1.5$에서 8 psia의 압력으로 공기를 통과할 때 여러 표면에 가해지는 압력과 양력 및 항력을 구하시오.

경사충격파 선도에서 $M_1=1.5$, $\delta=5°$, $\theta=48°$일 때, M_{1n}과 M_{2n}은 다음과 같다.

$$M_{1n}=M_1\sin\theta=1.5(\sin 48°)=1.115$$

충격파 표를 이용하면 다음을 얻는다.

$$M_{2n}=0.900,\quad \frac{p_2}{p_1}=1.2838$$

Prandtl-Meyer 팽창파로 유동을 20° 회전변환시키면 다음을 얻는다.

$$\nu_4=\nu_2+20=6.7213+20=26.7213,\quad M_4=2.012$$

영역 3의 조건은 영역 2와 같다. 다음으로 영역 2, 3, 4의 압력과 F_2, F_3, F_4를 계산하기 위해 작용하는 영역을 찾아야 한다(부록 G와 H 사용). 양력(자유유동에 수직 방향)을 구하면 다음과 같다.

$$L=F_3\cos 5°-F_2\cos 5°-F_4\cos 15°$$

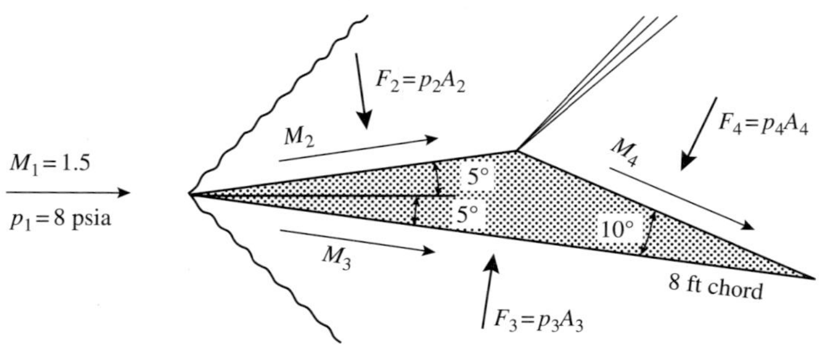

그림 E8.7

단위 스팬당 양력이 3715 lbf/ft(또는 54.210 kN/m)임을 보이시오.

항력은 자유유동 속도와 평행한 힘이다. 단위 스팬당 항력이 999 lbf(또는 4.443 kN)임을 보이시오(부록 D의 관련 도표를 사용하여 위의 경사충격파 결과와 비교한다).

8.8 에어로스파이크 노즐

과대팽창 노즐에서는 유출될 때 유동이 수축하고(그림 8.8 참조), 반대로 과소팽창 노즐에서는 팽창한다는(그림 8.9 참조) 사실은 로켓 추진 우주 발사체에 실용적으로 적용된다. 지구 궤도나 우주로 페이로드(pay-load)를 배치하기 위해, 로켓은 노즐 출구에서 작용하는 압력이 해수면 높이에서 진공으로 고도에 따라 지속적으로 감소하는 대기를 통과해야 한다. 그림 5.9와 12.8절에서 분명히 알 수 있듯이, 가변 출구 면적 노즐은 현재까지 실용적이지 않다(참고문헌 24 참조). 현재 모든 로켓 추진 노즐은 고정된 **초음속 면적 비율**로 작동하며, 고정된 챔버 추진제-유동 조건과 함께 노즐 출구 압력이 변하지 않는다. (왜 그럴까?) 그리고 각 로켓 서브 유닛(또는 스테이지)은 특정 고도에서 '최적' 성능을 위해 설계되었기 때문에 노즐 출구는 먼저 과대팽창되었다가 로켓이 대기 중에 상승함에 따라 과소팽창되어 두 조건 모두 최적상태보다 낮은 성능을 발휘한다. 현재 이러한 문제를 최소화하기 위해 각각 다른 고정된 종 모양(bell-shaped)의 형상(contour) 노즐을 갖는 두 개 이상의 부스터 단(stage)이 사용되고 있으나, 이는 매우 복잡하고 비용이 많이 드는 것으로 밝혀졌다.

반면에 그림 8.8의 영역 2와 같이 먼저 수축한 다음 외부 압력이 떨어짐에 따라 그림 8.9의 영역 4와 같이 팽창하는 움직이는 하드웨어 없이 가변 제트 출구 영역을 실현할 수 있다면, 그리고 노즐-배출 외부 경계의 변화가 극소대기압과 자동으로 일치한다면, 로켓이 비행하는 내내 최적의 팽창을 얻을 수 있을 것이다. 이를 위해 추가 하드웨어를 사용하여 노즐을 연장하거나 변경하지 않기 위해, 배기 제트를 형상화하고 추력을 비행체에 전달하는 고정 출구 '중심체(center body)'를 포함하는 **선형 에어로스파이크 노즐**(linear aerospike nozzle) 개념이 탐구되었다. 이 설계는 새로운 버전의 **플러그 노즐**로, X-33이라고 불리는 NASA 비행체에 대해 시험되었다. 한 쌍의 '추진기 챔버 또는 모듈'과 함께 에어로스파이크 노즐 도식이 그림 8.15에 나와 있다. 여기에서는 각 추진체 모듈 내부의 추진제 가스 팽창이 고정된 상태로 유지되는 '절단된' 중심체 설계를 보여준다(표시되지 않은 것은 각 노즐 단면이 원형 목에서 직사각형 출구로 이동하도록 수정되었다는 사실이다). 이 비행체는 중심체 램프 양쪽에 선형으로 배열된 여러 개의 개별 로켓 챔버를 포함하고 있으며, 각 챔버는 총 추진제 유동 일부를 초음속으로 배

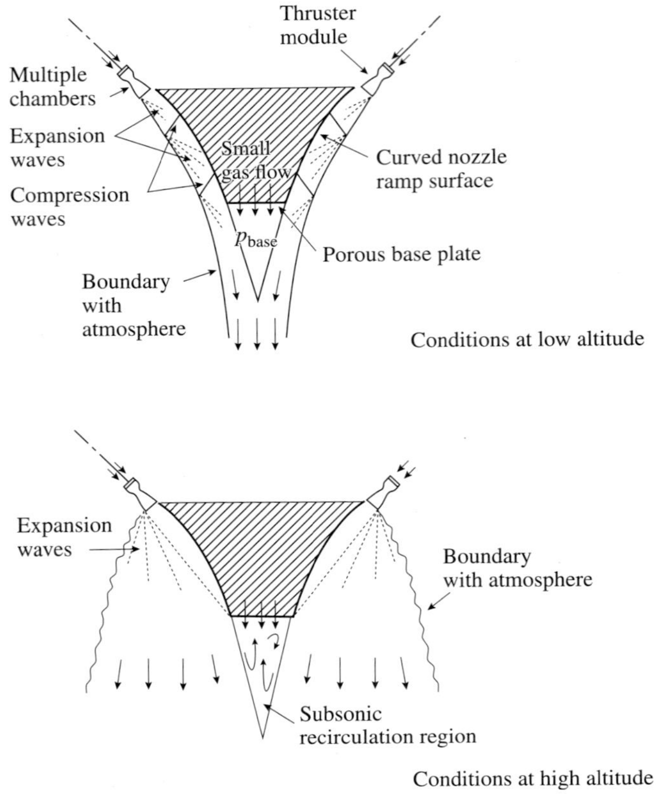

그림 8.15 낮은 고도에서의 출구 영역 수축과 높은 고도에서의 팽창을 보여주는 잘린 에어로스파이크 노즐 단면도. 출구 영역 변화는 주변 대기압에 의해 지속적으로 추진되기 때문에 전체 노즐 배열은 비행 내내 거의 최적의 조건에서 작동한다(참고문헌 24에서 발췌). [에어로스파이크 노즐 이미지는 웹에서 "aerospike nozzle images"를 검색하면 찾을 수 있다.]

기한다. 높은 열전달을 견디기 위해 중심체는 꼬리 끝부분이 잘려 고온의 재료로 구성된 경우에도 냉각되어야 한다. 이 중심체의 모양은 개별 배기 제트를 축 방향으로 구부려 추력을 비행체에 전달하는 동시에 제트 외부 영역이 수축 또는 팽창할 수 있도록 하고 변화하는 대기압력에 반응하도록 한다(그림 5.10의 명명법에서 연속적으로 $p_3 = p_{rec}$을 갖도록 한다).

움직이는 노즐 하드웨어 부품이 없고 이 배열로 인해 로켓 엔진이 모든 고도에서 최적의 조건 근처에서 작동할 수 있어서 상당한 양의 연료를 절약할 수 있는 매력적인 계획이다. 또한 X-33 비행체의 전체 개념은 1단으로 궤도에 보내는 것이며(single-stage-to-orbit) 재사용 가능해서(지금은 퇴역한 우주왕복선처럼 지구로 돌아올 수 있다), 1회용 다단계 비행체보다 운영 비용이 상당히 저렴하다. 또한 선형적이고 잘린 에어로스파이크 구성은 더 콤팩트하며 엔진 부품을 이동하지 않고도 특정 로켓 기동을 가능하게 한다.

8.9 $\gamma \neq 1.4$인 유동

앞에서 설명한 바와 같이, Prandtl-Meyer 함수는 $\gamma = 1.4$에 대한 등엔트로피 유동 표로 작성된다. $\gamma = 1.13$, 1.4, 1.67에 대한 이 함수 형태는 그림 8.16에 $M = 5$까지 제시되어 있다. 여기서 $M \leq 1.2$를 제외하고는 γ에 대한 의존성이 다소 드드러지는 것을 볼 수 있다. 따라서 이 Mach 수 이하에서는 부록 G의 표를 어떤 γ 값에서도 거의 오차 없이 사용할 수 있다. 기체역학 계산 프로그램(Gasdynamics Calculator)은 $1.0 < \gamma \leq 1.57$ 범위에서 작동한다. 부록 표에서는 ν 값이 결국 $M \to \infty$로 포화됨을 나타내지만, 무엇보다도 γ의 어떤 값도 현실적이지 않기 때문에 이 한계를 표시하지 않기로 했다. 그러나 계산은 어렵지 않으며 연습문제 8.15에서 입증된다.

엄밀히 말하면, 그림 8.16의 곡선은 **유동 내에서** γ 변화가 **무시할 수 있는** 경우에만 대신할 수 있다. 그러나 다른 경우에 예상되는 변화의 크기에 대한 힌트를 제공한다. **유동 내에서** γ 변화를 **무시할 수 없는** 유동은 제11장에서 다룬다.

8.10 (선택사항) 도표에 없는 경우

제5장에서 설명한 바와 같이, MAPLE과 같은 컴퓨터 프로그램을 사용하여 많은 보간 작업(interpolation)을 배제하고 비열 γ 및/또는 Mach 수의 임의 비율에 대한 정확한 답을 얻을 수 있

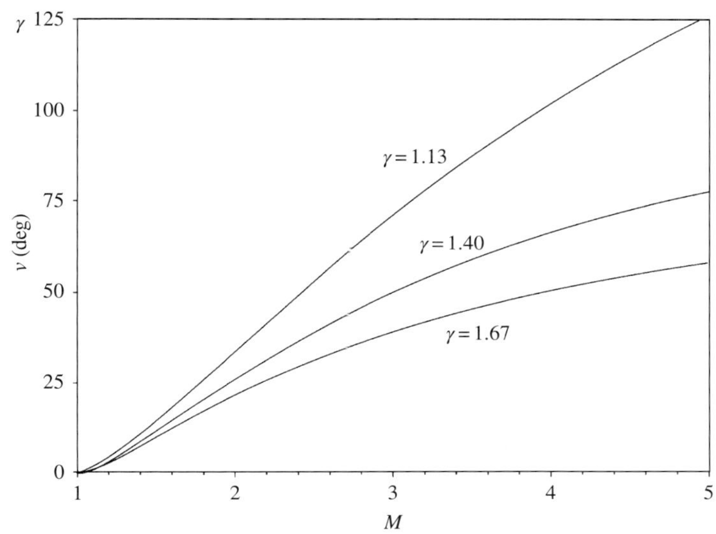

그림 8.16 다양한 γ 값에 대한 Prandtl-Meyer 함수 대 Mach 수

다. Prandtl-Meyer 함수 계산은 아래의 예제에서 쉽게 구할 수 있다. 편의를 위해 식 (8.48)을 사용할 것이다. 이 절차를 통해 γ의 다른 값에 대한 풀이뿐만 아니라 주어진 γ와 ν에 대한 M의 계산도 가능하다.

예제 8.8

식 (8.48)을 참고하여 $\gamma = 1.4$ 및 $M = 3.0$에 대한 함수 ν를 계산하시오.

다음 식을 이용한다.

$$\nu = \left(\frac{\gamma+1}{\gamma-1}\right)^{1/2} \tan^{-1}\left[\frac{\gamma-1}{\gamma+1}(M^2-1)\right]^{1/2} - \tan^{-1}(M^2-1)^{1/2} \tag{8.48}$$

여기서

$g \equiv \gamma$, 매개변수(비열비)

$X \equiv$ 독립변수(이 경우 M)

$Y \equiv$ 종속변수(이 경우 ν 함수)

다음은 컴퓨터에서 사용하는 정확한 입력문과 프로그램이다.

```
[>g:=1.4:  X:=3.0:
[>Y:=sqrt(((g+1)/(g-1)))*arctan(sqrt(((g-1)/(g+1))
    *(X^2-1))) - arctan(sqrt(X^2-1));
              Y:=.868429529
```

라디안(rad)을 다음과 같이 각도(degree)로 변환해야 한다.

```
[>evalf(Y*(180/Pi));
```

즉, 원하는 $\nu = 49.76°$의 답을 얻을 수 있다.

예제 8.8은 기체역학 계산 프로그램으로도 구할 수 있다.

8.11 요약

(편향각이 작은) 매우 약한 경사충격파에 대한 자서한 검토 결과 다음 식을 얻을 수 있다.

$$\Delta p \propto \delta, \quad \Delta s \propto \delta^3 \tag{8.20), (8.21}$$

비록 일반적인 경사충격파가 벽에서 어느 정도 떨어진 곳에서 형성되지만 완만하게 **오목한** 회전변환이 초음속 유동으로 등엔트로피적으로 조정될 수 있음을 시사한다. 더 중요한 것은 이것이 가역적인 과정이고 **볼록한** 성질의 회전변환이 등엔트로피 팽창 때문에 발생할 수 있다는 사실이다.

위 현상을 Prandtl–Meyer 유동이라고 한다. 완전기체에 대한 분석은 회전변환각이 다음과 같이 Mach 수 변화와 관련이 있음을 보여준다.

$$d\nu = \frac{(M^2-1)^{1/2}}{1+[(\gamma-1)/2]M^2}\frac{dM}{M} \tag{8.46}$$

적분하면 Prandtl–Meyer 함수를 얻는다.

$$\nu = \left(\frac{\gamma+1}{\gamma-1}\right)^{1/2}\tan^{-1}\left[\frac{\gamma-1}{\gamma+1}\left(M^2-1\right)\right]^{1/2} - \tan^{-1}\left(M^2-1\right)^{1/2} \tag{8.48}$$

식 (8.48)을 설정할 때, ν는 $M=1.0$에서 0으로 설정되었으며, 이는 ν가 $M=1.0$인 방향에서 측정된 각도를 의미한다. 이를 통해 유동이 표시된 Mach 수에 도달하기 위해 (등엔트로피적으로) 회전변환한 것이다. 위 관계는 등엔트로피 유동 표로 만들어졌으며 관계식에 따라 쉽게 문제를 해결할 수 있다.

$$\nu_2 = \nu_1 + \Delta\nu \tag{8.49}$$

여기서 $\Delta\nu$는 회전변환각이다. $\Delta\nu$는 팽창파에 대해 양(+)이고 압축파에 대해 음(−)이라는 점을 상기하자.

Prandtl–Meyer 팽창과 압축은 경사충격파의 형성을 지배하는 동일한 두 가지 상황에 의해 발생한다는 것을 이해해야 한다(즉, 유동은 경계에 접해야 하며, 압력 평형은 자유 경계의 가장자리를 따라 존재해야 한다). 주어진 물리적 상황과 함께 이러한 경계조건을 함께 고려한다면 결과적으로 유동 패턴을 더 신속하게 결정할 수 있다.

파동은 때때로 경계를 벗어나는 것으로 생각될 수 있으며, 이 경우 다음을 기억하는 것이 도움이 된다.

1. **물리적** 경계로부터의 반사는 **같은 계열**이다.
2. **자유** 경계로부터 반사는 **반대 계열**의 것이다.

모든 등엔트로피 관계식과 등엔트로피 유동 표(부록 G)는 Prandtl-Meyer 유동을 다룰 때 사용될 수 있다는 것을 기억해야 한다.

연습문제

8.1 공기는 Mach 수 2.0, 온도 520°R, 압력 14.7 psia로 날카로운 15° 볼록 모서리(그림 8.4 참조)에 접근한다. 모서리를 돌면서 팽창한 공기의 Mach 수, 정적 및 정체온도, 정압 및 정체압은 얼마인가?

8.2 모서리 주위 유동의 슐리렌 사진은 그림 P8.2의 각도로 표시되는 팽창선의 가장자리를 보여준다. $\gamma = 1.4$라고 가정한다.

(a) 코너 전후의 Mach 수는 얼마인가?

(b) 유동이 어떤 각도로 회전변형하였으며, 팽창선의 각도(θ_3)는 얼마인가?

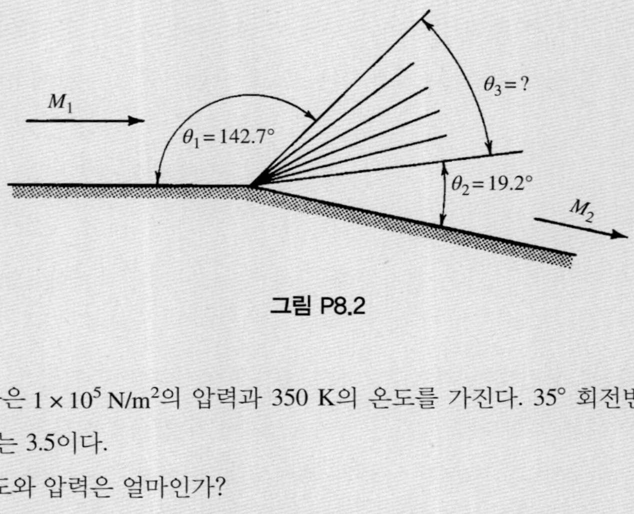

그림 P8.2

8.3 초음속 유동은 1×10^5 N/m^{2}의 압력과 350 K의 온도를 가진다. 35° 회전변환을 통해 팽창한 후 Mach 수는 3.5이다.

(a) 최종 온도와 압력은 얼마인가?

(b) 그림 P8.2와 유사한 개략도를 그리고 각도 θ_1, θ_2, θ_3을 구하시오.

8.4 연습문제 8.2와 유사한 문제에서 θ_1은 알 수 없으나, $\theta_2 = 15.90°$, $\theta_3 = 82.25°$이다. 초기 Mach

수는 얼마인가?

8.5 25 psia와 850°R 질소는 Mach 수 2.54로 흐르고 있다. 완만한 볼록 모서리를 중심으로 팽창한 후, 질소의 속도는 4000 ft/sec로 나타났다. 유동이 얼마의 각도로 회전변환되었는지 구하시오.

8.6 그림 8.2와 유사한 완만하고 오목한 회전은 유동을 30° 각도로 회전변환시킨다. 유체는 산소이며 $M_1 = 4.0$에서 회전에 접근한다.

(a) 벽 가까이에서 발생하는 Prandtl-Meyer 압축파를 통해 M_2, T_2/T_1, p_2/p_1을 계산하시오.

(b) 벽에서 멀어지는 경사충격파를 통해 M_2', T_2'/T_1, p_2'/p_1을 구하시오. 이 유동은 30°만큼 편향되었다고 가정한다.

(c) 각 과정을 보여주는 T-s 선도를 그리시오.

(d) 두 영역이 서로 나란히 공존할 수 있는지 설명하시오.

8.7 단순한 평판형(flat-plate) 익형은 8 ft의 익현 길이(chord)를 가지며 $M = 1.5$에서 받음각은 10°이다. 외기압은 10 psia이고 온도는 450°R이다.

(a) 익형 상부와 하부 압력을 구하시오.

(b) 단위 스팬당 양력과 항력을 계산하시오.

(c) 공기가 후연을 벗어날 때 압력과 유동 방향을 구하시오(그림 8.11의 영역 4와 5 참조).

8.8 그림 P8.8에 표시된 대칭 다이아몬드 모양의 익형은 받음각이 3°인 상태로 작동한다. 비행속도는 $M = 1.8$이고 기압은 8.5 psia이다.

(a) 각 표면의 압력을 계산하시오.

(b) 양력과 항력을 구하시오.

(c) 받음각이 10°일 때 표면의 압력, 양력, 항력을 계산하시오.

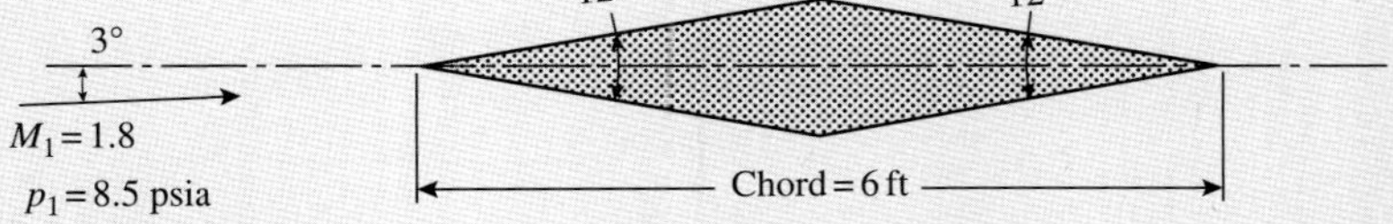

그림 P8.8

8.9 양면이 볼록한 익형(그림 8.14 참조)은 원호로 구성된다. 그림 P8.9와 같이 10개의 직선으로 상부 표면의 곡선을 근사화했다.

(a) 선단에서 경사충격파 직후의 압력을 구하시오.

(b) 각 직선에 대한 Mach 수와 압력을 구하시오.

(c) 각 직선에서 양력과 항력에 대한 기여도를 계산하시오.

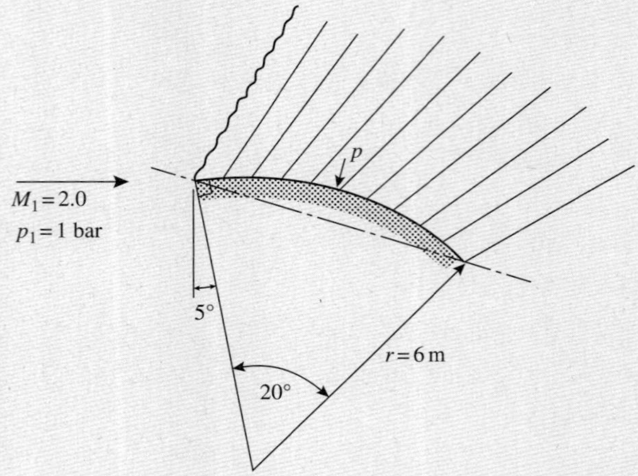

그림 P8.9

8.10 유동 특성은 그림 P8.10에 표시된 2차원 덕트의 출구면에 주어진다. 수용기 압력은 12 psia이다.

(a) 유동이 첫 번째 파동을 통과한 후, 출구면 직후의 Mach 수와 온도를 구하시오. $\gamma = 1.4$라고 가정한다.

(b) 유동 방향, 파동 각도 등을 나타내는 그림을 그리시오.

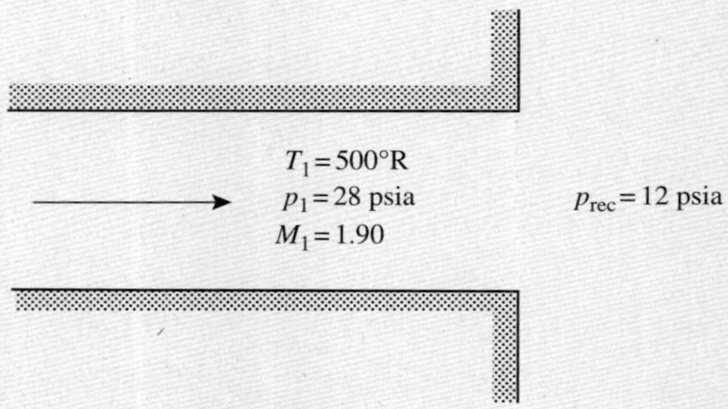

그림 P8.10

8.11 대형 저장조의 정체 조건은 7 bar와 420 K이다. 전용 축소 노즐을 통하여 이 저장조에서 압력이 1 bar인 수용기로 질소를 공급한다.

(a) 질소가 노즐을 빠져나갈 때 볼 수 있는 첫 번째 파동을 그리시오.

(b) 질소가 이 파동을 통과한 후에 존재하는 조건(T, p, V)을 구하시오.

8.12 공기는 면적비가 3.5인 축소-확대 노즐을 통과한다. 노즐이 세 번째 임계점(설계조건)에서 작동한다. 제트 기류는 그림 P8.12와 같이 총 쐐기 각도가 40°인 2차원 쐐기와 충돌한다.

(a) 제트 기류가 쐐기에 부딪혀 발생하는 초기 파동 패턴을 그리시오.

(b) 초기 파동 시스템과 자유 경계가 상호작용하여 형성되는 추가 파동 패턴을 그리시오. 각 파형에 이어 영역에 유동 방향을 표시하고 자유 경계에 어떤 일이 발생하는지 표시하시오.

(c) 공기 제트가 각 파동 시스템을 통과한 후의 Mach 수와 유동 방향을 계산하시오.

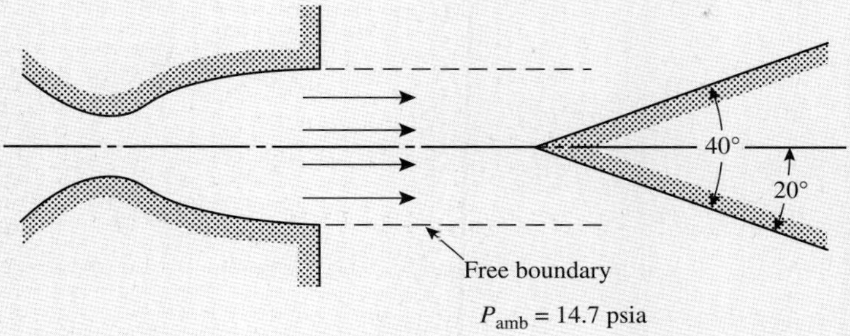

그림 P8.12

8.13 공기는 그림 P8.13과 같이 2차원 채널에서 흐르며 대기로 배출된다. 경사충격파는 상단 모서리에 닿을 뿐이다.

(a) 편향각을 구하시오.

(b) (p_{amb}의 관점에서) M_2와 p_2를 구하시오.

(c) 상단 모서리에서 나와 영역 2와 3을 나누는 파형의 특성은 무엇인지 설명하시오.

(d) (T_1 기준으로) M_3, p_3, T_3를 구하시오. 영역 3에서의 유동 방향을 표시하시오.

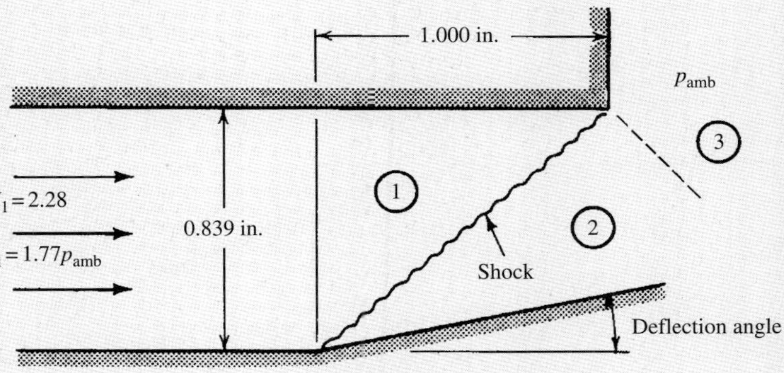

그림 P8.13

8.14 초음속 노즐은 $M_1 = 2.0$과 $p_1 = 0.7$ bar에서 질소 유동을 생성한다. 이것은 1.0 bar의 주변 압력으로 방출되어 그림 8.8에 표시된 유동 패턴을 생성한다.

(a) 영역 2, 3, 4의 압력, Mach 수, 유동 방향을 구하시오.

(b) 모든 각도(유선형, 충격파 선, Mach 선)를 보여주는 출구 제트에서의 그림을 그리시오.

8.15 식 (8.48)에 주어진 Prandtl-Meyer 함수 식을 고려한다.

(a) ν에 대해 최대 가능한 값이 다음과 같음을 보이시오.

$$\nu_{\max} = \frac{\pi}{2}\left(\sqrt{\frac{\gamma+1}{\gamma-1}}-1\right)$$

(b) 얼마의 Mach 수에서 이러한 것이 발생하는가?

(c) $\gamma = 1.4$일 경우, 초기 Mach 수가 1.0, 2.0, 5.0, 10.0인 유동을 가속하기 위한 최대 회전변환각은 얼마인지 구하시오.

(d) 만약 $M = 2.0$, $p = 100$ psia, $T = 600°\text{R}$에서 공기 유동이 최대 회전변환각을 통해 팽창한다면 속도는 얼마인가?

8.16 유동은 처음 Mach 수 1로, 각도 ν를 통해 모서리 주위로 팽창되어 Mach 수 M_2에 도달한다 (그림 P8.16 참조). 길이 L_1과 L_2는 벽에 수직으로 측정되며 그림과 같이 동일한 유선까지 거리를 측정한다.

(a) $L_2/L_1 = f(M_2, \gamma)$의 비율에 대한 방정식을 유도하시오. (**힌트:** 어떤 기본 개념과 어떤 종류의 과정인지 생각해 본다.)

(b) $M_1 = 1.0$, $M_2 = 1.79$, $\gamma = 1.67$인 경우, L_2/L_1을 구하시오.

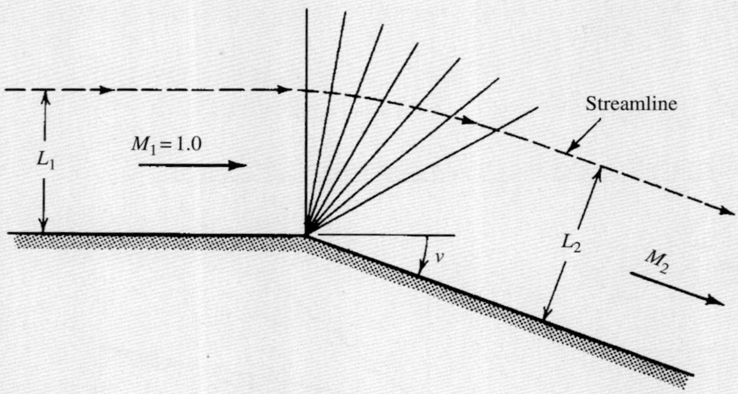

그림 P8.16

8.17 질소는 $M_1 = 2.5$에서 수평면을 따라 흐른다. (수평에 대해) Prandtl-Meyer 유동으로 다음과 같은 변화를 일으키는 일정한 기울기의 표면 방향 각도를 계산하고 이를 그리시오.

(a) $M_{2a} = 2.9$

(b) $M_{2b} = 2.1$

(c) 이러한 변화가 같아야 하는가? 같아야 하는지 그렇지 않은지 설명하시오.

8.18 평판 날개 모양의 실험용 드론 항공기가 받음각 α로 비행한다. Mach 수 3.0에서 작동한다.

(a) 익형에 부착된 경사충격파와 익형에 대한 Mach 수가 5를 초과하지 않는 것과 일치하는 최대 α를 구하시오.

(b) (a)의 α에서 익형에 작용하는 양력 대 (파동)항력의 비율을 구하시오. 임의의 익현 길이 c를 가정한다.

8.19 그림 8.15에서 에어로스파이크 노즐의 출구 제트 총 너비는 약 5배 증가하는 것으로 보인다. 모든 손실을 무시하고 상부 다이어그램이 해수면 출구 압력과 일치한다고 가정하여 하부 다이어그램과 해당 국소 고도에 대해 일치하는 출구 압력을 구하시오. 모든 노즐이 $\gamma = 1.26$인 10.0 MPa의 챔버 압력으로 초킹되어 작동하며, 유효 전체 직사각형 노즐 출구 영역이 공통의 일정한 길이 L을 갖는다고 가정한다. (출구 압력 결과를 고도 함수로 얻으려면 표준대기 물성 표를 사용해야 한다.)

8.20 기체역학 계산 프로그램 및 부록 A나 B의 γ 값을 사용하여 헬륨, 수증기, 이산화탄소에 대해 연습문제 8.1의 해를 구하시오.

이해력 시험

이 장의 자료를 참조하지 않고 테스트를 완료할 수 있어야 한다.

8.1 매우 약한 경사충격파의 경우 엔트로피 변화와 압력 변화가 편향각과 어떻게 관련되어 있는지 설명하시오.

8.2 Prandtl-Meyer 함수가 무엇을 나타내는지 설명하시오. (즉, 만약 누군가가 $\nu = 36.8°$라고 말한다면, 이것은 무엇을 의미하는지 설명하시오.)

8.3 파동 반사에 대한 규칙 문제에서 다음 빈칸을 작성하시오.

(a) 파동은 물리적 경계에서 ______로 반사한다.

(b) 파동은 자유 경계에서 ______로 반사한다.

8.4 $M_1 = 1.5$, $p_1 = 2 \times 10^5$ N/m^2 유동은 급격한 회전에 접근한다. 회전변환 후 압력은 1.5×10^5 N/m^{2}이다. 작동유체가 산소일 때, 편향각을 구하시오.

8.5 그림 CT8.5에 표시된 평판 익형에 작용하는 순 하중(면적 1 ft^{2}당)을 계산하시오.

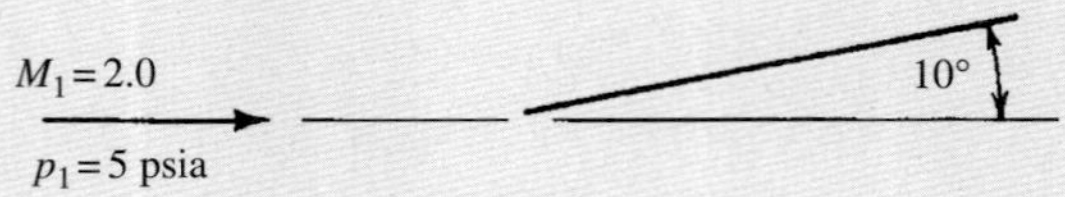

그림 CT8.5

8.6 (a) 그림 CT8.6에 표시된 익형 위에서 찾을 수 있는 파동을 그리시오.

(b) 모든 파형 이름을 식별하시오.

(c) 유동이 익형 후연에서 벗어날 때 충족해야 하는 경계조건을 기술하시오.

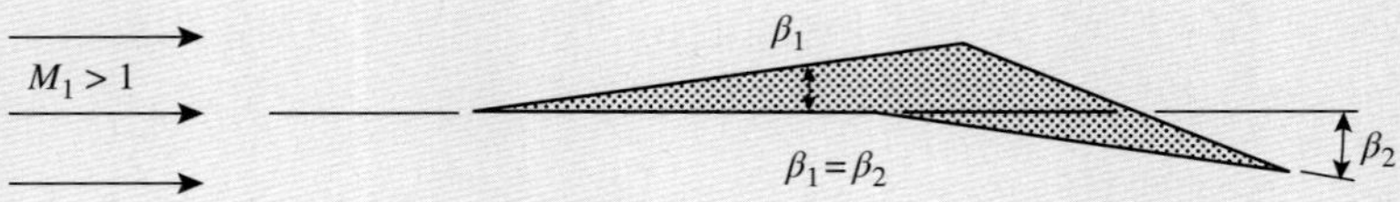

그림 CT8.6

8.7 그림 CT8.7은 작동 중인 축소-확대 노즐을 보여주는 슐리렌 사진이다. 영역 a, b, c, d, e의 압력이 수용기 압력과 같은지, 큰지, 작은지를 서술하시오.

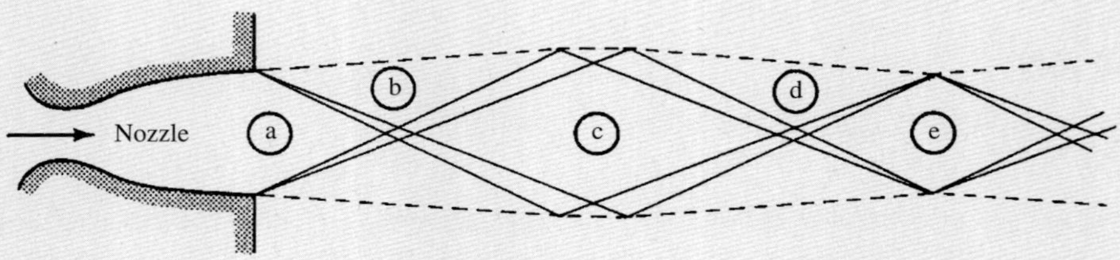

그림 CT8.7

Chapter 9

Fanno 유동

9.1 서론

제5장 시작 부분에서 단면적 변화, 마찰, 열전달이 유동 시스템의 특성에 영향을 미치는 가장 중요한 요인이라고 언급했다. 지금까지 이러한 요인 중 하나, 즉 단면적 변화의 요인만을 고려했다. 또한 압력 평형 또는 유동 방향의 부과된 경계조건을 충족하기 위해 유동이 조정되는 다양한 메커니즘에 대해서도 논의했다. 이제 마찰손실 문제를 살펴보고자 한다.

마찰의 영향만 연구하기 위해, 열전달이 없는 단면적이 일정한 덕트에서의 유동을 분석한다. 이는 적당히 짧은 덕트를 수반하는 많은 실제적인 유동 현상에 해당한다. 먼저 임의의 유체유동을 고려하고, 아음속 또는 초음속 유동 영역에 있는지에 따라 달라지는 한정된 유형을 따른다는 것을 밝혀낸다. 작동방정식은 완전기체에 대해 전개되며, 기준점 개념을 도입하면 표를 구성할 수 있다. 앞에서와 마찬가지로, 이러한 표는 **Fanno 유동**으로 불리는 형태의 많은 문제를 신속히 해결할 수 있게 해준다.

9.2 학습목표

이 장을 성공적으로 배우고 나면 다음 작업을 수행할 수 있다.

Fundamentals of Gas Dynamics, Third Edition. Robert D. Zucker and Oscar Biblarz.

Companion website: www.wiley.com/go/zucker/gas

1. Fanno 유동 분석에서 만들어진 가정을 나열할 수 있다.
2. (선택사항) 일반적인 연속방정식, 에너지방정식, 운동량방정식을 단순화하여 Fanno 유동의 모든 유체에 유효한 기본 관계식을 구할 수 있다.
3. h–v 선도와 h–s 선도에 Fanno 곡선을 그릴 수 있다. 아음속 및 초음속 유동 영역과 음속점을 정의할 수 있다.
4. 정압과 정체압, 정적 및 정체온도, 정적 밀도, Fanno 곡선을 따라 진행되는 유속 변화를 서술할 수 있다. 아음속 및 초음속 유동 모두에 대해서도 서술할 수 있다.
5. (선택사항) 연속방정식, 에너지방정식, 운동량방정식의 기본 원리로부터 시작하여 Mach 수(M)와 완전기체에 대한 Fanno 유동의 비열비(γ) 항을 이용하여 T_2/T_1, p_2/p_1 등과 같은 물성값 비율에 대한 식을 유도할 수 있다.
6. 기준점(*) 사용으로 어떻게 Fanno 유동 표가 전개되는지 설명할 수 있다(T–s 선도 포함).
7. **마찰계수, 등가지름, 절대 및 상대 거칠기(조도), 절대점성계수 및 동점성계수, *Reynolds* 수를 정의하고 각각을 결정하는 방법을 알 수 있다.**
8. Fanno 유동과 수직충격파 사이의 유사점과 차이점을 비교할 수 있다. 같은 질량속도에 대한 수직충격파와 함께 일반적인 Fanno 곡선을 보여주는 h–s 선도를 그릴 수 있다.
9. **마찰 초킹**(friction choking)의 의미를 설명할 수 있다.
10. (선택사항) (아음속과 초음속 유동 모두에 대해)초킹된 Fanno 유동 현상에서 덕트를 추가 연결할 때 발생할 수 있는 몇 가지 가능한 결과를 설명할 수 있다.
11. 적절한 표와 방정식을 사용하여 일반적인 Fanno 유동 문제를 해결할 수 있는 능력을 검증할 수 있다.

9.3 일반 유체유동 분석

먼저 일반적인 임의의 유체 거동을 고려한다. 마찰 영향을 분리하기 위해 다음과 같은 가정을 한다.

1차원 정상유동	
단열	$\delta q = 0$ 또는 $ds_e = 0$
축 일 없음	$\delta w_s = 0$
위치에너지 무시	$dz = 0$
일정 단면적	$dA = 0$

연속방정식, 에너지방정식, 운동량방정식의 기본 개념을 적용하여 진행한다.

연속방정식

$$\dot{m} = \rho AV = \text{일정} \tag{2.30}$$

그러나 유동 단면적이 일정하므로 이 식은 다음 식으로 표기된다.

$$\rho V = \text{일정} \tag{9.1}$$

질량속도(mass velocity)라고 불리는 이 상수에 새로운 기호 G로 나타낸다. 따라서 다음을 얻는다.

$$\boxed{\rho V = G = \text{일정}} \tag{9.2}$$

G의 단위는 무엇일까?

에너지방정식

다음 식으로부터 시작하자.

$$h_{t1} + \cancel{q} = h_{t2} + \cancel{w_s} \tag{3.19}$$

단열이고 일이 없으므로 위 식은 다음과 같이 표기된다.

$$h_{t1} = h_{t2} = h_t = \text{일정} \tag{9.3}$$

위치에너지 항을 무시하면 위 식은 다음과 같다.

$$h_t = h + \frac{V^2}{2g_c} = \text{일정} \tag{9.4}$$

식 (9.2)의 속도를 대입하면 다음과 같다.

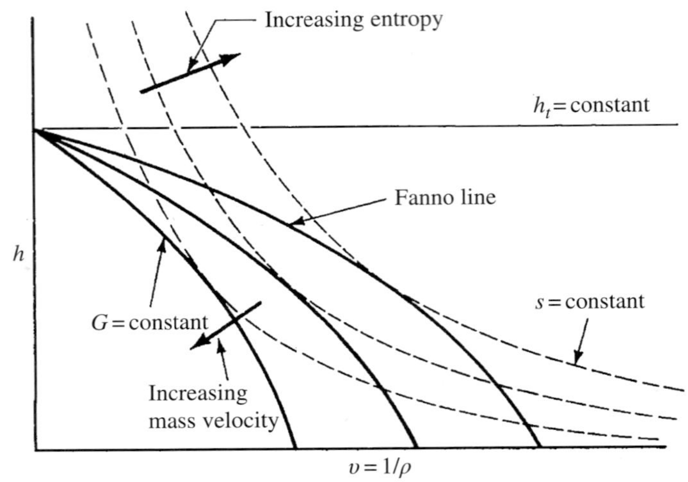

그림 9.1 h–v 선도의 Fanno 곡선

$$\boxed{h_t = h + \frac{G^2}{\rho^2 2g_c} = \text{일정}} \tag{9.5}$$

이제 임의의 주어진 유동에 대해, 상수 h_t와 G는 알려져 있다. 따라서 식 (9.5)는 h와 ρ 사이에 고유한 관계를 확립한다. 그림 9.1은 다양한 G 값에 대한 h–v 선도에서 이 식의 곡선을 나타낸다(다만 h_t는 모두 같다). 각 곡선은 Fanno 곡선이라 하며, 특정 질량속도의 유동을 나타낸다. 이것은 G 값이 일정하다는 것이지 $\dot{m}$가 일정하다는 것을 의미하지 않음에 주의해야 한다. 다양한 크기의 덕트를 통해 같은 질량유량을 통과시킬 수 있지만 다른 질량속도를 가질 수 있다.

한번 작동유체가 알려지면, h–v 선도에 등엔트로피 선을 표시할 수 있다. 일반적인 s = 일정 곡선은 그림에서 점선으로 표시된다. 익숙한 h–s 선도에 Fanno 곡선을 그리는 것이 훨씬 더 유익하다. 이러한 선도는 그림 9.2에 나타냈다. 이 시점에서 중요한 사실이 상당히 명확해진다. 열전달이 없다고($ds_e = 0$) 가정했기 때문에, 엔트로피가 생성될 수 있는 유일한 방법은 비가역성(ds_i)을 통해서만 가능하다. 따라서 **그 유동은 엔트로피 값이 증가하는 방향으로만 진행할 수 있다!** 왜 그럴까? 그림 9.1에서 각 Fanno 곡선에 대해 최대 엔트로피점을 표시할 수 있는가?

하나의 Fanno 곡선에 대해 더 자세히 살펴보자. 그림 9.3은 일반적인 압력선과 함께 주어진 Fanno 곡선을 나타낸다. 이 선 위의 모든 점은 단위 면적(질량속도)당 질량유량과 정체 엔탈피가 같은 상태를 나타낸다. 마찰 효과의 비가역적 특성으로 인해 유동은 오른쪽으로만 진행

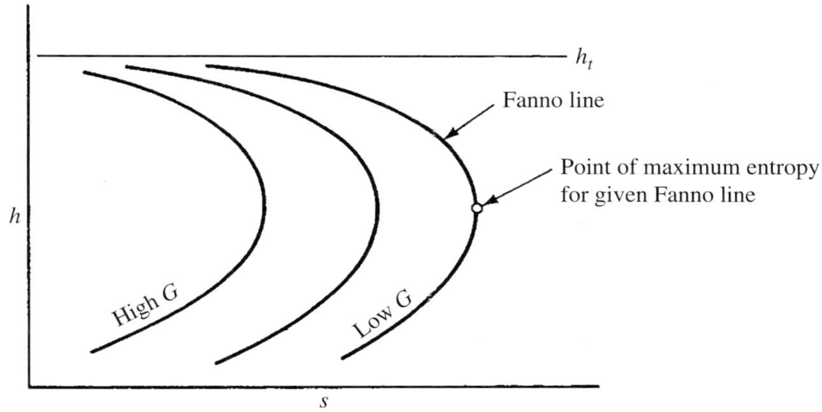

그림 9.2 h–s 선도의 Fanno 곡선

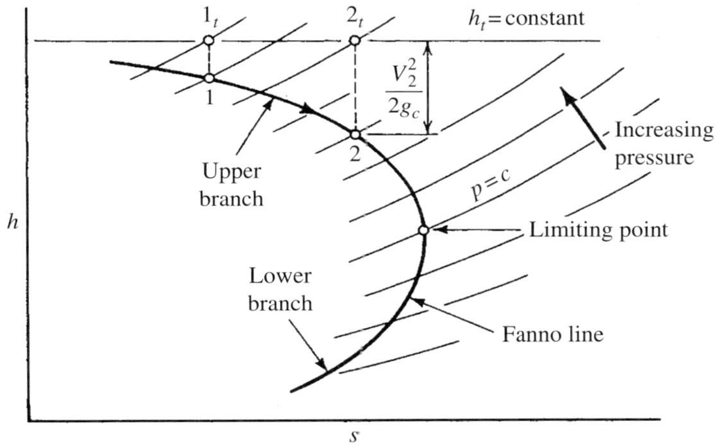

그림 9.3 Fanno 곡선의 두 분지선

할 수 있다. 따라서 Fanno 곡선은 최대 엔트로피 한계점에 의해 분리된 상하부 분지선으로 분할된다.

단면적이 일정한 덕트의 단열유동에 대해 직관적으로 무엇을 말할 수 있을까? 일반적으로 마찰 효과는 유체 밀도에 상응하는 감소와 함께 내부 '열' 생성으로 나타날 것이라고 느낀다. (일정한 면적을 가지는)같은 유량을 통과하기 위해서는 연속방정식으로부터 속도가 증가함을 알 수 있다. 정체 엔탈피는 일정하게 유지되기 때문에 이러한 운동에너지 증가는 엔탈피 감소를 일으킨다. 그림 9.3에서 볼 수 있듯이 이것은 Fanno 곡선의 **상부 분지선**을 따르는 유동과 일치한다. 이 경우 정압과 정체압이 모두 감소한다는 점 또한 분명하다.

그러나 **하부 분지선**을 따르는 유동은 무엇일까? 하부 분지선 위에 두 점을 표시하고

표 9.1 그림 9.3의 Fanno 유동 분석

물성	상부 분지선	하부 분지선
엔탈피		
밀도		
속도		
정압		
정체압		

Fanno 곡선을 따라 적절한 움직임을 나타내는 화살표를 그려보자. 엔탈피, 밀도[식 (9.5) 참조], 속도[식 (9.2) 참조]에 어떤 현상이 발생하는가? 그림으로부터 정압, 정체압에 어떤 현상이 발생하는가? 표 9.1에 **증가**, **감소**, **일정**으로 표시해 보자.

직관으로 예견한 방법에서 하부 분지선 위의 물성값이 변하지 않는다는 것을 유념하자. 따라서 이것은 익숙하지 않은 유동 영역이다. 이 두 개의 유동 영역을 분리하는 한계점을 조사하기 전에 이러한 유동에 한 가지 공통점이 있다는 것을 주목하고, 제3장의 정체압-에너지 방정식을 상기하자.

$$\frac{dp_t}{\rho_t} + \cancel{ds_e}(T_t - T) + T_t ds_i + \cancel{\delta w_s} = 0 \tag{3.25}$$

Fanno 유동의 경우, $ds_e = \delta w_s = 0$이다.

따라서 마찰 효과는 전체압력 또는 정체압을 감소시켜야만 한다! 그림 9.3은 Fanno 곡선의 상부와 하부 분지선을 따르는 유동에 대해 이를 증명한다.

한계점

에너지방정식으로부터 다음 식을 유도했다.

$$h_t = h + \frac{V^2}{2g_c} = \text{일정} \tag{9.4}$$

이 식을 미분하면 다음 식을 얻는다.

$$dh_t = dh + \frac{VdV}{g_c} = 0 \tag{9.6}$$

연속방정식으로부터 다음을 얻는다.

$$\rho V = G = \text{일정} \tag{9.2}$$

이 식을 미분하면 다음을 얻는다.

$$\rho dV + V d\rho = 0 \tag{9.7}$$

이를 정리하면 다음과 같다.

$$dV = -V\frac{d\rho}{\rho} \tag{9.8}$$

식 (9.8)을 식 (9.6)에 대입하면 다음을 얻는다.

$$dh = \frac{V^2 d\rho}{g_c \rho} \tag{9.9}$$

이제 다음과 같은 물성 관계식을 상기하자.

$$Tds = dh - v dp \tag{1.31}$$

위 식은 다음과 같이 표기할 수도 있다.

$$Tds = dh - \frac{dp}{\rho} \tag{9.10}$$

식 (9.9)의 dh를 대입하면 다음과 같다.

$$\boxed{Tds = \frac{V^2 d\rho}{g_c \rho} - \frac{dp}{\rho}} \tag{9.11}$$

이 표현이 Fanno 곡선을 따르는 서로 다르게 분리된 두 점 사이와 유체에 대해 유용하다는 것을 우선 지적한다. 이제 식 (9.11)을 최대 엔트로피의 한계점을 둘러싼 두 인접 지점에 적용해 보자. 이 위치에서 $s=$일정이고, 따라서 $ds=0$이며 식 (9.11)은 다음과 같다.

$$\frac{V^2 d\rho}{g_c} = dp \quad \text{한계점에서} \tag{9.12}$$

또는

$$V^2 = g_c \left(\frac{dp}{d\rho}\right)_{\text{at limit point}} = g_c \left(\frac{\partial p}{\partial \rho}\right)_{s=\text{const}} \tag{9.13}$$

이것은 익숙한 표현[식 (4.5) 참조]이고 **한계점에서의 속도가 음속인 것**을 알 수 있다. 상부 분지선은 **아음속 분지선**(subsonic branch)으로 훨씬 중요하게 불릴 수 있으며, 하부는 **초음속 분지선**(supersonic branch)으로 보인다.

이제 Fanno 곡선 하부 분지선에서 거동을 예측하는 우리의 직관이 실패한 원인을 살펴보자. 제5장에서 초음속 유동에서의 유체 거동이 종종 예상과 어긋난다는 것을 보았다. 이것은 우리 삶의 대부분을 '아음속' 영역에서 살고 있다는 사실과 유동 현상에 대한 지식이 주로 비압축성 유체에 대한 경험으로부터 얻은 사실이라는 것을 의미한다. 특히 초음속 유동 영역에서 발생하는 현상을 추측하기 위해 직관을 사용할 수 없다는 것은 분명하다. 우리는 믿음을 얻고 주의 깊게 유도된 관계식을 신뢰하기 위해 배워야 한다.

운동량방정식

전술한 분석은 연속방정식과 에너지방정식만 이용하여 이루어졌다. 이제 그림 9.4에 표시된 검사체적에 대해 운동량 개념을 적용해 보자. 1차원, 정상상태에 대한 운동량방정식의 x성분은 다음과 같다.

$$\sum F_x = \frac{\dot{m}}{g_c}(V_{\text{out}_x} - V_{\text{in}_x}) \tag{3.46}$$

그림 9.4로부터 힘의 합은 다음과 같음을 알 수 있다.

$$\sum F_x = p_1 A - p_2 A - F_f \tag{9.14}$$

여기서 F_f는 단면 1과 2 사이 유체의 전체 벽 마찰력을 나타낸다. 따라서 유동 방향에 대한 운동량방정식은 다음과 같다.

$$(p_1 - p_2)A - F_f = \frac{\dot{m}}{g_c}(V_2 - V_1) = \frac{\rho A V}{g_c}(V_2 - V_1) \tag{9.15}$$

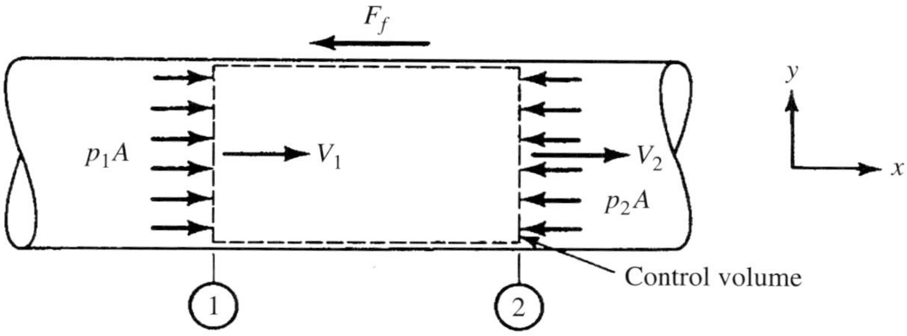

그림 9.4 Fanno 유동의 운동량 분석

식 (9.15)는 다음 식으로 표기될 수 있다.

$$p_1 - p_2 - \frac{F_f}{A} = \frac{\rho_2 V_2^2}{g_c} - \frac{\rho_1 V_1^2}{g_c} \tag{9.16}$$

또는

$$\boxed{\left(p_1 + \frac{\rho_1 V_1^2}{g_c}\right) - \frac{F_f}{A} = p_2 + \frac{\rho_2 V_2^2}{g_c}} \tag{9.17}$$

이러한 형태의 방정식은 한 가지 중요한 사실을 제외하고는 특별히 유용하지 않다. **1차원, 정상상태, 일정한 단면적 유동**에 대해 마찰력이 존재한다면 $p + \rho V^2/g_c$는 일정할 수 없다. Fanno 유동이 수직충격파와 비교될 때 이 사실은 나중에 다루기로 한다.

이 절을 끝내기 전에 낮은 Mach 수에서 Fanno 유동에 대해 몇 마디 할 수 있다. 그림 9.3은 Fanno 곡선의 상부 분지선이 전체 엔탈피가 일정한 수평선에 점근적으로 근접하는 것을 보여준다. 따라서 Fanno 곡선의 왼쪽 끝은 거의 수평이 될 것이다. 이는 매우 작은 Mach 수에서의 유동이 거의 일정한 속도를 갖는다는 것을 나타낸다. 이것은 Mach 수가 매우 작을 경우, 기체를 비압축성 유체로 취급할 수 있다는 것을 확인시켜 주는 것이다.

9.4 완전기체 작동방정식

초음속과 아음속 유동 영역의 Fanno 유동에서 발생하는 물성값 변화의 일반적인 추세를 발견했다. 이제 완전기체에 대한 몇 가지 특별한 방정식을 전개해 보자. 이러한 관계식은 비열비와 Mach 수 항으로 쓰인 유동 시스템 임의의 단면에서 물성값의 관계임을 상기하자.

에너지방정식

9.3절에서 전개한 에너지방정식으로부터 시작하는데, 이는 바로 온도비를 나타낸다.

$$h_{t1} = h_{t2} \tag{9.3}$$

그러나 완전기체의 경우 엔탈피는 단지 온도의 함수이고, 따라서 다음과 같다.

$$T_{t1} = T_{t2} \tag{9.18}$$

비열이 일정한 완전기체의 경우 다음 식으로 표기된다.

$$T_t = T\left(1 + \frac{\gamma - 1}{2} M^2\right) \tag{4.18}$$

따라서 Fanno 유동에 대한 에너지방정식은 다음과 같다.

$$T_1\left(1 + \frac{\gamma - 1}{2} M_1^2\right) = T_2\left(1 + \frac{\gamma - 1}{2} M_2^2\right) \tag{9.19}$$

또는

$$\boxed{\frac{T_2}{T_1} = \frac{1 + [(\gamma - 1)/2]\, M_1^2}{1 + [(\gamma - 1)/2]\, M_2^2}} \tag{9.20}$$

연속방정식

9.3절로부터 다음 식을 얻었다.

$$\rho V = G = \text{일정} \tag{9.2}$$

또는

$$\rho_1 V_1 = \rho_2 V_2 \tag{9.21}$$

완전기체 상태방정식은 다음과 같다.

$$p = \rho R T \tag{1.16}$$

Mach 수는 다음과 같이 정의된다.

$$V = Ma \tag{4.11}$$

완전기체가 갖는 음속은 다음과 같다.

$$a = \sqrt{\gamma g_c R T} \tag{4.10}$$

식 (9.21)은 다음 식으로 표기할 수 있다.

$$\frac{p_2}{p_1} = \frac{M_1}{M_2}\left(\frac{T_2}{T_1}\right)^{1/2} \tag{9.22}$$

위와 같은 식을 구했는가? 이제 식 (9.20)의 온도비로부터 정압에 대한 다음 관계식을 얻을 수 있다.

$$\boxed{\frac{p_2}{p_1} = \frac{M_1}{M_2}\left(\frac{1+[(\gamma-1)/2]\,M_1^2}{1+[(\gamma-1)/2]\,M_2^2}\right)^{1/2}} \tag{9.23}$$

식 (9.20), (9.23)과 완전기체 법칙으로부터 밀도비를 쉽게 구할 수 있다.

$$\boxed{\frac{\rho_2}{\rho_1} = \frac{M_1}{M_2}\left(\frac{1+[(\gamma-1)/2]\,M_2^2}{1+[(\gamma-1)/2]\,M_1^2}\right)^{1/2}} \tag{9.24}$$

엔트로피 변화

임의의 두 점 사이에서 유효한 엔트로피 변화에 대한 표현으로 시작한다.

$$\Delta s_{1-2} = c_p \ln\frac{T_2}{T_1} - R\ln\frac{p_2}{p_1} \tag{1.43}$$

c_p를 식 (4.15)로 치환하고 무차원화하면 다음과 같다.

$$\frac{s_2 - s_1}{R} = \frac{\gamma}{\gamma-1}\ln\frac{T_2}{T_1} - \ln\frac{p_2}{p_1} \tag{9.25}$$

식 (9.20)의 온도비와 식 (9.23)의 압력비만 이용하여 엔트로피 변화를 나타내면 다음과 같다.

$$\frac{s_2-s_1}{R}=\frac{\gamma}{\gamma-1}\ln\left(\frac{1+[(\gamma-1)/2]\,M_1^2}{1+[(\gamma-1)/2]\,M_2^2}\right)-\ln\frac{M_1}{M_2}\left(\frac{1+[(\gamma-1)/2]\,M_1^2}{1+[(\gamma-1)/2]\,M_2^2}\right)^{1/2} \tag{9.26}$$

Fanno 유동에서 두 점 사이의 이러한 엔트로피 변화가 다음과 같다는 것을 알 수 있다.

$$\frac{s_2-s_1}{R}=\ln\frac{M_2}{M_1}\left(\frac{1+[(\gamma-1)/2]\,M_1^2}{1+[(\gamma-1)/2]\,M_2^2}\right)^{(\gamma+1)/2(\gamma-1)} \tag{9.27}$$

4.5절에서 다루었던 단열, 일이 없는 완전기체 유동에 대한 정체압-에너지 방정식은 다음과 같다.

$$\frac{p_{t2}}{p_{t1}}=e^{-\Delta s/R} \tag{4.28}$$

식 (4.28)과 식 (9.27)로부터 정체압력비에 대해 다음과 같이 간단한 식을 얻을 수 있다.

$$\boxed{\frac{p_{t2}}{p_{t1}}=\frac{M_1}{M_2}\left(\frac{1+[(\gamma-1)/2]\,M_2^2}{1+[(\gamma-1)/2]\,M_1^2}\right)^{(\gamma+1)/2(\gamma-1)}} \tag{9.28}$$

어떤 상류점 1에서 모든 물성을 알고 하류점 2에서 Mach 수를 알고 있다면 하류점 2에서의 모든 물성값을 알 수 있는 수단을 갖게 된다. 그러나 많은 상황에서 두 Mach 수를 모두 알지 못한다. 일반적인 문제는 초기 조건과 덕트 길이, 재질 등과 같은 정보를 이용해 최종 Mach 수를 예측하는 것이다. 따라서 다음 작업은 Mach 수 변화를 마찰손실과 연관시키는 것이다.

운동량방정식

제3장에서 전개한 미분형 운동량방정식으로부터 시작한다.

$$\frac{dp}{\rho}+f\frac{V^2dx}{2g_cD_e}+\frac{g}{g_c}dz+\frac{dV^2}{2g_c}=0 \tag{3.63}$$

우리의 목표는 Mach 수 항으로 구성된 방정식을 구하는 것이다. Mach 수와 음속으로 표현된 완전기체 상태방정식을 사용하면 다음 식을 얻을 수 있다.

$$\frac{dp}{p}(RT)+f\frac{dx}{D_e}\frac{M^2\gamma g_c RT}{2g_c}+\frac{g}{g_c}dz+\frac{dM^2\gamma g_c RT+M^2\gamma g_c RdT}{2g_c}=0 \tag{9.29}$$

또는

$$\boxed{\frac{dp}{p}+f\frac{dx}{D_e}\frac{\gamma}{2}M^2+\frac{gdz}{g_c RT}+\frac{\gamma}{2}dM^2+\frac{\gamma}{2}M^2\frac{dT}{T}=0} \tag{9.30}$$

박스 처리한 식 (9.30)은 완전기체를 포함하는 모든 정상상태 문제에 유효한 운동량방정식의 유용한 형태다. Fanno 유동에 이 식을 적용해 보자. 식 (9.18)과 (4.18)로부터 다음과 같음을 알 수 있다.

$$T_t=T\left(1+\frac{\gamma-1}{2}M^2\right)=\text{일정} \tag{9.31}$$

양변에 자연로그를 취하면 다음 식을 얻는다.

$$\ln T+\ln\left(1+\frac{\gamma-1}{2}M^2\right)=\ln(\text{const}) \tag{9.32}$$

미분하면 식 (9.30)의 dT/T에 대입하기 위해 사용될 수 있는 다음 식을 얻을 수 있다.

$$\frac{dT}{T}+\frac{d(1+[(\gamma-1)/2]M^2)}{1+[(\gamma-1)/2]M^2}=0 \tag{9.33}$$

식 (9.2)의 연속방정식은 완전기체에 대해 다음과 같이 표기된다.

$$\frac{pM}{\sqrt{T}}=\text{일정} \tag{9.34}$$

양변에 자연로그를 취하고 미분하면 다음과 같다.

$$\frac{dp}{p}+\frac{dM}{M}-\frac{1}{2}\frac{dT}{T}=0 \tag{9.35}$$

dT/T를 소거하기 위해 식 (9.33)을 이용하면, 식 (9.30)의 dp/p에 대입하기 위해 사용될 수 있는 다음 식을 얻을 수 있다.

$$\frac{dp}{p} = -\frac{dM}{M} - \frac{1}{2}\frac{d(1+[(\gamma-1)/2]M^2)}{1+[(\gamma-1)/2]M^2} \tag{9.36}$$

위치에너지 항을 무시하는 운동량방정식에서 dT/T와 dp/p 대신 위 식을 대입하면 식 (9.30)은 다음과 같은 형태가 된다.

$$f\frac{dx}{D_e} = \frac{d(1+[(\gamma-1)/2]M^2)}{1+[(\gamma-1)/2]M^2} - \frac{dM^2}{M^2} + \frac{2}{\gamma}\frac{dM}{M^3} + \frac{1}{\gamma M^2}\frac{d(1+[(\gamma-1)/2]M^2)}{1+[(\gamma-1)/2]M^2} \tag{9.37}$$

마지막 항은 적분하기 위해 다음과 같이 나타낼 수 있다.

$$\frac{1}{\gamma M^2}\frac{d(1+[(\gamma-1)/2]M^2)}{1+[(\gamma-1)/2]M^2} = \frac{(\gamma-1)}{2\gamma}\frac{dM^2}{M^2} - \frac{(\gamma-1)}{2\gamma}\frac{d(1+[(\gamma-1)/2]M^2)}{1+[(\gamma-1)/2]M^2} \tag{9.38}$$

이제 운동량방정식은 다음과 같이 쓸 수 있다.

$$f\frac{dx}{D_e} = \frac{\gamma+1}{2\gamma}\frac{d(1+[(\gamma-1)/2]M^2)}{1+[(\gamma-1)/2]M^2} + \frac{2}{\gamma}\frac{dM}{M^3} - \frac{\gamma+1}{2\gamma}\frac{dM^2}{M^2} \tag{9.39}$$

식 (9.39)는 열전달이나 일전달이 없는 일정 단면적, 위치에너지 변화가 없는 정상상태, 1차원 완전기체 유동으로 제한된다. 두 점 사이에서 이 방정식을 적분하면 다음 식을 얻을 수 있다.

$$\boxed{\frac{f(x_2-x_1)}{D_e} = \frac{\gamma+1}{2\gamma}\ln\frac{1+[(\gamma-1)/2]\,M_2^2}{1+[(\gamma-1)/2]\,M_1^2} - \frac{1}{\gamma}\left(\frac{1}{M_2^2}-\frac{1}{M_1^2}\right) - \frac{\gamma+1}{2\gamma}\ln\frac{M_2^2}{M_1^2}} \tag{9.40}$$

적분할 경우, 마찰계수를 일정하게 유지했다는 점을 유념해야 한다. 이에 대한 몇 가지 의견은 다음 절에서 논의할 것이다. 만약 등가지름 개념을 잊어버렸다면, 3.8절의 마지막 부분과 식 (3.61)을 복습하자.

9.5 기준상태와 Fanno 유동 표

9.4절에서 전개한 방정식은 다른 위치에서 주어진 물성값을 이용해서 한 위치에서의 물성값을 계산하는 방법을 보여준다. 문제를 푸는 열쇠는 식 (9.40)을 이용하여 새로운 위치에서의 Mach 수를 예측하는 것이다. 알려지지 않은 M_2에 대한 이 방정식의 해는 명시적인 관계가 불가능하므로 다소 번거로운 작업이 요구된다. 따라서 제5장의 등엔트로피 유동에서 사용된 유

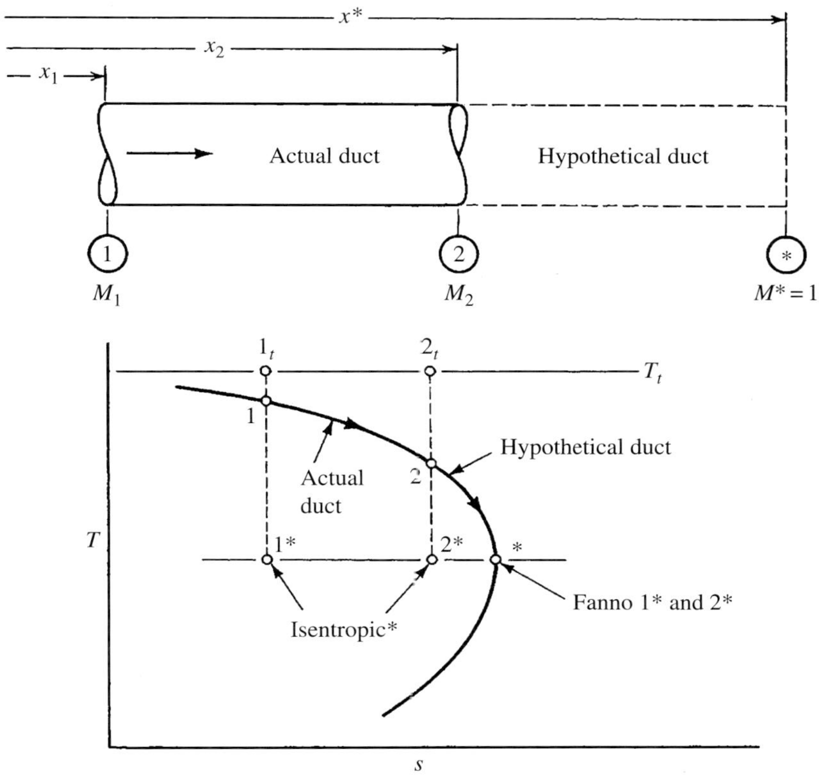

그림 9.5 Fanno 유동의 기준점(*)

사한 기법으로 시작한다.

이전과 동일 방식으로 정의된 **또 다른** 기준상태(*)를 도입한다(즉, "만약 유체가 **특별한 과정에 의해** Mach 수가 1에 도달한다면 열역학적 상태는 존재할 것이다"). 이럴 때 속도가 Mach 수 1에 도달할 때까지 **Fanno 유동**(즉, 더 긴 덕트를 추가 연결)에 의해 계속된다고 상상한다. 그림 9.5는 아음속 Fanno 유동에 대한 T-s 선도와 함께 물리적인 시스템을 나타낸다. Fanno 곡선을 따라 계속 이동하면(항상 오른쪽으로 이동하는 것을 기억하자), 결국 음속이 존재하는 한계점에 도달하게 됨을 안다. 점선은 충분한 길이의 가상 덕트를 보여줌으로써 유동 상부 분지선의 나머지 부분을 가로질러 한계점에 도달할 수 있게 한다. 이것은 **Fanno 유동에 대한 기준점**(*)이다.

등엔트로피 기준점(*)의 궤적 또한 Fanno 유동 기준점(*)과 완전히 다른 열역학적 상태라는 사실을 강조하기 위해 T-s 선도에 포함된다. 또 다른 하나의 사실이 언급되어야 한다. 두 점(점 1과 점 2와 같이) 사이에 엔트로피 차이가 있을 때, 이들의 등엔트로피 유동 기준점(*)이 같지 않으며, 이들을 1^*과 2^*로 구분하여 표시하도록 항상 주의해야 한다.

그러나 **Fanno 유동의** 점 1 또는 점 2 중 하나에서 진행하면 궁극적으로 Mach 수 1에 도달했을 때 동일한 위치에 이르게 된다. 따라서 1^* 또는 2^*에 대해 말할 필요가 없고, Fanno 유동 기준점(*)으로 말할 필요가 있다. 참고로, 그림 9.5의 동일한 수평선에 세 개의 기준점(*)이 모두 표시된 이유는 무엇일까? (4.6절을 복습하자.)

이제 Fanno 유동 기준 조건(*)의 항으로 작동방정식을 다시 써보자. 먼저, 온도비를 고려하자.

$$\frac{T_2}{T_1}=\frac{1+[(\gamma-1)/2]\,M_1^2}{1+[(\gamma-1)/2]\,M_2^2} \tag{9.20}$$

점 2를 유동 시스템 임의의 점으로 하고, Fanno 유동 기준점(*)을 점 1로 한다.

$$T_2 \Rightarrow T,\quad M_2 \Rightarrow M \quad \text{(임의의 값)}$$
$$T_1 \Rightarrow T^*,\ M_1 \Rightarrow 1$$

식 (9.20)은 다음과 같이 된다.

$$\frac{T}{T^*}=\frac{(\gamma+1)/2}{1+[(\gamma-1)/2]M^2}=f(M,\gamma) \tag{9.41}$$

$T/T^* = f(M,\gamma)$이고 특정한 γ에 대해 T/T^*와 M에 대한 값을 제공하는 표를 쉽게 작성할 수 있다. 식 (9.23)은 유사한 형태로 처리될 수 있다.

$$p_2 \Rightarrow p,\quad M_2 \Rightarrow M \quad \text{(임의의 값)}$$
$$p_1 \Rightarrow p^*,\ M_1 \Rightarrow 1$$

식 (9.23)은 다음과 같이 된다.

$$\frac{p}{p^*}=\frac{1}{M}\left(\frac{(\gamma+1)/2}{1+[(\gamma-1)/2]M^2}\right)^{1/2}=f(M,\gamma) \tag{9.42}$$

밀도비는 식 (9.24)로부터 Mach 수와 γ 함수로 구할 수 있다. 이것은 또한 속도비를 나타내기 때문에 특히 유용하다. 왜 그럴까?

$$\frac{\rho}{\rho^*}=\frac{V^*}{V}=\frac{1}{M}\left(\frac{1+[(\gamma-1)/2]M^2}{(\gamma+1)/2}\right)^{1/2}=f(M,\gamma) \tag{9.43}$$

같은 기법을 식 (9.28)에 적용하면 다음을 얻는다.

$$\frac{p_t}{p_t^*}=\frac{1}{M}\left(\frac{1+[(\gamma-1)/2]M^2}{(\gamma+1)/2}\right)^{(\gamma+1)/2(\gamma-1)}=f(M,\gamma) \tag{9.44}$$

식 (9.40)에 대해 같은 유형의 변환을 하면 다음을 얻는다.

$$x_2 \Rightarrow x,\ \ M_2 \Rightarrow M \quad (\text{임의의 값})$$
$$x_1 \Rightarrow x^*,\ M_1 \Rightarrow 1$$

결과는 다음과 같다.

$$\frac{f(x-x^*)}{D_e}=\left(\frac{\gamma+1}{2\gamma}\right)\ln\left(\frac{1+[(\gamma-1)/2]M^2}{(\gamma+1)/2}\right)-\frac{1}{\gamma}\left(\frac{1}{M^2}-1\right)-\frac{\gamma+1}{2\gamma}\ln M^2 \tag{9.45}$$

그러나 그림 9.5의 물리적 선도를 살펴보면, $(x-x^*)$는 항상 음수(−)라는 것을 알 수 있다. 따라서 식 (9.45)의 모든 부호를 변경하고 단순화하면 다음과 같다.

$$\frac{f(x^*-x)}{D_e}=\left(\frac{\gamma+1}{2\gamma}\right)\ln\left(\frac{[(\gamma+1)/2]M^2}{1+[(\gamma-1)/2]M^2}\right)+\frac{1}{\gamma}\left(\frac{1}{M^2}-1\right)=f(M,\gamma) \tag{9.46}$$

위 식에서 (x^*-x)는 Fanno 유동 기준 조건에 도달하기 위해 추가해야 하는 덕트의 크기를 나타낸다. 또는 일부 유동 조건 변화 없이 추가할 수 있는 최대 덕트 길이로 볼 수 있는데 다음 식으로 표기된다.

$$\frac{f(x^*-x)}{D_e}=\frac{fL_{\max}}{D_e}$$

위 결과는 다른 Fanno 유동 인자인 T/T^*, p/p^*, V/V^*, p_t/p_t^*와 함께 부록 I에 나열되어 있다. 다음 절에서 이 표가 Fanno 유동 문제를 어떻게 크게 단순화하는지 볼 수 있다. 그러나 먼저, 마찰계수를 결정하는 몇 가지 단어를 살펴보자.

유체유동 문제의 차원해석(1.3절과 9.9절 참조)을 통해 마찰계수는 다음과 같이 표현될 수 있다.

$$f=f(\text{Re},\varepsilon/D) \tag{9.47}$$

여기서 Re는 관 지름(D)과 질량 평균속도(V)에 기초하여 다음 식으로 주어지는 ***Reynolds* 수**다.

표 9.2 일반 재질의 절대 거칠기

재질	ε (ft)
유리, 놋쇠, 구리, 납	매끄러움도 < 0.00001
강철, 단철	0.00015
아연도 강	0.0005
주철	0.00085
리벳이 있는 강철	0.03

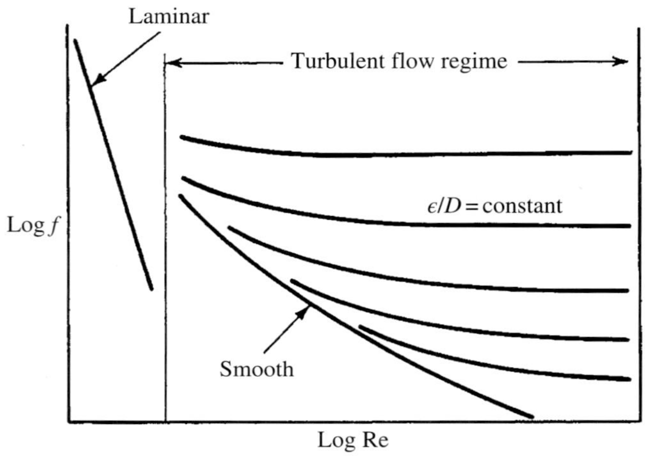

그림 9.6 원형 덕트의 마찰계수 관련 Moody 선도(상세 도표는 부록 C 참조)

$$\text{Re} \equiv \frac{\rho VD}{\mu g_c} \tag{9.48}$$

$$\varepsilon/D \equiv \text{(접수면에서의) 상대 조도}$$

절대 거칠기(absolute roughness) 또는 불규칙한 벽의 평균(유효) 높이인 일반적인 ε 값은 표 9.2에 나타냈다.

f, Re, ε/D 사이의 관계는 실험적으로 결정되어 그림 9.6과 유사한 도표에 표시되는데, 이를 ***Moody* 선도**라 한다. 더 큰 선도는 부록 C에 나타냈다. 만약 덕트의 크기, 재질과 함께 유량을 알고 있다면 Reynolds 수와 상대 조도(거칠기)는 쉽게 계산할 수 있으며, 마찰계수 값을 선도로부터 얻을 수 있다. 층류 영역에 대한 곡선은 1차원이 아니며(그림 2.1 참조), 부록 C에서는 생략되었다. 다음과 같이 나타낼 수 있다.

$$f = \frac{64}{\text{Re}} \quad \text{(완전히 발달된 층류 관 유동)} \tag{9.49}$$

비원형 단면의 경우 3.8절에서 설명한 **등가지름**(equivalent diameter)을 사용할 수 있다.

$$D_e \equiv \frac{4A}{P} \tag{3.61}$$

이 등가지름은 상대 조도(relative roughness)와 Reynolds 수 결정에 사용될 수 있으며, 따라서 마찰계수를 결정할 수 있다. 그러나 모든 계산에서 **실제** 평균속도(V)를 적용하는 것에 주의해야 한다. 경험에 따르면 난류 영역에서 등가지름을 사용하는 것이 매우 잘 맞는 것을 보여준다. 층류 영역에서 이 개념은 충분하지 않으며 덕트의 형상비가 주어져야 한다.

일부 문제에서는 유량을 알 수 없으므로 시행착오법을 이용하여 결과를 얻는다. 덕트 크기가 주어지면 문제는 그렇게 어렵지 않다. 마찰계수에 대한 훌륭한 근사값은 ε/D 곡선이 **수평이 되기** 시작하는 위치에 해당하는 값을 취함으로써 이루어질 수 있다. 대부분의 공학 문제가 난류 범위에 있으므로 이것은 빠르게 최종 해로 수렴된다.

부록 I의 마지막 항목은 S_{max}/R이다. Fanno 곡선을 따라 엔트로피 변화에 대한 식 (9.27)을 표로 만들기 위해 기준 조건(*)을 도입하여 Mach 수 1.0에서 엔트로피 최대값을 나타내야 한다. 식 (9.27)을 취하고 위치 1을 변수로 하여 이 최대값에서 위치 2를 정의해야 한다.

$s_2 = s\,(M = 1.0$일 때)와 $s_1 = s(M)$이 있다고 하자. 표 표기법이 $S_{max} \equiv s^* - s$일 때 다음 식으로 나타낼 수 있다.

$$\frac{S_{max}}{R} = \frac{s^* - s}{R} = \ln \frac{1}{M}\left(\frac{1 + [(\gamma - 1)/2]M^2}{1 + (\gamma - 1)/2}\right)^{(\gamma+1)/2(\gamma-1)} \tag{9.50}$$

적당한 온도에서의 공기에 대한 식 (9.50)은 $S_{max}/R = [\ln(0.8333 + 0.1667M^2)^3/M]$이 되는 것을 부록 I에 표로 나타냈다.

9.6 응용

다음은 좋은 문제 해결 기법을 전개하는 데 권장되는 단계다.

1. 물리적 상황[가상의 기준점(*)을 포함]을 그린다.
2. 조건을 알고 있거나 원하는 부분에 라벨을 붙인다.
3. 주어진 모든 정보를 일관된 단위로 나열한다.

4. 등가지름, 상대 조도, Reynolds 수를 계산한다.
5. Moody 선도로부터 마찰계수를 구한다.
6. 모르는 Mach 수를 결정한다.
7. 원하는 추가 물성을 계산한다.

위 절차는 주어진 정보 형태에 따라 변경될 수 있으며, 시행착오법이 필요한 때도 있다. 기본적인 간단한 해법을 습득해 왔다면, 이러한 기능을 통합하는 데 어려움이 없을 것이다. Fanno 유동뿐만 아니라 훨씬 더 복잡한 유동 시스템에서 T–s 선도는 문제를 해결하는 데 종종 도움이 된다.

다음 예제에서 완전기체로 간주한 공기($\gamma = 1.4$) 유동이 정상상태, 1차원인 예를 살펴보자. 여기서 $Q = W_s = 0$이고 위치에너지 변화를 무시한다. 덕트 단면적은 일정하게 유지된다. 그림 E9.1은 예제 9.1에서 9.3까지 공통으로 사용된다.

예제 9.1

$M_1 = 1.80$, $p_1 = 40$ psia, $M_2 = 1.20$일 경우, p_2와 $f\Delta x/D$를 구하시오.

두 Mach 수를 모두 알고 있으므로 다음과 같이 p_2를 바로 구할 수 있다.

$$p_2 = \frac{p_2}{p^*}\frac{p^*}{p_1}p_1 = (0.8044)\left(\frac{1}{0.4741}\right)(40) = 67.9\,\text{psia}$$

그림 E9.1로부터 다음을 구할 수 있다.

$$\frac{f\Delta x}{D} = \frac{fL_{1\max}}{D} - \frac{fL_{2\max}}{D} = 0.2419 - 0.0336 = 0.208$$

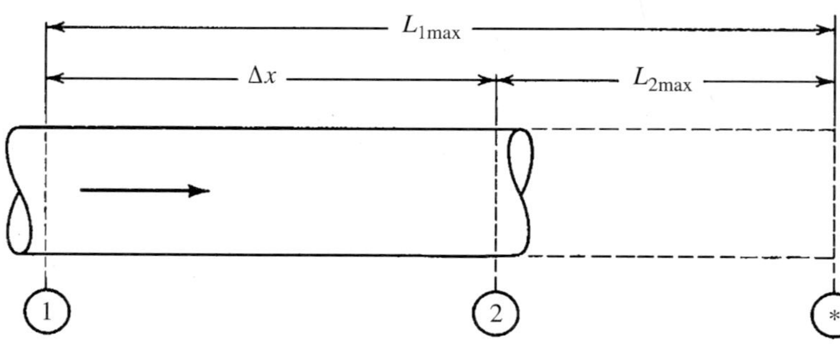

그림 E9.1

예제 9.2

$M_2 = 0.94$, $T_1 = 400$ K, $T_2 = 350$ K일 경우, M_1과 p_2/p_1을 구하시오.

그림 E9.1에서 단면 1에서 조건을 결정하기 위해 다음과 같이 T_1/T^*을 구한다.

$$\frac{T_1}{T^*} = \frac{T_1}{T_2}\frac{T_2}{T^*} = \left(\frac{400}{350}\right)(1.0198) = 1.1655$$

(T_1/T_2: 주어진 값, T_2/T^*: $M = 0.94$의 Fanno 유동 표에서)

Fanno 유동 표(부록 I)에서 $T/T^* = 1.1655$일 때 $M_1 = 0.385$임을 알 수 있다. 따라서 다음을 얻는다.

$$\frac{p_2}{p_1} = \frac{p_2}{p^*}\frac{p^*}{p_1} = (1.0743)\left(\frac{1}{2.8046}\right) = 0.383$$

이러한 예제는 전술한 정압 변화의 관계를 확인시키는 것임을 주목해야 한다. 아음속 유동에서는 정압이 감소하는 반면 초음속 유동에서는 정압이 증가한다. 정체압 비를 계산하고 각 경우에 대해 마찰손실로 인해 p_{t2}/p_{t1}이 감소함을 보이자.

예제 9.1:

$$\frac{p_{t2}}{p_{t1}} = \qquad (p_{t2}/p_{t1} = 0.716)$$

예제 9.2:

$$\frac{p_{t2}}{p_{t1}} = \qquad (p_{t2}/p_{t1} = 0.611)$$

예제 9.3

지름이 6 in.인 절연된 아연도금 강관에 공기가 흐른다. 초기 조건은 $p_1 = 20$ psia, $T_1 = 70$°F, $V_1 = 406$ ft/sec이다. 70 ft가 지난 후 Mach 수, 온도, 압력을 구하시오.

덕트가 원형이기 때문에 등가지름을 계산할 필요가 없다. 표 9.2로부터 절대 거칠기 ε은 0.0005이다. 따라서 상대 조도는 다음과 같다.

$$\frac{\varepsilon}{D} = \frac{0.0005}{0.5} = 0.001$$

단면 1(그림 E9.1)에서 조건을 알고 있으므로 Reynolds 수를 계산한다.

$$\rho_1 = \frac{p_1}{RT_1} = \frac{(20)(144)}{(53.3)(530)} = 0.102 \text{ lbm/ft}^3$$

$$\mu_1 = 3.8 \times 10^{-7} \text{ lbf-sec/ft}^2 \text{ (부록 A의 표로부터)}$$

따라서 다음을 얻는다.

$$\text{Re}_1 = \frac{\rho_1 V_1 D_1}{\mu_1 g_c} = \frac{(0.102)(406)(0.5)}{(3.8 \times 10^{-7})(32.2)} = 1.69 \times 10^6$$

$\text{Re} = 1.69 \times 10^6$과 $\varepsilon/D = 0.001$에서 Moody 선도로부터(부록 C 참조), 마찰계수가 $f = 0.0198$임을 알 수 있다. Fanno 유동 표(또는 방정식)를 이용하기 위해 Mach 수 정보가 필요하다.

$$a_1 = (\gamma g_c R T_1)^{1/2} = [(1.4)(32.2)(53.3)(530)]^{1/2} = 1128 \text{ ft/sec}$$

$$M_1 = \frac{V_1}{a_1} = \frac{406}{1128} = 0.36$$

Fanno 유동 표(부록 I)로부터 $M_1 = 0.36$인 경우 다음을 얻는다.

$$\frac{p_1}{p^*} = 3.0042, \ \frac{T_1}{T^*} = 1.1697, \ \frac{fL_{1\max}}{D} = 3.1801$$

문제를 완료하기 위한 열쇠는 출구에서 Mach 수를 결정하는 것이며, 이는 **마찰 길이**(friction length)를 통해 이루어진다.

$$\frac{f\Delta x}{D} = \frac{(0.0198)(70)}{0.5} = 2.772$$

그림 E9.1을 보면 (f와 D가 일정하므로) 다음은 분명하다.

$$\frac{fL_{2\max}}{D} = \frac{fL_{1\max}}{D} - \frac{f\Delta x}{D} = 3.1801 - 2.772 = 0.408$$

이러한 마찰 길이가 있는 Fanno 유동 표에서 다음을 구할 수 있다.

$$M_2 = 0.623, \ \frac{p_2}{p^*} = 1.6939, \ \frac{T_2}{T^*} = 1.1136$$

따라서 다음을 얻는다.

$$p_2 = \frac{p_2}{p^*}\frac{p^*}{p_1}p_1 = (1.6939)\left(\frac{1}{3.0042}\right)(20) = 11.28\,\text{psia (또는 } 77.75\,\text{kPa)}$$

$$T_2 = \frac{T_2}{T^*}\frac{T^*}{T_1}T_1 = (1.1136)\left(\frac{1}{1.1697}\right)(530) = 505°\text{R (또는 } 280.5\,\text{K)}$$

위 예제에서 마찰계수는 일정하다고 가정했다. 실제로 이 가정은 식 (9.39)를 적분하여 식 (9.40)을 구할 때 이루어졌으며, 기준상태(*)가 도입되면서 이것이 식 (9.46)이 되었고 이를 Fanno 유동 표에 표시했다. 이것은 타당한 가정인가? 마찰계수는 Fanno 유동에서 매우 빠르게 변화하는 속도와 밀도에 종속적인 Reynolds 수의 함수다. 예제 9.3의 출구 속도를 계산하여 입구 속도와 비교해 보자($V_2 = 686$ ft/sec, $V_1 = 406$ ft/sec).

그러나 포기하지 말자. 연속방정식으로부터 ρV는 항상 일정하며, 따라서 Reynolds 수의 유일한 변수는 점도라는 것을 알 수 있다. 기체의 점도를 크게 변화시키기 위해서는 매우 큰 온도 변화가 필요하다. 따라서 $M < 5.0$일 때 Fanno 유동 문제에서 Reynolds 수 영향은 작다. 또한 대부분의 공학적인 문제는 마찰계수가 상대적으로 Reynolds 수에 민감하지 않은 난류 영역에 있다는 것이다. 더 큰 잠재적 오차는 덕트 거칠기를 추정하는 것으로부터 야기되는데, 이는 마찰계수에 더 큰 영향을 미친다.

예제 9.4

면적비가 5.42인 축소-확대 노즐이 8 ft 길이의 일정 단면적을 가진 직사각형 덕트에 연결된다(그림 E9.4 참조). 덕트 단면적은 8 in.×4 in.이고 마찰계수는 $f = 0.02$이다. 전체 덕트를 통과하는 유동이 초음속이고 출구 압력이 14.7 psia이면, 노즐을 통과하는 최소 정체압은 얼마인가?

$$D_e = \frac{4A}{P} = \frac{(4)(32)}{24} = 5.334\,\text{in.}$$

$$\frac{f\Delta x}{D} = \frac{(0.02)(8)(12)}{5.334} = 0.36$$

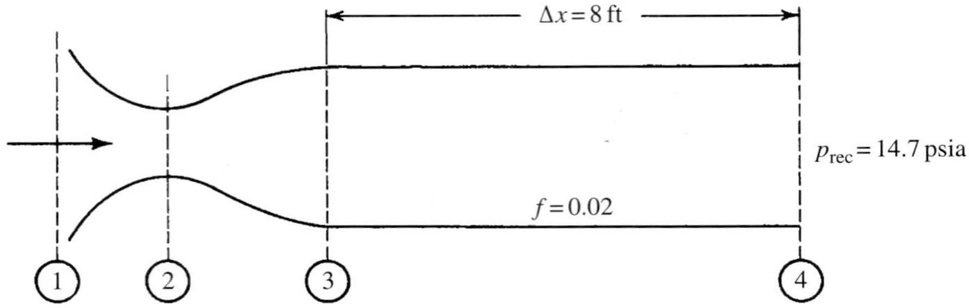

그림 E9.4

$A_3/A_2 = 5.42$, $M_3 = 3.26$, $p_3/p_{t3} = 0.0185$, $p_3/p^* = 0.1901$, $fL_{3\ \max}/D = 0.5582$인 초음속 유동일 경우,

$$\frac{fL_{4\max}}{D} = \frac{fL_{3\max}}{D} - \frac{f\Delta x}{D} = 0.5582 - 0.36 = 0.1982$$

따라서 다음을 얻는다.

$$M_4 = 1.673, \quad \frac{p_4}{p^*} = 0.5243$$

$$p_{t1} = \frac{p_{t1}}{p_{t3}}\frac{p_{t3}}{p_3}\frac{p_3}{p^*}\frac{p^*}{p_4}p_4 = (1)\left(\frac{1}{0.0185}\right)(0.1901)\left(\frac{1}{0.5243}\right)(14.7) = 228\ \text{psia (또는 1.57 MPa)}$$

288 psia 이상의 압력은 덕트 외부에 팽창파가 있는 상태에서 특정한 유동 시스템을 유지한다. (과소팽창 노즐을 상기하자.) 만약 입구 정체압이 288 psia 이하로 떨어진다면 어떤 일이 일어날지 상상할 수 있는가? (과대팽창 노즐을 상기하자.)

9.7 충격파와의 상관관계

이 장을 공부하면서 Fanno 유동과 수직충격파 사이에 몇 가지 유사점이 있음을 알게 되었다. 몇 가지 관련 정보를 요약해 보자.

수직충격파 전후의 점은 단위 면적당 같은 질량유량, $p + \rho V^2/g_c$ 값과 정체 엔탈피가 같은 상태를 나타낸다. 이러한 사실은 임의의 유체에 연속방정식, 운동량방정식, 에너지방정식의 기본 개념을 적용한 결과다. 이러한 분석 결과 식 (6.2), (6.3), (6.9)를 유도했다.

Fanno 곡선은 단위 면적당 같은 질량유량과 동일한 정체 엔탈피를 가진 상태를 나타낸다.

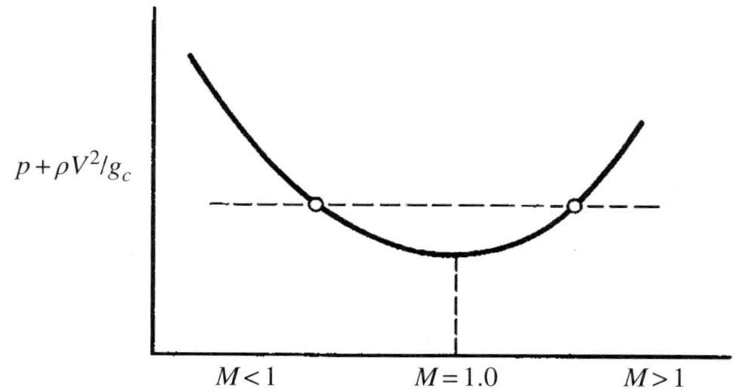

그림 9.7 Fanno 유동에서 $p+\rho V^2/g_c$ 값의 변화

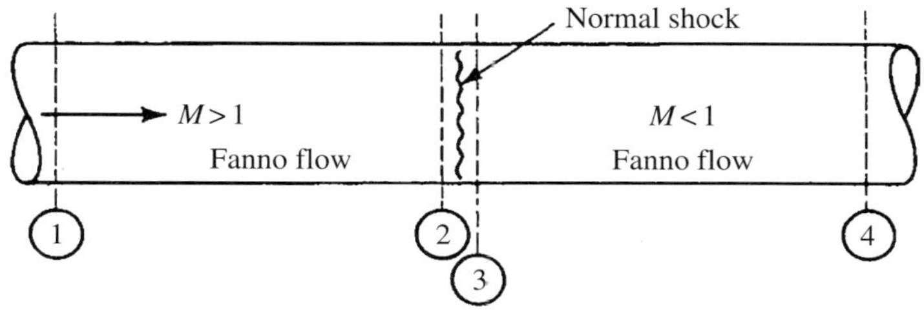

그림 9.8a 물리적 시스템에서 Fanno 유동과 수직충격파의 조합

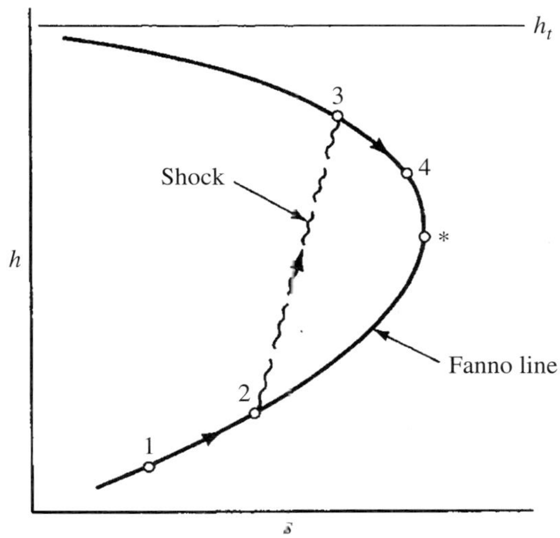

그림 9.8b Fanno 유동과 수직충격파의 조합

이는 식 (9.2)와 (9.5)로 확인할 수 있다. Fanno 곡선을 **따라** 움직이려면 마찰이 필요하다. 9.3절 끝부분에서[식 (9.17) 참조] $p+\rho V^2/g_c$의 값을 변화시키는 것은 바로 이 마찰이라는 것을 언급했다.

Fanno 곡선을 따르는 $p + \rho V^2/g_c$의 변화는 매우 흥미로운데, 관련 곡선은 그림 9.7에 나타냈다. Fanno 곡선의 초음속 분지점마다 아음속 유동 분지점에 같은 $p + \rho V^2/g_c$ 값을 갖는 대응점이 있다는 것을 알 수 있다. 따라서 이러한 두 점은 수직충격파의 끝점에 대한 세 가지 조건을 모두 만족시키며 이러한 충격파에 의해 연결될 수 있다.

이제 수직충격파로 이어지는 초음속 Fanno 유동을 상상할 수 있다. 만약 이것이 추가적인 덕트에 의해 일어난다면, 아음속 Fanno 유동이 발생할 것이다. 그러한 현상을 그림 9.8a에 나타냈다. 충격파는 단지 유동을 초음속 분지선으로부터 **동일한** Fanno 곡선의 아음속 분지선으로 뛰어넘을 수 있도록 한다(그림 9.8b 참조).

예제 9.5

온도가 300 K이고 절대압력이 8 bar인 공기로 채워진 큰 챔버가 있다(그림 E9.5). 면적비가 2.4인 축소-확대 노즐로 공기가 유입된다. 단면적이 일정한 덕트가 노즐에 부착되어 있고 출구면에 수직충격파가 발생한다. 수용기 압력은 3 bar abs.이다. 전체 시스템이 단열상태라 가정하고 노즐에서의 마찰은 무시한다. 덕트에서의 $f\Delta x/D$를 계산하시오.

충격파가 발생하기 위한 덕트 유동은 초음속이어야 하며, 이는 노즐이 세 번째 임계점에서 작동해야 한다는 것을 의미한다. 단면 3의 입구조건 및 단면적비는 고정한다. Fanno 곡선 끝단에서 p^*를 구할 수 있다. 그런 다음 p_5/p^*를 계산할 수 있고, Fanno 유동 표로부터 충격파 발생 후 Mach 수를 구할 수 있다. 만약 T–s 선도를 그리지 않고 점 5가 3, 4, (*)와 같은 동일한 Fanno 곡선 위에 있다는 것을 인식하지 않았다면 이러한 해를 접할 수 없었을 것이다.

$A_3/A_2 = 2.4$인 경우 $M_3 = 2.4$, $p_3/p_{t3} = 0.06840$이다. p_5/p^*는 다음과 같이 계산할 수 있다.

$$\frac{p_5}{p^*} = \frac{p_5}{p_{t1}}\frac{p_{t1}}{p_{t3}}\frac{p_{t3}}{p_3}\frac{p_3}{p^*} = \left(\frac{3}{8}\right)(1)\left(\frac{1}{0.0684}\right)(0.3111) = 1.7056$$

Fanno 유동 표로부터 $M_5 = 0.619$, 충격파 표로부터 $M_4 = 1.789$를 구할 수 있다. Fanno 유동 표로부터 $fL_{3\,\max}/D = 0.4099$, $fL_{4\,\max}/D = 0.2382$이다. 따라서 다음을 얻는다.

$$\frac{f\Delta x}{D} = \frac{fL_{3\,\max}}{D} - \frac{fL_{4\,\max}}{D} = 0.4099 - 0.2382 = 0.172$$

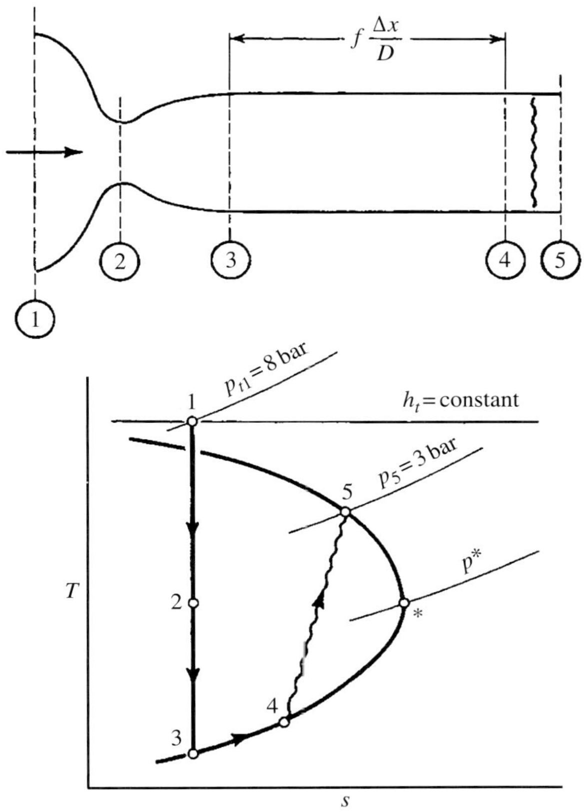

그림 E9.5

9.8 마찰 초킹유동

제5장에서 일정한 정체 입구 조건에 의해 공급되는 노즐의 작동에 대해 논의했다(그림 5.6과 5.8 참조). 수용기 압력이 낮아질수록 노즐을 통과하는 유량이 증가하는 것을 알 수 있다. **작동 압력비**가 일정한 값에 도달하면, 최소 단면적 영역에서는 Mach 수 1로 나타냈다. 이때 노즐이 **초킹**되었다고 말한다. 압력비가 감소해도 더 이상 유량이 증가하지 않는다. 이는 **초킹 영역**(area choking)의 예다.

아음속 Fanno 유동 현상은 매우 유사하다. 그림 9.9는 큰 탱크와 축소 노즐에 의해 공급되는 덕트의 주어진 길이를 나타낸다. 만약 수용기 압력이 탱크 압력보다 낮으면, 유동이 발생하여 그림 9.10의 경로 1-2-3으로 표시된 *T*-*s* 선도를 생성할 수 있다. 덕트 입구에서는 등엔

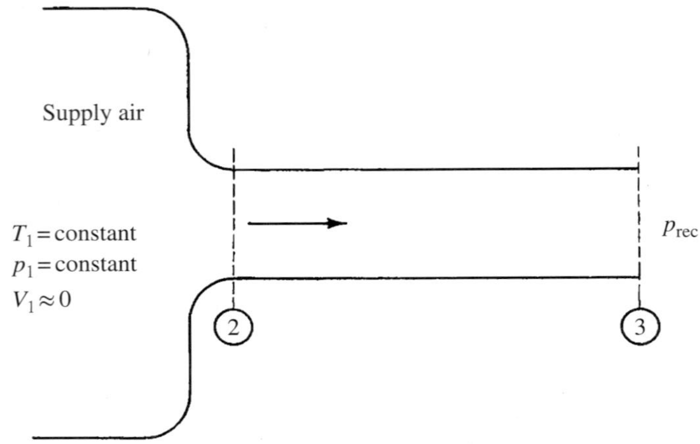

그림 9.9 축소 노즐과 일정 단면적 덕트의 조합

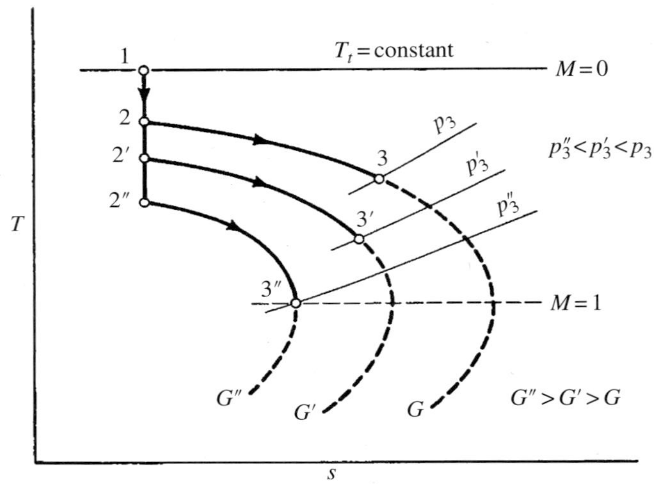

그림 9.10 노즐-덕트 조합의 T-s 선도

트로피 유동이며 Fanno 곡선을 따라 이동한다는 것을 유념해야 한다. 수용기 압력이 더 낮아지면 시스템이 더 큰 질량속도의 Fanno 곡선(경로 1-2′-3′으로 표시)으로 이동하는 동안 유량과 출구 Mach 수는 계속 증가한다. 수용기 압력(또는 더 적절하게, 작동압력비)이 유동을 제어하고 있음을 인식하는 것이 중요하다. 이것은 아음속 유동에서 덕트 출구 압력이 수용기 압력과 같아야 하기 때문이다.

결국 특정 압력비에 도달하면, 덕트 출구의 Mach 수는 1이 될 것이다(1-2″-3″ 경로와 같이). 이를 **마찰 초킹**(friction choking)이라고 하며, 수신기 압력이 더 감소하더라도 시스템 **내부**의 유동 조건에 더 이상 영향을 미치지 않는다. 유동이 덕트를 벗어나 감압 영역에 들어가면 무엇

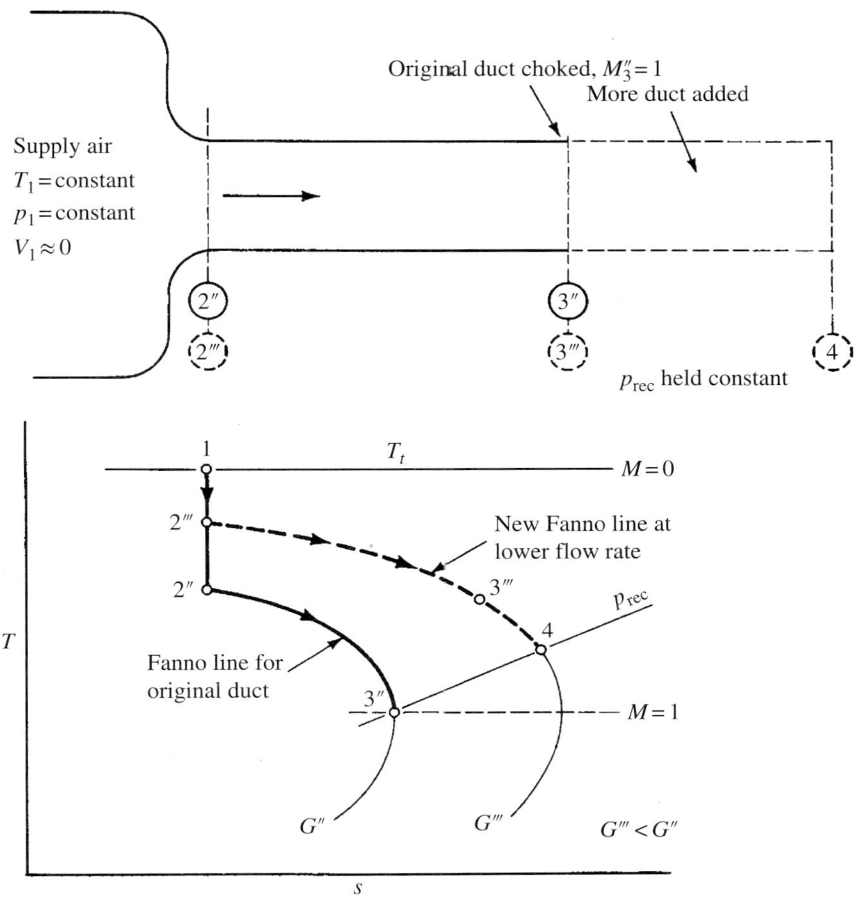

그림 9.11 아음속 유동이 초킹 상태일 때 추가 덕트 연결

이 발생할까?

출구 압력과 수용기 압력이 일치하는 초킹유동의 마지막 경우에 대해 고려하자. **수용기 압력이 이 값으로 유지되지만**, 시스템에 더 많은 덕트가 추가된다고 가정하자. (어떤 것도 이렇게 하는 것을 물리적으로 막을 수 없다.) 무슨 일이 일어날까? **Fanno 곡선**을 움직일 수 없다는 것을 알지만, 어떻게든 추가적인 마찰손실을 반영해야 한다. 이것은 새로운 Fanno 곡선으로 이동하여 유량을 **낮춤**으로써 달성된다. 이것에 대한 T-s 선도는 그림 9.11의 1-2‴-3‴-4와 같은 경로로 표시된다. 압력 평형은 출구에서 여전히 유지된다. 그러나 유량이 감소하지만, 시스템은 더 이상 초킹되지 않는다. 만약 수용기 압력이 낮아지면 무슨 일이 일어날까?

요약하면, **아음속** Fanno 유동이 **마찰 초킹**되고 시스템에 더 많은 덕트가 추가 연결되면, 유량은 감소해야 한다. 단지 유량이 얼마만큼 감소하고 출구 속도가 음속으로 유지되는지는

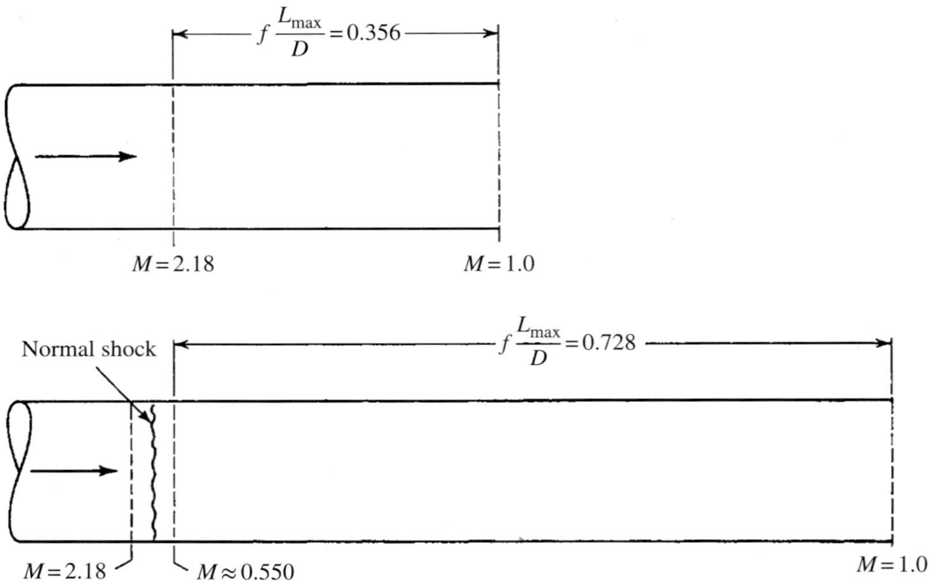

그림 9.12 최대 덕트 길이상의 수직충격파 영향

추가 연결된 덕트가 얼마인지와 시스템에 가해지는 수용기 압력에 따라 달라진다.

이제 **마찰 초킹된 초음속** Fanno 유동에 대해 생각해 보자. 이 경우 덕트를 더 추가 연결하면 덕트 내부에 수직충격파가 발생한다. 그 결과 발생하는 아음속 유동은 동일한 유량에서 증가된 덕트 길이를 수용할 수 있다. 예를 들어, 그림 9.12는 $fL_{max}/D=0.356$ 값을 갖는 Mach 수 2.18인 유동을 보여준다. 만약 수직충격파가 이 점에서 발생한다면, 충격파 후 Mach 수는 $fL_{max}/D=0.728$에 대응하는 0.550이다. 따라서 이 경우, 충격파는 초크 점에서 덕트 길이의 두 배 이상인 곳에 나타난다. 이러한 차이는 Mach 수가 클수록 더 커진다.

충격파 위치는 추가된 덕트 길이에 의해 결정된다. 덕트 길이가 증가함에 따라 충격파는 상류로 이동하고 더 큰 Mach 수에서 발생한다. 결국 충격파는 일정 단면적 덕트 앞에 있는 시스템 부분 속으로 이동한다(대부분 축소-확대 노즐은 초음속 유동을 발생시키는 데 사용된다). 만약 충분한 마찰 길이를 주면, 전체적인 시스템은 아음속 상태가 되고 유량은 감소할 것이다. 출구 속도가 음속으로 유지되는지 여부는 수용기 압력에 좌우된다.

9.9 (선택사항) 식 (9.40) 좌변항의 생성 과정

상당한 양의 마찰력을 갖는 내부 유동은 유동 방향의 길이와 유동 인클로저의 단면에 영향을 받는다. 유동은 '입구 유동'이 될 수도 있고 '완전히 발달된 유동'이 될 수도 있으므로 관련 차원을 지정하는 것은 복잡해진다. 또한 후자의 경우는 관 지름을 기준으로 Reynolds 수(Re)에 따라 층류 또는 난류일 수 있다. 식 (3.59)에서 벽의 전단응력(τ_w)을 처음 도입했을 때, 내부 유동에 작용하는 미소 마찰력을 나타내기 위해 미소 면적 Pdx(여기서 P는 도관의 둘레이고 dx는 총 길이 L의 일부인 유동 길이 증가)를 곱한다. 유체유동에 대한 저항은 유체가 접촉하는 총표면인 '접수 면적(wetted area)' 또는 원형관의 πDL에 따라 달라진다. [식 (3.61)에서 등가지름을 정의하여 이 상황을 비원형 단면으로 확장한다.] 동일한 기본 차원을 갖는 두 개의 독립적인 길이가 포함되기 때문에 어떤 길이가 무차원 방정식 (3.59)를 기준으로 사용되어야 하는지가 명확하지 않다. 사람들은 왜 기준 길이로 $L = x_2 - x_1$을 선택하는 대신 Reynolds 수 방정식 (9.48)(그리고 파이프의 상대조도 ε/D)의 무차원 형태에 도달하도록 D를 선택했는지 정당하게 물을 수 있다.

식 (3.60)에 정의된 바와 같이, 마찰계수는 Reynolds 수에만 의존한다. 완전히 발달된 내부 유동에서 지름을 기준으로 Re를 사용하는 것이 전통적인데, **외부** 및 **발달 중인**(developing) **내부** 유동의 경우 Re_L(즉, 유동에 따른 길이를 기준으로 함)을 사용한다. Moody 선도의 ($\rho VD/\mu$, ε/D) 항으로 Fanno 유동 문제를 다룰 수 있는 우수한 경험적 데이터가 있으므로 D를 사용하는 것이 다소 편리하다. πDL과 같은 관련 영역과 직접 작업하는 대신, 식 (9.40)에서 내부 마찰력을 적절히 모델링하기 위해 마찰계수 f와 $(x_2 - x_1)/D_e$의 등가 곱으로 작업한다. 그리고 정의된 바와 같이 f는 부록 C와 같이 Reynolds 수와 명확하게 관련이 있다. 이러한 기법은 거의 모든 기체와 액체를 잘 나타내는 실용적인 방법을 만들어낸다.

9.10 $\gamma \neq 1.4$인 유동

앞서 언급한 바와 같이 부록 I의 Fanno 유동 표는 $\gamma = 1.4$에 대한 것이다. 마찰함수인 fL_{max}/D의 특성은 $M = 5$까지의 Mach 수에 대해 $\gamma = 1.13$, 1.4, 1.67인 경우를 그림 9.13에 제시했다. 여기서 γ 값에 대한 의존성이 $M \geq 1.4$인 범위에서 다소 두드러지는 것을 알 수 있다. 따라서 Mach 수가 1.4보다 작은 경우, 부록 I의 표는 임의의 γ 값에 대해 거의 오차 없이 사용할 수 있다. 대부분의 Fanno 유동 문제가 발생하는 아음속 유동의 경우, 이는 다양한 기체 간에 거의 차이가 없음을 의미한다. 원하는 결과의 정확도는 이러한 근사법을 초음속 영역 어디까지 수행할 수 있는지에 달려 있다. 기체역학 계산 프로그램(Gasdynamics Calculator)은 $1.0 < \gamma \leq 1.67$ 범위에서 작동한다.

엄밀히 말하면, 그림 9.13의 곡선들은 **유동 내에서** γ 값 변화를 **무시할 수 있는** 경우를 대

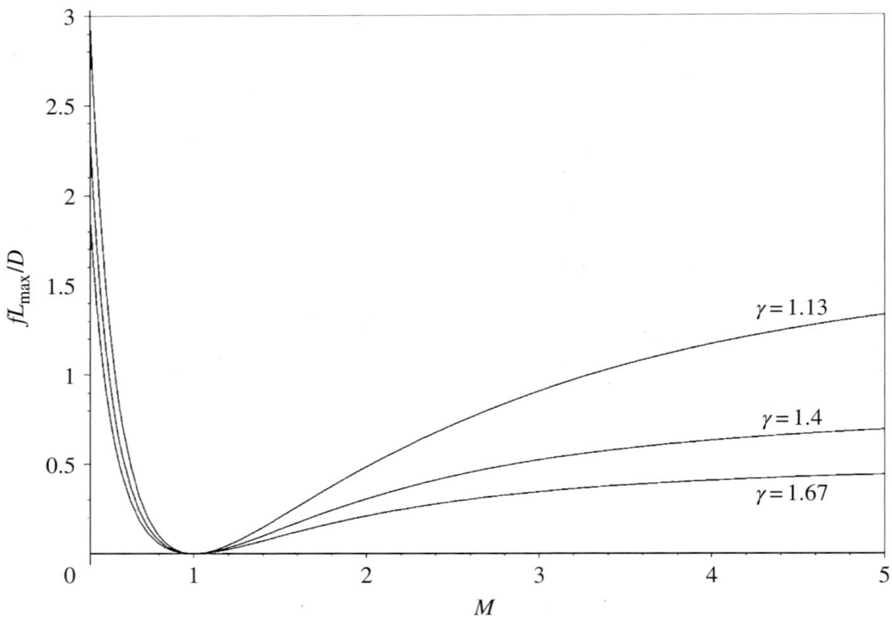

그림 9.13 다양한 fL_{max}/D 값에 대한 Fanno 유동의 γ 대 Mach 수

표한다. 그러나 다른 경우에 예상되는 변화의 크기에 대한 힌트를 제공한다. **유동 내에서** γ 값 변화를 **무시하지 않는** 유동은 제11장에서 다룬다.

9.11 (선택사항) 표에 없는 경우

제5장에서 설명한 바와 같이, MAPLE과 같은 컴퓨터 프로그램을 사용하면 많은 보간 작업을 피할 수 있고 모든 비열비 γ 및/또는 Mach 수에 대한 정확한 해를 구할 수 있다. 이러한 프로그램은 식 (9.46)의 값을 구하는 데 유용하다. 예제 9.6이 그 적용 사례 중 하나다.

예제 9.6

Fanno 유동 표 없이 예제 9.3을 다시 풀어보자. $M_1 = 0.36$인 경우, fL_{max}/D의 값을 구해 보자. 식 (9.46)을 따르는 절차는 다음과 같다.

$$\frac{f(x^*-x)}{D_e} = \left(\frac{\gamma+1}{2\gamma}\right)\ln\frac{[(\gamma+1)/2]M^2}{1+[(\gamma-1)/2]M^2} + \frac{1}{\gamma}\left(\frac{1}{M^2}-1\right) \tag{9.46}$$

여기서

$$g \equiv \gamma,\ \text{매개변수(비열비)}$$
$$X \equiv \text{독립변수(이 경우 } M_1)$$
$$Y \equiv \text{종속변수(이 경우 } fL_{\max}/D)$$

아래에 나열된 것은 정확한 입력문과 컴퓨터에서 사용하는 프로그램이다.

```
[>g:=1.4:  X:=0.36:
[>Y:=((g+1)/(2*g))*log(((g+1)*(X^2)/2)/(1+(g-1)*(X^2)+(1/g)*((1/X^2)-1);
                          Y:=3.180117523
```

단면 2에서의 Mach 수를 찾을 수 있다. Y의 새로운 값은 $3.1801-2.772=0.408$이다. 이제 식 (9.46)을 이용하지만, 다음과 같이 M_2 해를 구한다. M은 방정식에 내재되어 있으므로, "fsolve" 명령어를 이용할 것이다.

$$g \equiv \gamma,\ \text{매개변수(비열비)}$$
$$X \equiv \text{독립변수(이 경우 } M_2)$$
$$Y \equiv \text{종속변수(이 경우 } fL_{\max}/D)$$

아래에 나열된 것은 정확한 입력문과 컴퓨터에서 사용하는 프로그램이다.

```
[>g2:=1.4: Y2:=0.408:
[>fsolve(Y2=((g2+1)/(2*g2))*log(((g2+1)*(X2^2)/2)/(1+
[(g2-1)*(X2^2)/2))+(1/g2)*((1/X2^2)-1), X2, 0..1);
                   .6227097475
```

$M_2=0.6227$의 답은 예제 9.3에서 구한 것과 일치한다. 이제 필요한 정적 물성값을 계산할 수 있지만, 독자들을 위해 문제로 남겨둔다.

9.12 요약

마찰은 있으나 열전달이 없는 일정 단면적 덕트 유동을 분석했다. 유체 물성은 표 9.3과 같이 유동 영역에 따라 예측 가능한 방식으로 변한다. 아음속 Fanno 유동의 물성값 변화는 직관적

표 9.3 Fanno 유동에서 유체의 물성 변화

물성	아음속	초음속
속도	증가	감소
Mach 수	증가	감소
엔탈피[a]	감소	증가
정체엔탈피[a]	일정	일정
압력	감소	증가
밀도	감소	증가
정체압력	감소	감소

[a]완전기체일 경우 온도 값으로 대체할 수 있다.

인 형태를 따르지만, 초음속 유동의 거동은 완전히 다르다는 것에 주목해야 한다. 유일하게 발생하는 것은 정체압 감소이며, 이는 Fanno 유동에서 마찰 소산에서 비롯된 내부엔트로피 증가로 인한 손실을 반영한다.

아마 가장 중요한 방정식은 모든 유체에 적용할 수 있는 식이다.

$$\rho V = G = \text{일정} \tag{9.2}$$

$$h_t = h + \frac{G^2}{\rho^2 2g_c} = \text{일정} \tag{9.5}$$

이러한 방정식과 함께 h–v 선도 및 T–s 선도(그림 9.1과 9.2 참조)에서 Fanno 곡선의 위치를 염두에 두어야 한다. 각각의 Fanno 곡선은 질량속도(G)와 정체엔탈피(h_t)가 동일한 점을 나타내며, 수직충격파에서는 Fanno 곡선 반대쪽 분지선에서 $p + \rho V^2/g_c$ 값이 동일한 두 점을 연결할 수 있다. Fanno 곡선 계열은 다음과 같이 나타낼 수 있다.

1. 동일한 h_t에 대한 G의 다른 값(예: 그림 9.10) 또는
2. 다른 h_t에 대한 동일한 G(연습문제 10.17 참조)

완전기체에 대한 상세한 적용 방정식을 전개했다. 그리고 기준점(*)의 도입은 문제 해결을 단순화하는 Fanno 유동 표를 구성할 수 있게 했다. Fanno 유동에 대한 기준조건(*)은 일반적인 정의를 제외하고는 이전의 등엔트로피 유동에서 사용한 것과는 관계가 없다. 모든 Fanno 유동은 Mach 수 1.0인 한계점을 향해 진행된다. 가변 단면적을 갖는 등엔트로피 유동에서 초킹 영역(area choking)이 발생하는 것처럼 Fanno 유동에서는 유동 통로에서 마찰 초킹이 발생할 수 있다. h–s(또는 보다 유용한 T–s) 선도는 복잡한 유동 시스템을 해석하는 데 큰 도움이 된다.

이러한 선도를 그리는 습관을 갖자.

참고: 매우 **긴 덕트**에서 마찰을 일으키는 많은 아음속 유동은 주위환경과 열교환 기회가 충분하기 때문에 **등온적으로** 되는 경향이 있다. 이러한 **비단열**(non-adiabatic) 유동은 천연가스 파이프라인에서 일반적이며 Fanno 유동과 유사한 방식으로 모델링할 수 있다. 이러한 분석은 참고문헌 16, 19, 20에서 확인할 수 있다.

연습문제

다음 문제에서는 모든 시스템을 완전히 단열상태로 가정한다. 또한 다른 표시가 없는 한 모든 덕트는 일정한 단면적을 갖는다. 가변 단면적에서 마찰은 무시한다. 등가지름 개념을 사용하고 유동이 난류일 때 부록 C에 표시된 마찰계수가 비원형 단면에 적용된다고 가정할 수 있다.

9.1 덕트 입구 조건이 $M_1 = 3.0$, $p_1 = 8 \times 10^4$ N/m^{2}이다. 일정 길이 통과 후 유동이 $M_2 = 1.5$에 도달했다. p_2와 $f\Delta x/D$를 구하시오. 단 $\gamma = 1.4$이다.

9.2 덕트로부터 배출된 질소 유동은 $M_2 = 0.85$, $T_2 = 500°$R, $p_2 = 28$ psia를 가진다. 입구 온도가 560°R일 때, 입구 압력과 질량속도(G)를 구하시오.

9.3 공기가 Mach 수 3.0으로 원형 덕트로 유입된다. 마찰계수는 0.01이다.

(a) Mach 수가 2.0으로 감소하기 위해 요구되는 덕트 길이(지름 단위로 표시)는 얼마인가?

(b) 온도, 압력, 밀도 변화는 몇 퍼센트인가?

(c) 공기의 엔트로피 증가를 구하시오.

(d) (a)에서 계산된 덕트 길이와 같지만, 초기 Mach 수를 0.5로 가정한다. 이 경우 온도, 압력, 밀도, 엔트로피 증가는 몇 퍼센트인지 계산하시오. 같은 길이의 덕트에서 아음속과 초음속 유동에 대한 변화를 비교하시오.

9.4 산소가 $T_1 = 600°$R, $p_1 = 50$ psia, $V_1 = 600$ ft/sec로 지름이 6 in.인 덕트로 유입된다. 마찰계수 $f = 0.02$이다.

(a) 입구 조건을 변경하지 않고 허용되는 덕트의 최대 길이는 얼마인가?

(b) (a)에서 구한 최대 덕트 길이에 대해 T_2, p_2, V_2를 구하시오.

9.5 길이가 4 m이고 안지름이 8 cm인 파이프 속에 공기가 흐른다. 이 공기는 Mach 수가 0.45, 온도가 300 K인 상태로 유입된다.

(a) 출구에서 음속이 되기 위한 마찰계수는 얼마인가?

(b) 파이프가 주철로 만들어진 경우, 입구 압력을 구하시오.

9.6 일정 단면 덕트의 한 단면에서 정체압이 66.8 psia이고 Mach 수가 0.80이다. 또 다른 단면에서 압력은 60 psia이고 온도가 120°F이다.

(a) 작동유체가 공기라면 첫 번째 단면에서의 온도와 두 번째 단면에서의 Mach 수를 계산하시오.

(b) 공기의 흐름 방향은?

(c) 덕트의 마찰 길이($f\Delta x/D$)는 얼마인가?

9.7 길이가 10 m, 단면이 50 cm×50 cm인 덕트가 있다. 질소가 $M_1=3.0$으로 유입되어 $M_2=1.7$, $T_2=280$ K, $p_2=7\times10^4$ N/m²로 빠져나간다.

(a) 입구에서의 정적조건 및 정체조건을 구하시오.

(b) 덕트의 마찰계수는 얼마인가?

9.8 길이가 500 ft, 단면이 2 ft× 1 ft인 리벳강으로 만들어진 덕트가 있다. 공기가 174 ft/sec, $p_1=50$ psia, $T_1=100°$ F로 유입된다.

(a) 출구에서의 온도, 압력, 속도를 구하시오.

(b) 유동을 비압축성으로 가정하고 압력강하 값을 구하시오. 입구 조건과 식 (3.29)를 이용하고, 식 (3.64)는 다음과 같이 쉽게 적분된다.

$$\int T ds_i = f\frac{\Delta x}{D_e}\frac{V^2}{2g_c}$$

(c) (a)와 (b)의 결과를 비교하시오. 예상할 수 있는 결과인지 서술하시오.

9.9 $T_1=520$°R, $p_1=20$ psia에서 질량유량이 35 lbm/sec인 공기가 덕트로 유입된다. 덕트는 정사각형이고 단면적이 0.64 ft²이다. 출구 Mach 수는 1이다.

(a) 출구 온도와 압력을 구하시오.

(b) 덕트가 강(steel)으로 만들어졌을 때 덕트 길이를 구하시오.

9.10 Fanno 곡선을 따르는 완전기체 유동을 고려한다. 기준상태(*)에서의 압력을 다음 식으로 나타낼 수 있음을 보이시오.

$$p^* = \frac{\dot{m}}{A}\left[\frac{2RT_t}{\gamma g_c(\gamma+1)}\right]^{1/2}$$

9.11 길이 10 ft, 지름이 12 in.인 덕트로 80 lbm/sec의 유량으로 산소가 흐른다. 입구에서 $p_1=30$ psia, $T_1=800$°R이다. 출구에서 $p_2=23$ psia이다.

(a) M_1, M_2, V_2, T_{t2}, p_{t2}를 구하시오.

(b) 마찰계수를 구하고 덕트 재료의 절대 거칠기를 추정하시오.

9.12 지름이 25 cm인 덕트 출구에서 온도가 16°C이고 압력이 1 bar인 공기가 음속으로 흐른다. 덕트는 매우 매끈하고 길이가 15 m이다. 덕트 입구에 존재할 수 있는 두 가지 조건이 있다.

(a) 각각의 입구 조건에 대해 정적온도와 정체온도, 압력을 구하시오.

(b) 주변 공기 압력이 1 bar라고 가정하면, 각 경우에 대해 덕트로 외부 공기를 유입시키는 데 얼마의 마력이 필요한가? (일하는 동안 손실은 없다고 가정한다.)

9.13 온도 60°F, 압력 14.7 psia에서 주변 공기가 등엔트로피적으로 12 in. 덕트 내로 가속된다. 100 ft 이후 덕트는 8 in.×8 in. 정사각형 단면으로 바뀌며 Mach 수는 0.50이다. 일정 단면적 덕트($f=0.04$)를 제외한 모든 마찰 효과는 무시한다.

(a) 덕트 입구에서의 Mach 수를 구하시오.

(b) 정사각형 단면에서의 온도와 압력은 얼마인가?

(c) 유동이 초킹되기 전에 얼마나 긴 8 in.×8 in. 정사각형 덕트를 추가 연결할 수 있는가? (덕트에서의 마찰계수 $f=0.04$로 가정한다.)

9.14 $p_t = 7 \times 10^5$ N/m²이고 $T_t = 340$ K인 질소가 면적비가 4.0인 마찰이 없는 축소-확대 노즐로 유입된다. 이 노즐은 초음속으로 마찰 길이가 $f\Delta x/D = 0.355$인 일정 단면적 덕트로 배출한다. 덕트 출구에서의 온도와 압력을 구하시오.

9.15 수직충격파가 발생하기 전 조건은 $M_1 = 2.5$, $p_{t1} = 67$ psia, $T_{t1} = 700$°R이다. 이것은 그림 P9.15와 같이 Fanno 유동과 축소 노즐에 의한 결과다. 단면적 변화는 시스템이 초킹되는 결과를 가져온다. 또한 $p_4 = p_{amb} = 14.7$ psia인 것을 알 수 있다.

(a) 시스템이 갖는 T–s 선도를 그리시오.

(b) M_2와 M_3를 구하시오.

(c) 덕트에 대해 $f\Delta x/D$는 얼마인가?

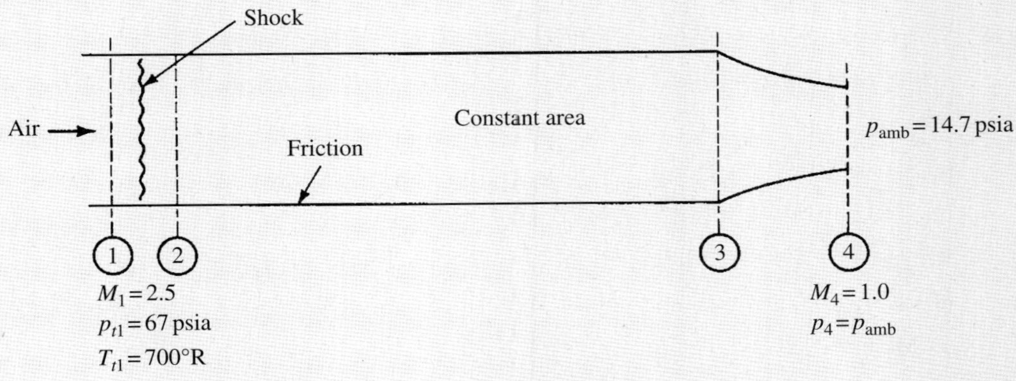

그림 P9.15

9.16 축소-확대 노즐(그림 P9.16)은 면적비가 3.0이다. 입구 공기의 정체조건은 150 psia이고 550°R

이다. 일정 단면적 덕트는 길이가 지름의 12배이며 노즐 출구에 연결되어 있다. 덕트에서의 마찰계수는 0.025이다.

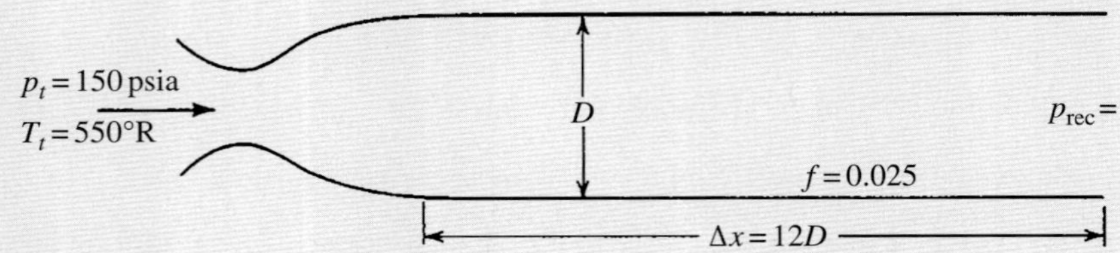

그림 P9.16

(a) 충격파가 다음에 위치할 때 수용기 압력을 계산하시오.

(i) 노즐 목

(ii) 노즐 출구

(iii) 덕트 출구

(b) 시스템 내(또는 덕트 출구 이후)에서 충격파가 없는 상태에서 덕트를 통과하는 초음속 유동을 유발하는 수용기 압력은 얼마인가?

(c) (a)와 (b)의 다양한 작동점에서의 압력 분포를 그림 6.3과 유사하게 그리시오.

9.17 연습문제 9.16과 유사한 노즐-덕트 시스템의 경우, 노즐은 $\gamma = 1.4$에서 Mach 수가 2.8이 되도록 설계되었다. 입구 조건은 $p_{t1} = 10$ bar, $T_{t1} = 370$ K이다. 덕트 길이가 지름의 8배이고 마찰계수는 알 수 없다. 수용기 압력(배압)이 3 bar로 고정되고 덕트 출구에서 수직충격파가 발생한다.

(a) 시스템에 대한 T-s 선도를 그리시오.

(b) 덕트의 마찰계수를 구하시오.

(c) 시스템의 전체 엔트로피 변화는 얼마인가?

9.18 압력 65 bar, 온도 400 K인 공기를 가진 큰 챔버가 있다. 공기는 축소 노즐을 통과한 후 일정 단면적 덕트로 흐른다. 덕트의 마찰 길이가 $f\Delta x/D = 1.067$이고 덕트 출구의 Mach 수가 0.96이다.

(a) 시스템에 대한 T-s 선도를 그리시오.

(b) 덕트 입구에서의 조건을 구하시오.

(c) 수용기 압력(배압)은 얼마인가? (**힌트**: 덕트 출구 압력과 어떤 관계가 있는가?)

(d) 덕트 길이가 두 배가 되고 챔버와 수용기 상태가 변하지 않는다면 덕트 입출구에서의 Mach 수는 얼마인가?

9.19 그림 P9.19와 같이 축소 노즐에 의해 일정 단면적 덕트에 작동유체가 공급된다. 큰 챔버로부터 $p_1 = 100$ psia, $T_1 = 1000°R$인 산소가 노즐로 공급된다. 덕트는 마찰 길이가 5.3이고 출구에서 초킹된다. 수용기 압력(배압)은 덕트 출구에서의 압력과 정확히 같다.

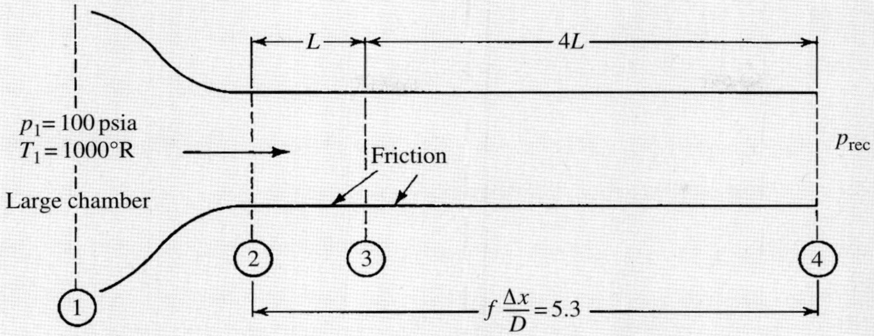

그림 P9.19

(a) 덕트 끝에서의 압력은 얼마인가?

(b) 덕트의 4/5가 제거된다(덕트 끝부분이 단면 3이 된다). 챔버 압력, 수용기 압력, 마찰계수는 변화 없이 유지될 경우, 덕트 출구 압력은 얼마인가?

(c) 위 두 사례를 같은 *T*–*s* 선도에 그리시오.

9.20 (a) Mach 수 0.20, 정압 100 psia, 정적온도 540°R인 공기가 덕트로 유입되는 경우 *T*–*s* 선도에서 Fanno 곡선을 그리시오.

(b) 전체 엔탈피와 유입 엔트로피가 같지만 질량속도가 두 배인 유동에 대한 다른 Fanno 곡선을 같은 선도 위에 그리시오.

9.21 Fanno 유동 표에 나열된 비율(T/T^*, p/p^*, p_t/p_t^* 등) 중 어떤 비율이 같은 수치를 가진 등엔트로피 유동 표에도 표시될 수 있는가?

9.22 설비업자는 압축기로부터 21 ft 떨어진 시험장치에 공기 공급관을 연결해야 한다. 압축기의 출구 지름은 2 in.이고 시험장치 입구는 지름 1 in. 파이프로 되어 있다. 설비업자는 압축기에서 1 in. 관을 통한 축소기를 선택하거나 2 in. 배관을 사용하여 시험장치 입구에 축소기를 배치할 수 있다. 작은 배관이 더 싸고 덜 눈에 띄기 때문에 설비업자는 첫 번째 선택으로 많이 기울고 있지만, 확실하게 하려고 공학도에게 그 문제를 의뢰한다. 압축기에서 나오는 공기는 온도 520°R, 압력 40 psia, 유량은 0.7 lbm/sec이다. 각 배관 크기에 유효한 마찰계수는 $f = 0.02$이다. 각 배관 크기에 대한 시험장치 입구 조건은 무엇인가? (21 ft 관을 제외하고 모든 지점에서 등엔트로피 유동으로 가정한다.)

9.23 **(선택사항)**

$(s^* - s)/R$ 대 Mach 수의 여러 값을 계산하고 결과를 부록 I의 Fanno 유동 표와 비교하여 식 (9.50)에 주어진 S_{max}/R의 관계가 $\gamma = 1.4$에 해당하는지 증명하시오.

9.24 기체역학 계산 프로그램(Gasdynamics Calculator) 및 부록 A의 γ와 R 값을 사용하여 헬륨, 수증기, 이산화탄소에 대해 연습문제 9.4의 해를 구하시오.

이해력 시험

이 장의 자료를 참조하지 않고 테스트를 완료할 수 있어야 한다.

9.1 h–v 선도에 Fanno 곡선을 그리시오. 음속점을 찾은 다음 아음속과 초음속 유동 영역을 식별하는 데 필요한 추가정보를 포함해야 한다.

9.2 Fanno 유동의 경우, 각 물성값이 증가, 감소, 일정한지 표 CT9.2의 빈칸을 채우시오.

표 CT9.2 Fanno 유동 분석

물성	아음속 영역	초음속 영역
속도		
온도		
압력		
추력 함수($p + \rho V^2/g_c$)		

9.3 그림 CT9.3에 표시된 시스템에서 덕트의 마찰 길이는 $f\Delta x/D = 12.40$이고 출구 Mach 수는 0.8이다. $A_3 = 1.5$ in.^{2}, $A_4 = 1.0$ in.^{2}이다. 수용기 압력(배압)이 15 psia일 경우 탱크 내 공기 압력은 얼마인가?

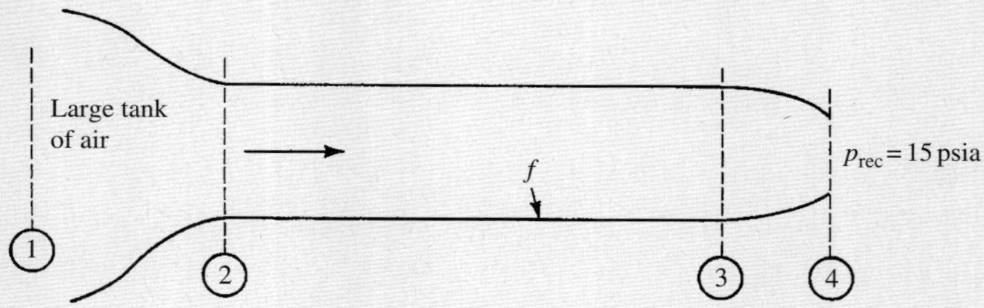

그림 CT9.3

9.4 그림 CT9.4에 나타낸 시스템에서 수직충격파가 발생할 수용기 압력(배압)의 범위는 얼마인가? 노즐 면적비는 $A_3/A_2 = 2.403$이고 $f\Delta x/D = 0.30$이다.

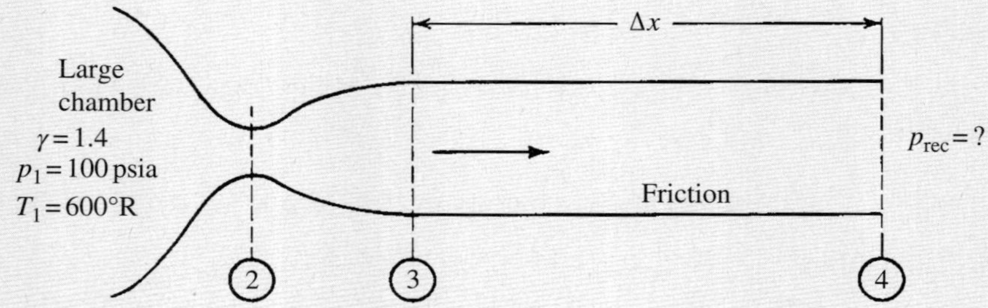

그림 CT9.4

9.5 그림 CT9.5에 표시된 시스템에는 일정 단면적 덕트인 단면 3–4와 단면 6–7에서만 마찰이 존재한다. 시스템 전체에 대한 *T–s* 선도를 그리시오.

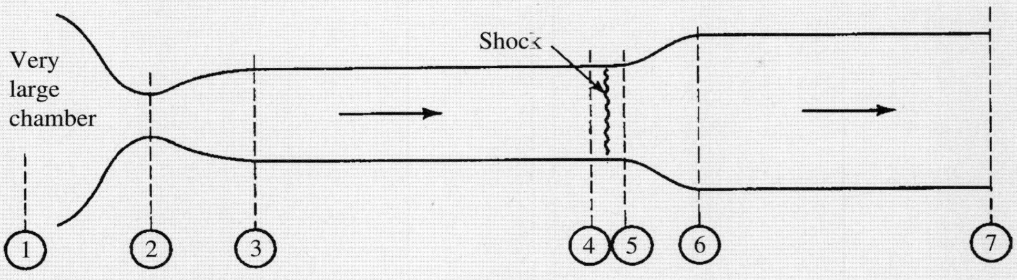

그림 CT9.5

9.6 연속방정식, 에너지방정식 등의 기본 원리로 시작하여, Mach 수와 완전기체에 대한 Fanno 유동의 비열비 항으로 p_2/p_1를 유도하시오.

9.7 연습문제 9.18의 해를 구하시오.

Chapter 10
Rayleigh 유동

10.1 서론

이 장에서는 열이 시스템 경계를 넘는 결과를 고려한다. 열전달 영향을 다른 주요 요인으로부터 분리하기 위해 마찰이 없는 일정 단면적 덕트 내 유동을 가정한다. 처음에 이것이 비현실적인 상황으로 보일 수 있지만, 대부분 열교환기는 일정 단면적 유로를 사용하므로 실질적인 많은 문제에 대한 좋은 첫 번째 접근이다. 이것은 일정 면적의 연소실에 대해 간단하고 합리적인 등가 과정이기도 하다. 당연히 이러한 실제 시스템에는 마찰 효과가 존재하며, 실제로 말하고자 하는 바는 다음과 같다.

유동 통로 길이에 비해 **높은 열전달**이 발생하는 시스템에서는 열전달로 인한 엔트로피 변화가 마찰로 인한 엔트로피 변화보다 훨씬 크다.

$$ds_e \gg ds_f \tag{10.1}$$

따라서

$$ds \approx ds_e \tag{10.2}$$

마찰 효과는 무시할 수 있다. 이 가정이 합리적이지 않은 일부 유동이 있음은 분명하며, 이러한 시스템에 대한 보다 정확한 예측을 얻으려면 다른 방법을 사용해야 한다.

Fundamentals of Gas Dynamics, Third Edition. Robert D. Zucker and Oscar Biblarz.

Companion website: www.wiley.com/go/zucker/gas

먼저 모든 유체의 일반적 거동을 조사하고 아음속 영역과 초음속 영역에서 물성 변화가 다른 형태를 따르는지 다시 확인한다. 완전기체 유동은 이제 익숙한 표를 구성하는 최종 결과와 함께 고려된다. 이러한 범주의 문제를 ***Rayleigh* 유동**이라고 한다.

10.2 학습목표

이 장에 대한 학습을 성공적으로 마치고 나면 다음 작업을 수행할 수 있다.

1. Rayleigh 유동의 분석에서 가정한 내용을 기술할 수 있다.
2. **(선택사항)** Rayleigh 유동의 모든 유체에 유효한 기본 관계식을 구하기 위해 일반적인 연속방정식, 에너지방정식, 운동량방정식을 단순화할 수 있다.
3. 등엔트로피 및 등온선(일반기체의 경우)과 함께 p–v 선도에 Rayleigh 곡선을 그릴 수 있다. 엔트로피와 온도가 증가하는 방향을 표시할 수 있다.
4. h–s 선도에 Rayleigh 곡선을 그릴 수 있다. 또한 해당하는 정체 곡선을 그릴 수 있다. 음속점과 아음속 및 초음속 유동 영역을 식별할 수 있다.
5. 가열 및 냉각의 경우 Rayleigh 곡선을 따라 유동이 진행됨으로써 발생하는 작동유체 물성 변화를 설명할 수 있다. 아음속 및 초음속 유동 모두에 대해서도 서술할 수 있다.
6. **(선택사항)** 연속방정식, 에너지방정식, 운동량방정식의 기본 원리로부터 시작하여, 완전기체의 Rayleigh 유동에 대한 T_2/T_1, p_2/p_1 등과 같은 물성값 비율에 대한 수식을 Mach 수(M), 비열비(γ)를 이용하여 유도할 수 있다.
7. 기준점(*)을 사용하여 어떻게 Rayleigh 유동 표가 전개되었는지 설명할 수 있다(T–s 선도 포함).
8. Rayleigh 유동과 수직충격파의 유사점과 차이점을 비교할 수 있다. 같은 질량속도에 대한 일반적인 Rayleigh 곡선과 수직충격파를 보여주는 h–s 선도를 그릴 수 있다. 수직충격파의 끝점이 충격파 경로를 따라 엔트로피가 증가하는 Fanno 곡선과 Rayleigh 곡선의 두 교차점으로 표현된다는 것을 나타낼 수 있다.
9. **열 초킹**(thermal choking)이 무엇을 의미하는지 설명할 수 있다.
10. **(선택사항)** 초킹된 Rayleigh 유동 현상에서 더 많은 열이 가해질 때 (아음속 및 초음속 유동 모두에 대해)몇 가지 가능한 결과를 서술할 수 있다.
11. 적절한 표와 방정식을 사용하여 일반적인 Rayleigh 유동 문제를 해결할 수 있는 능력

을 증명할 수 있다.

10.3 일반 유체유동 분석

먼저 일반적인 임의의 유체 거동을 고려한다. 열전달 영향을 분리하기 위해 다음과 같이 가정한다.

1차원 정상유동	
마찰 무시	$ds_i \approx 0$
축 일 없음	$\delta w_s = 0$
위치에너지 무시	$dz = 0$
일정 단면적	$dA = 0$

연속방정식, 에너지방정식, 운동량방정식의 기본 개념을 적용하여 진행한다.

연속방정식

$$\dot{m} = \rho A V = \text{일정} \tag{2.30}$$

그러나 유동 단면적이 일정하므로 다음 식으로 표현할 수 있다.

$$\rho V = \text{일정} \tag{10.3}$$

제9장에서 언급된 상수는 **질량속도**(mass velocity)라는 것을 알고 있다.

$$\boxed{\rho V = G = \text{일정}} \tag{10.4}$$

에너지방정식

다음 식으로부터 시작한다.

$$h_{t1} + q = h_{t2} + w_s \tag{3.19}$$

축 일이 없으므로 다음 식으로 표기된다.

$$\boxed{h_{t1} + q = h_{t2}} \tag{10.5}$$

주의! 이것은 전체엔탈피가 일정하지 않은 첫 번째 주요 유동 범주다. 지금까지 h_t = 일정인 유동을 바탕으로 지식을 축적했다. 기억 속에 있는 모든 정보를 신중하게 검토해야 한다.

운동량방정식

그림 10.1에 표시된 검사체적에 운동량방정식을 적용한다. 1차원, 정상상태 유동에 대한 운동량방정식의 x성분은 다음과 같다.

$$\sum F_x = \frac{\dot{m}}{g_c}(V_{\text{out}_x} - V_{\text{in}_x}) \tag{3.46}$$

그림 10.1에서 위 식은 다음과 같음을 알 수 있다.

$$p_1 A - p_2 A = \frac{\rho A V}{g_c}(V_2 - V_1) \tag{10.6}$$

면적을 소거하면 다음을 얻는다.

$$p_1 - p_2 = \frac{\rho V}{g_c}(V_2 - V_1) = \frac{G}{g_c}(V_2 - V_1) \tag{10.7}$$

이 식은 다음과 같이 표기할 수 있다.

$$p + \frac{GV}{g_c} = \text{일정} \tag{10.8}$$

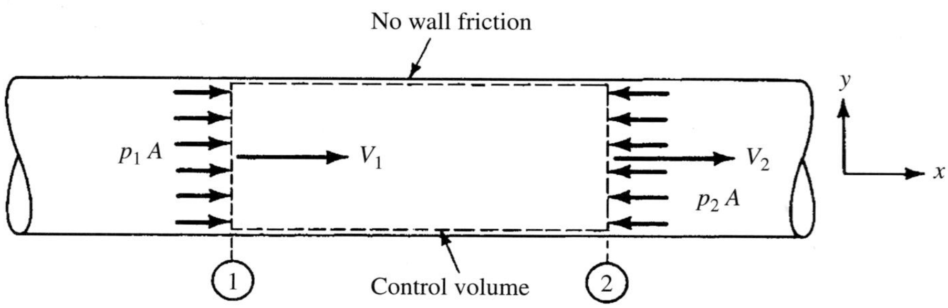

그림 10.1 Rayleigh 유동의 운동량 분석

식 (10.8)의 또 다른 형태는 다음과 같다.

$$\boxed{p + \frac{G^2}{g_c \rho} = \text{일정}} \tag{10.9a}$$

$$\boxed{p + \frac{G^2}{g_c} v = \text{일정}} \tag{10.9b}$$

이와는 별도로, 이것이 고정된 수직충격파 전후의 관계식과 같음을 알 수 있다. 수직충격파에 대해 다음을 기억하자.

$$p + \rho \frac{V^2}{g_c} = \text{일정} \tag{6.9}$$

두 분석 모두 일정한 단면적과 마찰을 무시한다고 가정하기 때문에 두 경우 모두 같은 결과를 얻는다.

식 (6.9) 또는 (10.8)에 일정 단면적을 곱하면 다음 식을 얻는다.

$$pA + \frac{(\rho AV)V}{g_c} = \text{일정} \tag{10.10}$$

또는

$$\boxed{pA + \frac{\dot{m}V}{g_c} = \text{일정}} \tag{10.11}$$

식 (10.11)의 상수는 여러 저자들에 의해 **임펄스 함수**(impulse function) 또는 **추력 함수**(thrust function)라고 불린다. 제12장에서 추진 장치를 공부할 때 이러한 이름에 대한 이유를 알게 될 것이다. 지금은 **추력 함수가 Rayleigh 유동과 수직충격파를 가로질러 일정하게 유지된다**는 점에 주목하자.

이제 p–v 선도에서 직선으로 그려지는 식 (10.9b)로 돌아간다(그림 10.2 참조). 이러한 선을 ***Rayleigh* 곡선**이라고 부르며 특정 질량속도(G)에서의 흐름을 나타낸다. 작동유체를 알고 있다면 같은 선도에 등온선을 표시할 수도 있다. 전형적인 등온선은 완전기체 상태방정식을 가정하면 쉽게 얻을 수 있다. 이러한 $pv = 0$ 선 중 일부는 그림 10.2에도 나와 있다.

이 그림으로 표시된 정보는 의미가 있는가? 일반적으로, 단순 가열의 효과가 온도를 증가시키고 밀도를 감소시킬 것으로 예상한다. 이는 그림 10.2에 표시된 점 1에서 점 2까지의 과

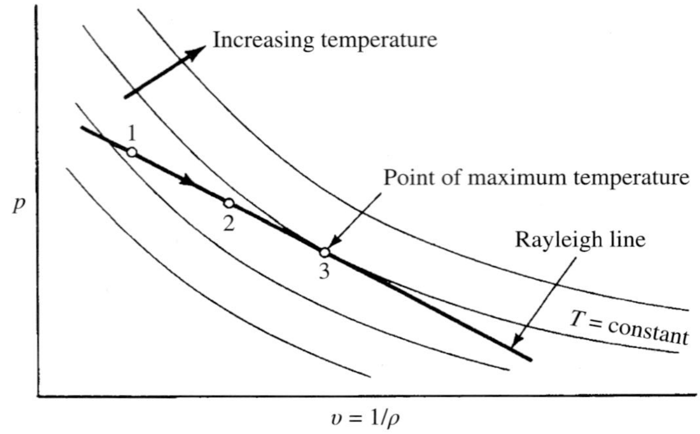

그림 10.2 p–v 선도상의 Rayleigh 곡선

정과 일치하는 것으로 보인다. 더 많은 열을 가하면 Rayleigh 곡선을 따라 더 멀리 이동하고 온도가 더 높아진다. 곧 온도가 최대인 점 3에 도달한다. 이것이 일련의 한계점인가? **초킹** 상태에 도달한 것인가?

이러한 질문에 답하기 위해서는 시선을 다른 곳으로 돌려야 한다. 열을 가하면 유체의 엔트로피가 증가한다는 것을 상기하자.

$$ds_e = \frac{\delta q}{T} \tag{3.10}$$

무시해도 될 정도의 마찰에 대한 기본 가정으로부터 다음 식으로 표기할 수 있다.

$$ds \approx ds_e \tag{10.2}$$

따라서 실제 제한조건은 (평소와 같이)엔트로피를 포함하는 것으로 보인다. 유체가 최대 엔트로피 상태에 도달할 때까지 계속 열을 가할 수 있다. 최대 엔트로피점은 최고 온도점보다 먼저 도달할 수 있으며, 이 경우 점 3(그림 10.2)에 도달할 수 없다. p–v 선도에서 등엔트로피 선의 모양을 분석해야 한다. 이것은 일반적인 추세를 설명하는 데 도움이 될 완전기체의 경우에 쉽게 수행할 수 있다.

등온선(T = 일정)의 경우,

$$pv = RT = \text{일정} \tag{10.12}$$

미분하면 다음을 얻는다.

$$pdv + vdp = 0 \tag{10.13}$$

$$\frac{dp}{dv} = -\frac{p}{v} \tag{10.14}$$

등엔트로피 선(s = 일정)의 경우,

$$pv^{\gamma} = \text{일정} \tag{10.15}$$

미분하면 다음을 얻는다.

$$v^{\gamma}dp + p\gamma v^{\gamma-1}dv = 0 \tag{10.16}$$

$$\frac{dp}{dv} = -\gamma\frac{p}{v} \tag{10.17}$$

식 (10.14)와 (10.17)을 비교하고 γ가 항상 1.0보다 크다는 점에 주목하면 등엔트로피 선이 더 큰 음(−)의 기울기를 가지며 그림 10.3과 같이 나타난다는 것을 알 수 있다. (사실 이것은 그림 1.2에서 보였기 때문에 그리 놀랍지 않다. 하지만 그때 그것을 신뢰할 수 있었는가?)

이제 최고 온도점에 도달할 수 있을 뿐만 아니라 이 온도를 넘어서기 위해 더 많은 열이 추가될 수 있다는 것을 알 수 있다. 원한다면, 가열을 통해 최대 엔트로피점까지 이동할 수 있다. 점 3에서 점 4까지의 영역에서 시스템에 열을 가하면 온도가 낮아지는 것이 이상하게 보

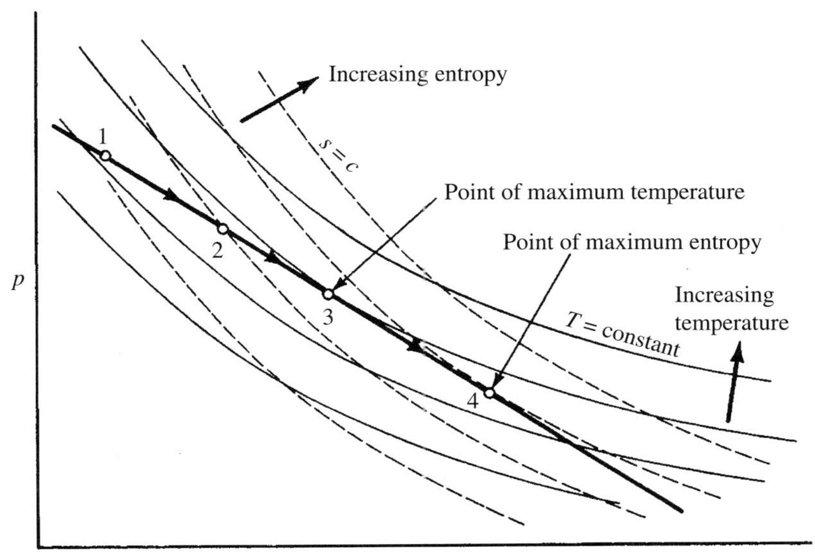

그림 10.3 p–v 선도상의 Rayleigh 곡선

일 수 있다. 그런 현상이 발생하는 것에 대해 더 생각해 보자. 이전 논의에서는 추가 가열의 효과가 일반적으로 유체 밀도를 감소시키는 원인으로 생각된다는 데 주목했다. 이는 연속방정식에 의해 $\rho V=$일정하므로 속도가 증가해야 한다. 이러한 속도 증가는 자동으로 유체의 운동에너지를 일정량 증가시킨다. 따라서 추가 가열로 인해 야기되는 일련의 사건들은 운동에너지를 확실히 강제적으로 증가시킨다. 시스템에 추가된 열의 일부는 유체의 운동에너지 증가로 변환되며, 이 양을 초과하는 열에너지는 유체의 엔탈피를 증가시키는 데 사용될 수 있다.

운동에너지가 속도의 제곱에 비례한다는 점에 주목하면 더 높은 속도에 도달할수록 더 많은 열을 추가하는 것은 운동에너지의 훨씬 더 큰 증가를 동반한다는 것을 알 수 있다. 결국 모든 열에너지가 운동에너지를 증가시키는 데 필요한 점에 도달한다. 이 시점에서 열에너지는 남아 있지 않으며 시스템은 최대 엔탈피(완전기체의 경우 최대 온도)점에 있다. 열을 더 공급하면 운동에너지가 추가되는 열에너지보다 **더 많이** 증가한다. 따라서 이 시점부터 적절한 에너지 균형을 위해 엔탈피가 감소해야 한다.

만약 Rayleigh 곡선이 *h*–*s* 선도에 그려져 있다면 앞서 언급한 논의는 더 명확해질 것이다. 주어진 유체에 대해 이러한 작업을 쉽게 수행할 수 있으며, 일반적인 결과는 그림 10.4에 일정한 압력선과 함께 표시된다. 이 Rayleigh 곡선의 모든 점은 단위 면적당 같은 질량유량(질량속도) 및 같은 임펄스(또는 추력) 함수를 갖는 상태를 나타낸다. **가열하면 엔트로피가 증가해야 하고 흐름은 오른쪽으로 이동해야 한다.** 따라서 Fanno 곡선과 마찬가지로 Rayleigh 곡선은 최대 엔트로피 한계점에 의해 분리되는 두 개의 분지선으로 분할된 것으로 보인다.

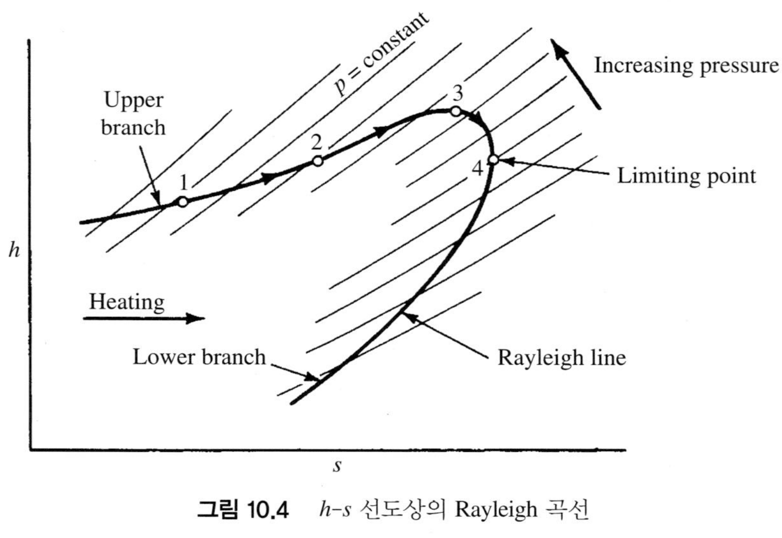

그림 10.4 *h*–*s* 선도상의 Rayleigh 곡선

표 10.1 가열상태의 Rayleigh 유동 해석

물성	상부 분지선	하부 분지선
엔탈피		
밀도		
속도		
정압		
정체압		

상부 분지선을 따라 **익숙한** 가열 과정에 대해 논의했다. 하부 분지선은 어떠한가? 하부 분지선을 따라 두 점을 표시하고 가열 과정에 적합한 움직임을 나타내는 화살표를 그린다. 엔탈피, 정압, 밀도, 속도, 정체압의 상태는 어떻게 변하는가? 그림에서 이용할 수 있는 정보와 전개된 식을 함께 사용하여 표 10.1에 **증가**, **감소**, **일정**으로 표시해 보자.

Fanno 유동의 경우와 마찬가지로 Rayleigh 곡선의 하부 분지선을 따르는 유동은 우리에게 친숙하지 않은 영역으로 나타난다. 최대 엔트로피점은 이러한 두 개의 유동 영역을 구분하는 일종의 한계점이다.

한계점

다음과 같은 형태의 Rayleigh 곡선의 방정식으로부터 시작하자.

$$p+\frac{G^2}{g_c\rho}=\text{일정} \tag{10.9a}$$

미분하면 다음을 얻는다.

$$dp+\frac{G^2}{g_c}\left(-\frac{d\rho}{\rho^2}\right)=0 \tag{10.18}$$

식 (10.4)를 도입하면 다음과 같다.

$$\frac{dp}{d\rho}=\frac{G^2}{g_c\rho^2}=\frac{V^2}{g_c} \tag{10.19}$$

따라서 **임의의** 유체에 대해 다음 식으로 표기할 수 있다.

$$V^2=g_c\frac{dp}{d\rho} \tag{10.20}$$

위 식은 Rayleigh 곡선을 따라 어느 곳에서나 유효하다. 이제 $ds=0$ 또는 $s=$일정인 최대 엔트로피 한계점에서의 미분 운동에 관해 설명한다. 이 점에서 식 (10.20)은 다음과 같다.

$$V^2 = g_c\left(\frac{\partial p}{\partial \rho}\right)_{s=c} \quad \text{(한계점에서)} \tag{10.21}$$

이것은 즉시 음속으로 인식된다. Rayleigh 곡선 상부 분지선(여기서 물성 변화는 **합리적**으로 보임)은 아음속 유동 영역이며, 하부 분지선은 초음속 유동 영역이다. 다시 한번 초음속 유동의 발생이 우리의 예상과 자주 어긋난다는 것을 알게 된다.

한계점에서 또 다른 흥미로운 사실이 실제로 드러날 수 있다. 식 (10.19)는 다음과 같이 표기된다.

$$dp = \frac{V^2}{g_c}d\rho \tag{10.22}$$

식 (10.4)를 미분하면 다음과 같다.

$$d\rho = -\rho\frac{dV}{V} \tag{10.23}$$

식 (10.22)와 (10.23)을 결합하면 다음을 얻는다.

$$dp = -\rho\frac{V}{g_c}dV \tag{10.24}$$

이는 물성 관계식에 도입될 수 있다.

$$Tds = dh - \frac{dp}{\rho} \tag{1.31}$$

위 식으로부터 다음을 얻는다.

$$Tds = dh + \frac{VdV}{g_c} \tag{10.25}$$

$M=1.0$, $ds=0$인 한계점에서 식 (10.25)는 다음과 같다.

$$0 = dh + \frac{VdV}{g_c} \quad (\text{한계점에서}) \tag{10.26}$$

위치에너지를 무시하면, 정체엔탈피는 다음 식으로 정의된다.

$$h_t = h + \frac{V^2}{2g_c} \tag{3.18}$$

미분하면 다음과 같다.

$$dh_t = dh + \frac{VdV}{g_c} \tag{10.27}$$

따라서 식 (10.26)과 (10.27)을 비교하면 식 (10.26)이 다음과 같음을 보여준다.

$$dh_t = 0 \quad (\text{한계점에서}) \tag{10.28}$$

그리고 한계점은 최대 **정체**엔탈피점임을 알 수 있다. 이는 식 (10.5)를 보면 쉽게 확인할 수 있다. 추가로 열을 공급할 수 있는 한 정체엔탈피는 증가한다. 최대 엔트로피점에서는 더 이상 열을 추가 공급할 수 없으므로 h_t는 이 위치에서 최대여야 한다.

정체엔탈피가 변화하고 있다는 점을 제외하고 다른 것은 많이 다루지 않았다. 그림 10.5는

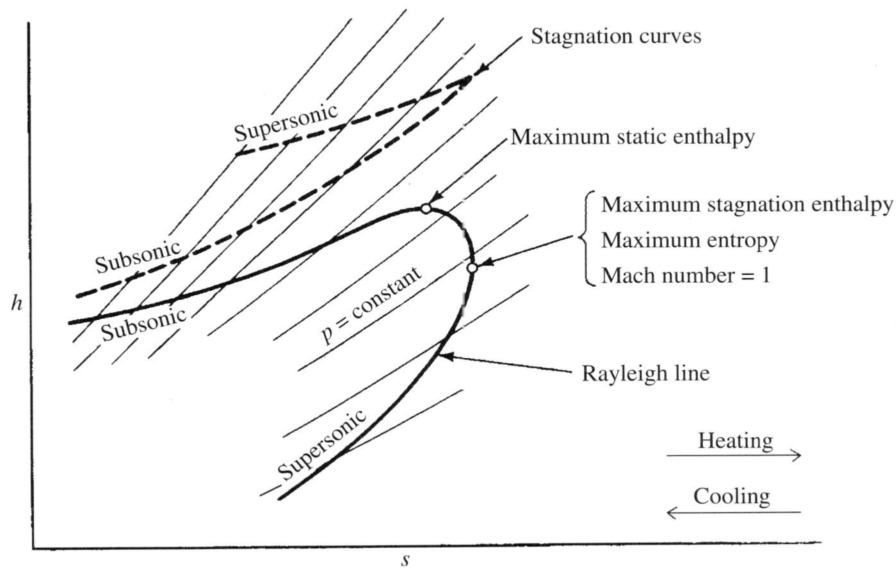

그림 10.5 정체 곡선이 포함된 h-s 선도상의 Rayleigh 곡선

Rayleigh 곡선(정적 상태의 궤적을 나타내는 선)을 해당 정체 기준선과 함께 보여준다. 완전기체의 경우 이 h–s 선도는 T–s 선도와 같다는 것을 상기하자. 두 개의 정체 곡선이 있는데 하나는 아음속 유동이며, 다른 하나는 초음속 유동이다. 초음속 정체 곡선이 가장 높은 곡선이라는 것을 어떻게 아는지 궁금할 수 있다. 미분 형태의 에너지방정식을 이용하여 이를 확인할 수 있다.

$$\delta q = \delta \not{w}_s + dh_t \tag{3.20}$$

또는

$$\delta q = dh_t \tag{10.29}$$

다음을 알고 있다.

$$\delta q = T ds_e \tag{3.10}$$

$$ds_e \approx ds \tag{10.2}$$

Rayleigh 유동에 대해 다음과 같다.

$$dh_t = T ds_e = T ds \tag{10.30}$$

또는

$$\boxed{\frac{dh_t}{ds} = T} \tag{10.31}$$

식 (10.31)은 **정적**온도 측면에서 정체 곡선의 기울기를 보여준다.

이제 그림 10.5에 등엔트로피 선을 그린다. 이 선은 초음속 곡선과 교차하는 곳보다 더 높은 온도에서 (정적) Rayleigh 곡선의 아음속 곡선과 교차한다. 그 결과, 아음속 정체 기준 곡선의 기울기는 초음속 정체 곡선의 기울기보다 커진다. 두 정체 곡선이 모두 최대 엔트로피점에서 합쳐져야 하므로, 이는 초음속 정체 곡선이 아음속 곡선 위에 놓인 별도의 곡선임을 의미한다. 10.7절에서는 그렇게 되어야만 하는 또 다른 이유를 설명한다.

Rayleigh 곡선의 아음속 또는 초음속 분지선을 따라 **냉각** 과정은 어느 방향으로 이동하는가? 그림 10.5에서 냉각 과정 중 **정체압력**이 **증가**하는 것을 알 수 있다. 이는 정체압-에너지 방정식을 이용하여 입증할 수 있다.

$$\frac{dp_t}{\rho_t}+ds_e(T_t-T)+T_t\,ds_i+\delta w_s=0 \tag{3.25}$$

Rayleigh 유동에 대한 가정을 통해 다음과 같이 표기된다.

$$\frac{dp_t}{\rho_t}+ds_e(T_t-T)=0 \tag{10.32}$$

(T_t-T)는 항상 양수(+)다. 따라서 dp_t의 부호는 오직 ds_e에만 의존하는 것으로 볼 수 있다.

가열 시,

$ds_e(+)$. 따라서 dp_t-, 또는 p_t 감소

냉각 시,

$ds_e(-)$. 따라서 dp_t+, 또는 p_t 증가

실제로, 후자의 조건은 필연적으로 존재하는 마찰로 인해 주입된 액체의 기화로 냉각되지 않는 한 냉각 과정에서 발생하는 상승보다 정체압이 더 많이 감소하기 때문에 달성하기 어렵다. ("The Aerothermopressor: A Device for Improving the Performance of a Gas Turbine Power Plant" by A. H. Shapiro et al., *Transactions of the ASME*, April 1956 참조)

10.4 완전기체의 작동방정식

이즈음이면 아음속 및 초음속 Rayleigh 유동 모드에서 발생하는 물성값 변화에 대해 잘 이해할 수 있어야 한다. 시스템에 열을 공급하는지 아니면 제거하는지에 따라 어느 방향으로든 Rayleigh 곡선을 따라 진행할 수 있다. 이제 임의의 영역에서 물성값 간의 관계식을 유도할 수 있다. 이러한 작동방정식을 Mach 수와 비열비로 표현한다는 것을 상기하자. 명시적 관계를 얻기 위해 작동유체를 완전기체로 가정한다.

운동량방정식

10.3절에서 유도한 운동량방정식으로부터 시작한다. 이는 압력비로 직결되기 때문이다.

$$p+\frac{GV}{g_c}=\text{일정} \tag{10.8}$$

또는 식 (10.4)로부터 다음과 같다.

$$p + \frac{\rho V^2}{g_c} = \text{일정} \tag{10.33}$$

다음 식으로 표기되는 상태방정식의 밀도를 사용한다.

$$\rho = \frac{p}{RT} \tag{10.34}$$

그리고 식 (4.9)와 (4.11)의 속도를 사용한다.

$$V^2 = M^2 a^2 = M^2 \gamma g_c RT \tag{10.35}$$

식 (10.33)은 다음과 같이 표기된다.

$$p\left(1 + \gamma M^2\right) = \text{일정} \tag{10.36}$$

이것을 임의의 두 점 간에 적용하면 다음을 얻는다.

$$p_1\left(1 + \gamma M_1^2\right) = p_2\left(1 + \gamma M_2^2\right) \tag{10.37}$$

정리하면 다음을 얻는다.

$$\boxed{\frac{p_2}{p_1} = \frac{1 + \gamma M_1^2}{1 + \gamma M_2^2}} \tag{10.38}$$

연속방정식

10.3절에서 다음 식을 얻었다.

$$\rho V = G = \text{일정} \tag{10.4}$$

다시 Mach 수 및 음속의 정의와 함께 완전기체 방정식을 도입하면, 식 (10.4)는 다음과 같이 표현된다.

$$\frac{pM}{\sqrt{T}} = \text{일정} \tag{10.39}$$

두 점 사이에 관해 기술하면, 다음과 같다.

$$\frac{p_1 M_1}{\sqrt{T_1}} = \frac{p_2 M_2}{\sqrt{T_2}} \tag{10.40}$$

온도비에 관해 정리하면 다음과 같다.

$$\frac{T_2}{T_1} = \frac{p_2^2 M_2^2}{p_1^2 M_1^2} \tag{10.41}$$

식 (10.38)에 압력비를 대입하면 다음과 같은 정적온도에 대한 작동방정식을 얻을 수 있다.

$$\boxed{\frac{T_2}{T_1} = \left(\frac{1+\gamma M_1^2}{1+\gamma M_2^2}\right)^2 \frac{M_2^2}{M_1^2}} \tag{10.42}$$

밀도비 관계는 식 (10.38)과 (10.42) 및 완전기체 상태방정식으로부터 쉽게 얻을 수 있다.

$$\frac{\rho_2}{\rho_1} = \frac{M_1^2}{M_2^2}\left(\frac{1+\gamma M_2^2}{1+\gamma M_1^2}\right) \tag{10.43}$$

이것이 밀도비 외에 다른 것을 나타내는가? [식 (10.4) 참조]

정체 상태

이것은 정체엔탈피가 일정하지 않은 것을 조사한 첫 번째 사례다. 따라서 완전기체와 함께 사용하기 위해 정체온도비를 찾아야 한다.

$$T_t = T\left(1+\frac{\gamma-1}{2}M^2\right) \tag{4.18}$$

각 위치에 이 식을 대입하고 하나의 식을 다른 식으로 나누면 다음을 얻는다.

$$\frac{T_{t2}}{T_{t1}} = \frac{T_2}{T_1}\left(\frac{1+[(\gamma-1)/2]\,M_2^2}{1+[(\gamma-1)/2]\,M_1^2}\right) \tag{10.44}$$

정적온도비 식 (10.42)에 대해 이미 다루었으므로, 다음과 같이 바로 쓸 수 있다.

$$\boxed{\frac{T_{t2}}{T_{t1}} = \left(\frac{1+\gamma M_1^2}{1+\gamma M_2^2}\right)^2 \frac{M_2^2}{M_1^2}\left(\frac{1+[(\gamma-1)/2]\,M_2^2}{1+[(\gamma-1)/2]\,M_1^2}\right)} \tag{10.45}$$

마찬가지로, 다음 식으로부터 정체압력비에 대한 식을 얻을 수 있다.

$$p_t = p\left(1+\frac{\gamma-1}{2}M^2\right)^{\gamma/(\gamma-1)} \tag{4.21}$$

정체압력비는 다음과 같다.

$$\frac{p_{t2}}{p_{t1}} = \frac{p_2}{p_1}\left(\frac{1+[(\gamma-1)/2]\,M_2^2}{1+[(\gamma-1)/2]\,M_1^2}\right)^{\gamma/(\gamma-1)} \tag{10.46}$$

식 (10.38)에 압력비를 대입하면 다음과 같다.

$$\boxed{\frac{p_{t2}}{p_{t1}} = \left(\frac{1+\gamma M_1^2}{1+\gamma M_2^2}\right)\left(\frac{1+[(\gamma-1)/2]\,M_2^2}{1+[(\gamma-1)/2]\,M_1^2}\right)^{\gamma/(\gamma-1)}} \tag{10.47}$$

덧붙여서, 정체압력비는 일반적으로 엔트로피 변화와 관련이 있는가?

$$\frac{p_{t2}}{p_{t1}} \stackrel{?}{=} e^{-\Delta s/R} \tag{4.28}$$

식 (4.28)을 도출하기 위해 사용된 가정은 무엇인가? Rayleigh 유동에서 사용된 가정과 같은가? 그렇지 않다면, 두 점 사이의 엔트로피 변화를 어떻게 결정할 것인가? 제9장에서 다룬 Fanno 유동이 여기에 적용되는가? [식 (9.25)~(9.27) 참조]

요약하면, 단면 1의 모든 물성값과 단면 2의 Mach 수를 알고 있는 경우 단면 2의 모든 물성값을 얻는 방법을 도출했다. 사실, 단면 2에 대한 정보만으로도 충분하다. 예를 들어, 단면 2에서의 압력이 주어질 수 있다. 단면 2에서의 Mach 수는 식 (10.38)로부터 구할 수 있고, 다른 물성값에 대한 답을 얻는 것은 통상적 방법으로 수행될 수 있다.

또한 하류 영역에서 아무것도 알려지지 않은 몇 가지 유형의 문제가 있으며 시스템으로 또는 시스템으로부터 전달되는 열에 대한 정보와 초기 조건을 고려하여 최종 Mach 수를 예측하는 것이다. 이를 위해 열전달과 관련된 기초 관계식을 다룬다.

에너지방정식

10.3절로부터 다음을 얻었다.

$$h_{t1} + q = h_{t2} \tag{10.5}$$

완전기체의 경우 엔탈피는 다음과 같다.

$$h = c_p T \tag{1.38}$$

또한 정체 상태에 적용할 수 있다.

$$h_t = c_p T_t \tag{10.48}$$

따라서 에너지방정식은 다음과 같다.

$$c_p T_{t1} + q = c_p T_{t2} \tag{10.49}$$

또는

$$\boxed{q = c_p (T_{t2} - T_{t1})} \tag{10.50}$$

다음 아래 첨자 표기를 유의해야 한다.

$$q = c_p \Delta T_t \neq c_p \Delta T \tag{10.51}$$

이상의 모든 도출 과정에서 완전기체 상태방정식을 도입했을 뿐만 아니라 비열이 일정하다고 가정했다. 열전달이 매우 크고 결과적으로 온도 변화가 큰 경우, c_p의 평균값을 사용하는 것이 타당할 정도로 가변적일 수 있다. 또한 γ에 큰 변동이 있을 때, 기본적인 방정식으로 돌아가 γ를 변수로 취급하는 새로운 관계식을 도출할 필요가 있다. 이러한 실제기체 해석에 적용하는 방법은 제11장을 참조한다.

10.5 기준상태와 Rayleigh 유동 표

10.4절로부터 도출된 방정식은 Rayleigh 유동 시스템에 대해 충분한 정보가 알려질 때, 한 위치에서 물성값을 예측하는 수단을 제공한다. 관계식이 간단하지만, 종종 사용이 번거로워서

이전에 사용된 문제 해결을 크게 단순화하는 기술을 사용한다.

어떤 특정 과정을 통해 Mach 수 1에 도달해야 한다는 점에서 앞에서 정의한 것과 같이 **또 다른** 기준상태(*)를 도입한다. 이 경우 속도가 음속이 될 때까지 Rayleigh 유동이 계속된다고 (즉, 더 많은 열 공급) 가정한다. 그림 10.6은 열이 추가 공급된 Rayleigh 유동에 대한 T-s 선도를 보여주며, 물리적 시스템의 스케치도 표시한다. 더 많은 열이 추가 공급된다고 가정하면 엔트로피는 계속 증가하고 결국 음속이 존재하는 한계점에 도달하게 된다. 점선은 추가 열전달이 발생하는 가상의 덕트를 나타낸다. 결국 **Rayleigh 유동**의 기준점(*)에 도달하게 된다.

Rayleigh 유동의 기준점(*)이 이전에 접했던 것과 완전히 다른 열역학적 상태라는 사실을 강조하기 위해 **등엔트로피** 기준점(*) 궤적도 T-s 선도에 포함되어 있다. 또한 **Rayleigh 유동으로** 점 1 또는 점 2로부터 진행하면 Mach 수 1에 도달할 때 궁극적으로 같은 상태가 된다는 것에 주목하자. 따라서 1* 또는 2*을 쓸 필요가 없고 Rayleigh 유동의 경우 간단히 (*)을 쓸 필요가 있다. [이는 Fanno 유동에도 해당함을 상기하자. 또한 Rayleigh 유동에 관한 기준점(*)은 Fanno 유동에서 사용된 기준점(*)과 아무 관련이 없음을 알아야 한다.] 그림 10.6에서 다양한 (*)위치가 Fanno

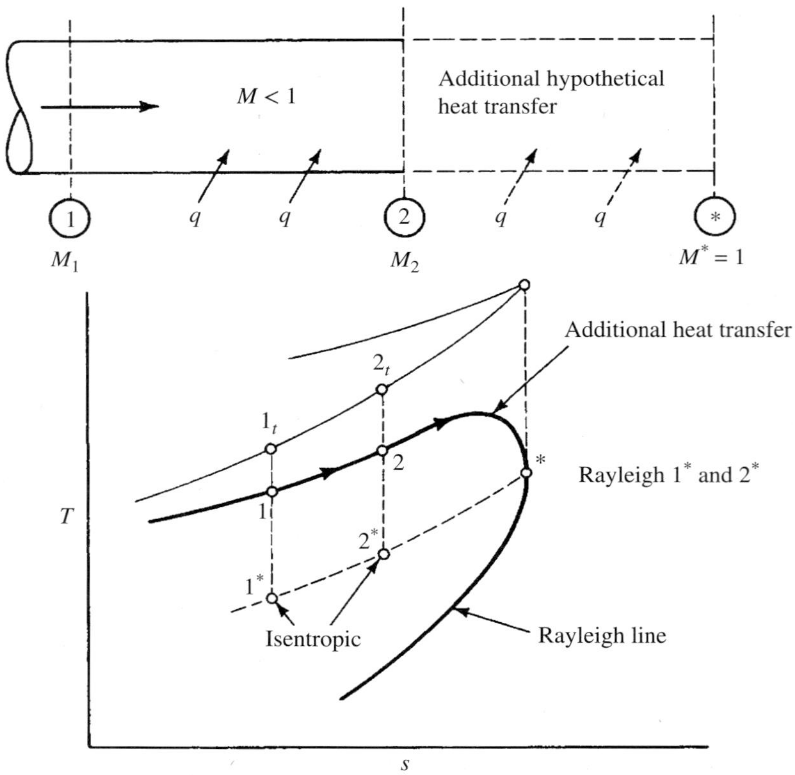

그림 10.6 Rayleigh 유동의 기준점(*)

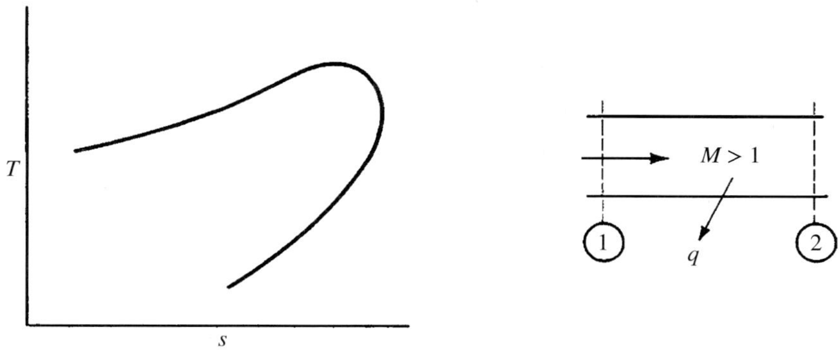

그림 10.7 Rayleigh 유동의 초음속 냉각

유동의 경우처럼 수평선에 있지 않음을 주목해야 한다(그림 9.5 참조). 왜 그런가?

그림 10.6에 아음속 유동의 가열에 대한 예를 나타냈다. **초음속** 환경에서의 **냉각** 사례를 고찰해 보자. 그림 10.7은 그러한 물리적 덕트를 보여준다. 도시된 T–s 선도에 점 1과 점 2를 표시해 보자. 또한 물리적 시스템의 가상 덕트와 기준점(*)을 표시한다.

이제 Rayleigh 유동 기준점(*)의 관점에서 작동방정식을 다시 기술한다. 먼저 다음 식으로 표기되는 압력비를 고려한다.

$$\frac{p_2}{p_1} = \frac{1+\gamma M_1^2}{1+\gamma M_2^2} \tag{10.38}$$

점 2를 유동 시스템의 임의의 점으로 하고 Rayleigh 유동 기준조건(*) 점 1로 한다. 그러면

$$p_2 \Rightarrow p, \quad M_2 \Rightarrow M \quad \text{(임의 값)}$$
$$p_1 \Rightarrow p^*, \; M_1 \Rightarrow 1$$

식 (10.38)은 다음과 같아진다.

$$\frac{p}{p^*} = \frac{1+\gamma}{1+\gamma M^2} = f(M,\gamma) \tag{10.52}$$

$p/p^* = f(M\ \gamma)$를 보면, 표는 특정 γ 값에 관한 p/p^* 대 M을 계산할 수 있다는 것을 알 수 있다. 이제 이러한 방법은 매우 친숙해졌고 다음과 같이 나타내는 데 어려움이 없을 것이다.

$$\frac{T}{T^*} = \frac{M^2(1+\gamma)^2}{(1+\gamma M^2)^2} = f(M,\gamma) \tag{10.53}$$

$$\frac{\rho}{\rho^*} = \frac{1+\gamma M^2}{(1+\gamma)M^2} = f(M,\gamma) \tag{10.54}$$

$$\frac{T_t}{T_t^*} = \frac{2(1+\gamma)M^2}{(1+\gamma M^2)^2}\left(1+\frac{\gamma-1}{2}M^2\right) = f(M,\gamma) \tag{10.55}$$

$$\frac{p_t}{p_t^*} = \frac{1+\gamma}{1+\gamma M^2}\left(\frac{1+[(\gamma-1)/2]M^2}{(\gamma+1)/2}\right)^{\gamma/(\gamma-1)} = f(M,\gamma) \tag{10.56}$$

식 (10.52)부터 식 (10.56)까지의 함수에 대한 값은 부록 J의 Rayleigh 유동 표에 나열되어 있다. 이 표의 사용 예는 다음 절에 나와 있다. 식 (10.53)은 $M = \sqrt{1/\gamma}$, $(T/T^*)_{max} = (1+\gamma)^2/4\gamma$에서 발생하는 주목할 만한 피크 또는 최대값(그림 10.5에서 "Maximum static enthalpy"로 표시)을 갖는다.

이제 부록 J에서 Rayleigh 유동의 마지막 항목은 S_{max}/R이다. 이를 표로 계산하기 위해 Fanno 유동의 접근 방법을 따른다[**주의:** 식 (4.28)은 여기에 적용되지 않는다. 식 (9.27)에 해당하는 Rayleigh 곡선에 대한 연습문제 10.22 참조]. Mach 수 1.0에서 엔트로피 최대값을 나타내기 위해 새로운 γ 기준조건을 소개한다. 식 (9.25)를 취하고 위치 1을 변수로 유지한 상태에서 이 최대값으로 위치 2를 정의한다.

$s_2 = s\,(M = 1.0$에서$)$와 $s_1 = s(M)$이라고 하면, 유동 표에서 $S_{max} \equiv s^* - s$로 표기한다.

$$\frac{S_{max}}{R} = \frac{s^*-s}{R} = \frac{\gamma}{\gamma-1}\ln\frac{1}{M^2} + \left(\frac{\gamma+1}{\gamma-1}\right)\ln\left(\frac{1+\gamma M^2}{1+\gamma}\right) \tag{10.57}$$

10.6 응용

Rayleigh 유동 문제를 해결하기 위한 절차는 Rayleigh 유동의 두 위치 사이의 연결이 덕트 마찰보다는 열전달 고려로 결정된다는 점을 제외하고는 Fanno 유동에서 사용한 접근법과 매우 유사하다. 따라서 권장하는 계산 단계는 다음과 같다.

1. [가상의 기준점(*)을 포함하는]물리적 상황을 스케치한다.
2. 조건이 알려지거나 원하는 부분에 라벨을 지정한다.
3. 주어진 모든 정보를 단위와 함께 나열한다.
4. 알려지지 않은 Mach 수를 결정한다.
5. 원하는 추가 물성값을 계산한다.

알려진 정보에 따라 4단계에서는 위 절차에 대한 변형이 자주 발생한다. 예를 들어, 열전달량이 주어져 하류 Mach 수 예측이 필요할 수드 있다. 반면에 하류 물성값 중 하나가 알려져 열전달 계산이 요구될 수도 있다. Rayleigh 유동과 다른 현상(충격파, 노즐 등)의 조합을 포함하는 유동 시스템에서는 T-s 선도가 문제 해결에 큰 도움이 될 수 있다.

다음 예제에서는 완전기체로 취급될 수 있는 정상상태, 1차원 공기 유동($\gamma = 1.4$)을 다룬다. $w_s = 0$, 마찰 무시, 일정 단면적, 위치에너지를 무시하는 것으로 가정한다. 그림 E10.1은 예제 10.1과 10.2에 공통적이다.

예제 10.1

그림 E10.1에 대해, $M_1 = 1.5$, $p_1 = 10$ psia, $M_2 = 3.0$이 주어졌을 때 p_2와 열전달 방향을 구하시오.

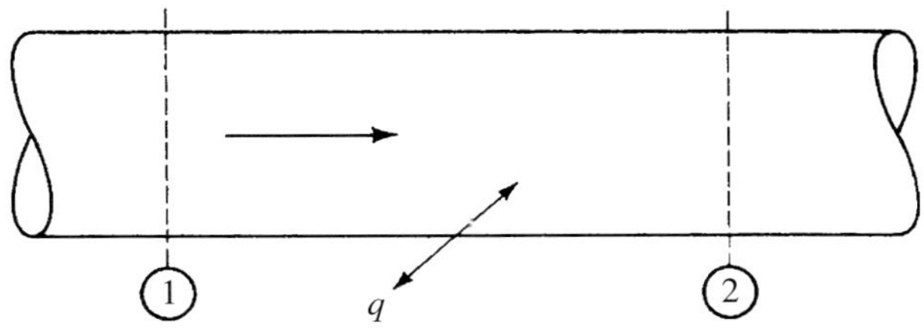

그림 E10.1

두 Mach 수를 모두 알고 있으므로, 다음과 같이 풀 수 있다.

$$p_2 = \frac{p_2}{p^*}\frac{p^*}{p_1}p_1 = (0.1765)\left(\frac{1}{0.5783}\right)(10) = 3.05 \text{ psia} \quad (\text{또는 } 21 \text{ kPa})$$

유동은 점점 더 초음속으로 되거나, 기준점(*)으로부터 멀어진다. 그림 10.5를 보면 엔트로피가 감소하고 시스템에서 열이 제거되고 있음을 확인할 수 있다. 또는 T_{t2}/T_{t1} 비를 계산할 수 있다.

$$\frac{T_{t2}}{T_{t1}} = \frac{T_{t2}}{T_t^*}\frac{T_t^*}{T_{t1}} = (0.6540)\left(\frac{1}{0.9093}\right) = 0.719$$

이러한 비율은 1보다 작으므로, 냉각 과정을 나타낸다.

예제 10.2

$M_2 = 0.93, T_{t2} = 300°C, T_{t1} = 100°C$로 주어질 때, M_1과 p_2/p_1을 구하시오.

그림 E10.1의 단면 1에서 상태를 결정하기 위해 비를 구해야 한다.

$$\frac{T_{t1}}{T_t^*} = \frac{T_{t1}}{T_{t2}}\frac{T_{t2}}{T_t^*} = \left(\frac{273+100}{273+300}\right)(0.9963) = 0.6486$$

Rayleigh 유동 표에서 $T_t/T_t^* = 0.6486$을 찾아 $M_1 = 0.472$를 구한다. 따라서 다음과 같은 압력비를 구할 수 있다.

$$\frac{p_2}{p_1} = \frac{p_2}{p^*}\frac{p^*}{p_1} = (1.0856)\left(\frac{1}{1.8294}\right) = 0.593$$

예제 10.3

일정한 면적의 연소실에 400°R와 10.0 psia의 공기가 공급된다(그림 E10.3). 기류 속도는 402 ft/sec이다. 연소 과정에서 50 Btu/lbm이 추가되고 챔버에서 가능한 최대 공기량을 처리할 때 출구 조건을 구하시오.

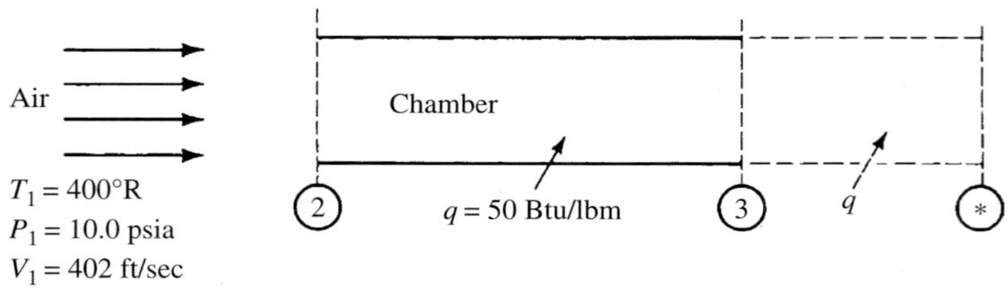

그림 E10.3

챔버에서 최대 공기량을 처리할 수 있도록 입구에 **과잉 유량**(spillover)이 없고 단면 2에서는 자유 유동 조건과 같아야 한다.

$$T_2 = T_1 = 400°R \quad p_2 = p_1 = 10.0 \text{ psia} \quad V_2 = V_1 = 402 \text{ ft/sec}$$

$$a_2 = \sqrt{\gamma g_c R T_2} = [(1.4)(32.2)(53.3)(400)]^{1/2} = 980 \text{ ft/sec}$$

$$M_2 = \frac{V_2}{a_2} = \frac{402}{980} = 0.410$$

$$T_{t2} = \frac{T_{t2}}{T_2}T_2 = \left(\frac{1}{0.9675}\right)(400) = 413°R$$

Rayleigh 유동 표로부터 $M_2=0.41$에 해당하는 값을 찾으면 다음과 같다.

$$\frac{T_{t2}}{T_t^*}=0.5465,\quad \frac{T_2}{T^*}=0.6345,\quad \frac{p_2}{p^*}=1.9428$$

챔버 후단의 상태를 결정하려면 출구 정체온도가 고정된 상태에서의 열전달을 통한 작업을 수행해야 한다.

$$\Delta T_t=\frac{q}{c_p}=\frac{500}{0.24}=208°\text{R}$$

따라서

$$T_{t3}=T_{t2}+\Delta T_t=413+208=621°\text{R}\ (\text{또는 } 229.4\text{ K})$$

$$\frac{T_{t3}}{T_t^*}=\frac{T_{t3}}{T_{t2}}\frac{T_{t2}}{T_t^*}=\left(\frac{621}{413}\right)(0.5465)=0.8217$$

이 값 T_t/T_t^*을 사용하여 Rayleigh 유동 표에서 다음을 얻는다.

$$M_3=0.603,\quad \frac{T_3}{T^*}=0.9196,\quad \frac{p_3}{p^*}=1.5904$$

따라서

$$p_3=\frac{p_3}{p^*}\frac{p^*}{p_2}p_2=(1.5904)\left(\frac{1}{1.9428}\right)(10.0)=8.19\text{ psia}\quad(\text{또는 } 56.5\text{ kPa})$$

$$T_3=\frac{T_3}{T^*}\frac{T^*}{T_2}T_2=(0.9196)\left(\frac{1}{0.6345}\right)(400)=580°\text{R}\quad(\text{또는 } 332.2\text{ K})$$

예제 10.4

예제 10.3에서 다음과 같은 질문을 해보자. 덕트 입구 조건을 변경하지 않고 열(연료)을 얼마나 더 추가 공급할 수 있는가? 더 많은 열을 추가 공급하면 최대 엔트로피점에 도달할 때까지 Rayleigh 곡선을 따라 움직인다는 것을 알고 있다. 따라서 M_3은 1.0이 된다(그림 E10.4).

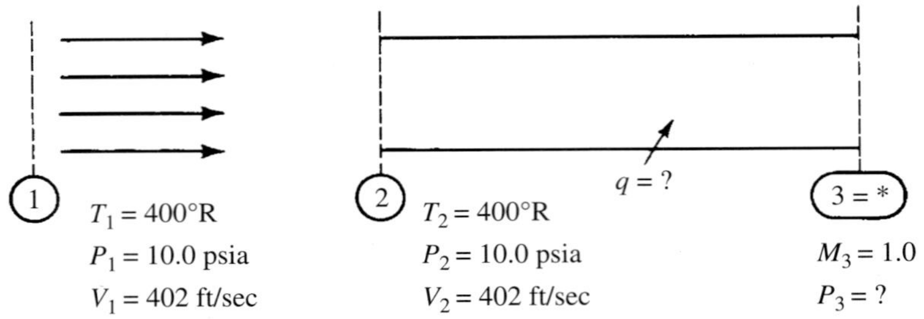

그림 E10.4

예제 10.3으로부터 $M_2 = 0.41$, $T_{t2} = 413°R$를 얻었다. 따라서

$$T_{t3} = T_t^* = \frac{T_t^*}{T_{t2}} T_{t2} = \left(\frac{1}{0.5465}\right)(413) = 756°R$$

$$p_3 = p^* = \frac{p^*}{p_2} p_2 = \left(\frac{1}{1.9428}\right)(10.0) = 5.15 \text{ psia}$$

$$q = c_p \Delta T_t = (0.24)(756 - 413) = 82.3 \text{ Btu/lbm} \quad (\text{또는 } 191.4 \text{ kJ/kg})$$

또는 원래의 50 Btu/lbm보다 32.3 Btu/lbm 더 큼을 알 수 있다.

마지막 두 예제에서는 출구 압력이 계산된 값으로 유지된다고 가정했다. 실제로 예제 10.4에서 출구에 음속이 존재하기 때문에 수용기 압력이 5.15 psia 이하일 수 있다.

10.7 충격파와의 상관관계

이 장의 여러 부분에서 Rayleigh 유동과 수직충격파 사이의 몇 가지 유사점을 짚고 넘어갔다. 이러한 유사점을 자세히 검토해 보자.

1. 수직충격파 전후의 끝점은 단위 면적당 같은 질량유량, 같은 임펄스 함수 및 같은 정체 엔탈피를 갖는 상태를 나타낸다.
2. Rayleigh 곡선은 단위 면적당 같은 질량유량과 같은 임펄스 함수를 갖는 상태를 나타낸다. Rayleigh 곡선의 모든 점은 열전달이 수반되기 때문에 같은 정체엔탈피를 갖지 않는다. Rayleigh 곡선을 따라 이동하기 위해서는 이러한 열전달이 필요하다.

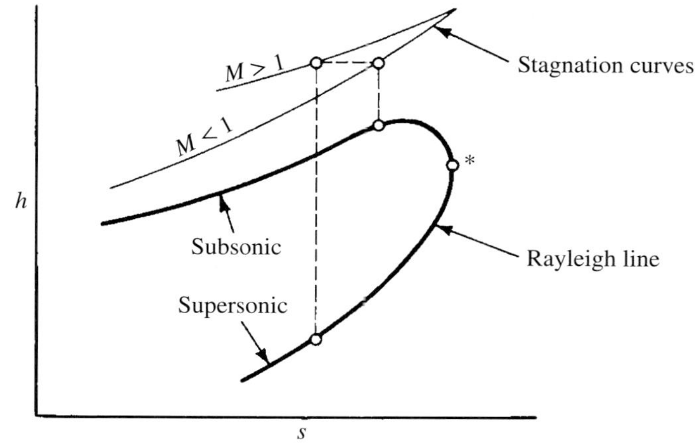

그림 10.8 Rayleigh 유동의 정적 곡선과 정체 곡선

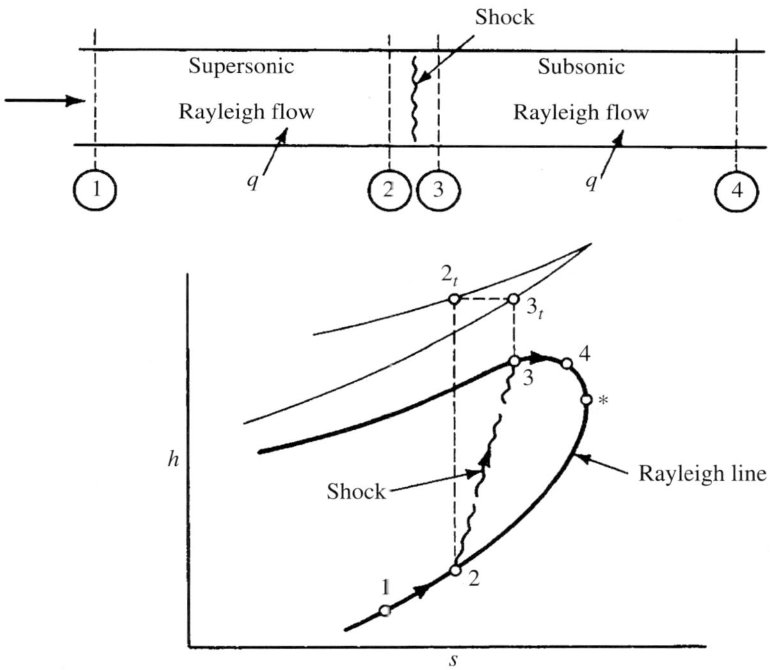

그림 10.9 Rayleigh 유동과 수직충격파의 조합

위 내용을 검증하기 위해 수직충격파에 대한 식 (6.2), (6.3), (6.9)를 Rayleigh 유동에 관한 식 (10.4), (10.5), (10.9)와 비교해 보자. 그림 10.8을 보면, Rayleigh 곡선의 초음속 분지선 모든 지점에 대해 같은 정체엔탈피를 가진 아음속 분지선의 해당 지점이 있음을 알 수 있다. 따라서 이 두 점은 수직충격파의 끝점에 대한 세 가지 조건을 모두 만족시키며 이러한 충격파로

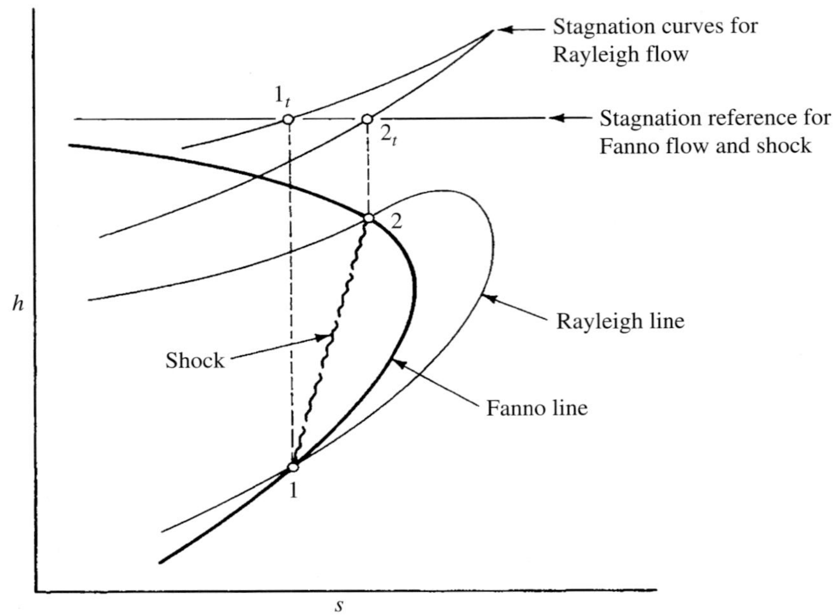

그림 10.10 같은 질량속도를 가질 때 Fanno 유동, Rayleigh 유동, 수직충격파의 상관관계

연결될 수 있다.

이제 추가 열전달이 아음속으로 발생하면서 수직충격파가 뒤따르는 초음속 Rayleigh 유동을 떠올릴 수 있다. 이러한 상황은 그림 10.9에서 볼 수 있다. 충격파는 동일한 Rayleigh 곡선 상의 초음속 분지선에서 아음속 분지선으로 흐름을 뛰어넘는다는 점에 유의하자. 이것은 또한 초음속 정체 곡선이 아음속 정체 곡선 위에 있어야 하는 또 다른 이유를 알려준다. 만약 그렇지 않다면, 충격파는 엔트로피가 감소하므로 이는 옳지 못하다.

Fanno 유동과 충격파의 상관관계를 다룬 9.7절의 정보를 상기하면 **수직충격파의 끝점이** 그림 10.10과 같이 **Fanno 곡선과 Rayleigh 곡선의 교점을 나타낼 수 있음**을 분명히 알 수 있다. 이러한 Fanno 및 Rayleigh 곡선은 같은 질량속도(단위 면적당 질량유량)에 대한 것임을 기억하자.

예제 10.5

일정 단면적 덕트 내부를 흐르는 공기는 $M_1 = 2.65$에서 수직충격파를 갖는다. 충격파를 가로질러, 제6장에서와 같이 모든 마찰과 열전달을 무시한다. 엔트로피에 대한 식 (9.50)과 (10.57)을 사용하여, Fanno 곡선과 Rayleigh 곡선의 두 교차점이 충격파 자체의 경로를 설명한다는 것을 보이시오. 이러한 '일치' 작업 후, Mach 수 함수로 엔트로피 선을 그리시오.

부록 H로부터, $M_2 \approx 0.5$와 비율 p_{t2}/p_{t1}이 엔트로피 증가를 반영하여 감소해야 한다는 것을 알고 있다[식 (4.28)]. Fanno 곡선과 Rayleigh 곡선의 기준점이 다르므로, 그 곡선을 같은 그래프에 표시하기 위해 일치시킬 필요가 있으며, 이것은 $M_2 = 2.65$(공통적으로 0의 값을 생성하는 것)의 해당 엔트로피 값에서 식 (9.50)과 (10.57)을 빼면 편리하게 수행될 수 있다.

그림 E10.5는 충격파 끝점이 Fanno 곡선과 Rayleigh 곡선의 교차점에 있는 것이 분명하다는 결과 그림을 나타낸다. 또한 결과 값은 충격파 표에 있는 값과 정확히 일치한다. 아음속 상태에서 초음속 상태로의 충격파는 관측된 적이 없으므로, 이러한 플롯은 Δs_t가 항상 비가역적인 과정 방향으로 증가한다는 것을 더욱 강조한다.

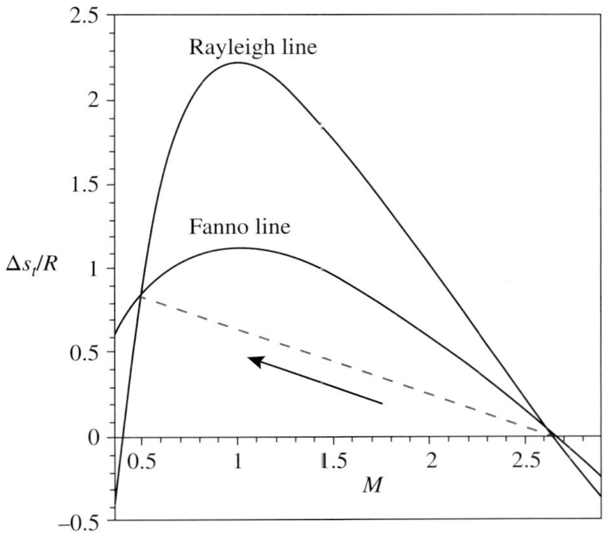

그림 E10.5 이 비교를 위해 유입 공기의 엔트로피를 $M_1 = 2.65$로 설정한 후 수직충격파를 나타내는 Fanno 곡선과 Rayleigh 곡선의 교차점. 그림에서 충격파의 경우 부록 H의 표와 일치하여 $M_2 \approx 0.5$ 및 $\Delta s_t/R = \ln(p_{t1}/p_{t2}) \approx 0.82$임을 유의한다.

예제 10.6

공기가 Mach 수 1.6, 온도 200 K, 압력 0.56 bar로 일정 단면적 덕트로 유입된다(그림 E10.6). 일부 열전달 후 수직충격파가 발생하여 그림과 같이 유동 단면적이 감소한다. 출구에서는 Mach 수가 1.0이고 압력이 1.20 bar인 것으로 측정된다. 열전달량과 방향을 구하시오.

가열 또는 냉각 과정이 수반되는지는 알려지지 않았다. 냉각이 일어난다는 가정하에 T–s

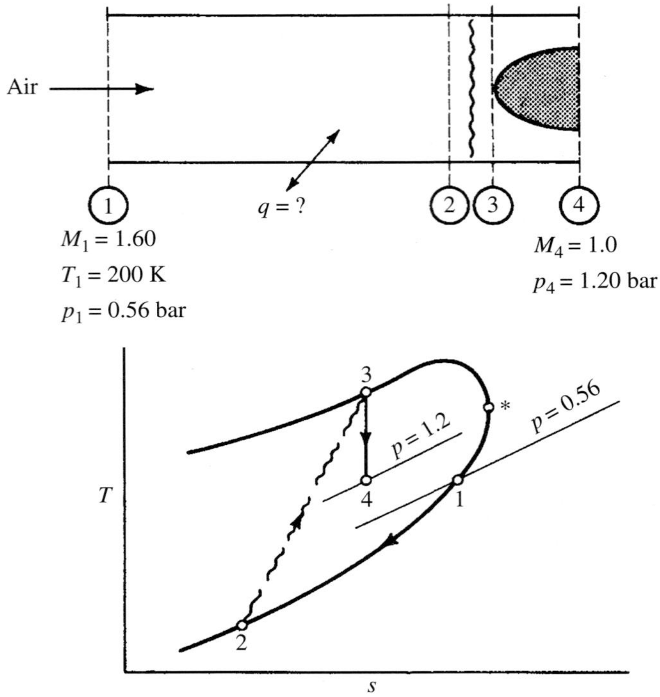

그림 E10.6

선도를 구성하고 이것이 맞는지 알아낼 것이다. 단면 3에서 단면 4까지의 흐름은 등엔트로피라고 가정한다.

$$p_{t3} = p_{t4} = \frac{p_{t4}}{p_4} p_4 = \left(\frac{1}{0.5283}\right)(1.20) = 2.2714 \text{ bar}$$

점 3은 점 1과 동일한 Rayleigh 곡선에 있으며, 이를 통해 Rayleigh 유동 표를 사용하여 M_2를 계산할 수 있다. T-s 선도를 그리지 않았다면 이러한 접근법을 다루지 않았을 것이다.

$$\frac{p_{t3}}{p_t^*} = \frac{p_{t3}}{p_1} \frac{p_1}{p_{t1}} \frac{p_{t1}}{p_t^*} = \left(\frac{2.2714}{0.56}\right)(0.2353)(1.1756) = 1.1220$$

Rayleigh 유동 표에서 $M_3 = 0.481$을, 충격파 표에서 $M_2 = 2.906$을 찾을 수 있다.

이제 정체온도를 계산할 수 있다.

$$T_{t1} = \frac{T_{t1}}{T_1} T_1 = \left(\frac{1}{0.6614}\right)(200) = 302 \text{ K}$$

$$T_{t2} = \frac{T_{t2}}{T_t^*}\frac{T_t^*}{T_{t1}}T_{t1} = (0.6629)\left(\frac{1}{0.8842}\right)(302) = 226 \text{ K}$$

열전달량은 다음과 같이 구할 수 있다.

$$q = c_p(T_{t2} - T_{t1}) = (1000)(226 - 302) = -7.6 \times 10^4 \text{ J/kg (또는 } -32.68 \text{ Btu/lbm)}$$

음(−)의 기호는 Mach 수가 1.60에서 2.906으로 증가하는 것과 일치하는 냉각 과정을 나타낸다.

10.8 가열에 의한 열 초킹

5.7절에서 **초킹 영역**(area choking)을 다루었고, 9.8절에서는 **마찰 초킹**(friction choking)을 논의했다. Fanno 유동에서 덕트 길이가 충분히 연장되거나 수용기 압력(배압)이 충분히 낮아지면 덕트 끝에서 Mach 수가 1에 도달했음을 상기하자. 수용기 압력을 낮추더라도 유동 시스템의 상태에 영향을 미치지 않는다. 덕트를 추가 연장하면 유량이 감소하고 새로운 Fanno 곡선을 따라 흐름이 이동한다. 이러한 물리적 상황을 설명하는 그림 9.11의 T-s 선도를 참고하자.

아음속 Rayleigh 유동도 매우 유사하다. 그림 10.11은 큰 탱크와 축소 노즐에 의해 공급되는 덕트를 보여준다. 충분한 열이 추가 공급되면 덕트 끝에서 Mach 수 1에 도달한다. 이에 대한 T-s 선도는 경로 1-2-3으로 표시된다. 이것을 **열 초킹**(thermal choking)이라고 한다. 수용기 압력은 p_3 이하로 가정한다. 수용기 압력이 p_3 이하로 감소해도 시스템 내부의 유동 조건에 영향을 미치지 않는다. 그러나 더 많은 열을 추가 공급하면 이러한 조건이 바뀔 수 있다.

이제 시스템에 열을 더 공급한다고 가정해 보자. 이는 아마도 원래의 덕트 벽을 통한 열전달률을 증가시킴으로써 이루어질 것이다. 그러나 그림 10.11과 같이 추가 덕트에서 원래 비율로 추가 열전달을 표시하는 것이 더 편리하다. 시스템이 필요한 추가 엔트로피 변화를 반영할 수 있는 유일한 방법은 **감소한** 유량으로 새로운 Rayleigh 곡선으로 이동하는 것이다. 이것은 T-s 선도에서 경로 1-2′-3′-4로 표시된다. 출구 속도가 음속으로 유지되는지는 추가되는 열량과 시스템에 가해지는 수용기 압력에 따라 달라진다.

초킹유동의 구체적 예로서 자유 공기 유동이 속도 변화 없이 챔버로 유입되었다고 가정하고, 가능한 최대 열량을 추가할 수 있는 예제 10.4의 연소실 문제를 고려해 보자. 이제 더 많은 연료(열)가 추가될 때 어떤 일이 발생하는지 고찰해 보자.

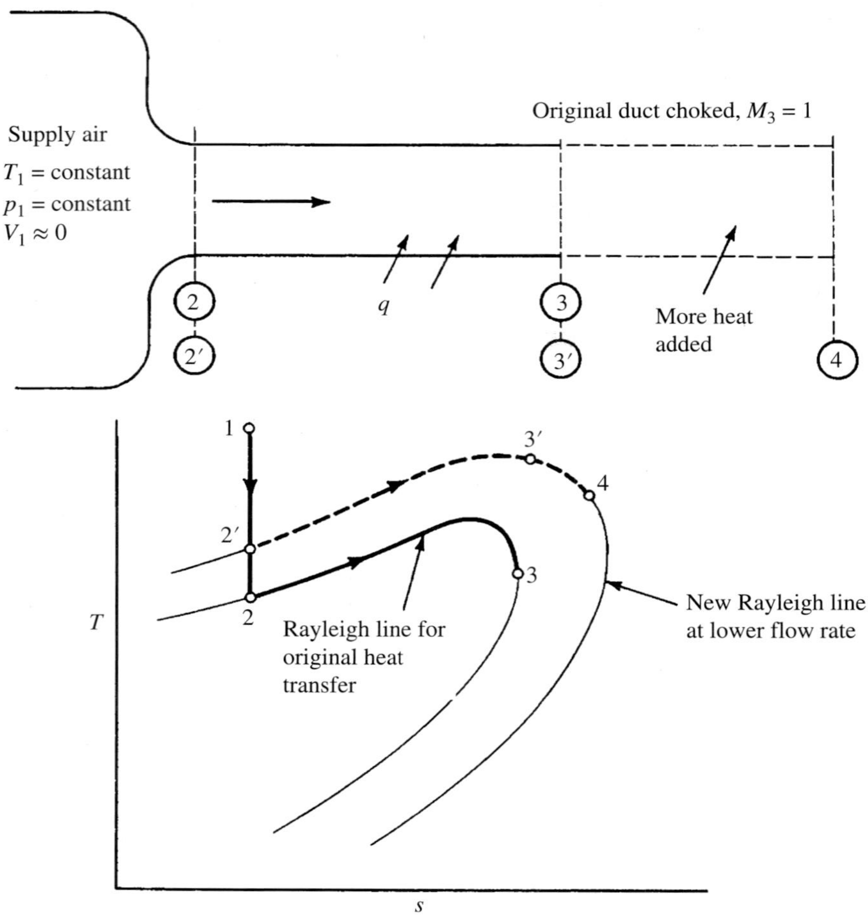

그림 10.11 초킹 시 가열에 따른 *T*-*s* 선도

예제 10.7

계속해서 예제 10.4의 출구 정체온도를 3000°R로 올리기 위해 충분한 연료를 추가 공급한다. 출구에 음속이 여전히 존재하도록 수용기 압력이 매우 낮다고 가정한다. 추가 연료 공급으로 생성된 추가적인 엔트로피는 입구 Mach 수를 낮추는 감소한 유량으로 새로운 Rayleigh 곡선으로 이동해야만 수용될 수 있다. 챔버에 같은 기류가 공급되면 입구에서 약간의 유출(spillage)이 있어야 한다. 이것은 그림 E10.7과 같이 등엔트로피인 외부 확산 유동 영역을 생성한다. 입구 Mach 수와 출구 압력을 구해 보자.

자유 유동에서부터 입구까지 등엔트로피이기 때문에 다음과 같음을 알 수 있다.

$$T_{t2} = T_{t1} = 413°\text{R}$$

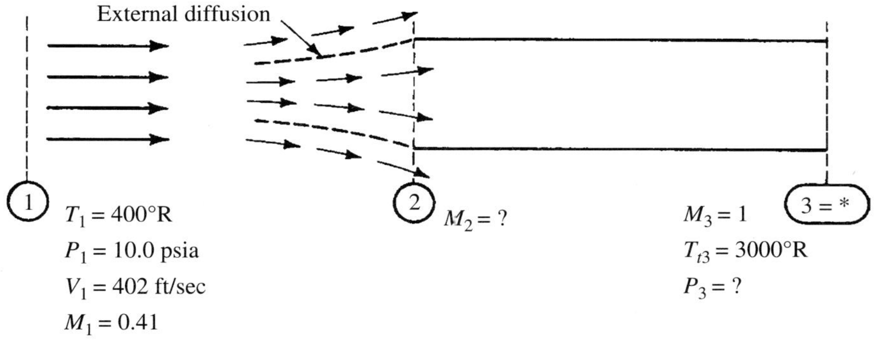

그림 E10.7

그리고 $M_3 = 1$이므로 $T_{t3} = T_t^*$임을 안다.

따라서 점 2의 조건은 다음과 같이 구할 수 있다.

$$\frac{T_{t2}}{T_t^*} = \frac{T_{t2}}{T_{t3}}\frac{T_{t3}}{T_t^*} = \left(\frac{413}{3000}\right)(1) = 0.1377$$

그리고 Rayleigh 유동 표로부터, $M_2 = 0.176$, $p_2/p^* = 2.3002$임을 알 수 있다.

출구 압력을 구하려면 등엔트로피 표와 Rayleigh 유동 표를 모두 이용해야 한다.

먼저,

$$p_2 = \frac{p_2}{p_{t2}}\frac{p_{t2}}{p_{t1}}\frac{p_{t1}}{p_1}p_1 = (0.9786)(1)\left(\frac{1}{0.89907}\right)(10.0) = 10.99 \text{ psia}$$

그리고

$$p_3 = \frac{p_3}{p^*}\frac{p^*}{p_2}p_2 = (1)\left(\frac{1}{2.3002}\right)(10.99) = 4.78 \text{ psia} \quad (\text{또는 } 32.95 \text{ kPa})$$

챔버 출구에서 음속을 유지하려면 수용기 압력을 최소 4.78 psia로 낮춰야 한다.

예제 10.7에서 수용기 압력을 4.78 psia로 낮출 수 없었다고 가정한다. 정체온도를 3000°R로 상승시키기 위해 연료가 추가 공급되었을 때 수용기 압력이 이전 값인 5.15 psia로 유지되었다고 가정한다. 이로 인해 질량유량이 낮은 다른 Rayleigh 곡선으로 이동하면 유량이 더 낮아지고, 출구 속도는 음속이 아닐 것이다. M_2와 M_3는 모두 알려지지 않았지만, 출구에 두 가지 정보가 제공된다. 두 개의 연립방정식을 작성할 수 있지만, 표와 시행착오법을 거치는 것

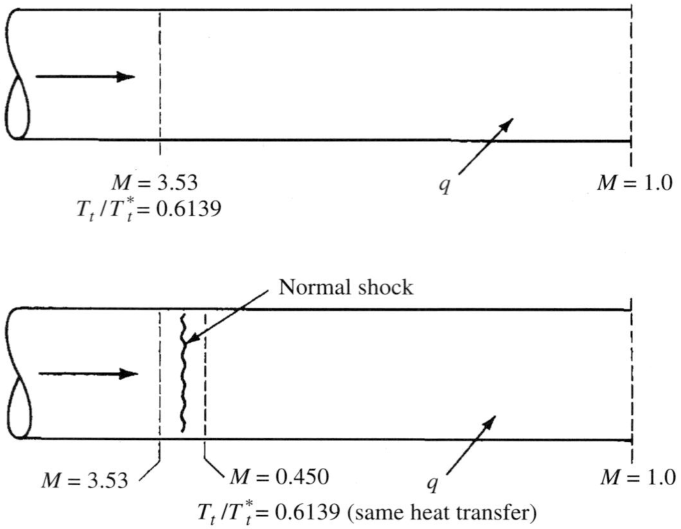

그림 10.12 최대 열전달에 미치는 수직충격파 영향

이 더 쉬운 방법이다. 기억해야 할 중요한 점은 **아음속** 유동이 **열적으로 초킹**되면 더 많은 열이 추가되어 유량이 감소한다는 것이다. 유량이 얼마나 감소하는지와 출구가 음속으로 남아 있는지는 출구 이후의 압력에 달려 있다.

초킹된 Rayleigh 유동과 Fanno 유동 간의 유사점은 **초음속** 영역으로 확장되지 않는다. 초킹된 Fanno 유동의 경우 더 많은 덕트를 추가하면 덕트에 충격파가 발생하여 음속점까지의 마찰 길이가 훨씬 더 길어졌음을 상기하자(그림 9.12 참조). 그림 10.12는 $T_t/T_t^* = 0.6139$인 Mach 수 3.53의 유동을 보여준다. 이 영역에서 주어진 전체온도에 대해 T_t/T_t^* 값은 초킹점에 추가될 수 있는 열량을 직접적으로 나타낸다. 이 점에서 수직충격파가 발생했다면 충격파 후 Mach 수는 0.450이 되며, $T_t/T_t^* = 0.6139$가 된다(그림 10.10 참조). 따라서 충격파 후에 가해지는 열은 충격파가 없을 때와 정확하게 같다.

열전달은 정체온도의 함수이며 충격파 후에도 변하지 않으므로 위의 상황은 놀랍지 않다(연습문제 10.11 참조). 의미가 있으려면, Rayleigh 유동 앞의 어느 위치에서 충격파가 발생해야 한다. 아마도 이것은 초음속 유동이 생성되는 축소-확대 노즐에서 발생할 것이다. 또는 이것이 예제 10.4(초음속 유동만 해당)와 유사한 상황이라면 덕트 앞쪽의 자유 유동에서 분리된 충격파가 발생할 것이다. 두 경우 모두 아음속 유동은 추가 열전달을 수용할 수 있다.

10.9 $\gamma \neq 1.4$인 유동

앞서 언급한 바와 같이 부록 J의 Rayleigh 유동 표는 $\gamma = 1.4$에 대한 것이다. $\gamma = 1.13$, 1.4, 1.67에 대한 지배적 가열 함수인 T_t/T_t^*의 양상은 그림 10.13에 $M = 5$까지 주어져 있다. 여기서 γ 값에 대한 의존성이 $M \geq 1.4$에서 다소 두드러지는 것을 알 수 있다. 따라서 이 Mach 수 이하에서 부록 J의 표는 임의의 γ 값에 대해 거의 오차 없이 사용할 수 있다. 대부분의 Rayleigh 유동 문제가 발생하는 아음속 유동의 경우, 이는 다양한 기체 간에 거의 차이가 없음을 의미한다. 원하는 결과의 정확도는 이러한 근사법을 초음속 영역 어디까지 적용할 수 있는지에 달려 있다. 기체역학 계산 프로그램은 $1.0 < \gamma \leq 1.67$ 범주의 값을 계산할 수 있다.

엄밀히 말하면, 이러한 곡선은 **유동 내에서** γ 값 변화를 **무시할 수 있는 경우**를 대표한다. 그러나 다른 경우에 예상되는 변화의 크기에 대한 힌트를 제공한다. **유동 내에서** γ 값 변화를 **무시할 수 없는** 유동은 제11장에서 다룬다.

10.10 (선택사항) 표에 없는 경우

제5장에서 설명한 바와 같이, MAPLE과 같은 컴퓨터 프로그램을 사용하면 많은 보간 작업을 피할 수 있고 모든 비열비(γ) 및/또는 Mach 수에 대한 정확한 해를 구할 수 있다. 식 (10.55)의

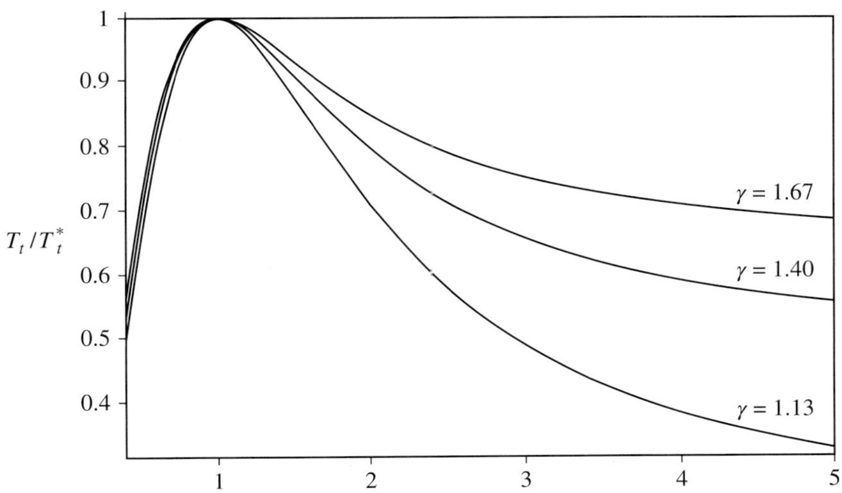

그림 10.13 다양한 T_t/T^*_t 값을 가질 때 Rayleigh 유동의 γ 대 Mach 수

계산은 이 절에 매우 적합하다.

예제 10.8

Rayleigh 유동 표를 사용하지 않고 예제 10.3의 몇 가지 측면을 다시 다뤄보자. $M_2 = 0.41$인 경우 T_t/T_t^* 값을 계산하시오. 절차는 식 (10.55)를 따른다.

$$\frac{T_t}{T_t^*} = \frac{2(1+\gamma)M^2}{(1+\gamma M^2)^2}\left(1 + \frac{\gamma - 1}{2}M^2\right) \tag{10.55}$$

여기서

$g \equiv \gamma$, 매개변수(비열비)

$X \equiv$ 독립변수(이 경우 M_2)

$Y \equiv$ 종속변수(이 경우 T_t/T_t^*)

아래에 나열된 것은 정확한 입력문과 컴퓨터에서 사용하는 프로그램이다.

```
[>g2:=1.4: X2:=0.41:
[>Y2:=(((2*(1+g2)*X2^2)/(1+g2*X2^2)^2))*((1+(g2-1)*(X2^2)/2));
                    Y2:=.5465084066
```

위치 3에서 새로운 Mach 수를 찾을 수 있다. Y의 새로운 값은 $(621)(0.5465)/(413) = 0.827$이다. 여기서 식 (10.55)를 이용하지만, 다음과 같이 M_3의 해를 구한다. M은 방정식에 내재되어 "fsolve" 명령어를 이용할 것이다.

$g \equiv \gamma$, 변수(비열비)

$X \equiv$ 독립변수(이 경우 M_3)

$Y \equiv$ 종속변수(이 경우 T_t/T_t^*)

아래에 나열된 것은 정확한 입력문과 컴퓨터에서 사용하는 프로그램이다.

```
[>g3:=1.4: Y3:=0.8217:
[>fsolve(Y3=(((2*(1+g3)*X3^2)/(1+g3*X3^2)^2))*((1+(g3-1)*(X3^2)/2)),X3,0..1);
                    .6025749883
```

$M_3 = 0.6026$의 답은 예제 10.3에서 구한 것과 일치한다. 이제 필요한 정적 물성값을 계산할 수 있지만, 독자들을 위해 연습문제로 남겨둔다.

10.11 요약

열전달이 있지만, 마찰을 무시할 수 있는 일정 단면적을 가진 덕트에서 1차원 정상유동을 분석했다. 유체 물성값은 유동이 아음속인지 초음속인지에 따라 여러 가지 면에서 달라질 수 있으며, 열전달 방향을 고려할 수도 있다. 그러나 이러한 변화는 쉽게 예측할 수 있으며 표 10.2에 요약되어 있다.

예상할 수 있듯이, 아음속 Rayleigh 유동에서 발생하는 물성값 변화는 직관적인 패턴을 따르지만, 초음속 시스템의 양상은 상당히 다르다는 것을 알 수 있다. 마찰이 없는 경우, 가열은 정체압 감소를 유발한다는 것에 주목해야 한다. 반면, 냉각 과정은 p_t의 증가를 예측한다. 이는 필연적으로 존재하는 마찰 효과로 인해 (잠열 냉각을 제외하고) 실제로 달성하기 어렵다.

이 장에서 가장 중요한 방정식은 다음과 같다.

$$\rho V = G \tag{10.4}$$

$$h_{t1} + q = h_{t2} \tag{10.5}$$

$$p + \frac{GV}{g_c} = \text{일정} \tag{10.8}$$

후자의 방정식을 표현하는 또 다른 방법은 **임펄스 함수**가 일정하게 유지된다고 표현하는 것이다.

$$pA + \frac{\dot{m}}{g_c} = \text{일정} \tag{10.11}$$

표 10.2 Reyleigh 유동의 유체 물성 변화

	가열		냉각	
물성	$M < 1$	$M > 1$	$M < 1$	$M > 1$
속도	증가	감소	감소	증가
Mach 수	증가	감소	감소	증가
엔탈피[a]	증가/감소	증가	증가/감소	감소
정체엔탈피[a]	증가	증가	감소	감소
압력	감소	증가	증가	감소
밀도	감소	증가	증가	감소
정체압	감소	감소	증가	증가
엔트로피	증가	증가	감소	감소

[a]완전기체일 경우 온도 값으로 대체할 수 있다.

이러한 식 외에도 $p-v$ 선도 및 $h-s$ 선도(그림 10.2와 10.4 참조)의 Rayleigh 곡선 모양과 정체 기준 곡선(그림 10.5 참조)을 기억해야 한다. 각 Rayleigh 곡선은 같은 질량속도와 임펄스 함수를 갖는 점을 나타내며, 수직충격파는 같은 정체엔탈피를 가진 Rayleigh 곡선의 반대쪽 분지선에 있는 두 점을 연결할 수 있음을 상기하자.

완전기체에 대한 작동방정식을 도출한 다음 기준점(*) 도입으로 이를 단순화했다. 이를 통해 문제 해결에 큰 도움이 되는 표를 작성할 수 있었다. Rayleigh 유동에 대한 기준조건(*)(즉, $M=1.0$일 때)이 등엔트로피 또는 Fanno 유동에 사용된 조건과 같지 않다는 것을 상기해야 한다. 열 초킹은 열을 추가 공급하는 문제에서 발생하며, 추가 가열로 인한 초킹된 시스템의 반응은 초킹된 Fanno 시스템이 덕트를 더 길게 연장하는 것에 반응하는 방식과 매우 유사하다. $T-s$ 선도를 잘 그리면 주어진 문제에 관한 생각을 명확히 하는 데 도움이 된다는 점을 기억하자.

연습문제

다음과 같은 문제는 따로 명시하지 않는 한 모든 덕트의 단면적이 일정하다고 가정한다. 이러한 일정 단면적 덕트 유동에서는 열전달이 수반될 때 마찰을 무시할 수 있으며, 마찰이 있을 때 열전달은 무시할 수 있다. 가변 단면적 유동인 경우 열전달과 마찰을 모두 무시할 수 있다.

10.1 $M_1=2.95$ 및 $T_1=500°R$ 공기가 일정 단면적 덕트로 유입된다. 열전달은 출구 Mach 수를 $M_2=1.60$으로 감소시킨다.

(a) 출구에서의 정적온도 및 정체온도를 구하시오.

(b) 열전달량과 방향을 구하시오.

10.2 덕트 유입부에서 질소 압력은 1.5 bar, 정체온도는 280 K, Mach 수는 0.80이다. 어느 정도 열이 전달되면 정압은 2.5 bar가 된다. 열전달 방향과 열전달량을 구하시오.

10.3 공기가 Mach 수 0.30, 압력 50 psia, 온도 650°R, 39.0 lbm/sec로 흐른다. 덕트 단면적은 0.5 ft^2이다. 290 Btu/lbm 속도를 갖는 공기로 열을 가할 때, 최종 Mach 수, 정체온도비 T_{t2}/T_{t1}, 밀도비 ρ_2/ρ_1을 구하시오.

10.4 공기가 $p_1=1.35\times10^5\ N/m^2$, $T_1=500\ K$, $V_1=540\ m/s$로 흐르고, 열전달은 일정 단면적 덕트에서 $T_{t2}/T_{t1}=0.639$까지 발생한다.

(a) 최종 상태 M_2, p_2, T_2를 계산하시오.

(b) 공기의 엔트로피 변화는 얼마인가?

10.5 산소 유동 시스템의 어떤 점에서 $M_1 = 3.0, T_{t1} = 800°R, p_1 = 35$ psia이다. 덕트를 따라 더 먼 부분에서 Mach 수는 열전달에 의해 $M_2 = 1.5$로 감소했다.

(a) 하류 지점에서 정적온도 및 정체온도, 압력을 구하시오.

(b) 이 두 점 사이에서 발생하는 열전달 방향과 양을 구하시오.

10.6 일정 단면적의 마찰이 없는 완전기체 1차원 정상유동에서 시스템에 추가될 수 있는 최대 열량은 다음과 같음을 증명하시오.

$$\frac{q_{max}}{c_p T_1} = \frac{\left(M_1^2 - 1\right)^2}{2\,M_1^2(\gamma + 1)}$$

10.7 식 (10.53)으로부터, Rayleigh 유동의 최대 (정적)온도는 Mach 수가 $\sqrt{1/\gamma}$일 때 발생함을 보이시오(**힌트:** 연습문제 5.21 참조). [이것은 **마찰이 있는 등온 유동**에서 발생하는 동일한 한계다. 참고문헌 16 참조]

10.8 공기가 120 m/s 속도로 지름 15 cm 덕트로 유입된다. 압력은 1 atm이고 온도는 100°C다.

(a) 최대 (정적)온도를 만들기 위해 유동에 얼마나 많은 열이 공급되어야 하는가?

(b) (a)의 조건에 대한 최종 온도와 압력을 구하시오.

10.9 그림 P10.9에 표시된 12 in. 지름의 덕트는 마찰계수가 0.02이고 단면 1에서 단면 2로 열전달이 없다. 단면 2와 단면 3 사이의 마찰은 무시한다. 뒷부분에는 출구에서 초킹유동을 갖도록 충분한 열이 가해진다. 작동유체는 질소다.

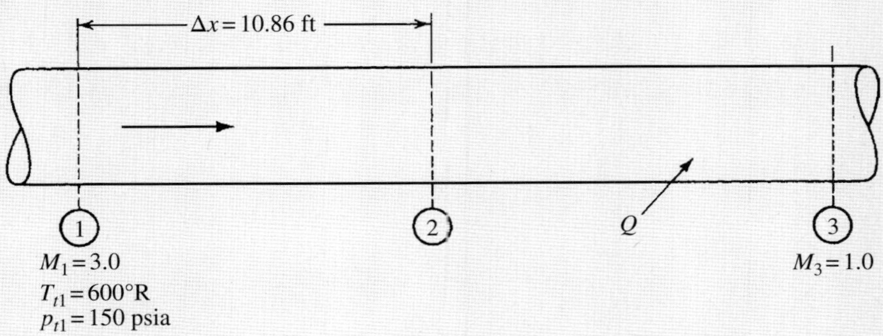

그림 P10.9

(a) 완전한 Fanno 곡선과 Rayleigh 곡선이 포함된 시스템의 T–s 선도를 그리시오.

(b) 단면 2에서의 Mach 수와 정체 조건을 구하시오.

(c) 단면 3에서의 정적 및 정체 조건을 구하시오.

(d) 유동에 가해진 열량은 얼마인가?

10.10 수직충격파 직전 공기의 상태는 $M_1 = 3.53$이고 온도는 650°R, 압력은 12 psia이다.

(a) 충격파 직후의 상태를 계산하시오.

(b) 두 점이 동일 Fanno 곡선상에 있음을 보이시오.

(c) 두 점이 동일 Rayleigh 곡선상에 있음을 보이시오.

10.11 공기가 Mach 수 2.0으로 덕트로 유입되고 온도와 압력은 각각 170 K, 0.7 bar이다. 유동이 덕트를 따라 지나갈 때 열전달이 이뤄진다. 그림 P10.11과 같이 출구에 축소부(A_2/A_3 = 1.45)가 부착되어 있으며, 출구 Mach 수는 1.0이다. 입구 조건과 출구 Mach 수가 고정된 상태로 유지된다고 가정한다. 다음 조건에서의 열전달량과 방향을 구하시오.

(a) 시스템에 충격파가 없는 경우

(b) 덕트 어딘가에 수직충격파가 있는 경우

(c) (b)의 경우 충격파가 발생하는 위치에 차이가 있는가?

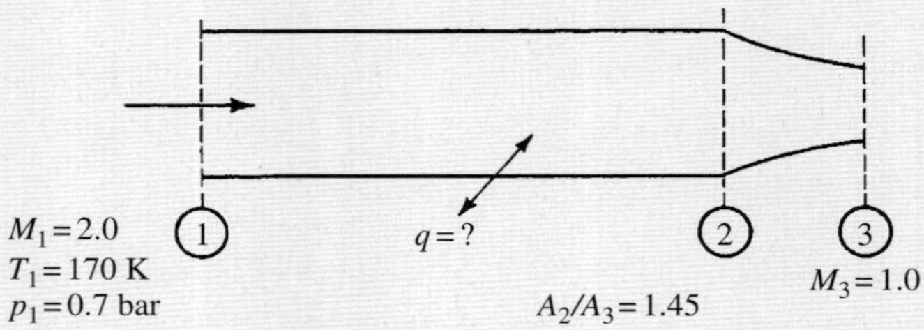

그림 P10.11

10.12 그림 P10.12에 표시된 시스템에서 마찰은 단면 2에서 단면 3까지, 그리고 단면 5에서 단면 6 구간에만 존재한다. 열은 단면 7에서 단면 8 사이에서 제거된다. 단면 9에서의 Mach 수는 1이다. 시스템의 *T-s* 선도를 그려 정적 곡선과 정체 곡선을 모두 표기하시오. 단면 4와 단면 9는 동일 수평선상에 있는가?

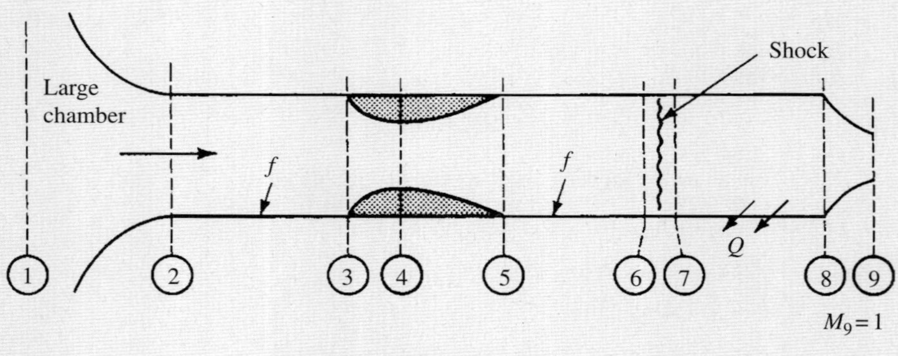

그림 P10.12

10.13 산소는 압력이 40 psia이고 온도가 500°R인 대형 탱크에 저장된다. 면적비가 3.5인 DeLaval 노즐이 탱크에 부착되어 열이 전달되는 일정 단면적을 갖는 덕트로 배출된다. 덕트 출구 압력은 15 psia로 같다. 노즐이 덕트에 부착된 위치에 수직충격파가 발생할 때 열전달량과 방향을 구하시오.

10.14 공기가 정체 조건이 35×10^5 N/m^2, 450 K인 축소-확대 노즐로 유입된다. 노즐 단면적비는 4.0이다. 노즐을 통과한 후 유동은 열이 공급되는 덕트로 유입된다. 덕트 끝에서 수직충격파가 발생하며, 그 후 정적온도는 560 K이다.

(a) 시스템에 대한 T–s 선도를 그리시오.

(b) 충격파 후의 Mach 수를 구하시오.

(c) 덕트에 공급되는 열량을 구하시오.

10.15 축소 노즐은 그림 10.11과 같은 일정 단면적을 갖는 덕트로 작동유체를 공급한다. 질소 공급 챔버의 상태는 $p_1 = 100$ psia, $T_1 = 600$°R이다. 초킹유동($M_3 = 1.0$)을 갖는 데 충분한 열이 공급되고 덕트 입구의 Mach 수는 $M_2 = 0.50$이다. 출구 압력은 수용기 압력과 같다.

(a) 수용기 압력을 계산하시오.

(b) 얼마나 많은 열이 전달되는가?

(c) 덕트에 더 많은 열이 공급될 때 수용기 압력이 (a)에서 계산된 값으로 고정된 상태를 유지한다고 가정한다. 그림 10.11과 같이 유량은 감소해야 하고 유동은 새로운 Rayleigh 곡선으로 이동해야 한다. 출구 Mach 수는 여전히 1인가? 아니면 1보다 작은가? (**힌트:** 점 2에서 더 낮은 Mach 수를 가정한다. 이로부터 질문의 답을 구하는 데 도움이 되는 새로운 p^*를 계산할 수 있다. 그런 다음 전달된 열을 계산하고 이것을 초기값보다 크게 나타낼 수 있다. T–s 선도도 도움이 될 수 있다.)

10.16 그림 10.11에 표시된 두 Rayleigh 곡선의 정체 곡선을 그리시오.

10.17 식 $p_t A^* =$ 일정[식 (5.35) 참조]을 상기하자.

(a) 그림 P10.17에 표시된 시스템에 대해 다음 식이 참인지 거짓인지 기술하시오.

(i) $p_{t1}A_1^* = p_{t3}A_3^*$

(ii) $p_{t3}A_3^* = p_{t5}A_5^*$

(b) 그림 P10.17에 표시된 시스템에 대한 T–s 선도를 그리시오. 정적 및 정체 곡선을 모두 포함하시오. 동일 Fanno 곡선상에서 단면 1에서 단면 2로, 단면 4에서 단면 5로의 유동이 있는가?

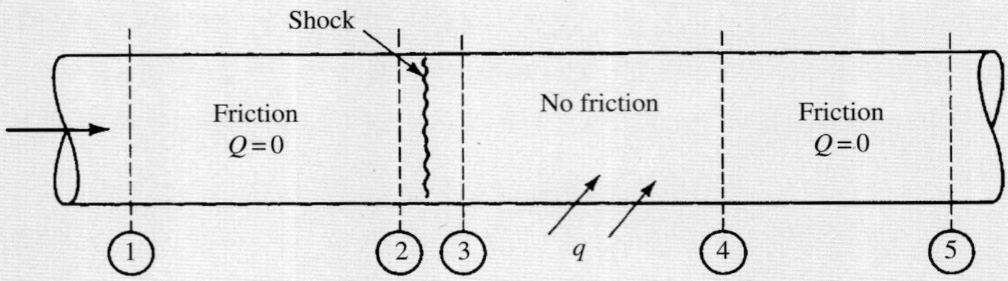

그림 P10.17

10.18 그림 P10.18에서 점 1과 점 2는 동일한 Rayleigh 곡선(동일한 질량유량, 동일한 면적, 동일한 임펄수 함수)의 유동을 나타내며 그림과 같이 $s_1 = s_2$가 되도록 배치된다. 이제 점 1의 조건에서 유체를 취하고 점 3으로 등엔트로피 팽창한다고 상상해 보자. 또한 점 2의 유체가 점 4까지 등엔트로피 압축된다고 가정한다.

(a) 점 3과 점 4가 일치하는 상태점(동일한 T, s)인 경우, A_3가 A_4보다 크거나, 같거나, 작음을 증명하시오.

(b) 점 3과 점 4가 반드시 일치하지는 않지만 각 점에서 Mach 수가 1이라고 가정한다(즉, $3 \equiv 1_s^*$ 및 $4 \equiv 2_s^*$).

(i) V_3가 V_4와 같거나, 크거나, 작은가?

(ii) A_3가 A_4와 같거나, 크거나, 작은가?

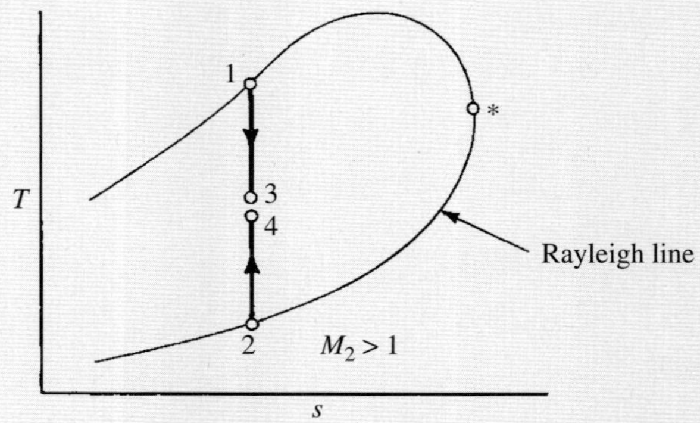

그림 P10.18

10.19 (a) Mach 수 0.25, 정압 100 psia, 정적온도 400°R 덕트로 유입되는 공기의 T-s 선도에서 일정한 비율로 Rayleigh 곡선을 그리시오. 곡선을 따라 다양한 지점에 Mach 수를 표기하시오.

(b) 정체 곡선을 T-s 선도에 추가하시오.

10.20 그림 P10.20은 마찰이 없는 완전기체의 1차원 정상유동 시스템에 대한 T-s 선도의 일부다.

열은 단면 1에서 단면 2까지 일정 단면적을 갖는 덕트에서 아음속 유동에 공급된다. 등엔트로피, 가변 단면적 유동은 점 2로부터 점 3에서 발생한다. 점 3에서 점 4로 일정 단면적을 갖는 덕트에 더 많은 열이 공급된다. 시스템에는 충격파가 발생하지 않는다.

(a) 물리적 시스템의 선도를 완성하시오(**힌트:** A_3가 A_2보다 크거나 같거나 작음을 증명해야 한다).

(b) p–v 선도에서 전체 유동 시스템을 스케치하시오.

(c) 시스템에 대한 T–s 선도를 완성하시오.

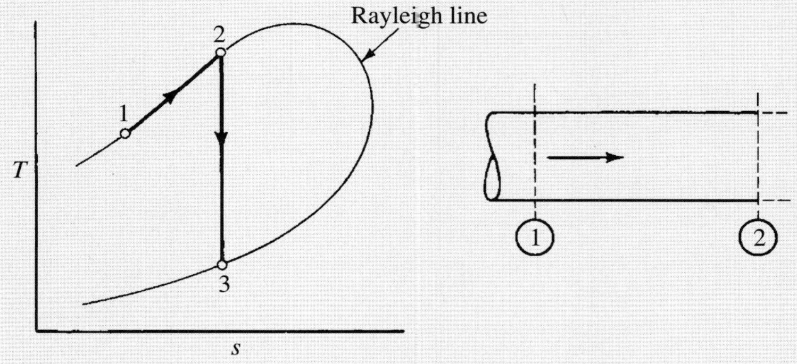

그림 P10.20

10.21 일정한 단면적(A)과 둘레(P)를 가진 무한소 길이(dx)의 수평 덕트를 통과하는 완전기체의 1차원 정상유동을 고려하자. 유동은 등온이고 열전달뿐만 아니라 마찰도 존재한다. 다음과 같은 형식의 기본 운동량방정식으로부터 시작하자.

$$\sum F_x = \frac{\dot{m}}{g_c}(V_{\text{out}_x} - V_{\text{in}_x})$$

덕트의 무한소 길이를 이용하여(필요에 따라 기초적 정의를 도입하여) 다음과 같음을 보이시오.

$$\frac{dp}{p} + \frac{\gamma M^2 f}{2}\frac{dx}{D_e} + \frac{\gamma M^2}{2}\frac{dV^2}{V^2} = 0$$

10.22 (**선택사항**)

(a) 9.4절에서 다룬 접근 방법[식 (9.25)~(9.27) 참조]에 따라 유체가 완전기체인 Rayleigh 유동의 두 점 간의 엔트로피 변화가 다음 식으로 표현됨을 보이시오.

$$\frac{s_2 - s_1}{R} = \ln\left(\frac{M_2}{M_1}\right)^{2\gamma/(\gamma-1)}\left(\frac{1+\gamma M_1^2}{1+\gamma M_2^2}\right)^{(\gamma+1)/(\gamma-1)}$$

(b) 기준상태(*)를 도입하고, $(s^* - s)/R$에 대한 식을 구하시오.

(c) (b)에서 도출한 식을 프로그래밍하고 $(s^* - s)/R$ 대 Mach 수 표를 구하시오($\gamma = 1.4$인 경우). 부록 J에 나열된 값으로 검증하시오.

10.23 기체역학 계산 프로그램 및 부록 B의 γ와 R 값을 사용하여 헬륨, 수증기, 이산화탄소에 대해 연습문제 10.4의 해를 구하시오.

이해력 시험

이 장의 자료를 참조하지 않고 테스트를 완료할 수 있어야 한다.

10.1 Rayleigh 곡선은 __________와 __________가 같은 점의 궤적을 나타낸다.

10.2 Rayleigh 유동의 경우, 각 물성값에 대한 양이 증가, 감소, 일정한지를 표 CT10.2의 빈칸에 맞게 채우시오.

표 CT10.2 Rayleigh 유동에서의 유체 물성 변화

	가열		냉각	
물성	$M < 1$	$M > 1$	$M < 1$	$M > 1$
Mach 수				
밀도				
엔트로피				
정체압				

10.3 등엔트로피 및 등온선(일반적인 완전기체의 경우)과 함께 p-v 선도에서 Rayleigh 곡선을 그리시오. 엔트로피와 온도가 증가하는 방향을 표시하시오. 아음속 및 초음속 유동 영역을 표시하시오.

10.4 그림 CT10.4에 표시된 시스템에 공기가 흐른다.

(a) 단면 3에 있는 큰 챔버 온도를 구하시오.

(b) 열전달량과 방향을 구하시오.

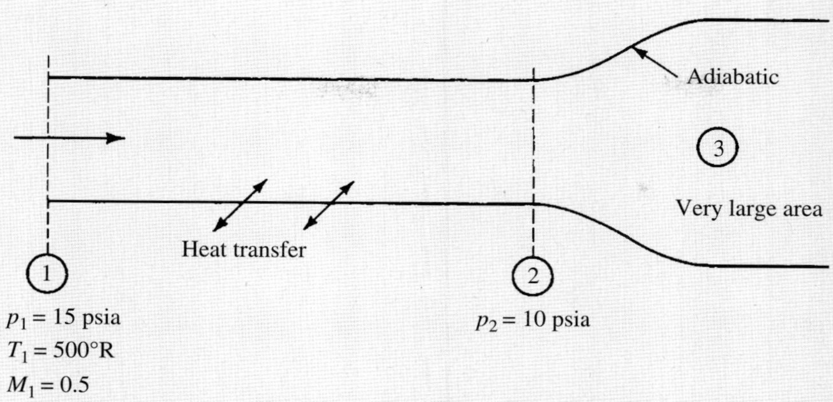

그림 CT10.4

10.5 그림 CT10.5에 표시된 시스템의 $T-s$ 선도를 그리시오. 선도에 정적 및 정체 곡선을 모두 표기하시오.

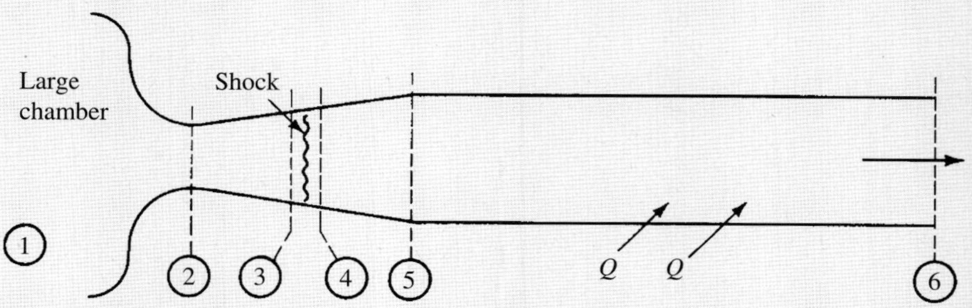

그림 CT10.5

10.6 연습문제 10.14의 해를 구하시오.

Chapter 11
실제기체 효과

11.1 서론

이전 장에서 소개한 정상상태, 1차원 유동에 대한 검사체적 방정식을 임의의 두 곳에 대해 아래에 요약했다. 이 식은 일정한 비열을 가진 완전기체로 특화되기 전에 더 일반적인 형태로 여기에 주어진다.

먼저 0^2 법칙과의 관계식을 포함한다.

상태방정식:

$$p = Z\rho RT \tag{1.16 수정}$$

$$du = c_v dT, \quad dh = c_p dT \tag{1.33, 1.34}$$

그런 다음 운동량방정식뿐만 아니라 질량과 에너지보존 방정식을 적는다.

연속방정식:

$$\rho_1 A_1 V_1 = \rho_2 A_2 V_2 \tag{2.30}$$

Fundamentals of Gas Dynamics, Third Edition. Robert D. Zucker and Oscar Biblarz.

Companion website: www.wiley.com/go/zucker/gas

에너지방정식:

$$h_{t1} + q_{1-2} = h_{t2} \qquad \text{[축 일이 없는 식 (3.19)로부터]}$$

운동량방정식:

$$\sum \mathbf{F} = \frac{\dot{m}}{g_c}(\mathbf{V}_{\text{out}} - \mathbf{V}_{\text{in}}) \tag{3.45}$$

식 (1.16)은 지금까지 암묵적으로 1로 가정된 압축성계수 Z의 도입으로 수정되었다는 점을 유의해야 한다. 두 번째 법칙은 비가역 과정의 방향에 영향을 미치지만, 명시적으로 나타나지 않는 경우가 많으므로 나열하지 않는다.

위의 방정식군은 실제기체 효과가 있는 기체역학을 연구하는 출발점이다. 가장 먼저 수행해야 하는 일은 발생할 수 있는 완전기체 거동에 대한 편차를 고려하는 것이다. 이는 종종 11.5절에서 논의한 바와 같이 온도와 압력에 대한 Z 인자의 의존성을 통해 달성된다. 또한 식 (1.16)을 따르는 기체도 온도 변화가 충분히 클 때 비열이 온도에 따라 달라질 수 있으므로 식 (1.34)의 적분으로부터 엔탈피를 구할 필요가 있다. 이는 Keenan과 Kay의 **기체 물성 표** 개발에 사용되었다(참고문헌 31).

기체의 미시적 구조에 대한 간단한 설명으로 이 장을 시작하여 단원자 기체가 이원자 기체(예: 공기)와 다른 γ를 갖는 이유와 다원자 기체의 비열비가 다른 이유를 설명한다. 다음으로, 불완전기체 또는 실제기체의 개념을 소개하고 온도가 열용량의 거동을 지배하는 이유에 대해 자세히 설명한다. 이 책에서는 해리(분자의 분열)가 없고 유동이 극초음속 영역 아래에 남아 있는 상황으로 제한한다. 결과적으로 열용량 변화에 대한 주요 기여는 이원자 및 다원자 분자에서 진동하는 내부 에너지의 온도 활성화에서 비롯된다. 그런 다음 불완전기체에 대해 이 절의 시작 부분에서 제시한 방정식으로 처리하는 방법에 대한 논의로 마무리한다.

11.2 학습목표

이 장을 성공적으로 배우고 나면 다음 작업을 수행할 수 있다.

1. 온도와 압력의 거시적 특성에 영향을 미치는 미시적 물성을 식별할 수 있다.
2. 열용량에 기여하는 분자 운동의 세 가지 범주를 설명할 수 있다.

3. 단원자, 이원자, 다원자 분자에 존재하는 운동 범주 중 해당하는 것을 나열할 수 있다.
4. 다음을 정의할 수 있다.
   (a) 상대 압력 및 상대 체적
   (b) 압력 감소 및 온도 감소
5. 반완전기체에 관한 기체 물성 표를 이용하여 간단한 프로세스 계산(s = 일정, p = 일정 등)을 수행할 수 있다.
6. 기체 물성 표를 이용하여 다양한 프로세스에 대한 엔트로피, 엔탈피, 내부 에너지 변화를 계산할 수 있다.
7. 주어진 압력과 온도에서 일반화된 압축성계수 선도를 이용하여 주어진 기체량의 체적을 구할 수 있다.
8. 출구 온도, 출구 압력 또는 출구 Mach 수와 함께 플레넘(plenum)의 모든 조건이 주어질 때 '방법 1'을 이용하여 실제기체 효과를 고려한 초음속 노즐 문제를 분석할 수 있다.
9. (**선택사항**) 충격파 상류의 모든 물성을 알고 있는 경우 '방법 1'을 이용하여 실제기체 효과를 고려한 수직충격파 문제를 분석할 수 있다.

11.3 진행사항

지금까지는 비열이 절대 변하지 않기 때문에 모든 유동 과정 동안 γ가 일정하게 유지된다고 가정했다. 이것은 $Z \approx 1.0$인 완전기체에 유용한 닫힌 형태의 방정식을 만들어냈다. 이제 더 정확하게 많은 실제 상황(특히 제트 엔진 또는 로켓 모터)을 나타내는 유동 내의 γ 변화 결과가 무엇인지 탐구할 준비가 되었다. γ가 변하는 데에는 여러 가지 이유가 있으며, 온도와 작동 압력뿐만 아니라 기체(원자 또는 분자)의 화학적 조성 변화와 관련이 있을 수 있다. 또한 유동이 평형에 접근하는 방법에 대한 기체운동론은 γ 변화에 영향을 줄 수 있으므로 문제가 상대적으로 복잡해질 수 있다. **이론적으로** γ는 절대 1보다 작거나 같을 수 없으며 5/3를 초과할 수 없다(참고문헌 26 참조). **실제로** γ 값 변화는 거의 모든 관심 기체에 대해 약 1.1~1.7 사이로 제한된다. 그러나 이러한 좁은 범위의 값은 매우 중요할 수 있는데, 이는 앞에서 본 것처럼 γ가 종종 지수로 나타나기 때문이다.

기체의 미시적 모델

지금까지 관측할 수 있고 측정 가능한 물성을 다루는 거시적 접근법(제1장에서 다룸)을 취해 왔다. 이는 중요한 열역학 법칙과 결과에서 발견되는 열역학의 공리적 접근으로 이어진다. 그러나 일반적인 기체는 주어진 기준 좌표계에 대해 가질 수 있는 평균 질량 운동 외에 서로에 대해 **연속적인 무작위 운동**(continuous random motion)을 하는 무수한 원자 및/또는 분자로 구성되어 있다.

이 **무작위 운동**의 운동에너지는 온도라고 불리는 물성의 기초를 형성한다. 따라서 무작위 운동은 기체의 **정적**온도를 구성하는 반면, 평균 질량 운동의 운동에너지는 정적온도와 정체온도 사이의 차이를 설명할 수 있는 유일한 요인이다. 이러한 기체 분자는 또한 서로 충돌하고 운동량을 교환하면서 계속해서 방향을 바꾼다. 그것이 물리적 표면과 충돌할 때, 운동량 교환은 압력이라 불리는 물성을 발생시킨다.

이러한 에너지는 믿을 수 없을 정도로 많은 구성 입자 사이에 분포되어 있으므로, 평형 조건에서 상당히 예측 가능한 경향이 있는 평균만 관찰한다. 그러나 소위 내부 자유도는 이완시간(relaxation time)이 다르므로 비평형 조건에서의 온도 개념은 훨씬 더 복잡해진다. 이에 대한 예는 11.8절에서 다룬다.

분자 구조

단원자 기체(monatomic gas)는 분자당 하나의 개별 원자로만 구성된다. 이러한 기체는 표준 압력에서 불활성 기체(예: 헬륨, 네온, 아르곤 등)로 잘 표현된다. 이들은 매우 광범위한 온도와 정상 압력에서 일정한 γ를 나타낸다. (다른 기체는 해리가 일어나기에 매우 높은 온도와 낮은 압력에서 단원자 구성 성분을 생성한다.)

이원자 기체(diatomic gas)는 두 개의 원자로 구성된 분자를 가지고 있다. 이것은 가장 일반적인 종류의 기체이며, 가장 좋은 예로 산소와 질소(공기의 주요 구성 요소)를 들 수 있다. 이원자 기체는 활성적인 내부 구조로 되어 있고 내부적으로 병진운동 외에 회전운동과 진동운동을 할 수도 있으므로 단원자 기체보다 더 복잡하다. (참고문헌 27에서 이원자 기체 열역학에 대한 엄격한 논의를 다룬다.)

다원자 기체(polyatomic gas)는 분자당 세 개 이상의 원자로 구성된다(예: 이산화탄소). 이들은 각 분자의 원자 수에 따라 달라지는 추가 진동 모드를 제외하고는 이원자 기체와 같은 속성을 공유한다.

따라서 **분자 자유도**(degrees of freedom)에는 최소한 **병진**(translation), **회전**(rotation), **진동**

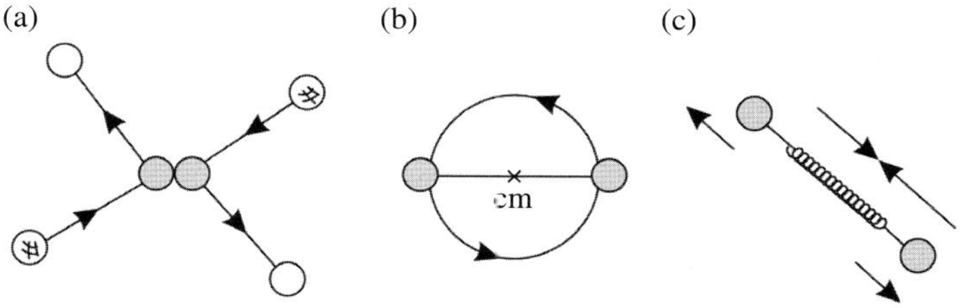

그림 11.1 이원자 분자에 대한 병진, 회전, 진동 운동

(vibration) 운동의 세 가지 범주가 있다. 각각은 기체의 에너지 저장 모드 역할을 하므로 열용량에 기여한다. 이것은 각각의 자유도가 에너지를 흡수하는 분자 능력에 기여하고, 따라서 최종 기체 온도에 영향을 미친다고 말할 수 있는 또 다른 방법이다. 그림 11.1은 이원자 기체 분자의 내부 자유도를 보여준다. 단일 원자는 진동 활성화의 대상이 아니며, 세 개 이상의 원자로 구성된 분자는 한 개 이상의 진동 자유도를 갖는다. (추가정보는 참고문헌 28, 29, 30에 제시되어 있다.)

기체역학에서의 비평형 효과

Mach 수가 노즐 내부에서 초음속이 되면, 전체적인 온도와 압력이 크게 떨어지며 비평형 효과가 나타나기 시작할 수 있다. 여기서 국소적인 온도 변화에 즉각적으로 대응하기 위한 특정 열용량의 **시간 지연**이나 **관성**과 같은 특정 물성 변화의 지연을 언급하고자 한다. 이는 γ 값이 본질적으로 변하지 않을 수 있으므로 충분히 짧은 노즐을 통한 확대부에서의 물성 변화에 영향을 미칠 것이다. 이러한(γ가 일정하게 유지) 분석을 **동결 유동 한계**(frozen-composition-flow limit)라고 하며, 이는 물성이 국소 정적온도 및 압력 프로파일에 따라 즉시 반응하는 **이동 평형 유동**(shifting equilibrium flow)보다 계산하기 훨씬 쉽다. 동결 유동을 예상하는 시기의 결정 기준은 노즐 및 기타 유동 장치를 통한 이동 시간과 비교한 활성화, 이완 또는 반응 시간과 관련이 있으며 문헌에 제시되어 있다(예: 참고문헌 26).

예를 들어, 로켓 추진에서 모든 예비 계산은 단순성 때문에 동결 유동 한계를 사용하여 이루어진다. Sutton과 Biblarz(참고문헌 24)에 따르면, 이 방법은 일반적인 로켓 성능을 **과소평가**하는 경향이 있다. 반면에 훨씬 더 복잡한 **순간적인 화학 평형 한계**[**이동 평형**(shifting equilibrium)이라고도 함]는 일반적인 로켓 성능을 **과대평가**하는 경향이 있다. 이상적인 시스템에서 등엔트로피 유동의 가정(즉, 유동 박리, 마찰, 충격파 또는 주요 불안정성 없음)은 최대 ±10%의 고유 오차를 가질 수 있으므로 동결 유동 분석법이 선호되는 접근 방식이다. 전기가열 로켓 및 극초음속 풍동과 같은 비연소 시스템은 화학 로켓과 유사한 방식으로 작동한다. 이들의 높은 온도 때문에 공기는 해리되어 화학적으로 반응하기 시작한다. 11.8절에서 소개할 가스 레이저(GDL)에서와 같이 때로는 비평형 유동이 바람직한데, 거의 모든 극초음속 환경에 존재한다.

제6장의 수식으로 인한 수직충격파 결과는 그림 6.9와 6.10에 나타냈다. 주어진 Mach 수에서 γ에 따른 압력비 변동성은 충격파 전후의 온도비 변동성보다 상당히 작다. 그러나 충격파 전선에 걸친 물성 변화는 충격파 상류의 γ를 반영할 것으로 예상된다는 점을 언급해야 한다. 온도 변화에 대한 조정은 충격파 내에서 이루어지는 것이 아니라 충격파 하류의 이완 영역에서 이루어질 가능성이 크다. 즉, 충격파 전선을 통과하는 유동은 γ 값과 조성이 **동결**된다. 그러나 기체 물성은 충격파 뒤에 있는 작은 영역에서 최종적으로 평형값에 근접할 것이다. 경사충격파에 대해서도 같은 주장이 적용된다.

반면 Prandtl-Meyer 팽창파는 유동이 항상 초음속으로 시작하고 끝나기 때문에 비평형 유동이 될 경향이 훨씬 작다. 이것은 온도 변화가 제한된다는 것을 의미하며, 더 중요한 것은 기체가 일반적으로 충분히 차가워 분자가 처음부터 활성화된 진동운동을 갖지 않는다는 것이다.

11.4 반완전기체 거동 특성과 기체 물성 표 작성

반완전기체는 완전기체 상태방정식으로 설명할 수 있지만, 온도에 따른 비열 변화에 대한 허용치를 갖는 기체다. 문헌에서는 이를 **열적 완전기체** 또는 **불완전기체**라고 하는데, 불행히도 여러 저자들 사이에 일관성이 없다. 그림 11.2는 이원자 기체혼합물(공기) 및 다원자 기체(CO_2)에 대한 c_p와 γ 변화를 온도 함수로 보여준다. γ 값 변화에 따른 서로 다른 곡선 형태는 에너지 저장의 회전 및 진동 모드의 활성화에 따른 것이다. 진동 모드는 더 높은 온도에서 나타나기 때문에 가장 중요하다. 예를 들어, 실온 이하에서도 공기 분자(대부분 질소)는 완전히 활성화된 병진 및 회전 운동 자유도를 가지지만, 약 1000 K(1800°R) 이상 온도에서는 (상대적으로 더 높은 활성화 에너지 때문에) 진동운동이 γ 값을 크게 변화시키기 시작한다.

이원자 및 다원자 기체는 초음속 노즐을 통한 유동처럼 온도와 압력이 모두 감소함에 따라 분자 구조가 크게 변할 수 있다. 이것은 연소실에서의 화학 반응과 극초음속 조건에서의 해리로 인해 가장 자주 변화한다. 더욱이 진동 여기(excitation)와 해리(즉, 분자의 분해)의 γ에 대한 영향은 참고문헌 29와 30에서 볼 수 있듯이, 종종 복잡한 방식으로 서로 대응한다. 게다가

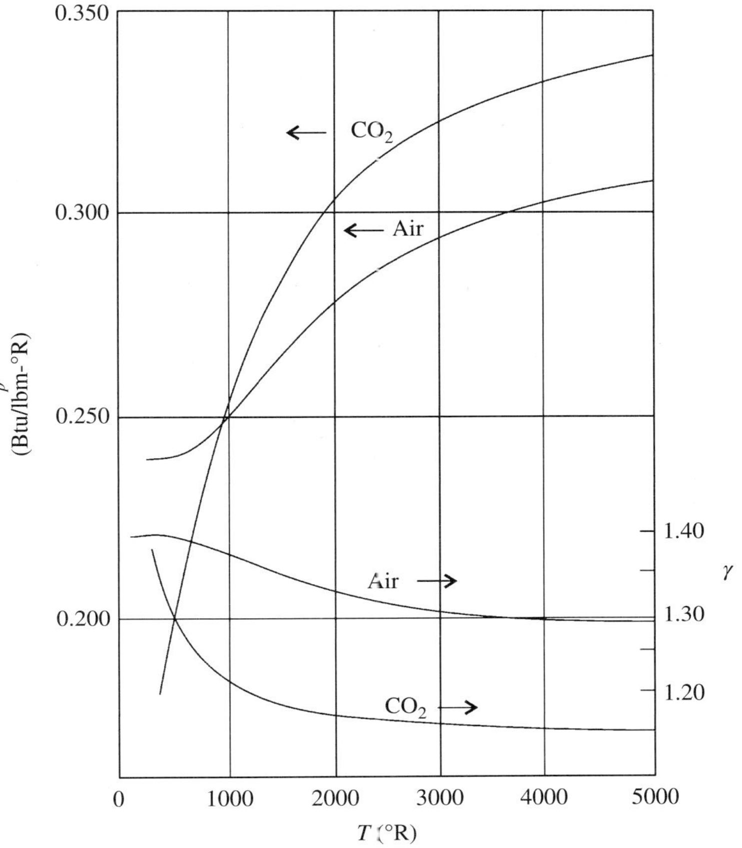

그림 11.2 두 개의 일반기체에 대한 정압비열과 비열비

극초음속 유동에서와 같이 운동 효과가 나타날 대, 이러한 문제는 컴퓨터 도움을 통해서만 해결할 수 있다. 그러나 **일정**하거나 효과적인 **평균** γ 값 접근법의 도입은 매우 유용할 수 있으며, 추진시스템의 예비 분석은 종종 그러한 접근법에 기초한다. 평균 γ 값 접근법은 11.6절에서 더 자세히 다룰 것이다.

기체 물성 표

완전기체 상태방정식은 상당히 정확하며 광범우한 온도에서 사용할 수 있다. 그러나 연소 구동 추진시스템에서는 반완전기체 접근 방식을 피할 수 없다. 부록 L의 표(참고문헌 31의 표 2)는 광범위한 온도 함수로서 저압 공기에 대한 c_p와 c_v 값을 보여준다.

$p = \rho RT$라고 말할 수 있는 한 내부 에너지와 엔탈피는 오직 온도만의 함수다. 제1장에서

다음 식을 다뤘었다.

$$du = c_v dT, \quad dh = c_p dT \tag{1.33, 1.34}$$

$T=0$일 때 $u=0$과 $h=0$을 임의로 지정하면, u와 h에 관한 적분을 얻을 수 있다.

$$u = \int_0^T c_v dT, \quad h = \int_0^T c_p dT \tag{11.1, 11.2}$$

이제 온도 변화가 충분히 클 때 비열과 온도 사이의 함수적 관계를 구하고 적분을 수행해야 한다. 이 작업은 일반적으로 사용되는 기체에 대해 수행되었으며, 그 결과는 **기체 물성 표**(참고문헌 31)에 나와 있다. 공기의 경우 부록 K에 나타냈다.

특정 기체에 대한 표 항목이 구성되면 표 범위 내 원하는 온도에서 u와 h 값을 직접 얻을 수 있다. 하지만 엔트로피 변화를 어떻게 계산할 수 있을까? 임의의 물질을 고려하면 다음 식으로 나타낼 수 있다.

$$Tds = dh - vdp \tag{1.31}$$

물질이 완전기체 법칙을 따른다면 다음과 같이 표기된다.

$$dh = c_p dT \tag{1.34}$$

엔트로피 변화는 다음 식으로 표기된다.

$$ds = c_p \frac{dT}{T} - R\frac{dp}{p}$$

각 항을 적분하면 다음과 같다.

$$\int_1^2 ds = \int_1^2 c_p \frac{dT}{T} - \int_1^2 R\frac{dp}{p}$$

다음 식으로 정의하면

$$\phi \equiv \int_0^T c_p \frac{dT}{T} \tag{11.3}$$

엔트로피 변화는 다음과 같이 표기할 수 있다.

$$\boxed{\Delta s_{1-2} = \phi_2 - \phi_1 - R \ln \frac{p_2}{p_1}} \tag{11.4}$$

c_p는 알려진 온도 함수이기 때문에 위에 표시된 적분은 한 번 수행할 수 있으며, 그 결과(온도의 함수임)는 기체 물성 표의 열(column)로 추가된다. u, h, ϕ 대 온도에 관한 표는 부록 K에서 확인할 수 있다.

예제 11.1

40 psia와 500°F 공기는 20 psia와 1000°F로 열전달과 함께 비가역 과정을 거친다. 엔트로피 변화를 계산하시오.

공기 물성 표(부록 K)로부터 500°F에서 $\phi_1 = 0.7403$ Btu/lbm-°R, 1000°F에서 $\phi_2 = 0.8470$ Btu/lbm-°R이기 때문에 다음과 같이 나타낼 수 있다.

$$\Delta s_{1-2} = 0.8470 - 0.7403 - \frac{53.3}{778} \ln \frac{20}{40}$$
$$\Delta s_{1-2} = 0.1067 + 0.0685 \ln 2 = 0.1542 \text{ Btu/lbm-°R}$$

이제 **등엔트로피 과정**을 고려해 보자. 식 (11.4)는 다음 식으로 표기된다.

$$\Delta s_{1-2} = 0 = \phi_2 - \phi_1 - R \ln \frac{p_2}{p_1}$$

또는

$$\boxed{\phi_2 - \phi_1 = R \ln \frac{p_2}{p_1}} \tag{11.5}$$

주어진 정보에 따라 많은 등엔트로피 과정은 식 (11.5)를 사용하여 직접 해를 구할 수 있다. 예를 들면 다음과 같다.

1. p_1, p_2, T_1이 주어질 때, ϕ_2를 풀고 T_2를 찾는다.
2. T_1, T_2, p_1이 주어질 때, p_2를 직접 구한다.

그러나 일부 문제는 그렇게 간단하지 않다. 만약 $\boldsymbol{v}_1$, $\boldsymbol{v}_2$, T_1을 안다면, T_2를 구하는 것은 시

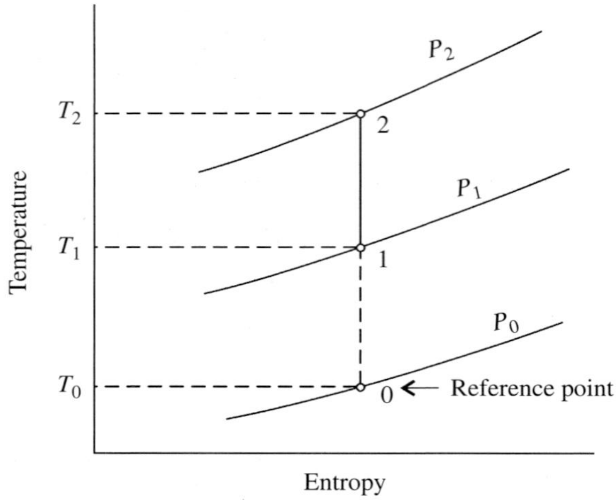

그림 11.3 *T*-*s* 선도상의 기준점

행착오적 문제가 될 것이다. 더 좋은 방법을 생각해 보자. 그림 11.3과 같이 기준점을 설정하면, 0에서 1까지의 등엔트로피 과정에 대해 식 (11.5)에서 다음을 얻는다.

$$\phi_1 - \phi_0 = R \ln \frac{p_1}{p_0} \tag{11.6}$$

그러나 식 (11.3)으로부터 다음을 얻는다.

$$\phi_0 = \int_0^{T_0} c_p \frac{dT}{T} = f(T_0) \tag{11.7}$$

기준점이 선택되면 ϕ_0은 주어진 상수이고, 식 (11.6)은 다음과 같이 생각할 수 있다.

$$\phi_1 - \text{const} = R \ln \frac{p_1}{p_0} \tag{11.8}$$

ϕ_1은 T_1의 알려진 함수이기 때문에, 식 (11.8)은 이 과정에 대한 압력비 p_1/p_0 또한 온도 T_1의 함수라는 것을 말해 준다. 이 비율을 **상대 압력**(relative pressure)이라고 부른다. 일반적으로 다음과 같다.

$$\text{상대 압력} \equiv p_r \equiv \frac{p}{p_0} \tag{11.9}$$

이러한 상대 압력은 계산될 수 있으며 기체 물성 표의 다른 열에 도입될 수 있다.

상대 압력의 도입으로 얻은 것은 무엇인가? 다음 식을 살펴보자.

$$\frac{p_2}{p_1} = \frac{p_2/p_0}{p_1/p_0} = \frac{p_{r_2}}{p_{r_1}}$$

또는

$$\frac{p_2}{p_1} = \frac{p_{r2}}{p_{r1}} \tag{11.10}$$

식 (11.10)은 기체 물성 표와 함께 **등엔트로피** 과정에 사용될 수 있다.

예제 11.2

공기는 50 psia와 500°R에서 150 psia까지 등엔트로피 압축을 거친다. 최종 온도를 구하시오.

부록 K의 공기 물성 표에서 다음을 얻는다.

$$p_{r1} = 1.0590 \text{ at } 500°\text{R}$$

식 (11.10)으로부터

$$p_{r2} = p_{r1}\left(\frac{p_2}{p_1}\right) = (1.0590)\left(\frac{150}{50}\right) = 3.177$$

$p_r = 3.177$ 반대쪽 표에서, $T_2 = 684°\text{R}$를 구할 수 있다.

온도만의 고유 함수인 **상대 체적**(relative volume) 개념을 유도하기 위해 유사한 추론 사슬을 따를 수 있으며, 이는 표로도 나타낼 수 있다.

$$\text{상대 체적} \equiv v_r \equiv \frac{v}{v_0} \tag{11.11}$$

또한 다음 식으로 나타낼 수 있다.

$$\frac{v_2}{v_1} = \frac{v_{r2}}{v_{r1}} \tag{11.12}$$

상대 체적은 상대 압력과 정확히 같은 방식으로 신속하게 등엔트로피 과정의 해를 구하기 위해 사용될 수 있다.

요약하면, 이제 온도의 고유 함수인 h, u, ϕ, p_r, v_r와 같은 변수에 대한 표를 만들 수 있다.

1. h, u, ϕ는 **모든** 과정에 사용할 수 있다.
2. p_r와 v_r는 **등엔트로피** 과정에만 사용할 수 있다.

공기와 기타 기체에 대한 전체 물성 표는 Keenan와 Kaye(참고문헌 31)의 **기체 물성 표**에서 확인할 수 있다. 공기에 대한 요약표는 부록 K에 제시되어 있다. 이 표는 200°R에서 6500°R 사이의 공기에 대한 h, p_r, u, v_r, ϕ의 변화를 보여준다. 연소 생성물의 구성이 원래 공기와 거의 차이가 없으므로 이러한 물성 표를 공기흡입(air-breathing) 엔진에 사용하는 것은 적합하다. 그러나 이러한 물성 표에는 Mach 수와 등엔트로피 면적비와 같은 어떤 기체역학적 관계가 부족하다. 이 주제는 11.6절에서 다룬다.

방정식 형태의 물성

간단한 문제 해를 구할 때 표와 도표를 이용하여 작업하는 것이 매우 편리하다. 그러나 더 복잡한 문제가 수반될 때 해결책을 위해 디지털 컴퓨터를 사용하는 경우가 많다. 이 경우 유체 물성에 대한 간단한 식이 있으면 좋다. 예를 들어, 가장 일반적인 공기 물성을 다음과 같이 다항식으로 표기할 수 있다.

c_p(180°R~2430°R):

$$c_p = 0.242333 - (2.15256\text{E}-5)T + (3.65\text{E}-8)T^2 - (8.43996\text{E}-12)T^3$$

c_v(300°R~3600°R):

$$c_v = 0.164435 + (7.69284\text{E-}6)T + (1.21419\text{E-}8)T^2 - (2.61289\text{E-}12)T^3$$

γ(198°R~3420°R):

$$\gamma = 1.42616 - (4.21505\text{E-}5)T - (7.93962\text{E-}9)T^2 + (2.40318\text{E-}12)T^3$$

h(200°R~2400°R):

$$h = (0.239788)T - (6.71311\text{E-}6)T^2 + (9.69339\text{E-}9)T^3 - (1.60794\text{E-}12)T^4$$

u(200°R~2400°R):

$$u = (0.171225)T - (6.68651\text{E-}6)T^2 + (9.67706\text{E-}9)T^3 - (1.60477\text{E-}12)T^4$$

ϕ(200°R~2400°R):

$$\phi = 0.232404 + (8.56494\text{E-}4)T - (4.08016\text{E-}7)T^2 + (7.64068\text{E-}11)T^3$$

지수 표기법을 위 식에서 사용했다. 예를 들어, E-7은 $\times 10^{-7}$을 의미한다.

위 모든 방정식은 영미공학단위계이며, 절대온도를 사용했다. 위 식은 J. R. Andrews와 O. Biblarz의 보고서, "Gas Properties Computational Procedure Suitable for Electronic Calculators", *NPS-57Zi740701A*, July 1, 1974에서 발췌했다. **같은 저자들**에 의해 나중에 SI 단위계로 확장된 것이 "Temperature Dependence of Gas Properties in Polynomial Form", NPS67-81-001, January 1981이다. 이 문헌은 웹에서 이용 가능하다(https://core.ac.uk/download/pdf/36723064.pdf).

11.5 실제기체 거동, 상태방정식, 압축성계수

기체는 증기, 완전기체, 초임계 유체의 세 가지 형태로 존재한다고 말할 수 있다. 이러한 구분은 필요에 따라 더 엄격하게 할 수 있다(일반적인 순수 물질의 다양한 상이 있는 p-v 선도, 그림 11.4 참조). 증기는 응축 또는 2상 돔(dome) 영역 근처에 존재하며, 초임계 유체는 2상 돔 위의 고압 영역에 존재한다. **완전기체는 앞의 두 영역으로부터 멀리 떨어져 존재하기에 매우 높은 온도와 매우 낮은 압력의 기체로 표현된다**. 따라서 확실히 실질적이지만, 완전기체가 작동하는 것이 전부는 아니다.

상태방정식

일단 완전기체 방정식이 더 이상 유효하지 않은 영역에 들어가면, 물성들 사이의 더 복잡한 다른 관계식에 의존해야 한다. 1873년 소개된 van der Waals 방정식이 사용된 초기 표현 중 하나다.

$$\left(p + \frac{a}{v^2}\right)(v - b) = RT \tag{11.13}$$

상수 a와 b는 기체마다 고유하며, 이러한 값을 나타내는 표는 많은 문헌에서 찾아볼 수 있다

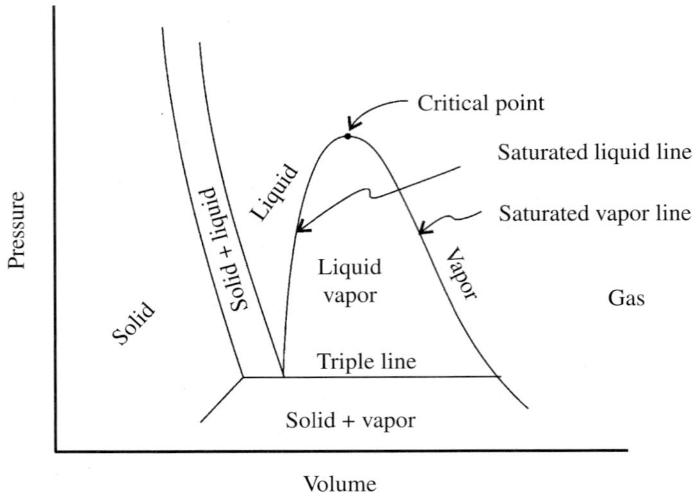

그림 11.4 전형적인 순수 물질에 대한 2상 돔

(예: 참고문헌 6 참조). a/v^2 항은 분자 간의 인력을 보정하기 위한 것이다. 고압에서 a/v^2 항은 p에 비해 작아서 무시할 수 있다. 상수 b는 분자가 차지하는 체적을 설명하기 위한 것이다. 저압에서는 비체적을 포함하는 항에서 b를 생략할 수 있다. 두 개의 새로운 상수만 포함되기 때문에 van der Waals 방정식을 비교적 쉽게 사용할 수 있다. 그러나 Obert가 고찰한 바와 같이, 밀도가 증가함에 따라 정확도가 떨어질 수 있다.

정확도를 얻기 위한 시도는 상태방정식의 다른 형태에서도 발견된다. 아마도 이들 중 가장 일반적인 것은 다음과 같은 **비리얼**(virial) **상태방정식**이다.

$$\frac{pv}{RT} = 1 + \frac{B}{v} + \frac{C}{v^2} + \frac{D}{v^3} + \cdots \tag{11.14}$$

상수 B, C, D 등은 **비리얼 계수**라고 하며, 온도만의 함수라고 가정한다. 완전기체를 위한 이 비리얼은 무엇일까? 비리얼 방정식은 1901년경에 도입되었으며 임계점 이하의 밀도에서는 매우 정확하다.

다른 **많은** 상태방정식이 있는데, 이러한 것을 다루려는 시도는 없었다. 우리의 주요 목적은 p-v-T 표면의 제한된 영역에서 0^2 법칙을 충족할 수 있을 만큼 정확한 식을 찾을 수 있음을 나타내는 것이다. 이 주제에 관심이 있다면 참고문헌 6의 "The pvT Relationships"라는 훌륭한 장을 참고하기 바란다.

압축성계수 선도

상태방정식 문제에 접근하는 다른 방법이 있을까? 이러한 물성 관계를 간단한 방식으로 표현할 수 있을까? 식 (11.14)의 우변을 보자. 주어진 상태점(기체의 경우)에 대해 우변 전체에 기호 Z가 주어지고 **압축성계수**(compressibility factor)라 표기된다.

$$p = Z\rho RT \tag{1.16m}$$

다양한 기체에 대한 개별 그림을 사용하여 압축성계수를 온도 및 압력의 함수로 표시할 수 있다. 그러나 정확도를 거의 잃지 않고 **감소한 물성**(reduced properties)의 개념을 통해 하나의 그림에 모든 기체를 표시하는 것이 가능하다. 여기서 p_r와 T_r로 표시된 새로운 무차원 수 집합을 정의한다.

$$\text{감소 압력} \equiv p_r \equiv \frac{p}{p_c} \tag{11.15}$$

$$\text{감소 온도} \equiv T_r \equiv \frac{T}{T_c} \tag{11.16}$$

여기서 주어진 임의의 물질에 대해

$$p_c \equiv \text{임계 압력}$$
$$T_c \equiv \text{임계 온도}$$

위의 감소 압력과 11.4절의 상대 압력은 같은 기호를 공유한다는 점에 유의해야 한다. 이것이 보통 행해지는 방식이며, 혼란을 일으키지 않도록 한다. 이제 압축성계수를 감소 온도와 감소 압력에 대해 그림 11.5에 표시된 것과 유사한 결과로 나타낼 수 있다. 이 선도는 대부분의 기체에 대해 거의 같으므로 모든 기체에 대해 평균 선도를 사용할 수 있다.

일반화된 압축성계수 선도는 대부분의 열역학 교재에서 찾을 수 있다(부록 F 참조). 다른 기체에 대한 Z가 이 지점에서 0.23에서 0.33으로 변하기 때문에 평균화 절차에 약간의 오류가 발생하는 임계점 근처에서는 정확도가 가장 낮다. (여기서는 증기 및 기타 몇 가지 기체의 경우, 압축성계수 선도보다 더 정확히 경험적으로 도출된 표를 사용할 수 있다는 점을 지적해야 한다.) $0.95 \le Z \le 1.05$일 때 **완전기체 영역**을 정의한다. (이것이 예상한 것과 일치하는가?)

대기 중 공기는 79% N_2, 20% O_2, 기타 미량 기체 혼합물로 구성된다. 20°F(480°R) 이상의 온도에서 해리 또는 재조합 없이 공기의 완전기체 거동[즉, Z 값이 단위수(1)의 ±5% 이내로 유지되는 경우]은 최대 4100 psia(279 atm)까지 예상할 수 있다. −160°F(300°R)의 낮은 온도에서 최대 약 1000 psia(74 atm)의 공기 중 완전기체 거동을 기대할 수 있다. 이러한 압력 및 온도 값은

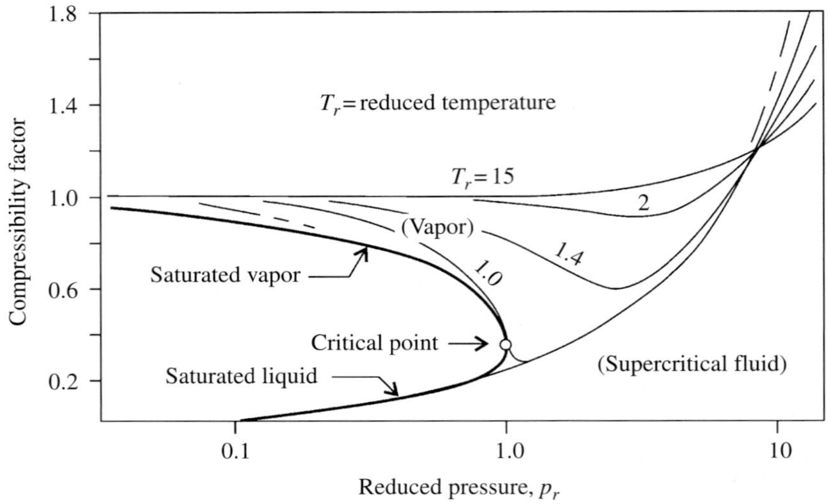

그림 11.5 일반화된 압축성계수 선도의 개략도(작업 도표는 부록 F 참조)

다른 기체의 경우 상당히 다양하지만, 알 수 있듯이 공기 중 완전기체 거동은 매우 흔하다.

예제 11.3

227°R, 9.3 atm에서 공기량을 구하시오. 부록 F의 일반화된 압축성계수 선도를 사용하여 완전기체 계산과 비교하시오. 공기에 대한 유사 임계 상수는 $T_c = 239$°R와 $p_c = 37.2$ atm(546 psia)이다.

$$T_r = \frac{227}{239} = 0.95$$

$$p_r = \frac{9.3}{37.2} = 0.25$$

압축성계수 선도에서 $Z = 0.889$이다.

$$v = \frac{ZRT}{p} = \frac{(0.889)(53.3)(227)}{(9.3)(14.7)(144)} = 0.546 \text{ ft}^3/\text{lbm}$$

완전기체 상태방정식을 사용할 때 다음을 얻는다.

$$v = \frac{RT}{p} = \frac{(53.3)(227)}{(9.3)(14.7)(144)} = 0.615 \text{ ft}^3/\text{lbm}$$

완전기체 상태방정식은 기체역학에 대한 많은 관심 상황에서 정확한 것으로 판명되었다. 많은 응용 분야에서 높은 압력은 일반적으로 비교적 높은 온도와 관련이 있고, 낮은 온도는 일반적으로 상대적으로 낮은 압력과 연관되므로, 예를 들어 기체 응축은 드물다. 또한 기체 분자는 평균적으로 서로 멀리 떨어져 있다. 연소실로부터 작동유체를 공급받는 초음속 노즐은 이 범주에 속한다. 풍동, 제트 엔진, 로켓 엔진에서는 온도 및 기체 조성에 따른 열용량 변화 때문에 증가한 상태의 완전기체 상태방정식을 사용하는 반완전기체 접근법으로 분석할 수 있다. 따라서 많은 실제 사례에서 완전기체 거동으로부터의 편차는 대부분 무시할 수 있으며 $Z \approx 1.0$으로 설정한다. Z가 1.0에 아주 가깝지 않을 때, $Z = 1.0$부터 반복 계산이 수행되는데, 이는 종종 다소 빠르게 수렴한다. 여기서 표 형식 또는 그래픽 형식의 정보가 가장 일반적으로 사용된다. (추가 정보는 참고문헌 30과 32 참조)

11.6 변수 γ–가변 단면적 유동

등엔트로피 계산

제5장 수식에서 나온 γ 값 변화에 따른 등엔트로피 결과는 그림 5.14a, b, c에 나타냈다. 거기서 일정한 γ 값 결과를 보여주었지만, γ 값 변화로부터 수반되는 영향은 다른 일정한 γ 값 확장 곡선으로부터 추론할 수 있다. p/p_t 곡선은 Mach 수가 약 2.5(공기의 경우 10% 미만 변동)까지에 대한 γ 값에 상대적으로 둔감하다. 이것은 변수 γ에 대해 압력을 포함하는 계산(이 Mach 수 범위에서)이 상수 γ를 가정하는 계산과 본질적으로 같음을 의미한다. 반면 온도비는 $M = 1.0$을 넘을 때 상당한 변동성을 보이기 때문에 온도와 관련된 계산이 γ 값 변동의 독립성에서 더 제한된다고 할 수 있다. 밀도비 민감도는 온도와 압력 사이에 있다. A/A^* 비는 $M = 1.5$ 이하 시 γ 값에 크게 의존하지 않는다. 이러한 모델에서 단원자 기체는 내부 진동 모드가 없으므로 변수 γ를 나타내지 않는다는 것을 상기하자. 따라서 이원자 및 다원자 기체에만 아래에 설명된 기술이 필요하다.

γ 변수와 가변 단면적 유동 문제를 처리하기 위해 여러 방법이 개발되었다. 선택 방법은 관리 중인 정보와 필요한 결과 정확도에 따라 달라진다. 여기서 두 가지 방법을 논의한다. 첫 번째는 앞 장에서 설명한 자료를 다소 단순하게 확장한 내용을 기반으로 한다. 다른 방법은 더 엄격하다. 제시된 바와 같이, 어떤 방법도 $Z \approx 1.0$으로부터의 편차를 허용하지 않는다.

방법 I: 평균 γ값 접근법. 이것은 전체적으로 완전기체 관계를 가정하지만, 정체엔탈피 및 정체압력 방정식에 적절하게 삽입된 평균 γ 값(또는 $\bar{\gamma}$)을 가지고 작업한다.

방법 II: 실제기체 접근법. 이는 완전기체 상태방정식을 사용하지만, 물성값은 기체 물성 표에서 가져온다는 점에서 반완전기체로 가정한다(이것은 가변 비열을 설명한다).

두 방법 모두 본질적으로 반복적이지만 방법 I이 훨씬 더 쉽고 빠르다. 초음속 노즐을 통과하는 공기의 수많은 예를 통해 검증했으므로 예비 설계 목적을 위한 계산 작업을 충분히 잘 할 수 있다. 이는 적절하게 수정된 c_p를 갖는 다음 방정식에 기초한다.

$$c_p = \frac{\gamma R}{\gamma - 1} \tag{4.15}$$

$$h = \int_0^T c_p dT \approx c_p T = \left(\frac{\gamma R}{\gamma - 1}\right) T \tag{11.17}$$

$$T_t = T\left(1 + \frac{\gamma - 1}{2} M^2\right) \tag{4.18}$$

$$p_t = p\left(1 + \frac{\gamma - 1}{2} M^2\right)^{\gamma/(\gamma-1)} \tag{4.21}$$

$$\dot{m} = pAM\sqrt{\frac{\gamma g_c}{RT}} = \text{일정} \tag{4.13}$$

이러한 방정식은 (열용량이 일정하므로) 완전기체에 대해서만 엄격히 유효하지만, 더 정확한 해를 얻기 위해 수정된/평균 $\bar{\gamma}$ 값을 도입한다. 그림 11.6에 정의된 단면 위치와 함께 다음과 같은 등엔트로피 노즐 문제를 제시한다.

이 문제에 대해 다음 정보를 가정한다.

주어진 정보: 기체 조성, $T_{t1} \approx T_1$, $p_{t1} \approx p_1$, p_3

찾기: (a) 출구에서의 온도와 Mach 수(T_3와 M_3)

(b) 이러한 조건을 생성하는 데 필요한 면적비(A_3/A_2)

해법:

1. 일정한 γ 값을 갖는 완전기체로 T_3을 가정한다.
2. 부록 L에서 γ_3을 구한다(γ는 정적온도의 함수일 뿐이다). 대안으로, 진동 모드가 활성화되지 않도록 충분히 낮은 온도로 가정하여 이 단계를 우회할 수 있다. 공기의 경우 이것은 $\gamma_3 \approx 1.4$를 의미한다(그렇지 않으면 더 높은 온도에서 $\gamma \rightarrow 1.3$). 다른 기체의 경우 부록 A에 주어진 낮은 온도에서의 값을 이용한다.

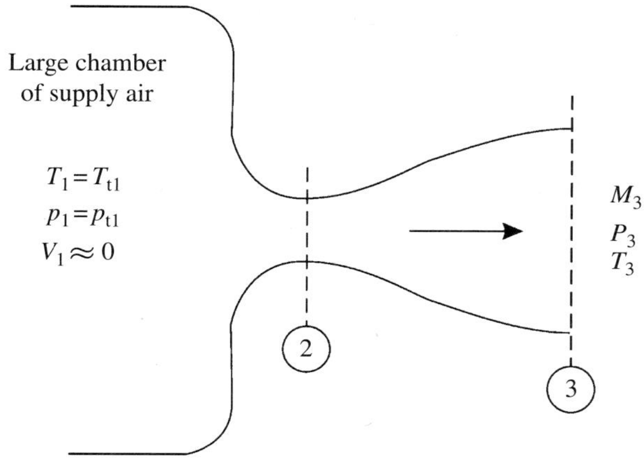

그림 11.6 초음속 노즐

3. 다음 식을 이용하여 평균 γ 값(즉, 단면 3까지의 유효 노즐 $\bar{\gamma}$ 값)을 계산한다.

$$\bar{\gamma}_3 = \frac{\gamma_3 + \gamma_1}{2} \tag{11.18}$$

4. 에너지방정식 (10.48)에서 $h_{t3} = h_{t1}$이므로 다음 식으로 표기할 수 있다.

$$\begin{gathered} \bar{c}_{p3} T_{t3} \approx c_{p1} T_{t1} \\ \left(\frac{\bar{\gamma}_3 \cancel{R}}{\bar{\gamma}_3 - 1} \right) T_{t3} \approx \left(\frac{\gamma_1 \cancel{R}}{\gamma_1 - 1} \right) T_{t1} \\ T_{t3} \approx T_{t1} \left(\frac{\gamma_1 (\bar{\gamma}_3 - 1)}{\bar{\gamma}_3 (\gamma_1 - 1)} \right) \end{gathered} \tag{11.19}$$

이를 통해 초음속 유동 영역에서 T_{t3}의 첫 번째 추정치를 찾는다.

5. (상류 값에 따라) 국소적인 값에 기반하지 않는 한 단면 3에서의 물성에 대해 평균 γ 값을 사용한다. M_3에 관한 추정치를 얻기 위해 식 (4.21)을 사용한다. [팽창 과정이 등엔트로피적이기 때문에 정체압력이 일정하게 유지된다는 것을 기억하자. 식 (4.28) 참조]

$$M_3 \approx \sqrt{\frac{2}{\bar{\gamma}_3 - 1} \left[\left(\frac{p_{t1}}{p_3} \right)^{(\bar{\gamma}_3 - 1)/(\bar{\gamma}_3)} - 1 \right]} \tag{11.20}$$

6. M_3와 T_{t3}를 알면 식 (4.18)에서 T_3를 계산한다.

7. 단계 6에서 계산된 T_3 값을 조사하고 단계 1에서 가정한 값과 어떻게 비교되는지 확인한다.
8. 이제 새로운 T_3 값에서 γ_3을 재평가하고 그것이 원래 가정한 값과 현저하게 다른지 확인한다. γ 값은 그림 11.2에 표시된 저온 영역에 있는 한 거의 같게 유지된다.
9. γ_3 값을 개선할 필요가 있으면 이를 수행하고 단계 3으로 돌아간다. 그렇지 않으면 계산된 T_3 값이 허용되며 계속 진행할 수 있다.

이제 면적비에 대해 단면 2와 3에서 식 (4.13)을 작성한다. 단면 3에서 초음속 유동일 경우 $M_2 = 1.0$이고, 등엔트로피 유동조건에서 $T_{t1} = T_{t2}$, $p_{t1} = p_{t2}$이고[식 (4.28)] $A_1^* = A_2^* = A_3^*$이다[식 (5.35)]. 또한 아음속 영역에서 p/p_t, T/T_t, A/A^*는 γ 값이 1.13에서 1.67까지의 변화에 상대적으로 둔감하다(그림 5.14 참조). 이것은 단면 1과 2 사이에서 $\gamma = 1.4$에 대한 등엔트로피 표(부록 G)의 값을 심각한 오차 없이 사용할 수 있음을 의미한다. 또한 $\gamma_1 = \gamma_2$이다.

$$p_2A_2M_2\sqrt{\frac{\gamma_2 g_c}{RT_2}} = p_3A_3M_3\sqrt{\frac{\gamma_3 g_c}{RT_3}} \quad \text{또는} \quad \frac{A_3}{A_2} = \frac{1}{M_3}\frac{p_2}{p_3}\sqrt{\frac{\gamma_2 T_3}{\gamma_3 T_2}}$$

$$p_2 = \left(\frac{p_2}{p_{t2}}\right)\left(\frac{p_{t2}}{p_{t1}}\right)\left(\frac{p_{t1}}{p_1}\right)p_1 \approx (0.52828)p_1$$

$$T_2 = \left(\frac{T_2}{T_{t2}}\right)\left(\frac{T_{t2}}{T_{t1}}\right)\left(\frac{T_{t1}}{T_1}\right)T_1 \approx (0.83333)T_1$$

10. 이 값을 식 (4.13)에 대입하고 재정렬하면 다음과 같은 가변 γ 값과 유동의 노즐 면적비에 대한 유용한 관계식을 얻는다.

$$\frac{A_3}{A_2} = \frac{A_3}{A_3^*} \approx \frac{0.579}{M_3}\left(\frac{p_1}{p_3}\right)\sqrt{\frac{\gamma_1 T_3}{\gamma_3 T_1}} \tag{11.21}$$

여기서는 그림 11.6의 $T_{t1} = T_1$와 $p_{t1} = p_1$의 팽창에 대한 것이다.

예제 11.4

공기는 정체 조건 $p_1 = 455$ psia와 $T_1 = 2400°$R에서 $p_3 = 3$ psia의 출구 압력까지 초음속 노즐을 통해 등엔트로피적으로 팽창한다. 완전기체 결과와 방법 I을 이용하여 출구 Mach 수, 노즐 면적비, 출구 온도를 계산한 후 방법 II와 비교하시오.

$$M_3 = 4, \quad A_3/A_3^* = 10.72, \quad T_3 = 571°\text{R}.$$

먼저, 방법 I을 적용한다.

1. $T_3 \approx 571°\text{R}$이라고 가정한다.
2. 부록 L(또는 그림 11.2)에서 $\gamma_3 = 1.3995$와 $\gamma_1 = 1.317$을 얻는다.
3. 따라서 다음 결과를 얻는다.

$$\bar{\gamma}_3 = \frac{\gamma_3 + \gamma_1}{2} = \frac{1.3995 + 1.317}{2} = 1.35825$$

4. $T_{t3} \approx T_{t1}\left(\frac{\gamma_1}{\bar{\gamma}_3}\right)\left(\frac{\bar{\gamma}_3 - 1}{\gamma_1 - 1}\right) = (2400)\left[\left(\frac{1.317}{1.35825}\right)\left(\frac{1.35825-1}{1.317-1}\right)\right]$

$$= (2400)(1.0958) = 2629.93°\text{R}$$

5. Mach 수는 다음과 같다.

$$M_3 \approx \sqrt{\frac{2}{\gamma_3 - 1}\left[\left(\frac{p_{t3}}{p_3}\right)^{(\gamma_3-1)/\gamma_3} - 1\right]} = \left(\frac{2}{1.3995-1}\right)\left[\left(\frac{455}{3}\right)^{0.285459} - 1\right] = 3.9983$$

여기서 단면 3에서 국부적으로 식 (4.21)을 사용한다.

6. 따라서 다음 식을 얻는다.

$$T_3 = \frac{T_{t3}}{\left[1 + \frac{\gamma_3 - 1}{2} M_3^2\right]} = \frac{2629.93}{\left[1 + \frac{1.3995-1}{2}(3.9983)^2\right]} = 627.16°\text{R}$$

γ_3 값은 새로운 T_3 값에서 같게 유지된다(유의미한 세 자리 숫자까지). 두 번째 반복 작업을 통해 $T_{t2} = 2627°\text{R}$, $M_3 = 3.9965$, $T_3 = 628.1°\text{R}$를 얻는다.

다음으로 예제 11.2에서와 같이 부록 K의 공기 표를 활용하는 방법 II를 수행한다. 식 (11.10)으로부터 다음을 얻는다.

$$p_{r3} = p_{r1}\frac{p_3}{p_1} = (367.6)\left(\frac{3}{455}\right) = 2.424$$

이때 $T_3 = 635.5°\text{R}$를 얻는다. 여전히 A_3/A_3^*를 계산해야 하지만, 여기서 공기 물성 표는 도움이 되지 않는다. 그래서 방법 I의 단계 10을 진행하고 다음을 얻는다.

$$\frac{A_3}{A_2}=\frac{A_3}{A_3^*}\approx\frac{0.579}{M_3}\frac{p_1}{p_3}\sqrt{\frac{\gamma_1 T_3}{\gamma_3 T_1}}=\left(\frac{0.579}{3.9965}\right)\left(\frac{455}{3}\right)\sqrt{\frac{(1.317)(628.1)}{(1.3995)(2400)}}$$
$$\approx 10.904$$

이제 결과를 비교해 보자. 단면 3에서의 정적온도 계산 결과 방법 I과 방법 II(2% 이내) 사이에는 잘 비교되지만, 완전기체 결과와 방법 II(10% 이내) 사이에는 그다지 잘 비교되지 않는다. 방법 II는 공기 물성 표를 기반으로 하므로 그 결과가 가장 정확하고 완전기체 결과에 개선이 필요한 이유를 알 수 있다.

노즐을 가로지르는 압력비가 알려지지 않고 출구 온도(T_3), 출구 Mach 수(M_3), 노즐 면적비 (A_3/A_2)가 주어질 때, 상기 기술은 여전히 적용할 수 있다. 예를 들어, 다음과 같은 사례를 보자.

주어진 정보: 기체 조성, $T_{t1}=T_1$, $p_{t1}=p_1$, T_3

찾기: a. 출구에서의 압력과 온도(p_3과 M_3)

b. 이러한 조건을 생성하는 데 필요한 면적비(A_3/A_2)

T_3가 주어질 때, γ_3를 직접 구할 수 있으므로 반복할 필요가 없다. 방법 I의 단계 2부터 진행할 수 있다. 단계 4에서 T_{t3}를 구한 후, 식 (4.18)을 이용하여 M_3를 계산할 수 있다.

$$M_3\approx\sqrt{\frac{2}{\gamma_3-1}\left(\frac{T_{t3}}{T_3}-1\right)} \tag{4.18}$$

이제 정압은 단계 5의 식 (11.20)과 같은 방정식을 이용하여 계산할 수 있지만, 단면 1(상류)에서의 정체압력과 관련되기 때문에 평균 $\bar{\gamma}$ 값을 사용한다.

$$p_{t1}\approx p_3\left(1+\frac{\bar{\gamma}_3-1}{2}M_3^2\right)^{\bar{\gamma}_3/(\bar{\gamma}_3-1)}$$

마지막으로 면적비는 방법 I에서 단계 10의 방정식을 이용하여 추정할 수 있다. 이 기법은 기본적으로 같지만, 단면 3에서의 비열비 γ 값이 갖는 초기 불확실성과 상류 값에서 발견되는 압력과 같은 물성에 $\bar{\gamma}$ 값을 사용할 필요가 없다. 다른 유형의 문제를 보자.

주어진 정보: 기체 조성, $T_{t1} = T_1$, $p_{t1} = p_1$, M_3

찾기: a. 출구에서의 압력과 온도(p_3와 T_3)

b. 이러한 조건을 생성하는 데 필요한 면적비(A_3/A_2)

이러한 유형의 문제는 노즐 출구 온도를 알 수 없으므로 반복적인 기법이 필요하다. 방법 I을 사용하고 그것을 Zucrow와 Hoffman(참고문헌 20의 183~187쪽)의 예에서 자세히 작업한 방법 II와 비교해 보자. 이는 다음 예제 11.5로 주어진다.

예제 11.5

그림 E11.5에서처럼 2000 K와 3.5 MPa의 플레넘 조건을 갖는 등엔트로피 토출식(blow-down) 풍동에서 Mach 수 6의 공기를 이송하는 문제를 고려한다. 공기 물성은 완전기체 상태 방정식($Z \approx 1.0$)과 관련이 있지만, 가변적인 비열을 갖는다고 가정한다. 면적비를 포함하여 목과 출구에서 조건을 구하시오.

이 과정은 완전기체에 대한 일반적인 계산으로 시작된다. 방법 I의 경우 단계 1에서 시작하여 단계 4에서 T_{t3}를 구한다. 단계 5에서는 M_3가 주어지므로 T_3를 구하기 위해 식 (4.18)을 사용하므로 다르다. 출구 압력 p_3는 식 (4.19) 또는 (4.21)을 이용하여 계산할 수 있다. 이 예제에는 여기서 재현되지 않은 많은 세부사항이 있다. 특히 목(단면 2)에서의 계산은 $\gamma_2 \approx \gamma_1 = 1.30$에서 완전기체 계산으로 잘 표현된다고 가정하기 때문에 표시되지 않는다.

1. 완전기체라 하여 $T_3 = 243.9$ K로 가정한다.
2. 공기의 경우 비열비는 $\gamma_3 = 1.401$, $\gamma_1 = 1.298$이라고 추측한다.
3. 따라서 평균값은 다음과 같다.

$$\bar{\gamma}_3 = \frac{1.401 + 1.298}{2} = 1.3495$$

4. 이제 T_{t3} 값을 추정한다.

$$T_{t3} \approx T_{t1}\left(\frac{\gamma_1}{\bar{\gamma}_3}\right)\left(\frac{\bar{\gamma}_3 - 1}{\gamma_1 - 1}\right) = (2000)\left(\frac{1.298}{1.3495}\right)\left(\frac{1.3495 - 1}{1.298 - 1}\right) = 2256.123\ \text{K}\ ,$$

5. M_3와 p_{t3}을 사용하여 p_3를 계산한다.

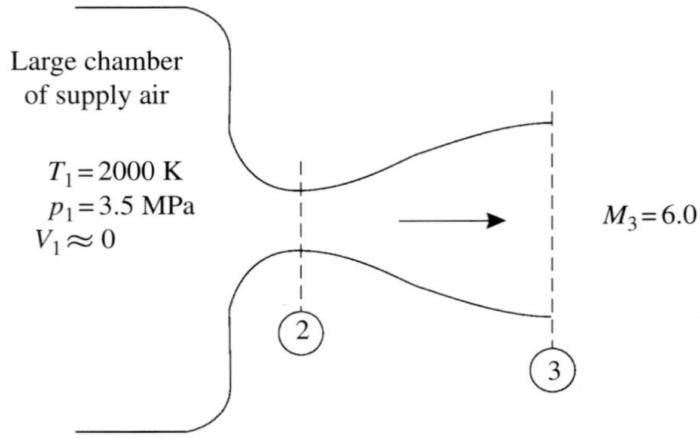

그림 E11.5

$$p_3 \approx \frac{p_{t1}}{\left(1+\frac{\bar{\gamma}_3-1}{2}M_3^2\right)^{\bar{\gamma}_3/(\bar{\gamma}_3-1)}} = \frac{3.5\times 10^6}{\left[1+\left(\frac{1.3495-1}{2}\right)(6)^2\right]^{3.8612}}$$
$$= 1.63173\times 10^3\ \mathrm{N/m^2}$$

6. M_3와 T_{t3}를 사용하여 T_3를 구할 수 있다.

$$T_3 = \frac{T_{t3}}{1+\frac{\gamma_3-1}{2}M_3^2} = \frac{2256.123}{1+\left(\frac{1.401-1}{2}\right)(6)^2} = 274.53\ \mathrm{K}$$

γ_3에 대한 추측은 아주 정확하므로 면적비 계산을 진행할 수 있다.

7. 여기서 유도된 면적비 식 (11.21)을 사용한다.

$$\frac{A_3}{A_2} = \frac{A_3}{A_3^*} = \frac{0.579 p_1}{M_3\ p_3}\sqrt{\frac{\gamma_1 T_3}{\gamma_3 T_1}} = \left(\frac{0.579}{6.0}\right)\left(\frac{3.5\times 10^6}{1.63173\times 10^3}\right)\sqrt{\frac{(1.298)(274.53)}{(1.401)(2000)}} = 73.82$$

표 11.1은 위에서 설명한 완전기체 또는 일정 비열 해법 및 방법 I로 수행한 계산 결과에 대한 Zucrow와 Hoffman(방법 II)의 결과를 나타낸다. 관심이 있다면 참고문헌 20을 참고하여 방법 II 계산의 많은 세부사항을 볼 수 있다.

표 11.1의 결과를 자세히 살펴보면 이러한 유형의 문제에 대해 다음의 결론을 얻을 수 있다.

1. 노즐 축소부(아음속 유동인 곳)에는 완전기체 해가 매우 적절하다.

2. 노즐 확대부(초음속 유동인 곳)에는 반완전기체 효과를 반드시 고려해야 한다.

3. 방법 I은 출구의 압력 및 온도에 대해 빠르고 우수한 결과를 생성하지만, 면적비에 대해서는 약간 차이가 있다.

표 11.1 예제 11.5에 대한 계산 요약

물성	단위	완전기체	방법 I	방법 II(참고문헌 20)
p_2	MPa	1.9101	1.92	1.9073
T_2	K	1739.1	1739	1738.3
ρ_2	kg/m^3	3.8263	3.83	3.8225
V_2	m/s	805.57	806	806.52
G_2	kg/s-m^2	3082.4	3090	3082.9
p_3	N/m^2	2216.8	1631.73	1696.4
T_3	K	243.9	274.53	273.23
ρ_3	kg/m^3	0.031664	0.02068	0.02163
V_3	m/s	1878.4	1992.64	1989.0
G_3	kg/s-m^2	59.478	41.29	43.022
A_3/A_2		53.18	73.82	71.659

예제 11.4와 11.5를 검토하면, 정체 압력에 대한 정적 관련 방정식을 적용할 때 때때로 평균 γ 값[즉, 식 (11.20)]과 국소 γ 값[즉, 식 (4.21)]을 사용한다는 것을 알 수 있다. 이유는 단순히 단면 3에서 사용 가능한 **국소 값**이 있을 때마다 예제 11.4의 경우와 같이 γ_3를 사용한다는 것이다. 예제 11.5는 출구 Mach 수와 상류 압력(비국소적인)이 주어지면 출구 압력을 계산하는 것이다. 이것은 다소 인위적으로 보일 수 있지만, 온도와 압력에 대한 γ 값 변화를 더 잘 설명하기 위해 개발된 경험적 방법이라는 것을 기억하자. 국소 값으로 T_3를 계산할 때 γ_3를 일관되게 사용하는 것을 주목하자.

챔버(정체) 물성과 함께 A_3/A_2가 주어질 때 우리가 논의하는 마지막 사례도 일반적으로 발견된다. 단면 2에서는 계산에 거의 어려움이 없을 것이지만, 단면 3에서는 국소적인 기체 물성이 제공되지 않으므로 모두 상류 값에서 추론해야 한다. 이용 가능한 다양한 가능성 중에서 방법 I의 식 (11.18)의 평균 γ 값을 5.6절의 등엔트로피 방정식에 직접 사용하는 것이 가장 간단할 것이다. 여기서는 자세히 설명하지 않지만, 예제 11.7 및/또는 연습문제 11.13을 검토함으로써 스스로 이 작업을 수행할 수 있다.

여기서 충분히 큰 출구 Mach 수와 상대적으로 짧은 초음속 노즐에서 **운동 지연 효과**가 점점 더 현실화되어 결국 유동은 기체 성분과 γ 값이 **동결**된 것처럼 취급될 수 있다는 것을 상기해야 한다. 이 효과는 가스 레이저(gas dynamic laser)에 활용된다(11.8절 참조). 연소실의 플레넘 물성을 정확하게 알고 동결-유동 분석을 사용하면 단열 노즐 유동에 대한 우수한 공학적 추정치를 얻을 수 있다(참고문헌 24). 여기서 유일한 차이점은 γ 값이 고온 기체의 값이 될 것이며, 이는 일반적인 값인 1.4보다 낮다는 것이다.

11.7 변수 γ–일정 단면적 유동

충격파

수직충격파와 경사충격파의 경우, 면적이 일정하고 마찰이 없는 단열 유동에 대해 11.1절에 주어진 일련의 방정식을 전문적으로 다룬다. 이것은 실제로 수정된 상태방정식(1.16m)과 함께 제6장에서 처음으로 조합된 식[즉, 식 (6.2), (6.4), (6.9)]이다. Z가 압축성계수 선도에 따라 T와 p에 의존하고 c_p가 온도에 따라 변할 수 있는 경우 충격파 문제는 상당히 더 복잡해진다(참고문헌 32 참조). 해리가 없고 Mach 수가 5 이하인 공기에서 완전기체 계산은 실제기체 값의 약 10% 이내이며 추정치로 사용될 수 있다.

그림 6.10에서 볼 수 있듯이 충격파 전후의 압력비는 γ 값 변화에 가장 덜 민감하며 완전기체 계산은 압력을 결정하는 데 합리적인 것으로 나타났다. 이제 온도에 대한 계산을 개선하기 위해 식 (11.18)의 평균 γ 개념을 사용할 수 있다. 유용한 기술은 질량속도 $G = \rho v =$ 일정 및 식 (11.17)을 식 (6.2), (6.4), (6.9)에 도입하여 다음과 같은 결과를 얻게 하는 것이다.

$$h_2 = h_1 + \frac{G^2}{2g_c}\left(\frac{1}{\rho_1^2} - \frac{1}{\rho_2^2}\right) \tag{11.22}$$

그리고

$$T_2 = \frac{\bar{\gamma}_2 - 1}{\bar{\gamma}_2}\left[\frac{\gamma_1}{\gamma_1 - 1}T_1 + \frac{G^2}{2Rg_c}\left(\frac{1}{\rho_1^2} - \frac{1}{\rho_2^2}\right)\right] \tag{11.23}$$

위치 1의 **모든 조건**이 알려질 때 간단한 방법은 다음과 같다.

1. 완전기체 해에서 ρ_2와 T_2를 구한다.
2. (부록 L에서) γ_1과 γ_2를 구하고 식 (11.18)과 유사하게 $\bar{\gamma}_2$를 계산한다.
3. 위치 1에 주어진 정보에서 G를 계산한다.
4. 식 (11.23)에서 T_2를 사용하여 $\bar{\gamma}_2$를 구한다. 이 새로운 T_2 값은 완전기체 결과보다 더 정확해야 한다.
5. 원하는 경우 이제 완전기체 법칙의 새로운 ρ_2를 사용하여 개선된 T_2 추정치를 계산한

다. 완전기체 충격파 결과에서 구한 p_2가 그대로 유지된다고 가정한다.

예제 11.6

위에서 설명한 방법을 Zucrow와 Hoffman의 예제 7.7에 적용해 보자(참고문헌 20, 353~356쪽). 공기는 $M_1 = 6.2691$에서 흐르고 수직충격파가 발생한다. 상류에서의 다른 정적 물성은 $T_1 = 216.65$ K, $p_1 = 12{,}112$ N/m^{2}이다. 해리가 없다고 가정할 때 충격파 하류에서의 물성을 구하시오. 낮은 온도 때문에 $\gamma_1 = 1.402$이다.

완전기체 결과는 $T_2 = 1859.6$ K, $p_2 = 0.5534$ MPa, $\rho_2 = 1.0366$ kg/m^3, $V_2 = 347.57$ m/s이다. 다음으로, 완전기체 온도를 기반으로 γ_2를 1.301로 추정하면 다음을 얻는다.

$$\bar{\gamma}_2 = \frac{1.301 + 1.402}{2} = 1.3515$$

이제 질량유량은 다음과 같다.

$$\begin{aligned} G = \rho_1 V_1 = p_1 M_1 \sqrt{\frac{\gamma_1}{RT_1}} &= (12,112)(6.2691)\sqrt{\frac{1.402}{(287)(216)}} \\ &= 361 \text{ kg/s·m}^2 \end{aligned}$$

새로운 온도 값은 식 (11.23)을 이용하여 다음과 같이 계산할 수 있다.

$$\begin{aligned} T_2 &= \frac{\bar{\gamma}_2 - 1}{\bar{\gamma}_2}\left[\frac{\gamma_1}{\gamma_1 - 1}T_1 + \frac{G^2}{2Rg_c}\left(\frac{1}{\rho_1^2} - \frac{1}{\rho_2^2}\right)\right] \\ &= \left(\frac{1.36-1}{1.36}\right)\left[\frac{1.4}{1.4-1}T_1 + \frac{(360)^2}{(2)(287)}(26.2 - 0.925)\right] = 1710 \text{ K} \end{aligned}$$

참고문헌 20의 해($T_2 = 1701$ K)와 비교 시 1% 이내이므로 더 이상의 보정 작업이 필요하지 않다. 향상된 밀도 추정치를 구하기 위해 다음을 수행한다.

$$\rho_2 = \frac{p_2}{RT_2} = \frac{5.51 \times 10^5}{(287)(1710)} = 1.12 \text{ kg/m}^3$$

참고문헌 20의 값($\rho_2 = 1.1614$ kg/m^3)과 비교 시 4% 이내임을 알 수 있다.

실제기체 효과가 상당할 경우 압축성계수 선도 또는 표의 정보가 필요하므로 계산이 상당히 복잡해진다. 상세한 내용은 참고문헌 20 또는 32를 참조하자.

Fanno 유동

Fanno 유동의 경우 그림 9.4의 마찰이 있는 일정 단면적 덕트의 단열 유동에 대해 11.1절에서 구한 일련의 방정식을 전문적으로 다룬다. 그림 9.13에 나타낸 것처럼 다양한 γ 값에 대한 Fanno 유동 곡선은 마찰이 있는 일정 단면적 유동에 대해 가장 일반적인 아음속 유동 범위에서 변동성이 거의 없다.

Rayleigh 유동

Rayleigh 유동의 경우 마찰은 없지만, 열전달이 있는 일정한 단면적 유동에 대해 11.1절에서 구한 일련의 방정식을 전문적으로 다룬다. 현재 연소기에서의 Rayleigh 유동은 일반적으로 아음속 Mach 수에서 일정한 단면적을 갖는다. 물성 변화는 일어나는 화학 반응의 함수라는 점에 유의해야 한다. 버너에서 유동이 평형을 이루면 기체 성분이 주어진 고유한 평형 값에 도달하여 기체 물성을 산출한다. 그림 10.13과 같은 다양한 γ 값에 대한 Rayleigh 유동 곡선은 아음속 영역에서 γ 값 변화에 대한 정체온도의 의존성을 무시할 수 있음을 나타낸다.

Fanno 유동 및 Rayleigh 유동의 경우 이러한 흐름이 아음속으로 유지되는 한 상수 γ 접근법이 만족스럽다는 결론을 내릴 수 있다. 다행히 이러한 유동의 현재 응용 프로그램 대부분은 해당 영역에서 작동한다. 앞으로 해야 할 일은 사용해야 할 적절한 γ 값을 정하는 것이다.

11.8 고에너지 가스 레이저

실용적인 관심을 끄는 몇몇 고에너지 가스 레이저는 연속 레이저 출력(continuous-laser-output, CW) 가스 흐름 장치를 기반으로 하는데, **가스 레이저**(gas dynamic laser, GDL)와 **방전 레이저**(electric discharge laser, EDL)가 대표적이다. GDL은 초음속 유동을 갖지만, EDL은 아음속 유동을 갖는다. (레이저 방출 매질은 단지 냉각 목적으로만 흐른다.) 이름에서 알 수 있듯이 전기 레이저는 전기 방전으로부터 에너지를 얻지만, GDL은 이전에 압축되고 (연소원, 전기 방전 또는 기타 수단으로부터)가열된 특수 기체 혼합물의 비교적 빠른 초음속 팽창에 의존한다. 이러한 고에너지 레이저는 일반적으로 적외선 방출 매질로 CO_2를 사용한다. 재료가공(예: 절단 및 용접)과 군사용으로 사용되어 왔다. 레이저는 매우 순수한 단색 광 출력을 생성하며 '레이저 방출 매질에서 상위 에너지 레벨의 선택적 펌핑 작업'을 위해 특별히 맞춤화된 에너지를 입력해야 한다. 레이저는 본질적으로 비단열 장치이며, 현재 약어가 암시하는 바와 같이, 레이저의 에너지 출력은 연소 불꽃이나 태양과 같은 자연 복사원보다 더 유용하고 독특한 특성을 가진 강렬하고 좁게 초점을 맞춘 전자기 광자 빔이다.

가스 레이저는 초음속 가스 팽창을 수행하기 위해 다소 특이한 노즐 설계를 사용하고 그 불균형이 11.1절과 11.4절에 제시된 비열의 특성을 제어하는 동일한 분자 물성에서 나오기 때문에, 이 유형의 레이저에 초점을 맞출 것이다. GDL의 빠른 초음속 팽창은 그림 11.7과 같이 특별히 설계된 짧은 노즐 어레이를 통해 이루어진다. 적외선 레이저는 일반적으로 내부 분자 자유도 사이의 내부 불균형에 영향을 받는데, 여기서 진동 모드(N_2와 같은 이원자 분자의 경우 그림 11.1에 표시됨)에 해당한다. 고온 질소는 CO_2의 특정 진동 모드(진동 자유도가 세 개인 3원자 분자)로 충돌과정에서 에너지를 효율적으로 전달하기 때문에 주요 기체 혼합 성분이다. 따라서 레이저를 방출하는 동안 원하는 상위 진동 레벨을 효율적으로 채운다. 레이저가 방출된 후, 낮은 진동 에너지에서 CO_2가 생성되어 H_2O-증기의 흔적이 기체 혼합물에 추가되어 CO_2

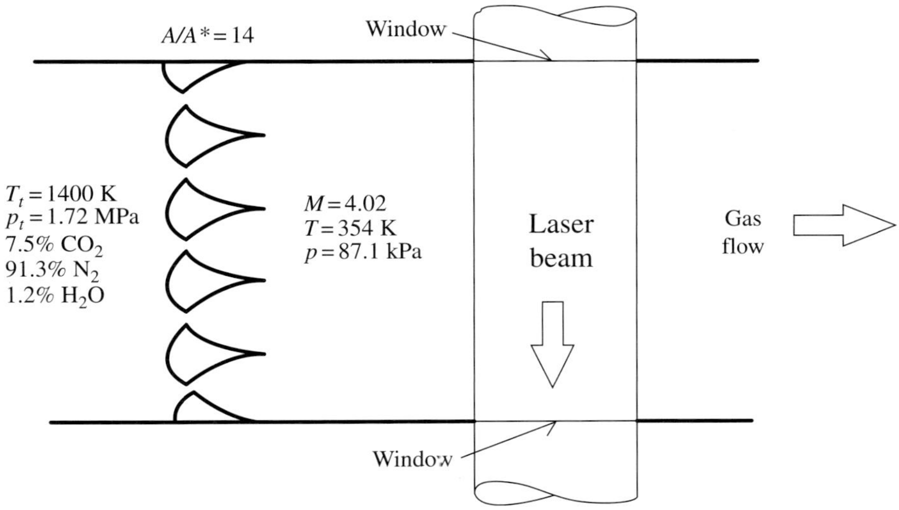

그림 11.7 고속 팽창 초음속 노즐 배열의 일부를 보여주는 가스 레이저(목에서의 불연속성 주목). 고밀도 광자는 레이저 창을 통해 광선으로 챔버를 빠져나간다. 가스는 이 빔을 통해 내부로 흐른 다음 대기로 나가기 위해 디퓨저(표시하지 않음)로 들어간다. 관련 데이터는 E. T. Gerry(IEEE Spectrum, 1970년 11월) 자료를 참조하였고, 레이저 광학 요소는 표시하지 않았다. [가스 레이저 이미지는 웹에서 "gas dynamic laser images"를 검색하면 찾을 수 있다.]

의 낮은 레이저 수명을 감소시키고 **바닥상태**로 만든다. 본질적으로, GDL의 빠른 초음속 팽창은 팽창 냉각 이전의 원래 기체 온도로 결합된 N_2/CO_2 분자 집단의 높은 레이저 레벨을 '동결'시키고, 이러한 여기된 분자들은 레이저 캐비티에서 에너지를 복사함으로써 평형상태를 갖도록 자극된다. 오직 H_2O 충돌의 도움으로, CO_2 기체 혼합물은 마침내 낮은 캐비티 온도로 평형화된다. 레이저 가스는 대부분의 유동 레이저에서 재활용되지만, 원래의 GDL 설계에서는 재활용되지 않는다.

여기서는 미시적 현상을 다루므로 특정 분자 상태만이 레이저를 방출하기 위해 서로 선택적으로 상호작용할 수 있으며, 그러한 상태는 GDL 기체 혼합물에서 상대적으로 적다. 레이저 출력을 높일 수 있지만, 열효율은 낮다(CO_2 레이저는 30%에 근접할 수 있지만 GDL의 경우 10% 미만). 하지만 높은 일관성과 고출력 때문에 고출력 CW **화이버 레이저**가 등장하기 전까지 널리 사용되었다. 화학 반응을 보다 직접적으로(**화학 레이저**라고 함) 더 효율적으로 활용하는 다른 분자 레이저도 있으며, 그림 11.7과 유사한 유동 팽창 원리를 사용한다.

예제 11.7

그림 11.7에 표시된 고속 팽창 노즐에서 발생하는 매개변수를 추정하고 비교하시오. 주어진 기체 물성값은 레이저 에너지 출력 이전이며 시스템 내 손실은 무시할 수 있다고 가정한다. 주어진 정체 물성 및 면적비를 사용한다.

5.6절의 등엔트로피 식을 여기에 직접 적용할 수 있다고 가정하고, 전체 평균 $\bar{\gamma}$ 접근법을 사용하여 큰 온도 변화를 허용한다(방법 I, 11.6절 참조). 기체 혼합물은 대부분 N_2이므로, 부록 L이나 다항식의 물성 관계식(11.5절) 또는 그림 11.2의 공기 물성값을 첫 번째 근사치로 사용할 수 있다(이 값은 $\bar{\gamma} \approx 1.36$). 보다 정확한 기술은 주어진 성분 및 온도와 함께 참고문헌 31을 사용하는 것이다. 설명된 혼합물에 대해 다음을 얻는다.

$$\gamma(1400\text{ K}) = 1.305 \quad \text{그리고} \quad \gamma(354\text{ K}) = 1.387, \quad \bar{\gamma} = (1.305 + 1.387)/2 = 1.35$$

$A/A^* = 14.0$을 적용하면, 방법 I은 엔트로피 유동 관계식을 이용하여 $M = 4.08$, $p/p_t = 0.0051$, $T/T_t = 0.255$를 얻는데, 이는 주어진 $M = 4.02$, $p/p_t = 0.0051$, $T/T_t = 0.253$과 잘 비교된다.

그림 11.7의 정보는 방출 후 가스 상태를 나타내지만 에너지 변환 효율이 낮기 때문에 추정치에 큰 영향을 미치지 않는다. $\gamma = 1.4$만 사용했다면, (부록 G의)결과는 상당히 달랐을 것이다.

11.9 요약

미시적 거동과 분자 구조가 기체역학에 상당한 영향을 미친다는 사실을 인식해야 한다. 공기나 CO_2와 같은 기체의 작동 온도가 실온보다 훨씬 높아짐에 따라 진동 모드의 활성화로 인해 기체의 미세한 거동이 더 복잡해짐을 알 수 있다. 단원자 기체의 경우 이전 장에서 얻은 방정식을 그대로 적용할 수 있지만, 이원자 및 다원자 기체에 대해서는 수정을 해야 한다. 또한 초음속 영역에서 Mach 수가 증가함에 따라 미묘한 비평형 효과가 나타날 수 있다.

반완전기체는 완전기체 법칙을 따르지만, 비열이 가변적이다. $p=\rho RT$가 유효한 한 엔탈피와 내부 에너지는 온도의 함수일 뿐이다. $T=0$에서 임의로 $u=0$이고 $h=0$이라면 다음을 얻는다.

$$u=\int_0^T c_v dT, \quad h=\int_0^T c_p dT \tag{11.1, 11.2}$$

엔트로피 변화는 다음과 같이 계산할 수 있다.

$$\Delta s_{1-2}=\phi_2-\varphi_1-R\ln\frac{p_2}{p_1} \tag{11.4}$$

여기서

$$\phi\equiv\int_0^T c_p\frac{dT}{T} \tag{11.3}$$

등엔트로피 문제는 다음을 사용하여 더 쉽게 해결된다.

$$\text{상대 압력}\equiv p_r\equiv\frac{p}{p_0} \tag{11.9}$$

$$\text{상대 체적}\equiv v_r\equiv\frac{v}{v_0} \tag{11.11}$$

이러한 모든 함수는 온도의 고유한 함수이므로 미리 계산하고 표로 작성할 수 있다(부록 K 참조). 다음을 상기하자.

1. h, u, ϕ는 **모든** 과정에 사용할 수 있다.
2. p_r와 v_r는 **등엔트로피** 과정에만 사용할 수 있다.

완전기체 법칙이 아주 정확하지 않을 때 사용하기 위한 다른 많은 상태방정식이 개발되었다. 일반적으로 더 복잡한 표현식은 더 큰 유효 영역을 갖는다. 그러나 대부분은 임계점 근처에서 정확성을 잃는다.

완전기체 거동에 대한 편차 문제를 다루는 유용한 방법은 압축성계수의 사용을 포함한다.

$$p = Z\rho RT \tag{1.16m}$$

임계점 근처에서 극도의 정확성을 요구하지 않는 한, 모든 기체에 대해 하나의 **일반화된** 압축성계수 선도를 사용할 수 있다. 이 경우, Z는 다음과 같은 함수다.

$$\text{감소 압력} \equiv p_r \equiv \frac{p}{p_c} \tag{11.15}$$

$$\text{감소 온도} \equiv T_r \equiv \frac{T}{T_c} \tag{11.16}$$

(p_c와 T_c는 무엇인가?)

복잡한 상태방정식은 컴퓨터 해법으로 쉽게 처리할 수 있다. 동시에, 제한된 온도 범위에 대한 일반적인 기체의 거의 모든 물성에 대해 간단한 다항식을 사용할 수 있다. 가능한 경우, 특성 표(증기 표 등)를 사용하는 것이 권장되는데, 이는 대부분 실험적으로 얻어 증기 및 초임계 유체 영역에서 더 정확하기 때문이다.

전통적인 등엔트로피 노즐 문제는 γ 변화가 고플레넘 온도 조건에서 중요해짐에 따라 수정된다. 가장 중요한 수정은 정체압, 정압, 정적온도, 정체온도이며 여기서 **기체 물성 표**(참고문헌 31) 또는 방법 I의 방정식을 사용할 수 있다. 그림 11.6의 단면 3 노즐 출구에서 다음 식을 얻는다.

$$T_{t3} \approx T_{t1}\left(\frac{\gamma_1}{\bar{\gamma}_3}\right)\left(\frac{\bar{\gamma}_3 - 1}{\gamma_1 - 1}\right) \tag{11.19}$$

여기서

$$\bar{\gamma}_3 = \frac{\gamma_3 + \gamma_1}{2} \tag{11.18}$$

방법 I의 다른 식을 함께 사용하면 다음을 얻는다.

$$M_3 \approx \sqrt{\frac{2}{\bar{\gamma}_3 - 1}\left[\left(\frac{p_{t1}}{p_3}\right)^{(\bar{\gamma}_3-1)/\bar{\gamma}_3} - 1\right]} \tag{11.20}$$

그리고

$$\frac{A_3}{A_2} \approx \frac{0.579}{M_3}\frac{p_1}{p_3}\sqrt{\frac{\gamma_1}{\gamma_3}\frac{T_3}{T_1}} \tag{11.21}$$

위의 방정식에서 **주어진 데이터**를 적절하게 사용할 수 있도록 주의해야 한다. 수직충격파도 방법 I을 사용하여 다룰 수 있지만, 여기서의 완전기체 계산 정확도는 종종 만족스럽다. Fanno 유동 및 Rayleigh 유동은 대부분 아음속이지만 적절한 γ 값으로 제9장과 제10장에서 다룬 완전기체 처리 기법을 적용하는 것도 상당히 적합하다고 할 수 있다. γ 값이 물성 표와 다를 경우, **기체역학 계산 프로그램**(Gas Dynamics Calculators)을 사용하는 것을 추천한다.

연습문제

11.1 60°F 온도와 10 ft³ 체적에서 시작하여 2 lbm 공기는 일정한 압력 과정을 거친다. 그런 다음 공기가 1000°F 온도로 가열되고 축 일은 없다. 공기 물성 표(부록 K)를 사용하여 이 과정에 대한 일, 내부 에너지와 엔탈피 변화, 엔트로피 변화를 구하시오.

11.2 2단계 공정에서 공기의 양은 부피가 두 배가 될 때까지 일정한 압력으로 가역적으로 가열된 다음, 압력이 두 배가 될 때까지 일정한 부피로 가역적으로 가열된다. 공기가 처음에 70°F이면 총일, 총열전달 및 최종 상태까지의 전체 엔트로피 변화를 공기 물성 표(부록 K)를 사용하여 구하시오.

11.3 11.4절의 방정식을 사용하여 2000°R 공기에 대한 c_p, c_v, h, u 값을 계산하시오. 부록 K의 공기 물성 표를 사용하여 비열 값과 엔탈피 및 내부 에너지 값을 확인하시오.

11.4 2500°R, 150 psia 공기는 등엔트로피 터빈을 통해 20 psia 압력으로 팽창된다. 최종 온도와 엔탈피 변화를 공기 물성 표를 사용하여 구하시오. (반완전기체로 가정한다.)

11.5 1000°R, 100 psia 공기는 1500°R, 80 psia로 가열 과정을 거친다. 엔트로피 변화를 계산하시오. 일이 없는 경우 공기 물성 표를 사용하여 추가된 열을 구하시오. (반완전기체로 가정한다.)

11.6 11.4절 후반부에 주어진 식을 사용하여 300°R 공기에 대한 γ 값을 구하시오.

11.7 완전기체 상태방정식을 따르지만 비열이 가변적인 기체의 경우, 위 방정식은 다음 중 어느 것에 해당하는가?

$$s_2 - s_1 = \int_1^2 c_p \frac{dT}{T}$$

(a) 모든 가역적 과정

(b) 모든 정압 과정

(c) 비가역적 과정만

(d) 모든 일정 체적 과정

(e) 방정식이 정확하지 않다.

11.8 압축성계수 선도를 사용하여 360°R, 1000 psia 공기의 밀도를 구하시오. (공기에 대한 유사 임계점은 238.7°R 및 37.2 atm으로 계산한다.)

11.9 100 atm, 150°R의 산소가 있다. 압축성계수 선도와 완전기체 법칙을 사용하여 비체적을 계산하시오.

11.10 프로판 기체의 화학식은 C_3H_8이며, 분자량은 44.094이다. 일반 압축성계수 선도를 사용하여 1200 psia, 280°F에서 프로판의 비체적을 구하고 완전기체에 관한 결과와 비교하시오. 단, 프로판의 임계 온도는 665.9°R이고 임계압력은 42 atm이다.

11.11 $p_{t1} = 455$ psia, $T_{t1} = 2400°R$, T_3가 640°R로 주어질 때, 예제 11.4의 p_3를 구하시오.

11.12 $p_{t1} = 455$ psia, $T_{t1} = 2400°R$, M_3가 3.91로 주어질 때, 예제 11.4의 p_3를 구하시오.

11.13 $p_{t1} = 455$ psia, $T_{t1} = 2400°R$, A_3/A_2가 11.17로 주어질 때, 예제 11.4의 p_3를 구하시오. (**힌트:** 기체역학 계산 프로그램에 $\bar{\gamma}_3$와 주어진 면적비를 사용하여 M_3을 구한다.)

11.14 $p_{t1} = 3.0$ MPa, $T_{t1} = 1500$ K, $p_3 = 0.02$ MPa인 공기 대신 아르곤에 대해 예제 11.4 전체 항목을 구하시오.

11.15 두 번째 임계점에서 작동하는 예제 11.5의 노즐을 고려한다(즉, 출구에서 수직충격파가 있음). $M_1 = 6.0$, $T_1 = 272$ K, $p_1 = 1696$ N/m^{2}일 때 수직충격파 후 물성을 구하시오.

11.16 그림 11.7에 표시된 것과 유사한 초음속 노즐 배열의 경우, γ의 가능한 범위 측면에서 동일한 p_1/p_3를 사용하여 식 (4.21)에서 발생하는 M_3의 변동을 기술하시오. 예를 들어, $p_1/p_3 = 200$, $\gamma = 1.67$(헬륨, 임의의 온도), 1.40(실온의 N_2와 CO_2)을 예로 들 수 있다. 그런 다음 $\gamma = 1.28$(고온, N_2) 및 1.19(고온, CO_2)의 고온 팽창 방정식 (11.20)을 사용하는 것과 결과를 비교하시오. [사용되는 모든 온도는 해리 또는 이온화 온도 이하여야 한다].

이해력 시험

이 장의 자료를 참조하지 않고 테스트를 완료할 수 있어야 한다.

11.1 이원자 및 다원자 기체의 내부 자유도가 온도에 따른 열용량 변화 및 이에 따른 반완전기체 거동(이 장에서 가정한 경우)에 어느 정도 영향이 있는가?

11.2 물질의 세 가지 별개의 기체 형태를 기술하고 실제기체 거동에 대한 가능한 미시적 이유를 설명하시오(즉, Z가 1이 아닌 경우).

11.3 일정한 압력에서 460°R에서 3000°R로 가열될 때 공기의 엔탈피 변화를 계산하시오. 공기 물성 표(부록 K)와 완전기체 관계를 모두 사용하고, 불일치가 있다면 원인은 무엇인가?

11.4 참 또는 거짓: 상대 압력(p_r)과 상대 비체적(v_r)의 개념은 모든 과정을 거치는 모든 반완전기체에 대해 유효하다.

11.5 압축성계수 선도와 완전기체 관계식을 사용하여 500°F, 500 psia에서 수증기 밀도를 구하시오. 증기 표로부터 1.008 lbm/ft^{3}을 얻는다. 계산 결과를 비교하면 어떤가?

11.6 아르곤과 이산화탄소에 대해 예제 11.4의 아음속 부분을 계산하고 모든 답을 비교하시오.

11.7 (**선택사항**) 연습문제 11.12의 해를 구하시오.

11.8 압력은 동적 양이고, 온도는 열역학적 양이며, 완전기체 상태방정식은 기체 밀도와 개별 기체상수를 통해 이들을 연결한다. 반완전기체 관계식은 더 많은 계수를 도입하지만 동일한 패턴을 따른다. 압력을 분자의 평균 운동에너지(온도를 나타냄)와 동적으로 연관시키기 위해 운동량 원리를 사용하는 것은 어떠한가?

Chapter 12
추진시스템

12.1 서론

유체 매질을 통해 이동하는 모든 항공기/선박은 특정 형태의 추진시스템에 의해 작동해야 한다. 그러한 모든 유형의 시스템을 다루지는 않고, 항공기나 미사일 추진에 사용되며 일반적으로 **제트 추진 장치**로 생각되는 시스템에 초점을 맞출 것이다. 이러한 시스템으로 다루면 기체역학 분야에 대한 지식을 자연스럽게 적용할 수 있다. 이 엔진들은 **공기 흡입기관**(터보제트, 터보홴, 터보프롭, 램제트, 펄스제트)과 **비공기 흡입기관**(**로켓**)으로 분류될 수 있다. 로켓 추진에 대한 많은 기법이 제안되었지만, 화학 로켓에 대해서만 논의한다. 일반적으로 추진시스템에 대한 자세한 내용은 참고문헌 21부터 25를 참조하기 바란다.

많은 공기 흡입기관은 동일한 기본 열역학적 사이클로 작동한다. 따라서 먼저 Brayton 사이클을 조사하여 관련 특징을 고찰한다. 각각의 추진시스템은 간략하게 설명하며, 작동 특성 중 일부를 논의한다. 그런 다음 운동량 원리를 임의의 추진 장치에 적용하여 순 추진력 또는 추력에 대한 일반적인 관계식을 유도한다. 출력 및 효율 기준과 같은 다른 중요한 성능 매개변수도 정의하고 논의한다. 이 장은 고정된 초음속 공기 유입구 형상에 대한 흥미로운 분석으로 마무리된다.

Fundamentals of Gas Dynamics, Third Edition. Robert D. Zucker and Oscar Biblarz.

Companion website: www.wiley.com/go/zucker/gas

12.2 학습목표

이 장을 성공적으로 배우고 나면 다음 작업을 수행할 수 있다.

1. Brayton 사이클의 개략도를 만들고 이상적인 발전소와 실제 발전소 모두에 대한 h–s 선도를 그릴 수 있다.
2. 이상적인 Brayton 사이클과 실제 Brayton 사이클을 모두 분석할 수 있다. 모든 일과 열량, 그리고 사이클 효율을 계산할 수 있다.
3. 터보 기계에 이상적으로 적합한 Brayton 사이클의 특징에 관해 설명할 수 있다. 기계 효율이 이 사이클에서 중요한 이유를 설명할 수 있다.
4. 개방 사이클과 폐쇄 사이클의 차이점을 서술할 수 있다.
5. 다음 추진시스템에 대한 개략도와 h–s 선도(해당하는 경우)를 그리고 작동 메커니즘을 설명할 수 있다: 터보제트, 터보팬, 터보프롭, 램제트, 펄스제트 및 로켓.
6. 적절한 작동 매개변수, 구성 요소 효율성 등의 정보를 주면 터보제트 또는 램제트 사이클의 모든 상태 지점을 계산할 수 있다.
7. 다양한 유형의 추진시스템에 대한 정상 작동 체계를 기술할 수 있다.
8. **(선택사항)** 임의 추진시스템의 순 추진력에 대한 식을 유도할 수 있다.
9. **(선택사항)** 입력 동력, 추진 동력, 추력, 열효율, 추진 효율, 전체 효율, 특정 연료 소비량에 대한 표현을 정의하거나 수식을 유도할 수 있다.
10. 적절한 속도, 면적, 압력 등이 주어질 때 공기 호흡 추진시스템에 대한 중요한 성능 매개변수를 계산할 수 있다.
11. **(선택사항)** 공기 흡입기관의 이상적인 추진 효율을 속도비(ν)로 표현할 수 있다.
12. 로켓에 관한 유효 배기 속도, 비임펄스(specific impulse), 추력계수를 정의하거나 수식을 유도할 수 있다.
13. 적절한 속도, 면적, 압력 등이 주어질 때 로켓의 중요한 성능 매개변수를 계산할 수 있다.
14. **(선택사항)** 로켓 엔진의 이상적인 추진 효율을 속도비(ν)로 표현할 수 있다.
15. 초음속 항공기의 공기 흡입구에 **고정** 형상의 축소-확대 디퓨저가 사용되지 않는 이유를 설명할 수 있다.

12.3 Brayton 사이클

기본 폐쇄 사이클

많은 소규모 발전소와 대부분의 공기 흡입 제트 추진 시스템은 약 100년 전 George B. Brayton이 개발한 사이클로 작동한다. 그의 첫 번째 모델은 왕복 엔진이었지만, 이 사이클에는 모든 가스터빈 플랜트의 기본 사이클이 될 수 있는 특징이 있었다. 먼저 몇 가지 특징적인 작동 매개변수를 개발하기 위해 기본적인 이상적인 폐쇄 사이클을 고려한다. 이 사이클의 개략도는 그림 12.1에 나와 있으며, 주어지는 일이 w_c일 때 점 1에서 점 2는 압축 과정, 점 2에서 점 3은 q_a로 표기되는 정압상태의 가열 과정, 점 3에서 점 4는 w_t로 표기되는 출력일을 갖는 팽창 과정, q_r로 표기되는 점 4에서 점 1은 정압상태의 방열 과정이다.

초기 분석을 위해 열교환기 내 압력강하, 압축기 또는 터빈 내 열손실 및 모든 가역 과정을 가정한다. 사이클은 다음과 같이 구성된다.

1. 두 개의 가역 단열 과정
2. 두 개의 가역 정압 과정

그림 12.2는 이 사이클을 h–s 선도로 나타낸 것이다. 사이클의 작동유체는 기체이므로 h–s 선도는 T–s 선도와 유사함을 상기하자. 사실 완전기체의 경우 수직 스케일을 제외하고 선도는 같다.

사이클 각 부분에 대한 정상유동 분석을 수행한다.

터빈:

$$h_{t3} + \not{q} = h_{t4} + w_s \tag{12.1}$$

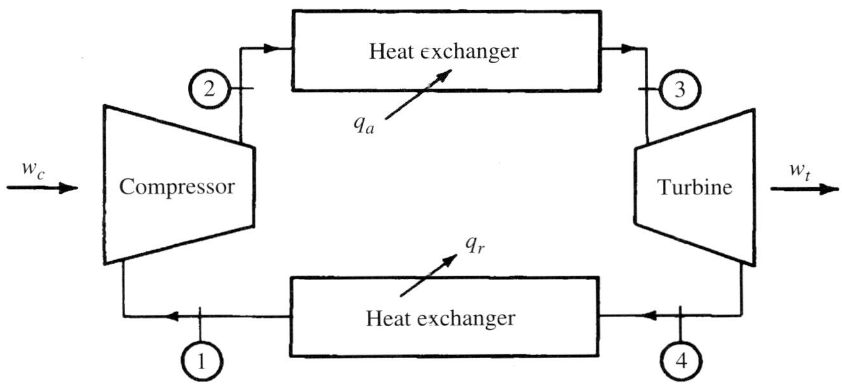

그림 12.1 기본 Brayton 사이클 개략도

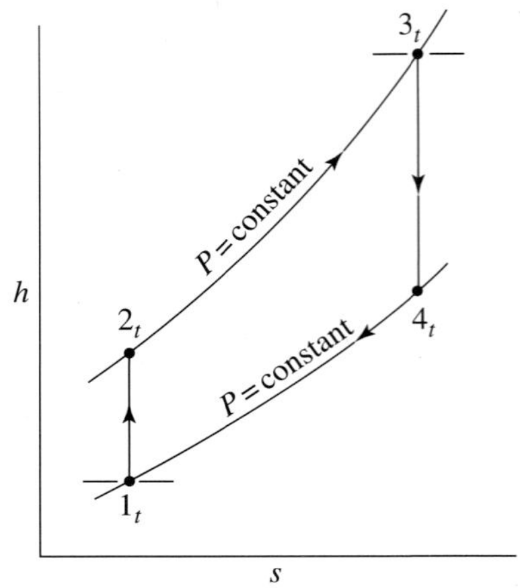

그림 12.2 이상적인 Brayton 사이클의 h-s 선도

따라서

$$\boxed{w_t \equiv w_s = h_{t3} - h_{t4}} \tag{12.2}$$

압축기:

$$h_{t1} + \not{q} = h_{t2} + w_s \tag{12.3}$$

압축기로부터 시스템에 투입되는 일(+값)을 w_c라 하면, 다음 식으로 나타낼 수 있다.

$$\boxed{w_c \equiv -w_s = h_{t2} - h_{t1}} \tag{12.4}$$

순 출력일은 다음과 같다.

$$w_n \equiv w_t - w_c = (h_{t3} - h_{t4}) - (h_{t2} - h_{t1}) \tag{12.5}$$

가열 시:

$$h_{t2} + q = h_{t3} + \not{w}_s \tag{12.6}$$

따라서 다음 식으로 표현된다.

$$\boxed{q_a \equiv q = h_{t3} - h_{t2}} \tag{12.7}$$

방열 시:

$$h_{t4} + q = h_{t1} + \cancel{w_s} \tag{12.8}$$

시스템에서 제거된 열(+값)을 q_r이라 하면, 다음 식으로 나타낼 수 있다.

$$\boxed{q_r \equiv -q = h_{t4} - h_{t1}} \tag{12.9}$$

따라서 **정미**(순) 가열량은 다음과 같다.

$$q_n \equiv q_a - q_r = (h_{t3} - h_{t2}) - (h_{t4} - h_{t1}) \tag{12.10}$$

사이클의 열역학적 효율은 다음과 같이 정의할 수 있다.

$$\boxed{\eta_{\text{th}} \equiv \frac{\text{순 출력일(net work output)}}{\text{가열량(heat input)}} = \frac{w_n}{q_a}} \tag{12.11}$$

Brayton 사이클에서는 다음과 같다.

$$\eta_{\text{th}} = \frac{(h_{t3} - h_{t4}) - (h_{t2} - h_{t1})}{h_{t3} - h_{t2}} = \frac{(h_{t3} - h_{t2}) - (h_{t4} - h_{t1})}{h_{t3} - h_{t2}}$$

$$\eta_{\text{th}} = 1 - \frac{h_{t4} - h_{t1}}{h_{t3} - h_{t2}} = 1 - \frac{q_r}{q_a} \tag{12.12}$$

여기서 효율은 열량만으로도 표기할 수 있다. 후자의 결과는 어떤 사이클에 대해서도 신속히 도달할 수 있다.

$$w_n = q_n \qquad \text{(1.17 단위 질량 기준에서)}$$

사이클 효율은 다음과 같이 나타낼 수 있다.

$$\eta_{\text{th}} = \frac{w_n}{q_a} = \frac{q_n}{q_a} = \frac{q_a - q_r}{q_a} = 1 - \frac{q_r}{q_a} \tag{12.13}$$

작동 매질이 완전기체라 가정하면 추가적인 관계를 활용할 수 있다. 예를 들어, 위의 모든 열량과 일의 양은 다음의 온도 차이로 표현될 수 있다.

$$\Delta h = c_p \Delta T \tag{1.36}$$

유사하게

$$\Delta h_t = c_p \Delta T_t \tag{12.14}$$

식 (12.12)는 다음과 같이 표현할 수 있다.

$$\eta_{\text{th}} = 1 - \frac{c_p(T_{t4} - T_{t1})}{c_p(T_{t3} - T_{t2})} = 1 - \frac{T_{t4} - T_{t1}}{T_{t3} - T_{t2}} \tag{12.15}$$

약간의 작업을 통해 위 식을 매우 간단하고 중요한 형태로 만들 수 있다. 이것이 어떻게 이루어질 수 있는지 잠시 다른 이야기를 해보자.

그림 12.2를 보면, 점 2와 점 3 사이에서 계산되는 엔트로피 변화가 점 1과 점 4 사이에서 계산된 것과 같다는 것을 알 수 있다. 이제 *A*와 *B*와 같은 임의의 두 점 사이 엔트로피 변화는 다음과 같이 계산될 수 있다.

$$\Delta s_{A-B} = c_p \ln \frac{T_B}{T_A} - R \ln \cancel{\frac{p_B}{p_A}} \tag{1.43}$$

만약 정압 과정을 다루고 있다면, 마지막 항은 0이고 그 결과로 나온 간단한 표현은 점 1과 점 4 사이뿐만 아니라 점 2와 점 3 사이에도 적용된다. 따라서 다음 식으로 표기할 수 있다.

$$\Delta s_{2-3} = \Delta s_{1-4} \tag{12.16}$$

$$c_p \ln \frac{T_{t3}}{T_{t2}} = c_p \ln \frac{T_{t4}}{T_{t1}} \tag{12.17}$$

그리고 만약 c_p가 상수라고 가정하면[식 (1.43)으로 유도] 다음을 얻는다.

$$\frac{T_{t3}}{T_{t2}} = \frac{T_{t4}}{T_{t1}} \tag{12.18}$$

식 (12.18)로 표기된 조건에서 다음과 같이 나타낼 수 있다.

$$\frac{T_{t4} - T_{t1}}{T_{t3} - T_{t2}} = \frac{T_{t1}}{T_{t2}} \tag{12.19}$$

그리고 사이클 효율 식 (12.15)는 다음과 같이 표현할 수 있다.

$$\eta_{\text{th}} = 1 - \frac{T_{t1}}{T_{t2}} \tag{12.20}$$

점 1과 점 2의 압축 과정은 등엔트로피 과정이므로 온도비는 압력비와 관련이 있다. 압축 과정의 **압력**비를 r_p라 하면, 다음과 같이 표기된다.

$$r_p \equiv \frac{p_{t2}}{p_{t1}} \tag{12.21}$$

완전기체에 대한 **이상적인** Brayton 사이클 효율은 식 (1.47)을 이용하여 다음과 같이 표기할 수 있다.

$$\boxed{\eta_{\text{th}} = 1 - \left(\frac{1}{r_p}\right)^{(\gamma-1)/\gamma}} \tag{12.22}$$

이 관계식은 이상적인 사이클과 작동 매질이 완전기체로 간주될 때만 유효함을 상기하자. 식 (12.22)는 그림 12.3에 표시되어 있으며 사이클 효율에 압축기의 압력비가 영향을 미침을 보여준다. **실제 발전소에서도 압력비는 가장 중요한 기본 매개변수다**.

일반적으로 폐쇄(닫힌) 사이클에서 덕트 유동(단면 1, 2, 3, 4)의 모든 속도는 상대적으로 작아 무시할 수 있다. 따라서 위 방정식에서 모든 엔탈피, 온도, 압력은 정적 및 정체 값을 나타낸다. 그러나 이것은 추진시스템에 사용되는 개방 사이클에는 해당하지 않는다. 다양한 추진기관 분석에 필요한 수정 사항은 12.4절에서 논의한다.

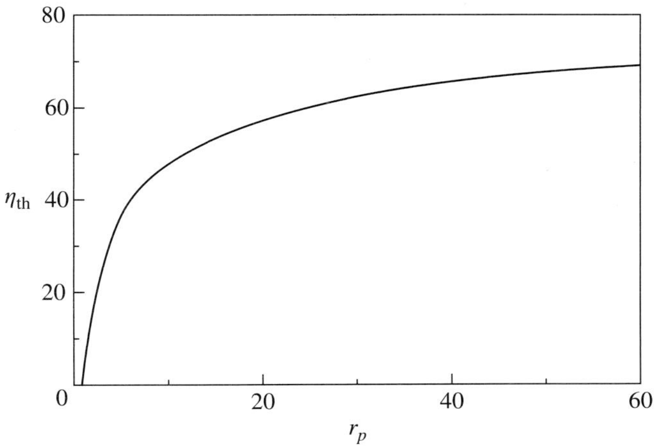

그림 12.3 이상적인 Brayton 사이클의 열역학적 효율($\gamma = 1.4$)

예제 12.1

15 psia, 550°R의 공기가 압축기로 유입된다. 압력비는 10이다. 최대 허용 사이클 온도는 2000°R이다(그림 E12.1). 무시해도 될 정도의 속도를 갖는 이상적인 사이클을 고려하고 일정한 비열을 가진 완전기체로 공기를 처리한다. 터빈과 압축기 일, 사이클 효율을 구하시오. 속도를 무시할 수 있어서, 모든 방정식에서 정적 조건을 사용한다.

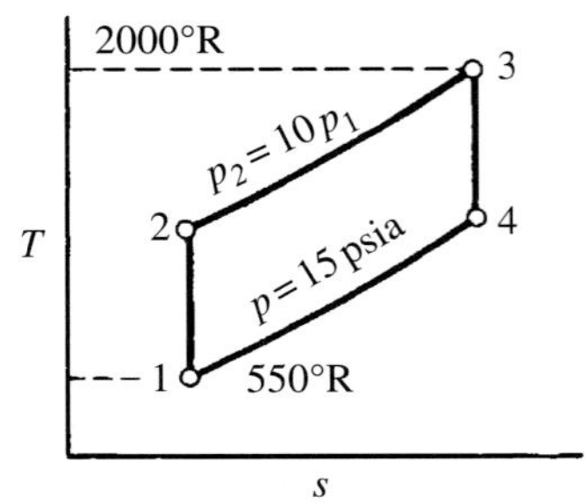

그림 E12.1

여기서 식 (1.43)을 사용하여 다음을 구할 수 있다.

$$T_2 = (1.931)(550) = 1062°\text{R}$$

또한 유사하게 다음을 얻는다.

$$T_4 = \frac{2000}{1.931} = 1036°\text{R}$$

$$w_t = c_p(T_3 - T_4) = (0.24)(2000 - 1036) = 231\,\text{Btu/lbm} \quad (\text{또는}\ \ 537\,\text{kJ/kg})$$

$$w_c = c_p(T_2 - T_1) = (0.24)(1062 - 550) = 123\,\text{Btu/lbm} \quad (\text{또는}\ \ 286\,\text{kJ/kg})$$

$$w_n = w_t - w_c = 231 - 123 = 108\,\text{Btu/lbm}$$

$$q_a = c_p(T_3 - T_2) = (0.24)(2000 - 1062) = 225\,\text{Btu/lbm}$$

$$\eta_{\text{th}} = \frac{w_n}{q_a} = \frac{108}{225} = 48\%$$

이상적인 사이클에서도 **순**(정미) 일은 터빈 작업 중 작은 부분을 차지한다. 이에 비해, (증기 발전소에서 사용되는) Rankine 사이클에서는 터빈 일의 95% 이상이 유용한 일로 남아 있다. 이러한 근본적인 차이는 Rankine 사이클에서는 작동 매질이 액체로서 압축되지만, Brayton 사이클에서는 작동유체가 **항상** 기체라는 사실에 의해 설명된다.

이러한 높은 비율의 **후속 일**(back work)은 Brayton 사이클의 기본적인 특성을 설명한다.

1. 적정한 작업량을 얻기 위해서는 다량의 기체를 취급해야 한다. 이러한 이유로, 이 사이클은 터보 기계와 함께 사용하기에 특히 적합하다.
2. 기계 효율성은 경제적인 운영에 매우 중요하다. 실제로 다른 사이클에서는 허용될 수 있는 효율성이 Brayton 사이클에서는 순 출력이 0으로 감소한다(예제 12.2 참조).

후자의 요점은 특히 항공기와 미사일 추진 목적으로 수년간 이러한 사이클을 적용하는 데 걸림돌이었다는 것을 강조한다. 효율이 높고 가벼운 고압력비를 갖는 압축기를 사용하는 것이 1950년까지 가능하지 않았다. 또 다른 문제는 터빈 내부로 들어가는 기체 온도 제한에 관한 것이다. 터빈 블레이드는 고압 조건에서 작동하면서 이 온도 조건에서 **지속해서** 견딜 수 있어야 한다.

사이클 개선

기본 사이클 성능은 몇 가지 기술에 의해 개선될 수 있다. 만약 터빈 출구 온도(T_4)가 압축기 출구 온도(T_2)보다 월등히 높은 경우 일반적으로 제거될 수 있는 열의 일부를 공급되는 열의 일부로 사용할 수 있다. 이를 **재생**(regeneration)이라고 하며 외부로부터 공급받아야 하는 열을 감소시킨다. 그 결과 효율성은 크게 향상된다. 예제 12.1에서 재생기를 적용할 수 있는가?

압축 과정은 **인터쿨링**(각 단계 간의 열 제거)을 통해 다단으로 수행될 수 있다. 이는 압축일을 경감하고, 마찬가지로, **재열**(단계 간의 가열)을 통해 단계별로 팽창할 수 있으므로 터빈 일을 증가시킨다. 불행하게도, 이러한 유형의 다단 과정은 사이클 효율을 약간 감소시키지만, 이는 **유체유동의 단위 질량당 생성되는 순 일**을 증가시키기 위해 용인될 수 있다. 이러한 매개변수를 **비출력**(specific output)이라고 하며 주어진 출력량을 생산하는 데 필요한 단위 크기를 나타낸다. 인터쿨링 또는 재가열을 통한 재생 및 다단 기술은 고정 발전소에서만 사용되므로 더 이상 논의하지 않는다. 이러한 주제에 대해 더 자세히 알고 싶다면 가스터빈 발전소 관련 도서나 Zucrow의 제2권(참고문헌 25)을 참조하자.

실제 사이클

예제 12.1에서 구한 48%의 열역학적 효율은 사이클이 이상적이라고 가정했기 때문에 상당히

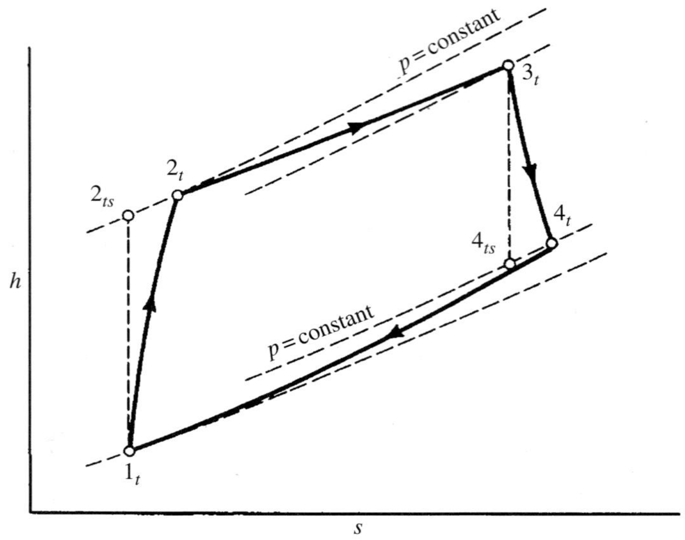

그림 12.4 실제 Brayton 사이클의 h–s 선도

높다. 더 의미 있는 결과를 얻으려면 유동 손실을 고려해야 한다. 이미 높은 기계 효율을 갖는 것의 중요성에 대해 언급했다. 상대적으로, 이것은 팽창 과정이 일어나는 터빈에서 달성하기에 그리 어렵지 않지만, 효율적인 압축기를 만드는 것은 상당히 어려운 작업이다. 또한 모든 덕트와 열교환기(버너, 인터쿨러, 재열기, 재생기 등)에서 압력강하가 수반된다. 그림 12.4는 실제 Brayton 사이클의 h–s 선도를 나타내는데, 기계효율과 압력강하 영향을 보여준다. 비가역적인 영향은 압축기와 터빈 모두에서 엔트로피를 증가시킨다는 점에 유의해야 한다.

터빈 효율(turbine efficiency)은 열손실을 무시하면 다음과 같다.

$$\eta_t \equiv \frac{\text{실제 출력일}}{\text{이상 출력일}} = \frac{h_{t3}-h_{t4}}{h_{t3}-h_{t4s}} \tag{12.23}$$

비열이 일정한 완전기체의 경우, 다음과 같이 온도 항으로 표기할 수 있다.

$$\eta_t \equiv \frac{c_p(T_{t3}-T_{t4})}{c_p(T_{t3}-T_{t4s})} = \frac{T_{t3}-T_{t4}}{T_{t3}-T_{t4s}} \tag{12.24}$$

실제 터빈과 이상적인 터빈은 같은 압력 조건에서 작동한다.

압축기 효율(compressor efficiency)도 이와 유사하다.

$$\eta_c \equiv \frac{\text{이상 입력일}}{\text{실제 입력일}} = \frac{h_{t2s}-h_{t1}}{h_{t2}-h_{t1}} \tag{12.25}$$

$$\eta_c = \frac{T_{t2s} - T_{t1}}{T_{t2} - T_{t1}} \tag{12.26}$$

다시 말하지만, 실제 기계와 이상적인 기계는 같은 압력 조건에서 작동한다는 점을 유의하자 (그림 12.4 참조).

예제 12.2

압축기와 터빈 효율이 모두 80%라는 점을 제외하고, 예제 12.1에서 주어진 것과 같은 정보를 갖는다고 가정한다. 열교환기에서의 압력강하는 무시한다. 따라서 결과는 낮은 기계 효율이 Brayton 사이클에 미치는 영향을 보여준다. 예제 12.1에서 계산된 이상적인 값을 취한다.

$$T_1 = 550°\text{R} \quad T_3 = 2000°\text{R} \quad \eta_t = \eta_c = 0.8$$

$$T_{2s} = 1062°\text{R} \quad T_{4s} = 1036°\text{R}$$

$$w_t = (0.8)(0.24)(2000-1036) = 185.1 \text{ Btu/lbm} \ (\text{또는 } 431 \text{ kJ/kg})$$

$$w_c = \frac{(0.24)(1062-550)}{0.8} = 153.6 \text{ Btu/lbm} \quad (\text{또는 } 357 \text{ kJ/kg})$$

$$w_n = 185.1 - 153.6 = 31.5 \text{ Btu/lbm}$$

$$T_2 = 550 + \frac{153.6}{0.24} = 1190°\text{R}$$

$$q_a = (0.24)(2000-1190) = 194.4 \text{ Btu/lbm}$$

$$\eta_{\text{th}} = \frac{w_n}{q_a} = \frac{31.5}{194.4} = 16.2\%$$

기계 효율이 80%이면 순 일 및 사이클 효율은 각각의 이상 값 기준 약 29%와 34%로 매우 감소한다. 기계 효율이 75%라면 순 일과 사이클 효율은 어떻게 되는가?

추진시스템의 개방 Brayton 사이클

대부분의 가스터빈 플랜트는 그림 12.1에 나타낸 **폐쇄 사이클**(closed cycle)로 작동한다. 항공기나 미사일 추진에 사용되는 가스터빈 엔진은 **개방 사이클**(open cycle)로 작동한다. 즉, 터빈 출구에서 압축기 입구까지의 열 제거 과정은 엔진 내에서 물리적으로 일어나지 않지만 대기에서 발생한다. 열역학적으로 말하자면, 개방과 폐쇄 사이클은 같지만, 실제 장치에서는 여러 가지 차이점이 있다.

1. 공기는 시스템 내부로 고속으로 들어가므로 압축기로 전달되기 전에 확산해야 한다. 압축의 상당 부분이 이 디퓨저에서 일어난다. 비행 속도가 초음속일 경우 압력 상승은 흡입구 전면에서의 충격파 전후에 걸쳐 발생한다.
2. 가열은 버너 또는 연소실 내의 연소 공정에 의해 수행된다. 따라서 연소 생성물은 시스템의 나머지 부분을 통과한다.
3. 터빈을 통과한 후 공기는 노즐을 통해 더 팽창되어 시스템을 빠져나간다. 이는 배기가스의 운동에너지를 증가시켜 추력을 발생시키는 데 도움이 된다.
4. 압축 및 팽창 과정은 일반적으로 단(특히 축류 압축기)에서 발생하지만, 인터쿨링에는 관여하지 않는다. **애프터버너**(afterburner)를 사용한 추력 증강은 마지막 터빈 단과 노즐 팽창 사이 재열 과정의 한 형태로 간주할 수 있다. 재생기 사용은 비행 추진시스템에 비실용적인 것으로 간주한다.

디퓨저와 압축기 사이 압축 과정의 구분과 터빈과 출구 노즐 내에서 발생하는 팽창되는 양은 관련된 추진시스템의 유형에 따라 크게 다르다. 이는 다음 절에서 더 자세히 다루며, 여기서는 일반적인 추진 엔진에 관해 설명한다.

12.4 추진 엔진

터보제트 엔진

제트 엔진에 대한 첫 번째 특허가 1922년에 나왔지만, 실용 터보제트 엔진의 제작은 그 후 10년이 지나서야 이루어졌다. 1930년 영국과 독일에서 개발 작업이 시작되었고, 1937년 영국이 최초로 작동 가능한 엔진을 얻었다. 하지만 1941년까지 비행기에 동력을 공급하는 데 사용되지 않았는데, 이 엔진의 추력은 약 850 lbf(3781 N)였다. 1939년 독일군은 1100 lbf(4893 N)의 추력을 갖는 터보제트기의 첫 비행을 성공시켰다(참고문헌 25의 다양한 엔진에 관한 역사적 참고사항에서 가져옴).

그림 12.5는 전형적인 터보제트 엔진의 단면을 보여준다. 다소 가공적으로 보이지만, 그림 12.6에 표시된 도식은 기본 부품을 식별하는 데 도움이 될 것이다. 그림 12.6에는 엔진 분석에 필요한 중요한 부품 위치도 나와 있다. 공기는 디퓨저로 들어가 속도가 감소함에 따라 어느 정도 압축된다. 디퓨저에서 발생하는 압축량은 항공기의 비행 속도에 따라 달라진다. 비행 속도가 클수록 디퓨저 내의 압력 상승이 커진다.

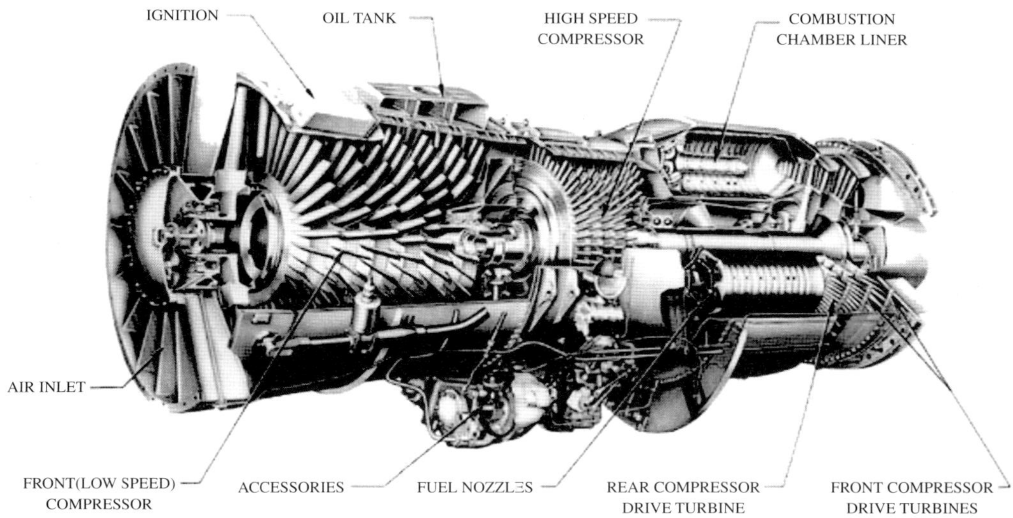

그림 12.5 터보제트 엔진의 단면도(Courtesy of Pratt & Whitney Aircraft) [추가 이미지는 웹에서 "turbojet turbofan turboprop images"를 검색하면 찾을 수 있다.]

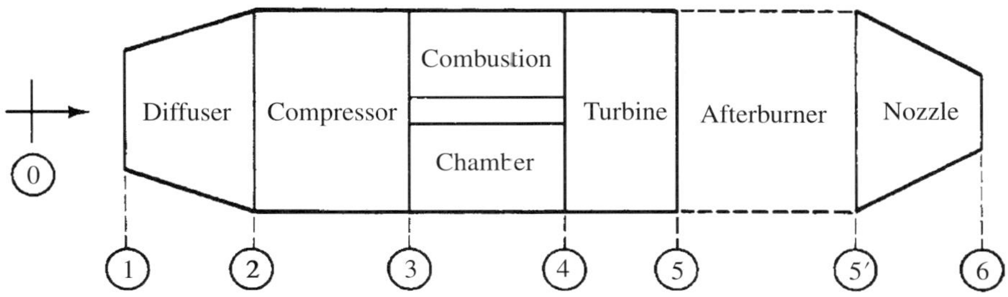

그림 12.6 터보제트 엔진의 기본 부품

디퓨저를 통과한 공기는 단열 압축기로 들어가며, 여기서 나머지 압력 상승이 발생한다. 초기의 터보제트 엔진은 **원심** 압축기를 사용했는데, 이것이 가장 효율적인 형태였기 때문이다. 그 이후로 공기역학에 대해 많은 것을 알게 되었고, 이것은 현재 제트 엔진에서 널리 사용되는 효율적인 **축류** 압축기의 빠른 개발을 가능하게 했다.

공기 일부는 내연기관에 의한 가열을 위해 연소실로 들어가는데, 이는 이상적으로 일정한 압력에서 수행된다. 연소실은 몇 가지 구조로 이루어져 있는데, 일부는 환형 챔버이지만 대부분은 중심축을 둘러싼 다수의 작은 챔버로 구성되어 있다. 나머지 공기는 챔버를 냉각하는 데 사용되며, 결국 모든 여분의 공기는 연소 생성물과 혼합되어 터빈으로 들어가기 전에 냉각된다. 터빈 블레이드는 고온에서 강도가 감소하고 높은 응력 수준에서 작동하기 때문에 이는 전체 엔진에서 가장 중요한 온도다. 더 나은 재료가 개발될수록 최대 허용 터빈 입구 온도를 높일 수 있으므로 엔진 효율이 향상된다. 또한 블레이드 냉각 방법이 이러한 문제를 완화하는 데 도움이 된다.

가스는 터빈 내부의 대기압으로 다시 팽창되지 않는다. 압축기와 엔진 보조 장치를 구동하기에 충분한 축 일을 할 수 있을 정도로만 팽창된다. 이러한 팽창 과정은 본질적으로 단열적이다. 대부분의 제트 엔진에서 기체는 노즐을 통해 대기로 배출된다. 여기서 팽창은 엔탈피를 운동에너지로 변환하고 그 결과 빠른 속도로 추력을 만들어낸다. 일반적으로 축소 노즐이 사용되며, 초킹 조건에서 작동한다.

군용 항공기에 사용되는 많은 제트 엔진은 터빈과 배기 노즐 사이에 **애프터버너**를 포함하는 부분이 있다. 가스에는 많은 양의 과잉 공기가 포함되어 있어 이 부분에 연료를 추가할 수 있다. 주변 재질이 낮은 응력 수준에서 작동하기 때문에 온도를 상당히 높게 올릴 수 있다. 애프터버너를 사용하면 더 높은 결과 추력을 가진 노즐에서 훨씬 더 큰 배기 속도를 얻을 수 있다. 그러나 추력 향상은 매우 높은 연료 소비율의 비용을 치르면서 얻어진다.

터보제트 엔진에 대한 *h*–*s* 선도는 그림 12.7에 나와 있으며, 단순성을 위해 모든 과정이 이상적임을 보여준다. 각 번호는 그림 12.6에 표시된 단면 번호를 의미하며, 선도는 **정적** 값을 나타낸다. 점 0은 자유유동 상태이며 (엔진에 비해) 높은 속도를 갖는다. 이러한 동일 조건은 실제 엔진 흡입구에 존재할 수 있거나 존재하지 않을 수도 있다. 유출 또는 외부 충격파를 통한 외부 확산은 점 1에서의 열역학적 상태를 자유유동의 열역학적 상태와 다르게 만들 수 있다. 점 1은 *h*–*s* 선도에도 나타나지 않는다. 이는 공기 흡입구의 성능이 일반적으로 자유유동 조건과 관련하여 주어지며, 단면 2에서의 물성을 즉시 계산할 수 있기 때문이다.

애프터버너 유무에 따른 작동은 그림 12.7에 나와 있다. 점 5에서 점 5′까지의 과정은 애프터버너 사용을 나타내며, 점 5′에서 점 6′은 배기 노즐을 통과하는 후속 흐름을 나타낸다. 이 경우 애프터버닝 상태에 있을 때 유동을 수용하기 위해 출구 면적이 가변적인 노즐이 필요하다. 축소 노즐은 대개 초킹되기 때문에 대기압보다 큰 압력으로 점 6(및 6′)을 표시했다. 입구 및 출구(점 0, 1, 6 또는 6′)에서는 속도가 높으며, 다른 모든 구간에서는 상대적으로 속도가 느리다. 따라서 점 2~점 5(및 5′)는 또한 대략적인 정체 값을 나타낸다. (특히 애프터버너 영역에서는 이러한 내부 속도를 항상 무시할 수 있는 것은 아니다.) 터보제트 엔진의 상세한 분석은 터보팬 엔진을 통과하는 1차 공기를 분석하는 것과 같다. 이와 관련된 사례는 예제 12.3에서 다루었다.

터보제트 엔진은 비교적 적은 양의 공기를 큰 속도 차이로 가속하여 추력을 내기 때문에 연료 소모가 크다. 다음 절에서는 비행 속도가 매우 높지 않은 한 추진 효율이 낮음을 확인할 수 있다. 따라서 터보제트 엔진은 $M_0 = 1.0$부터 약 $M_0 = 2.5$ 또는 3.0까지의 속도 범위에서 사

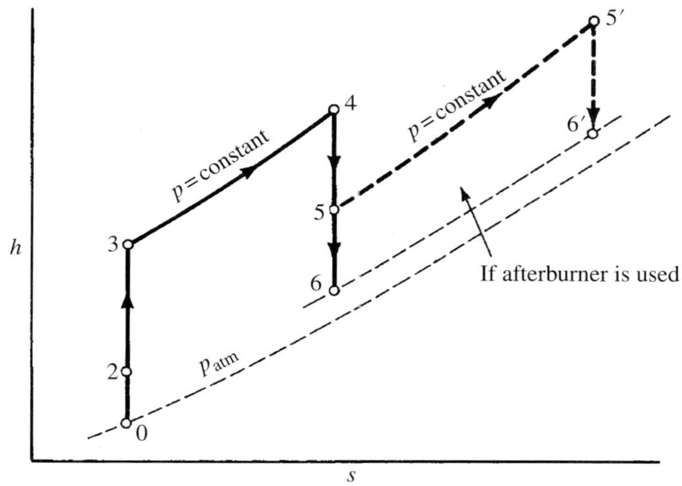

그림 12.7 이상적인 터보제트 엔진의 h-s 선도(개략도는 그림 12.6 참조)

용할 수 있다. 대략 $M_0 = 3.0$ 이상의 비행 속도에서는 램제트(ramjet) 엔진이 더 바람직한 것으로 보인다. 아음속 속도 범위에서는 터보제트 엔진의 다른 변형 모델이 더 경제적이며, 이는 다음에서 논의한다.

터보홴 엔진

여기에서의 개념은 더 작은 속도 차이를 통해 훨씬 더 많은 공기를 이동시켜 낮은 비행 속도에서 추진 효율을 높이는 것이다. 이는 대형 쉬라우드 홴을 엔진에 추가하는 방식으로 이루어진다. 그림 12.8은 일반적인 터보홴 엔진의 단면을 보여준다. 그림 12.9의 개략도는 기본 부품을 식별하고 엔진 분석에 필요한 중요한 단면 위치를 표시하는 데 도움이 될 것이다.

중앙 부분 또는 기본 가스발생기(0-1-2-3-4-5-6)를 통한 유동은 이전에 논의한 순수 제트(에프터버너 없음)의 경우와 같다. **2차 공기** 또는 **우회 공기**(bypass air)(1-2-3′-4′)라 불리는 추가 공기는 디퓨저를 통해 유입되어 홴으로 전달되며, 여기서 상대적으로 낮은 압력비를 통해 압축된다. 그런 다음 노즐을 통해 대기로 배출된다. 이러한 구성의 다양한 메커니즘이 소개되고 있다. 일부 홴은 자체 흡입구와 디퓨저가 있는 흐면 근처에 위치하기도 한다. 일부 모델에서는 홴의 우회 공기가 터빈 주 공기와 혼합되고, 전체 공기는 공통 노즐을 통해 배출된다.

우회 공기 비율(bypass ratio)은 다음과 같이 정의된다.

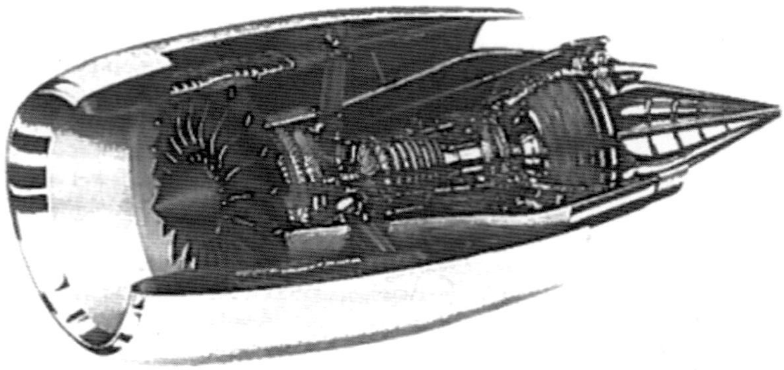

그림 12.8 터보홴 엔진의 단면도(Courtesy of General Electric Aircraft Engines) [추가 이미지는 웹에서 "turbojet turbofan turboprop images"를 검색하면 찾을 수 있다.]

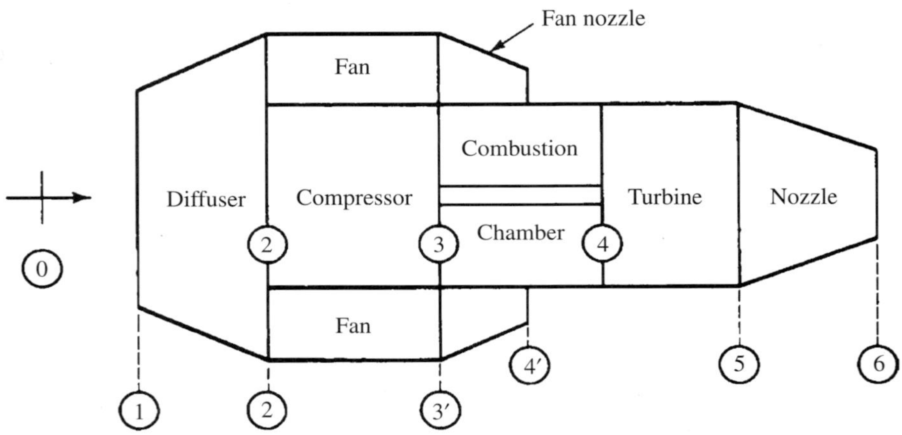

그림 12.9 터보홴 엔진의 기본 부품

$$\beta \equiv \frac{\dot{m}_a'}{\dot{m}_a} \tag{12.27}$$

여기서

$$\dot{m}_a \equiv \text{주 공기의 질량유량(압축기를 통해)}$$
$$\dot{m}_a' \equiv \text{2차 공기의 질량유량(홴을 통해)}$$

주(1차) 공기의 h–s 선도는 그림 12.10에, 2차 공기의 선도는 그림 12.11에 나타냈다. 이러한 선도에서는 실제 과정과 이상적인 과정을 모두 보여줌으로써 손실에 대한 보다 정확한 정보를 얻을 수 있다. 이러한 선도는 그림 12.9에 표시된 구성 부품에 대한 것으로, 모든 유입

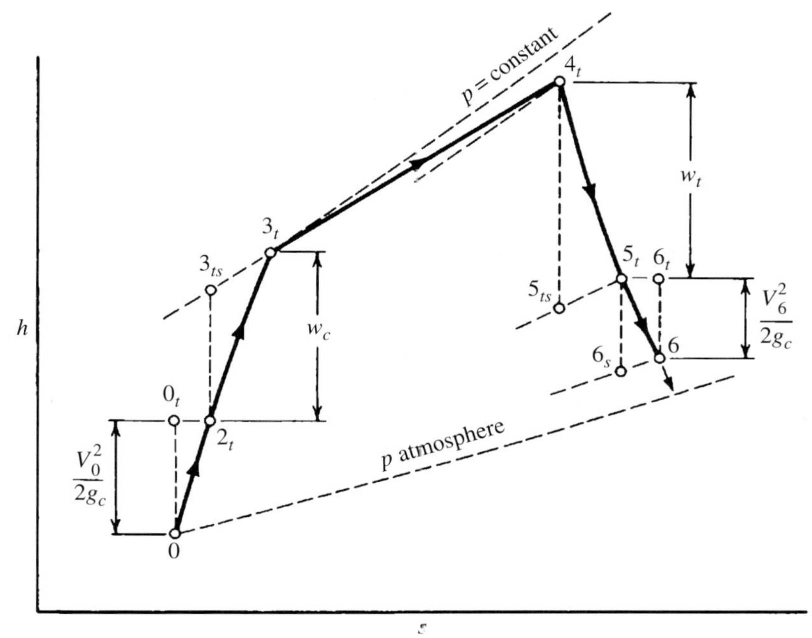

그림 12.10 터보휀 엔진 주 공기의 h–s 선도(그림 12.9의 개략도 참조)

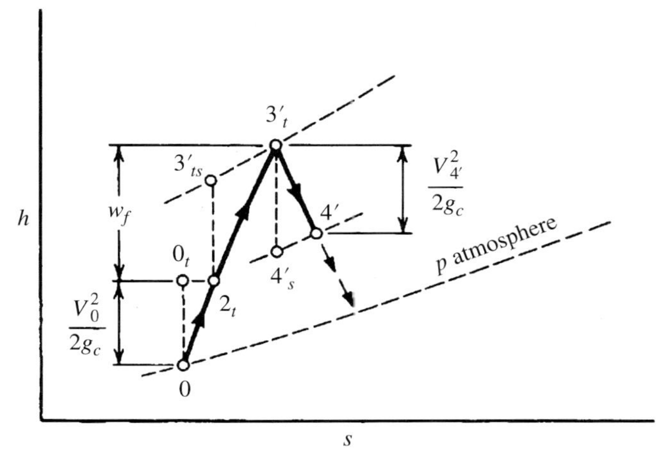

그림 12.11 터보휀 엔진 2차 공기의 h–s 선도(그림 12.9의 개략도 참조)

공기에 공통 디퓨저를 사용하고 휀과 터빈 배기에 별도의 노즐을 사용한다.

휀제트(fanjet) 분석은 터빈 크기를 조정하는 것을 제외하고는 순수한 제트 엔진을 분석하는 것과 같다. 휀제트에서 터빈은 압축기와 휀을 모두 작동시키기에 충분한 일을 수행해야 한다.

$$\text{터빈 일} = \text{압축기 일} + \text{홴 일}$$
$$\dot{m}_a(h_{t4}-h_{t5}) = \dot{m}_a(h_{t3}-h_{t2})+\dot{m}_a'(h_{t3'}-h_{t2}) \tag{12.28}$$

만약 $\dot{m}_a$으로 나누고 우회 공기 비율 β[식 (12.27) 참조]를 도입하면 다음과 같다.

$$(h_{t4}-h_{t5})=(h_{t3}-h_{t2})+\beta(h_{t3'}-h_{t2}) \tag{12.29}$$

터빈 일을 계산할 때 연료 질량을 무시했다는 점에 유의해야 한다. 이는 실내 가압 및 에어컨과 보조 동력 작동을 위해 압축기에서 블리딩된 공기가 대략 버너에 추가되는 연료 질량에 해당하기 때문에 매우 현실적이라 할 수 있다.

다음 예제는 터보제트 및 터보홴 엔진의 분석 방법을 설명하는 데 도움이 된다. 작동 매질이 일정한 비열을 갖는 완전기체로 취급된다는 점에서 일부 단순화가 가능하다. 이러한 가정은 c_p(및 γ)의 두 값을 사용한다면 실제로 상당히 만족스러운 결과를 얻을 수 있다. 하나는 저온 영역(디퓨저, 압축기, 홴 및 홴 노즐)이고, 다른 하나는 고온 영역(터빈 및 터빈 노즐)이다. 단순성을 위해 다음 예에서는 c_p(및 γ)의 한 값만 사용한다. (제11장에서 수행한 것처럼)더 정확한 결과를 원한다면 유입 공기뿐만 아니라 터빈 및 다른 부품을 통과하는 특정 연소 생성물에 대해 정확한 엔탈피 대 온도 관계를 제공하는 기체 물성 표에 의존할 수 있다(참고문헌 31 참조).

예제 12.3

터보홴 엔진은 33,000 ft의 고도에서 Mach 수 0.9로 작동하며, 여기서 온도와 압력은 400°R 및 546 psfa(3.79 psia)이다. 엔진의 우회 공기 비율은 3.0이고 1차 공기량은 50 lbm/sec이다. 주 유동과 우회 공기 유동 출구에는 축소 노즐을 사용한다. 추진시스템 설계자는 일반적으로 구성 요소 성능 계산에 정체압력회복계수 대 효율성을 사용하지만, 여기서는 다음과 같은 효율을 사용한다.

$$\eta_c=0.88,\ \ \eta_f=0.90,\ \ \eta_b=0.96,\ \ \eta_t=0.94,\ \ \eta_n=0.95$$

디퓨저의 전체압력회복계수(자유유동 관련)는 $\eta_r=0.98$, 압축기 총압력비는 15, 홴 전체압력비는 2.5, 최대 허용 터빈 입구 온도는 2500°R, 연소기 내 전체압력손실은 3%이며 연료의 발열량은 18,900 Btu/lbm이다. 작동 매체를 공기로 가정하고 일정한 비열을 갖는 완전기체로 취급한다. 각 단면에서의 물성을 계산하시오(단면 번호는 그림 12.9 참조). 나중에 예제 12.5에서 공기를 실제기체로 취급하고, 그 결과를 비교할 것이다.

디퓨저:

$$
\begin{aligned}
M_0 &= 0.9, \ T_0 = 400^\circ\text{R}, \ p_0 = 546 \text{ psfa} \\
a_0 &= \sqrt{(1.4)(32.2)(53.3)(400)} = 980 \text{ ft/sec} \\
V_0 &= M_0 a_0 = (0.9)(980) = 882 \text{ ft/sec} \\
p_{t0} &= \frac{p_{t0}}{p_0} p_0 = \left(\frac{1}{0.5913}\right)(546) = 923 \text{ psfa} \\
T_{t0} &= \frac{T_{t0}}{T_0} T_0 = \left(\frac{1}{0.8606}\right)(400) = 465^\circ\text{R} = T_{t2}
\end{aligned}
$$

공기 유입구의 성능은 자유유동 조건에 기초하는 것이 일반적이다.

$$p_{t2} = \eta_r p_{t0} = (0.98)(923) = 905 \text{ psfa}$$

압축기:

$$p_{t3} = 15 p_{t2} = (15)(905) = 13,575 \text{ psfa}$$

$$\frac{T_{t3s}}{T_{t2}} = \left(\frac{p_{t3}}{p_{t2}}\right)^{(\gamma-1)/\gamma} = (15)^{0.286} = 2.170$$

$$T_{t3s} = (2.17)(465) = 1009^\circ\text{R}$$

$$\eta_c = \frac{h_{t3s} - h_{t2}}{h_{t3} - h_{t2}} = \frac{T_{t3s} - T_{t2}}{T_{t3} - T_{t3}}$$

따라서

$$T_{t3} - T_{t2} = \frac{1009 - 465}{0.88} = 618^\circ\text{R}$$

$$T_{t3} = T_{t2} + 618 = 465 + 618 = 1083^\circ\text{R}$$

홴:

$$p_{t3'} = 2.5 p_{t2} = (2.5)(905) = 2263 \text{ psfa}$$

$$\frac{T_{t3's}}{T_{t2}} = \left(\frac{p_{t3'}}{p_{t2}}\right)^{(\gamma-1)/\gamma} = (2.5)^{0.286} = 1.300$$

$$T_{t3's} = (1.3)(465) = 604^\circ\text{R}$$

$$T_{t3'} - T_{t2} = \frac{T_{t3's} - T_{t2}}{\eta_f} = \frac{604 - 465}{0.90} = 154.4^\circ\text{R}$$

$$T_{t3'} = T_{t2} + 154.4 = 465 + 154.4 = 619^\circ\text{R}$$

버너:

$$p_{t4} = 0.97 p_{t3} = (0.97)(13,575) = 13,168 \text{ psfa}$$

$T_{t4} = 2500^\circ\text{R}$ (최대 허용 온도)

버너의 에너지 분석 결과를 다음 식으로 나타낼 수 있다.

$$(\dot{m}_f + \dot{m}_a)h_{t3} + \eta_b(\text{HV})\dot{m}_f = (\dot{m}_f + \dot{m}_a)h_{t4} \tag{12.30}$$

여기서

$$\text{HV} \equiv \text{연료의 발열량}$$
$$\eta_b \equiv \text{연소 효율}$$

$f \equiv \dot{m}_f/\dot{m}_a$를 연료비라고 하면, 다음 식을 얻는다.

$$\eta_b(\text{HV})f = (1+f)c_p(T_{t4} - T_{t3}) \tag{12.31}$$

또는

$$f = \frac{1}{\dfrac{\eta_b(\text{HV})}{c_p(T_{t4}-T_{t3})} - 1} = \frac{1}{\dfrac{(0.96)(18,900)}{(0.24)(2500-1083)} - 1} = 0.0191$$

터빈: 부가되는 연료 질량을 무시하면, 식 (12.29)로부터 다음을 얻는다(일정한 비열을 갖는 경우).

$$(T_{t4} - T_{t5}) = (T_{t3} - T_{t2}) + \beta(T_{t3'} - T_{t2})$$
$$T_{t4} - T_{t5} = (1083 - 465) + (3)(619 - 465) = 1080°\text{R}$$
$$T_{t5} = T_{t4} - 1080 = 2500 - 1080 = 1420°\text{R}$$

그리고

$$\eta_t = \frac{h_{t4} - h_{t5}}{h_{t4} - h_{t5s}} = \frac{T_{t4} - T_{t5}}{T_{t4} - T_{t5s}}$$
$$T_{t4} - T_{t5s} = \frac{1080}{0.94} = 1149°\text{R}$$
$$T_{t5s} = T_{t4} - 1149 = 2500 - 1149 = 1351°\text{R}$$
$$\frac{p_{t4}}{p_{t5}} = \left(\frac{T_{t4}}{T_{t5s}}\right)^{\gamma/(\gamma-1)} = \left(\frac{2500}{1351}\right)^{3.5} = 8.62$$
$$p_{t5} = \frac{p_{t4}}{8.62} = \frac{13,168}{8.62} = 1528 \text{ psfa}$$

터빈 노즐: 노즐의 작동 압력비는 다음과 같다.

$$\frac{p_0}{p_{t5}} = \frac{546}{1528} = 0.357 < 0.528$$

이는 노즐이 초킹되고, 출구에서 음속을 갖는 것을 의미한다.

$$T_{t6} = T_{t5} = 1420°\text{R},\ M_6 = 1,\ \text{그리고}\ \frac{T_6}{T_{t6}} = 0.8333$$

$$T_6 = (0.8333)(1420) = 1183°\text{R}$$

$$V_6 = a_6\sqrt{(1.4)(32.2)(53.3)(1183)} = 1686\ \text{ft/sec}$$

$$\eta_n = \frac{h_{t5} - h_6}{h_{t5} - h_{6s}} = \frac{T_{t5} - T_6}{T_{t5} - T_{6s}}$$

그러면 다음 결과를 얻는다.

$$T_{t5} - T_{6s} = \frac{1420 - 1183}{0.95} = \frac{237}{0.95} = 249°\text{R}$$

$$T_{6s} = T_{t5} - 249 = 1420 - 249 = 1171°\text{R}$$

$$\frac{p_{t5}}{p_{6s}} = \left(\frac{T_{t5}}{T_{6s}}\right)^{\gamma/(\gamma-1)} = \left(\frac{1420}{1171}\right)^{3.5} = 1.964$$

$$p_6 = p_{6s} = \frac{p_{t5}}{1.964} = \frac{1528}{1.964} = 778\ \text{psfa}$$

홴 노즐:

$$\frac{p_0}{p_{t3'}} = \frac{546}{2263} = 0.241 < 0.528\ (\text{초킹 노즐})$$

$$T_{t4'} = T_{t3'} = 619°\text{R}$$

$$M_{4'} = 1,\ T_{4'} = (0.8333)(619) = 516°\text{R}$$

$$V_{4'} = a_{4'} = \sqrt{(1.4)(32.2)(53.3)(516)} = 1113\ \text{ft/sec}$$

$$T_{t3'} - T_{4's} = \frac{T_{t3'} - T_{4'}}{\eta_n} = \frac{619 - 516}{0.95} = 108°\text{R}$$

$$T_{4's} = 619 - 108 = 511°\text{R}$$

$$\frac{p_{t3'}}{p_{4's}} = \left(\frac{T_{t3'}}{T_{4's}}\right)^{\gamma/(\gamma-1)} = \left(\frac{619}{511}\right)^{3.5} = 1.956$$

$$p_{4'} = p_{4's} = \frac{2263}{1.956} = 1157\ \text{psfa}$$

다음 12.6절에서 엔진의 추력 및 기타 성능변수를 결정하기 위해 이 예제를 이용할 것이다. 12.7절에서는 이 결과를 컴퓨터 프로그램 결과와 비교한다.

터보프롭 엔진

그림 12.12는 전형적인 터보프롭(turboprop) 엔진의 단면도를 나타낸 것이다. 그림 12.13의 개략도는 기본 부품을 식별하는 데 도움이 되며 중요한 단면 위치를 나타낸다. 다음을 제외하고 터보팬 엔진과 상당히 유사하다.

1. 터빈에서 가능한 많은 동력이 발생하므로 프로펠러를 작동하는데 더 많은 동력을 사용할 수 있다. 엔진은 고정 형태의 발전소처럼 작동하지만 개방 사이클로 작동한다.

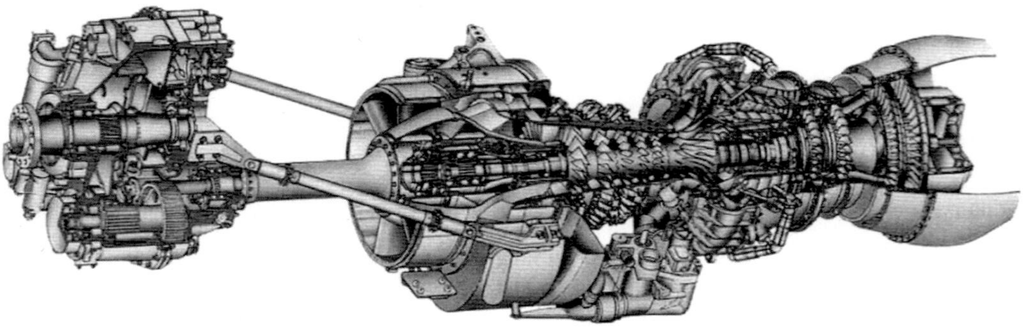

그림 12.12 터보프롭 엔진의 단면도(Courtesy of General Electric Aircraft Engines) [추가 이미지는 웹에서 "turbojet turbofan turboprop images"를 검색하면 찾을 수 있다.]

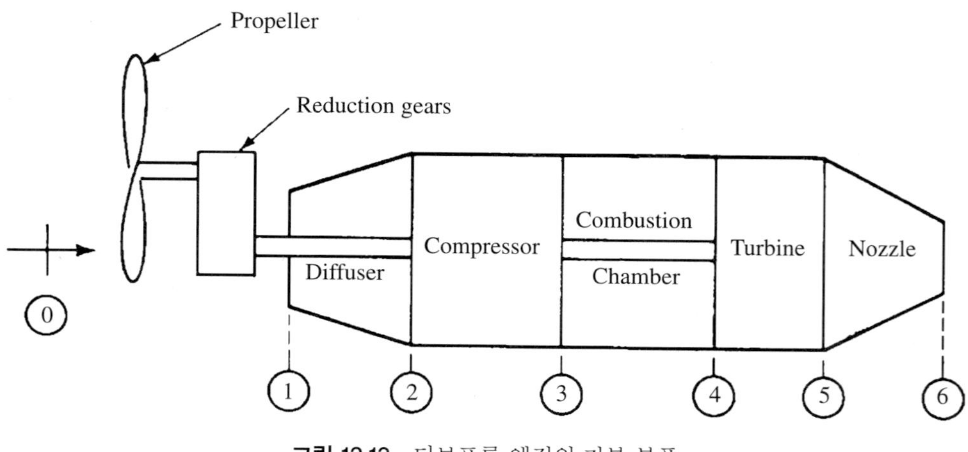

그림 12.13 터보프롭 엔진의 기본 부품

2. 프로펠러는 (터보팬과 비교하여) 상대적으로 낮은 회전 수에서 감속 기어를 통해 작동한다.

터빈에서 많은 전력을 추출하면 노즐에서 팽창이 거의 발생할 수 없어, 결과적으로 출구 속도가 상대적으로 낮아진다. 따라서 제트로부터 얻는 추력은 거의 없다(전체의 10~20% 정도).

프로펠러는 매우 작은 속도 차를 이용하여 (터보팬 및 터보제트와 비교하여)많은 양의 공기를 가속한다. 이러한 특성에 의해 낮은 아음속 비행 영역에서 매우 효율적인 추진 장치로 활용될 수 있다. 프로펠러 구동 항공기의 또 다른 작동 특성은 이륙에 사용할 수 있는 높은 추력과 동력이다. 터보프롭 엔진은 비슷한 출력의 왕복기관보다 지름이 상당히 작으며 무게가 가볍다.

램제트 엔진

램제트(ramjet) 엔진 사이클은 기본적으로 터보제트와 같다. 공기가 디퓨저로 들어가고 공기의 운동에너지 대부분은 압력 상승으로 전환된다. 초음속 비행에서 일부 압축은 입구보다 앞선 곳에서의 충격파를 가로질러 발생한다(그림 7.15 참조). 고속 비행하면 흡입구와 확대부에서 충분한 압축이 가능하므로 압축기가 필요하지 않다. 압축기가 제거되면 터빈이 더 이상 필요하지 않으며 생략할 수도 있다. 그 결과는 그림 12.14의 개략도로 나타낸 램제트 엔진이다.

램제트 엔진의 연소 영역은 일반적으로 큰 단일 챔버로 애프터버너와 유사하다. 단면적이 상대적으로 작으므로, 연소 영역에서의 속도는 터보제트에서의 속도보다 훨씬 빠르다. 따라서 화염을 안정시키고 분출을 방지하기 위해 **화염 제어망**(flame holders)(애프터버너에 사용되는 것과 유사)을 도입해야 한다. 현재 고체 연료를 사용한 램제트 엔진 실험이 수행되고 있다. 초

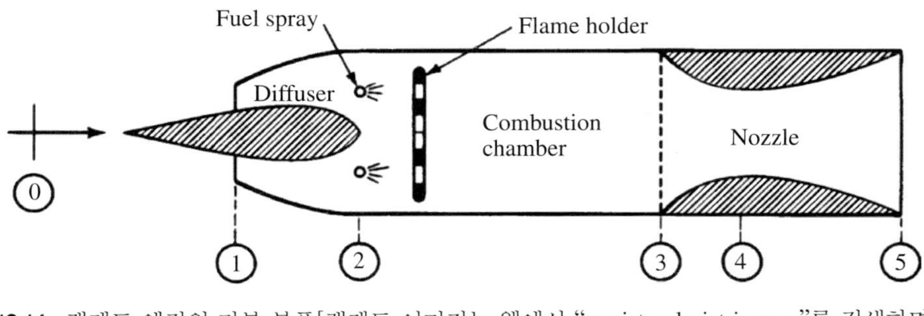

그림 12.14 램제트 엔진의 기본 부품[램제트 이미지는 웹에서 "ramjet pulsejet images"를 검색하면 찾을 수 있다.]

음속 연소는 디퓨저를 단순하게 만들 것이지만(큰 손실 요인도 제거), 지금까지 유효한 성과는 없다.

램제트 엔진은 $M_0=0.2$의 낮은 속도에서도 작동할 수 있으나, 이러한 낮은 속도에서 연료 소비량은 끔찍하다. 램제트 엔진은 $M_0=2.5$ 또는 그 이상의 속도에 도달하기 전까지 터보제트와 경쟁이 되지 않는다. 램제트 엔진의 또 다른 단점은 비행 속도가 0인 상태에서는 작동할 수 없다는 점이며, 이 때문에 비행기에서 떨어뜨리거나 로켓 도움으로 발사할 수 있는 보조적인 기동 수단이 필요하다. 고속 비행체를 위한 터보제트와 램제트 엔진의 적절한 조합은 저속에서의 비효율적인 운용 문제뿐만 아니라 발사 문제를 해결할 것이다. 그림 7.17에서 보여준 YF12는 $M_0>2.0$에서 애프터버너로의 유입공기를 우회하는 램제트 역할을 한다.

램제트 엔진은 1913년 프랑스인 Lorin에 의해 발명되었다. 1920년대 영국과 독일에서 다양한 특허가 등록되었다. 램제트 엔진을 동력으로 이용한 최초의 비행기는 1938년 프랑스의 Leduc가 설계했지만, 제2차 세계대전으로 인해 지연되어 1949년까지 생산되지 않았다. 램제트 엔진은 단순하고 가벼워 고속 표적 드론이나 유도 미사일의 소모성 엔진으로 적합하다.

예제 12.4

온도 218 K, 압력 1.7×10^4 N/m^2(17.0 kPa)의 13,000 m 고도에서 $M_0=1.8$로 램제트 엔진이 작동되고 있다. 편향각이 10°인 2차원 흡입구를 가정한다(그림 E12.4 참조). 디퓨저와 연소실의 마찰손실은 무시한다. 흡입구 면적은 $A_1=0.2$ m^{2}이며, 전체 온도가 2225 K까지 도달하기 위한 충분한 양의 연료가 공급된다. 연료의 발열량은 4.42×10^7 J/kg이고, $\eta_b=0.98$이다. 노즐은 $\eta_n=0.96$의 최대 추력을 얻기 위해 대기압까지 팽창한다. 연소실로 유입되는 속도는 가능한 빠르게 유지하되 $M_2=0.25$보다 크지 않아야 한다.

작동유체는 공기로 가정하며, $\gamma=1.4$인 완전기체로 취급한다. 각 부분에서 질량유량, 연료-공기비, 디퓨저 전체압력회복계수를 계산하시오.

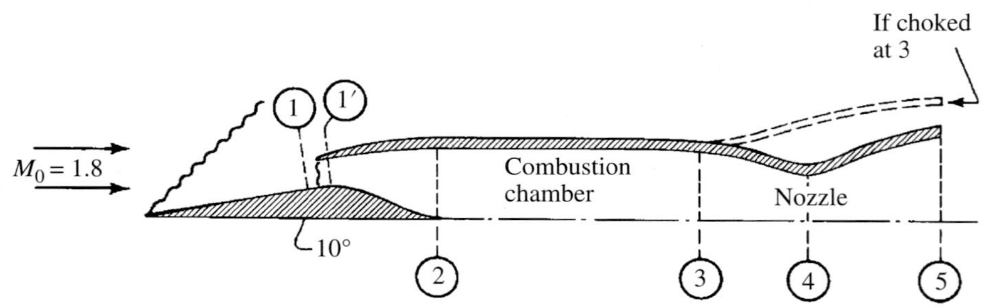

그림 E12.4

경사충격파: $M_0 = 1.8$, $\delta = 10°$, $\theta = 44°$에 대해서 다음을 얻는다.

$$M_{0n} = M_0,\quad \sin\theta = 1.8,\quad \sin 44° = 1.250$$

$$M_{1n} = 0.8126,\quad \frac{p_1}{p_0} = 1.6562,\quad \frac{T_1}{T_0} = 1.1594$$

$$M_1 = \frac{M_{1n}}{\sin(\theta - \delta)} = \frac{0.8126}{\sin(44 - 10)} = 1.453$$

수직충격파: $M_1 = 1.453$에 대해서 다음을 얻는다.

$$M_{1'} = 0.7184,\ \frac{p_{1'}}{p_1} = 2.2964,\ \frac{T_{1'}}{T_1} = 1.2892$$

$$p_{1'} = \frac{p_{1'}}{p_1}\frac{p_1}{p_0}p_0 = (2.2964)(1.6562)p_0 = 3.803p_0$$

$$T_{t2} = T_{t0} = T_0\frac{T_{t0}}{t_0} = (218)\left(\frac{1}{0.6068}\right) = 359.3\ \text{K}$$

Rayleigh 유동: $M_2 = 0.25$이면 다음을 얻는다.

$$T_t^* = T_{t2}\frac{T_t^*}{T_{t2}} = (359.3)\left(\frac{1}{0.2568}\right) = 1399\ \text{K}$$

$T_{t3} = 2225$ K을 만족하기 위해 연료를 더 주입하면 초킹유동($M_3 = 1.0$)이 되며, $M_2 < 0.25$가 될 것을 의미한다. M_2 값을 계산하면 다음과 같다.

$$\frac{T_{t2}}{T_t^*} = \frac{T_{t2}}{T_{t3}}\frac{T_{t3}}{T_t^*} = \left(\frac{359.3}{2225}\right)(1) = 0.1615$$

$$M_2 = 0.192$$

디퓨저:

$$p_2 = \frac{p_2}{p_{t2}}\frac{p_{t2}}{p_{t1'}}\frac{p_{t1'}}{p_{1'}}p_{1'} = (0.9746)(1)\left(\frac{1}{0.7091}\right)(3.803p_0) = 5.227\,p_0$$

$$T_2 = \frac{T_2}{T_{t2}}T_{t2} = (0.9927)(359.3) = 356.7\ \text{K}$$

연소실:

$$p_3 = p^* = \frac{p^*}{p_2}p_2 = \left(\frac{1}{2.2822}\right)(5.227p_0) = 2.29p_0$$

$$T_3 = T_{t3}\frac{T_3}{T_{t3}} = (2225)(0.8333) = 1854\,\text{K}$$

노즐: $M_3 = 1.0$이므로, 노즐은 바로 확대된다.

$$T_{5s} = T_3\left(\frac{p_3}{p_{5s}}\right)^{(1-\gamma)/\gamma} = (1854)\left(\frac{2.29p_0}{p_0}\right)^{(1-1.4)/1.4} = 1463\,\text{K}$$

$$T_5 = T_3 - \eta_n(T_3 - T_{5s}) = 1854 - (0.96)(1854 - 1463) = 1479\,\text{K}$$

$$\frac{T_5}{T_{t5}} = \frac{1479}{2225} = 0.6647, \qquad M_5 = 1.588$$

유량:

$$p_1 = \frac{p_1}{p_0}p_0 = (1.6562)(1.7\times10^4) = 2.846\times10^4\ \text{N/m}^2$$

$$T_1 = \frac{T_1}{T_0}T_0 = (1.1594)(218) = 253\ \text{K}$$

$$\rho_1 = \frac{p_1}{RT_1} = \frac{2.816\times10^4}{(287)(253)} = 0.388\ \text{kg/m}^3$$

$$V_1 = M_1 a_1 = (1.453)[(1.4)(1)(287)(253)]^{1/2} = 463\ \text{m/s}$$

$$\dot{m} = \rho_1 A_1 V_1 = (0.388)(0.2)(463) = 35.9\ \text{kg/s}$$

연료-공기비:

$$f = \frac{1}{\dfrac{\eta_b(\text{HV})}{c_p(T_{t3}-T_{t2})} - 1} = \frac{1}{\dfrac{(0.98)(4.42\times10^7)}{(1000)(2225-359.3)} - 1} = 0.0450$$

전체압력회복계수:

$$\eta_r = \frac{p_{t2}}{p_{t0}} = \frac{p_{t2}}{p_2}\frac{p_2}{p_0}\frac{p_0}{p_{t0}} = \left(\frac{1}{0.9746}\right)\left(\frac{5.227p_0}{p_0}\right)(0.17404) = 0.933$$

이후 12.6절에서 추력과 다른 성능 변수를 구하기 위해 이 예제를 계속 이용한다.

펄스제트 엔진

터보제트, 터보퐨, 램제트 엔진 모두 Brayton 사이클의 변형으로 작동한다. 펄스제트(pulsejet) 엔진은 완전히 다른 장치이며 그림 12.15에 나와 있다.

펄스제트 엔진 설계 시 주안점은 디퓨저와 연소실 사이 벽을 형성하는 스프링이 장착된 체크밸브 층이다. 이 밸브들은 평소에는 닫혀 있으나 미리 설정한 압력차가 발생하면 이 압력

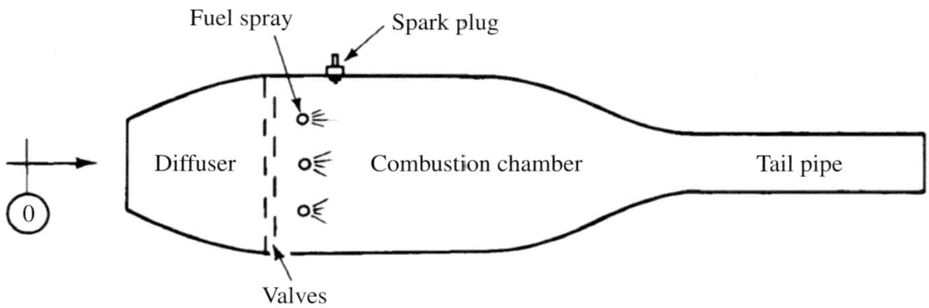

그림 12.15 펄스제트 엔진의 기본 부품[펄스제트 이미지는 웹에서 "ramjet pulsejet images"를 검색하면 찾을 수 있다.]

차에 의해 고압의 공기가 디퓨저에서 연소실로 유입되도록 한다. 밸브는 연소실에서 디퓨저로 역류하지 않도록 한다. 점화 플러그는 정적 과정에 무엇인가 근접할 때 연소를 시작한다. 그 결과 발생하는 고온 및 압력으로 인해 가스가 고속으로 꼬리 파이프 밖으로 유출된다. 배기가스의 관성으로 인해 연소실에 약간의 진공이 발생한다. 이 진공은 디퓨저에서 발생한 램압력과 혼합되어 체크밸브를 열기에 충분한 압력차를 발생시킨다. 새로운 공기가 챔버로 유입되고 사이클이 반복된다. 위 사이클의 주파수는 엔진의 크기에 따라 달라지며, 밸브의 동특성은 이 주파수와 일치해야 한다. 소형 엔진은 초당 300~400 사이클, 대형 엔진은 초당 40 사이클까지 작동한다.

펄스제트 엔진 개념은 1906년 프랑스에서 시작되었으나, 현대적인 개념의 형태는 1930년대 초 독일에서 개발되었다. 아마도 가장 유명한 펄스제트 엔진은 제2차 세계대전 독일의 '버즈폭탄(buzz bombs)'에 동력을 공급한 V-1 엔진일 것이다. 펄스제트 엔진의 속도 범위는 아음속 영역으로 제한되는데, 전면적(frontal area)이 넓어 (공기가 간헐적으로 유입되기 때문에) 높은 항력이 발생하기 때문이다. 극심한 소음과 진동 레벨로 인해 조종하는 비행체에는 적용할 수 없다. 그러나 비행 속도가 0일 때 추력을 만드는 능력이 램제트 엔진에 비해 뚜렷한 이점을 제공한다.

로켓 엔진

지금까지 논의된 모든 추진시스템은 공기 흡입식 엔진에 속한다. 따라서 100,000 ft 이하의 고도로 사용이 제한된다. 반면 로켓은 연료뿐만 아니라 산화제도 기내에 운반하기 때문에 대기권 안팎에서 작동할 수 있다. 로켓 엔진의 도식은 그림 12.16에 나와 있다. 화학 로켓 추진제는 **고체** 또는 **액체**다. 액체의 경우 연료와 산화제가 별도로 저장되고 고압(300~800 psia)으로

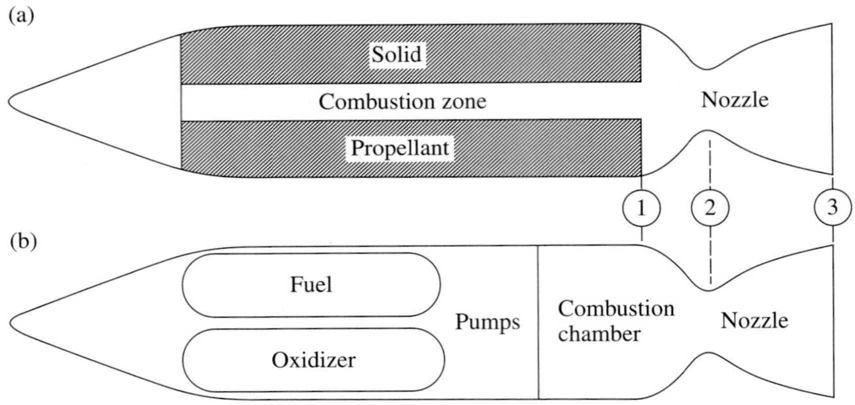

그림 12.16 로켓 엔진의 기본 부품: (a) 고체 추진제 로켓, (b) 액체 추진제 로켓(그림 5.9와 5.10 참조) [로켓 엔진 이미지는 웹에서 "rockets solid liquid propellant images"를 검색하면 찾을 수 있다.]

연소실로 분사되어 연소한다. 고체 추진제의 경우 연료와 산화제 모두 추진제 입자에 포함되어 추진제 표면에서 연소가 발생한다. 따라서 연소실의 부피는 계속해서 증가한다. 일부 고체 추진제는 그림 12.16a처럼 **내부 연소식**(internal burning)이며, 다른 추진제는 (담배와 비슷하게) **끝에서 연소**(end burning)한다. 고체 추진제는 500~3000 psia의 압력을 발생시킨다.

그림 12.17은 내부 연소와 함께 제공될 수 있는 일반적인 추력 분포를 보여준다. **중성 연소**(neutral burning)는 특정 추진제 구조를 통해 수반되는 일정한 연소 면적을 기반으로 한다. 마찬가지로, **점진적 연소**(progressive burning)와 **회귀적 연소**(regressive burning)는 추진제 단면에 의존한다. 이 모든 연소 분포는 로켓의 가속에 영향을 미치므로, 궁극적인 임무는 입자 형태의 추진제로 설계되어야 한다. 연소 생성물은 5000~10,000 ft/sec의 속도로 축소-확대 노즐을 통해 배출된다. 연소 과정에 도달하는 극도로 높은 온도와 높은 연료 소비율로 인해 로켓 엔진의 사용 시간은 짧은 시간(초 또는 분 단위)으로 제한한다.

액체 추진제는 조절 가능하며, 특정 임무 가운데 특히 유인 임무에서 매우 중요하다. 액체는 고체보다 성능이 월등히 뛰어나며 추력도 마이크로 파운드부터 메가 파운드에 이른다. 복잡한 경향이 있으나 작동 전에 점검 가능하며, 배기가스는 무독성이 될 수 있다. 반면 고체 추진제는 액체보다 훨씬 저렴하며, 관측 로켓이나 군용 로켓과 같은 일회용 임무에서 선호된다. 고체 추진제의 경우 약간의 추력 변화는 가능하지만, 항상 미리 프로그래밍되어야 하며 일반적으로 한번 시작하면 우발적이든 그렇지 않든 차단 불가능하다. 고체 추진제는 저장 시 몇 년 동안 지속되도록 설계되며, 이는 극저온 액체 추진제보다 큰 이점을 제공한다. 모든 고체 추진시스템은 항력을 줄이기 위해 매우 작게 포장될 수 있으며 필요한 경우 신속하게 활성화

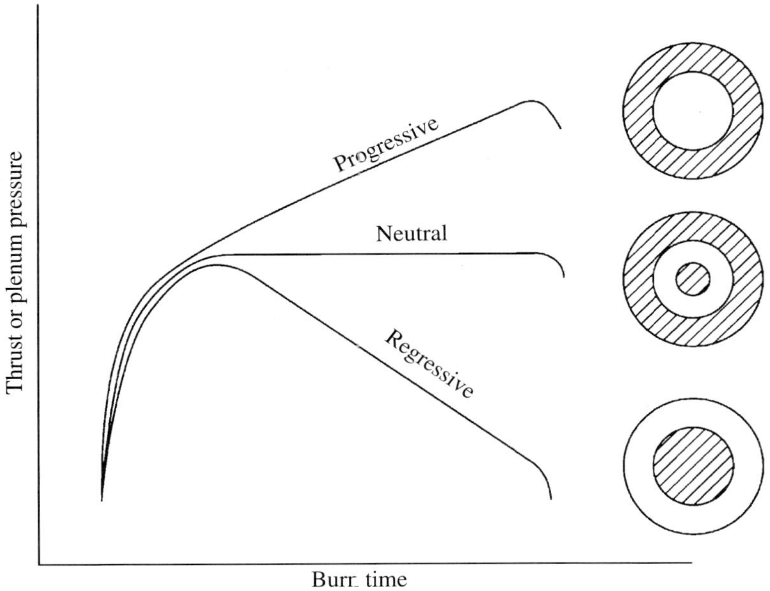

그림 12.17 전형적인 추력 분포와 고체 추진제의 단면 형상

할 수 있다.

로켓은 일반적으로 1000년경 중국에서 발명된 것으로 알려져 있으나, 그보다 500년 전부터 그리스인들이 로켓을 사용했다는 일부 증거가 있다. 현대 로켓의 아버지는 일반적으로 Robert Goddard라는 미국인으로 여겨진다. 그의 실험은 1915년에 시작되어 1930년대까지 계속되었다. 최초의 성공적인 미국의 로켓은 JATO(jet-assisted take-off, 제트이륙보조장치) 장치이며 세계대전(1941년 고체, 1942년 액체) 중 사용되었다. 독일의 Wernher von Braun이 개발한 V-2 로켓도 유명하다. 이것은 1942년에 처음 비행하였으며 56,000 lbf의 추력을 가진 액체 추진시스템을 갖추고 있었다. 최초의 로켓 추진 항공기는 독일의 ME-163이다. 덧붙여서, 로켓의 공기흡입 엔진과 공통점은 연소실에서의 가열이 일정한 압력에서 발생한다는 것이다.

12.5 일반 성능 변수, 추력, 동력, 그리고 효율

이 절에서는 추진시스템을 살펴보고 순 추진력에 대한 일반적인 식을 다룬다. 그런 다음 동력 및 효율과 같은 몇 가지 중요한 성능 변수를 유도한다.

추력 고려사항

그림 12.18과 같이 일정한 속도 V_0로 왼쪽으로 이동하는 항공기나 미사일을 생각해 보자. 추력은 유체와 추진 장치 간 상호작용의 결과다. 유체는 추진 장치를 밀어 왼쪽 또는 운동 방향으로 추력을 제공하는 반면, 추진 장치는 비행 방향과 반대 방향으로 유체를 밀어낸다.

유체 분석

먼저 추진 장치를 통과하는 유체를 분석한다. 추진시스템 내부의 모든 유체를 둘러싸는 검사체적을 정의한다(그림 12.19 참조). 속도는 장치를 기준으로 표시되며, 정상유동 그림을 만들기 위한 기준 좌표계로 사용된다. **정상유동**에 대한 운동량방정식의 x방향 성분은 [식 (3.42)로부터]다음과 같다.

$$\sum F_x = \int_{\text{cs}} \frac{\rho V_x}{g_c}(\mathbf{V}\cdot n)dA \tag{12.32}$$

그리고 **1차원 유동**의 경우 다음과 같다.

$$\sum F_x = \frac{\dot{m}_2 V_{2x}}{g_c} - \frac{\dot{m}_1 V_{1x}}{g_c} \tag{12.33}$$

추진 장치에 작용하는 **외력**(enclosure force)을 검사체적 내의 유체에 가해지는 마찰력과 벽

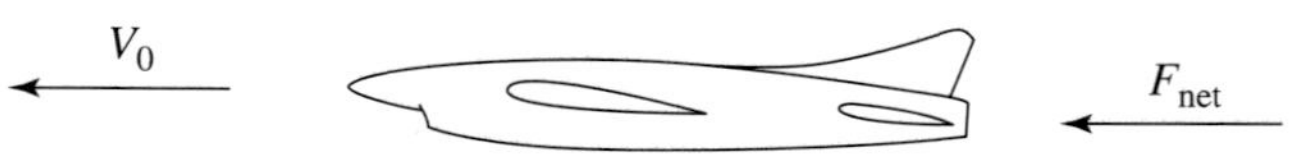

그림 12.18 비행 및 순 추진력 방향

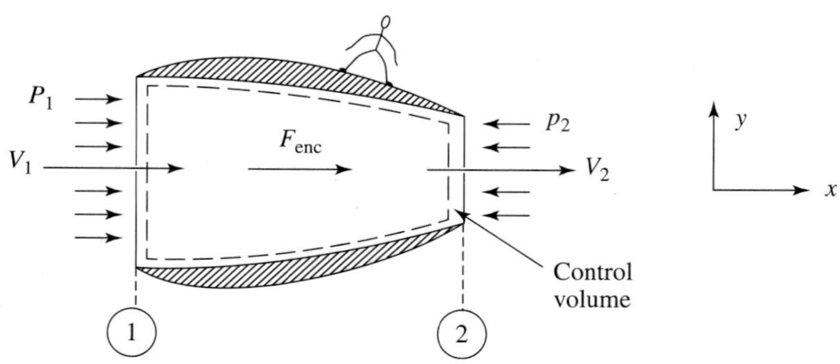

그림 12.19 추진시스템 내 유체에 작용하는 힘

면에 가해지는 압력 힘의 벡터 합으로 정의한다. 검사체적 내 유체에 대한 외력의 x방향 성분을 F_{enc}로 표기하면 다음 식으로 나타낼 수 있다.

$$\sum F_x = F_{enc} + p_1 A_1 - p_2 A_2 \tag{12.34}$$

그리고

$$p_1 A_1 - p_2 A_2 + F_{enc} = \frac{\dot{m}_2 V_2}{g_c} - \frac{\dot{m}_1 V_1}{g_c} \tag{12.35}$$

또는

$$F_{enc} = \left(p_2 A_2 + \frac{\dot{m}_2 V_2}{g_c}\right) - \left(p_1 A_1 + \frac{\dot{m}_1 V_1}{g_c}\right) \tag{12.36}$$

내부 압력과 마찰력의 매우 복잡한 합인 외력은 입구와 출구에서의 알려진 양으로 쉽게 표현될 수 있다. 이것은 운동량방정식의 위력을 보여준다. 식 (12.36)에서 얻은 변수의 조합을 **임펄스**(impulse) **또는 추력 함수**(thrust function)라고 부른다는 제10장[식 (10.11) 참조]의 내용을 상기하자. 이렇게 불리는 이유를 알 수 있을 것이다.

추진 장치(인클로저) 분석

이제 인클로저 또는 추진 장치에 가해지는 힘을 분석한다. 인클로저가 유체를 오른쪽으로 F_{enc}의 크기로 밀면, 유체는 동일 크기의 힘으로 인클로저를 좌측으로 밀어내야 한다. 이는 유체 내부의 거동이며 그림 12.20에 F_{int}로 표시된다.

F_{int} = 내부 힘으로부터 인클로저에 작용하는 양(+)의 추력

$$|F_{int}| = |F_{enc}| \tag{12.37}$$

그림 12.20에서 외력을 전체 인클로저에 대한 주위 압력으로 표시했다. 압력이 외부 표면에 걸쳐 일정하지 않기 때문에 처음에는 이것이 옳지 않다고 말할 수 있다. 또한 외부 표면에 걸쳐 마찰력이 표시되지 않았다. 이에 대한 답은 항력에는 표면 전단응력의 적분과 일반적으로 다음과 같은 형태로 표현되는 압력 항력이 포함되기 때문에 항력을 계산할 때 이러한 차이가 설명된다는 것이다.

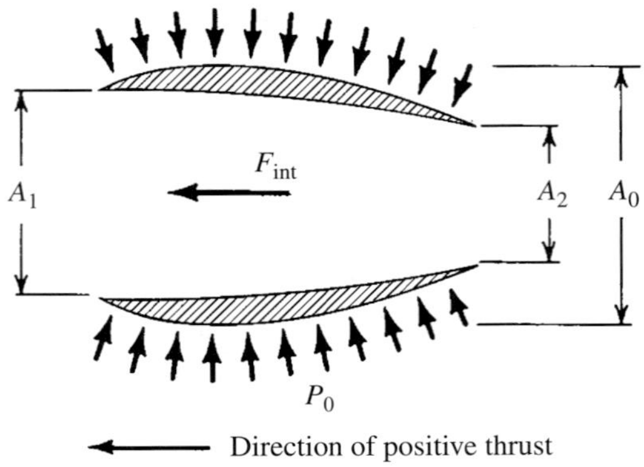

그림 12.20 추진 장치에 미치는 힘

$$압력\ 항력 = \int_1^2 (p - p_0)\, dA_x \tag{12.38}$$

식 (12.38)에서 추진 장치 전체 외부 표면에 걸쳐 적분이 수행되는데, dA_x는 x축에 수직인 투영면적 증분을 나타낸다.

F_{ext}를 인클로저에 가해지는 외력에 의해 발생하는 양(+)의 추력으로 정의한다.

$$F_{ext} \equiv 외부\ 힘으로부터\ 인클로저에\ 작용하는\ 양(+)의\ 추력$$

이것은 일정한 압력으로 나타냈기 때문에 이러한 힘의 적분은 매우 간단하다.

$$F_{ext} = p_0(A_0 - A_2) - p_0(A_0 - A_1) = p_0(A_1 - A_2) \tag{12.39}$$

위 식의 첫 번째 항은 추진 장치 뒷부분에 가해지는 압력 힘에 의한 **양**(+)의 추력을 나타낸다. 두 번째 항은 전방 부분에 작용하는 압력 힘에 의한 **음**(−)의 추력을 나타낸다.

추진 장치에 대한 **순 양(+)의 추력**(net positive thrust)은 내부 힘과 외부 힘의 합이다.

$$F'_{net} = F_{int} + F_{ext} \tag{12.40}$$

순 양(+)의 추력은 다음과 같이 표현될 수 있다.

$$F'_{net} = \left(p_2 A_2 + \frac{\dot{m}_2 V_2}{g_c}\right) - \left(p_1 A_1 + \frac{\dot{m}_1 V_1}{g_c}\right) + p_0(A_1 - A_2) \tag{12.41}$$

또는

$$F'_{\text{net}} = \frac{\dot{m}_2 V_2}{g_c} - \frac{\dot{m}_1 V_1}{g_c} + A_2(p_2 - p_0) - A_1(p_1 - p_0) \tag{12.42}$$

식 (12.42)는 일반적인 형태이며 모든 경우에 적용할 수 있다(즉, 추가된 연료를 고려할 경우 $\dot{m}_2$은 $\dot{m}_1$과 다를 수 있고, 음속 또는 초음속 배기의 경우 p_2는 p_0와 다를 수 있다. 그리고 p_1은 p_0와 같지 않을 수 있다). $p_1 \neq p_0$이면 $V_1 \neq V_0$이다. 이 예는 그림 12.21의 아음속 비행에 관한 것이다. 여기서 유동 시스템은 초킹되고, **과잉유출**(spillover) 유동과 함께 외부 확산이 발생한다. 실제로 엔진으로 유입하는 유체는 **예입 유관**(pre-entry streamtube) 내에 포함되어 있다고 한다.

추진 분야에서는 실제 유입구보다 훨씬 앞에 존재하는 자유유동 조건(p_0와 V_0)을 사용하는 것이 관례다. 따라서 (단면 1과 단면 2 사이와 비교하여)단면 0과 단면 2 사이에 식 (12.42)를 적용함으로써 훨씬 더 사용하기 편리한 간단한 식을 얻는다. 이를 **순 추진 추력**(net propulsive thrust)이라고 한다.

$$F_{\text{net}} = \frac{\dot{m}_2 V_2}{g_c} - \frac{\dot{m}_0 V_0}{g_c} + A_2(p_2 - p_0) \tag{12.43}$$

마지막 식은 사실상 단면 0에서 단면 1까지의 영역을 추진 장치 일부로 간주하기 때문에 식 (12.42)와 (12.43)은 같지 않다는 것에 유의해야 한다. 따라서 이 식은 **예입 추력**(pre-entry thrust) 또는 내부 유체가 예입 유관의 경계에 미치는 추진력을 포함한다. 압력 항력을 단면 0에서부터 단면 2까지 적분해야 하므로 항력을 계산할 때 이 오차가 보상된다.

$$\text{압력 항력} = \int_0^1 (p - p_0)\,dA_x + \int_1^2 (p - p_0)\,dA_x \tag{12.44}$$

예입 항력(pre-entry drag) 또는 **추가 항력**(additive drag)이라고 하는 단면 0에서 단면 1까지의 적분은 유동이 그림 12.21의 경우 예입 추진력과 균형을 이룬다.

동력 고려사항

추진시스템과 관계된 세 가지 동력 척도가 있다.

1. 입력 동력
2. 추진 동력

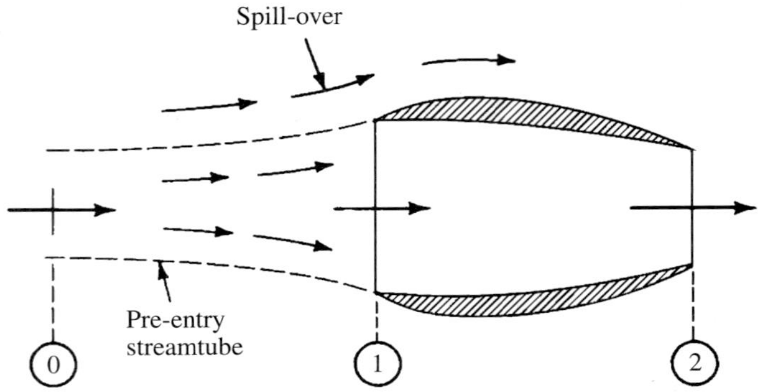

그림 12.21 공기흡입시스템에서 유입구 이전의 외부 확산

3. 추력

이러한 동력을 고려함으로써 열역학적 사이클의 성능을 추진 요소의 성능과 분리할 수 있다. 이러한 다양한 동력 사이의 일반적 관계는 그림 12.22에 나타냈다. 열역학적 사이클은 입력 동력 및 추진 동력과 관련이 있으며, 추진 장치는 추진 동력과 추력 사이의 연결고리다.

P_I로 표기되는 작동유체에 대한 **입력 동력**(input power)은 열 또는 화학 에너지가 시스템에 공급되는 속도(율)이다(HV = 연료 **가열 값**). 이 에너지는 열역학적 사이클에 대한 입력이다.

$$P_I = \dot{m}_f(\text{HV}) \tag{12.45}$$

사이클 출력은 추진 요소에 대한 입력이며 P로 표기되고 **추진 동력**(propulsive power)이라고 불린다. 프로펠러 구동 시스템의 경우 프로펠러에 공급되는 축동력이므로 추진 동력을 쉽게 시각화할 수 있다. 다른 시스템의 경우 추진 동력은 작동 매체가 시스템을 통과할 때 발생하는 운동에너지 변화율로 볼 수 있다.

$$P = \Delta\dot{\text{KE}} = \frac{\dot{m}_2 V_2^2}{2g_c} - \frac{\dot{m}_0 V_0^2}{2g_c} \tag{12.46}$$

추진 장치의 **추력**(thrust power)은 유용한 추진 일을 행하는 실제 속도이며, P_T로 나타낸다.

$$P_T = F_{\text{net}} V_0 \tag{12.47}$$

일반적으로 추력과 추진 동력의 차이가 **손실 동력**(lost power) P_L이라는 점에 유의하면 다음과 같이 추진 동력을 계산하기가 더 쉽다.

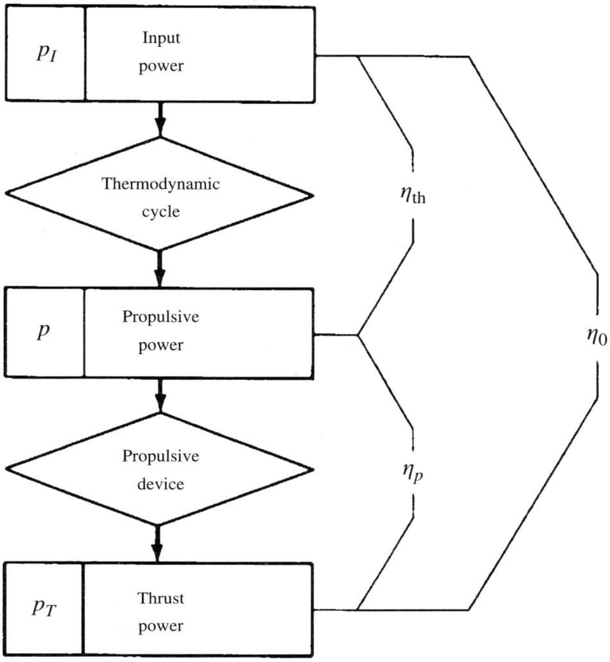

그림 12.22 추진시스템의 세 가지 동력

$$P = P_T + P_L \tag{12.48}$$

주요 손실은 출구 제트의 **절대** 운동에너지이며, 이는 완벽한 추진시스템에서도 피할 수 없는 손실이다. 이 외에 추력 목적으로 다른 에너지를 사용할 수는 없다. 예를 들어, 배기 제트 모두가 축방향으로 향하는 것은 아니며 소용돌이 성분이 존재할 수 있다. 어쨌든 **최소** 동력 손실은 다음과 같이 계산할 수 있다.

$$V_2 - V_0 = \text{출구 제트에서의 절대속도}$$

$$P_{L\min} = \frac{\dot{m}_2}{2g_c}(V_2 - V_0)^2 \tag{12.49}$$

효율 고려사항

동력량 P_I, P, P_T를 통해 다양한 효율 계수를 정의할 수 있다. 이는 그림 12.22에도 표시했다.

열효율:

$$\eta_{th} \equiv \frac{P}{P_I} \tag{12.50}$$

추진 효율:

$$\eta_p \equiv \frac{P_T}{P} = \frac{P_T}{P_T + P_L} \tag{12.51}$$

총합 효율:

$$\eta_0 \equiv \frac{P_T}{P_I} = \eta_{th}\eta_p \tag{12.52}$$

열효율(thermal efficiency)은 열역학적 사이클이 연료의 화학적 에너지를 추진 가능한 일로 얼마나 잘 변환하는지를 나타낸다. **추진 효율**(propulsive efficiency)은 비행체를 추진하기 위해 추력 장치가 이 작업을 실제로 얼마나 잘 활용하는지를 나타낸다. 추진 효율의 대체 형태는 손실된 동력 관점으로 나타낸다. **총합 효율**(overall efficiency)은 전체 추진시스템에 대한 성능 지표다. 이러한 효율 계수를 계산할 때는 일관된 무차원 단위를 사용해야 한다.

12.6 공기흡입 추진시스템 성능 변수

기본적인 추력 식으로부터 시작한다.

$$F_{net} = \frac{\dot{m}_2 V_2}{g_c} - \frac{\dot{m}_0 V_0}{g_c} + A_2(p_2 - p_0) \tag{12.43}$$

공기흡입 제트 엔진 특성을 고찰하기 위해 두 가지 간단한 가정을 할 수 있다.

1. 대부분 낮은 연료-공기 비율로 작동하며, 고압 공기 중 일부는 보조 장치를 작동시키기 위해 배출된다. 따라서 유량 $\dot{m}_2$와 $\dot{m}_0$가 거의 같다고 가정할 수 있다.
2. 대부분 시스템에서 압력 추력 항 $A_2(p_2 - p_0)$은 전체 순 추력에서 작은 일부에 해당하기 때문에 무시할 수 있다.

이러한 가정하에서 순 추력은 다음과 같다.

$$\boxed{F_{\text{net}} = \frac{\dot{m}}{g_c}(V_2 - V_0)} \tag{12.53}$$

이러한 형태의 추력 방정식은 모든 공기흡입 추진시스템의 흥미로운 특성을 보여준다. 공기흡입 추진시스템의 비행 속도가 배기 속도에 가까워지면 추력은 0이 된다. 이 지점에 도달하기 훨씬 전에 추력은 항력 아래로 떨어진다(비행 속도에 따라 급격히 증가할 수도 있다). 이 때문에 **어떤 공기흡입 추진시스템도 출구 제트보다 더 빠를 수 없다**.

또한 이 방정식은 다양한 엔진의 고유 작동 속도 범위를 설명하는 데 도움을 준다. 터보프롭 엔진은 매우 큰 공기 질량유량에도 작은 속도 변화를 일으킨다는 것을 상기하자. 따라서 출구 제트는 속도가 매우 낮아서 시스템이 저속 작동으로 제한된다. 스펙트럼의 다른 끝부분에는 상대적으로 작은 공기 질량유량에도 큰 속도 증가를 일으키는 터보제트(또는 순수 제트)가 있다. 따라서 이 장치는 훨씬 더 높은 비행 속도로 작동한다.

기본 추력 방정식으로 돌아가자[식 (12.43) 참조]. 식 (12.47)에 의한 추력 동력은 다음과 같다.

$$P_T = F_{\text{net}} V_0 = \left[\frac{\dot{m}_2 V_2}{g_c} - \frac{\dot{m}_0 V_0}{g_c} + A_2(p_2 - p_0)\right] V_0 \tag{12.54}$$

불가피한 손실이 없는 이상적인 제트 추진시스템을 살펴보자. 이전과 같이 $\dot{m}_0$와 $\dot{m}_2$의 차이를 무시하고, 추력에 미치는 압력 영향을 무시한다. 식 (12.54)는 다음과 같이 표기된다.

$$P_T = \frac{\dot{m}_0 V_0}{g_c}(V_2 - V_0) \tag{12.55}$$

식 (12.55)를 보면, 비행 속도가 0이거나 V_2와 같을 때 공기흡입기(air-breather)의 추력 동력이 0임을 알 수 있다. 전자의 경우 추력은 높지만, 운동이 없으므로 추력 동력이 없다. 후자의 경우 추력이 0으로 감소한다.

이 양극단 사이 어딘가에 최대 추력 동력점이 존재해야 한다. 이 조건을 찾기 위해 V_0를 일정하게 두고, V_2에 대해 식 (12.55)를 미분한다. 그것을 0과 같다고 하면, **최대 추력**이 다음과 같을 때 발생함을 알 수 있다.

$$V_2 = 2V_0$$

식 (12.51), (12.49), (12.47)로부터 추진 효율은 다음과 같다.

$$\eta_p = \frac{P_T}{P_T + P_L} = \frac{\left[\dfrac{\dot{m}_2 V_2}{g_c} - \dfrac{\dot{m}_0 V_0}{g_c} + A_2(p_2 - p_0)\right] V_0}{\left[\dfrac{\dot{m}_2 V_2}{g_c} - \dfrac{\dot{m}_0 V_0}{g_c} + A_2(p_2 - p_0)\right] V_0 + \dfrac{\dot{m}_2}{2g_c}(V_2 - V_0)^2} \tag{12.56}$$

다시 $\dot{m}_0$과 $\dot{m}_2$의 차이를 무시하고 압력 항을 제거하면, 추진 효율은 다음과 같다.

$$\eta_p = \frac{V_0}{V_0 + \dfrac{1}{2}(V_2 - V_0)} \tag{12.57}$$

이 관계는 속도비 도입으로 더 단순화될 수 있다.

$$\nu \equiv \frac{V_0}{V_2} \tag{12.58}$$

이러한 조건으로 식 (12.57)은 다음과 같이 표기됨을 알 수 있다.

$$\boxed{\eta_p = \frac{2\nu}{1 + \nu}} \tag{12.59}$$

이것은 공기흡입기의 추진 효율이 비행 속도에 따라 지속해서 증가하여 $\nu = 1.0$(또는 $V_0 = V_2$)일 때 최대값에 도달함을 보여준다. 이 조건으로 출구 제트기의 절대속도는 0이고 출구 손실이 없으므로 매우 합리적이라 할 수 있다[식 (12.49) 참조].

이 시점에서 공기흡입 제트 추진시스템의 최적화와 관련된 몇 가지 문제가 보이기 시작할 것이다. 이전에 $V_2 = 2V_0$일 때 최대 추력 동력을 얻을 수 있음을 보였다. 이제 $V_2 = V_0$일 때 최대 추진 효율이 달성되지만, 불행히도 후자의 경우 추력이 0이다. 이 절의 관계식은 공기흡입 추진시스템에만 적용된다는 것을 기억하자. 식 (12.59)는 다양한 터보제트 엔진의 순수 작동 속도 범위를 알려준다. 순수한 제트는 상대적으로 작은 공기 질량유량에도 큰 속도 변화를 일으킨다는 것을 상기하자. 따라서 앞서 언급한 바와 같이, 높은 추진 효율($\nu \to 1$)을 가지려면 고속으로 비행해야 한다. 홴제트는 더 큰 공기 질량유량 조건에서 중간 정도의 속도 증가를 일으킨다. 따라서 중간 비행 속도에서 더 효율적일 것이다. 터보프롭은 매우 큰 공기 질량유량 조건에서 작은 속도 증가를 일으키기 때문에 저속 비행에 매우 적합하다.

연료 비소비량

연료 비소비량은 공기흡입 엔진에 적합한 총합 성능 지표다. 프로펠러 구동 엔진의 경우 축동력을 기반으로 하며 **브레이크 연료 비소비량**(brake-specific fuel consumption, bsfc)이라고 한다.

$$\text{bsfc} \equiv \frac{\text{lbm fuel per hour}}{\text{shaft horsepower}} = \frac{\text{lbm}}{\text{hp-hr}} \left(\text{또는 } \frac{\text{kg}}{\text{N-h}}\right) \tag{12.60}$$

다른 공기흡입기의 경우 추력을 기반으로 하므로 **추력 연료 비소비량**(thrust-specific fuel consumption, tsfc)이라고 한다.

$$\text{tsfc} \equiv \frac{\text{lbm fuel per hour}}{\text{lbf thrust}} = \frac{\text{lbm}}{\text{lbf-hr}} \left(\text{또는 } \frac{\text{kg}}{\text{N-h}}\right) \tag{12.61}$$

또는

$$\text{tsfc} = \frac{\dot{m}_f(3600)}{F_{net}} \tag{12.62}$$

식 (12.62)를 (12.52) 및 (12.45)와 비교하여 추력 연료 비소비량을 다음과 같이 표현할 수 있다.

$$\text{tsfc} = \frac{V_0(3600)}{\eta_0(\text{HV})} \tag{12.63}$$

그리고 이것은 총합 효율의 직접적인 지표다. 따라서 tsfc가 **모든 공기흡입 추진시스템의 주요 경제적 변수라는 사실**을 안다는 것은 놀라운 일이 아니다. 식 (12.63)은 또한 비행 속도가 증가함에 따라 더 효율적인 추진 방법을 개발해야 하며, 그렇지 않으면 연료 소비를 감당할 수 없음을 보여준다.

예제 12.5

예제 12.3으로 이동하여 터보팬 엔진의 추력 및 기타 성능 변수를 계산한다. 편의상 다음과 같은 관련 정보를 반복한다.

$$\dot{m}_a = 50 \text{ lbm/sec} \qquad \dot{m}'_a = 150 \text{ lbm/sec}$$
$$f = 0.0191 \qquad \text{HV} = 18{,}900 \text{ Btu/lbm}$$
$$V_0 = 882 \text{ ft/sec} \qquad p_0 = 546 \text{ psfa} \qquad T_0 = 400°\text{R}$$

$$V_{4'} = 1113 \text{ ft/sec} \qquad p_{4'} = 1157 \text{ psfa} \qquad T_{4'} = 516°\text{R}$$
$$V_6 = 1686 \text{ ft/sec} \qquad p_6 = 778 \text{ psfa} \qquad T_6 = 1183°\text{R}$$

이제 출구 밀도와 면적을 계산한다.

$$\rho_{4'} = \frac{p_{4'}}{RT_{4'}} = \frac{1157}{(53.3)(516)} = 0.0421 \text{ lbm/ft}^3$$
$$A_{4'} = \frac{\dot{m}'_a}{\rho_{4'}V_{4'}} = \frac{150}{(0.0421)(1113)} = 3.20 \text{ ft}^2$$
$$\rho_6 = \frac{p_6}{RT_6} = \frac{778}{(53.3)(1183)} = 0.01234 \text{ lbm/ft}^3$$
$$A_6 = \frac{\dot{m}_a}{\rho_6 V_6} = \frac{50}{(0.01234)(1686)} = 2.40 \text{ ft}^2$$

순 추진 추력을 계산하려면 1차 제트(primary jet)와 홴의 기여를 모두 포함해야 한다.

$$F_{\text{net}} = \frac{\dot{m}_a V_6}{g_c} + A_6(p_6 - p_0) + \frac{\dot{m}'_a V_{4'}}{g_c} + A_{4'}(p_{4'} - p_0) - \left(\dot{m}_a + \dot{m}'_a\right)\frac{V_0}{g_c}$$
$$= \frac{(50)(1686)}{32.2} + (2.40)(778 - 546) + \frac{(150)(1113)}{32.2} + (3.20)(1157 - 546) - (50 + 150)\frac{882}{32.2}$$
$$F_{\text{net}} = 4840 \text{ lbf}$$

식 (12.47)을 이용하여 추력 마력은 다음 식으로 나타낼 수 있다.

$$P_T = F_n V_0 = \frac{(4840)(882)}{550} = 7760 \text{ hp}$$

식 (12.45)에 의해 입력 마력은 다음과 같다.

$$P_I = \dot{m}_f(\text{HV}) = \dot{m}_a(f)(\text{HV}) = \frac{(50)(0.0191)(18,900)(778)}{550} = 25,530 \text{ hp}$$

식 (12.52)를 이용하여 총합 효율을 다음과 같이 구할 수 있다.

$$\eta_0 = \frac{P_T}{P_I} = \frac{7760}{25,530} = 30.4\%$$

따라서 추력 연료 비소비량은 식 (12.62)를 이용하여 다음과 같이 구할 수 있다.

$$\text{tsfc} = \frac{\dot{m}_f(3600)}{F_n} = \frac{(50)(0.0191)(3600)}{4840} = 0.71 \frac{\text{lbm}}{\text{lbf-hr}}$$

홴제트 엔진의 경우 이 연료 비소비량은 다소 낮다. 고온 영역(터빈 및 터빈 노즐)의 비열을 더 큰 값으로 변경하면 다음 두 가지 영향이 나타난다.

1. 터빈으로 유입되는 엔탈피가 증가하기 때문에 연료-공기비가 증가한다.
2. 배기 속도 및 출구 압력 증가로 인해 추력이 향상한다.

추력 향상은 연료-공기비 증가에 비해 작으며, 순 효과는 tsfc를 약 0.8로 증가시킨다.

예제 12.6

계속해서 예제 12.4의 램제트에 대한 성능 변수를 계산한다. 편의상 다음과 같은 관련 정보를 반복한다.

$$\dot{m}_a = 35.9 \text{ kg/s},\ f = 0.04550,\ \text{HV} = 4.42 \times 10^{-7} \text{ J/kg}$$

$$M_0 = 1.8,\ T_0 = 218 \text{ K},\ M_5 = 1.588,\ T_5 = 1479 \text{ K}$$

$$V_0 = M_0 a_0 = (1.8)[(1.4)(1)(287)]^{1/2} = 533 \text{ m/s}$$

$$V_5 = M_5 a_5 = (1.588)\left[(1.4)(1)(287)(1479)^{1/2}\right] = 1224 \text{ m/s}$$

만약 압력 항과 함께 추가된 연료 질량을 무시한다면 순 추진 추력은 다음과 같다.

$$F_{\text{net}} = \frac{\dot{m}}{g_c}(V_5 - V_0) = \left(\frac{35.9}{1}\right)(1224 - 533) = 24,800 \text{ N}$$

추력 연료 비소비량은 다음과 같다.

$$\text{tsfc} = \frac{\dot{m}_f(3600)}{F_n} = \frac{(0.0450)(35.9)(3600)}{24,800} = 0.235 \frac{\text{kg}}{\text{N·h}}$$

이는 tsfc = 2.3 lbm/lbf-hr에 상응하며, 예제 12.5의 홴제트에 비해 상당히 높은 값이다. 이것은 저속 비행에서 램제트의 비경제적인 작동을 보여준다.

12.7 실제기체 효과를 반영한 공기흡입 추진시스템

Gas Turb GmbH(12판, © 2015)라 불리는 컴퓨터 프로그램은 당분간 http://www.gasturb.de/Gtb12Manual/GasTurb12.pdf에서 사용할 수 있고, 'Design and Off-Design Performance of Gas Turbines(가스터빈의 설계점 및 탈설계점에서의 성능)'라 불린다. 이 프로그램(현재 버전 14까지 존재)은 최신 데스크톱 컴퓨터의 기능을 활용하여 터보제트, 터보프롭, 터보홴, 램제트의 성능을 계산하는 데 사용된다. 계산에서는 비열이 압력이 아닌 온도 함수라고 가정한다. 이것은 고온에서의 반완전기체 비열비 거동에 관해 11.4절에서 다루었던 것과 같은 가정이다. 온도 의존성에 부합한 다항식을 광범위하게 사용한다.

이 프로그램은 상당히 정교하며 여기서는 설명하지 않겠지만, 예제 12.3과 12.5에서 사용된 터보홴 엔진의 계산에 대해 보고서를 작성할 것이다. 계산 결과 4840 lbf의 순 추력 값을 나타내지만, 컴퓨터 프로그램은 5460 lbf를 계산한다. 후자는 실제기체에 대한 컴퓨터 계산 결과라는 점을 명심해야 한다. 이것과 다른 비교 결과는 표 12.1에 나와 있다. 여기서 완전기

표 12.1 터보홴 엔진에 대한 완전기체와 실제기체 비교

위치	변수(단위)	완전기체 예제 12.3과 12.5	실제기체 Gas Turb 프로그램
디퓨저 출구	T_{t2} (°R)	465	466
	p_{t2} (psia)	6.29	6.30
압축기 출구	T_{t3} (°R)	1083	1082
	p_{t3} (psia)	94.3	94.5
	질량유량 (lbm/sec)	50	50.2
홴 출구	$T_{t3'}$ (°R)	619	621
	$p_{t3'}$ (psia)	15.71	15.75
	질량유량 (lbm/sec)	150	150.6
연소실 출구	T_{t4} (°R)	2500	2500
	p_{t4} (psia)	91.4	91.6
터빈 출구	T_{t5} (°R)	1420	1614
	p_{t5} (psia)	10.6	12.76
노즐 출구	T_6 (°R)	1183	1400
	p_6 (psia)	5.4	5.0
	V_6 (ft/sec)	1686	
순 추력	F_{net} (lbf)	4840	5460
SFC	lbm/lbf-hr	0.71	0.75

체의 결과는 약 11% 이내로 상당히 합리적으로 비교된다는 것을 알 수 있다. 이러한 결과로부터 저온 영역의 $\gamma = 1.4$ 계산이 만족스럽다는 결론을 내릴 수 있다. 그러나 고온 영역(및 높은 Mach 수)에서는 특히 노즐 출구에서 Gas Turb 결과가 현저하게 벗어남을 알 수 있다(이는 11.6절 예제에서 발견한 것과 일치한다).

12.8 로켓 추진시스템의 성능 변수

다음의 기본 추력 방정식으로부터 시작한다.

$$F_{\text{net}} = \frac{\dot{m}_2 V_2}{g_c} - \frac{\dot{m}_0 V_0}{g_c} + A_2(p_2 - p_0) \tag{12.43}$$

이것은 로켓에 적용할 수 있는 **대기 흡입구가 없다**는 것을 관찰할 수 있다. 또한 로켓의 경우보다 적절한 노즐 위치 지정자로 표기를 변경해야 한다. 그림 5.10과 12.16에 표시된 표기로 $p_{\text{rec}} \equiv p_0$는 이제 주변 또는 주변 압력을 나타내며, 노즐 출구에서의 속도, 면적, 압력을 각각 V_3, A_3, p_3로 나타낸다. 위치 2는 노즐 목을 나타낸다. 새로운 표기법으로 식 (12.43)에서 유입 항을 삭제하면 다음과 같이 표현할 수 있다.

$$F_{\text{net}} = \frac{\dot{m} V_3}{g_c} + A_3(p_3 - p_0) \tag{12.64}$$

여기서 단 하나의 질량유량(로켓 내부에 저장된 추진체에서 유래)이 있고 추진력은 로켓의 비행 속도(V_0)와 무관하므로 로켓은 출구 제트보다 더 빠르게 비행할 수 있다.

유효 배기 속도

로켓 추진 시스템에서 출구 압력(p_3)은 주변 압력(p_0)보다 현저히 작거나 클 수 있으며, 식 (12.64)의 압력 항은 상당한 양(+)의 추력을 나타내기 때문에 무시할 수 없다. 이 압력 추력 항을 설명하기 위해, 일반적으로 동일한 순 추력을 생성하는 다른 배기 속도를 사용한다. 따라서 **유효 배기 속도**(effective exhaust velocity, **등가 배기 속도**라고도 함)는 일반적으로 정의되며, 식 (12.64) 우변에 있는 두 항을 모두 포함하며 기호 V_e가 주어진다($p_3 = p_0$일 때만 V_3와 같다).

$$\frac{\dot{m}V_3}{g_c} + A_3(p_3 - p_0) \equiv \frac{\dot{m}V_e}{g_c} \tag{12.65}$$

이 개념을 도입하면 추력 방정식 (12.64)를 더 간단한 형태로 쓸 수 있다.

$$\boxed{F_{\text{net}} = \frac{\dot{m}V_e}{g_c}} \tag{12.66}$$

그리고 식 (12.47)을 이용하여 추력 동력은 다음 식으로 표기된다.

$$\boxed{P_T = F_{\text{net}}V_0 = \frac{\dot{m}}{g_c}V_eV_0} \tag{12.67}$$

출력은 비행 속도에 따라 계속 증가하기 때문에 최대치에 도달하지 않는다.

로켓의 추진 효율은 식 (12.49)와 (12.67)을 식 (12.51)에 대입함으로써 구할 수 있다.

$$\eta_p = \frac{\dfrac{\dot{m}}{g_c}V_eV_0}{\dfrac{\dot{m}}{g_c}V_eV_0 + \dfrac{\dot{m}}{2g_c}(V_3 - V_0)^2} \tag{12.68}$$

로켓의 추진 효율에 대한 더 큰 통찰력을 얻기 위해 공기흡입기와 같은 가정을 한다(즉, 압력 항에서 상당한 추력을 얻지 못하므로 $V_e \approx V_3$). 이를 치환하고 식 (12.58)의 속도비 $\nu \equiv V_0/V_2$를 대입하면, 식 (12.68)을 다음 식으로 나타낼 수 있다.

$$\boxed{\eta_p = \frac{2\nu}{1 + \nu^2}} \tag{12.69}$$

공기흡입 엔진 방정식 (12.59)와 달리 위 식은 $\nu = 1.0$일 때 최대이며, 로켓의 경우 이 조건을 실제로 달성할 수 있다. 이 추진 효율은 **우주에서는** 로켓 뒤에 남겨진 제트기가 의미 있는 상대속도가 없고 에디(eddy) 손실도 없기 때문에 지구 대기권 내에서 비행할 때 가장 중요하다.

비임펄스

엔진 추력은 크기에 따라 달라지기 때문에 추력만을 성능 기준으로 사용하는 것은 의미가 없다. 게다가 공기흡입 엔진과 달리 화학 로켓은 산화제와 연료를 모두 탑재한 상태에서 가속되어야 하며, 이것은 보통 로켓 질량의 대부분을 나타낸다. 주어진 추력을 달성하는 데 필요한 추진제 사용량을 반영하는 유용한 성능 지표는 단위 질량유량당 순 추력이며, 이를 **비추력**(specific thrust) 또는 **비임펄스**(specific impulse)라 하며 I_{sp}로 표기한다.

$$\boxed{I_{sp} \equiv \frac{\text{thrust}}{(\text{mass flow rate})g_0} = \frac{F_{net}g_c}{\dot{m}g_0}} \tag{12.70}$$

여기서 g_0는 상수로 지구 표면에서의 중력값(32.174 ft/sec^2 또는 9.807 m/s^2)이다. 이 정의는 유사하지만, 식 (12.62)에서 주어진 'tsfc' 지표의 역수다.

승수 $1/g_0$의 사용은 전적으로 임의적이지만, 그 효과는 I_{sp}의 단위를 '초(sec)'로 바꾼 것이다. 식 (12.70)은 중력장에서 로켓의 위치와 무관하다. 식 (12.66)의 F_{net}을 대입하면 다음을 얻는다.

$$I_{sp} = \frac{\dot{m}V_e}{g_c}\frac{1}{\dot{m}}\frac{g_c}{g_0}$$

또는

$$\boxed{I_{sp} = \frac{V_e}{g_0}} \tag{12.71}$$

일부 국가는 유효 배기 속도(V_e) 자체를 로켓의 중요한 성능 기준으로 사용하는 것을 선호하는데, 이는 식 (12.71)과 같은 임의의 상수에 의한 비임펄스와 관련이 있기 때문이다. 전형적인 로켓 추진 시스템의 경우, 비임펄스의 대표 값은 표 12.2(참고문헌 24)에 나와 있다. 단일추진제(monopropellant)는 이름에서 알 수 있듯이 순수한 가스나 분해되는 화학 가스와 같은 단일추진제로 작동하며, 이원추진제(bipropellant)는 산화제로 연료를 태우고, 고체 추진제는 연료와 산화제가 미리 혼합되어 저장되며, 전자기기는 다양한 전기 에너지 입력을 사용한다.

로켓 성능의 계산은 대개 제10장 초반부에서 유도한 이상적인 상수 γ 분석에 기초한다. 그러나 노즐 내 추진제 유동에서 '성분이 동결상태'라고 가정할 수 있지만, 추진제 작동 온도를 반영하기 위해서는 제11장에서 논의한 바와 같이 높은 챔버 온도에 적절한 비열비가 필요하다(참고문헌 24 참조). 모든 로켓 노즐은 비교적 짧고, 초음속 유동을 가지며, 매우 짧은 시동

표 12.2 로켓 엔진의 성능

로켓 타입	단일추진제	액체 이원추진제	고체	전자기 (비열)
비임펄스(sec)	180~220	278~410	192~266	700~5000

과 정지 과도현상을 제외하고는 내부 충격파 없이 정상상태로 작동한다. 전술 미사일은 일반적으로 p_0이 일정하게 유지되는 대기권 내에서 작동한다. 우주로 발사하는 경우, 로켓은 주변 압력 감소를 통해 비행해야 하며, 일반적으로 지정된 대기압 조건에서 작동하도록 설계된다. 이 '설계 조건'은 주어진 설계 고도에서 노즐 배기 압력 p_3의 주변 또는 배압의 일치를 반영하며, 또한 아래에 설명된 대로 최적의 추력을 나타낸다(즉, 각 활성 로켓 단에 대해 $V_e \approx V_3$일 때). 로켓 추진시스템은 주로 고정된 챔버 압력과 유량으로 작동하기 때문에, 최대 추력은 항상 대기 바깥층과 진공에서처럼 주변 압력을 무시할 수 있는 곳에서 발생한다. [이것이 식 (12.64)가 의미하는 것인가?]

로켓에서 이상적인 노즐 성능을 분석하는 편리한 방법은 **추력계수** C_F의 정의에 기초한다(참고문헌 19, 20, 21, 23, 24 참조). 식 (12.64)를 취하고 F_{net}을 곱 p_tA^*(여기서 p_t는 챔버 정체압이고 A^*는 $M_2 = 1.0$인 목 단면적이다)으로 나누면, '확대 계수'로 생각할 수 있는 무차원 수를 얻는다. 등엔트로피 초음속 노즐에서 추력 수정은 챔버를 빠져나가는 연소 생성물을 제공한다. 여기서 등엔트로피 유동에 대한 노즐의 운동량 변화를 압력으로 표현해야 하며, 이는 식 (1.47), (3.18), (5.44b)를 사용하여 이루어진다(자세한 내용은 위에 나열된 참고문헌을 참조하자). 다음 표기법을 사용하면($p_{\text{rec}} = p_0$, $p_1 = p_t$, $A_2 = A^*$), 추력계수(C_F)는 다음 식으로 나타낼 수 있다.

$$C_F \equiv \frac{F_{\text{net}}}{p_tA^*} = \sqrt{\frac{2\gamma^2}{\gamma-1}\left(\frac{2}{\gamma+1}\right)^{(\gamma+1)/(\gamma-1)}\left[1-\left(\frac{p_3}{p_t}\right)^{(\gamma-1)/\gamma}\right]} + \left(\frac{p_3}{p_t}-\frac{p_0}{p_t}\right)\frac{A_3}{A^*} \tag{12.72}$$

추력을 나타내기 때문에 고정된 A_3/A^*에 대해 C_F의 **최대**값은 위에서 언급한 공간에서 달성된다. 그러나 $p_3 = p_0$일 때, 주어진 γ에서 p_3/p_t와 A_3/A^* 값이 M_3를 통해 관련되기 때문에 C_F의 **최적**값에 도달할 수 있다[식 (5.37)과 (5.40) 참조]. 이것을 보는 또 다른 방법은 p_3/p_t를 일정하게 유지하고, 식 (12.72)에서 A_3/A^*를 변화시키는 것이다. 이 식은 등엔트로피 유동에만 적용된다는 것을 기억하자. 여기서 얻은 최적값은 C_{Fopt}라고 하며, 등엔트로피 표에서도 표로 나타낼 수 있는 함수다(아래 표기법은 5.6절의 표기법과 일치한다). 식 (12.73)의 C_{Fopt}는 어떤 M에 대해서도 정확하지만, 위치 3에서의 로켓이 갖는 순 추력만을 나타낸다. (왜 그럴까? 연습문제 12.25 참조)

$$C_{\text{Fopt}} = \sqrt{\frac{2\gamma^2}{\gamma-1}\left(\frac{2}{\gamma+1}\right)^{(\gamma+1)/(\gamma-1)}\left[1-\left(\frac{p}{p_t}\right)^{(\gamma-1)/\gamma}\right]} = \sqrt{\left(\frac{2}{\gamma+1}\right)^{(\gamma+1)/(\gamma-1)}\frac{\gamma^2M^2}{1+\frac{\gamma-1}{2}M^2}} \tag{12.73}$$

식 (1.47), (4.10), (4.11), (5.44b)를 식 (12.64)에 대입 후 $p_t A^*$로 나눈 식으로부터 두 번째 형식의 식 (12.73)을 얻었다. 유도해 보기 바란다

앞서 인용한 5개 참고문헌에서 알 수 있듯이 C_{Fopt}는 일반적으로 1.0보다 큰 값을 가지며, 이것이 초음속 노즐만을 사용하여 로켓의 추력을 높이는 이유다. 또한 참고문헌 20의 그림 4.39 또는 참고문헌 24의 그림 3.7에서와 같이 노즐 확대부에서 기체의 과대팽창으로 인한 **유동박리** 영역이 나타나듯 C_F를 그래프화할 때 일부 **실제기체 효과**를 반영할 수 있다(그림 5.11 및 6.6절 참조). 로켓이 대기를 통해 상승함에 따라 p_0이 감소하며, 이후 p_t, 추진제 유량 및 노즐 구성은 고정된 상태로 유지된다. 따라서 각 로켓 단 설계 시 심각한 결과를 초래하기 때문에 노즐 내부에서의 유동박리를 피해야 한다.

예제 12.7

액체 로켓은 연소실에서 각각 400 psia와 5000°R의 압력과 온도를 가지며 주위 압력이 200 psfa인 고도에서 작동한다. 가스는 Mach 수 4.0을 생성하는 등엔트로피 축소-확대 노즐을 통해 배출된다. $\gamma = 1.4$와 분자량 20을 갖는 배기가스의 물성을 근사화하시오. 단, 완전기체 특성을 갖는다고 가정한다. C_{Fopt}, C_F, I_{sp}를 구하시오. 여기서 그림 5.10과 12.16에 따라 노즐 출구를 단면 3으로 표시한다.

주어진 정보를 보면 아래 표시된 형태의 식 (12.73)으로 시작하는 것이 적절하다.

$$C_{\mathrm{Fopt}} = \sqrt{\left(\frac{2}{\gamma+1}\right)^{(\gamma+1)/(\gamma-1)} \frac{\gamma^2 M^2}{1+\frac{\gamma-1}{2}M^2}} = \sqrt{\left(\frac{2}{2.4}\right)^{2.4/0.4} \frac{(1.4^2)(4.0^2)}{1+\frac{0.4}{2}4.0^2}} = 1.581$$

등엔트로피 표로부터 다음을 얻는다.

$$M_3 = 4.0,\ p/p_t = 0.00659,\ T/T_t = 0.2381$$

$$p_3 = (0.00659)(400)(144) = 389 \text{ psfa}$$

$$T_3 = (0.2381)(5000) = 1190°\text{R}$$

$p_3 > p_0$이기 때문에 총추력계수에 압력 추력을 포함해야 한다. 노즐 면적비에 대한 식 (12.72)와 식 (11.21)을 함께 사용하여 진행한다.

$$C_F = 1.581 + \left(\frac{p_3}{p_1} - \frac{p_0}{p_1}\right)\frac{A_3}{A_3^*} \approx 1.581 + \left(\frac{p_3}{p_1} - \frac{p_0}{p_1}\right)\left(\frac{0.579 p_1}{M_3 p_3}\sqrt{\frac{T_3}{T_1}}\right) = 1.581 + 0.033 = 1.614$$

I_{sp}를 구하기 위해 위의 C_F를 사용할 수 있지만, 식 (5.44b)의 질량유량이 필요하다.

$$I_{sp} = \frac{F_n g_c}{\dot{m} g_0} = \frac{C_F p_1 A^* g_c}{\dot{m} g_0} = \frac{C_F g_c / g_0}{\sqrt{\frac{2g_c}{RT_t}\left(\frac{2}{\gamma+1}\right)^{(\gamma+1)/(\gamma-1)}}} = \frac{1.614}{\sqrt{\frac{(1.4)(32.2)(20)}{(1545)(5000)}\left(\frac{2}{2.4}\right)^{(2.4)/(0.4)}}} = 258.2\text{sec}$$

예제 12.7의 경우, 단면 1에서의 로켓 연소 생성물에 대해 $\gamma = 1.25$의 보다 정확한 값을 사용했다면, $M_3 = 4.0$을 얻기 위해서는 훨씬 더 큰 면적비의 노즐이 필요하다. 그 결과 $p/p_t = 0.00412$와 $T/T_t = 0.3333$을 얻는다. 새로운 비임펄스는 $I_{sp} = 285$초로 더 큰 값을 갖는다. (**힌트:** 기체역학 계산 프로그램 사용)

12.9 초음속 디퓨저

공기흡입 추진시스템 입구에서의 유동 감속은 **초음속** 비행에서 특별한 문제를 일으킨다. **아음속 디퓨저**를 사용하는 경우(확대부) 정체압 손실과 함께 입구에서 수직충격파가 발생할 수 있다. 비행 속도가 느린 경우(예: $M_0 < 1.4$) 이러한 손실은 작다. $1.4 < M_0 < 2.0$ 사이의 속도에서는 경사충격파가 발생하는 흡입구가 필요하다(예제 12.4의 램제트에 사용된 것과 유사). $M_0 = 2.0$ 이상에서는 그림 7.15와 같이 두 번의 경사충격파가 필요하다.

각각의 경우에 충족되어야 하는 요건은 전체압력회복계수를 가능한 크게 유지하는 것이다. $\eta_r = 0.95$의 값은 낮은 초음속에서는 충족되는 값이지만 비행 속도가 증가함에 따라 이 값은 점점 더 중요해진다. 약 $M_0 = 2.5$ 이상의 속도에서는 두 번의 경사충격파와 한 번의 수직충격파로는 적절하지 않다. 다중 원추형 충격파의 효과에 대해서는 Zucrow(참고문헌 25, Vol. I의 421-427쪽)를 참조하기 바란다. 가변 단면적 유동 연구를 통해, 축소-확대부가 좋은 초음속 디퓨저를 만들 것이라고 가정할 수 있는데, 실제로도 그러하다. 이러한 형상은 제6장의 초음속 풍동 배기구를 위해 사용되었다는 것을 상기하자. 그러나 **초음속** 공기 흡입구를 위한 **고정형상**인 축소-확대부를 사용하는 것에는 몇 가지 실질적인 작동상의 어려움이 있다.

대략 $M = 1.86$으로 비행하는 항공기 입구 디퓨저를 설계한다고 가정하자. 등엔트로피 표로부터 이 Mach 수에 해당하는 면적비가 1.507임을 알 수 있다. 단순화를 위해 면적비(입구 단면적 대 목 단면적) 1.50으로 디퓨저를 구성한다. 디퓨저의 설계 작동은 그림 12.23에 나타나 있다. 아래 설명에서 항공기가 이륙하고 설계 속도로 가속될 때 이 디퓨저의 작동을 따른다.

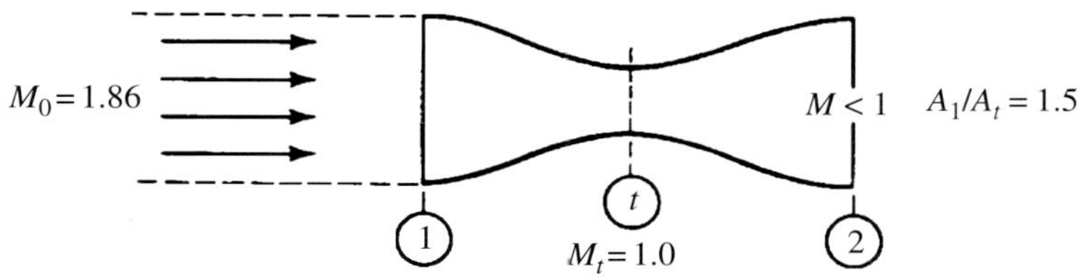

그림 12.23 축소-확대 디퓨저의 이상적인 작동 조건

비행 속도가 대략 $M_0 = 0.43$에 도달하면 디퓨저 목에서 $M = 1.0$의 초킹유동이 발생한다. (위 면적비에서 등엔트로피 표의 아음속 부분을 참조하자.) 이 조건은 그림 12.24a와 같다. 이제 비행 속도를 $M_0 = 0.6$으로 높이면, 그림 12.24b에 표시된 바와 같이 **유출**(spillage) 또는 외부 확산이 발생한다. M_0가 1.0으로 증가하면 **포획 구역**(capture area)(자유유동 Mach 수에서 실제로 디퓨저로 들어가는 유동 면적, 그림 12.24c 참조)이 더 감소한다.

M_0를 초음속으로 증가시키면, 물체에서 **떨어진** 충격파가 입구 앞에 형성된다. 유출은 여전히 그림 12.24d와 같이 발생한다. 고속비행 조건에서는 흡입구에서 필요한 $M = 0.43$을 생성하기 위해 외부 확산이 덜 필요하다는 점에 유의해야 한다. 따라서 충격파는 속도가 증가함에 따라 흡입구로 더 가까이 이동한다(그림 12.24e 참조). 또한 충격파가 흡입구에 위치하기 위해서는 대략 $M_0 = 4.19$의 속도로 비행해야 한다. (충격파 표를 확인하여 이를 검증하자.) 그림 12.24f에 표시된 조건은 설계 비행 속도보다 훨씬 빠르다.

만약 M_0을 4.2로 증가시킨다면, 충격파는 매우 빠르게 디퓨저로 이동하여 목 하류 확대부에 위치하게 된다. 이를 **충격파 삼키기**(swallowing the shock)라고 하며 디퓨저가 **작동한다**고 한다(그림 12.24g 참조). 이러한 상태에서는 더 이상 목에서 Mach 수 1.0을 갖지 않는다. (목에서의 Mach 수는 얼마인가?) $M = 1.86$의 설계 조건까지 비행 속도를 천천히 줄이면, 충격파는 목 바로 하류 위치로 이동하여 Mach 수가 1.0보다 약간 큰 유동이 발생한다. 따라서 그림 12.24h와 같이 매우 약한 충격파가 발생하며 손실을 무시할 수 있다.

이제 위에서 설명한 성능에 대해 두 가지 의견을 제시할 수 있다.

1. $M_0 = 1.86$으로 설계된 디퓨저를 **작동**시키려면 로켓을 Mach 수 4.2로 **과속**시켜야 한다.
2. 로켓이 설계 속도보다 약간 낮은 속도로 감속하는 경우(또는 가벼운 공기 교란으로 인해 M_0이 1.86 아래로 떨어질 수 있음), 흡입구 앞에 충격파가 나타나므로 디퓨저를 처음부터 다시 **작동**시켜야 한다.

고정 형상 초음속 디퓨저의 작동 특성은 그림 12.25와 유사한 그래프로 요약될 수 있다.

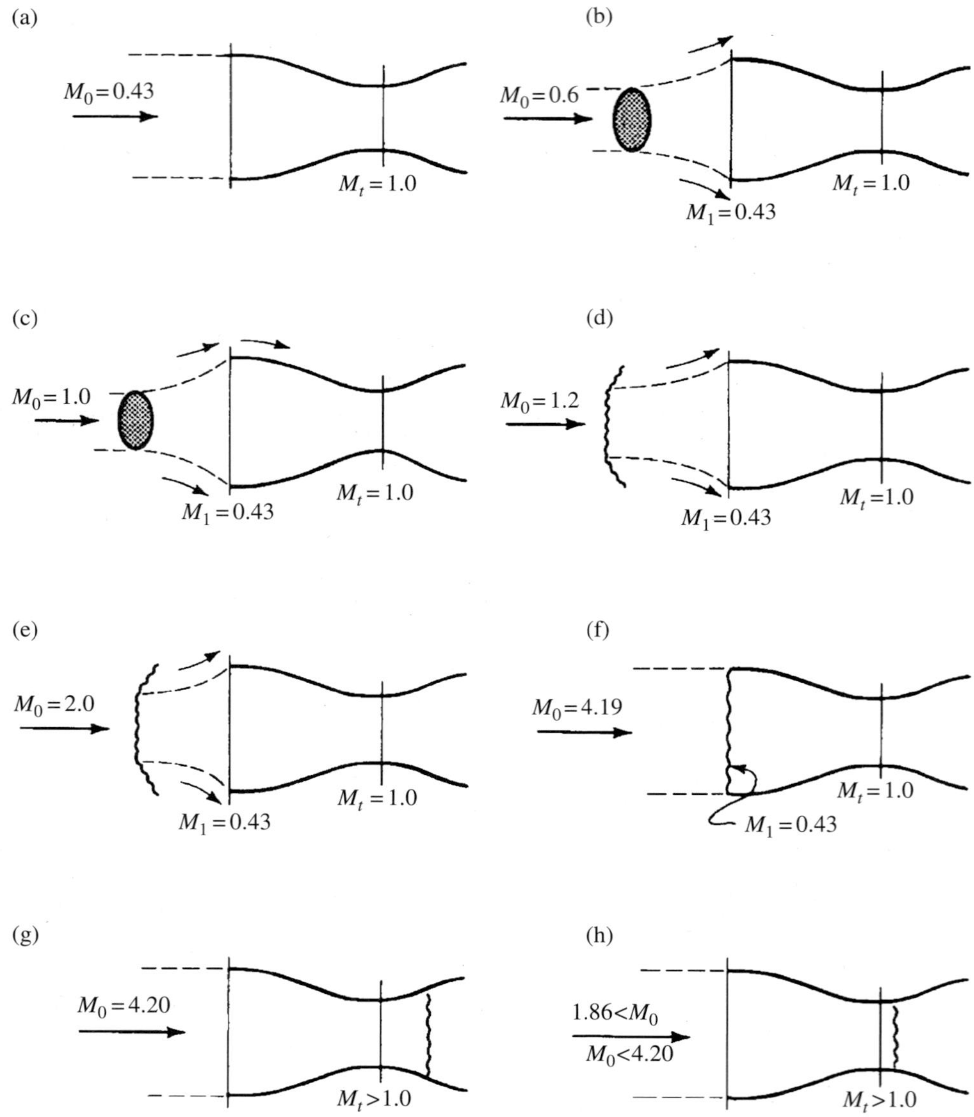

그림 12.24 면적비 1.5를 갖는 고정 형상 초음속 디퓨저에서의 유동 특성

위에서 설명한 작동이 허용될 수 없다는 것은 명백하며, 이러한 이유로 공기 유입구에 **고정 형상** 축소-확대 디퓨저를 사용하는 것을 볼 수 없다. $M_0 \approx 2.0$ 이상의 비행 속도에서는 효율적인 압력 회복을 위해 경사충격파와 **가변 형상** 축소-확대 디퓨저의 조합이 필요하다.

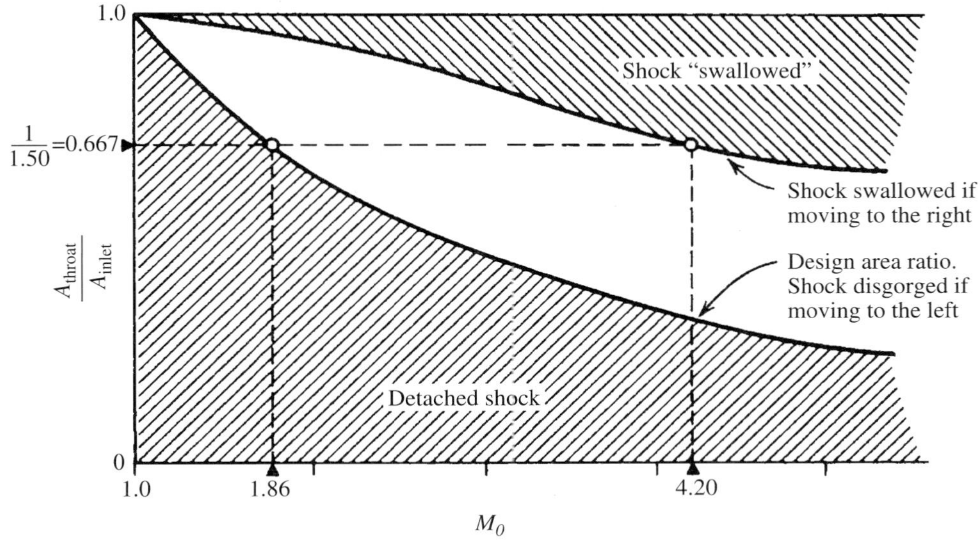

그림 12.25 고정 형상 초음속 디퓨저의 성능 선도

12.10 요약

이상적인 Brayton 사이클 분석을 통하여 열역학적 효율이 다음과 같은 압력비 함수라는 것을 알 수 있었다.

$$\eta_{\text{th}} = 1 - \left(\frac{1}{r_p}\right)^{(\gamma-1)/\gamma} \tag{12.22}$$

이 사이클의 가장 중요한 특징은 입력 일이 출력 일의 큰 비율을 차지한다는 것이다. 이 때문에 기계 효율은 Brayton 사이클로 작동되는 모든 발전소에서 가장 중요하다. 또한 적절한 양의 순 일을 생산하기 위해서는 많은 양의 공기틀 처리해야 하므로 이 사이클은 특히 터보 기계에 적합하다.

다양한 제트 추진 시스템 분석을 통해 순수 제트가 큰 속도 변화를 통해 상대적으로 적은 공기량을 이동시킨다는 점을 알 수 있었다. 반면에 프로펠러 시스템은 비교적 많은 양의 공기를 작은 속도 증가를 통해 이동시킨다. 핸제트는 두 기준의 중간 지점에 있다.

추진 장치의 순 추력은 다음과 같다(그림 12.21 참조).

$$F_{\text{net}} = \frac{\dot{m}_2 V_2}{g_c} - \frac{\dot{m}_0 V_0}{g_c} + A_2(p_2 - p_0) \tag{12.43}$$

위 식은 이 장에서 가장 중요한 관계식이므로 반드시 익혀 두자. 또한 12.5절에서 논의된 다양한 동력 및 효율 매개변수를 간과해서는 안 된다. 아마도 가장 흥미로운 것은 추진 효율이다. 이는 에너지 생산자를 제외하고는 추진 장치의 성능을 평가하는 척도이기 때문이다.

공기흡입기의 경우, 속도비 $\nu = V_0/V_2$를 이용하여 다음 식으로 표기할 수 있다.

$$\eta_p = \frac{2\nu}{1+\nu} \tag{12.59}$$

식 (12.59)는 순수 제트가 고속에서 더 효율적으로 작동하는 이유를 설명하는 반면, 횃제트 및 프롭제트가 점진적인 저속에서 더 잘 작동하는 이유를 설명한다. 또한 공기흡입기의 경우 최소 추력에서 최대 효율이 발생한다는 것을 알 수 있다.

로켓(그림 12.16 참조)은 이 딜레마의 대상이 아니며, 그 추력과 추진 효율은 [여기서 V_e는 식 (12.65)와 $\nu \equiv V_0/V_3$에서 얻는다] 다음 식으로 나타낸다.

$$F_{\text{net}} = \frac{\dot{m} V_e}{g_c}, \quad \eta_p = \frac{2\nu}{1+\nu^2} \tag{12.66, 12.69}$$

기타 중요한 성능 지표는 다음과 같다.

공기흡입기:

$$\text{tsfc} = \frac{\text{lbm fuel per hr}}{\text{lbf thrust}} = \frac{\dot{m}_f(3600)}{F_{\text{net}}} \tag{12.61, 12.62}$$

로켓: C_F[식 (12.73)]는 추력에 대한 초음속 노즐의 영향을 식별하며, 비임펄스는 다음과 같다.

$$I_{\text{sp}} = \frac{\text{thrust}}{(\text{mass flow rate})g_0} = \frac{V_e}{g_0} \tag{12.70, 12.71}$$

초음속 비행체의 공기흡입구에서는 0.95 이상의 전체압력회복계수를 가져야 한다. 저속에서는 아음속 디퓨저에 이어 램프(ramp)나 스파이크(spike)를 사용하여 수직충격파 전에 하나 이상의 경사충격파를 유발해야 한다. 고속의 초음속 비행에서는 가변 형상을 채택하는 것도 필요하다.

연습문제

다음 문제에서는 온도 범위가 다소 클 수 있지만, 달리 명시되지 않는 한 완전기체 거동 및 일정한 비열을 갖는 것으로 가정한다. 또한 해리(dissociation)의 영향을 무시하고 모든 추진제가 공기의 물성을 갖는다고 가정한다.

12.1 이상적인 Brayton 사이클의 압축기에 들어가는 조건은 520°R과 5 psia이다. 압축기의 압력비는 12이고 최대 허용 사이클 온도는 2400°R이다. 덕트의 공기 속도는 무시할 수 있다고 가정한다.

(a) w_t, w_c, w_n, q_a, η_{th}를 구하시오.

(b) 5000 마력의 순 출력에 필요한 유량은 얼마인가?

12.2 압축기 효율이 89%이고 터빈 효율이 92%일 때 연습문제 12.1의 해를 다시 구하시오.

12.3 고정형 발전소는 다음 조건에서 작동될 때 1×10^7 W 출력을 생성한다. 압축기 흡입구는 0°C 및 절대압력 1 bar abs., 터빈 흡입구는 1250 K, 사이클 압력비는 10이며, 작동유체는 속도를 무시할 수 있는 공기다. 터빈 및 압축기 효율은 모두 90%이다. 사이클 효율과 질량유량을 구하시오.

12.4 터빈과 압축기 효율이 80%인 것을 제외하고는 연습문제 12.3에 제시된 모든 데이터가 같게 유지된다고 가정한다.

(a) 사이클 효율을 구하시오.

(b) 문제 12.3의 순 출력 일과 사이클 효율을 비교하시오.

(c) 이 사이클에서 순 출력 일이 0이 되도록 하는 기계 효율의 값($\eta_t = \eta_c$)은 얼마인가?

12.5 이상적인 Brayton 사이클을 그림 12.2와 같이 고려한다.

$$\alpha = \frac{T_{t3}}{T_{t1}} \qquad \text{사이클 온도비}$$

$$\theta = \left(\frac{p_{t2}}{p_{t1}}\right)^{(\gamma-1)/\gamma} \qquad \text{사이클 압력비 변수}$$

(a) 순 출력 일은 다음과 같이 표현될 수 있음을 보이시오.

$$w_n = c_p T_{t1} \frac{\theta-1}{\theta}(\alpha-\theta)$$

(b) 주어진 α에 대해 최대 순 일은 $\theta=\sqrt{\alpha}$일 때 발생함을 보이시오.

(c) 같은 T–s 선도에서 주어진 온도비에 관해 서로 다른 압력비에 대한 사이클을 그리시오. 어떤 경우가 가장 효율적인가? 어떤 경우 가장 많은 순 일을 생성하는가?

12.6 항공기가 주변 압력이 6.5 psia인 고도에서 550 mph로 비행하고 있다. 제트 엔진의 출구 면

적은 1.65 ft^2이고 출구 제트 속도는 1500 ft/sec이다. 출구면에서의 압력은 10 psia이고 공기 유량은 175 lbm/sec이다. 더해진 연료의 무게는 무시한다. 이 엔진의 순 추진력은 얼마인가?

12.7 제트 엔진을 통한 공기 유량은 30 kg/s이고 연료 유량은 1 kg/s이다. 배기가스는 610 m/s의 상대속도로 배출된다. 압력 평형은 출구면상에 존재한다. 추력이 1.12×10^6 W인 경우 항공기의 비행 속도를 구하시오.

12.8 쌍발 제트 엔진 항공기는 6000 lbf의 전체 순 추진 추력이 필요하다. 각 엔진은 650 ft/sec로 비행할 때 120 lbm/sec의 공기량을 소비한다. 연료는 3.0 lbm/sec 양으로 각 엔진에 공급된다. 출구면을 가로질러 압력 평형이 존재한다고 가정할 때, 출구면에 대한 배기가스 속도를 구하시오.

12.9 보트는 유압 제트에 의해 추진된다. 입구 스쿠프 면적은 0.5 ft^2이고 출구 덕트 면적은 0.20 ft^2이다. 출구 속도는 항상 아음속이기 때문에, 출구면 위에 압력 평형이 존재한다. 보트가 50 mph의 속도로 민물에서 주행할 때 입구에서 유출(spillage)이 발생하지 않는다.

(a) 발생하는 순 추진력을 계산하시오.

(b) 추진 효율은 얼마인가?

(c) 물이 장치를 통과할 때 얼마나 많은 에너지가 물에 부가되는가? (손실이 없다고 가정한다.)

12.10 펄스제트로 모노레일 차량에 동력을 공급하는 것이 고안되었다. 210 km/h의 속도로 주행할 때는 5350 N의 순 추진력이 필요하다. 가스는 평균 350 m/s의 속도로 엔진을 떠난다. 출구면에 압력 평형이 존재한다고 가정하고 공급된 연료 무게는 무시한다.

(a) 필요한 질량유량을 계산하시오.

(b) 유출(spillage)이 발생하지 않는다고 가정할 때 필요한 흡입구 면적은 얼마인가? (16°C, 1 atm이라 가정한다.)

(c) 추력 동력은 얼마인가?

(d) 추진 효율은 얼마인가?

(e) 출구 온도가 980°C인 경우 공기가 엔진을 통과할 때 공기에 공급되는 에너지는 얼마인가?

12.11 램제트는 $T_0 = 411°R$ 및 $p_0 = 628$ psfa인 고도 30,000 ft에서 $M_0 = 4.0$으로 비행한다. 배기 노즐 출구 지름은 18 in.이다. 배기 제트는 미사일에 대해 5000 ft/sec의 속도를 가지며 주변은 1800°R와 850 psfa의 상태다. 추가된 연료 무게는 무시한다.

(a) 순 추진 추력을 구하시오.

(b) 얼마나 많은 추력 동력이 발생했는가?

12.12 팬제트 엔진 분석은 12.4절과 12.6절의 예제를 통하여 수행했다. 이 엔진에서 팬을 제거하고, 적절한 압축기 일을 생성하기 위해 터빈 팽창 과정을 재조정한다. 모든 구성 요소의 효율이 변경되지 않은 상태로 유지된다고 가정한다. 순수 제트 엔진에 대한 순 추진 추력 및

추력 연료 비소비량(tsfc)을 계산하고, 이를 홴제트 엔진과 비교하시오.

12.13 12.4절과 12.6절의 예제에서 사용된 홴제트 엔진에 애프터버너를 추가하는 것이 제안되었다. 가스가 400 ft/sec의 속도로 터빈을 떠난다고 가정한다. 애프터버너에 충분한 연료가 추가되어 연소 효율이 $\eta_{ab} = 0.85$일 때 정체온도는 3500°R까지 상승한다. (a) 애프터버너의 단면적, (b) 애프터버너의 출구 조건(Rayleigh 유동으로 가정한다), (c) 노즐 출구에서의 새로운 조건, (d) 필요한 출구 면적, (e) 엔진의 성능 매개변수에 대한 결과적 효과를 구하시오. (연료의 질량은 무시한다.)

12.14 램제트 엔진은 온도와 압력이 390°R와 400 psfa인 40,000 ft 고도에서 $M_0 = 3.0$으로 작동되도록 설계되었다. 유입구에 대한 전체압력회복계수는 $\eta_r = p_{t2}/p_{t0} = 0.85$이다. 속도는 연소실에 들어가기 전에 300 ft/sec로 감소하며, 여기서 전체 온도는 4000°R로 상승한다. 연소 효율은 $\eta_b = 0.96$이고, 연료의 발열량은 18,500 Btu/lbm이다. 출구 노즐의 효율은 $\eta_n = 0.95$이며, 축소-확대부를 통해 연소실과 같은 면적(그림 12.14와 유사)으로 유동이 팽창된다. 단위 면적당 순 추진 추력 및 추력 연료 비소비량(tsfc)을 구하시오. (추가되는 연료의 질량은 무시한다.)

12.15 시험 목적으로 사용되는 로켓 썰매는 20,000 lbf의 추력이 필요하다. 비임펄스는 240초다.

(a) 유량은 얼마인가?

(b) 노즐이 기체를 주변 압력까지 팽창시킬 대, 배기 속도를 구하시오.

12.16 독일의 V-2는 해수면 추력 249,000 N, 추진제 유량 125 kg/s, 배기 속도 1995 m/s를 가지고 있었으며 노즐 출구 지름은 74 cm였다.

(a) 비임펄스를 구하시오.

(b) 노즐 출구 압력을 구하시오.

12.17 이상적인 로켓 노즐은 원래 해수면에서 400 psia의 연소실 압력과 5000°R 온도에서 작동할 때 배기가스를 주변 압력까지 팽창시키도록 설계되었다. 이 로켓은 현재 38,000 ft 상공에 있는 항공기에서 미사일을 추진 발사하는 데 사용되며, 이때 압력은 3.27 psia이다.

(a) 38,000 ft에서 1000 lbf 추력을 생성하는 데 필요한 출구 면적을 구하시오.

(b) 출구 속도, 유효 배기 속도 및 비임펄스를 계산하시오.

12.18 로켓의 연소실은 22 bar와 2500 K의 정체 조건을 가지고 있다. 노즐은 이상적이며 주변 압력 0.25 bar까지 유동이 팽창된다고 가정한다.

(a) 노즐 면적비 및 출구 속도를 구하시오.

(b) 비임펄스는 얼마인가?

12.19 로켓 노즐은 500 psia의 일정한 챔버 압력에서 14.7 psia으로 배출되며 초음속으로 작동되도록 설계되었다. 해수면에서의 추력과 우주(0 psia)에서의 추력 비율을 구하시오. 챔버 온도는

2500°R이고 $\gamma = 1.4$이며 $R = 20$ ft-lbf/lbm-°R이라고 가정한다.

12.20 노즐을 가로지르는 주어진 압력비에 대해, 로켓으로부터의 이상적인 추력은 온도의 영향을 안 받는다고 밝혀졌다. 설계 조건(출구에서 압력 평형)에서 로켓에 대한 추력 방정식 (12.64)와 매개변수를 이용하여 이를 증명하시오. 이상적인 추력은 실제 물리적인 값(예: 면적, 압력, 비열비)에 의존하는가? (**힌트**: C_F를 구하시오.)

12.21 연습문제 7.13에 설명된 공기흡입구에서의 전체압력회복계수를 비교하시오.

12.22 아음속 디퓨저 입구에 수직충격파가 발생하며, 이때 뒤따르는 경사충격파가 발생하는 초음속 입구를 스케치하시오. 유선을 그리고 포획 영역(디퓨저로 유입되는 자유유동 부분)을 식별하시오. 이제 쐐기 각도를 변경하고 경사충격파가 다른 각도로 형성되도록 한다. 다시 포획 영역을 식별하시오. 경사충격파가 디퓨저 외부 립(lip)에 닿았을 때 최대 유량이 유입됨을 보이시오.

12.23 그림 12.25는 고정 형상 초음속 디퓨저와 관련된 특별한 작동 조건을 나타낸다. 그러나 이 그림은 척도에 맞게 그려지지 않았으므로 작업 도표로 사용될 수 없다.

(a) 그림 12.25의 정확한 그래프를 그리시오.

(b) 설계 비행 속도가 $M_0 = 1.5$인 경우, 디퓨저를 작동시키기 위해 비행체의 속도는 어느 정도를 초과해야 하는가?

(c) 설계 속도가 $M_0 = 2.0$이라고 가정한다. 디퓨저를 작동시키기 위해 비행체는 얼마나 빨리 움직여야 하는가?

12.24 축소-확대 초음속 흡입구는 가변 단면적으로 설계되어야 한다. 이 아이디어는 비행체가 설계 비행 속도에 막 도달했을 때 충격파를 삼키는 것이다. 그러면 디퓨저 면적비가 충격파 없이 정상적으로 작동하도록 변경된다. 따라서 기동시키기 위해 흡입구에서 과속상태를 유발할 필요가 없다. 비행 속도가 $M_0 = 2.80$인 경우, 위에서 설명한 방법으로 작동시키는 데 필요한 최대 및 최소 면적비를 구하시오.

12.25 액체 로켓 엔진의 연소실 출구에서의 압력은 2.76 MPa이고 온도는 2778 K이다. 그런 다음 연소 생성물은 그림 5.10 또는 12.16과 같이 등엔트로피 축소-확대 노즐에 공급된다. 노즐로 유입되는 가스 분자량은 20.3이며, $\gamma = 1.25$이다. 노즐에서 유동 성분이 '동결'된 것으로 간주하고 등엔트로피 완전기체로 가정한다. 노즐 입구($M = 0.2$), 목과 출구($M = 4.0$) 세 위치에서 식 (12.73)을 사용하여 $C_{F\mathrm{opt}}$를 구하시오. 또한 $p_3 = p_0$ 조건에서 '노즐 목 지름' = 18.5 cm일 때 엔진 추력을 구하시오.

이해력 시험

이 장의 자료를 참조하지 않고 테스트를 완료할 수 있어야 한다.

12.1 스키장에서 사용할 발전기를 만들고 싶다. 이것을 작고 가볍게 유지하기 위해 그림 CT12.1과 같이 개방형 Brayton 사이클을 사용한다. 각 파운드 질량으로 (점 1, 2, 3, 4의 물성으로 표기되는) 다음을 나타내시오.

(a) 압축기 일 공급량

(b) 터빈 일 출력량

(c) 열역학 사이클 효율

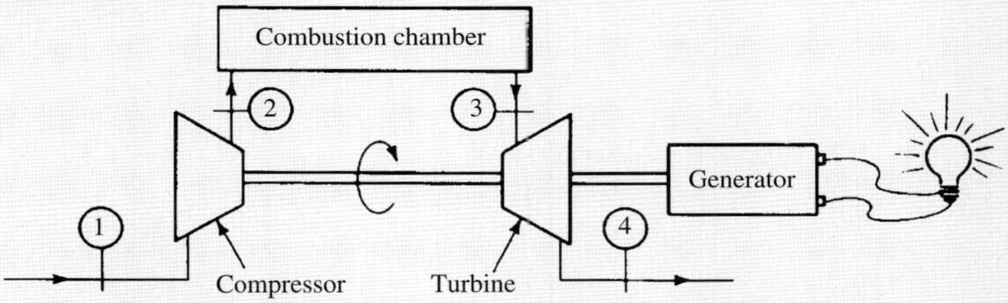

그림 CT12.1

12.2 기계 효율이 상당히 높지 않으면 Brayton 사이클의 열역학적 효율이 매우 떨어진다. Brayton 사이클의 어떤 기본적인 특성이 이 사실을 설명하는가?

12.3 터빈 유입 조건은 $T_t = 1060°\text{C}$, $p_t = 6.5\ \text{bar}$이다. 터빈 효율은 $\eta_t = 90\%$이고 질량유량은 45 kg/s이다. 터빈이 2.08×10^7 W의 일을 생산하는 경우 터빈 출구 정체 조건을 계산하시오. 단, 모든 열전달은 무시한다.

12.4 터보홴 엔진(이상적인 엔진이 아닌 실제 엔진)의 2차(홴) 공기에 대한 h-s 선도를 그리시오.

(a) 정적 및 정체점이 크게 다른 경우 표시하시오.

(b) 관련된 속도, 일의 양 등을 표시하시오.

12.5 다음의 각 진술이 참인지 거짓인지 기술하시오.

(a) 추력 출력은 작동 매질의 운동에너지 변화로 볼 수 있다.

(b) 만약 배기가스가 로켓에 대해 7000 ft/sec의 상대속도로 로켓을 떠난다면, 로켓이 지상에 대해 8000 ft/sec의 상대속도로 이동하는 것은 불가능하다.

(c) 램제트 엔진을 100% 추진 효율로 구동하고 추력을 발생시킬 수 있다.

(d) 터보홴 엔진은 램제트 엔진보다 더 큰 추력 연료 비소비량(tsfc)을 가질 것으로 예상할 수 있다.

12.6 로켓은 20,000 ft 고도에서 4500 ft/sec 속도로 비행하며, 온도와 압력은 각각 447°R, 972 psfa이다. 노즐 출구 지름은 24 in.이며, 배기 제트에는 다음과 같은 특성이 있다. $T=1500$°R, $p=1200$ psfa, $V=6600$ ft/sec(로켓에 대해).

(a) 유량과 순 추진 추력을 계산하시오.

(b) 유효 배기 속도는 얼마인가?

(c) 비임펄스와 추력 출력을 계산하시오.

12.7 $M_0=1.65$의 설계 Mach 수를 갖는 비행체에 대해 고정 형상 축소-확대 초음속 디퓨저를 고려한다. 이 디퓨저를 작동시키려면 비행체가 얼마나 빨리 날아야 하는가?

부록 A

영미공학(EE)단위계 요약

Force	pound force	lbf
Mass	pound mass	lbm
Length	foot	ft
Time	second	sec
Temperature	Rankine	°R

애매하기 때문에 절대 파운드로만 지칭해서는 안 된다. lbf 또는 lbm이 될 수 있기 때문이다.

> 1 파운드 힘은 1파운드 질량이 32.174 ft/sec^{2}의 가속력을 받는 것이다.

$$F = \frac{ma}{g_c}$$

$$1\,(\text{lbf}) = \frac{1\,(\text{lbm})\cdot 32.174(\text{ft/sec}^2)}{g_c}$$

따라서

$$g_c = 32.174 \text{ lbm-ft/lbf-sec}^2$$

Temperature	T (°R) = T (°F) + 459.67
Gas constant	R = 1545/M.M*. ft-lbf/1bm-°R
Pressure	1 atm = 2116.2 lbf/ft^2
Heat to work	1 Btu = 778.2 ft-lbf
Power	1 hp = 550 ft-lbf/sec
Standard gravity	g_0 = 32.174 ft/sec^2

Fundamentals of Gas Dynamics, Third Edition. Robert D. Zucker and Oscar Biblarz.

Companion website: www.wiley.com/go/zucker/gas

유용한 변환계수

To convert from:		To:	Multiply by:
meter		foot	3.281
meter		inch	3.937×10
newton		lbf	2.248×10^{-1}
kilogram		lbm	2.205
K		°R	1.800
joule	(Q)	Btu	9.479×10^{-4}
kWh	(Q)	Btu	3.413×10^{3}
joule	(W)	ft-lbf	7.375×10^{-1}
watt		horsepower	1.341×10^{-3}
m/s	(V)	ft/sec	3.281
m/s	(V)	mph	2.237
km/h	(V)	mph	6.215×10^{-1}
N/m^2	(p)	atmosphere	9.872×10^{-6}
N/m^2	(p)	lbf/in^2	1.450×10^{-4}
N/m^2	(p)	lbf/ft^2	2.089×10^{-2}
kg/m^3	(ρ)	lbm/ft^3	6.242×10^{-2}
$N \cdot s/m^2$	(μ)	$lbf\text{-}sec/ft^2$	2.089×10^{-2}
m^2/s	(ν)	ft^2/sec	1.076×10
J/kg·K	(c_p)	Btu/lbm-°R	2.388×10^{-4}
N·m/kg·K	(R)	ft-lbf/lbm-°R	1.858×10^{-1}

Source: "The International System of Units," *NASA SP-7012*, 1973.

기체의 물성–영미공학(EE) 단위계[a]

Gas	Symbol	Molecular Mass	$\gamma = \frac{c_p}{c_v}$	Gas Constant R ft-lbf/lbm-°R	Specific Heats Btu/lbm-°R c_p	c_v	Viscosity μ lbf-sec/ft^2	Critical Point T_c °R	p_c psia
Air		28.97	1.40	53.3	0.240	0.171	3.8×10^{-7}	239	546
Ammonia	NH_3	17.03	1.32	90.74	0.523	0.396	2.1×10^{-7}	739.7	1636
Argon	Ar	39.94	1.67	38.7	0.124	0.074	4.7×10^{-7}	272	705
Carbon dioxide	CO_2	44.01	1.29	35.1	0.203	0.157	3.1×10^{-7}	547.5	1071
Carbon monoxide	CO	28.01	1.40	55.2	0.248	0.177	3.7×10^{-7}	240	507
Helium	He	4.00	1.67	386	1.25	0.750	4.2×10^{-7}	9.5	33.2
Hydrogen	H_2	2.02	1.41	766	3.42	2.43	1.9×10^{-7}	59.9	188.1
Methane	CH_4	16.04	1.32	96.4	0.532	0.403	2.3×10^{-7}	343.9	673
Nitrogen	N_2	28.02	1.40	55.1	0.248	0.177	3.6×10^{-7}	227.1	492
Oxygen	O_2	32.00	1.40	48.3	0.218	0.156	4.2×10^{-7}	278.6	736
Water vapor	H_2O	18.02	1.33	85.7	0.445	0.335	2.2×10^{-7}	1165.3	3204

[a] Values for γ, R, c_p, c_v, and μ are for normal room temperature and pressure.

부록 B

국제단위계(SI) 요약

Force	newton	N
Mass	kilogram	kg
Length	meter	m
Time	second	s
Temperature	Kelvin	K

1 뉴턴 힘은 1 kg 질량이 1 m/s^2의 가속력을 받는 것이다.

$$F = \frac{ma}{g_c}$$

$$1(\text{N}) = \frac{1(\text{kg})\cdot 1(\text{m/s}^2)}{g_c}$$

따라서

$$g_c = 1\,\text{kg}\cdot\text{m/N}\cdot\text{s}^2$$

Temperature	T (K) = T (°C) + 273.15
Gas constant	R = 8314/M.M.* N·m/kg·K
Pressure	1 atm = 1.013 × 10^5 N/m^2
	1 Pascal (Pa) = 1 N/m^2
	1 bar (bar) = 1 × 10^5 N/m^2
	1 MPa = 1 × 10^6 N/m^2
Heat to work	1 joule (J) = 1 N·m
Power	1 watt (W) = 1 J/s
Standard gravity	g_0 = 9.81 m/s^2

Fundamentals of Gas Dynamics, Third Edition. Robert D. Zucker and Oscar Biblarz.

Companion website: www.wiley.com/go/zucker/gas

유용한 변환계수

To convert from:		To:	Multiply by:
foot		meter	3.048×10^{-1}
inch		meter	2.54×10^{-2}
lbf		newton	4.448
lbm		kilogram	4.536×10^{-1}
°R		K	5.555×10^{-1}
Btu	(Q)	joule	1.055×10^{3}
Btu	(Q)	kWh	2.930×10^{-4}
ft-lbf	(W)	joule	1.356
horsepower		watt	7.457×10^{2}
ft/sec	(V)	m/s	3.048×10^{-1}
mph	(V)	m/s	4.470×10^{-1}
mph	(V)	km/h	1.609
atmosphere	(p)	N/m^2	1.013×10^{5}
lbf/in^2	(p)	N/m^2	6.895×10^{3}
lbf/ft^2	(p)	N/m^2	4.788×10
lbm/ft^3	(ρ)	kg/m^3	1.602×10
$lbf\text{-}sec/ft^2$	(μ)	$N \cdot s/m^2$	4.788×10
ft^2/sec	(ν)	m^2/s	9.290×10^{-2}
Btu/lbm-°R	(c_p)	J/kg·K	4.187×10^{3}
ft-lbf/lbm-°R	(R)	N·m/kg·K	5.381

Source: "The International System of Units," *NASA SP-7012*, 1973.

기체의 물성–국제단위계(SI)[a]

Gas	Symbol	Molecular Mass	$\gamma = \frac{c_p}{c_v}$	Gas Constant R N·m/kg·K	Specific Heats J/kg·K c_p	c_v	Viscosity μ N·s/m^2	Critical Point T_c K	p_c MPa
Air		28.97	1.40	287	1,000	716	1.8×10^{-5}	132.8	3.76
Ammonia	NH_3	17.03	1.32	488	2,175	1,648	1.0×10^{-5}	405	11.36
Argon	Ar	39.94	1.67	208	519	310	2.3×10^{-5}	151.1	4.86
Carbon dioxide	CO_2	44.01	1.29	189	850	657	1.5×10^{-5}	304.1	7.38
Carbon monoxide	CO	28.01	1.40	297	1,040	741	1.8×10^{-5}	133.3	3.49
Helium	He	4.00	1.67	2,080	5,230	3,140	2.0×10^{-5}	5.28	0.229
Hydrogen	H_2	2.02	1.41	4,120	14,300	10,200	9.1×10^{-5}	33.3	1.30
Methane	CH_4	16.04	1.32	519	2,230	1,690	1.1×10^{-5}	191.0	4.64
Nitrogen	N_2	28.02	1.40	296	1,040	741	1.7×10^{-5}	126.2	3.39
Oxygen	O_2	32.00	1.40	260	913	653	2.0×10^{-5}	154.8	5.07
Water vapor	H_2O	18.02	1.33	461	1,860	1,400	1.1×10^{-5}	647.3	22.09

[a] Values for γ, R, c_p, c_v, and μ are for normal room temperature and pressure.

부록 C

마찰계수 선도

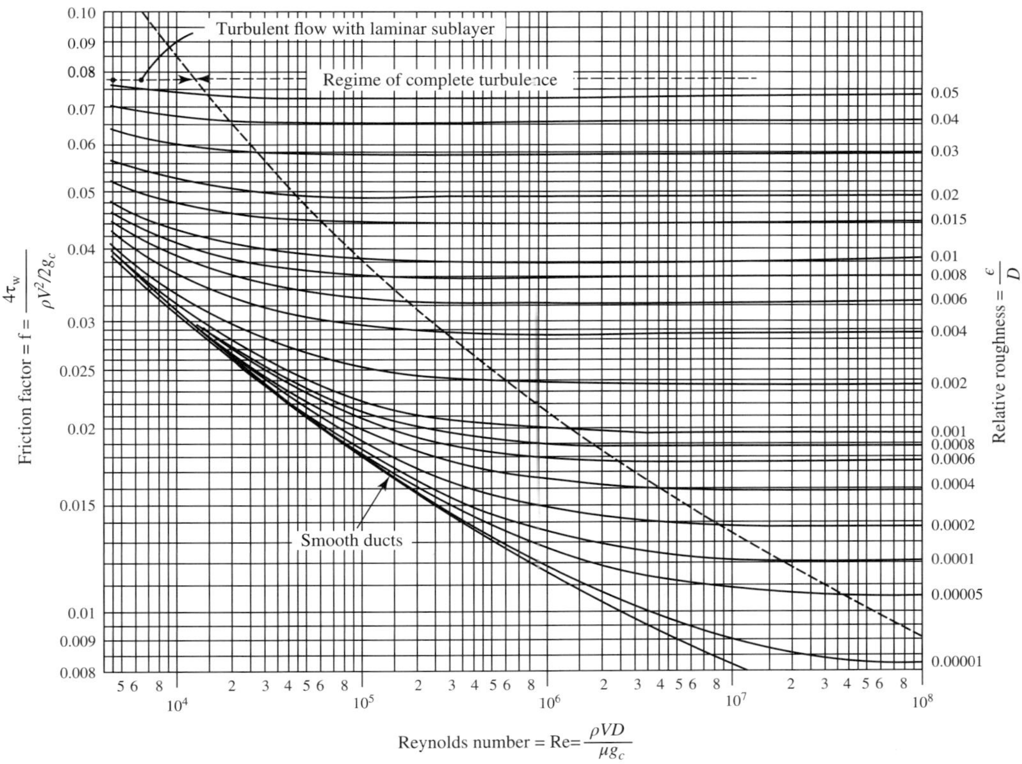

그림 AC.1 Moody diagram for determination of friction factor with laminar region omitted. (Adapted with permission from L.F.Moody, Friction factors for pipe flow, *Transactions of ASME*, Vol. 66, 1944.)

Fundamentals of Gas Dynamics, Third Edition. Robert D. Zucker and Oscar Biblarz.

Companion website: www.wiley.com/go/zucker/gas

부록 D

경사충격파 선도(γ=1.4)(2차원)

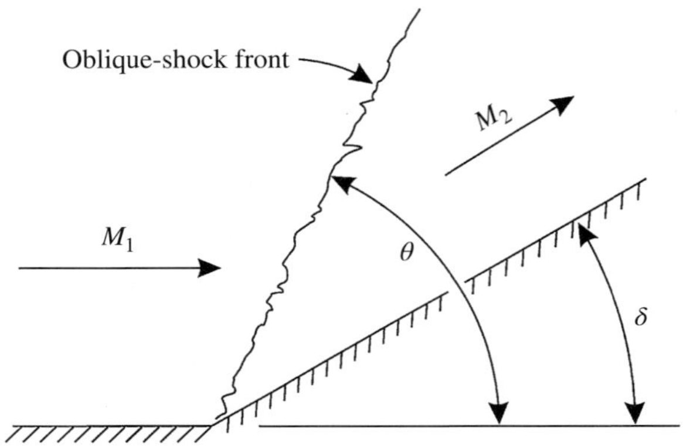

Fundamentals of Gas Dynamics, Third Edition. Robert D. Zucker and Oscar Biblarz.

Companion website: www.wiley.com/go/zucker/gas

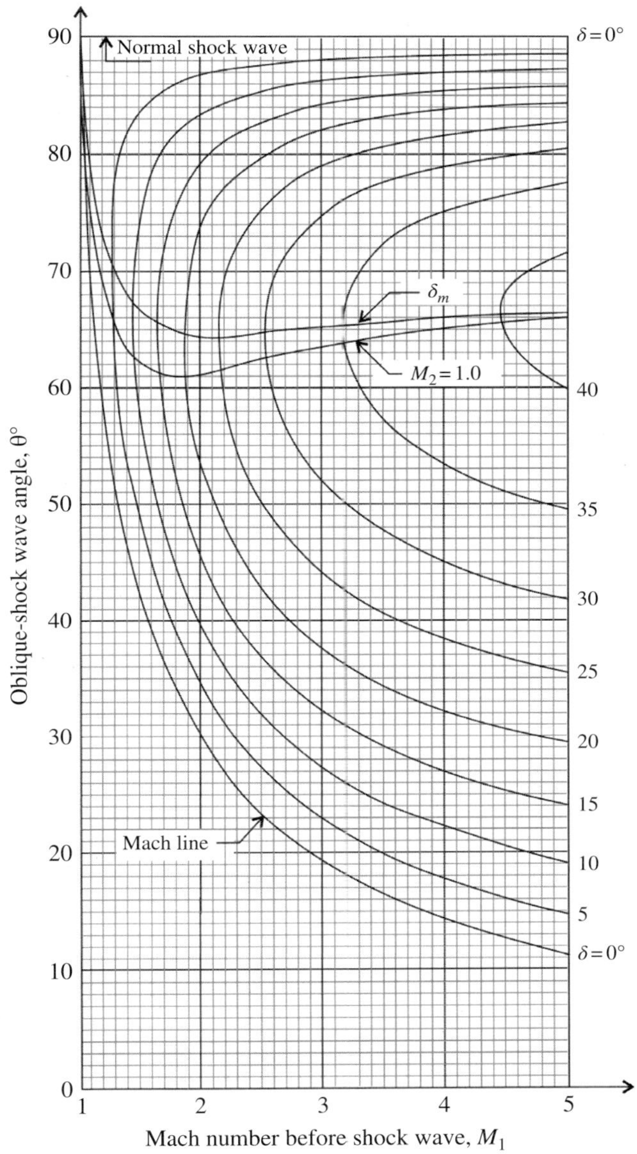

그림 AD.1 Shock-wave angle θ as a function of the initial Mach number M_1 for dif-ferent values of the flow deflection angle δ for $\gamma = 1.4$. (Adapted with permission from M. J. Zucrow and J. D. Hoffman, *Gas Dynamics*, Vol. I,copyright 1976, John Wiley & Sons, New York.)

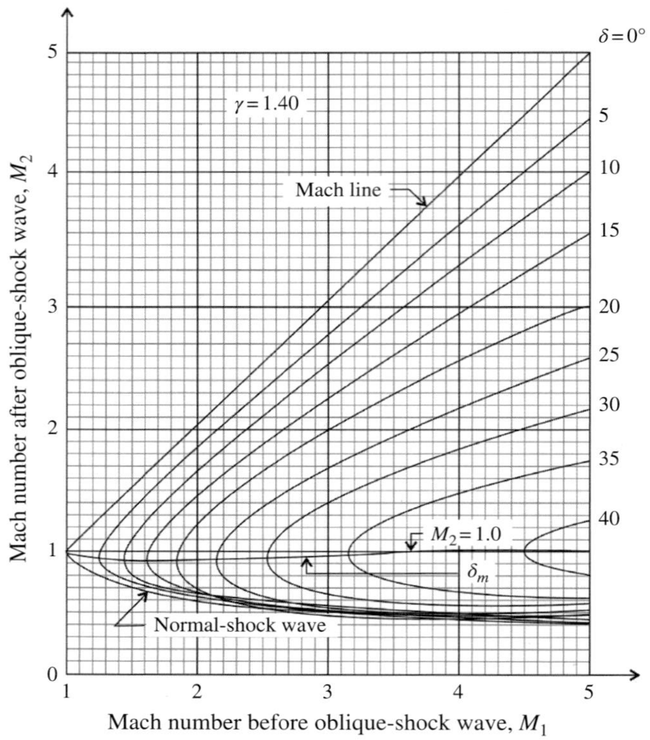

그림 AD.2 Mach number downstream M_2 for an oblique-shock wave as a function of the initial Mach number M_1 for different values of the flow deflection angle δ for $\gamma = 1.4$.(Adapted with permission from M. J. Zucrow and J. D. Hoffman, *Gas Dynamics*, Vol. I, copyright 1976, John Wiley & Sons, New York.)

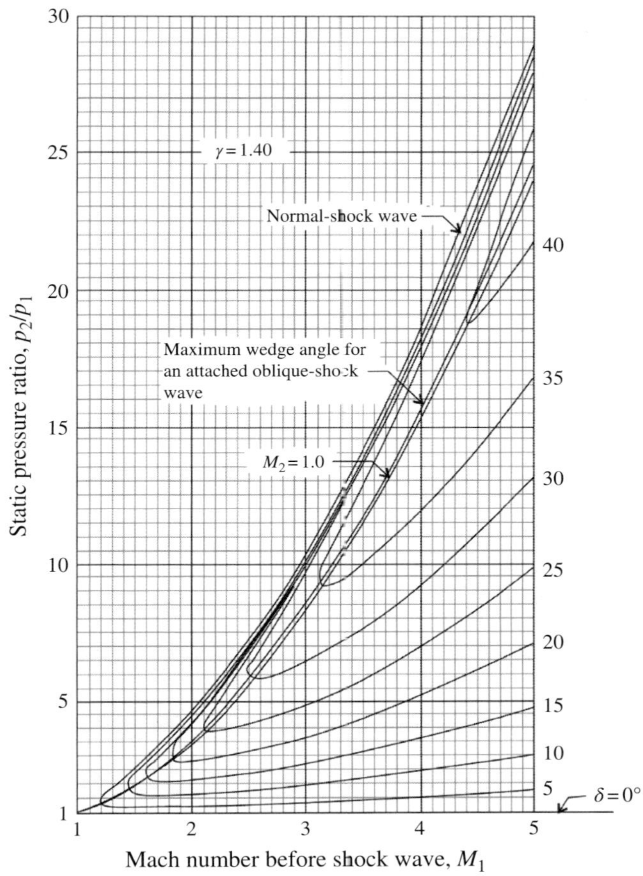

그림 AD.3 Static pressure ratio p_2/p_1 across an oblique-shock wave as a function of the initial Mach number M_1 for different values of the flow deflection angle δ for $\gamma = 1.40$.(Adapted with permission from M. J. Zucrow and J. D. Hoffman, *Gas Dynamics*, Vol. I, copyright 1976, John Wiley & Sons, New York.)

부록 E

원추형 충격파 선도(γ=1.4)(3차원)

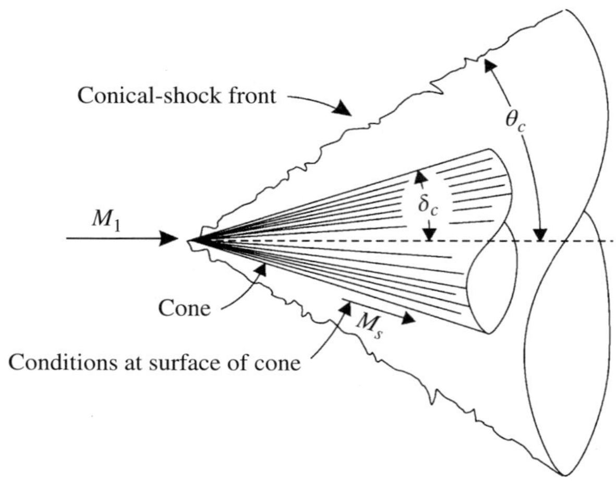

Fundamentals of Gas Dynamics, Third Edition. Robert D. Zucker and Oscar Biblarz.

Companion website: www.wiley.com/go/zucker/gas

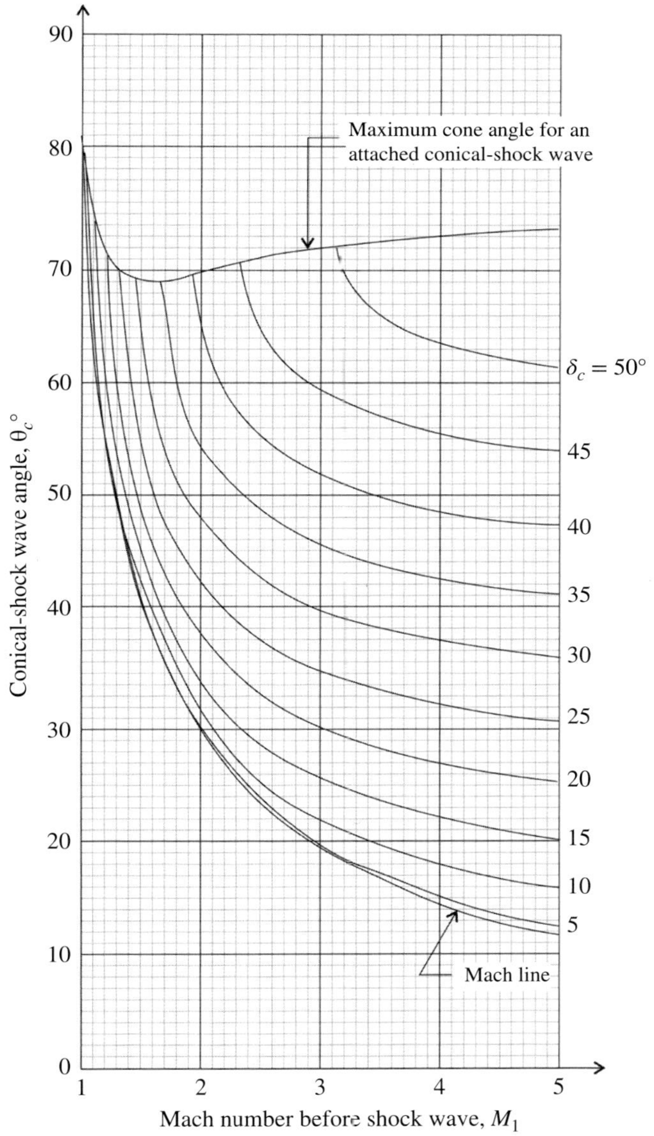

그림 AE.1 Shock wave angle θ_c for a conical-shock wave as a function of the initial Mach number M_1 for different values of the cone angle δ_c for $\gamma = 1.40$.(Adapted with permission from M. J. Zucrow and J. D. Hoffman, *Gas Dynamics*, Vol. I, copyright 1976, John Wiley & Sons, New York.)

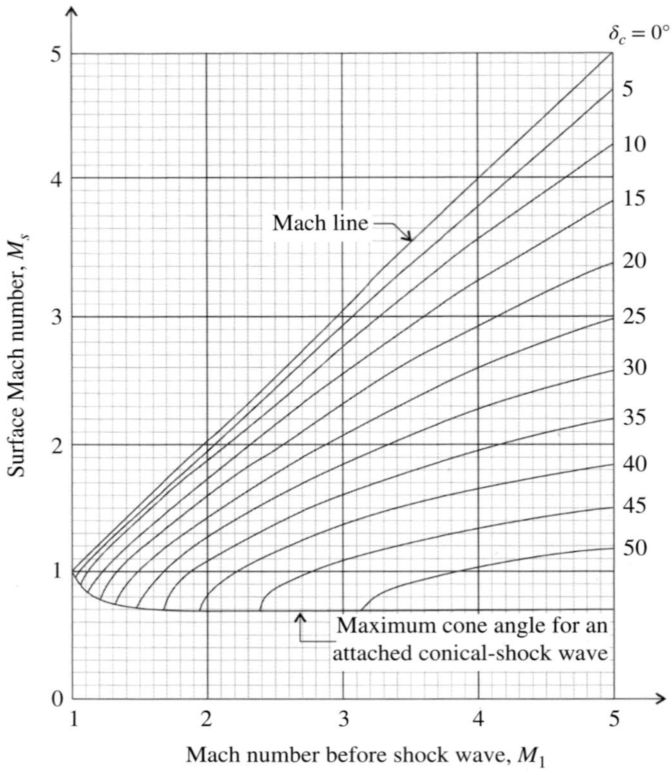

그림 AE.2 Surface Mach number M_s for a conical-shock wave as a function of the initial Mach number M_1 for different values of the cone angle δ_c for $\gamma = 1.40$.(Adapted with permission from M. J. Zucrow and J. D. Hoffman, *Gas Dynamics*, Vol. I, copyright 1976, John Wiley & Sons, New York.)

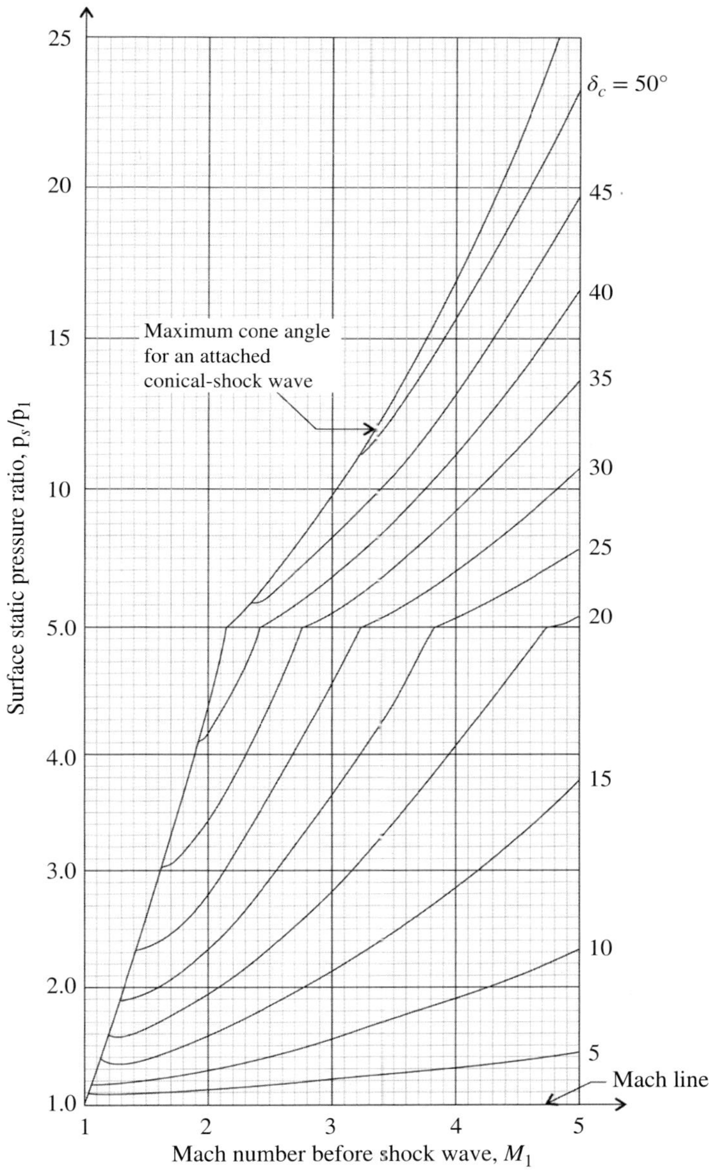

그림 AE.3 Surface static pressure ratio p_s/p_1 for a conical-shock wave as a function of the initial Mach number M_1 for different values of the cone angle δ_c for $\gamma = 1.40$.(Adapted with permission from M. J. Zucrow and J. D. Hoffman, *Gas Dynamics*, Vol. I, copyright 1976, John Wiley & Sons, New York.)

부록 F

일반화된 압축성계수 선도

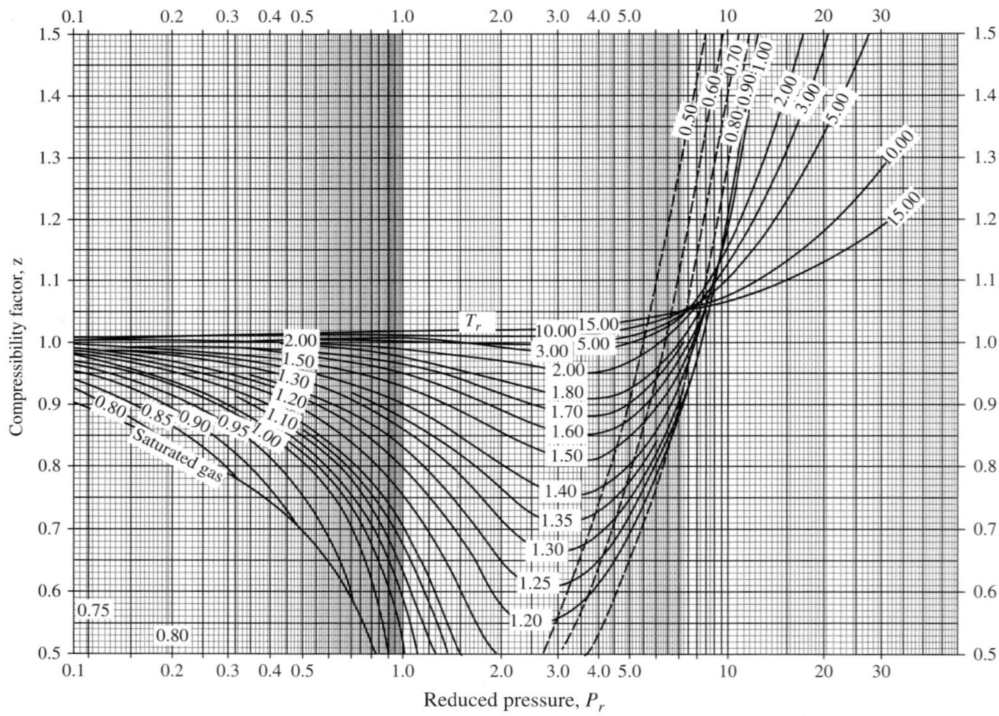

그림 AF.1 Generalized compressibility factors ($Z_c = 0.27$). (Adapted with permis-sion from R. E. Sontag, C. Borgnakke, and C. J. Van Wylen, *Fundamentals of Thermo-dynamics*, 5th ed., copyright 1997, John Wiley & Sons, New York.)

Fundamentals of Gas Dynamics, Third Edition. Robert D. Zucker and Oscar Biblarz.

Companion website: www.wiley.com/go/zucker/gas

부록 G

등엔트로피 유동 표(γ=1.4) (Prandtl-Meyer 함수 포함)

M	p/p_t	T/T_t	A/A^*	pA/p_tA^*	ν	μ
0.0	1.00000	1.00000	∞	∞		
0.01	0.99993	0.99998	57.87384	57.86979		
0.02	0.99972	0.99992	28.94213	28.93403		
0.03	0.99937	0.99982	19.30054	19.28839		
0.04	0.99888	0.99968	14.48149	14.46528		
0.05	0.99825	0.99950	11.59144	11.57118		
0.06	0.99748	0.99928	9.66591	9.64159		
0.07	0.99658	0.99902	8.29153	8.26315		
0.08	0.99553	0.99872	7.26161	7.22917		
0.09	0.99435	0.99838	6.46134	6.42484		
0.10	0.99303	0.99800	5.82183	5.78126		
0.11	0.99158	0.99759	5.29923	5.25459		
0.12	0.98998	0.99713	4.86432	4.81560		
0.13	0.98826	0.99663	4.49686	4.44406		
0.14	0.98640	0.99610	4.18240	4.12552		
0.15	0.98441	0.99552	3.91034	3.84937		
0.16	0.98228	0.99491	3.67274	3.60767		
0.17	0.98003	0.99425	3.46351	3.39434		

(*Continued*)

Fundamentals of Gas Dynamics, Third Edition. Robert D. Zucker and Oscar Biblarz.

Companion website: www.wiley.com/go/zucker/gas

M	p/p_t	T/T_t	A/A^*	pA/p_tA^*	ν	μ
0.18	0.97765	0.99356	3.27793	3.20465		
0.19	0.97514	0.99283	3.11226	3.03487		
0.20	0.97250	0.99206	2.96352	2.88201		
0.21	0.96973	0.99126	2.82929	2.74366		
0.22	0.96685	0.99041	2.70760	2.61783		
0.23	0.96383	0.98953	2.59681	2.50290		
0.24	0.96070	0.98861	2.49556	2.39750		
0.25	0.95745	0.98765	2.40271	2.30048		
0.26	0.95408	0.98666	2.31729	2.21089		
0.27	0.95060	0.98563	2.23847	2.12789		
0.28	0.94700	0.98456	2.16555	2.05078		
0.29	0.94329	0.98346	2.09793	1.97896		
0.30	0.93947	0.98232	2.03507	1.91188		
0.31	0.93554	0.98114	1.97651	1.84910		
0.32	0.93150	0.97993	1.92185	1.79021		
0.33	0.92736	0.97868	1.87074	1.73486		
0.34	0.92312	0.97740	1.82288	1.68273		
0.35	0.91877	0.97609	1.77797	1.63355		
0.36	0.91433	0.97473	1.73578	1.58707		
0.37	0.90979	0.97335	1.69609	1.54308		
0.38	0.90516	0.97193	1.65870	1.50138		
0.39	0.90043	0.97048	1.62343	1.46179		
0.40	0.89561	0.96899	1.59014	1.42415		
0.41	0.89071	0.96747	1.55867	1.38833		
0.42	0.88572	0.96592	1.52890	1.35419		
0.43	0.88065	0.96434	1.50072	1.32161		
0.44	0.87550	0.96272	1.47401	1.29049		
0.45	0.87027	0.96108	1.44867	1.26073		
0.46	0.86496	0.95940	1.42463	1.23225		
0.47	0.85958	0.95769	1.40180	1.20495		
0.46	0.85413	0.95595	1.38010	1.17878		
0.49	0.84861	0.95418	1.35947	1.15365		
0.50	0.84302	0.95238	1.33984	1.12951		
0.51	0.83737	0.95055	1.32117	1.10630		
0.52	0.83165	0.94869	1.30339	1.08397		
0.53	0.82588	0.94681	1.28645	1.06246		
0.54	0.82005	0.94489	1.27032	1.04173		
0.55	0.81417	0.94295	1.25495	1.02173		
0.56	0.80823	0.94098	1.24029	1.00244		
0.57	0.80224	0.93898	1.22633	0.98381		
0.58	0.79621	0.93696	1.21301	0.96580		
0.59	0.79013	0.93491	1.20031	0.94840		
0.60	0.78400	0.93284	1.18820	0.93155		

M	p/p_t	T/T_t	A/A^*	pA/p_tA^*	ν	μ
0.61	0.77784	0.93073	1.17665	0.91525		
0.62	0.77164	0.92861	1.16565	0.89946		
0.63	0.76540	0.92646	1.15515	0.88416		
0.64	0.75913	0.92428	1.14515	0.86932		
0.65	0.75283	0.92208	1.13562	0.85493		
0.66	0.74650	0.91986	1.12654	0.84096		
0.67	0.74014	0.91762	1.11789	0.82739		
0.68	0.73376	0.91535	1.10965	0.81422		
0.69	0.72735	0.91306	1.10182	0.80141		
0.70	0.72093	0.91075	1.09437	0.78896		
0.71	0.71448	0.90841	1.08729	0.77685		
0.72	0.70803	0.90606	1.08057	0.76507		
0.73	0.70155	0.90369	1.07419	0.75360		
0.74	0.69507	0.90129	1.06814	0.74243		
0.75	0.68857	0.89888	1.06242	0.73155		
0.76	0.68207	0.89644	1.05700	0.72095		
0.77	0.67556	0.89399	1.05188	0.71061		
0.78	0.66905	0.89152	1.04705	0.70053		
0.79	0.66254	0.88903	1.04251	0.69070		
0.80	0.65602	0.88652	1.03823	0.68110		
0.81	0.64951	0.88400	1.03422	0.67173		
0.82	0.64300	0.88146	1.03046	0.66259		
0.83	0.63650	0.87890	1.02696	0.65366		
0.84	0.63000	0.87633	1.02370	0.64493		
0.85	0.62351	0.87374	1.02067	0.63640		
0.86	0.61703	0.87114	1.01787	0.62806		
0.87	0.61057	0.86852	1.01530	0.61991		
0.88	0.60412	0.86589	1.01294	0.61193		
0.89	0.59768	0.86324	1.01080	0.60413		
0.90	0.59126	0.86059	1.00886	0.59650		
0.91	0.58486	0.85791	1.00713	0.58903		
0.92	0.57848	0.85523	1.00560	0.58171		
0.93	0.57211	0.85253	1.00426	0.57455		
0.94	0.56578	0.84982	1.00311	0.56753		
0.95	0.55946	0.84710	1.00215	0.56066		
0.96	0.55317	0.84437	1.00136	0.55392		
0.97	0.54691	0.84162	1.00076	0.54732		
0.98	0.54067	0.83887	1.00034	0.54085		
0.99	0.53446	0.83611	1.00008	0.53451		
1.00	0.52828	0.83333	1.00000	0.52828	0.0	90.0000
1.01	0.52213	0.83055	1.00008	0.52218	0.04472	81.9307

(Continued)

M	p/p_t	T/T_t	A/A^*	pA/p_tA^*	ν	μ
1.02	0.51602	0.82776	1.00033	0.51619	0.12569	78.6351
1.03	0.50994	0.82496	1.00074	0.51031	0.22943	76.1376
1.04	0.50389	0.82215	1.00131	0.50454	0.35098	74.0576
1.05	0.49787	0.81934	1.00203	0.49888	0.48741	72.2472
1.06	0.49189	0.81651	1.00291	0.49332	0.63669	70.6300
1.07	0.48595	0.81368	1.00394	0.48787	0.79729	69.1603
1.08	0.48005	0.81085	1.00512	0.48250	0.96804	67.8084
1.09	0.47418	0.80800	1.00645	0.47724	1.14795	66.5534
1.10	0.46835	0.80515	1.00793	0.47207	1.33620	65.3800
1.11	0.46257	0.80230	1.00955	0.46698	1.53210	64.2767
1.12	0.45682	0.79944	1.01131	0.46199	1.73504	63.2345
1.13	0.45111	0.79657	1.01322	0.45708	1.94448	62.2461
1.14	0.44545	0.79370	1.01527	0.45225	2.15996	61.3056
1.15	0.43983	0.79083	1.01745	0.44751	2.38104	60.4082
1.16	0.43425	0.78795	1.01978	0.44284	2.60735	59.5497
1.17	0.42872	0.78506	1.02224	0.43825	2.83852	58.7267
1.18	0.42322	0.78218	1.02484	0.43374	3.07426	57.9362
1.19	0.41778	0.77929	1.02757	0.42930	3.31425	57.1756
1.20	0.41238	0.77640	1.03044	0.42493	3.55823	56.4427
1.21	0.40702	0.77350	1.03344	0.42063	3.80596	55.7354
1.22	0.40171	0.77061	1.03657	0.41640	4.05720	55.0520
1.23	0.39645	0.76771	1.03983	0.41224	4.31173	54.3909
1.24	0.39123	0.76481	1.04323	0.40814	4.56936	53.7507
1.25	0.38606	0.76190	1.04675	0.40411	4.82989	53.1301
1.26	0.38093	0.75900	1.05041	0.40014	5.09315	52.5280
1.27	0.37586	0.75610	1.05419	0.39622	5.35897	51.9433
1.28	0.37083	0.75319	1.05810	0.39237	5.62720	51.3752
1.29	0.36585	0.75029	1.06214	0.38858	5.89768	50.8226
1.30	0.36091	0.74738	1.06630	0.38484	6.17029	50.2849
1.31	0.35603	0.74448	1.07060	0.38116	6.44488	49.7612
1.32	0.35119	0.74158	1.07502	0.37754	6.72133	49.2509
1.33	0.34640	0.73867	1.07957	0.37396	6.99953	48.7535
1.34	0.34166	0.73577	1.08424	0.37044	7.27937	48.2682
1.35	0.33697	0.73287	1.08904	0.36697	7.56072	47.7946
1.36	0.33233	0.72997	1.09396	0.36355	7.84351	47.3321
1.37	0.32773	0.72707	1.09902	0.36018	8.12762	46.8803
1.38	0.32319	0.72418	1.10419	0.35686	8.41297	46.4387
1.39	0.31869	0.72128	1.10950	0.35359	8.69946	46.0070
1.40	0.31424	0.71839	1.11493	0.35036	8.98702	45.5847
1.41	0.30984	0.71550	1.12048	0.34717	9.27556	45.1715
1.42	0.30549	0.71262	1.12616	0.34403	9.56502	44.7670
1.43	0.30118	0.70973	1.13197	0.34093	9.85531	44.3709
1.44	0.29693	0.70685	1.13790	0.33788	10.14636	43.9830

M	p/p_t	T/T_t	A/A^*	pA/p_tA^*	ν	μ
1.45	0.29272	0.70398	1.14396	0.33486	10.43811	43.6028
1.46	0.28856	0.70110	1.15015	0.33189	10.73050	43.2302
1.47	0.28445	0.69824	1.15646	0.32896	11.02346	42.8649
1.48	0.28039	0.69537	1.16290	0.32606	11.31694	42.5066
1.49	0.27637	0.69251	1.16947	0.32321	11.61087	42.1552
1.50	0.27240	0.68966	1.17617	0.32039	11.90521	41.8103
1.51	0.26848	0.68680	1.18299	0.31761	12.19990	41.4718
1.52	0.26461	0.68396	1.18994	0.31487	12.49489	41.1395
1.53	0.26078	0.68112	1.19702	0.31216	12.79014	40.8132
1.54	0.25700	0.67828	1.20423	0.30949	13.08559	40.4927
1.55	0.25326	0.67545	1.21157	0.30685	13.38121	40.1778
1.56	0.24957	0.67262	1.21904	0.30424	13.67696	39.8683
1.57	0.24593	0.66980	1.22664	0.30167	13.97278	39.5642
1.58	0.24233	0.66699	1.23438	0.29913	14.26865	39.2652
1.59	0.23878	0.66418	1.24224	0.29662	14.56452	38.9713
1.60	0.23527	0.66138	1.25023	0.29414	14.86035	38.6822
1.61	0.23181	0.65858	1.25836	0.29170	15.15612	38.3978
1.62	0.22839	0.65579	1.26663	0.28928	15.45180	38.1181
1.63	0.22501	0.65301	1.27502	0.28690	15.74733	37.8428
1.64	0.22168	0.65023	1.28355	0.28454	16.04271	37.5719
1.65	0.21839	0.64746	1.29222	0.28221	16.33789	37.3052
1.66	0.21515	0.64470	1.30102	0.27991	16.63284	37.0427
1.67	0.21195	0.64194	1.30996	0.27764	16.92755	36.7842
1.68	0.20879	0.63919	1.31904	0.27540	17.22198	36.5296
1.69	0.20567	0.63645	1.32825	0.27318	17.51611	36.2789
1.70	0.20259	0.63371	1.33761	0.27099	17.80991	36.0319
1.71	0.19956	0.63099	1.34710	0.26883	18.10336	35.7885
1.72	0.19656	0.62827	1.35674	0.26669	18.39643	35.5487
1.73	0.19361	0.62556	1.36651	0.26457	18.68911	35.3124
1.74	0.19070	0.62285	1.37643	0.26248	18.98137	35.0795
1.75	0.18782	0.62016	1.38649	0.26042	19.27319	34.8499
1.76	0.18499	0.61747	1.39670	0.25837	19.56456	34.6235
1.77	0.18219	0.61479	1.40705	0.25636	19.85544	34.4003
1.78	0.17944	0.61211	1.41755	0.25436	20.14584	34.1802
1.79	0.17672	0.60945	1.42819	0.25239	20.43571	33.9631
1.80	0.17404	0.60680	1.43898	0.25044	20.72506	33.7490
1.81	0.17140	0.60415	1.44992	0.24851	21.01387	33.5377
1.82	0.16879	0.60151	1.46101	0.24661	21.30211	33.3293
1.83	0.16622	0.59888	1.47225	0.24472	21.58977	33.1237
1.84	0.16369	0.59626	1.48365	0.24286	21.87685	32.9207
1.85	0.16119	0.59365	1.49519	0.24102	22.16332	32.7204

(*Continued*)

M	p/p_t	T/T_t	A/A^*	pA/p_tA^*	ν	μ
1.86	0.15873	0.59104	1.50689	0.23920	22.44917	32.5227
1.87	0.15631	0.58845	1.51875	0.23739	22.73439	32.3276
1.88	0.15392	0.58586	1.53076	0.23561	23.01896	32.1349
1.89	0.15156	0.58329	1.54293	0.23385	23.30288	31.9447
1.90	0.14924	0.58072	1.55526	0.23211	23.58613	31.7569
1.91	0.14695	0.57816	1.56774	0.23038	23.86871	31.5714
1.92	0.14470	0.57561	1.58039	0.22868	24.15059	31.3882
1.93	0.14247	0.57307	1.59320	0.22699	24.43178	31.2072
1.94	0.14028	0.57054	1.60617	0.22532	24.71226	31.0285
1.95	0.13813	0.56802	1.61931	0.22367	24.99202	30.8519
1.96	0.13600	0.56551	1.63261	0.22203	25.27105	30.6774
1.97	0.13390	0.56301	1.64608	0.22042	25.54935	30.5050
1.98	0.13184	0.56051	1.65972	0.21882	25.82691	30.3347
1.99	0.12981	0.55803	1.67352	0.21724	26.10371	30.1664
2.00	0.12780	0.55556	1.68750	0.21567	26.37976	30.0000
2.01	0.12583	0.55309	1.70165	0.21412	26.65504	29.8356
2.02	0.12389	0.55064	1.71597	0.21259	26.92955	29.6730
2.03	0.12197	0.54819	1.73047	0.21107	27.20328	29.5123
2.04	0.12009	0.54576	1.74514	0.20957	27.47622	29.3535
2.05	0.11823	0.54333	1.75999	0.20808	27.74837	29.1964
2.06	0.11640	0.54091	1.77502	0.20661	28.01973	29.0411
2.07	0.11460	0.53851	1.79022	0.20516	28.29028	28.8875
2.08	0.11282	0.53611	1.80561	0.20371	28.56003	28.7357
2.09	0.11107	0.53373	1.82119	0.20229	28.82896	28.5855
2.10	0.10935	0.53135	1.83694	0.20088	29.09708	28.4369
2.11	0.10766	0.52898	1.85289	0.19948	29.36438	28.2899
2.12	0.10599	0.52663	1.86902	0.19809	29.63085	28.1446
2.13	0.10434	0.52428	1.88533	0.19672	29.89649	28.0008
2.14	0.10273	0.52194	1.90184	0.19537	30.16130	27.8585
2.15	0.10113	0.51962	1.91854	0.19403	30.42527	27.7177
2.16	0.09956	0.51730	1.93544	0.19270	30.68841	27.5785
2.17	0.09802	0.51499	1.95252	0.19138	30.95070	27.4406
2.18	0.09649	0.51269	1.96981	0.19008	31.21215	27.3043
2.19	0.09500	0.51041	1.98729	0.18879	31.47275	27.1693
2.20	0.09352	0.50813	2.00497	0.18751	31.73250	27.0357
2.21	0.09207	0.50586	2.02286	0.18624	31.99139	26.9035
2.22	0.09064	0.50361	2.04094	0.18499	32.24943	26.7726
2.23	0.08923	0.50136	2.05923	0.18375	32.50662	26.6430
2.24	0.08785	0.49912	2.07773	0.18252	32.76294	26.5148
2.25	0.08648	0.49689	2.09644	0.18130	33.01841	26.3878
2.26	0.08514	0.49468	2.11535	0.18010	33.27301	26.2621
2.27	0.08382	0.49247	2.13447	0.17890	33.52676	26.1376
2.28	0.08251	0.49027	2.15381	0.17772	33.77963	26.0144

M	p/p_t	T/T_t	A/A^*	pA/p_tA^*	ν	μ
2.29	0.08123	0.48809	2.17336	0.17655	34.03165	25.8923
2.30	0.07997	0.48591	2.19313	0.17539	34.28279	25.7715
2.31	0.07873	0.48374	2.21312	0.17424	34.53307	25.6518
2.32	0.07751	0.48158	2.23332	0.17310	34.78249	25.5332
2.33	0.07631	0.47944	2.25375	0.17198	35.03103	25.4158
2.34	0.07512	0.47730	2.27440	0.17086	35.27871	25.2995
2.35	0.07396	0.47517	2.29528	0.16975	35.52552	25.1843
2.36	0.07281	0.47305	2.31638	0.16866	35.77146	25.0702
2.37	0.07168	0.47095	2.33771	0.16757	36.01653	24.9572
2.38	0.07057	0.46885	2.35928	0.16649	36.26073	24.8452
2.39	0.06948	0.46676	2.38107	0.16543	36.50406	24.7342
2.40	0.06840	0.46468	2.40310	0.16437	36.74653	24.6243
2.41	0.06734	0.46262	2.42537	0.16332	36.98813	24.5154
2.42	0.06630	0.46056	2.44787	0.16229	37.22886	24.4075
2.43	0.06527	0.45851	2.47061	0.16126	37.46872	24.3005
2.44	0.06426	0.45647	2.49360	0.16024	37.70772	24.1945
2.45	0.06327	0.45444	2.51683	0.15923	37.94585	24.0895
2.46	0.06229	0.45242	2.54031	0.15823	38.18312	23.9854
2.47	0.06133	0.45041	2.56403	0.15724	38.41952	23.8822
2.48	0.06038	0.44841	2.58801	0.15626	38.65507	23.7800
2.49	0.05945	0.44642	2.61224	0.15529	38.88974	23.6786
2.50	0.05853	0.44444	2.63672	0.15432	39.12356	23.5782
2.51	0.05762	0.44247	2.66146	0.15337	39.35652	23.4786
2.52	0.05674	0.44051	2.68645	0.15242	39.58862	23.3799
2.53	0.05586	0.43856	2.71171	0.15148	39.81987	23.2820
2.54	0.05500	0.43662	2.73723	0.15055	40.05026	23.1850
2.55	0.05415	0.43469	2.76301	0.14963	40.27979	23.0888
2.56	0.05332	0.43277	2.78906	0.14871	40.50847	22.9934
2.57	0.05250	0.43085	2.81538	0.14780	40.73630	22.8988
2.58	0.05169	0.42895	2.84197	0.14691	40.96329	22.8051
2.59	0.05090	0.42705	2.86884	0.14602	41.18942	22.7121
2.60	0.05012	0.42517	2.89598	0.14513	41.41471	22.6199
2.61	0.04935	0.42329	2.92339	0.14426	41.63915	22.5284
2.62	0.04859	0.42143	2.95109	0.14339	41.86275	22.4377
2.63	0.04784	0.41957	2.97907	0.14253	42.08551	22.3478
2.64	0.04711	0.41772	3.00733	0.14168	42.30744	22.2586
2.65	0.04639	0.41589	3.03588	0.14083	42.52852	22.1702
2.66	0.04568	0.41406	3.06472	0.13999	42.74877	22.0824
2.67	0.04498	0.41224	3.09385	0.13916	42.96819	21.9954
2.68	0.04429	0.41043	3.12327	0.13834	43.18678	21.9090
2.69	0.04362	0.40863	3.15299	0.13752	43.40454	21.8234

(Continued)

M	p/p_t	T/T_t	A/A^*	pA/p_tA^*	ν	μ
2.70	0.04295	0.40683	3.18301	0.13671	43.62148	21.7385
2.71	0.04229	0.40505	3.21333	0.13591	43.83759	21.6542
2.72	0.04165	0.40328	3.24395	0.13511	44.05288	21.5706
2.73	0.04102	0.40151	3.27488	0.13432	44.26735	21.4876
2.74	0.04039	0.39976	3.30611	0.13354	44.48100	21.4053
2.75	0.03978	0.39801	3.33766	0.13276	44.69384	21.3237
2.76	0.03917	0.39627	3.36952	0.13199	44.90586	21.2427
2.77	0.03858	0.39454	3.40169	0.13123	45.11708	21.1623
2.78	0.03799	0.39282	3.43418	0.13047	45.32749	21.0825
2.79	0.03742	0.39111	3.46699	0.12972	45.53709	21.0034
2.80	0.03685	0.38941	3.50012	0.12897	45.74589	20.9248
2.81	0.03629	0.38771	3.53358	0.12823	45.95389	20.8469
2.82	0.03574	0.38603	3.56737	0.12750	46.16109	20.7695
2.83	0.03520	0.38435	3.60148	0.12678	46.36750	20.6928
2.84	0.03467	0.38268	3.63593	0.12605	46.57312	20.6166
2.85	0.03415	0.38102	3.67072	0.12534	46.77794	20.5410
2.86	0.03363	0.37937	3.70584	0.12463	46.98198	20.4659
2.87	0.03312	0.37773	3.74131	0.12393	47.18523	20.3914
2.88	0.03263	0.37610	3.77711	0.12323	47.38770	20.3175
2.89	0.03213	0.37447	3.81327	0.12254	47.58940	20.2441
2.90	0.03165	0.37286	3.84977	0.12185	47.79031	20.1713
2.91	0.03118	0.37125	3.88662	0.12117	47.99045	20.0990
2.92	0.03071	0.36965	3.92383	0.12049	48.18982	20.0272
2.93	0.03025	0.36806	3.96139	0.11982	48.38842	19.9559
2.94	0.02980	0.36647	3.99932	0.11916	48.58626	19.8852
2.95	0.02935	0.36490	4.03760	0.11850	48.78333	19.8149
2.96	0.02891	0.36333	4.07625	0.11785	48.97965	19.7452
2.97	0.02848	0.36177	4.11527	0.11720	49.17520	19.6760
2.98	0.02805	0.36022	4.15466	0.11655	49.37000	19.6072
2.99	0.02764	0.35868	4.19443	0.11591	49.56405	19.5390
3.00	0.02722	0.35714	4.23457	0.11528	49.75735	19.4712
3.01	0.02682	0.35562	4.27509	0.11465	49.94990	19.4039
3.02	0.02642	0.35410	4.31599	0.11403	50.14171	19.3371
3.03	0.02603	0.35259	4.35728	0.11341	50.33277	19.2708
3.04	0.02564	0.35108	4.39895	0.11279	50.52310	19.2049
3.05	0.02526	0.34959	4.44102	0.11219	50.71270	19.1395
3.06	0.02489	0.34810	4.48347	0.11158	50.90156	19.0745
3.07	0.02452	0.34662	4.52633	0.11098	51.08969	19.0100
3.08	0.02416	0.34515	4.56959	0.11039	51.27710	18.9459
3.09	0.02380	0.34369	4.61325	0.10979	51.46378	18.8823
3.10	0.02345	0.34223	4.65731	0.10921	51.64974	18.8191
3.11	0.02310	0.34078	4.70178	0.10863	51.83499	18.7563
3.12	0.02276	0.33934	4.74667	0.10805	52.01952	18.6939

M	p/p_t	T/T_t	A/A^*	pA/p_tA^*	ν	μ
3.13	0.02243	0.33791	4.79197	0.10748	52.20333	18.6320
3.14	0.02210	0.33648	4.83769	0.10691	52.38644	18.5705
3.15	0.02177	0.33506	4.88383	0.10634	52.56884	18.5094
3.16	0.02146	0.33365	4.93039	0.10578	52.75053	18.4487
3.17	0.02114	0.33225	4.97739	0.10523	52.93153	18.3884
3.18	0.02083	0.33085	5.02481	0.10468	53.11182	18.3285
3.19	0.02053	0.32947	5.07266	0.10413	53.29143	18.2691
3.20	0.02023	0.32808	5.12096	0.10359	53.47033	18.2100
3.21	0.01993	0.32671	5.16969	0.10305	53.64855	18.1512
3.22	0.01964	0.32534	5.21887	0.10251	53.82609	18.0929
3.23	0.01936	0.32398	5.26849	0.10198	54.00294	18.0350
3.24	0.01908	0.32263	5.31857	0.10145	54.17910	17.9774
3.25	0.01880	0.32129	5.36909	0.10093	54.35459	17.9202
3.26	0.01853	0.31995	5.42008	0.10041	54.52941	17.8634
3.27	0.01826	0.31862	5.47152	0.09989	54.70355	17.8069
3.28	0.01799	0.31729	5.52343	0.09938	54.87703	17.7508
3.29	0.01773	0.31597	5.57580	0.09887	55.04983	17.6951
3.30	0.01748	0.31466	5.62865	0.09837	55.22198	17.6397
3.31	0.01722	0.31336	5.68195	0.09787	55.39346	17.5847
3.32	0.01698	0.31206	5.73575	0.09737	55.56428	17.5300
3.33	0.01673	0.31077	5.79003	0.09688	55.73445	17.4756
3.34	0.01649	0.30949	5.84479	0.09639	55.90396	17.4216
3.35	0.01625	0.30821	5.90004	0.09590	56.07283	17.3680
3.36	0.01602	0.30694	5.95577	0.09542	56.24105	17.3147
3.37	0.01579	0.30568	6.01201	0.09494	56.40862	17.2617
3.38	0.01557	0.30443	6.06873	0.09447	56.57556	17.2090
3.39	0.01534	0.30318	6.12596	0.09399	56.74185	17.1567
3.40	0.01512	0.30193	6.18370	0.09353	56.90751	17.1046
3.41	0.01491	0.30070	6.24194	0.09306	57.07254	17.0529
3.42	0.01470	0.29947	6.30070	0.09260	57.23694	17.0016
3.43	0.01449	0.29824	6.35997	0.09214	57.40071	16.9505
3.44	0.01428	0.29702	6.41976	0.09168	57.56385	16.8997
3.45	0.01408	0.29581	6.48007	0.09123	57.72637	16.8493
3.46	0.01388	0.29461	6.54092	0.09078	57.88828	16.7991
3.47	0.01368	0.29341	6.60229	0.09034	58.04957	16.7493
3.48	0.01349	0.29222	6.66419	0.08989	58.21024	16.6997
3.49	0.01330	0.29103	6.72664	0.08945	58.37030	16.6505
3.50	0.01311	0.28936	6.78962	0.08902	58.52976	16.6015
3.51	0.01293	0.28868	6.85315	0.08858	58.68861	16.5529
3.52	0.01274	0.28751	6.91723	0.08815	58.84685	16.5045
3.53	0.01256	0.28635	6.98186	0.08773	59.00450	16.4564

(*Continued*)

M	p/p_t	T/T_t	A/A^*	pA/p_tA^*	ν	μ
3.54	0.01239	0.28520	7.04705	0.08730	59.16155	16.4086
3.55	0.01221	0.28405	7.11281	0.08688	59.31801	16.3611
3.56	0.01204	0.28291	7.17912	0.08646	59.47387	16.3139
3.57	0.01188	0.28177	7.24601	0.08605	59.62914	16.2669
3.58	0.01171	0.28064	7.31346	0.08563	59.78383	16.2202
3.59	0.01155	0.27952	7.38150	0.08522	59.93793	16.1738
3.60	0.01138	0.27840	7.45011	0.08482	60.09146	16.1276
3.61	0.01123	0.27728	7.51931	0.08441	60.24440	16.0817
3.62	0.01107	0.27618	7.58910	0.08401	60.39677	16.0361
3.63	0.01092	0.27507	7.65948	0.08361	60.54856	15.9907
3.64	0.01076	0.27398	7.73045	0.08322	60.69978	15.9456
3.65	0.01062	0.27289	7.80203	0.08282	60.85044	15.9008
3.66	0.01047	0.27180	7.87421	0.08243	61.00052	15.8562
3.67	0.01032	0.27073	7.94700	0.08205	61.15005	15.8119
3.66	0.01018	0.26965	8.02040	0.08166	61.29902	15.7678
3.69	0.01004	0.26858	8.09442	0.08128	61.44742	15.7239
3.70	0.00990	0.26752	8.16907	0.08090	61.59527	15.6803
3.71	0.00977	0.26647	8.24433	0.08052	61.74257	15.6370
3.72	0.00963	0.26542	8.32023	0.08014	61.88932	15.5939
3.73	0.00950	0.26437	8.39676	0.07977	62.03552	15.5510
3.74	0.00937	0.26333	8.47393	0.07940	62.18118	15.5084
3.75	0.00924	0.26230	8.55174	0.07904	62.32629	15.4660
3.76	0.00912	0.26127	8.63020	0.07867	62.47086	15.4239
3.77	0.00899	0.26024	8.70931	0.07831	62.61490	15.3819
3.78	0.00887	0.25922	8.78907	0.07795	62.75840	15.3402
3.79	0.00875	0.25821	8.86950	0.07759	62.90136	15.2988
3.80	0.00863	0.25720	8.95059	0.07723	63.04380	15.2575
3.81	0.00851	0.25620	9.03234	0.07688	63.18571	15.2165
3.82	0.00840	0.25520	9.11477	0.07653	63.32709	15.1757
3.83	0.00828	0.25421	9.19788	0.07618	63.46795	15.1351
3.84	0.00817	0.25322	9.28167	0.07584	63.60829	15.0948
3.85	0.00806	0.25224	9.36614	0.07549	63.74811	15.0547
3.86	0.00795	0.25126	9.45131	0.07515	63.88741	15.0147
3.87	0.00784	0.25029	9.53717	0.07481	64.02620	14.9750
3.88	0.00774	0.24932	9.62373	0.07447	64.16448	14.9355
3.89	0.00763	0.24836	9.71100	0.07414	64.30225	14.8962
3.90	0.00753	0.24740	9.79897	0.07381	64.43952	14.8572
3.91	0.00743	0.24645	9.88766	0.07348	64.57628	14.8183
3.92	0.00733	0.24550	9.97707	0.07315	64.71254	14.7796
3.93	0.00723	0.24456	10.06720	0.07282	64.84829	14.7412
3.94	0.00714	0.24362	10.15806	0.07250	64.98356	14.7029
3.95	0.00704	0.24269	10.24965	0.07217	65.11832	14.6649
3.96	0.00695	0.24176	10.34197	0.07185	65.25260	14.6270

M	p/p_t	T/T_t	A/A^*	pA/p_tA^*	ν	μ
3.97	0.00686	0.24084	10.43504	0.07154	65.38638	14.5893
3.98	0.00676	0.23992	10.52886	0.07122	65.51968	14.5519
3.99	0.00667	0.23900	10.62343	0.07091	65.65249	14.5146
4.00	0.00659	0.23810	10.71875	0.07059	65.78482	14.4775
4.10	0.00577	0.22925	11.71465	0.06758	67.08200	14.1170
4.20	0.00506	0.22085	12.79164	0.06475	68.33324	13.7741
4.30	0.00445	0.21286	13.95490	0.06209	69.54063	13.4477
4.40	0.00392	0.20525	15.20987	0.05959	70.70616	13.1366
4.50	0.00346	0.19802	16.56219	0.05723	71.83174	12.8396
4.60	0.00305	0.19113	18.01779	0.05500	72.91915	12.5559
4.70	0.00270	0.18457	19.58283	0.05290	73.97012	12.2845
4.80	0.00239	0.17832	21.26371	0.05091	74.98627	12.0247
4.90	0.00213	0.17235	23.06712	0.04903	75.96915	11.7757
5.00	0.00189	0.16667	25.00000	0.04725	76.92021	11.5370
5.10	0.00168	0.16124	27.06957	0.04556	77.84087	11.3077
5.20	0.00150	0.15605	29.28333	0.04396	78.73243	11.0875
5.30	0.00134	0.15110	31.64905	0.04244	79.59616	10.8757
5.40	0.00120	0.14637	34.17481	0.04100	80.43323	10.6719
5.50	0.00107	0.14184	36.86896	0.03963	81.24479	10.4757
5.60	0.000964	0.13751	39.74018	0.03832	82.03190	10.2866
5.70	0.000866	0.13337	42.79743	0.03708	82.79558	10.1042
5.80	0.000779	0.12940	46.05000	0.03589	83.53681	9.9282
5.90	0.000702	0.12560	49.50747	0.03476	84.25649	9.7583
6.00	0.000633	0.12195	53.17978	0.03368	84.95550	9.5941
6.10	0.000572	0.11846	57.07718	0.03265	85.63467	9.4353
6.20	0.000517	0.11510	61.21023	0.03167	86.29479	9.2818
6.30	0.000468	0.11188	65.58987	0.03073	86.93661	9.1332
6.40	0.000425	0.10879	70.22736	0.02982	87.56084	8.9893
6.50	0.000385	0.10582	75.13431	0.02896	88.16816	8.8499
6.60	0.000350	0.10297	80.32271	0.02814	88.75922	8.7147
6.70	0.000319	0.10022	85.80487	0.02734	89.33463	8.5837
6.80	0.000290	0.09758	91.59351	0.02658	89.89499	8.4565
6.90	0.000265	0.09504	97.70169	0.02586	90.44084	8.3331
7.00	0.000242	0.09259	104.14286	0.02516	90.97273	8.2132
7.50	0.000155	0.08163	141.84148	0.02205	93.43967	7.6623
8.00	0.000102	0.07246	190.10937	0.01947	95.62467	7.1808
8.50	0.0000690	0.06472	251.086167	0.01732	97.57220	6.7563
9.00	0.0000474	0.05814	327.189300	0.01550	99.31810	6.3794
9.50	0.0000331	0.05249	421.131373	0.01396	100.89148	6.0423
10.00	0.0000236	0.04762	535.937500	0.01263	102.31625	5.7392
∞	0.0	0.0	∞	0.0	130.4541	0.0

부록 H

수직충격파 표(γ=1.4)

M_1	M_2	p_2/p_1	T_2/T_1	$\Delta V/a_1$	p_{t2}/p_{t1}	p_{t2}/p_1
1.00	1.00000	1.00000	1.00000	0.0	1.00000	1.89293
1.01	0.99013	1.02345	1.00664	0.01658	1.00000	1.91521
1.02	0.98052	1.04713	1.01325	0.03301	0.99999	1.93790
1.03	0.97115	1.07105	1.01981	0.04927	0.99997	1.96097
1.04	0.96203	1.09520	1.02634	0.06538	0.99992	1.98442
1.05	0.95313	1.11958	1.03284	0.08135	0.99985	2.00825
1.06	0.94445	1.14420	1.03931	0.09717	0.99975	2.03245
1.07	0.93598	1.16905	1.04575	0.11285	0.99961	2.05702
1.08	0.92771	1.19413	1.05217	0.12840	0.99943	2.08194
1.09	0.91965	1.21945	1.05856	0.14381	0.99920	2.10722
1.10	0.91177	1.24500	1.06494	0.15909	0.99893	2.13285
1.11	0.90408	1.27078	1.07129	0.17425	0.99860	2.15882
1.12	0.89656	1.29680	1.07763	0.18929	0.99821	2.18513
1.13	0.88922	1.32305	1.08396	0.20420	0.99777	2.21178
1.14	0.88204	1.34953	1.09027	0.21901	0.99726	2.23877
1.15	0.87502	1.37625	1.09658	0.23370	0.99669	2.26608
1.16	0.86816	1.40320	1.10287	0.24828	0.99605	2.29372
1.17	0.86145	1.43038	1.10916	0.26275	0.99535	2.32169

(*Continued*)

Fundamentals of Gas Dynamics, Third Edition. Robert D. Zucker and Oscar Biblarz.

Companion website: www.wiley.com/go/zucker/gas

M_1	M_2	p_2/p_1	T_2/T_1	$\Delta V/a_1$	p_{t2}/p_{t1}	p_{t2}/p_1
1.18	0.85488	1.45780	1.11544	0.27712	0.99457	2.34998
1.19	0.84846	1.48545	1.12172	0.29139	0.99372	2.37858
1.20	0.84217	1.51333	1.12799	0.30556	0.99280	2.40750
1.21	0.83601	1.54145	1.13427	0.31963	0.99180	2.43674
1.22	0.82999	1.56980	1.14054	0.33361	0.99073	2.46628
1.23	0.82408	1.59838	1.14682	0.34749	0.98958	2.49613
1.24	0.81830	1.62720	1.15309	0.36129	0.98836	2.52629
1.25	0.81264	1.65625	1.15937	0.37500	0.98706	2.55676
1.26	0.80709	1.68553	1.16566	0.38862	0.98568	2.58753
1.27	0.80164	1.71505	1.17195	0.40217	0.98422	2.61860
1.28	0.79631	1.74480	1.17825	0.41562	0.98268	2.64996
1.29	0.79108	1.77478	1.18456	0.42901	0.98107	2.68163
1.30	0.78596	1.80500	1.19087	0.44231	0.97937	2.71359
1.31	0.78093	1.83545	1.19720	0.45553	0.97760	2.74585
1.32	0.77600	1.86613	1.20353	0.46869	0.97575	2.77840
1.33	0.77116	1.89705	1.20988	0.48177	0.97382	2.81125
1.34	0.76641	1.92820	1.21624	0.49478	0.97182	2.84438
1.35	0.76175	1.95958	1.22261	0.50772	0.96974	2.87781
1.36	0.75718	1.99120	1.22900	0.52059	0.96758	2.91152
1.37	0.75269	2.02305	1.23540	0.53339	0.96534	2.94552
1.38	0.74829	2.05513	1.24181	0.54614	0.96304	2.97981
1.39	0.74396	2.08745	1.24825	0.55881	0.96065	3.01438
1.40	0.73971	2.12000	1.25469	0.57143	0.95819	3.04924
1.41	0.73554	2.15278	1.26116	0.58398	0.95566	3.08438
1.42	0.73144	2.18580	1.26764	0.59648	0.95306	3.11980
1.43	0.72741	2.21905	1.27414	0.60892	0.95039	3.15551
1.44	0.72345	2.25253	1.28066	0.62130	0.94765	3.19149
1.45	0.71956	2.28625	1.28720	0.63362	0.94484	3.22776
1.46	0.71574	2.32020	1.29377	0.64589	0.94196	3.26431
1.47	0.71198	2.35438	1.30035	0.65811	0.93901	3.30113
1.48	0.70829	2.38880	1.30695	0.67027	0.93600	3.33823
1.49	0.70466	2.42345	1.31357	0.68238	0.93293	3.37562
1.50	0.70109	2.45833	1.32022	0.69444	0.92979	3.41327
1.51	0.69758	2.49345	1.32688	0.70646	0.92659	3.45121
1.52	0.69413	2.52880	1.33357	0.71842	0.92332	3.48942
1.53	0.69073	2.56438	1.34029	0.73034	0.92000	3.52791
1.54	0.68739	2.60020	1.34703	0.74221	0.91662	3.56667
1.55	0.68410	2.63625	1.35379	0.75403	0.91319	3.60570
1.56	0.68087	2.67253	1.36057	0.76581	0.90970	3.64501
1.57	0.67768	2.70905	1.36738	0.77755	0.90615	3.68459
1.58	0.67455	2.74580	1.37422	0.78924	0.90255	3.72445
1.59	0.67147	2.78278	1.38108	0.80089	0.89890	3.76457
1.60	0.66844	2.82000	1.38797	0.81250	0.89520	3.80497

M_1	M_2	p_2/p_1	T_2/T_1	$\Delta V/a_1$	p_{t2}/p_{t1}	p_{t2}/p_1
1.61	0.66545	2.85745	1.39488	0.82407	0.89145	3.84564
1.62	0.66251	2.89513	1.40182	0.83560	0.88765	3.88658
1.63	0.65962	2.93305	1.40879	0.84709	0.88381	3.92780
1.64	0.65677	2.97120	1.41578	0.85854	0.87992	3.96928
1.65	0.65396	3.00958	1.42280	0.86995	0.87599	4.01103
1.66	0.65119	3.04820	1.42985	0.88133	0.87201	4.05305
1.67	0.64847	3.08705	1.43693	0.89266	0.86800	4.09535
1.68	0.64579	3.12613	1.44403	0.90397	0.86394	4.13791
1.69	0.64315	3.16545	1.45117	0.91524	0.85985	4.18074
1.70	0.64054	3.20500	1.45833	0.92647	0.85572	4.22383
1.71	0.63798	3.24478	1.46552	0.93767	0.85156	4.26720
1.72	0.63545	3.28480	1.47274	0.94884	0.84736	4.31083
1.73	0.63296	3.32505	1.47999	0.95997	0.84312	4.35473
1.74	0.63051	3.36553	1.48727	0.97107	0.83886	4.39890
1.75	0.62809	3.40625	1.49458	0.98214	0.83457	4.44334
1.76	0.62570	3.44720	1.50192	0.99318	0.83024	4.48804
1.77	0.62335	3.48838	1.50929	1.00419	0.82589	4.53301
1.78	0.62104	3.52980	1.51669	1.01517	0.82151	4.57825
1.79	0.61875	3.57145	1.52412	1.02612	0.81711	4.62375
1.80	0.61650	3.61333	1.53158	1.03704	0.81268	4.66952
1.81	0.61428	3.65545	1.53907	1.04793	0.80823	4.71555
1.82	0.61209	3.69780	1.54659	1.05879	0.80376	4.76185
1.83	0.60993	3.74038	1.55415	1.06963	0.79927	4.80841
1.84	0.60780	3.78320	1.56173	1.08043	0.79476	4.85524
1.85	0.60570	3.82625	1.56935	1.09122	0.79023	4.90234
1.86	0.60363	3.86953	1.57700	1.10197	0.78569	4.94970
1.87	0.60158	3.91305	1.58468	1.11270	0.78112	4.99732
1.88	0.59957	3.95680	1.59239	1.12340	0.77655	5.04521
1.89	0.59758	4.00078	1.60014	1.13408	0.77196	5.09336
1.90	0.59562	4.04500	1.60792	1.14474	0.76736	5.14178
1.91	0.59368	4.08945	1.61573	1.15537	0.76274	5.19046
1.92	0.59177	4.13413	1.62357	1.16597	0.75812	5.23940
1.93	0.58988	4.17905	1.63144	1.17655	0.75349	5.28861
1.94	0.58802	4.22420	1.63935	1.18711	0.74884	5.33808
1.95	0.58618	4.26958	1.64729	1.19765	0.74420	5.38782
1.96	0.58437	4.31520	1.65527	1.20816	0.73954	5.43782
1.97	0.58258	4.36105	1.66328	1.21865	0.73488	5.48808
1.98	0.58082	4.40713	1.67132	1.22912	0.73021	5.53860
1.99	0.57907	4.45345	1.67939	1.23957	0.72555	5.58939
2.00	0.57735	4.50000	1.68750	1.25000	0.72087	5.64044
2.01	0.57565	4.54678	1.69564	1.26041	0.71620	5.69175

(Continued)

M_1	M_2	p_2/p_1	T_2/T_1	$\Delta V/a_1$	p_{t2}/p_{t1}	p_{t2}/p_1
2.02	0.57397	4.59380	1.70382	1.27079	0.71153	5.74333
2.03	0.57231	4.64105	1.71203	1.28116	0.70685	5.79517
2.04	0.57068	4.68853	1.72027	1.29150	0.70218	5.84727
2.05	0.56906	4.73625	1.72855	1.30183	0.69751	5.89963
2.06	0.56747	4.78420	1.73686	1.31214	0.69284	5.95226
2.07	0.56589	4.83238	1.74521	1.32242	0.68817	6.00514
2.08	0.56433	4.88080	1.75359	1.33269	0.68351	6.05829
2.09	0.56280	4.92945	1.76200	1.34294	0.67885	6.11170
2.10	0.56128	4.97833	1.77045	1.35317	0.67420	6.16537
2.11	0.55978	5.02745	1.77893	1.36339	0.66956	6.21931
2.12	0.55829	5.07680	1.78745	1.37358	0.66492	6.27351
2.13	0.55683	5.12638	1.79601	1.38376	0.66029	6.32796
2.14	0.55538	5.17620	1.80459	1.39393	0.65567	6.38268
2.15	0.55395	5.22625	1.81322	1.40407	0.65105	6.43766
2.16	0.55254	5.27653	1.82188	1.41420	0.64645	6.49290
2.17	0.55115	5.32705	1.83057	1.42431	0.64185	6.54841
2.18	0.54977	5.37780	1.83930	1.43440	0.63727	6.60417
2.19	0.54840	5.42878	1.84806	1.44448	0.63270	6.66019
2.20	0.54706	5.48000	1.85686	1.45455	0.62814	6.71648
2.21	0.54572	5.53145	1.86569	1.46459	0.62359	6.77303
2.22	0.54441	5.58313	1.87456	1.47462	0.61905	6.82983
2.23	0.54311	5.63505	1.88347	1.48464	0.61453	6.88690
2.24	0.54182	5.68720	1.89241	1.49464	0.61002	6.94423
2.25	0.54055	5.73958	1.90138	1.50463	0.60553	7.00182
2.26	0.53930	5.79220	1.91040	1.51460	0.60105	7.05967
2.27	0.53805	5.84505	1.91944	1.52456	0.59659	7.11778
2.28	0.53683	5.89813	1.92853	1.53450	0.59214	7.17616
2.29	0.53561	5.95145	1.93765	1.54443	0.58771	7.23479
2.30	0.53441	6.00500	1.94680	1.55435	0.58329	7.29368
2.31	0.53322	6.05878	1.95599	1.56425	0.57890	7.35283
2.32	0.53205	6.11280	1.96522	1.57414	0.57452	7.41225
2.33	0.53089	6.16705	1.97448	1.58401	0.57015	7.47192
2.34	0.52974	6.22153	1.98378	1.59387	0.56581	7.53185
2.35	0.52861	6.27625	1.99311	1.60372	0.56148	7.59205
2.36	0.52749	6.33120	2.00249	1.61356	0.55718	7.65250
2.37	0.52638	6.38638	2.01189	1.62338	0.55289	7.71321
2.38	0.52528	6.44180	2.02134	1.63319	0.54862	7.77419
2.39	0.52419	6.49745	2.03082	1.64299	0.54437	7.83542
2.40	0.52312	6.55333	2.04033	1.65278	0.54014	7.89691
2.41	0.52206	6.60945	2.04988	1.66255	0.53594	7.95867
2.42	0.52100	6.66560	2.05947	1.67231	0.53175	8.02068
2.43	0.51996	6.72238	2.06910	1.68206	0.52758	8.08295
2.44	0.51894	6.77920	2.07876	1.69180	0.52344	8.14549

M_1	M_2	p_2/p_1	T_2/T_1	$\Delta V/a_1$	p_{t2}/p_{t1}	p_{t2}/p_1
2.45	0.51792	6.83625	2.08846	1.70153	0.51931	8.20828
2.46	0.51691	6.89353	2.09819	1.71125	0.51521	8.27133
2.47	0.51592	6.95105	2.10797	1.72095	0.51113	8.33464
2.48	0.51493	7.00880	2.11777	1.73065	0.50707	8.39821
2.49	0.51395	7.06678	2.12762	1.74033	0.50303	8.46205
2.50	0.51299	7.12500	2.13750	1.75000	0.49901	8.52614
2.51	0.51203	7.18345	2.14742	1.75966	0.49502	8.59049
2.52	0.51109	7.24213	2.15737	1.76931	0.49105	8.65510
2.53	0.51015	7.30105	2.16737	1.77895	0.48711	8.71996
2.54	0.50923	7.36020	2.17739	1.78858	0.48318	8.78509
2.55	0.50831	7.41958	2.18746	1.79820	0.47928	8.85048
2.56	0.50741	7.47920	2.19756	1.80781	0.47540	8.91613
2.57	0.50651	7.53905	2.20770	1.81741	0.47155	8.98203
2.58	0.50562	7.59913	2.21788	1.82700	0.46772	9.04820
2.59	0.50474	7.65945	2.22809	1.83658	0.46391	9.11462
2.60	0.50387	7.72000	2.23834	1.84615	0.46012	9.18131
2.61	0.50301	7.78078	2.24863	1.85572	0.45636	9.24825
2.62	0.50216	7.84180	2.25896	1.86527	0.45263	9.31545
2.63	0.50131	7.90305	2.26932	1.87481	0.44891	9.38291
2.64	0.50048	7.96453	2.27972	1.88434	0.44522	9.45064
2.65	0.49965	8.02625	2.29015	1.89387	0.44156	9.51862
2.66	0.49883	8.08820	2.30063	1.90338	0.43792	9.58685
2.67	0.49802	8.15038	2.31114	1.91289	0.43430	9.65535
2.68	0.49722	8.21280	2.32168	1.92239	0.43070	9.72411
2.69	0.49642	8.27545	2.33227	1.93188	0.42714	9.79312
2.70	0.49563	8.33833	2.34289	1.94136	0.42359	9.86240
2.71	0.49485	8.40145	2.35355	1.95083	0.42007	9.93193
2.72	0.49408	8.46480	2.36425	1.96029	0.41657	10.00173
2.73	0.49332	8.52838	2.37498	1.96975	0.41310	10.07178
2.74	0.49256	8.59220	2.38576	1.97920	0.40965	10.14209
2.75	0.49181	8.65625	2.39657	1.98864	0.40623	10.21266
2.76	0.49107	8.72053	2.40741	1.99807	0.40283	10.28349
2.77	0.49033	8.78505	2.41830	2.00749	0.39945	10.35457
2.78	0.48960	8.84980	2.42922	2.01691	0.39610	10.42592
2.79	0.48888	8.91478	2.44018	2.02631	0.39277	10.49752
2.80	0.48817	8.98000	2.45117	2.03571	0.38946	10.56939
2.81	0.48746	9.04545	2.46221	2.04511	0.38618	10.64151
2.82	0.48676	9.11113	2.47328	2.05449	0.38293	10.71389
2.83	0.48606	9.17705	2.48439	2.06387	0.37969	10.78653
2.84	0.48538	9.24320	2.49554	2.07324	0.37649	10.85943
2.85	0.48469	9.30958	2.50672	2.08260	0.37330	10.93258

(*Continued*)

M_1	M_2	p_2/p_1	T_2/T_1	$\Delta V/a_1$	p_{t2}/p_{t1}	p_{t2}/p_1
2.86	0.48402	9.37620	2.51794	2.09196	0.37014	11.00600
2.87	0.48335	9.44305	2.52920	2.10131	0.36700	11.07967
2.88	0.48269	9.51013	2.54050	2.11065	0.36389	11.15361
2.89	0.48203	9.57745	2.55183	2.11998	0.36080	11.22780
2.90	0.48138	9.64500	2.56321	2.12931	0.35773	11.30225
2.91	0.48073	9.71278	2.57462	2.13863	0.35469	11.37695
2.92	0.48010	9.73080	2.58607	2.14795	0.35167	11.45192
2.93	0.47946	9.84905	2.59755	2.15725	0.34867	11.52715
2.94	0.47884	9.91753	2.60908	2.16655	0.34570	11.60263
2.95	0.47821	9.98625	2.62064	2.17585	0.34275	11.67837
2.96	0.47760	10.05520	2.63224	2.18514	0.33982	11.75438
2.97	0.47699	10.12438	2.64387	2.19442	0.33692	11.83064
2.98	0.47638	10.19380	2.65555	2.20369	0.33404	11.90715
2.99	0.47578	10.26345	2.66726	2.21296	0.33118	11.98393
3.00	0.47519	10.33333	2.67901	2.22222	0.32834	12.06096
3.01	0.47460	10.40345	2.69080	2.23148	0.32553	12.13826
3.02	0.47402	10.47380	2.70263	2.24073	0.32274	12.21581
3.03	0.47344	10.54438	2.71449	2.24997	0.31997	12.29362
3.04	0.47287	10.61520	2.72639	2.25921	0.31723	12.37169
3.05	0.47230	10.68625	2.73833	2.26844	0.31450	12.45002
3.06	0.47174	10.75753	2.75031	2.27767	0.31180	12.52860
3.07	0.47118	10.82905	2.76233	2.28689	0.30912	12.60745
3.08	0.47063	10.90080	2.77438	2.29610	0.30646	12.68655
3.09	0.47008	10.97278	2.78647	2.30531	0.30383	12.76591
3.10	0.46953	11.04500	2.79860	2.31452	0.30121	12.84553
3.11	0.46899	11.11745	2.81077	2.32371	0.29862	12.92540
3.12	0.46846	11.19013	2.82298	2.33291	0.29605	13.00554
3.13	0.46793	11.26305	2.83522	2.34209	0.29350	13.08593
3.14	0.46741	11.33620	2.84750	2.35127	0.29097	13.16659
3.15	0.46689	11.40958	2.85982	2.36045	0.28846	13.24750
3.16	0.46637	11.48320	2.87218	2.36962	0.28597	13.32866
3.17	0.46586	11.55705	2.88458	2.37879	0.28350	13.41009
3.18	0.46535	11.63113	2.89701	2.38795	0.28106	13.49178
3.19	0.46485	11.70545	2.90948	2.39710	0.27863	13.57372
3.20	0.46435	11.78000	2.92199	2.40625	0.27623	13.65592
3.21	0.46385	11.85478	2.93454	2.41539	0.27384	13.73838
3.22	0.46336	11.92980	2.94713	2.42453	0.27148	13.82110
3.23	0.46288	12.00505	2.95975	2.43367	0.26914	13.90407
3.24	0.46240	12.08053	2.97241	2.44280	0.26681	13.98731
3.25	0.46192	12.15625	2.98511	2.45192	0.26451	14.07080
3.26	0.46144	12.23220	2.99785	2.46104	0.26222	14.15455
3.27	0.46097	12.30838	3.01063	2.47016	0.25996	14.23856
3.28	0.46051	12.38480	3.02345	2.47927	0.25771	14.32283

M_1	M_2	p_2/p_1	T_2/T_1	$\Delta V/a_1$	p_{t2}/p_{t1}	p_{t2}/p_1
3.29	0.46004	12.46145	3.03630	2.48837	0.25548	14.40735
3.30	0.45959	12.53833	3.04919	2.49747	0.25328	14.49214
3.31	0.45913	12.61545	3.06212	2.50657	0.25109	14.57718
3.32	0.45868	12.69280	3.07509	2.51566	0.24892	14.66248
3.33	0.45823	12.77038	3.08809	2.52475	0.24677	14.74804
3.34	0.45779	12.84820	3.10114	2.53383	0.24463	14.83385
3.35	0.45735	12.92625	3.11422	2.54291	0.24252	14.91992
3.36	0.45691	13.00453	3.12734	2.55198	0.24043	15.00626
3.37	0.45648	13.08305	3.14050	2.56105	0.23835	15.09285
3.38	0.45605	13.16180	3.15370	2.57012	0.23629	15.17969
3.39	0.45562	13.24078	3.16693	2.57918	0.23425	15.26680
3.40	0.45520	13.32000	3.18021	2.58824	0.23223	15.35417
3.41	0.45478	13.39945	3.19352	2.59729	0.23022	15.44179
3.42	0.45436	13.47913	3.20687	2.60634	0.22823	15.52967
3.43	0.45395	13.55905	3.22026	2.61538	0.22626	15.61781
3.44	0.45354	13.63920	3.23369	2.62442	0.22431	15.70620
3.45	0.45314	13.71958	3.24715	2.63345	0.22237	15.79486
3.46	0.45273	13.80020	3.26065	2.64249	0.22045	15.88377
3.47	0.45233	13.88105	3.27420	2.65151	0.21855	15.97294
3.48	0.45194	13.96213	3.28778	2.66054	0.21667	16.06237
3.49	0.45154	14.04345	3.30139	2.66956	0.21480	16.15206
3.50	0.45115	14.12500	3.31505	2.67857	0.21295	16.24200
3.51	0.45077	14.20678	3.32875	2.68758	0.21111	16.33220
3.52	0.45038	14.28880	3.34248	2.69659	0.20929	16.42266
3.53	0.45000	14.37105	3.35625	2.70559	0.20749	16.51338
3.54	0.44962	14.45353	3.37006	2.71460	0.20570	16.60436
3.55	0.44925	14.53625	3.38391	2.72359	0.20393	16.69559
3.56	0.44887	14.61920	3.39780	2.73258	0.20218	16.78709
3.57	0.44850	14.70238	3.41172	2.74157	0.20044	16.87884
3.58	0.44814	14.78580	3.42569	2.75056	0.19871	16.97085
3.59	0.44777	14.86945	3.43969	2.75954	0.19701	17.06311
3.60	0.44741	14.95333	3.45373	2.76852	0.19531	17.15564
3.61	0.44705	15.03745	3.46781	2.77749	0.19363	17.24842
3.62	0.44670	15.12180	3.48192	2.78646	0.19197	17.34146
3.63	0.44635	15.20638	3.49608	2.79543	0.19032	17.43476
3.64	0.44600	15.29120	3.51027	2.80440	0.18869	17.52831
3.65	0.44565	15.37625	3.52451	2.81336	0.18707	17.62213
3.66	0.44530	15.46153	3.53878	2.82231	0.18547	17.71620
3.67	0.44496	15.54705	3.55309	2.83127	0.18388	17.81053
3.68	0.44462	15.63280	3.56743	2.84022	0.18230	17.90512
3.69	0.44428	15.71878	3.58182	2.84916	0.18074	17.99996

(*Continued*)

M_1	M_2	p_2/p_1	T_2/T_1	$\Delta V/a_1$	p_{t2}/p_{t1}	p_{t2}/p_1
3.70	0.44395	15.80500	3.59624	2.85811	0.17919	18.09507
3.71	0.44362	15.89145	3.61071	2.86705	0.17766	18.19043
3.72	0.44329	15.97813	3.62521	2.87599	0.17614	18.28605
3.73	0.44296	16.06505	3.63975	2.88492	0.17464	18.38192
3.74	0.44263	16.15220	3.65433	2.99385	0.17314	18.47806
3.75	0.44231	16.23958	3.66894	2.90278	0.17166	18.57445
3.76	0.44199	16.32720	3.68360	2.91170	0.17020	18.67110
3.77	0.44167	16.41505	3.69829	2.92062	0.16875	18.76801
3.78	0.44136	16.50313	3.71302	2.92954	0.16731	18.86518
3.79	0.44104	16.59145	3.72779	2.93846	0.16588	18.96260
3.80	0.44073	16.68000	3.74260	2.94737	0.16447	19.06029
3.81	0.44042	16.76878	3.75745	2.95628	0.16307	19.15823
3.82	0.44012	16.85780	3.77234	2.96518	0.16168	19.25642
3.83	0.43981	16.94705	3.78726	2.97409	0.16031	19.35488
3.84	0.43951	17.03653	3.80223	2.98299	0.15895	19.45359
3.85	0.43921	17.12625	3.81723	2.99188	0.15760	19.55257
3.86	0.43891	17.21620	3.83227	3.00078	0.15626	19.65180
3.87	0.43862	17.30638	3.84735	3.00967	0.15493	19.75128
3.88	0.43832	17.39680	3.86246	3.01856	0.15362	19.85103
3.89	0.43803	17.48745	3.87762	3.02744	0.15232	19.95103
3.90	0.43774	17.57833	3.89281	3.03632	0.15103	20.05129
3.91	0.43746	17.66945	3.90805	3.04520	0.14975	20.15181
3.92	0.43717	17.76080	3.92332	3.05408	0.14848	20.25259
3.93	0.43689	17.85238	3.93863	3.06296	0.14723	20.35362
3.94	0.43661	17.94420	3.95398	3.07183	0.14598	20.45491
3.95	0.43633	18.03625	3.96936	3.08070	0.14475	20.55646
3.96	0.43605	18.12853	3.98479	3.08956	0.14353	20.65827
3.97	0.43577	18.22105	4.00025	3.09843	0.14232	20.76034
3.98	0.43550	18.31380	4.01575	3.10729	0.14112	20.86266
3.99	0.43523	18.40678	4.03130	3.11614	0.13993	20.96524
4.00	0.43496	18.50000	4.04687	3.12500	0.13876	21.06808
4.10	0.43236	19.44500	4.20479	3.21341	0.12756	22.11065
4.20	0.42994	20.41333	4.36657	3.30159	0.11733	23.17899
4.30	0.42767	21.40500	4.53221	3.38953	0.10800	24.27311
4.40	0.42554	22.42000	4.70171	3.47727	0.09948	25.39300
4.50	0.42355	23.45833	4.87509	3.56481	0.09170	26.53867
4.60	0.42168	24.52000	5.05233	3.65217	0.08459	27.71010
4.70	0.41992	25.60500	5.23343	3.73936	0.07809	28.90729
4.80	0.41826	26.71333	5.41842	3.82639	0.07214	30.13026
4.90	0.41670	27.84500	5.60727	3.91327	0.06670	31.37898
5.00	0.41523	29.00000	5.80000	4.00000	0.06172	32.65347
5.10	0.41384	30.17833	5.99660	4.08660	0.05715	33.95373
5.20	0.41252	31.38000	6.19709	4.17308	0.05297	35.27974

M_1	M_2	p_2/p_1	T_2/T_1	$\Delta V/a_1$	p_{t2}/p_{t1}	p_{t2}/p_1
5.30	0.41127	32.60500	6.40144	4.25943	0.04913	36.63152
5.40	0.41009	33.85333	6.60968	4.34568	0.04560	38.00906
5.50	0.40897	35.12500	6.82180	4.43182	0.04236	39.41235
5.60	0.40791	36.42000	7.03779	4.51786	0.03938	40.84141
5.70	0.40690	37.73833	7.25767	4.60380	0.03664	42.29622
5.80	0.40594	39.08000	7.48143	4.68966	0.03412	43.77679
5.90	0.40503	40.44500	7.70907	4.77542	0.03179	45.28312
6.00	0.40416	41.83333	7.94059	4.86111	0.02965	46.81521
6.10	0.40333	43.24500	8.17599	4.94672	0.02767	48.37305
6.20	0.40254	44.68000	8.41528	5.03226	0.02584	49.95665
6.30	0.40179	46.13833	8.65845	5.11772	0.02416	51.56600
6.40	0.40107	47.62000	8.90550	5.20312	0.02259	53.20111
6.50	0.40038	49.12500	9.15643	5.28846	0.02115	54.86198
6.60	0.39972	50.65333	9.41126	5.37374	0.01981	56.54860
6.70	0.39909	52.20500	9.66996	5.45896	0.01857	58.26097
6.80	0.39849	53.78000	9.93255	5.54412	0.01741	59.99910
6.90	0.39791	55.37833	10.19903	5.62923	0.01634	61.76299
7.00	0.39736	57.00000	10.46939	5.71429	0.01535	63.55263
7.50	0.39491	65.45833	11.87948	6.13889	0.01133	72.88713
8.00	0.39289	74.50000	13.38672	6.56250	0.00849	82.86547
8.50	0.39121	84.12500	14.99113	6.98529	0.00645	93.48763
9.00	0.38980	94.33333	16.69273	7.40741	0.00496	104.75360
9.50	0.38860	105.12500	18.49152	7.82895	0.00387	116.66339
10.00	0.38758	116.50000	20.38750	8.25000	0.00304	129.21697
∞	0.37796	∞	∞	∞	0.0	∞

부록 I

Fanno 유동 표(γ=1.4)

M	T/T^*	p/p^*	p_t/p_t^*	V/V^*	fL_{max}/D	S_{max}/R
0.0	1.20000	∞	∞	0.0	∞	∞
0.01	1.19998	109.54342	57.87384	0.01095	7134.40454	4.05827
0.02	1.19990	54.77006	28.94213	0.02191	1778.44988	3.36530
0.03	1.19978	36.51155	19.30054	0.03286	787.08139	2.96013
0.04	1.19962	27.38175	14.48149	0.04381	440.35221	2.67287
0.05	1.19940	21.90343	11.59144	0.05476	280.02031	2.45027
0.06	1.19914	18.25085	9.66591	0.06570	193.03108	2.26861
0.07	1.19833	15.64155	8.29153	0.07664	140.65501	2.11523
0.08	1.19847	13.68431	7.26161	0.08758	106.71822	1.98260
0.09	1.19806	12.16177	6.46134	0.09851	83.49612	1.86584
0.10	1.19760	10.94351	5.82183	0.10944	66.92156	1.76161
0.11	1.19710	9.94656	5.29923	0.12035	54.68790	1.66756
0.12	1.19655	9.11559	4.86432	0.13126	45.40796	1.58193
0.13	1.19596	8.41230	4.49686	0.14217	38.20700	1.50338
0.14	1.19531	7.80932	4.18240	0.15306	32.51131	1.43089
0.15	1.19462	7.28659	3.91034	0.16395	27.93197	1.36363
0.16	1.19389	6.82907	3.67274	0.17482	24.19783	1.30094
0.17	1.19310	6.42525	3.46351	0.18569	21.11518	1.24228

(*Continued*)

Fundamentals of Gas Dynamics, Third Edition. Robert D. Zucker and Oscar Biblarz.

Companion website: www.wiley.com/go/zucker/gas

M	T/T^*	p/p^*	p_t/p_t^*	V/V^*	fL_{max}/D	S_{max}/R
0.18	1.19227	6.06618	3.27793	0.19654	18.54265	1.18721
0.19	1.19140	5.74480	3.11226	0.20739	16.37516	1.13535
0.20	1.19048	5.45545	2.96352	0.21822	14.53327	1.08638
0.21	1.18951	5.19355	2.82929	0.22904	12.95602	1.04003
0.22	1.18850	4.95537	2.70760	0.23984	11.59605	0.99606
0.23	1.18744	4.73781	2.59681	0.25063	10.41609	0.95428
0.24	1.18633	4.53829	2.49556	0.26141	9.38648	0.91451
0.25	1.18519	4.35465	2.40271	0.27217	8.48341	0.87660
0.26	1.18399	4.18505	2.31729	0.28291	7.68757	0.84040
0.27	1.18276	4.02795	2.23847	0.29364	6.98317	0.80579
0.28	1.18147	3.88199	2.16555	0.30435	6.35721	0.77268
0.29	1.18015	3.74602	2.09793	0.31504	5.79891	0.74095
0.30	1.17878	3.61906	2.03507	0.32572	5.29925	0.71053
0.31	1.17737	3.50022	1.97651	0.33637	4.85066	0.68133
0.32	1.17592	3.38874	1.92185	0.34701	4.44674	0.65329
0.33	1.17442	3.28396	1.87074	0.35762	4.08205	0.62634
0.34	1.17288	3.18529	1.82288	0.36822	3.75195	0.60042
0.35	1.17130	3.09219	1.77797	0.37879	3.45245	0.57547
0.36	1.16968	3.00422	1.73578	0.38935	3.18012	0.55146
0.37	1.16802	2.92094	1.69609	0.39988	2.93198	0.52832
0.38	1.16632	2.84200	1.65870	0.41039	2.70545	0.50603
0.39	1.16457	2.76706	1.62343	0.42087	2.49828	0.48454
0.40	1.16279	2.69582	1.59014	0.43133	2.30849	0.46382
0.41	1.16097	2.62801	1.55867	0.44177	2.13436	0.44384
0.42	1.15911	2.56338	1.52890	0.45218	1.97437	0.42455
0.43	1.15721	2.50171	1.50072	0.46257	1.82715	0.40594
0.44	1.15527	2.44280	1.47401	0.47293	1.69152	0.38798
0.45	1.15329	2.38648	1.44867	0.48326	1.56643	0.37065
0.46	1.15128	2.33256	1.42463	0.49357	1.45091	0.35391
0.47	1.14923	2.28089	1.40180	0.50385	1.34413	0.33775
0.48	1.14714	2.23135	1.38010	0.51410	1.24534	0.32215
0.49	1.14502	2.18378	1.35947	0.52433	1.15385	0.30709
0.50	1.14286	2.13809	1.33984	0.53452	1.06906	0.29255
0.51	1.14066	2.09415	1.32117	0.54469	0.99041	0.27852
0.52	1.13843	2.05187	1.30339	0.55483	0.91742	0.26497
0.53	1.13617	2.01116	1.28645	0.56493	0.84962	0.25189
0.54	1.13387	1.97192	1.27032	0.57501	0.78663	0.23927
0.55	1.13154	1.93407	1.25495	0.58506	0.72805	0.22709
0.56	1.12918	1.89755	1.24029	0.59507	0.67357	0.21535
0.57	1.12678	1.86228	1.22633	0.60505	0.62287	0.20402
0.56	1.12435	1.82820	1.21301	0.61501	0.57568	0.19310
0.59	1.12189	1.79525	1.20031	0.62492	0.53174	0.18258
0.60	1.11940	1.76336	1.18820	0.63481	0.49082	0.17244

M	T/T^*	p/p^*	p_t/p_t^*	V/V^*	fL_{max}/D	S_{max}/R
0.61	1.11688	1.73250	1.17665	0.64466	0.45271	0.16267
0.62	1.11433	1.70261	1.16565	0.65448	0.41720	0.15328
0.63	1.11175	1.67364	1.15515	0.66427	0.38412	0.14423
0.64	1.10914	1.64556	1.14515	0.67402	0.35330	0.13553
0.65	1.10650	1.61831	1.13562	0.68374	0.32459	0.12718
0.66	1.10383	1.59187	1.12654	0.69342	0.29785	0.11915
0.67	1.10114	1.56620	1.11789	0.70307	0.27295	0.11144
0.68	1.09842	1.54126	1.10965	0.71268	0.24978	0.10405
0.69	1.09567	1.51702	1.10182	0.72225	0.22820	0.09696
0.70	1.09290	1.49345	1.09437	0.73179	0.20814	0.09018
0.71	1.09010	1.47053	1.08729	0.74129	0.18948	0.08369
0.72	1.08727	1.44823	1.08057	0.75076	0.17215	0.07749
0.73	1.08442	1.42652	1.07419	0.76019	0.15605	0.07157
0.74	1.08155	1.40537	1.06814	0.76958	0.14112	0.06592
0.75	1.07865	1.38478	1.06242	0.77894	0.12728	0.06055
0.76	1.07573	1.36470	1.05700	0.78825	0.11447	0.05543
0.77	1.07279	1.34514	1.05188	0.79753	0.10262	0.05058
0.78	1.06982	1.32605	1.04705	0.80677	0.09167	0.04598
0.79	1.06684	1.30744	1.04251	0.81597	0.08158	0.04163
0.80	1.06383	1.28928	1.03823	0.82514	0.07229	0.03752
0.81	1.06080	1.27155	1.03422	0.83426	0.06376	0.03365
0.82	1.05775	1.25423	1.03046	0.84335	0.05593	0.03001
0.83	1.05469	1.23732	1.02696	0.85239	0.04878	0.02660
0.84	1.05160	1.22080	1.02370	0.86140	0.04226	0.02342
0.85	1.04849	1.20466	1.02067	0.87037	0.03633	0.02046
0.86	1.04537	1.18888	1.01787	0.87929	0.03097	0.01771
0.87	1.04223	1.17344	1.01530	0.88818	0.02613	0.01518
0.88	1.03907	1.15835	1.01294	0.89703	0.02179	0.01286
0.89	1.03589	1.14358	1.01080	0.90583	0.01793	0.01074
0.90	1.03270	1.12913	1.00886	0.91460	0.01451	0.00882
0.91	1.02950	1.11499	1.00713	0.92332	0.01151	0.00711
0.92	1.02627	1.10114	1.00560	0.93201	0.00891	0.00558
0.93	1.02304	1.08758	1.00426	0.94065	0.00669	0.00425
0.94	1.01978	1.07430	1.00311	0.94925	0.00482	0.00310
0.95	1.01652	1.06129	1.00215	0.95781	0.00328	0.00214
0.96	1.01324	1.04854	1.00136	0.96633	0.00206	0.00136
0.97	1.00995	1.03604	1.00076	0.97481	0.00113	0.00076
0.98	1.00664	1.02379	1.00034	0.98325	0.00049	0.00034
0.99	1.00333	1.01178	1.00008	0.99165	0.00012	0.00008
1.00	1.00000	1.00000	1.00000	1.00000	0.00000	0.00000
1.01	0.99666	0.98844	1.00008	1.00831	0.00012	0.00008

(*Continued*)

M	T/T^*	p/p^*	p_t/p_t^*	V/V^*	fL_{max}/D	S_{max}/R
1.02	0.99331	0.97711	1.00033	1.01658	0.00046	0.00033
1.03	0.98995	0.96598	1.00074	1.02481	0.00101	0.00074
1.04	0.98658	0.95507	1.00131	1.03300	0.00177	0.00130
1.05	0.98320	0.94435	1.00203	1.04114	0.00271	0.00203
1.06	0.97982	0.93383	1.00291	1.04925	0.00384	0.00290
1.07	0.97642	0.92349	1.00394	1.05731	0.00513	0.00393
1.08	0.97302	0.91335	1.00512	1.06533	0.00658	0.00511
1.09	0.96960	0.90338	1.00645	1.07331	0.00819	0.00643
1.10	0.96618	0.89359	1.00793	1.08124	0.00994	0.00789
1.11	0.96276	0.88397	1.00955	1.08913	0.01182	0.00950
1.12	0.95932	0.87451	1.01131	1.09699	0.01382	0.01125
1.13	0.95589	0.86522	1.01322	1.10479	0.01595	0.01313
1.14	0.95244	0.85608	1.01527	1.11256	0.01819	0.01515
1.15	0.94899	0.84710	1.01745	1.12029	0.02053	0.01730
1.16	0.94554	0.83826	1.01978	1.12797	0.02298	0.01959
1.17	0.94208	0.82958	1.02224	1.13561	0.02552	0.02200
1.18	0.93861	0.82103	1.02484	1.14321	0.02814	0.02454
1.19	0.93515	0.81263	1.02757	1.15077	0.03085	0.02720
1.20	0.93168	0.80436	1.03044	1.15828	0.03364	0.02999
1.21	0.92820	0.79623	1.03344	1.16575	0.03650	0.03289
1.22	0.92473	0.78822	1.03657	1.17319	0.03943	0.03592
1.23	0.92125	0.78034	1.03983	1.18057	0.04242	0.03906
1.24	0.91777	0.77258	1.04323	1.18792	0.04547	0.04232
1.25	0.91429	0.76495	1.04675	1.19523	0.04858	0.04569
1.26	0.91080	0.75743	1.05041	1.20249	0.05174	0.04918
1.27	0.90732	0.75003	1.05419	1.20972	0.05495	0.05277
1.28	0.90383	0.74274	1.05810	1.21690	0.05820	0.05647
1.29	0.90035	0.73556	1.06214	1.22404	0.06150	0.06028
1.30	0.89686	0.72848	1.06630	1.23114	0.06483	0.06420
1.31	0.89338	0.72152	1.07060	1.23819	0.06820	0.06822
1.32	0.88989	0.71465	1.07502	1.24521	0.07161	0.07234
1.33	0.88641	0.70789	1.07957	1.25218	0.07504	0.07656
1.34	0.88292	0.70122	1.08424	1.25912	0.07850	0.08088
1.35	0.87944	0.69466	1.08904	1.26601	0.08199	0.08529
1.36	0.87596	0.68818	1.09396	1.27286	0.08550	0.08981
1.37	0.87249	0.68180	1.09902	1.27968	0.08904	0.09441
1.38	0.86901	0.67551	1.10419	1.28645	0.09259	0.09911
1.39	0.86554	0.66931	1.10950	1.29318	0.09615	0.10391
1.40	0.86207	0.66320	1.11493	1.29987	0.09974	0.10879
1.41	0.85860	0.65717	1.12048	1.30652	0.10334	0.11376
1.42	0.85514	0.65122	1.12616	1.31313	0.10694	0.11882
1.43	0.85168	0.64536	1.13197	1.31970	0.11056	0.12396
1.44	0.84822	0.63958	1.13790	1.32623	0.11419	0.12919

M	T/T^*	p/p^*	p_t/p_t^*	V/V^*	fL_{max}/D	S_{max}/R
1.45	0.84477	0.63387	1.14396	1.33272	0.11782	0.13450
1.46	0.84133	0.62825	1.15015	1.33917	0.12146	0.13989
1.47	0.83788	0.62269	1.15645	1.34558	0.12511	0.14537
1.48	0.83445	0.61722	1.16290	1.35195	0.12875	0.15092
1.49	0.83101	0.61181	1.16947	1.35828	0.13240	0.15655
1.50	0.82759	0.60648	1.17617	1.36458	0.13605	0.16226
1.51	0.82416	0.60122	1.18299	1.37083	0.13970	0.16805
1.52	0.82075	0.59602	1.18994	1.37705	0.14335	0.17391
1.53	0.81734	0.59089	1.19702	1.38322	0.14699	0.17984
1.54	0.81393	0.58583	1.20423	1.38936	0.15063	0.18584
1.55	0.81054	0.58084	1.21157	1.39546	0.15427	0.19192
1.56	0.80715	0.57591	1.21904	1.40152	0.15790	0.19807
1.57	0.80376	0.57104	1.22664	1.40755	0.16152	0.20428
1.58	0.80038	0.56623	1.23438	1.41353	0.16514	0.21057
1.59	0.79701	0.56148	1.24224	1.41948	0.16875	0.21692
1.60	0.79365	0.55679	1.25023	1.42539	0.17236	0.22333
1.61	0.79030	0.55216	1.25836	1.43127	0.17595	0.22981
1.62	0.78695	0.54759	1.26663	1.43710	0.17954	0.23636
1.63	0.78361	0.54308	1.27502	1.44290	0.18311	0.24296
1.64	0.78027	0.53862	1.28355	1.44866	0.18667	0.24963
1.65	0.77695	0.53421	1.29222	1.45439	0.19023	0.25636
1.66	0.77363	0.52986	1.30102	1.46008	0.19377	0.26315
1.67	0.77033	0.52556	1.30996	1.46573	0.19729	0.27000
1.68	0.76703	0.52131	1.31904	1.47135	0.20081	0.27690
1.69	0.76374	0.51711	1.32825	1.47693	0.20431	0.28386
1.70	0.76046	0.51297	1.33761	1.48247	0.20780	0.29088
1.71	0.75718	0.50887	1.34710	1.48798	0.21128	0.29795
1.72	0.75392	0.50482	1.35674	1.49345	0.21474	0.30508
1.73	0.75067	0.50082	1.36651	1.49889	0.21819	0.31226
1.74	0.74742	0.49686	1.37643	1.50429	0.22162	0.31949
1.75	0.74419	0.49295	1.38649	1.50966	0.22504	0.32678
1.76	0.74096	0.48909	1.39670	1.51499	0.22844	0.33411
1.77	0.73774	0.48527	1.40705	1.52029	0.23182	0.34149
1.78	0.73454	0.48149	1.41755	1.52555	0.23519	0.34893
1.79	0.73134	0.47776	1.42819	1.53078	0.23855	0.35641
1.80	0.72816	0.47407	1.43898	1.53598	0.24189	0.36394
1.81	0.72498	0.47042	1.44992	1.54114	0.24521	0.37151
1.82	0.72181	0.46681	1.46101	1.54626	0.24851	0.37913
1.83	0.71866	0.46324	1.47225	1.55136	0.25180	0.38680
1.84	0.71551	0.45972	1.48365	1.55642	0.25507	0.39450
1.85	0.71238	0.45623	1.49519	1.56145	0.25832	0.40226

(Continued)

M	T/T^*	p/p^*	p_t/p_t^*	V/V^*	fL_{max}/D	S_{max}/R
1.86	0.70925	0.45278	1.50689	1.56644	0.26156	0.41005
1.87	0.70614	0.44937	1.51875	1.57140	0.26478	0.41789
1.88	0.70304	0.44600	1.53076	1.57633	0.26798	0.42576
1.89	0.69995	0.44266	1.54293	1.58123	0.27116	0.43368
1.90	0.69686	0.43936	1.55526	1.58609	0.27433	0.44164
1.91	0.69379	0.43610	1.56774	1.59092	0.27748	0.44964
1.92	0.69073	0.43287	1.58039	1.59572	0.28061	0.45767
1.93	0.68769	0.42967	1.59320	1.60049	0.28372	0.46574
1.94	0.68465	0.42651	1.60617	1.60523	0.28681	0.47385
1.95	0.68162	0.42339	1.61931	1.60993	0.28989	0.48200
1.96	0.67861	0.42029	1.63261	1.61460	0.29295	0.49018
1.97	0.67561	0.41724	1.64608	1.61925	0.29599	0.49840
1.98	0.67262	0.41421	1.65972	1.62386	0.29901	0.50665
1.99	0.66964	0.41121	1.67352	1.62844	0.30201	0.51493
2.00	0.66667	0.40825	1.68750	1.63299	0.30500	0.52325
2.01	0.66371	0.40532	1.70165	1.63751	0.30796	0.53160
2.02	0.66076	0.40241	1.71597	1.64201	0.31091	0.53998
2.03	0.65783	0.39954	1.73047	1.64647	0.31384	0.54839
2.04	0.65491	0.39670	1.74514	1.65090	0.31676	0.55683
2.05	0.65200	0.39388	1.75999	1.65530	0.31965	0.56531
2.06	0.64910	0.39110	1.77502	1.65967	0.32253	0.57381
2.07	0.64621	0.38834	1.79022	1.66402	0.32538	0.58234
2.08	0.64334	0.38562	1.80561	1.66833	0.32822	0.59090
2.09	0.64047	0.38292	1.82119	1.67262	0.33105	0.59949
2.10	0.63762	0.38024	1.83694	1.67687	0.33385	0.60810
2.11	0.63478	0.37760	1.85289	1.68110	0.33664	0.61674
2.12	0.63195	0.37498	1.86902	1.68530	0.33940	0.62541
2.13	0.62914	0.37239	1.88533	1.68947	0.34215	0.63411
2.14	0.62633	0.36982	1.90184	1.69362	0.34489	0.64282
2.15	0.62354	0.36728	1.91854	1.69774	0.34760	0.65157
2.16	0.62076	0.36476	1.93544	1.70183	0.35030	0.66033
2.17	0.61799	0.36227	1.95252	1.70589	0.35298	0.66912
2.18	0.61523	0.35980	1.96981	1.70992	0.35564	0.67794
2.19	0.61249	0.35736	1.98729	1.71393	0.35828	0.68677
2.20	0.60976	0.35494	2.00497	1.71791	0.36091	0.69563
2.21	0.60704	0.35255	2.02286	1.72187	0.36352	0.70451
2.22	0.60433	0.35017	2.04094	1.72579	0.36611	0.71341
2.23	0.60163	0.34782	2.05923	1.72970	0.36869	0.72233
2.24	0.59895	0.34550	2.07773	1.73357	0.37124	0.73128
2.25	0.59627	0.34319	2.09644	1.73742	0.37378	0.74024
2.26	0.59361	0.34091	2.11535	1.74125	0.37631	0.74922
2.27	0.59096	0.33865	2.13447	1.74504	0.37881	0.75822
2.28	0.58833	0.33641	2.15381	1.74882	0.38130	0.76724

M	T/T^*	p/p^*	p_t/p_t^*	V/V^*	fL_{max}/D	S_{max}/R
2.29	0.58570	0.33420	2.17336	1.75257	0.38377	0.77628
2.30	0.58309	0.33200	2.19313	1.75629	0.38623	0.78533
2.31	0.58049	0.32983	2.21312	1.75999	0.38867	0.79440
2.32	0.57790	0.32767	2.23332	1.76366	0.39109	0.80349
2.33	0.57532	0.32554	2.25375	1.76731	0.39350	0.81260
2.34	0.57276	0.32342	2.27440	1.77093	0.39589	0.82172
2.35	0.57021	0.32133	2.29528	1.77453	0.39826	0.83085
2.36	0.56767	0.31925	2.31638	1.77811	0.40062	0.84001
2.37	0.56514	0.31720	2.33771	1.78166	0.40296	0.84917
2.38	0.56262	0.31516	2.35928	1.78519	0.40529	0.85835
2.39	0.56011	0.31314	2.38107	1.78869	0.40760	0.86755
2.40	0.55762	0.31114	2.40310	1.79218	0.40989	0.87676
2.41	0.55514	0.30916	2.42537	1.79563	0.41217	0.88598
2.42	0.55267	0.30720	2.44787	1.79907	0.41443	0.89522
2.43	0.55021	0.30525	2.47061	1.80248	0.41668	0.90447
2.44	0.54777	0.30332	2.49360	1.80587	0.41891	0.91373
2.45	0.54533	0.30141	2.51683	1.80924	0.42112	0.92300
2.46	0.54291	0.29952	2.54031	1.81258	0.42332	0.93229
2.47	0.54050	0.29765	2.56403	1.81591	0.42551	0.94158
2.48	0.53810	0.29579	2.58801	1.81921	0.42768	0.95089
2.49	0.53571	0.29394	2.61224	1.82249	0.42984	0.96021
2.50	0.53333	0.29212	2.63672	1.82574	0.43198	0.96954
2.51	0.53097	0.29031	2.66146	1.82898	0.43410	0.97887
2.52	0.52862	0.28852	2.68645	1.83219	0.43621	0.98822
2.53	0.52627	0.28674	2.71171	1.83538	0.43831	0.99758
2.54	0.52394	0.28498	2.73723	1.83855	0.44039	1.00695
2.55	0.52163	0.28323	2.76301	1.84170	0.44246	1.01632
2.56	0.51932	0.28150	2.78906	1.84483	0.44451	1.02571
2.57	0.51702	0.27978	2.81538	1.84794	0.44655	1.03510
2.58	0.51474	0.27808	2.84197	1.85103	0.44858	1.04450
2.59	0.51247	0.27640	2.86884	1.85410	0.45059	1.05391
2.60	0.51020	0.27473	2.89598	1.85714	0.45259	1.06332
2.61	0.50795	0.27307	2.92339	1.86017	0.45457	1.07274
2.62	0.50571	0.27143	2.95109	1.86318	0.45654	1.08217
2.63	0.50349	0.26980	2.97907	1.86616	0.45850	1.09161
2.64	0.50127	0.26818	3.00733	1.86913	0.46044	1.10105
2.65	0.49906	0.26658	3.03588	1.87208	0.46237	1.11050
2.66	0.49687	0.26500	3.06472	1.87501	0.46429	1.11996
2.67	0.49469	0.26342	3.09385	1.87792	0.46619	1.12942
2.68	0.49251	0.26186	3.12327	1.88081	0.46808	1.13888
2.69	0.49035	0.26032	3.15299	1.88368	0.46996	1.14835

(Continued)

M	T/T^*	p/p^*	p_t/p_t^*	V/V^*	fL_{max}/D	S_{max}/R
2.70	0.48820	0.25878	3.18301	1.88653	0.47182	1.15783
2.71	0.48606	0.25726	3.21333	1.88936	0.47367	1.16731
2.72	0.48393	0.25575	3.24395	1.89218	0.47551	1.17679
2.73	0.48182	0.25426	3.27488	1.89497	0.47733	1.18628
2.74	0.47971	0.25278	3.30611	1.89775	0.47915	1.19577
2.75	0.47761	0.25131	3.33766	1.90051	0.48095	1.20527
2.76	0.47553	0.24985	3.36952	1.90325	0.48273	1.21477
2.77	0.47345	0.24840	3.40169	1.90598	0.48451	1.22427
2.78	0.47139	0.24697	3.43418	1.90868	0.48627	1.23378
2.79	0.46933	0.24555	3.46699	1.91137	0.48803	1.24329
2.80	0.46729	0.24414	3.50012	1.91404	0.48976	1.25280
2.81	0.46526	0.24274	3.53358	1.91669	0.49149	1.26231
2.82	0.46323	0.24135	3.56737	1.91933	0.49321	1.27183
2.83	0.46122	0.23998	3.60148	1.92195	0.49491	1.28135
2.64	0.45922	0.23861	3.63593	1.92455	0.49660	1.29087
2.85	0.45723	0.23726	3.67072	1.92714	0.49828	1.30039
2.86	0.45525	0.23592	3.70584	1.92970	0.49995	1.30991
2.87	0.45328	0.23459	3.74131	1.93225	0.50161	1.31943
2.88	0.45132	0.23326	3.77711	1.93479	0.50326	1.32896
2.89	0.44937	0.23195	3.81327	1.93731	0.50489	1.33849
2.90	0.44743	0.23066	3.84977	1.93981	0.50652	1.34801
2.91	0.44550	0.22937	3.88662	1.94230	0.50813	1.35754
2.92	0.44358	0.22809	3.92383	1.94477	0.50973	1.36707
2.93	0.44167	0.22682	3.96139	1.94722	0.51132	1.37660
2.94	0.43977	0.22556	3.99932	1.94966	0.51290	1.38612
2.95	0.43788	0.22431	4.03760	1.95208	0.51447	1.39565
2.96	0.43600	0.22307	4.07625	1.95449	0.51603	1.40518
2.97	0.43413	0.22185	4.11527	1.95688	0.51758	1.41471
2.98	0.43226	0.22063	4.15466	1.95925	0.51912	1.42423
2.99	0.43041	0.21942	4.19443	1.96162	0.52064	1.43376
3.00	0.42857	0.21822	4.23457	1.96396	0.52216	1.44328
3.01	0.42674	0.21703	4.27509	1.96629	0.52367	1.45280
3.02	0.42492	0.21585	4.31599	1.96861	0.52516	1.46233
3.03	0.42310	0.21467	4.35728	1.97091	0.52665	1.47185
3.04	0.42130	0.21351	4.39895	1.97319	0.52813	1.48137
3.05	0.41951	0.21236	4.44102	1.97547	0.52959	1.49088
3.06	0.41772	0.21121	4.48347	1.97772	0.53105	1.50040
3.07	0.41595	0.21008	4.52633	1.97997	0.53249	1.50991
3.08	0.41418	0.20895	4.56959	1.98219	0.53393	1.51942
3.09	0.41242	0.20783	4.61325	1.98441	0.53536	1.52893
3.10	0.41068	0.20672	4.65731	1.98661	0.53678	1.53844
3.11	0.40894	0.20562	4.70178	1.98879	0.53818	1.54794
3.12	0.40721	0.20453	4.74667	1.99097	0.53958	1.55744

M	T/T^*	p/p^*	p_t/p_t^*	V/V^*	fL_{max}/D	S_{max}/R
3.13	0.40549	0.20344	4.79197	1.99313	0.54097	1.56694
3.14	0.40378	0.20237	4.83769	1.99527	0.54235	1.57644
3.15	0.40208	0.20130	4.88383	1.99740	0.54372	1.58593
3.16	0.40038	0.20024	4.93039	1.99952	0.54509	1.59542
3.17	0.39870	0.19919	4.97739	2.00162	0.54644	1.60490
3.18	0.39702	0.19814	5.02481	2.00372	0.54778	1.61439
3.19	0.39536	0.19711	5.07266	2.00579	0.54912	1.62387
3.20	0.39370	0.19608	5.12096	2.00786	0.55044	1.63334
3.21	0.39205	0.19506	5.16969	2.00991	0.55176	1.64281
3.22	0.39041	0.19405	5.21887	2.01195	0.55307	1.65228
3.23	0.38878	0.19304	5.26849	2.01398	0.55437	1.66174
3.24	0.38716	0.19204	5.31857	2.01599	0.55566	1.67120
3.25	0.38554	0.19105	5.36909	2.01799	0.55694	1.68066
3.26	0.38394	0.19007	5.42008	2.01998	0.55822	1.69011
3.27	0.38234	0.18909	5.47152	2.02196	0.55948	1.69956
3.28	0.38075	0.18812	5.52343	2.02392	0.56074	1.70900
3.29	0.37917	0.18716	5.57580	2.02587	0.56199	1.71844
3.30	0.37760	0.18621	5.62865	2.02781	0.56323	1.72787
3.31	0.37603	0.18526	5.68196	2.02974	0.56446	1.73730
3.32	0.37448	0.18432	5.73576	2.03165	0.56569	1.74672
3.33	0.37293	0.18339	5.79003	2.03356	0.56691	1.75614
3.34	0.37139	0.18246	5.84479	2.03545	0.56812	1.76555
3.35	0.36986	0.18154	5.90004	2.03733	0.56932	1.77496
3.36	0.36833	0.18063	5.95577	2.03920	0.57051	1.78436
3.37	0.36682	0.17972	6.01201	2.04106	0.57170	1.79376
3.38	0.36531	0.17882	6.06873	2.04290	0.57287	1.80315
3.39	0.36381	0.17793	6.12596	2.04474	0.57404	1.81254
3.40	0.36232	0.17704	6.18370	2.04656	0.57521	1.82192
3.41	0.36083	0.17616	6.24194	2.04837	0.57636	1.83129
3.42	0.35936	0.17528	6.30070	2.05017	0.57751	1.84066
3.43	0.35789	0.17441	6.35997	2.05196	0.57865	1.85002
3.44	0.35643	0.17355	6.41976	2.05374	0.57978	1.85938
3.45	0.35498	0.17270	6.48007	2.05551	0.58091	1.86873
3.46	0.35353	0.17185	6.54092	2.05727	0.58203	1.87808
3.47	0.35209	0.17100	6.60229	2.05901	0.58314	1.88742
3.48	0.35066	0.17016	6.66419	2.06075	0.58424	1.89675
3.49	0.34924	0.16933	6.72664	2.06247	0.58534	1.90608
3.50	0.34783	0.16851	6.78962	2.06419	0.58643	1.91540
3.51	0.34642	0.16768	6.85315	2.06589	0.58751	1.92471
3.52	0.34502	0.16687	6.91723	2.06759	0.58859	1.93402
3.53	0.34362	0.16606	6.98186	2.06927	0.58966	1.94332

(Continued)

M	T/T^*	p/p^*	p_t/p_t^*	V/V^*	fL_{max}/D	S_{max}/R
3.54	0.34224	0.16526	7.04705	2.07094	0.59072	1.95261
3.55	0.34086	0.16446	7.11281	2.07261	0.59178	1.96190
3.56	0.33949	0.16367	7.17912	2.07426	0.59282	1.97118
3.57	0.33813	0.16288	7.24601	2.07590	0.59387	1.98045
3.58	0.33677	0.16210	7.31346	2.07754	0.59490	1.98972
3.59	0.33542	0.16132	7.38150	2.07916	0.59593	1.99898
3.60	0.33408	0.16055	7.45011	2.08077	0.59695	2.00823
3.61	0.33274	0.15979	7.51931	2.08238	0.59797	2.01747
3.62	0.33141	0.15903	7.58910	2.08397	0.59898	2.02671
3.63	0.33009	0.15827	7.65948	2.08556	0.59998	2.03594
3.64	0.32877	0.15752	7.73045	2.08713	0.60098	2.04517
3.65	0.32747	0.15678	7.80203	2.08870	0.60197	2.05438
3.66	0.32616	0.15604	7.87421	2.09026	0.60296	2.06359
3.67	0.32487	0.15531	7.94700	2.09180	0.60394	2.07279
3.68	0.32358	0.15458	8.02040	2.09334	0.60491	2.08199
3.69	0.32230	0.15385	8.09442	2.09487	0.60588	2.09118
3.70	0.32103	0.15313	8.16907	2.09639	0.60684	2.10035
3.71	0.31976	0.15242	8.24433	2.09790	0.60779	2.10953
3.72	0.31850	0.15171	8.32023	2.09941	0.60874	2.11869
3.73	0.31724	0.15100	8.39676	2.10090	0.60968	2.12785
3.74	0.31600	0.15030	8.47393	2.10238	0.61062	2.13699
3.75	0.31475	0.14961	8.55174	2.10386	0.61155	2.14613
3.76	0.31352	0.14892	8.63020	2.10533	0.61247	2.15527
3.77	0.31229	0.14823	8.70931	2.10679	0.61339	2.16439
3.78	0.31107	0.14755	8.78907	2.10824	0.61431	2.17351
3.79	0.30985	0.14687	8.86950	2.10968	0.61522	2.18262
3.80	0.30864	0.14620	8.95059	2.11111	0.61612	2.19172
3.81	0.30744	0.14553	9.03234	2.11254	0.61702	2.20081
3.82	0.30624	0.14487	9.11477	2.11395	0.61791	2.20990
3.83	0.30505	0.14421	9.19788	2.11536	0.61879	2.21897
3.84	0.30387	0.14355	9.28167	2.11676	0.61968	2.22804
3.85	0.30269	0.14290	9.36614	2.11815	0.62055	2.23710
3.86	0.30151	0.14225	9.45131	2.11954	0.62142	2.24615
3.87	0.30035	0.14161	9.53717	2.12091	0.62229	2.25520
3.88	0.29919	0.14097	9.62373	2.12228	0.62315	2.26423
3.89	0.29803	0.14034	9.71100	2.12364	0.62400	2.27326
3.90	0.29688	0.13971	9.79897	2.12499	0.62485	2.28228
3.91	0.29574	0.13908	9.88766	2.12634	0.62569	2.29129
3.92	0.29460	0.13846	9.97707	2.12767	0.62653	2.30029
3.93	0.29347	0.13784	10.06720	2.12900	0.62737	2.30928
3.94	0.29235	0.13723	10.15806	2.13032	0.62819	2.31827
3.95	0.29123	0.13662	10.24965	2.13163	0.62902	2.32724
3.96	0.29011	0.13602	10.34197	2.13294	0.62984	2.33621

M	T/T^*	p/p^*	p_t/p_t^*	V/V^*	fL_{max}/D	S_{max}/R
3.97	0.28900	0.13541	10.43504	2.13424	0.63065	2.34517
3.98	0.28790	0.13482	10.52886	2.13553	0.63146	2.35412
3.99	0.28681	0.13422	10.62343	2.13681	0.63227	2.36306
4.00	0.28571	0.13363	10.71875	2.13809	0.63306	2.37199
4.10	0.27510	0.12793	11.71465	2.15046	0.64080	2.46084
4.20	0.26502	0.12257	12.79164	2.16215	0.64810	2.54879
4.30	0.25543	0.11753	13.95490	2.17321	0.65499	2.63583
4.40	0.24631	0.11279	15.20987	2.18368	0.66149	2.72194
4.50	0.23762	0.10833	16.56219	2.19360	0.66763	2.80712
4.60	0.22936	0.10411	18.01779	2.20300	0.67345	2.89136
4.70	0.22148	0.10013	19.58283	2.21192	0.67895	2.97465
4.80	0.21398	0.09637	21.26371	2.22038	0.68417	3.05700
4.90	0.20683	0.09281	23.06712	2.22842	0.68911	3.13841
5.00	0.20000	0.08944	25.00000	2.23607	0.69380	3.21888
5.10	0.19349	0.08625	27.06957	2.24334	0.69826	3.29841
5.20	0.18727	0.08322	29.28333	2.25026	0.70249	3.37702
5.30	0.18132	0.08034	31.64905	2.25685	0.70652	3.45471
5.40	0.17564	0.07761	34.17481	2.26313	0.71035	3.53149
5.50	0.17021	0.07501	36.86896	2.26913	0.71400	3.60737
5.60	0.16502	0.07254	39.74018	2.27484	0.71748	3.68236
5.70	0.16004	0.07018	42.79743	2.28030	0.72080	3.75648
5.80	0.15528	0.06794	46.05000	2.28552	0.72397	3.82973
5.90	0.15072	0.06580	49.50747	2.29051	0.72699	3.90212
6.00	0.14634	0.06376	53.17978	2.29528	0.72988	3.97368
6.10	0.14215	0.06181	57.07718	2.29984	0.73264	4.04440
6.20	0.13812	0.05994	61.21023	2.30421	0.73528	4.11431
6.30	0.13426	0.05816	65.58987	2.30840	0.73780	4.18342
6.40	0.13055	0.05646	70.22736	2.31241	0.74022	4.25174
6.50	0.12698	0.05482	75.13431	2.31626	0.74254	4.31928
6.60	0.12356	0.05326	80.32271	2.31996	0.74477	4.38605
6.70	0.12026	0.05176	85.80487	2.32351	0.74690	4.45208
6.80	0.11710	0.05032	91.59351	2.32691	0.74895	4.51736
6.90	0.11405	0.04894	97.70169	2.33019	0.75091	4.58192
7.00	0.1111	0.04762	104.14286	2.33333	0.75280	4.64576
7.50	0.09796	0.04173	141.84148	2.34738	0.76121	4.95471
8.00	0.08696	0.03686	190.10937	2.35907	0.76819	5.24760
8.50	0.07767	0.03279	251.08617	2.36889	0.77404	5.52580
9.00	0.06977	0.02935	327.18930	2.37722	0.77899	5.79054
9.50	0.06299	0.02642	421.13137	2.38433	0.78320	6.04294
10.00	0.05714	0.02390	535.93750	2.39046	0.78683	6.28402
∞	0.0	0.0	∞	2.4495	0.82153	∞

부록 J

Rayleigh 유동 표(γ=1.4)

M	T_t/T_t^*	T/T^*	p/p^*	p_t/p_t^*	V/V^*	S_{max}/R
0.0	0.0	0.0	2.40000	1.26790	0.0	∞
0.01	0.00048	0.00058	2.39966	1.26779	0.00024	26.98422
0.02	0.00192	0.00230	2.39866	1.26752	0.00096	22.13471
0.03	0.00431	0.00517	2.39698	1.26708	0.00216	19.30065
0.04	0.00765	0.00917	2.39464	1.26646	0.00383	17.29274
0.05	0.01192	0.01430	2.39163	1.26567	0.00598	15.73828
0.06	0.01712	0.02053	2.38796	1.26470	0.00860	14.47123
0.07	0.02322	0.02784	2.38365	1.26356	0.01168	13.40303
0.08	0.03022	0.03621	2.37869	1.26226	0.01522	12.48081
0.09	0.03807	0.04562	2.37309	1.26078	0.01922	11.67046
0.10	0.04678	0.05602	2.36686	1.25915	0.02367	10.94870
0.11	0.05630	0.06739	2.36002	1.25735	0.02856	10.29890
0.12	0.06661	0.07970	2.35257	1.25539	0.03388	9.70879
0.13	0.07768	0.09290	2.34453	1.25329	0.03962	9.16904
0.14	0.08947	0.10695	2.33590	1.25103	0.04578	8.67240
0.15	0.10196	0.12181	2.32671	1.24863	0.05235	8.21311
0.16	0.11511	0.13743	2.31696	1.24608	0.05931	7.78653
0.17	0.12888	0.15377	2.30667	1.24340	0.06666	7.38886

(*Continued*)

Fundamentals of Gas Dynamics, Third Edition. Robert D. Zucker and Oscar Biblarz.

Companion website: www.wiley.com/go/zucker/gas

M	T_t/T_t^*	T/T^*	p/p^*	p_t/p_t^*	V/V^*	S_{max}/R
0.18	0.14324	0.17078	2.29586	1.24059	0.07439	7.01694
0.19	0.15814	0.18841	2.28454	1.23765	0.08247	6.66813
0.20	0.17355	0.20661	2.27273	1.23460	0.09091	6.34018
0.21	0.18943	0.22533	2.26044	1.23142	0.09969	6.03118
0.22	0.20574	0.24452	2.24770	1.22814	0.10879	5.73946
0.23	0.22244	0.26413	2.23451	1.22475	0.11821	5.46359
0.24	0.23948	0.28411	2.22091	1.22126	0.12792	5.20232
0.25	0.25684	0.30440	2.20690	1.21767	0.13793	4.95454
0.26	0.27446	0.32496	2.19250	1.21400	0.14821	4.71926
0.27	0.29231	0.34573	2.17774	1.21025	0.15876	4.49561
0.28	0.31035	0.36667	2.16263	1.20642	0.16955	4.28281
0.29	0.32855	0.38774	2.14719	1.20251	0.18058	4.08016
0.30	0.34686	0.40887	2.13144	1.19855	0.19183	3.88703
0.31	0.36525	0.43004	2.11539	1.19452	0.20329	3.70283
0.32	0.38369	0.45119	2.09908	1.19045	0.21495	3.52706
0.33	0.40214	0.47228	2.08250	1.18632	0.22678	3.35922
0.34	0.42056	0.49327	2.06569	1.18215	0.23879	3.19888
0.35	0.43894	0.51413	2.04866	1.17795	0.25096	3.04565
0.36	0.45723	0.53482	2.03142	1.17371	0.26327	2.89915
0.37	0.47541	0.55529	2.01400	1.16945	0.27572	2.75904
0.38	0.49346	0.57553	1.99641	1.16517	0.28828	2.62500
0.39	0.51134	0.59549	1.97866	1.16088	0.30095	2.49673
0.40	0.52903	0.61515	1.96078	1.15658	0.31373	2.37397
0.41	0.54651	0.63448	1.94278	1.15227	0.32658	2.25645
0.42	0.56376	0.65346	1.92468	1.14796	0.33951	2.14394
0.43	0.58076	0.67205	1.90649	1.14366	0.35251	2.03622
0.44	0.59748	0.69025	1.88822	1.13936	0.36556	1.93306
0.45	0.61393	0.70804	1.86989	1.13508	0.37865	1.83429
0.46	0.63007	0.72538	1.85151	1.13082	0.39178	1.73970
0.47	0.64589	0.74228	1.83310	1.12659	0.40493	1.64912
0.48	0.66139	0.75871	1.81466	1.12238	0.41810	1.56239
0.49	0.67655	0.77466	1.79622	1.11820	0.43127	1.47935
0.50	0.69136	0.79012	1.77778	1.11405	0.44444	1.39985
0.51	0.70581	0.80509	1.75935	1.10995	0.45761	1.32374
0.52	0.71990	0.81955	1.74095	1.10588	0.47075	1.25091
0.53	0.73361	0.83351	1.72258	1.10186	0.48387	1.18121
0.54	0.74695	0.84695	1.70425	1.09789	0.49696	1.11453
0.55	0.75991	0.85987	1.68599	1.09397	0.51001	1.05076
0.56	0.77249	0.87227	1.66778	1.09011	0.52302	0.98977
0.57	0.78468	0.88416	1.64964	1.08630	0.53597	0.93148
0.58	0.79648	0.89552	1.63159	1.08256	0.54887	0.87577
0.59	0.80789	0.90637	1.61362	1.07887	0.56170	0.82255
0.60	0.81892	0.91670	1.59574	1.07525	0.57447	0.77174

M	T_t/T_t^*	T/T^*	p/p^*	p_t/p_t^*	V/V^*	S_{max}/R
0.61	0.82957	0.92653	1.57797	1.07170	0.58716	0.72323
0.62	0.83983	0.93584	1.56031	1.06822	0.59978	0.67696
0.63	0.84970	0.94466	1.54275	1.06481	0.61232	0.63284
0.64	0.85920	0.95298	1.52532	1.06147	0.62477	0.59078
0.65	0.86833	0.96081	1.50801	1.05821	0.63713	0.55073
0.66	0.87708	0.96816	1.49083	1.05503	0.64941	0.51260
0.67	0.88547	0.97503	1.47379	1.05193	0.66158	0.47634
0.68	0.89350	0.98144	1.45688	1.04890	0.67366	0.44187
0.69	0.90118	0.98739	1.44011	1.04596	0.68564	0.40913
0.70	0.90850	0.99290	1.42349	1.04310	0.69751	0.37807
0.71	0.91548	0.99796	1.40701	1.04033	0.70928	0.34861
0.72	0.92212	1.00260	1.39069	1.03764	0.72093	0.32072
0.73	0.92843	1.00682	1.37452	1.03504	0.73248	0.29433
0.74	0.93442	1.01062	1.35851	1.03253	0.74392	0.26940
0.75	0.94009	1.01403	1.34266	1.03010	0.75524	0.24587
0.76	0.94546	1.01706	1.32696	1.02777	0.76645	0.22370
0.77	0.95052	1.01970	1.31143	1.02552	0.77755	0.20283
0.78	0.95528	1.02198	1.29606	1.02337	0.78853	0.18324
0.79	0.95975	1.02390	1.28086	1.02131	0.79939	0.16486
0.80	0.96395	1.02548	1.26582	1.01934	0.81013	0.14767
0.81	0.96787	1.02672	1.25095	1.01747	0.82075	0.13162
0.82	0.97152	1.02763	1.23625	1.01569	0.83125	0.11668
0.83	0.97492	1.02823	1.22171	1.01400	0.84164	0.10280
0.84	0.97807	1.02853	1.20734	1.01241	0.85190	0.08995
0.85	0.98097	1.02854	1.19314	1.01091	0.86204	0.07810
0.86	0.98363	1.02826	1.17911	1.00951	0.87207	0.06722
0.87	0.98607	1.02771	1.16524	1.00820	0.88197	0.05727
0.88	0.98828	1.02689	1.15154	1.00699	0.89175	0.04822
0.89	0.99028	1.02583	1.13801	1.00587	0.90142	0.04004
0.90	0.99207	1.02452	1.12465	1.00486	0.91097	0.03270
0.91	0.99366	1.02297	1.11145	1.00393	0.92039	0.02618
0.92	0.99506	1.02120	1.09842	1.00311	0.92970	0.02044
0.93	0.99627	1.01922	1.08555	1.00238	0.93889	0.01547
0.94	0.99729	1.01702	1.07285	1.00175	0.94797	0.01124
0.95	0.99814	1.01463	1.06030	1.00122	0.95693	0.00771
0.96	0.99883	1.01205	1.04793	1.00078	0.96577	0.00488
0.97	0.99935	1.00929	1.03571	1.00044	0.97450	0.00271
0.98	0.99971	1.00636	1.02365	1.00019	0.98311	0.00119
0.99	0.99993	1.00326	1.01174	1.00005	0.99161	0.00029
1.00	1.00000	1.00000	1.00000	1.00000	1.00000	0.00000
1.01	0.99993	0.99659	0.98841	1.00005	1.00828	0.00029

(*Continued*)

M	T_t/T_t^*	T/T^*	p/p^*	p_t/p_t^*	V/V^*	S_{max}/R
1.02	0.99973	0.99304	0.97698	1.00019	1.01645	0.00114
1.03	0.99940	0.98936	0.96569	1.00044	1.02450	0.00254
1.04	0.99895	0.98554	0.95456	1.00078	1.03246	0.00447
1.05	0.99838	0.98161	0.94358	1.00122	1.04030	0.00690
1.06	0.99769	0.97755	0.93275	1.00175	1.04804	0.00983
1.07	0.99690	0.97339	0.92206	1.00238	1.05567	0.01324
1.08	0.99601	0.96913	0.91152	1.00311	1.06320	0.01711
1.09	0.99501	0.96477	0.90112	1.00394	1.07063	0.02143
1.10	0.99392	0.96031	0.89087	1.00486	1.07795	0.02618
1.11	0.99275	0.95577	0.88075	1.00588	1.08518	0.03135
1.12	0.99148	0.95115	0.87078	1.00699	1.09230	0.03692
1.13	0.99013	0.94645	0.86094	1.00821	1.09933	0.04288
1.14	0.98871	0.94169	0.85123	1.00952	1.10626	0.04922
1.15	0.98721	0.93685	0.84166	1.01093	1.11310	0.05593
1.16	0.98564	0.93196	0.83222	1.01243	1.11984	0.06298
1.17	0.98400	0.92701	0.82292	1.01403	1.12649	0.07038
1.18	0.98230	0.92200	0.81374	1.01573	1.13305	0.07812
1.19	0.98054	0.91695	0.80468	1.01752	1.13951	0.08617
1.20	0.97872	0.91185	0.79576	1.01942	1.14589	0.09453
1.21	0.97684	0.90671	0.78695	1.02140	1.15218	0.10318
1.22	0.97492	0.90153	0.77827	1.02349	1.15838	0.11213
1.23	0.97294	0.89632	0.76971	1.02567	1.16449	0.12135
1.24	0.97092	0.89108	0.76127	1.02795	1.17052	0.13085
1.25	0.96886	0.88581	0.75294	1.03033	1.17647	0.14060
1.26	0.96675	0.88052	0.74473	1.03280	1.18233	0.15061
1.27	0.96461	0.87521	0.73663	1.03537	1.18812	0.16086
1.28	0.96243	0.86988	0.72865	1.03803	1.19382	0.17135
1.29	0.96022	0.86453	0.72078	1.04080	1.19945	0.18206
1.30	0.95798	0.85917	0.71301	1.04366	1.20499	0.19299
1.31	0.95571	0.85380	0.70536	1.04662	1.21046	0.20413
1.32	0.95341	0.84843	0.69780	1.04968	1.21585	0.21548
1.33	0.95108	0.84305	0.69036	1.05283	1.22117	0.22702
1.34	0.94873	0.83766	0.68301	1.05608	1.22642	0.23876
1.35	0.94637	0.83227	0.67577	1.05943	1.23159	0.25068
1.36	0.94398	0.82689	0.66863	1.06288	1.23669	0.26277
1.37	0.94157	0.82151	0.66158	1.06642	1.24173	0.27504
1.38	0.93914	0.81613	0.65464	1.07007	1.24669	0.28747
1.39	0.93671	0.81076	0.64778	1.07381	1.25158	0.30006
1.40	0.93425	0.80539	0.64103	1.07765	1.25641	0.31281
1.41	0.93179	0.80004	0.63436	1.08159	1.26117	0.32570
1.42	0.92931	0.79469	0.62779	1.08563	1.26587	0.33874
1.43	0.92683	0.78936	0.62130	1.08977	1.27050	0.35191
1.44	0.92434	0.78405	0.61491	1.09401	1.27507	0.36522

M	T_t/T_t^*	T/T^*	p/p^*	p_t/p_t^*	V/V^*	S_{max}/R
1.45	0.92184	0.77874	0.60860	1.09835	1.27957	0.37865
1.46	0.91933	0.77346	0.60237	1.10278	1.28402	0.39221
1.47	0.91682	0.76819	0.59623	1.10732	1.28840	0.40589
1.48	0.91431	0.76294	0.59018	1.11196	1.29273	0.41968
1.49	0.91179	0.75771	0.58421	1.11670	1.29700	0.43358
1.50	0.90928	0.75250	0.57831	1.12155	1.30120	0.44758
1.51	0.90676	0.74732	0.57250	1.12649	1.30536	0.46169
1.52	0.90424	0.74215	0.56676	1.13153	1.30945	0.47589
1.53	0.90172	0.73701	0.56111	1.13668	1.31350	0.49019
1.54	0.89920	0.73189	0.55552	1.14193	1.31748	0.50458
1.55	0.89669	0.72680	0.55002	1.14729	1.32142	0.51905
1.56	0.89418	0.72173	0.54458	1.15274	1.32530	0.53361
1.57	0.89168	0.71669	0.53922	1.15830	1.32913	0.54824
1.58	0.88917	0.71168	0.53393	1.16397	1.33291	0.56295
1.59	0.88668	0.70669	0.52871	1.16974	1.33663	0.57774
1.60	0.88419	0.70174	0.52356	1.17561	1.34031	0.59259
1.61	0.88170	0.69680	0.51848	1.18159	1.34394	0.60752
1.62	0.87922	0.69190	0.51346	1.18768	1.34753	0.62250
1.63	0.87675	0.68703	0.50851	1.19387	1.35106	0.63755
1.64	0.87429	0.68219	0.50363	1.20017	1.35455	0.65265
1.65	0.87184	0.67738	0.49880	1.20657	1.35800	0.66781
1.66	0.86939	0.67259	0.49405	1.21309	1.36140	0.68303
1.67	0.86696	0.66784	0.48935	1.21971	1.36475	0.69829
1.68	0.86453	0.66312	0.48472	1.22644	1.36806	0.71360
1.69	0.86212	0.65843	0.48014	1.23328	1.37133	0.72896
1.70	0.85971	0.65377	0.47562	1.24024	1.37455	0.74436
1.71	0.85731	0.64914	0.47117	1.24730	1.37774	0.75981
1.72	0.85493	0.64455	0.46677	1.25447	1.38088	0.77529
1.73	0.85256	0.63999	0.46242	1.26175	1.38398	0.79081
1.74	0.85019	0.63545	0.45813	1.26915	1.38705	0.80636
1.75	0.84784	0.63095	0.45390	1.27666	1.39007	0.82195
1.76	0.84551	0.62649	0.44972	1.28428	1.39306	0.83757
1.77	0.84318	0.62205	0.44559	1.29202	1.39600	0.85322
1.78	0.84087	0.61765	0.44152	1.29987	1.39891	0.86889
1.79	0.83857	0.61328	0.43750	1.30784	1.40179	0.88459
1.80	0.83628	0.60894	0.43353	1.31592	1.40462	0.90031
1.81	0.83400	0.60464	0.42960	1.32413	1.40743	0.91606
1.82	0.83174	0.60036	0.42573	1.33244	1.41019	0.93183
1.83	0.82949	0.59612	0.42191	1.34088	1.41292	0.94761
1.84	0.82726	0.59191	0.41813	1.34943	1.41562	0.96342
1.85	0.82504	0.58774	0.41440	1.35811	1.41829	0.97924

(Continued)

M	T_t/T_t^*	T/T^*	p/p^*	p_t/p_t^*	V/V^*	S_{max}/R
1.86	0.82283	0.58359	0.41072	1.36690	1.42092	0.99507
1.87	0.82064	0.57948	0.40708	1.37582	1.42351	1.01092
1.88	0.81845	0.57540	0.40349	1.38486	1.42608	1.02678
1.89	0.81629	0.57136	0.39994	1.39402	1.42862	1.04265
1.90	0.81414	0.56734	0.39643	1.40330	1.43112	1.05853
1.91	0.81200	0.56336	0.39297	1.41271	1.43359	1.07441
1.92	0.80987	0.55941	0.38955	1.42224	1.43604	1.09031
1.93	0.80776	0.55549	0.38617	1.43190	1.43845	1.10621
1.94	0.80567	0.55160	0.38283	1.44168	1.44083	1.12211
1.95	0.80358	0.54774	0.37954	1.45159	1.44319	1.13802
1.96	0.80152	0.54392	0.37628	1.46164	1.44551	1.15393
1.97	0.79946	0.54012	0.37306	1.47180	1.44781	1.16984
1.98	0.79742	0.53636	0.36988	1.48210	1.45008	1.18575
1.99	0.79540	0.53263	0.36674	1.49253	1.45233	1.20167
2.00	0.79339	0.52893	0.36364	1.50310	1.45455	1.21758
2.01	0.79139	0.52525	0.36057	1.51379	1.45674	1.23348
2.02	0.78941	0.52161	0.35754	1.52462	1.45890	1.24939
2.03	0.78744	0.51800	0.35454	1.53558	1.46104	1.26529
2.04	0.78549	0.51442	0.35158	1.54668	1.46315	1.28118
2.05	0.78355	0.51087	0.34866	1.55791	1.46524	1.29707
2.06	0.78162	0.50735	0.34577	1.56928	1.46731	1.31296
2.07	0.77971	0.50386	0.34291	1.58079	1.46935	1.32883
2.08	0.77782	0.50040	0.34009	1.59244	1.47136	1.34470
2.09	0.77593	0.49696	0.33730	1.60423	1.47336	1.36056
2.10	0.77406	0.49356	0.33454	1.61616	1.47533	1.37641
2.11	0.77221	0.49018	0.33182	1.62823	1.47727	1.39225
2.12	0.77037	0.48684	0.32912	1.64045	1.47920	1.40807
2.13	0.76854	0.48352	0.32646	1.65281	1.48110	1.42389
2.14	0.76673	0.48023	0.32382	1.66531	1.48298	1.43970
2.15	0.76493	0.47696	0.32122	1.67796	1.48484	1.45549
2.16	0.76314	0.47373	0.31865	1.69076	1.48668	1.47127
2.17	0.76137	0.47052	0.31610	1.70371	1.48850	1.48703
2.18	0.75961	0.46734	0.31359	1.71680	1.49029	1.50278
2.19	0.75787	0.46418	0.31110	1.73005	1.49207	1.51852
2.20	0.75613	0.46106	0.30864	1.74345	1.49383	1.53424
2.21	0.75442	0.45796	0.30621	1.75700	1.49556	1.54994
2.22	0.75271	0.45488	0.30381	1.77070	1.49728	1.56563
2.23	0.75102	0.45184	0.30143	1.78456	1.49898	1.58130
2.24	0.74934	0.44882	0.29908	1.79858	1.50066	1.59696
2.25	0.74768	0.44582	0.29675	1.81275	1.50232	1.61259
2.26	0.74602	0.44285	0.29446	1.82708	1.50396	1.62821
2.27	0.74438	0.43990	0.29218	1.84157	1.50558	1.64381
2.28	0.74276	0.43698	0.28993	1.85623	1.50719	1.65939

M	T_t/T_t^*	T/T^*	p/p^*	p_t/p_t^*	V/V^*	S_{max}/R
2.29	0.74114	0.43409	0.28771	1.87104	1.50878	1.67496
2.30	0.73954	0.43122	0.28551	1.88602	1.51035	1.69050
2.31	0.73795	0.42838	0.28333	1.90116	1.51190	1.70602
2.32	0.73638	0.42555	0.28118	1.91647	1.51344	1.72152
2.33	0.73482	0.42276	0.27905	1.93195	1.51496	1.73700
2.34	0.73326	0.41998	0.27695	1.94759	1.51646	1.75246
2.35	0.73173	0.41723	0.27487	1.96340	1.51795	1.76790
2.36	0.73020	0.41451	0.27281	1.97939	1.51942	1.78332
2.37	0.72868	0.41181	0.27077	1.99554	1.52088	1.79872
2.38	0.72718	0.40913	0.26875	2.01187	1.52232	1.81409
2.39	0.72569	0.40647	0.26676	2.02837	1.52374	1.82944
2.40	0.72421	0.40384	0.26478	2.04505	1.52515	1.84477
2.41	0.72275	0.40122	0.26283	2.06191	1.52655	1.86008
2.42	0.72129	0.39864	0.26090	2.07895	1.52793	1.87536
2.43	0.71985	0.39607	0.25899	2.09616	1.52929	1.89062
2.44	0.71842	0.39352	0.25710	2.11356	1.53065	1.90585
2.45	0.71699	0.39100	0.25522	2.13114	1.53198	1.92106
2.46	0.71558	0.38850	0.25337	2.14891	1.53331	1.93625
2.47	0.71419	0.38602	0.25154	2.16685	1.53461	1.95141
2.48	0.71280	0.38356	0.24973	2.18499	1.53591	1.96655
2.49	0.71142	0.38112	0.24793	2.20332	1.53719	1.98167
2.50	0.71006	0.37870	0.24615	2.22183	1.53846	1.99676
2.51	0.70871	0.37630	0.24440	2.24054	1.53972	2.01182
2.52	0.70736	0.37392	0.24266	2.25944	1.54096	2.02686
2.53	0.70603	0.37157	0.24093	2.27853	1.54219	2.04187
2.54	0.70471	0.36923	0.23923	2.29782	1.54341	2.05686
2.55	0.70340	0.36691	0.23754	2.31730	1.54461	2.07183
2.56	0.70210	0.36461	0.23587	2.33699	1.54581	2.08676
2.57	0.70081	0.36233	0.23422	2.35687	1.54699	2.10167
2.58	0.69952	0.36007	0.23258	2.37696	1.54816	2.11656
2.59	0.69826	0.35783	0.23096	2.39725	1.54931	2.13142
2.60	0.69700	0.35561	0.22936	2.41774	1.55046	2.14625
2.61	0.69575	0.35341	0.22777	2.43844	1.55159	2.16106
2.62	0.69451	0.35122	0.22620	2.45935	1.55272	2.17584
2.63	0.69328	0.34906	0.22464	2.48047	1.55383	2.19059
2.64	0.69206	0.34691	0.22310	2.50179	1.55493	2.20532
2.65	0.69084	0.34478	0.22158	2.52334	1.55602	2.22002
2.66	0.68964	0.34266	0.22007	2.54509	1.55710	2.23470
2.67	0.68845	0.34057	0.21857	2.56706	1.55816	2.24934
2.68	0.68727	0.33849	0.21709	2.58925	1.55922	2.26396
2.69	0.68610	0.33643	0.21562	2.61166	1.56027	2.27856

(*Continued*)

M	T_t/T_t^*	T/T^*	p/p^*	p_t/p_t^*	V/V^*	S_{max}/R
2.70	0.68494	0.33439	0.21417	2.63429	1.56131	2.29312
2.71	0.68378	0.33236	0.21273	2.65714	1.56233	2.30766
2.72	0.68264	0.33035	0.21131	2.68021	1.56335	2.32217
2.73	0.68150	0.32836	0.20990	2.70351	1.56436	2.33666
2.74	0.68037	0.32638	0.20850	2.72704	1.56536	2.35111
2.75	0.67926	0.32442	0.20712	2.75080	1.56634	2.36554
2.76	0.67815	0.32248	0.20575	2.77478	1.56732	2.37995
2.77	0.67705	0.32055	0.20439	2.79900	1.56829	2.39432
2.78	0.67595	0.31864	0.20305	2.82346	1.56925	2.40867
2.79	0.67487	0.31674	0.20172	2.84815	1.57020	2.42299
2.80	0.67380	0.31486	0.20040	2.87308	1.57114	2.43728
2.81	0.67273	0.31299	0.19910	2.89825	1.57207	2.45154
2.82	0.67167	0.31114	0.19780	2.92366	1.57300	2.46578
2.83	0.67062	0.30931	0.19652	2.94931	1.57391	2.47999
2.84	0.66958	0.30749	0.19525	2.97521	1.57482	2.49417
2.85	0.66855	0.30568	0.19399	3.00136	1.57572	2.50833
2.86	0.66752	0.30389	0.19275	3.02775	1.57661	2.52245
2.87	0.66651	0.30211	0.19151	3.05440	1.57749	2.53655
2.88	0.66550	0.30035	0.19029	3.08129	1.57836	2.55062
2.89	0.66450	0.29860	0.18908	3.10844	1.57923	2.56467
2.90	0.66350	0.29687	0.18788	3.13585	1.58008	2.57868
2.91	0.66252	0.29515	0.18669	3.16352	1.58093	2.59267
2.92	0.66154	0.29344	0.18551	3.19145	1.58178	2.60663
2.93	0.66057	0.29175	0.18435	3.21963	1.58261	2.62057
2.94	0.65960	0.29007	0.18319	3.24809	1.58343	2.63447
2.95	0.65865	0.28841	0.18205	3.27680	1.58425	2.64835
2.96	0.65770	0.28675	0.18091	3.30579	1.58506	2.66220
2.97	0.65676	0.28512	0.17979	3.33505	1.58587	2.67602
2.98	0.65583	0.28349	0.17867	3.36457	1.58666	2.68981
2.99	0.65490	0.28188	0.17757	3.39437	1.58745	2.70358
3.00	0.65398	0.28028	0.17647	3.42445	1.58824	2.71732
3.01	0.65307	0.27869	0.17539	3.45481	1.58901	2.73103
3.02	0.65216	0.27711	0.17431	3.48544	1.58978	2.74472
3.03	0.65126	0.27555	0.17324	3.51636	1.59054	2.75837
3.04	0.65037	0.27400	0.17219	3.54756	1.59129	2.77200
3.05	0.64949	0.27246	0.17114	3.57905	1.59204	2.78560
3.06	0.64861	0.27094	0.17010	3.61082	1.59278	2.79918
3.07	0.64774	0.26942	0.16908	3.64289	1.59352	2.81272
3.08	0.64687	0.26792	0.16806	3.67524	1.59425	2.82624
3.09	0.64601	0.26643	0.16705	3.70790	1.59497	2.83974
3.10	0.64516	0.26495	0.16604	3.74084	1.59568	2.85320
3.11	0.64432	0.26349	0.16505	3.77409	1.59639	2.86664
3.12	0.64348	0.26203	0.16407	3.80764	1.59709	2.88005

M	T_t/T_t^*	T/T^*	p/p^*	p_t/p_t^*	V/V^*	S_{max}/R
3.13	0.64265	0.26059	0.16309	3.84149	1.59779	2.89343
3.14	0.64182	0.25915	0.16212	3.87565	1.59848	2.90679
3.15	0.64100	0.25773	0.16117	3.91011	1.59917	2.92011
3.16	0.64018	0.25632	0.16022	3.94488	1.59985	2.93342
3.17	0.63938	0.25492	0.15927	3.97997	1.60052	2.94669
3.18	0.63857	0.25353	0.15834	4.01537	1.60119	2.95994
3.19	0.63778	0.25215	0.15741	4.05108	1.60185	2.97316
3.20	0.63699	0.25078	0.15649	4.08712	1.60250	2.98635
3.21	0.63621	0.24943	0.15558	4.12347	1.60315	2.99952
3.22	0.63543	0.24808	0.15468	4.16015	1.60380	3.01266
3.23	0.63465	0.24674	0.15379	4.19715	1.60444	3.02577
3.24	0.63389	0.24541	0.15290	4.23449	1.60507	3.03885
3.25	0.63313	0.24410	0.15202	4.27215	1.60570	3.05191
3.26	0.63237	0.24279	0.15115	4.31014	1.60632	3.06495
3.27	0.63162	0.24149	0.15028	4.34847	1.60694	3.07795
3.28	0.63088	0.24021	0.14942	4.38714	1.60755	3.09093
3.29	0.63014	0.23893	0.14857	4.42614	1.60816	3.10388
3.30	0.62940	0.23766	0.14773	4.46549	1.60877	3.11681
3.31	0.62868	0.23640	0.14689	4.50518	1.60936	3.12971
3.32	0.62795	0.23515	0.14606	4.54522	1.60996	3.14258
3.33	0.62724	0.23391	0.14524	4.58561	1.61054	3.15543
3.34	0.62652	0.23268	0.14442	4.62635	1.61113	3.16825
3.35	0.62582	0.23146	0.14361	4.66744	1.61170	3.18105
3.36	0.62512	0.23025	0.14281	4.70889	1.61228	3.19382
3.37	0.62442	0.22905	0.14201	4.75070	1.61285	3.20656
3.38	0.62373	0.22785	0.14122	4.79287	1.61341	3.21928
3.39	0.62304	0.22667	0.14044	4.83540	1.61397	3.23197
3.40	0.62236	0.22549	0.13966	4.87830	1.61453	3.24463
3.41	0.62168	0.22432	0.13889	4.92157	1.61508	3.25727
3.42	0.62101	0.22317	0.13813	4.96521	1.61562	3.26988
3.43	0.62034	0.22201	0.13737	5.00923	1.61616	3.28247
3.44	0.61968	0.22087	0.13662	5.05362	1.61670	3.29503
3.45	0.61902	0.21974	0.13587	5.09839	1.61723	3.30757
3.46	0.61837	0.21861	0.13513	5.14355	1.61776	3.32008
3.47	0.61772	0.21750	0.13440	5.18909	1.61829	3.33257
3.48	0.61708	0.21639	0.13367	5.23501	1.61881	3.34503
3.49	0.61644	0.21529	0.13295	5.28133	1.61932	3.35746
3.50	0.61580	0.21419	0.13223	5.32804	1.61983	3.36987
3.51	0.61517	0.21311	0.13152	5.37514	1.62034	3.38225
3.52	0.61455	0.21203	0.13081	5.42264	1.62085	3.39461
3.53	0.61393	0.21096	0.13011	5.47054	1.62135	3.40695

(*Continued*)

M	T_t/T_t^*	T/T^*	p/p^*	p_t/p_t^*	V/V^*	S_{max}/R
3.54	0.61331	0.20990	0.12942	5.51885	1.62184	3.41926
3.55	0.61270	0.20885	0.12873	5.56756	1.62233	3.43154
3.56	0.61209	0.20780	0.12805	5.61668	1.62282	3.44380
3.57	0.61149	0.20676	0.12737	5.66621	1.62331	3.45603
3.58	0.61089	0.20573	0.12670	5.71615	1.62379	3.46824
3.59	0.61029	0.20470	0.12603	5.76652	1.62427	3.48043
3.60	0.60970	0.20369	0.12537	5.81730	1.62474	3.49259
3.61	0.60911	0.20268	0.12471	5.86850	1.62521	3.50472
3.62	0.60853	0.20167	0.12406	5.92013	1.62567	3.51683
3.63	0.60795	0.20068	0.12341	5.97219	1.62614	3.52892
3.64	0.60738	0.19969	0.12277	6.02468	1.62660	3.54098
3.65	0.60681	0.19871	0.12213	6.07761	1.62705	3.55302
3.66	0.60624	0.19773	0.12150	6.13097	1.62750	3.56503
3.67	0.60568	0.19677	0.12087	6.18477	1.62795	3.57702
3.68	0.60512	0.19581	0.12024	6.23902	1.62840	3.58899
3.69	0.60456	0.19485	0.11963	6.29371	1.62884	3.60093
3.70	0.60401	0.19390	0.11901	6.34884	1.62928	3.61285
3.71	0.60346	0.19296	0.11840	6.40443	1.62971	3.62474
3.72	0.60292	0.19203	0.11780	6.46048	1.63014	3.63661
3.73	0.60238	0.19110	0.11720	6.51698	1.63057	3.64845
3.74	0.60184	0.19018	0.11660	6.57394	1.63100	3.66028
3.75	0.60131	0.18926	0.11601	6.63137	1.63142	3.67207
3.76	0.60078	0.18836	0.11543	6.68926	1.63184	3.68385
3.77	0.60025	0.18745	0.11484	6.74763	1.63225	3.69560
3.78	0.59973	0.18656	0.11427	6.80646	1.63267	3.70733
3.79	0.59921	0.18567	0.11369	6.86578	1.63308	3.71903
3.80	0.59870	0.18478	0.11312	6.92557	1.63348	3.73071
3.81	0.59819	0.18391	0.11256	6.98584	1.63389	3.74237
3.82	0.59768	0.18303	0.11200	7.04660	1.63429	3.75401
3.83	0.59717	0.18217	0.11144	7.10784	1.63469	3.76562
3.84	0.59667	0.18131	0.11089	7.16958	1.63508	3.77721
3.85	0.59617	0.18045	0.11034	7.23181	1.63547	3.78877
3.86	0.59568	0.17961	0.10979	7.29454	1.63586	3.80031
3.87	0.59519	0.17876	0.10925	7.35777	1.63625	3.81183
3.88	0.59470	0.17793	0.10871	7.42151	1.63663	3.82333
3.89	0.59421	0.17709	0.10818	7.48575	1.63701	3.83481
3.90	0.59373	0.17627	0.10765	7.55050	1.63739	3.84626
3.91	0.59325	0.17545	0.10713	7.61577	1.63777	3.85769
3.92	0.59278	0.17463	0.10661	7.68156	1.63814	3.86909
3.93	0.59231	0.17383	0.10609	7.74786	1.63851	3.88048
3.94	0.59184	0.17302	0.10557	7.81469	1.63888	3.89184
3.95	0.59137	0.17222	0.10506	7.88205	1.63924	3.90318
3.96	0.59091	0.17143	0.10456	7.94993	1.63960	3.91450

M	T_t/T_t^*	T/T^*	p/p^*	p_t/p_t^*	V/V^*	S_{max}/R
3.97	0.59045	0.17064	0.10405	8.01835	1.63996	3.92579
3.98	0.58999	0.16986	0.10355	8.08731	1.64032	3.93706
3.99	0.58954	0.16908	0.10306	8.15681	1.64067	3.94831
4.00	0.58909	0.16831	0.10256	8.22685	1.64103	3.95954
4.10	0.58473	0.16086	0.09782	8.95794	1.64441	4.07064
4.20	0.58065	0.15388	0.09340	9.74729	1.64757	4.17961
4.30	0.57682	0.14734	0.08927	10.59854	1.65052	4.28652
4.40	0.57322	0.14119	0.08540	11.51554	1.65329	4.39143
4.50	0.56982	0.13540	0.08177	12.50226	1.65588	4.49440
4.60	0.56663	0.12996	0.07837	13.56288	1.65831	4.59550
4.70	0.56362	0.12483	0.07517	14.70174	1.66059	4.69477
4.80	0.56078	0.12000	0.07217	15.92337	1.66274	4.79229
4.90	0.55809	0.11543	0.06934	17.23245	1.66476	4.88809
5.00	0.55556	0.11111	0.06667	18.63390	1.66667	4.98224
5.10	0.55315	0.10703	0.06415	20.13279	1.66847	5.07477
5.20	0.55088	0.10316	0.06177	21.73439	1.67017	5.16575
5.30	0.54872	0.09950	0.05951	23.44420	1.67178	5.25522
5.40	0.54667	0.09602	0.05738	25.26788	1.67330	5.34322
5.50	0.54473	0.09272	0.05536	27.21132	1.67474	5.42979
5.60	0.54288	0.08958	0.05345	29.28063	1.67611	5.51498
5.70	0.54112	0.08660	0.05163	31.48210	1.67741	5.59883
5.80	0.53944	0.08376	0.04990	33.82228	1.67864	5.68138
5.90	0.53785	0.08106	0.04826	36.30790	1.67982	5.76265
6.00	0.53633	0.07849	0.04669	38.94594	1.68093	5.84270
6.10	0.53488	0.07603	0.04520	41.74362	1.68200	5.92155
6.20	0.53349	0.07369	0.04378	44.70837	1.68301	5.99924
6.30	0.53217	0.07145	0.04243	47.84787	1.68398	6.07579
6.40	0.53091	0.06931	0.04114	51.17004	1.68490	6.15124
6.50	0.52970	0.06726	0.03990	54.68303	1.68579	6.22562
6.60	0.52854	0.06531	0.03872	58.39527	1.68663	6.29896
6.70	0.52743	0.06343	0.03759	62.31541	1.68744	6.37128
6.80	0.52637	0.06164	0.03651	66.45238	1.68821	6.44261
6.90	0.52535	0.05991	0.03547	70.81536	1.68895	6.51298
7.00	0.52438	0.05826	0.03448	75.41379	1.68966	6.58240
7.50	0.52004	0.05094	0.03009	102.28748	1.69279	6.91625
8.00	0.51647	0.04491	0.02649	136.62352	1.69536	7.22982
8.50	0.51349	0.03988	0.02349	179.92363	1.69750	7.52538
9.00	0.51098	0.03565	0.02098	233.88395	1.69930	7.80482
9.50	0.50885	0.03205	0.01885	300.40722	1.70082	
10.00	0.50702	0.02897	0.01702	381.61488	1.70213	
∞	0.48980	0.0	0.0	∞	1.7143	

부록 K

저압조건에서의 공기 물성

저압조건에서 공기의 열역학적 물성

이 표는 영미공학(EE)단위계로 작성되었다.

$$T[°\text{R}],\quad \phi[\text{Btu/lbm-°R}]$$
$$t[°\text{F}],\quad h[\text{Btu/lbm}],\quad u[\text{Btu/lbm}]$$

p_r과 v_r은 각각 상대압력과 상대체적을 나타낸다.

Fundamentals of Gas Dynamics, Third Edition. Robert D. Zucker and Oscar Biblarz.

Companion website: www.wiley.com/go/zucker/gas

T	t	h	p_r	u	v_r	ϕ	**T**	t	h	p_r	u	v_r	ϕ
200	−259.7	47.67	0.04320	33.96	1714.9	0.36303	**600**						
210	−249.7	50.07	0.05122	35.67	1518.6	0.37470	**610**	150.3	145.88	2.124	104.06	106.38	0.63005
220	−239.7	52.46	0.06026	37.38	1352.5	0.38584	**620**	160.3	148.28	2.249	105.78	102.12	0.63395
230	−229.7	54.85	0.07037	39.08	1210.7	0.39648	**630**	170.3	150.68	2.379	107.50	98.11	0.63781
240	−219.7	57.25	0.08165	40.80	1088.8	0.40666	**640**	180.3	153.09	2.514	109.21	94.30	0.64159
250	−209.7	59.64	0.94150	42.50	983.6	0.41643	**650**	190.3	155.50	2.655	110.94	90.69	0.64533
260	−199.7	62.03	0.10797	44.21	892.0	0.42582	**660**	200.3	157.92	2.801	112.67	87.27	0.64902
270	−189.7	64.43	0.12318	45.92	812.0	0.43485	**670**	210.3	160.33	2.953	114.40	84.03	0.65263
280	−179.7	66.82	0.13986	47.63	741.6	0.44356	**680**	220.3	162.73	3.111	116.12	80.96	0.65621
290	−169.7	69.21	0.15808	49.33	679.5	0.45196	**690**	230.3	165.15	3.276	117.85	78.03	0.65973
300	−159.7	71.61	0.17795	51.04	624.5	0.46007	**700**	240.3	167.56	3.446	119.58	75.25	0.66321
310	−149.7	74.00	0.19952	52.75	575.6	0.46791	**710**	250.3	169.98	3.623	121.32	72.60	0.66664
320	−139.7	76.40	0.22290	54.46	531.8	0.47550	**720**	260.3	172.39	3.806	123.04	70.07	0.67002
330	−129.7	78.78	0.24819	56.16	492.6	0.48287	**730**	270.3	174.82	3.996	124.78	67.67	0.67335
340	−119.7	81.18	0.27545	57.87	457.2	0.49002	**740**	280.3	177.23	4.193	126.51	65.38	0.67665
350	−109.7	83.57	0.3048	59.58	425.4	0.49695	**750**	290.3	179.66	4.396	128.25	63.20	0.67991
360	−99.7	85.97	0.3363	61.29	396.6	0.50369	**760**	300.3	182.08	4.607	129.99	61.10	0.68312
370	−89.7	88.35	0.3700	62.99	370.4	0.51024	**770**	310.3	184.51	4.826	131.73	59.11	0.68629
380	−79.7	90.75	0.4061	64.70	346.6	0.51663	**780**	320.3	186.94	5.051	133.47	57.20	0.68942
390	−69.7	93.13	0.4447	66.40	324.9	0.52284	**790**	330.3	189.38	5.285	135.22	55.38	0.69251
400	−59.7	95.53	0.4858	68.11	305.0	0.52890	**800**	340.3	191.81	5.526	136.97	53.63	0.69558
410	−49.7	97.93	0.5295	69.82	286.8	0.53481	**810**	350.3	194.25	5.775	138.72	51.96	0.69860
420	−39.7	100.32	0.5760	71.52	270.1	0.54058	**820**	360.3	196.69	6.033	140.47	50.35	0.70160
430	−29.7	102.71	0.6253	73.23	254.7	0.54621	**830**	370.3	199.12	6.299	142.22	48.81	0.70455
440	−19.7	105.11	0.6776	74.93	240.6	0.55172	**840**	380.3	201.56	6.573	143.98	47.34	0.70747
450	−9.7	107.50	0.7329	76.65	227.45	0.55710	**850**	390.3	204.01	6.856	145.74	45.92	0.71037
460	0.3	109.90	0.7913	78.36	215.33	0.56235	**860**	400.3	206.46	7.149	147.50	44.57	0.71323
470	10.3	112.30	0.8531	80.07	204.08	0.56751	**870**	410.3	208.90	7.450	149.27	43.26	0.71606
480	20.3	114.69	0.9182	81.77	193.65	0.57255	**880**	420.3	211.35	7.761	151.02	42.01	0.71886
490	30.3	117.08	0.9868	83.49	183.94	0.57749	**890**	430.3	213.80	8.081	152.80	40.80	0.72163
500	40.3	119.48	1.0590	85.20	147.90	0.58233	**900**	440.3	216.26	8.411	154.57	39.64	0.72438
510	50.3	121.87	1.1349	86.92	166.46	0.58707	**910**	450.3	218.72	8.752	156.34	38.52	0.72710
520	60.3	124.27	1.2147	88.62	158.58	0.59173	**920**	460.3	221.18	9.102	158.12	37.44	0.72979
530	70.3	126.66	1.2983	90.34	151.22	0.59630	**930**	470.3	223.64	9.463	159.89	36.41	0.73245
540	80.3	129.06	1.3860	92.04	144.32	0.60078	**940**	480.3	226.11	9.834	161.68	35.41	0.73509
550	90.3	131.46	1.4779	93.76	137.85	0.60518	**950**	490.3	228.58	10.216	163.46	34.45	0.73771

560	100.3	133.86	1.5742	95.47	131.78	0.60950	**960**	500.3	231.06	11.610	165.26	33.52	0.74030
570	110.3	136.26	1.6748	97.19	126.08	0.61376	**970**	510.3	233.53	11.014	167.05	32.63	0.74287
580	120.3	138.66	1.7800	98.90	120.70	0.61793	**980**	520.3	236.02	11.430	168.83	31.76	0.74540
590	130.3	141.06	1.8899	100.62	115.65	0.62204	**990**	530.3	238.50	11.858	170.63	30.92	0.74792
1000	540.3	240.98	12.298	172.43	30.12	0.75042	**1500**	1040.3	369.17	55.86	266.34	9.948	0.85416
1010	550.3	243.48	12.751	174.24	29.34	0.75290	**1510**	1050.3	371.82	57.30	268.30	9.761	0.85592
1020	560.3	245.97	13.215	176.04	28.59	0.75536	**1520**	1060.3	374.47	58.78	270.26	9.578	0.85767
1030	570.3	248.45	13.692	177.84	27.87	0.75778	**1530**	1070.3	377.11	60.29	272.23	9.400	0.85940
1040	580.3	250.95	14.182	179.66	27.17	0.76019	**1540**	1080.3	379.77	61.83	274.20	9.226	0.86113
1050	590.3	253.45	14.686	181.47	26.48	0.76259	**1550**	1090.3	382.42	63.40	276.17	9.056	0.86285
1060	600.3	255.96	15.203	183.29	25.82	0.76496	**1560**	1100.3	385.08	65.00	278.13	8.890	0.86456
1070	610.3	258.47	15.734	185.10	25.19	0.76732	**1570**	1110.3	387.74	66.63	280.11	8.728	0.86626
1080	620.3	260.97	16.278	186.93	24.58	0.76964	**1580**	1120.3	390.40	68.30	282.09	8.569	0.86794
1090	630.3	263.48	16.838	188.75	23.98	0.77196	**1590**	1130.3	393.07	70.00	284.08	8.414	0.86962
1100	640.3	265.99	17.413	190.58	23.40	0.77426	**1600**	1140.3	395.74	71.73	286.06	8.263	0.87130
1110	650.3	268.52	18.000	192.41	22.84	0.77654	**1610**	1150.3	398.42	73.49	288.05	8.115	0.87297
1120	660.3	271.03	18.604	194.25	22.30	0.77880	**1620**	1160.3	401.09	75.29	290.04	7.971	0.87462
1130	670.3	273.56	19.223	196.09	21.78	0.78104	**1630**	1170.3	403.77	77.12	292.03	7.829	0.87627
1140	680.3	276.08	19.858	197.94	21.27	0.78326	**1640**	1180.3	406.45	78.99	294.03	7.691	0.87791
1150	690.3	278.61	20.51	199.78	20.771	0.78548	**1650**	1190.3	409.13	80.89	296.03	7.556	0.87954
1160	700.3	281.14	21.18	201.63	20.293	0.78767	**1660**	1200.3	411.82	82.83	298.02	7.424	0.88116
1170	710.3	283.68	21.86	203.49	19.828	0.78985	**1670**	1210.3	414.51	84.80	300.03	7.295	0.88278
1180	720.3	286.21	22.56	205.33	19.377	0.79201	**1680**	1220.3	417.20	86.82	302.04	7.168	0.88439
1190	730.3	288.76	23.28	207.19	18.940	0.79415	**1690**	1230.3	419.89	88.87	304.04	7.045	0.88599
1200	740.3	291.30	24.01	209.05	18.514	0.79628	**1700**	1240.3	422.59	90.95	306.06	6.924	0.88758
1210	750.3	293.86	24.76	210.92	18.102	0.79840	**1710**	1250.3	425.29	93.08	308.07	6.805	0.88916
1220	760.3	296.41	25.53	212.78	17.700	0.80050	**1720**	1260.3	428.00	95.24	310.09	6.690	0.89074
1230	770.3	298.96	26.32	214.65	17.311	0.80258	**1730**	1270.3	430.69	97.45	312.10	6.576	0.89230
1240	780.3	301.52	27.13	216.53	16.932	0.80466	**1740**	1280.3	433.41	99.69	314.13	6.465	0.89387
1250	790.3	304.08	27.96	218.40	16.563	0.80672	**1750**	1290.3	436.12	101.98	316.16	6.357	0.89542
1260	800.3	306.65	28.80	220.28	16.205	0.80876	**1760**	1300.3	438.83	104.30	318.18	6.251	0.89697
1270	810.3	309.22	29.67	222.16	15.857	0.81079	**1770**	1310.3	441.55	106.67	320.22	6.147	0.89850
1280	820.3	311.79	30.55	224.05	15.518	0.81280	**1780**	1320.3	444.26	109.08	322.24	6.045	0.90003
1290	830.3	314.36	31.46	225.93	15.189	0.81481	**1790**	1330.3	446.99	111.54	324.29	5.945	0.90155
1300	840.3	316.94	32.39	227.83	14.868	0.81680	**1800**	1340.3	449.71	114.03	326.32	5.847	0.90308
1310	850.3	319.53	33.34	229.73	14.557	0.81878	**1810**	1350.3	452.44	116.57	328.37	5.752	0.90458
1320	860.3	322.11	34.31	231.63	14.253	0.82075	**1820**	1360.3	455.17	119.16	330.40	5.658	0.90609

(Continued)

T	t	h	p_r	u	v_r	ϕ	T	t	h	p_r	u	v_r	ϕ
1330	870.3	324.69	35.30	233.52	13.958	0.82270	**1830**	1370.3	457.90	121.79	332.45	5.566	0.90759
1340	880.3	327.29	36.31	235.43	13.670	0.82464	**1840**	1380.3	460.63	124.47	334.50	5.476	0.90908
1350	890.3	329.88	37.35	237.34	13.391	0.82658	**1850**	1390.3	463.37	127.18	336.55	5.388	0.91056
1360	900.3	332.48	38.41	239.25	13.118	0.82848	**1860**	1400.3	466.12	129.95	338.61	5.302	0.91203
1370	910.3	335.09	39.49	241.17	12.851	0.83039	**1870**	1410.3	468.86	132.77	340.66	5.217	0.91350
1380	920.3	337.68	40.59	243.08	12.593	0.83229	**1880**	1420.3	471.60	135.64	342.73	5.134	0.91497
1390	930.3	340.29	41.73	245.00	12.340	0.83417	**1890**	1430.3	474.35	138.55	344.78	5.053	0.91643
1400	940.3	342.90	42.88	246.93	12.095	0.83604	**1900**	1440.3	477.09	141.51	346.85	4.974	0.91788
1410	950.3	345.52	44.06	248.86	11.855	0.83790	**1910**	1450.3	479.85	144.53	348.91	4.896	0.91932
1420	960.3	348.14	45.26	250.79	11.622	0.83975	**1920**	1460.3	482.60	147.59	350.98	4.819	0.92076
1430	970.3	350.75	46.49	252.72	11.394	0.84158	**1930**	1470.3	485.36	150.70	353.05	4.744	0.92220
1440	980.3	353.37	47.75	254.66	11.172	0.84341	**1940**	1480.3	488.12	153.87	355.12	4.670	0.92362
1450	990.3	356.00	49.03	256.60	10.954	0.84523	**1950**	1490.3	490.88	157.10	357.20	4.598	0.92504
1460	1000.3	358.63	50.34	258.54	10.743	0.84704	**1960**	1500.3	493.64	160.37	359.28	4.527	0.92645
1470	1010.3	361.27	51.68	260.49	10.537	0.84884	**1970**	1510.3	496.40	163.69	361.36	4.458	0.92786
1480	1020.3	363.89	53.04	262.44	10.336	0.85062	**1980**	1520.3	499.17	167.07	363.43	4.390	0.92926
1490	1030.3	366.53	54.43	264.38	10.140	0.85239	**1990**	1530.3	501.94	170.50	365.53	4.323	0.93066
2000	1540.3	504.71	174.00	367.61	4.258	0.93205	**2500**	2040.3	645.78	435.7	474.40	2.125	0.99497
2010	1550.3	507.49	177.55	369.71	4.194	0.93343	**2510**	2050.3	648.65	443.0	476.58	2.099	0.99611
2020	1560.3	510.26	181.16	371.79	4.130	0.93481	**2520**	2060.3	651.51	450.5	478.77	2.072	0.99725
2030	1570.3	513.04	184.81	373.88	4.069	0.93618	**2530**	2070.3	654.38	458.0	480.94	2.046	0.99838
2040	1580.3	515.82	188.54	375.98	4.008	0.93756	**2540**	2080.3	657.25	465.6	483.13	2.021	0.99952
2050	1590.3	518.61	192.31	378.08	3.949	0.93891	**2550**	2090.3	660.12	473.3	485.31	1.9956	1.00064
2060	1600.3	521.39	196.16	380.18	3.890	0.94026	**2560**	2100.3	662.99	481.1	487.51	1.9709	1.00176
2070	1610.3	524.18	200.06	382.28	3.833	0.94161	**2570**	2110.3	665.86	489.1	489.69	1.9465	1.00288
2080	1620.3	526.97	204.02	384.39	3.777	0.94296	**2580**	2120.3	668.74	497.1	491.88	1.9225	1.00400
2090	1630.3	529.75	208.06	386.48	3.721	0.94430	**2590**	2130.3	671.61	505.3	494.07	1.8989	1.00511
2100	1640.3	532.55	212.1	388.60	3.667	0.94564	**2600**	2140.3	674.49	513.5	496.26	1.8756	1.00623
2110	1650.3	535.35	216.3	390.71	3.614	0.94696	**2610**	2150.3	677.37	521.8	498.46	1.8527	1.00733
2120	1660.3	538.15	220.5	392.83	3.561	0.94829	**2620**	2160.3	680.25	530.3	500.65	1.8302	1.00843
2130	1670.3	540.94	224.8	394.93	3.510	0.94960	**2630**	2170.3	683.13	538.9	502.85	1.8079	1.00953
2140	1680.3	543.74	229.1	397.05	3.460	0.95092	**2640**	2180.3	686.01	547.5	505.05	1.7861	1.01063
2150	1690.3	546.54	233.5	399.17	3.410	0.95222	**2650**	2190.3	688.90	556.3	507.25	1.7646	1.01172
2160	1700.3	549.35	238.0	401.29	3.362	0.95352	**2660**	2200.3	691.79	565.2	509.44	1.7434	1.01281
2170	1710.3	552.16	242.6	403.41	3.314	0.95482	**2670**	2210.3	694.68	574.2	511.65	1.7225	1.01389
2180	1720.3	554.97	247.2	405.53	3.267	0.95611	**2680**	2220.3	697.56	583.3	513.85	1.7019	1.01497

2190	1730.3	557.78	251.9	407.66	3.221	0.95740	**2690**	2230.3	700.45	592.5	516.05	1.6817	1.01605
2200	1740.3	560.59	256.6	409.78	3.176	0.95868	**2700**	2240.3	703.35	601.9	518.26	1.6617	1.01712
2210	1750.3	563.41	261.4	411.92	3.131	0.95996	**2710**	2250.3	706.24	611.3	520.47	1.6420	1.01819
2220	1760.3	566.23	266.3	414.05	3.088	0.96123	**2720**	2260.3	709.13	620.9	522.68	1.6226	1.01926
2230	1770.3	569.04	271.3	416.18	3.045	0.96250	**2730**	2270.3	712.03	630.7	524.88	1.6035	1.02032
2240	1780.3	571.86	276.3	418.31	3.003	0.96376	**2740**	2280.3	714.93	640.5	527.10	1.5847	1.02138
2250	1790.3	574.69	281.4	420.46	2.961	0.96501	**2750**	2290.3	717.83	650.4	529.31	1.5662	1.02244
2260	1800.3	577.51	286.6	422.59	2.921	0.96626	**2760**	2300.3	720.72	660.5	531.53	1.5480	1.02348
2270	1810.3	580.34	291.9	424.74	2.881	0.96751	**2770**	2310.3	723.62	670.7	533.74	1.5299	1.02453
2280	1820.3	583.16	297.2	426.87	2.841	0.96876	**2780**	2320.3	726.53	681.0	535.96	1.5122	1.02558
2290	1830.3	585.99	302.7	429.01	2.803	0.96999	**2790**	2330.3	729.42	691.4	538.17	1.4948	1.02662
2300	1840.3	588.82	308.1	431.16	2.765	0.97123	**2800**	2340.3	732.33	702.0	540.40	1.4775	1.02767
2310	1850.3	591.66	313.7	433.31	2.728	0.97246	**2810**	2350.3	735.24	712.7	542.62	1.4606	1.02870
2320	1860.3	594.49	319.4	435.46	2.691	0.97369	**2820**	2360.3	738.15	723.5	544.85	1.4439	1.02974
2330	1870.3	597.32	325.1	437.60	2.655	0.97489	**2830**	2370.3	741.05	734.4	547.06	1.4274	1.03076
2340	1880.3	600.16	330.9	439.76	2.619	0.97611	**2840**	2380.3	743.96	745.5	549.29	1.4112	1.03179
2350	1890.3	603.00	336.8	441.91	2.585	0.97732	**2850**	2390.3	746.88	756.7	551.52	1.3951	1.03282
2360	1900.3	605.84	342.8	444.07	2.550	0.97853	**2860**	2400.3	749.79	768.1	553.74	1.3794	1.03383
2370	1910.3	608.68	348.9	446.22	2.517	0.97973	**2870**	2410.3	752.71	779.6	555.98	1.3638	1.03484
2380	1920.3	611.53	355.0	448.38	2.483	0.98092	**2880**	2420.3	755.61	791.2	558.19	1.3485	1.03586
2390	1930.3	614.37	361.3	450.54	2.451	0.98212	**2890**	2430.3	758.53	802.9	560.43	1.3333	1.03687
2400	1940.3	617.22	367.6	452.70	2.419	0.98331	**2900**	2440.3	761.45	814.8	562.66	1.3184	1.03788
2410	1950.3	620.07	374.0	454.87	2.387	0.98449	**2910**	2450.3	764.37	826.8	564.90	1.3037	1.03889
2420	1960.3	622.92	380.5	457.02	2.356	0.98567	**2920**	2460.3	767.29	839.0	567.13	1.2892	1.03989
2430	1970.3	625.77	387.0	459.20	2.326	0.98685	**2930**	2470.3	770.21	851.3	569.37	1.2749	1.04089
2440	1980.3	628.62	393.7	461.36	2.296	0.98802	**2940**	2480.3	773.13	863.8	571.60	1.2608	1.04188
2450	1990.3	631.48	400.5	463.54	2.266	0.98919	**2950**	2490.3	776.05	876.4	573.84	1.2469	1.04288
2460	2000.3	634.34	407.3	465.70	2.237	0.99035	**2960**	2500.3	778.97	889.1	576.07	1.2332	1.04386
2470	2010.3	637.20	414.3	467.88	2.209	0.99151	**2970**	2510.3	781.90	902.0	578.32	1.2197	1.04484
2480	2020.3	640.05	421.3	470.05	2.180	0.99266	**2980**	2520.3	784.83	915.0	580.56	1.2064	1.04583
2490	2030.3	642.91	428.5	472.22	2.153	0.99381	**2990**	2530.3	787.75	928.2	582.79	1.1932	1.04681
3000	2540.3	790.68	941.4	585.04	1.1803	1.04779	**3500**	3040.3	938.40	1829.3	698.48	0.7087	1.09332
3010		793.61	955.0	587.29	1.1675	1.04877	**3510**		941.38	1852.1	700.78	0.7020	1.09417
3020		796.54	968.7	589.53	1.1549	1.04974	**3520**		944.36	1875.2	703.07	0.6954	1.09502
3030		799.47	982.5	591.78	1.1425	1.05071	**3530**		947.34	1898.6	705.36	0.6888	1.09587
3040		802.41	996.4	594.03	1.1302	1.05168	**3540**		950.32	1922.1	707.65	0.6823	1.09671
3050	2590.3	805.34	1010.5	596.28	1.1181	1.05264	**3550**	3090.3	953.30	1945.8	709.95	0.6759	1.09755

(Continued)

T	t	h	p_r	u	v_r	ϕ	**T**	t	h	p_r	u	v_r	ϕ
3060		808.28	1024.8	598.52	1.1061	1.05359	**3560**		956.28	1969.8	712.24	0.6695	1.09838
3070		811.22	1039.2	600.77	1.0943	1.05455	**3570**		959.26	1993.9	714.54	0.6632	1.09922
3080		814.15	1053.8	603.02	1.0827	1.05551	**3580**		962.25	2018.3	716.84	0.6571	1.10005
3090		817.09	1068.5	605.27	1.0713	1.05646	**3590**		965.23	2043.0	719.14	0.6510	1.10089
3100	2640.3	820.03	1083.4	607.53	1.0600	1.05741	**3600**	3140.3	968.21	2067.9	721.44	0.6449	1.10172
3110		822.97	1098.5	609.79	1.0488	1.05836	**3610**		971.20	2093.0	723.74	0.6389	1.10255
3120		825.91	1113.7	612.05	1.0378	1.05930	**3620**		974.18	2118.4	726.04	0.6330	1.10337
3130		828.86	1129.1	614.30	1.0269	1.06025	**3630**		977.17	2144.0	728.34	0.6272	1.10420
3140		831.80	1144.7	616.56	1.0162	1.06119	**3640**		980.16	2169.9	730.64	0.6214	1.10502
3150	2690.3	834.75	1160.5	618.82	1.0056	1.06212	**3650**	3190.3	983.15	2196.0	732.95	0.6157	1.10584
3160		837.69	1176.4	621.08	0.9951	1.06305	**3660**		986.14	2222.4	735.26	0.6101	1.10665
3170		840.64	1192.5	623.35	0.9848	1.06398	**3670**		989.13	2249.0	737.57	0.6045	1.10747
3180		843.59	1208.7	625.60	0.9746	1.06491	**3680**		992.12	2275.8	739.87	0.5990	1.10828
3190		846.53	1225.1	627.86	0.9646	1.06584	**3690**		995.11	2302.9	742.17	0.5936	1.10910
3200	2740.3	849.48	1241.7	630.12	0.9546	1.06676	**3700**	3240.3	998.11	2330.3	744.48	0.5882	1.10991
3210		852.43	1258.5	632.39	0.9448	1.06768	**3710**		1001.11	2358.0	746.79	0.5829	1.11071
3220		855.38	1275.5	634.65	0.9352	1.06860	**3720**		1004.10	2385.9	749.10	0.5776	1.11152
3230		858.33	1292.7	636.92	0.9256	1.06952	**3730**		1007.10	2414.0	751.41	0.5724	1.11233
3240		861.28	1310.0	639.19	0.9162	1.07043	**3740**		1010.09	2442.4	753.73	0.5672	1.11313
3250	2790.3	864.24	1327.5	641.46	0.9069	1.07134	**3750**	3290.3	1013.09	2471.1	756.04	0.5621	1.11393
3260		867.19	1345.2	643.73	0.8977	1.07224	**3760**		1016.09	2500.0	758.35	0.5571	1.11473
3270		870.15	1363.1	646.00	0.8886	1.07315	**3770**		1019.09	2529.2	760.66	0.5522	1.11553
3280		873.11	1381.2	648.27	0.8797	1.07405	**3780**		1022.09	2558.7	762.98	0.5473	1.11633
3290		876.06	1399.5	650.54	0.8708	1.07495	**3790**		1025.09	2588.4	765.29	0.5424	1.11712
3300	2840.3	879.02	1418.0	652.81	0.8621	1.07585	**3800**	3340.3	1028.09	2618.4	767.60	0.5376	1.11791
3310		881.98	1436.6	655.09	0.8535	1.07675	**3810**		1031.09	2648.9	769.92	0.5328	1.11870
3320		884.94	1455.4	657.37	0.8450	1.07764	**3820**		1034.09	2679.5	772.23	0.5281	1.11948
3330		887.90	1474.5	659.64	0.8366	1.07853	**3830**		1037.10	2710.3	774.55	0.5235	1.12027
3340		890.86	1493.7	661.92	0.8283	1.07942	**3840**		1040.10	2741.5	776.87	0.5189	1.12105
3350	2890.3	893.83	1513.0	664.20	0.8202	1.08031	**3850**	3390.3	1043.11	2772.9	779.19	0.5143	1.12183
3360		896.80	1532.6	666.48	0.8121	1.08119	**3860**		1046.11	2804.6	781.51	0.5098	1.12261
3370		899.77	1552.5	668.76	0.8041	1.08207	**3870**		1049.12	2836.6	783.83	0.5054	1.12339
3380		902.73	1572.6	671.04	0.7962	1.08295	**3880**		1052.13	2869.0	786.16	0.5010	1.12416
3390		905.69	1592.8	673.32	0.7884	1.08383	**3890**		1055.13	2901.6	788.48	0.4966	1.12494
3400	2940.3	908.66	1613.2	675.60	0.7807	1.08470	**3900**	3440.3	1058.14	2934.4	790.80	0.4923	1.12571
3410		911.64	1633.9	677.89	0.7732	1.08558	**3910**		1061.15	2967.6	793.12	0.4881	1.12648

3420		914.61	1654.8	680.17	0.7657	1.08645	**3920**		1064.16	3001.1	795.44	0.4839	1.12725
3430		917.58	1675.9	682.46	0.7582	1.08732	**3930**		1067.17	3034.9	797.77	0.4797	1.12802
3440		920.55	1697.2	684.75	0.7508	1.08818	**3940**		1070.18	3069.0	800.10	0.4756	1.12879
3450	2990.3	923.52	1718.7	687.04	0.7436	1.08904	**3950**	3490.3	1073.19	3103.4	802.43	0.4715	1.12955
3460		926.50	1740.4	689.32	0.7365	1.08990	**3960**		1076.20	3138.1	804.75	0.4675	1.13031
3470		929.48	1762.3	691.61	0.7294	1.09076	**3970**		1079.22	3173.0	807.08	0.4635	1.13107
3480		932.45	1784.5	693.90	0.7224	1.09162	**3980**		1082.23	3208.3	809.41	0.4595	1.13183
3490		935.42	1806.8	696.19	0.7155	1.09247	**3990**		1085.24	3243.8	811.73	0.4556	1.13259
4000	3540.3	1088.26	3280	814.06	0.4518	1.13334	**4500**	4040.3	1239.86	5521	931.39	0.3019	1.16905
4010		1091.28	3316	816.39	0.4480	1.13410	**4510**		1242.91	5576	933.76	0.2996	1.16972
4020		1094.30	3352	818.72	0.4442	1.13485	**4520**		1245.96	5632	936.12	0.2973	1.17040
4030		1097.32	3389	821.06	0.4404	1.13560	**4530**		1249.00	5687	938.48	0.2951	1.17107
4040		1100.34	3427	823.39	0.4367	1.13635	**4540**		1252.05	5743	940.84	0.2928	1.17174
4050	3590.3	1103.36	3464	825.72	0.4331	1.13709	**4550**	4090.3	1255.10	5800	943.21	0.2906	1.17241
4060		1106.37	3502	828.05	0.4295	1.13783	**4560**		1258.16	5857	945.58	0.2884	1.17308
4070		1109.39	3540	830.39	0.4259	1.13857	**4570**		1261.21	5914	947.94	0.2862	1.17375
4080		1112.42	3579	832.73	0.4223	1.13932	**4580**		1264.26	5972	950.30	0.2841	1.17442
4090		1115.44	3617	835.06	0.4188	1.14006	**4590**		1267.31	6030	952.67	0.2820	1.17509
4100	3640.3	1118.46	3656	837.40	0.4154	1.14079	**4600**	4140.3	1270.36	6089	955.04	0.2799	1.17575
4110		1121.49	3696	839.74	0.4119	1.14153	**4610**		1273.42	6148	957.41	0.2778	1.17642
4120		1124.51	3736	842.08	0.4085	1.14227	**4620**		1276.47	6208	959.77	0.2757	1.17708
4130		1127.54	3776	844.41	0.4052	1.14300	**4630**		1279.52	6268	962.14	0.2736	1.17774
4140		1130.56	3817	846.75	0.4018	1.14373	**4640**		1282.58	6328	964.51	0.2716	1.17840
4150	3690.3	1133.59	3858	849.09	0.3985	1.14446	**4650**	4190.3	1285.63	6389	966.88	0.2696	1.17905
4160		1136.61	3899	851.44	0.3953	1.14519	**4660**		1288.69	6451	969.25	0.2676	1.17970
4170		1139.64	3940	853.78	0.3920	1.14592	**4670**		1291.75	6513	971.62	0.2656	1.18036
4180		1142.67	3982	856.12	0.3888	1.14665	**4680**		1294.80	6575	973.99	0.2637	1.18101
4190		1145.69	4024	858.46	0.3857	1.14737	**4690**		1297.86	6638	976.36	0.2617	1.18167
4200	3740.3	1148.72	4067	860.81	0.3826	1.14809	**4700**	4240.3	1300.92	6701	978.73	0.2598	1.18232
4210		1151.75	4110	863.15	0.3795	1.14881	**4710**		1303.98	6765	981.10	0.2579	1.18297
4220		1154.78	4153	865.50	0.3764	1.14953	**4720**		1307.03	6830	983.47	0.2560	1.18362
4230		1157.81	4197	867.84	0.3734	1.15025	**4730**		1310.09	6895	985.85	0.2541	1.18427
4240		1160.84	4241	870.18	0.3704	1.15097	**4740**		1313.15	6960	988.23	0.2523	1.18491
4250	3790.3	1163.87	4285	872.53	0.3674	1.15168	**4750**	4290.3	1316.21	7026	990.60	0.2505	1.18556
4260		1166.90	4330	874.88	0.3644	1.15239	**4760**		1319.27	7092	992.97	0.2486	1.18620
4270		1169.94	4375	877.23	0.3615	1.15310	**4770**		1322.33	7159	995.35	0.2468	1.18684
4280		1172.97	4421	879.58	0.3586	1.15381	**4780**		1325.39	7226	997.73	0.2451	1.18749

(Continued)

T	t	h	p_r	u	v_r	ϕ	T	t	h	p_r	u	v_r	ϕ
4290		1176.00	4467	881.93	0.3558	1.15452	**4790**		1328.45	7294	1000.10	0.2433	1.18813
4300	3840.3	1179.04	4513	884.28	0.3529	1.15522	**4800**	4340.3	1331.51	7362	1002.48	0.2415	1.18876
4310		1182.08	4560	886.63	0.3501	1.15593	**4810**		1334.57	7431	1004.86	0.2398	1.18940
4320		1185.11	4607	888.98	0.3474	1.15663	**4820**		1337.64	7500	1007.24	0.2381	1.19004
4330		1188.15	4654	891.33	0.3446	1.15734	**4830**		1340.70	7570	1009.61	0.2364	1.19068
4340		1191.19	4702	893.69	0.3419	1.15804	**4840**		1343.76	7640	1011.99	0.2347	1.19131
4350	3890.3	1194.23	4750	896.04	0.3392	1.15874	**4850**	4390.3	1346.83	7711	1014.37	0.2330	1.19194
4360		1197.26	4799	898.39	0.3366	1.15943	**4860**		1349.90	7782	1016.76	0.2313	1.19257
4370		1200.30	4848	900.75	0.3339	1.16012	**4870**		1352.97	7854	1019.14	0.2297	1.19320
4380		1203.34	4897	903.10	0.3313	1.16082	**4880**		1356.03	7926	1021.52	0.2281	1.19383
4390		1206.38	4947	905.45	0.3287	1.16151	**4890**		1359.10	7999	1023.90	0.2264	1.19445
4400	3940.3	1209.42	4997	907.81	0.3262	1.16221	**4900**	4440.3	1362.17	8073	1026.28	0.2248	1.19508
4410		1212.46	5048	910.17	0.3236	1.16290	**4910**		1365.24	8147	1028.66	0.2233	1.19571
4420		1215.50	5099	912.52	0.3211	1.16359	**4920**		1368.30	8221	1031.04	0.2217	1.19633
4430		1218.55	5150	914.88	0.3186	1.16427	**4930**		1371.37	8296	1033.43	0.2201	1.19696
4440		1221.59	5202	917.24	0.3162	1.16496	**4940**		1374.44	8372	1035.81	0.2186	1.19758
4450	3990.3	1224.64	5254	919.60	0.3137	1.16565	**4950**	4490.3	1377.51	8448	1038.20	0.2170	1.19820
4460		1227.68	5307	921.95	0.3113	1.16633	**4960**		1380.58	8525	1040.58	0.2155	1.19982
4470		1230.72	5360	924.31	0.3089	1.16701	**4970**		1383.65	8602	1042.97	0.2140	1.19944
4480		1233.77	5413	926.67	0.3066	1.16769	**4980**		1386.72	8680	1045.36	0.2125	1.20006
4490		1236.81	5467	929.03	0.3042	1.16837	**4990**		1389.79	8758	1047.74	0.2111	1.20067
5000	4540.3	1392.87	8837	1050.12	0.20959	1.20129	**5500**	5040.3	1547.07	13568	1170.04	0.15016	1.23068
5010		1395.94	8917	1052.51	0.20814	1.20190	**5510**		1550.17	13680	1172.45	0.14921	1.23124
5020		1399.01	8997	1054.90	0.20670	1.20252	**5520**		1553.26	13793	1174.87	0.14826	1.23180
5030		1402.08	9078	1057.29	0.20527	1.20313	**5530**		1556.36	13906	1177.28	0.14732	1.23236
5040		1405.16	9159	1059.68	0.20385	1.20374	**5540**		1559.45	14020	1179.69	0.14638	1.23292
5050	4590.3	1408.24	9241	1062.07	0.20245	1.20435	**5550**	5090.3	1562.55	14135	1182.10	0.14545	1.23348
5060		1411.32	9323	1064.45	0.20106	1.20496	**5560**		1565.65	14250	1184.52	0.14453	1.23404
5070		1414.39	9406	1066.84	0.19968	1.20557	**5570**		1568.74	14366	1186.93	0.14362	1.23459
5080		1417.46	9489	1069.23	0.19831	1.20617	**5580**		1571.84	14483	1189.34	0.14272	1.23515
5090		1420.54	9573	1071.62	0.19696	1.20678	**5590**		1574.93	14601	1191.75	0.14182	1.23570
5100	4640.3	1423.62	9658	1074.02	0.19561	1.20738	**5600**	5140.3	1578.03	14719	1194.16	0.14093	1.23626
5110		1426.70	9743	1076.41	0.19428	1.20799	**5610**		1581.13	14838	1196.58	0.14005	1.23681
5120		1429.77	9829	1078.80	0.19296	1.20859	**5620**		1584.23	14958	1198.99	0.13918	1.23736
5130		1432.85	9916	1081.19	0.19165	1.20919	**5630**		1587.33	15079	1201.40	0.13831	1.23791
5140		1435.94	10003	1083.59	0.19035	1.20979	**5640**		1590.43	15201	1203.82	0.13745	1.23847

5150	4690.3	1439.02	10091	1085.98	0.18906	1.21038	**5650**	5190.3	1593.53	15323	1206.24	0.13659	1.23902
5160		1442.09	10179	1088.37	0.18778	1.21097	**5660**		1596.63	15446	1208.65	0.13574	1.23956
5170		1445.17	10268	1090.77	0.18651	1.21157	**5670**		1599.74	15569	1211.07	0.13491	1.24010
5180		1448.26	10358	1093.17	0.18525	1.21217	**5680**		1602.84	15694	1213.48	0.13407	1.24065
5190		1451.33	10448	1095.56	0.18401	1.21276	**5690**		1605.94	15820	1215.89	0.13324	1.24120
5200	4740.3	1454.41	10539	1097.96	0.18279	1.21336	**5700**	5240.3	1609.04	15946	1218.31	0.13242	1.24174
5210		1457.50	10630	1100.36	0.18156	1.21395	**5710**		1612.15	16072	1220.73	0.13161	1.24229
5220		1460.58	10722	1102.76	0.1834	1.21454	**5720**		1615.25	16200	1223.15	0.13080	1.24283
5230		1463.66	10815	1105.15	0.17914	1.21513	**5730**		1618.35	16329	1225.57	0.12999	1.24337
5240		1466.75	10908	1107.55	0.17795	1.21572	**5740**		1621.46	16458	1227.99	0.12919	1.24391
5250	4790.3	1469.83	11002	1109.95	0.17677	1.21631	**5750**	5290.3	1624.57	16588	1230.41	0.12840	1.24445
5260		1472.92	11097	1112.35	0.17560	1.21689	**5760**		1627.67	16720	1232.82	0.12762	1.24498
5270		1476.01	11192	1114.75	0.17443	1.21747	**5770**		1630.77	16852	1235.24	0.12684	1.24552
5280		1479.09	11288	1117.15	0.17328	1.21806	**5780**		1633.88	16984	1237.67	0.12607	1.24606
5290		1482.17	11384	1119.55	0.17214	1.21864	**5790**		1636.98	17117	1240.08	0.12530	1.24660
5300	4840.3	1485.26	11481	1121.95	0.17101	1.21923	**5800**	5340.3	1640.09	17252	1242.50	0.12454	1.24714
5310		1488.35	11579	1124.35	0.16988	1.21981	**5810**		1643.20	17388	1244.93	0.12378	1.24767
5320		1491.43	11678	1126.75	0.16876	1.22039	**5820**		1646.30	17524	1247.35	0.12303	1.24821
5330		1494.52	11777	1129.15	0.16765	1.22097	**5830**		1649.41	17661	1249.77	0.12229	1.24874
5340		1497.61	11877	1131.56	0.16655	1.22155	**5840**		1652.52	17799	1252.19	0.12155	1.24927
5350	4890.3	1500.70	11978	1133.96	0.16547	1.22213	**5850**	5390.3	1655.63	17937	1254.62	0.12082	1.24981
5360		1503.79	12079	1136.36	0.16439	1.22270	**5860**		1658.73	18076	1257.04	0.12009	1.25034
5370		1506.88	12181	1138.77	0.16332	1.22327	**5870**		1661.84	18216	1259.46	0.11937	1.25087
5380		1509.97	12283	1141.17	0.16226	1.22385	**5880**		1664.95	18357	1261.88	0.11865	1.25140
5390		1513.05	12386	1143.57	0.16120	1.22442	**5890**		1668.06	18500	1264.30	0.11794	1.25193
5400	4940.3	1516.14	12490	1145.98	0.16015	1.22500	**5900**	5440.3	1671.17	18643	1266.73	0.11723	1.25246
5410		1519.24	12595	1148.38	0.15911	1.22557	**5910**		1674.28	18787	1269.15	0.11653	1.25298
5420		1522.33	12700	1150.78	0.15809	1.22614	**5920**		1677.39	18931	1271.58	0.11584	1.25351
5430		1525.42	12806	1153.19	0.15707	1.22671	**5930**		1680.50	19078	1274.00	0.11515	1.25403
5440		1528.51	12913	1155.60	0.15606	1.22728	**5940**		1683.61	19224	1276.43	0.11447	1.25456
5450	4990.3	1531.60	13021	1158.01	0.15506	1.22785	**5950**	5490.3	1686.73	19371	1278.86	0.11379	1.25508
5460		1534.70	13129	1160.41	0.15407	1.22841	**5960**		1689.84	19519	1281.29	0.11312	1.25560
5470		1537.79	13238	1162.82	0.15308	1.22898	**5970**		1692.96	19668	1283.72	0.11244	1.25613
5480		1540.88	13348	1165.23	0.15209	1.22954	**5980**		1696.07	19818	1286.14	0.11178	1.25665
5490		1543.98	13458	1167.63	0.15112	1.23011	**5990**		1699.18	19968	1288.57	0.11112	1.25717
6000	5540.3	1702.29	20120	1291.00	0.11047	1.25769	**6300**	5840.3	1795.88	25123	1364.02	0.09289	1.27291
6010		1705.41	20274	1293.43	0.10981	1.25821	**6310**		1799.01	25306	1366.46	0.09237	1.27341
6020		1708.52	20427	1295.86	0.10917	1.25872	**6320**		1802.13	25489	1368.90	0.09185	1.27390
6030		1711.64	20582	1298.29	0.10853	1.25924	**6330**		1805.26	25674	1371.35	0.09133	1.27440
6040		1714.76	20738	1300.72	0.10789	1.25976	**6340**		1808.39	25860	1373.79	0.09082	1.27489
6050	5590.3	1717.88	20894	1303.15	0.10726	1.26028	**6350**	5890.3	1811.51	26046	1376.23	0.09031	1.27538

(Continued)

T	t	h	p_r	u	v_r	ϕ	T	t	h	p_r	u	v_r	ϕ
6060		1720.99	21051	1305.58	0.10664	1.26079	**6360**		1814.63	26233	1378.66	0.08981	1.27587
6070		1724.10	21210	1308.01	0.10602	1.26130	**6370**		1817.76	26422	1381.10	0.08931	1.27636
6080		1727.22	21369	1310.44	0.10540	1.26182	**6380**		1820.89	26611	1383.54	0.08881	1.27685
6090		1730.33	21529	1312.87	0.10479	1.26233	**6390**		1824.01	26802	1385.98	0.08832	1.27734
6100	5640.3	1733.45	21691	1315.30	0.10418	1.26284	**6400**	5940.3	1827.14	26994	1388.43	0.08783	1.27783
6110		1736.57	21853	1317.73	0.10357	1.26335	**6410**		1830.27	27187	1390.88	0.08734	1.27832
6120		1739.69	22016	1320.16	0.10297	1.26386	**6420**		1833.40	27381	1393.32	0.08685	1.27881
6130		1742.81	22180	1322.60	0.10238	1.26437	**6430**		1836.53	27577	1395.76	0.08637	1.27929
6140		1745.93	22345	1325.04	0.10179	1.26488	**6440**		1839.66	27773	1398.21	0.08590	1.27978
6150	5690.3	1749.05	22512	1327.47	0.10120	1.26539	**6450**	5990.3	1842.79	27970	1400.65	0.08542	1.28026
6160		1752.17	22678	1329.90	0.10062	1.26589	**6460**		1845.92	28169	1403.09	0.08495	1.28074
6170		1755.29	22846	1332.34	0.10004	1.26639	**6470**		1849.05	28369	1405.53	0.08448	1.28123
6180		1758.41	23016	1334.77	0.09946	1.26690	**6480**		1852.18	28569	1407.98	0.08402	1.28171
6190		1761.53	23186	1337.20	0.09889	1.26741	**6490**		1855.31	28772	1410.42	0.08356	1.28219
6200	5740.3	1764.65	23357	1339.64	0.09833	1.26791	**6500**	6040.3	1858.44	28974	1412.87	0.08310	1.28268
6210		1767.77	23529	1342.08	0.09777	1.26841							
6220		1770.89	23703	1344.52	0.09721	1.26892							
6230		1774.02	23877	1346.95	0.09666	1.26942							
6240		1777.14	24052	1349.39	0.09611	1.26992							
6250	5790.3	1780.27	24228	1351.83	0.09556	1.27042							
6260		1783.39	24405	1354.27	0.09502	1.27092							
6270		1786.51	24583	1356.71	0.09448	1.27142							
6280		1789.63	24762	1359.14	0.09395	1.27192							
6290		1792.75	24942	1361.58	0.09342	1.27241							

Source: Condensed with permission from Table 1 of J. H. Keenan and J. Kaye, *Gas Tables*, copyright 1948, John Wiley & Sons, New York.

부록 L

저압조건에서의 공기 비열

저압조건에서 공기의 비열

이 표는 영미공학(EE)단위계로 작성되었다.

T[°R], C_p[Btu/lbm-°R]

t[°F], C_v[Btu/lbm-°R]

a[ft/sec], $\gamma = C_p/C_v$

Fundamentals of Gas Dynamics, Third Edition. Robert D. Zucker and Oscar Biblarz.

Companion website: www.wiley.com/go/zucker/gas

T	t	c_p	c_v	γ	a	**T**	t	c_p	c_v	γ	a
100	−359.7	0.2392	0.1707	1.402	490.5	**1900**	1440.3	0.2750	0.2064	1.332	2084
150	−309.7	0.2392	0.1707	1.402	600.7	**2000**	1540.3	0.2773	0.2088	1.328	2135
200	−259.7	0.2392	0.1707	1.402	693.6	**2100**	1640.3	0.2794	0.2109	1.325	2185
250	−209.7	0.2392	0.1707	1.402	775.4	**2200**	1740.3	0.2813	0.2128	1.322	2234
300	−159.7	0.2392	0.1707	1.402	849.4	**2300**	1840.3	0.2831	0.2146	1.319	2282
350	−109.7	0.2393	0.1707	1.402	917.5	**2400**	1940.3	0.2848	0.2162	1.317	2329
400	−59.7	0.2393	0.1707	1.402	980.9	**2600**	2140.3	0.2878	0.2192	1.313	2420
450	−9.7	0.2394	0.1708	1.401	1040.3	**2800**	2340.3	0.2905	0.2219	1.309	2508
500	40.3	0.2396	0.1710	1.401	1096.4	**3000**	2540.3	0.2929	0.2243	1.306	2593
550	90.3	0.2399	0.1713	1.400	1149.6	**3200**	2740.3	0.2950	0.2264	1.303	2675
600	140.3	0.2403	0.1718	1.399	1200.3	**3400**	2940.3	0.2969	0.2283	1.300	2755
650	190.3	0.2409	0.1723	1.398	1248.7	**3600**	3140.3	0.2986	0.2300	1.298	2832
700	240.3	0.2416	0.1730	1.396	1295.1	**3800**	3340.3	0.3001	0.2316	1.296	2907
750	290.3	0.2424	0.1739	1.394	1339.6	**4000**	3540.3	0.3015	0.2329	1.294	2981
800	340.3	0.2434	0.1748	1.392	1382.5	**4200**	3740.3	0.3029	0.2343	1.292	3052
900	440.3	0.2458	0.1772	1.387	1463.6	**4400**	3940.3	0.3041	0.2355	1.291	3122
1000	540.3	0.2486	0.1800	1.381	1539.4	**4600**	4140.3	0.3052	0.2367	1.290	3191
1100	640.3	0.2516	0.1830	1.374	1610.8	**4800**	4340.3	0.3063	0.2377	1.288	3258
1200	740.3	0.2547	0.1862	1.368	1678.6	**5000**	4540.3	0.3072	0.2387	1.287	3323
1300	840.3	0.2579	0.1894	1.362	1743.2	**5200**	4740.3	0.3081	0.2396	1.286	3388
1400	940.3	0.2611	0.1926	1.356	1805.0	**5400**	4940.3	0.3090	0.2405	1.285	3451
1500	1040.3	0.2642	0.1956	1.350	1864.5	**5600**	5140.3	0.3098	0.2413	1.284	3513
1600	1140.3	0.2671	0.1985	1.345	1922.0	**5800**	5340.3	0.3106	0.2420	1.283	3574
1700	1240.3	0.2698	0.2013	1.340	1977.6	**6000**	5540.3	0.3114	0.2428	1.282	3634
1800	1340.3	0.2725	0.2039	1.336	2032	**6200**	5740.3	0.3121	0.2435	1.282	3693
						6400	5940.3	0.3128	0.2442	1.281	3751

Source: Adapted with permission from Table 2 of J. H. Keenan and J. Kaye, *Gas Tables*, copyright 1948, John Wiley & Sons, New York.

참고문헌

본문에서 언급한 참고문헌 번호는 아래 나열된 번호에 해당한다.

차원해석

1. Lemons, D. S., *A Student's Guide to Dimensional Analysis*, Cambridge University Press, Cambridge, UK, 2017.
2. Anderson, J. D., *Fundamentals of Aerodynamics*, 3rd ed., cGraw-Hill, New York, 2001.

열역학

3. Moran, M. J., and Shapiro, H. N., *Fundamentals of Engineering Thermodynamics*, John Wiley & Sons, New York, 1999.
4. Mooney, D. A., *Mechanical Engineering Thermodynamics*, Prentice Hall, Englewood Cliffs, NJ, 1953.
5. Reynolds, W. C., and Perkins, H. C., *Engineering Thermodynamics*, 2nd ed., McGraw-Hill, New York, 1977.
6. Obert, E. F., *Concepts of Thermodynamics*, McGraw-Hill, New York, 1960.
7. Sonntag, R. E., Borgnakke, C., and Van Wylen, C. J., *Fundamentals of Thermodynamics*, 5th ed., John Wiley & Sons, New York, 1997.

Fundamentals of Gas Dynamics, Third Edition. Robert D. Zucker and Oscar Biblarz.

Companion website: www.wiley.com/go/zucker/gas

8. Dittman, R. H., and Zemansky, M. W., *Heat and Thermodynamics*, 7th ed., McGraw-Hill, New York, 1996.

유체역학

9. Pao, R. H. F., *Fluid Mechanics*, John Wiley & Sons, New York, 1961.
10. Shames, I. H., *Mechanics of Fluids*, 3rd ed., McGraw-Hill, New York, 1992.
11. Streeter, V. L., and Wylie, E. B., *Fluid Mechanics*, 8th ed., McGraw-Hill, New York, 1985.
12. Street, R. L., Walters, G. Z., and Vennard, J. K., *Elementary Fluid Mechanics*, 7th ed., John Wiley & Sons, New York, 1995.

기체역학

13. Cambel, A. B., and Jennings, B. H., *Gas Dynamics*, McGraw-Hill, New York, 1958.
14. Anderson, J. D., *Modern Compressible Flow*, 3rd ed., McGraw-Hill, New York, 2003.
15. Hall, N. A., *Thermodynamics of Fluid Flow*, Prentice Hall, Englewood Cliffs, NJ, 1951.
16. John, J. E. A., and Keith, T. G., *Gas Dynamics*, 3rd ed., Prentice Hall, Englewood Cliffs, NJ, 2006.
17. Liepmann, H. W., and Roshko, A., *Elements of Gasdynamics*, John Wiley & Sons, New York, 1957.
18. Saad, M. A., *Compressible Fluid Flow*, 2nd ed., Prentice Hall, Englewood Cliffs, NJ, 1993.
19. Shapiro, A. H., *The Dynamics and Thermodynamics of Compressible Fluid Flow*, Vol. I, John Wiley & Sons, New York, 1953.
20. Zucrow, M. J., and Hoffman J. D., *Gas Dynamics*, Vol. I, John Wiley & Sons, New York, 1976.

추진

21. Archer, R. D., and Saarlas, M., *An Introduction to Aerospace Propulsion*, Prentice Hall, Upper Saddle River, NJ, 1996.
22. (a) Mattingly, J. D., *Elements of Gas Turbine Propulsion*, Tata McGraw-Hill Edition, New Delhi, 2005; (b) Oates, G. C., *Aerothermodynamics of Gas Turbine and Rocket*

Propulsion, 3rd ed., AIAA Education Series, Reston, VA, 1997.

23. Hill, P. G., and Peterson C. R., *Mechanics and Thermodynamics of Propulsion*, 2nd ed., Addison-Wesley, Reading, MA, 1992.
24. Sutton, G. P., and Biblarz, O., *Rocket Propulsion Elements*, John Wiley & Sons, Hoboken, NJ, 8th ed., 2010; and 9th ed., 2017.
25. Zucrow, M. J., *Aircraft and Missile Propulsion*, Vols. I and II, John Wiley & Sons, New York, 1958.

실제기체

26. Pierce, F. J., *Microscopic Thermodynamics*, International Textbook Co., Scranton, PA, 1968.
27. Incropera, F. P., *Molecular Structure and Thermodynamics*, John Wiley & Sons, New York, 1974.
28. Thompson, P. A., *Compressible Fluid Dynamics*, McGraw-Hill, New York, 1972.
29. Anderson, J. D., *Hypersonic and High Temperature Gas Dynamics*, McGraw-Hill, New York, 1989 (presently available as an AIAA textbook).
30. Owczarek, J. A., *Fundamentals of Gas Dynamics*, International Textbook Co., Scranton, PA, 1964.

표와 도표

31. (a) Keenan, J. H., and Kaye, J., *Gas Tables*, John Wiley & Sons, New York, 1948. (b) Keenan, J. H., Chao, J., and Kaye, J., *Gas Tables International Version*, 2nd ed., John Wiley & Sons, New York, 1983.
32. Ames Research Staff, *Equations, Tables, and Charts for Compressible Flow*, NACA Report 1135, 1953.
33. Sims, J. L., *Tables for Supersonic Flow around Right Circular Cones at Zero-Angle-of-Attack*, NASA Report SP-3004, 1964.

연습문제 해답

대부분의 해답은 표 형식의 항목에서 보간하여 계산되었으며 마지막 세 개의 유효 숫자로 반올림되었다(네 개의 유효 숫자가 유지된 1로 시작하는 해답은 제외). 이러한 절차는 전형적인 공학 문제에 부합하는 값을 산출한다.

제1장

1.1 Pretty close.

1.2 (a) Yes; (b) vertical lines.

1.3 (a) 2; (b) −52.0 Btu/lbm, −52.0 Btu/lbm.

1.4 0, 0.24×10^6 N · m, 0, 0.24×10^6 N · m, 0.

1.5 (a) 393 ΔT J/kg; (b) no.

제2장

2.2 (a) $U_m/2$; (b) $U_m/3$; (c) $2U_m/3$.

2.3 13/2.

2.4 $(2.0)V^2/2g_c$ in laminar flow.

2.5 (a) 38.9 ft/sec.; (b) $1400/D^2$ ft/sec.

2.6 44.4 ft/sec.

Fundamentals of Gas Dynamics, Third Edition. Robert D. Zucker and Oscar Biblarz.

Companion website: www.wiley.com/go/zucker/gas

2.7 19,010 hp.

2.8 111.2 hp

2.9 (a) 1906 m/s; (b) 5.07 kg/s.

2.10 −0.0147 Btu/lbm.

2.11 (a) 78.1 m/s; (b) 4.18.

2.12 (a) 2880 ft/sec, (b) 1.15.

2.13 (a) 661 m/s; (b) 0.0625 bar abs.

2.14 (a) 382 Btu/sec; (b) 0.03%.

2.15 4.34×10^5 J/kg.

이해력 시험

2.3 $7\rho AB_m U_m/30$.

2.5 $\dot{m}_2\beta_2 + \dot{m}_3\beta_3 - \dot{m}_1\beta_1$.

제3장

3.4 246 ft/sec.

3.5 (a) −450 J/kg; (b) 0.11 K.

3.6 (a) 2260 ft/sec; (b) 732°F; (c) 103.1 psia.

3.7 Shaft work input.

3.9 (a) 7.51 ft-lbf/lbm; (b) 2.87 psig.

3.10 54.4 m.

3.11 (a) 46.6 ft-lbf/lbm; (b) flow from 2 to 1.

3.12 14.82 cm.

3.13 (b) 35 ft.

3.14 Case B.

3.16 (a) 7200A lbf; (b) 1.50 lbf/ft^2.

3.17 (a) 1.50 bar abs; (b) 7810 N; (c) −56,800 J/kg.

3.18 (a) 80 ft/sec, 6.37 psig; (b) 3600 lbf.

3.19 (a) 32.1 ft/sec; (b) 174.9 lbm/sec; (c) 151 lbf.

3.20 5000 N.

3.21 4.36 ft^2.

3.22 180°.

3.23 (4/3)**V** in laminar flow.

이해력 시험

3.4 2.

3.5 (a) $q = w_s = 0$, yes; (b) no losses.

3.6 (a) s.

제4장

4.1 16,836 ft/sec (steel), 5100 ft/sec (water), 1128.5 (air at 70°F)

4.2 278 K, 189 K, 33.3 K.

4.4 (a) 295 ft/sec; (b) 298 ft/sec; (c) 1291 ft/sec, 1492 ft/sec; (d) at low Mach numbers.

4.5 0.564.

4.6 (a) 286 m/s, 0.700; (b) 2.8 kg/m^3.

4.7 2.1, 402 psia.

4.8 1266 m/s.

4.9 524°R, 1779 psfa.

4.10 1.28×10^5 N/m^2, 330 K, 491 m/s.

4.11 $M = \infty$.

4.12 Flows toward 50 psia, 0.0204 Btu/lbm-°R.

4.13 (a) 457 K, 448 m/s; (b) 9.65 bar abs.; (c) 0.370.

4.14 (a) 451°R, 20.95 psia; (b) 0.0254 Btu/lbm-°R; (c) 1571 lbf.

4.15 (a) 156.8 m/s; (b) 32.5 J/kg · K; (c) 0.763.

4.16 (a) 85.8 lbm/sec; (b) 1.91, 578°R, 2140 ft/sec, 0.0758 lbm/ft^3, 0.528 ft^2; (c) −6960 lbf.

이해력 시험

4.2 (a) Into; (b) $M_2 < M_1$.

4.3 (a) True; (b) false; (c) false; (d) true; (e) true.

제5장

5.1 (a) 0.18, 94.9 psia; (b) 2.94, 320°R.

5.2 2.20, 1.64.

5.3 (a) 0.50, 35.6 psia, 788°R; (b) nozzle; (c) 0.67, 26.3 psia, 723°R.

5.4 239 K.

5.5 (a) 0.607, 685 ft/sec, 23.1 psia; (b) 0.342, 395 ft/sec, 30.4 psia; (c) 0.855.

5.7 (a) 0.00797 Btu/lbm-°R; (b) 0.1502.

5.8 (a) 52.3 J/kg · K; (b) 16.43 cm.

5.10 (a) 26.5 lbm/sec; (b) no change; (c) 53.0 lbm/sec.

5.11 (a) 320 m/s; (b) 0.808 kg/s; (c) 0.844 kg/s.

5.12 671°R, 0.768, 975 ft/sec.

5.13 (a) 77.9 psia; (b) 3.77 psia; (c) 0.0406 lbm/ft^3, 2050 ft/sec.

5.14 (a) 38.6 cm^2; (b) 9.14 kg/s.

5.15 430 ft/sec.

5.16 (a) 140.4 lbm/sec; (b) 0.491 ft^2; (c) 0.787 ft^2.

5.17 (b) 3.53 cm^2; (c) 4.09 cm^2.

5.18 (a) 1.71; (b) 91.9%; (c) 0.01152 Btu/lbm-°R.

5.19 (a) 163.9 K, 1.10 bar abs., 8.61 bar abs.; (b) 2.10; (c) 0.1276 m^2; (d) 300 kg/s.

5.20 (a) 23.7 psia; (b) 97.4%; (c) 4.14.

5.23 (a) 3.5, 436 lbm/sec-ft^2; (b) $p_{rec} \leq 6.63$ psia; (c) same.

이해력 시험

5.3 $T_2^* > T_1^*$.

5.6 (a) 132.1 psia; (b) 0.514 lbm/ft^3, 1001 ft/sec; (c) 0.43.

제6장

6.1 (b) 0.01421 Btu/lbm-°R; (c) 0.0646 Btu/lbm-°R, 0.1237 Btu/lbm-°R.

6.2 84.0 psia.

6.3 (a) $[(\gamma - 1)/2\gamma]^{1/2}$; (b) $\rho_2/\rho_1 = (\gamma + 1)/(\gamma - 1)$.

6.4 2.47, 3.35.

6.5 (a) 2.88; (b) 1.529.

6.6 0.69, 2.45.

6.7 (a) 0.965, 0.417, 0.0585; (b) 144.8 psia, 52.6 psia, 8.78 psia; (c) 15.54 psia, 36.0 psia, 256 psia.

6.8 (a) 19.30 cm^2; (b) 10.52×10^5 N/m^2; (c) 18.65×10^5 N/m^2.

6.9 1.30 ft^2.

6.10 (a) 0.119, 0.623; (b) 0.0287 Btu/lbm-°R.

6.11 0.498.

6.12 (a) 4.6 in^2; (b) 5.35 in^2; (c) 79 psia; (d) 6.58 in^2; (e) 1.79.

6.13 (a) 3.56; (b) 0.475.

6.14 0.67 or 1.405.

6.15 (a) 0.973, 0.375, 0.0471; (b) 0.43; (c) 2.64, 2.50.

6.16 (a) 0.271; (b) 0.0455 Btu/lbm-°R; (c) 2.48; (d) 0.281.

6.17 (a) $0.985p_1$, $0.296p_1$, $0.0298p_1$; (b) (i) no flow, (ii) subsonic throughout, (iii) shock in diverging portion, (iv) almost design.

6.19 (a) 54.6 in^2; (b) 18.39 lbm/sec; (c) 109.4 in^2; (d) 7.34 psia; (e) 9.24 psia; (f) 742 hp.

이해력 시험

6.2 (a) Increases; (b) decreases; (c) decreases; (d) increases.

6.3 0.973, 0.376, 0.0473.

6.5 (a) 1.625; (b) from 2 to 1.

6.6 (a) 0.380, 450 ft/sec; (b) 0.0282 Btu/lbm-°R.

제7장

7.1 (a) 725°R, 42.0 psia, 922 ft/sec; (b) 0.00787 Btu/lbm-°R.

7.2 1.024×10^6 K, 1.756×10^6 K, 20,500 bar, 135,000 bar.

7.3 531°R, 19.75 psia, 348 ft/sec.

7.4 (a) 957 ft/sec; (b) 658°R, 34.5 psia.

7.5 (a) 310 K, 1.219×10^4 N/m^2, 50.3 m/s; (b) 328 K, 1.48×10^4 N/m^2, 340 m/s.

7.6 (a) 1453 ft/sec, 2520 ft/sec, 959 ft/sec, 2520 ft/sec; (b) 619°R, 18.05 psia; (c) 9.1°.

7.7 (a) 1.68, 25.6°; (b) 560 K, 6.10 bar; (c) weak.

7.8 (a) 52°, 77°; (b) 1013°R, 32.7 psia, 1198°R, 51.3 psia.

7.9 (a) 2.06; (b) all $M > 2.06$ cause attached shock.

7.10 (a) 1.8; (b) for $M > 1.57$.

7.11 (a) 1928 ft/sec; (b) 1045 ft/sec.

7.13 (a) 821°R, 2340 psfa, 0.0220 Btu/lbm-°R; (c) 826°R, 2470 psfa, 0.0200 Btu/lbm-°R.

7.14 (a) 2.27, 166.3 K, 5.6°; (b) 5.6°; (c) 2.01, 184.5 K, 1.43 bar.

7.15 (a) 1.453, 696°R, 24.8 psia; (b) oblique shock with $\delta = 10°$; (c) 1.031, 816°R, 42.7 psia; (d) 0.704, 906°R, 52.3 psia.

7.16 (a) 0.783, 58°; (b) 6.72, 0.837.

7.17 1.032, 15.92, 2.61, 40°.

7.18 (a) 949 m/s; (b) 706 K; (c) 48°.

7.19 2340 psfa, 0.0250 Btu/lbm-°R (on surface).

7.21 (a) 17,740; (b) $V_S = 1373$ m/s, $V_C = 1073$ m/s (contact), $V_R = 515$ m/s (reflected).

이해력 시험

7.1 (a) $p_1 = p_1'$; (b) $T_{t1}' < T_{t2}'$; (c) none; (d) $u_2' > u_1'$, $u_2' = u_2$.

7.2 (a) Greater than; (b) (i) decreases, (ii) decreases.

7.6 1667 ft/sec.

7.7 (a) 53.1°, 20°; (b) 625°R, 14.1 psia, 1.23.

제8장

8.1 2.60, 398°R, 936°R, 5.78 psia, 115 psia.

8.2 (a) 1.65, 3.04; (b) 34.2°, 52.3°.

8.3 (a) 174.5 K, 8.76×10^3 N/m^2.

8.4 1.39.

8.5 12.1°.

8.6 (a) 2.36, 1.986, 11.03; (b) 1.813, 2.51, 9.33; (d) no.

8.7 (a) 6.00 psia, 16.59 psia; (b) 12,020 lbf, 2120 lbf.

8.8 (c) 6.851 psia, 19.09 psia, 3.35 psia, 10.483 psia, L = 8.15×10^3 lbf/ft of span, D = 1.996×10^3 lbf/ft of span.

8.10 (a) 2.44, 392°R; (b) $\Delta\nu = 14.2°$.

8.11 (b) 241 K, 1.0 bar, 609 m/s.

8.12 (c) 1.86, 20°, 2.67, 40.5° from centerline.

8.13 (a) 15.05°; (b) 1.691, 4.14 p_{amb}; (c) expansion; (d) 2.61, p_{amb}, $0.865T_1$, 39.1° from original flow.

8.14 (a) 1.0 bar, 1.766, 6.55°, 1.4 bar, 1.536, 0°, 1.0 bar, 1.761, 6.6°.

8.15 (b) ∞; (c) 130.5°, 104.1°, 53.5°, 28.1°; (d) 3600 ft/sec.

8.16 (a) $\dfrac{L_2}{L_1}=\dfrac{1}{M_2}\left(\dfrac{\gamma+1}{2}\right)^{(\gamma+1)/2(1-\gamma)}\left(1+\dfrac{\gamma-1}{2}M_2^2\right)^{(\gamma+1)/2(\gamma-1)}$; (b) 1.343.

8.17 (a) 8.67°; (b) −10.03°; (c) no.

8.18 (a) 27.2°; (b) 1.95.

8.19 $p_b = 11.7$ kPa or about 15.24 km (50,000 ft) altitude.

이해력 시험

8.4 5.74°.

8.5 845 lbf/ft^2.

제9장

9.1 2.22×10^5 N/m^2, 0.386.

9.2 76.1 psia, 138.6 lbm/ft^2-sec.

9.3 (a) 21.7D; (b) 55.6%, 87.1%, 20.3%; (c) 0.0630 Btu/lbm-°R; (d) −0.59%, −5.9%, −5.4%, 0.00279 Btu/lbm-°R.

9.4 (a) 22.1 ft; (b) 528°R, 24.6 psia, 1072 ft/sec.

9.5 (a) 0.0313; (b) 2730 N/m^2.

9.6 (a) 551°R, 0.60; (b) from 2 to 1; (c) 0.423.

9.7 (a) 157.8 K, 2.98×10^4 N/m^2, 442 K, 10.95×10^5 N/m^2; (b) 0.0157.

9.8 (a) 556°R, 30.4 psia, 284 ft/sec; (b) 15.06 psia.

9.9 (a) 453°R, 8.79 psia; (b) 77.3 ft.

9.11 (a) 0.690, 0.877, 1128 ft/sec, 876°R, 38.0 psia; (b) 0.0205, 0.0012 ft.

9.12 (a) 324 K, 1.792 bar, 347 K, 2.27 bar; 121.8 K, 0.214 bar, 347 K, 8.33 bar; (b) 1959 hp, 4260 hp.

9.13 (a) 0.216; (b) 495°R, 10.65 psia; (c) 17.82 ft.

9.14 229 K, 5.33×10^4 N/m^2.

9.15 (b) 0.513, 0.699; (c) 0.758.

9.16 (a) (i) 144.4 psia, (ii) 51.7 psia, (iii) 40.8 psia; (b) 15.2 psia.

9.17 (b) 0.0133; (c) 289.4 J/kg · K.

9.18 (b) $M = 0.50$; (c) 26.87 bar; (d) 0.407, 0.825.

9.19 (a) 26.0 psia; (b) 39.5 psia.

9.22 24 psia with 2-in. tubing; choked with 1-in. tubing.

이해력 시험

9.3 43.5 psia.

9.4 94.3 to 31.4 psia.

제10장

10.1 (a) 1217°R, 1839°R; (b) 112.6 Btu/lbm added.

10.2 1.792×10^5 J/kg removed.

10.3 0.848, 2.83, 0.223.

10.4 (a) 3.37, 2.43×10^4 N/m^2, 126.3 K; (b) −890 J/kg · K.

10.5 (a) 767°R, 114.7 psia, 1112°R, 421 psia; (b) 68.1 Btu/lbm added.

10.8 (a) 6.39×10^5 J/kg; (b) 892 K, 0.567 atm.

10.9 (b) 2.00, 600°R, 59.8 psia; (c) 630°R, 21.0 psia, 756°R, 39.8 psia; (d) 38.7 Btu/lbm.

10.10 (a) 2180°R, 172.5 psia.

10.11 (a) 1.57×10^4 J/kg added; (b) 6.97×10^4 J/kg removed; (c) no.

10.13 36.5 Btu/lbm removed.

10.14 (b) 0.686; (c) 1.628×10^5 J/kg.

10.15 (a) 47.4 psia; (b) 66.4 Btu/lbm added; (c) less than 1, 279 Btu/lbm for $M_2' = 0.3$.

10.17 (a) (i) True, (ii) false.

10.18 (a) $A_3 > A_4$; (b) $V_3 < V_4$, $A_3 > A_4$.

10.20 (a) $A_3 > A_2$.

이해력 시험

10.4 (a) 746°R; (b) 53.1 Btu/lbm added.

제11장

11.1 128.8 Btu, 340 Btu, 469 Btu, 0.511 Btu/°R.

11.2 36.3 Btu/lbm, 339 Btu/lbm, 0.352 Btu/lbm-°R.

11.3 0.278 Btu/lbm-°R, 0.207 Btu/lbm-°R, 505 Btu/lbm, 367 Btu/lbm.

11.4 1515°R, −273 Btu/lbm.

11.5 0.1190 Btu/lbm-°R, 93.9 Btu/lbm.

11.6 1.413.

11.7 (a) False; (b) true; (c) false; (d) false; (e) false.

11.8 8.63 lbm/ft^3.

11.9 0.0118 ft^3/lbm, 0.0342 ft^3/lbm by perfect gas law.

11.10 0.0638 ft^3/lbm, 0.150 ft^3/lbm by perfect gas law.

11.11 2.90 psia, area ratio = 11.53.

11.12 3.06 psia, 650°R.

11.13 3.15 psia, 656°R.

11.14 0.02 MPa, 201 K, $M_3 = 4.39$, area ratio = 7.03.

11.15 7.09×10^4 N/m^2, 1970 K.

이해력 시험

11.3 681 Btu/lbm, 610 Btu/lbm perfect gas.

11.4 False.

11.5 1.018 lbm/ft^3, 0.875 lbm/ft^3 perfect gas.

11.6 at $M = 1.0$ (air) 240 psia and 2000°R, (argon) 221 psia and 1800°R (carbon dioxide) 249 psia and 2100°R.

제12장

12.1 (a) 293 Btu/lbm, 129 Btu/lbm, 163.8 Btu/lbm, 322 Btu/lbm, 50.8%; (b) 21.6 lbm/sec.

12.2 (a) 269 Btu/lbm, 145 Btu/lbm, 124.4 Btu/lbm, 306 Btu/lbm, 40.6%; (b) 28.4 lbm/sec.

12.3 37.4%, 38.5 kg/s.

12.4 (a) 24.9%; (c) 64.9%.

12.6 4600 lbf.

12.7 564 m/s.

12.8 1419 ft/sec.

12.9 (a) 7820 lbf; (b) 57.1%; (c) 438 ft-lbf/lbm.

12.10 (a) 18.34 kg/s; (b) 0.257 m^2; (c) 3.12×10^5 W; (d) 28.6%; (e) 10.24×10^5 J/kg.

12.11 (a) 2880 lbf; (b) 20,800 hp.

12.12 3290 lbf, 1.046 lbm of fuel/lbf-hr.

12.13 6.34 ft^2, $M = 0.382$, 1309 psfa, 3400°R; 742 psfa, 2920°R, 3.96 ft^2; 6550 lbf, 1.41 lbm of fuel/lbf-hr.

12.14 4240 lbf/ft^2, 2.20 lbm of fuel/lbf-hr.

12.15 (a) 83.3 lbm/sec; (b) 7730 ft/sec.

12.16 (a) 203 sec; (b) $(p_o - 872)$ N/m^2.

12.17 (a) 0.0402 ft^2; (b) 6060 ft/sec, 6490 ft/sec, 201 sec.

12.18 (a) 7.46, 1904 m/s; (b) 194.1 sec.

12.19 0.924.

12.20 Need to know p_1, p_3, A_2, and γ.

12.21 (a) 0.725; (b) 0.747.

12.23 (b) $M_0 = 1.83$; (c) cannot be started.

12.24 3.5 to 1.36.

이해력 시험

12.3 871 K, 1.184 bar.

12.5 (a) False; (b) false; (c) false; (d) false.

12.6 (a) 311 lbm/sec, 64,500 lbf; (b) 6670 ft/sec; (c) 207 sec, 5.28×10^5 hp.

12.7 $M_0 = 2.36$.

찾아보기